U0273575

TIA博途软件与西门子S7-1500 PLC编程

从零基础到项目实战

徐玉华　高相兰　王　鹏　主编

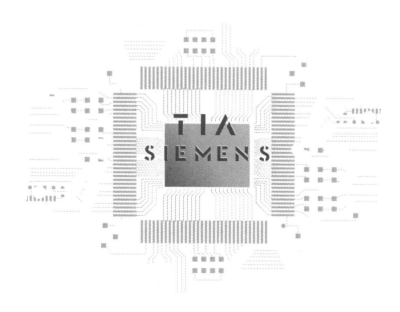

化学工业出版社
·北京·

内 容 简 介

本书全面系统地介绍了TIA博途软件与西门子S7-1500 PLC编程的基础知识和应用案例。全书内容包括西门子S7-1500 PLC的常用模块、TIA博途软件V15的安装与使用、S7-1500 PLC硬件设备组态、S7-1500 PLC编程基础、S7-1500 PLC的常用指令及应用、S7-1500 PLC的程序块、S7-1500 PLC的程序调试、S7-1500 PLC的通信及应用、西门子PLC的SCL编程语言、西门子PLC的GRAPH编程、西门子人机界面（HMI）应用、S7-1500 PLC的故障诊断功能、TIA博途软件的库功能和世界技能大赛工业控制项目案例分析。

本书讲解全面详细，内容由浅入深，语言通俗易懂，对重要知识点和技能配置了视频讲解，读者只需要用手机扫描二维码就可以观看视频，学习更加直观便捷。

本书可供学习PLC编程的工程技术人员使用，也可供大中专院校及职业院校相关专业的师生学习使用。

图书在版编目（CIP）数据

TIA博途软件与西门子S7-1500 PLC编程从零基础到项目实战／徐玉华，高相兰，王鹏主编． —北京：化学工业出版社，2021.11

ISBN 978-7-122-39831-4

Ⅰ.①T… Ⅱ.①徐… ②高… ③王… Ⅲ.①PLC技术-程序设计 Ⅳ.①TM571.61

中国版本图书馆CIP数据核字（2021）第176631号

责任编辑：李军亮　万忻欣　　　　　　文字编辑：吴开亮
责任校对：杜杏然　　　　　　　　　　装帧设计：王晓宇

出版发行：化学工业出版社（北京市东城区青年湖南街13号　邮政编码100011）
印　　装：大厂聚鑫印刷有限责任公司
787mm×1092mm　1/16　印张46　字数1187千字　2022年7月北京第1版第1次印刷

购书咨询：010-64518888　　　　　　　　售后服务：010-64518899
网　　址：http://www.cip.com.cn
凡购买本书，如有缺损质量问题，本社销售中心负责调换。

定　　价：168.00元
版权所有　违者必究

前言

　　可编程控制器（PLC）将传统的继电器控制系统与计算机技术结合在一起，因其具有高可靠性、灵活通用、易于编程等特点，被广泛应用在各个领域。西门子 PLC 具有卓越的性能，因此在工控市场占有非常大的份额，应用十分广泛。西门子 S7-1500 PLC 是西门子公司推出的一款中高端控制系统的 PLC，除了包含多种创新技术外，还设定了新标准，最大程度提高生产效率，而且西门子 S7-1500 PLC 可以集成到 TIA 博途中，提高了工程组态的效率。

　　西门子 S7-1500 PLC 控制系统比较复杂，为了帮助读者系统地掌握西门子 S7-1500 PLC 编程与实际应用，我们编写了本书。本书从基础、应用与竞赛的角度出发，全面详细地介绍了 TIA 博途软件与西门子 S7-1500 PLC 的组态、编程、仿真及基本应用，并且详细介绍了世界技能大赛工业控制项目样题操作步骤和方法。

　　本书有以下特点：

　　1. 内容由浅入深、由基础到应用，理论结合实际，深入浅出地介绍了相关的 PLC 控制程序。

　　2. 本书通过不同形式的图片和表格，让读者轻松、快速、直观地学习 PLC 的有关知识，尽快掌握 PLC 技术。

　　3. 本书配有"微视频"二维码教学视频，提高读者的学习兴趣，帮助读者在较短的时间内掌握西门子 S7-1500 PLC 编程的知识和应用。

　　4. 本书全面详细地介绍了世界技能大赛工业控制项目的样题，可供读者了解大赛，促进高技能人才的快速转换。

　　本书由徐玉华、高相兰、王鹏主编，参与编写的还有李长军、周华、卢旭辰、高培金、咸晓燕、王海群、秦桐。全书共 13 章，第 1 章由临沂市技师学院卢旭辰编写，第 2 章由泰山职业技术学院高培金编写，第 3～5 章由鲁南技师学院高相兰编写，第 6～8 章由山东省特种设备检验研究院临沂分院徐玉华编写，第 9 章、第 10 章由临沂市技师学院王鹏编写，第 11 章、第 13 章和第 14 章由临沂市技师学院李长军、周华、卢旭辰和秦桐编写，第 12 章由临沂市技师学院咸晓燕、王海群编写，全书由临沂市技师学院王海群主审。

　　在编写中，由于作者水平有限，书中不足之处在所难免，恳切希望广大读者对本书提出宝贵的意见和建议。读者可将意见和建议发送到邮箱 lydgxh@163.com，以便今后对图书内容加以修改完善。

编　者

目录
CONTENTS

第4章　西门子S7-1500 PLC编程基础　/181

第5章　西门子S7-1500 PLC的常用指令及应用　/211

第6章 西门子S7-1500 PLC的程序块 /369

第7章 西门子S7-1500 PLC的程序调试 /415

第8章 西门子S7-1500 PLC的通信及应用 /443

●●● 第9章　西门子PLC的SCL编程语言　/511

●●● 第10章　西门子PLC的GRAPH编程　/534

●●● 第11章　西门子人机界面（HMI）应用　/555

第12章　西门子S7-1500 PLC的故障诊断功能　/636

第13章　TIA博途软件的库功能　/663

第14章　世界技能大赛工业控制项目案例分析　/671

●●● 实例

第 1 章
西门子S7-1500 PLC的常用模块

1.1 西门子S7-1500 PLC CPU模块

1.1.1 S7-1500 PLC中CPU模块简介

（1）CPU 模块的特点

SIMATIC S7-1500 PLC 是一种模块化控制器，具有不同等级性能的 CPU 模块，并配有功能多、种类齐全的模块，能够在故障安全要求较高的应用中使用故障安全型 CPU。模块化设计可以方便用户使用更多模块对 PLC 进行扩充，以形成强大的控制系统，其工业适应性和技术特点如下。

① CPU 模块提供了丰富的通信功能。CPU 模块集成了 PROFINET 接口，其接口具有开放的以太网协议，支持第三方设备的通信。例如 CPU 1516-3 PN/DP 具有三个接口：两个接口用于 PROFINET 通信，一个接口用于 PROFIBUS 通信。

② 具有便于操作的显示屏。SIMATIC S7-1500 PLC 产品中所有 CPU 模块均配有纯文本信息显示屏。在显示屏中可以查看模块的订货号、固件版本和序列号信息，还可以直接更改 CPU 模块的 IP 地址和其他网络参数，而无须使用编程设备。当运行出现错误时，错误消息将显示在显示屏上，这样有助于操作维护人员的故障诊断。

③ 具有集成的 Web 服务器。使用 Web 服务器功能，授权用户可通过网络 Web 浏览器对 CPU 进行监视和管理，通过访问 CPU 的 HTML 页面来查看报警和状态等相关文件信息。

④ 具有灵活的硬件扩展能力。CPU 模块最多可连接 8 个信号模块，还能够支持 3 个 CP 或 CM 通信处理器和通信模块，并支持分布式 I/O 系统。

⑤ 具有强大的集成工艺功能。可支持强大的运动控制功能和集成闭环控制功能。例如 Motion Control 功能，支持速度控制轴、定位轴、同步轴、外部编码器、凸轮、凸轮轨迹和测量输入以及编程运动控制功能的 PLC OPEN 块；支持 PID 闭环控制功能。

⑥ 具有跟踪功能。通过跟踪功能，可对用户程序进行故障诊断和优化。

⑦ 具有强大的集成系统诊断功能。系统诊断报警由系统自动生成，并显示在 PG/PC、触

摸屏、Web 服务器或显示屏上。

⑧ 具有强大的集成信息安全功能。例如专有技术保护、防拷贝保护、访问保护、完整性保护等。

（2）CPU 模块的分类

SIMATIC S7-1500 PLC 中具有不同等级性能的 CPU 模块，包含了 CPU 1511 ～ CPU 1518 的不同型号，CPU 模块性能按照序号由低到高逐渐增强，性能指标也根据 CPU 模块的内存空间、计算速度、通信资源和编程资源等有所区别。常用的 CPU 模块分为紧凑型、标准型、故障安全型和分布式。

① 紧凑型。SIMATIC S7-1500 PLC 有 CPU 1511C 和 CPU 1512C 两款紧凑型 CPU 模块，如图 1-1-1 所示。紧凑型 CPU 模块集成了模拟量和数字量 I/O 模块，具有灵活的模块扩展能力、强大的集成工艺功能、通信、诊断和信息安全等功能。常用紧凑型 CPU 模块技术参数见表 1-1-1。

(a) CPU 1511C-1 PN　　　　　　　(b) CPU 1512C-1 PN

图1-1-1　紧凑型 CPU 模块

表1-1-1　紧凑型CPU模块技术参数

紧凑型 CPU	CPU 1511C-1 PN	CPU 1512C-1 PN
订货号	6ES7511-1CK00-0AB0	6ES7512-1CK00-0AB0
额定电源电压（下限 - 上限）	DC 24 V（DC 19.2 ～ 28.8V）	
集成的接口数量		
PROFINET 接口，100Mbps，集成 2 端口交换机	X1，2×RJ45	
PROFIBUS 接口，最高 12Mbps	—	
通信		
扩展通信模块 CM/CP 数量（DP、PN、以太网）	最多 4 个	最多 6 个
连接资源数量		
最大连接资源数（通过 CPU 以及 CP/CM）	96	128
为 ES/HMI/Web 预留的连接资源数	10	
通过集成接口的连接资源数	64	88

续表

紧凑型 CPU	CPU 1511C-1 PN	CPU 1512C-1 PN
订货号	6ES7511-1CK00-0AB0	6ES7512-1CK00-0AB0
S7 路由连接资源数	16	
PROFINET 接口 X1 支持的功能	ROFINET I/O 控制器，PROFINET I/O 设备，SIMATIC 通信，开放式 IE 通信，Web 服务器，MRP，MRPD	
X1 作为 PROFINET I/O 控制器	支持；等时同步，RT，IRT，PROFIenergy，优先化启动	
• 可连接 I/O 设备的最大数量	128	
X1 作为 PROFINET I/O 设备	支持；RT，IRT，MRP，PROFIenergy，共享设备	
• 共享设备的最大 I/O 控制器数	4	
S7 通信（服务器 / 客户端）	X1	
开放式 IE 通信 TCP/IP（加密和非加密）ISO-on-TCP（RFC1006），UDP	X1	
Web 服务器（HTTP，HTTPS）	X1	
MODBUS TCP（客户端 / 服务器）	X1	
OPC UA DA 服务器（读，写，订阅），需运行授权	X1	
指令执行时间		
位运算	60ns	48ns
字运算	72ns	58ns
定点运算	96ns	77ns
浮点运算	384ns	307ns
存储器		
集成工作存储器（用于程序）	175KB	250KB
集成工作存储器（用于数据）	1MB	
集成掉电保持数据区	128KB	
通过 PS 扩展掉电保持数据区	1MB	
装载存储器（SIMATIC 存储卡）最大	32GB	
CPU 块总计（如 DB，FB，FC，UDT 以及全局常量等）	2000	
DB		
最大容量（编号范围 1 ～ 60999）	1MB	
FB		
最大容量（编号范围 0 ～ 65535）	175KB	
FC		
最大容量（编号范围 0 ～ 65535）	175KB	
OB		
最大容量	175KB	

续表

紧凑型 CPU	CPU 1511C-1 PN	CPU 1512C-1 PN
订货号	6ES7511-1CK00-0AB0	6ES7512-1CK00-0AB0
地址区		
I/O 模块最大数量（包括所有模块及子模块）	1024	2048
I/O 最大地址范围：输入	32KB；所有输入均在过程映像中	
I/O 最大地址范围：输出	32KB；所有输出均在过程映像中	
硬件配置能力		
最大通信卡（CM/CP）扩展能力	4	6
最大分布式 I/O 系统数量（包括 PN，PB 及 AS-I）	32	
最大分布式 I/O 站数量	256	512
最大 PROFINET 接口数量（通过 CM）	4	6
最大 PROFIBUS 接口数量（通过 CM/CP）	4	6

② 标准型。标准型 CPU 模块的主要型号有 CPU 1511-1PN、CPU 1513-1PN、CPU 1515-2 PN、CPU 1516-3 PN/DP、CPU 1517-3 PN/DP 和 CPU 1518-4 PN/DP（ODK/MFP）等，如图 1-1-2 所示。标准型 CPU 模块技术参数见表 1-1-2。

通过 CPU 模块型号可以看出其集成通信接口的数量和类型，如 CPU 1516-3 PN/DP 表示有 2 个 PN（PROFINET）通信接口，一个 DP 接口（PROFIBUS-DP）。

图 1-1-2 标准型 CPU 模块

表1-1-2 标准型CPU模块技术参数

标准型 CPU	CPU 1511-1PN	CPU 1513-1 PN	CPU 1515-2 PN
订货号	6ES7511-1AK01-0AB0	6ES7513-1AL01-0AB0	6ES7515-2AM01-0AB0
集成的接口数量			
PROFINET 接口，100Mbps，集成 2 端口交换机	X1，2×RJ45		
PROFINET 接口，100Mbps	—	—	X2，1×RJ45
PROFIBUS 接口	—		
通信			
扩展通信模块 CM/CP 数量（DP、PN、以太网）	最多 4 个	最多 6 个	最多 8 个
连接资源数量			
最大连接资源数（通过 CPU 以及 CP/CM）	96	128	192
为 ES/HMI/Web 预留的连接资源数	10		
通过集成接口的连接资源数	64	88	108
S7 路由连接资源数	16		

续表

标准型 CPU	CPU 1511-1PN	CPU 1513-1 PN	CPU 1515-2 PN
订货号	6ES7511-1AK01-0AB0	6ES7513-1AL01-0AB0	6ES7515-2AM01-0AB0
PROFINET 接口 X1 支持的功能	PROFINET I/O 控制器，PROFINET I/O 设备，SIMATIC 通信，开放式 IE 通信，Web 服务器，MRP，MRPD		
PROFINET 接口 X2 支持的功能	PROFINET I/O 控制器，PROFINET I/O 设备，SIMATIC 通信，开放式 IE 通信，Web 服务器		
X1 作为 PROFINET I/O 控制器	支持；等时同步，RT，IRT，PROFIenergy，优先化启动		
• 可连接 I/O 设备的最大数量	128		256
X1 作为 PROFINET I/O 设备	支持；RT，IRT，MRP，PROFIenergy，共享设备		
• 共享设备的最大 I/O 控制器数	4		
X2 作为 PROFINET I/O 控制器	—		支持；RT，PROFIenergy
• 可连接 I/O 设备的最大数量	—		32
X2 作为 PROFINET I/O 设备	—		支持；RT，PROFIenergy，共享设备
• 共享设备的最大 I/O 控制器数	—		4
S7 通信（服务器 / 客户端）	X1		X1/X2
开放式 IE 通信 TCP/IP（加密和非加密）ISO-on-TCP（RFC1006），UDP	X1		X1/X2
Web 服务器（HTTP，HTTPS）	X1		X1/X2
MOD BUS TCP（客户端 / 服务器）	X1		X1/X2
OPC UA DA 服务器（读，写，订阅），需运行授权	X1		X1/X2
指令执行时间			
位运算	60ns	40ns	30ns
字运算	72ns	48ns	36ns
定点运算	96ns	64ns	48ns
浮点运算	384ns	256ns	192ns
存储器			
集成工作存储器（用于程序）	150KB	300KB	500KB
集成工作存储器（用于数据）	1MB	1.5MB	3MB
集成掉电保持数据区	128KB	128KB	512KB
通过 PS 扩展掉电保持数据区	1MB	1.5MB	3MB
装载存储器（SIMATIC 存储卡）最大	32GB		
CPU 块总计（如 DB，FB，FC，UDT 以及全局常量等）	2000		6000

标准型 CPU	CPU 1511-1PN	CPU 1513-1 PN	CPU 1515-2 PN
订货号	6ES7511-1AK01-0AB0	6ES7513-1AL01-0AB0	6ES7515-2AM01-0AB0
DB			
最大容量（编号范围 1~60999）	1MB	1.5MB	3MB
FB			
最大容量（编号范围 0~65535）	150KB	300KB	500KB
FC			
最大容量（编号范围 0~65535）	150KB	300KB	500KB
DB			
最大容量	150KB	300KB	500KB
地址区			
I/O 模块最大数量（包括所有模块及子模块）	1024	2048	8192
I/O 最大地址范围：输入	32KB；所有输入均在过程映像中		
I/O 最大地址范围：输出	32KB；所有输出均在过程映像中		
硬件配置能力			
最大通信卡（CM/CP）扩展能力	4	6	8
最大分布式 I/O 系统数量（包括 PN，PB 及 AS-I）	32	32	64
最大分布式 I/O 站数量（包括 PN，PB 及 AS-I）	256	512	1000
最大 PROFINET 接口数量（通过 CM）	4	6	8
最大 PROFIBUS 接口数量（通过 CM/CP）	4	6	8

标准型 CPU	CPU 1516-3PN/DP	CPU 1517-3 PN/DP	CPU 1518-4 PN/DP	CPU 1518-4 PN/DP ODK
订货号	6ES7 516-3AN01-0AB0	6ES7 517-3AP00-0AB0	6ES7 518-4AP00-0AB0	6ES7 518-4AP00-3AB0
额定电源电压（下限 - 上限）	DC 24V（DC 19.2 ～ 28.8V）			
典型功耗	7W		24W	
主机架最大模块数量	32 个；CPU+31 个模块			
集成的接口数量				
PROFINET 接口，100Mbps，集成 2 端口交换机	X1，2×RJ45			
PROFINET 接口，100Mbps	X2，1×RJ45			
PROFINET 接口，1000Mbps	—		X3，1×RJ45	
PROFIBUS 接口，最高 12Mbps	X3，1×D139		X4，1×D139	

续表

标准型 CPU	CPU 1516-3PN/DP	CPU 1517-3 PN/DP	CPU 1518-4 PN/DP	CPU 1518-4PN/DPODK
订货号	6ES7 516-3AN01-0AB0	6ES7 517-3AP00-0AB0	6ES7 518-4AP00-0AB0	6ES7 518-4AP00-3AB0
通信				
扩展通信模块 CM/CP 数量（DP、PN、以太网）	最多 8 个			
连接资源数量				
最大连接资源数（通过 CPU 以及 CP/CM）	256	320	384	
为 ES/HMI/Web 预留的连接资源数	10			
通过集成接口的连接资源数	128	160	192	
S7 路由连接资源数	16	64		
PROFINET 接口 X1 支持的功能	PROFINET I/O 控制器，PROFINET I/O 设备，SIMATIC 通信，开放式 IE 通信，Web 服务器，MRP，MRPD			
PROFINET 接口 X2 支持的功能	PROFINET I/O 控制器，PROFINET I/O 设备，SIMATIC 通信，开放式 IE 通信，Web 服务器			
PROFINET 接口 X3 支持的功能	—		SIMATIC 通信，开放式 IE 通信，Web 服务器	
X1 作为 PROFINET I/O 控制器	支持；等时同步，RT，IRT，PROFIenergy，优先化启动			
• 可连接 I/O 设备的最大数量	256	512		
X1 作为 PROFINET I/O 设备	支持；RT，IRT，MRP，PROFIenergy，共享设备			
• 共享设备的最大 I/O 控制器数	4			
X2 作为 PROFINET I/O 控制器	支持；RT，PROFIenergy			
• 可连接 I/O 设备的最大数量	32	128		
X2 作为 PROFINET I/O 设备	支持；RT，PROFIenergy，共享设备			
• 共享设备的最大 I/O 控制器数	4			
CPU 集成的 PROFIBUS 接口	X3，仅支持主站		X4，仅支持主站	

续表

标准型 CPU	CPU 1516-3PN/DP	CPU 1517-3 PN/DP	CPU 1518-4 PN/DP	CPU 1518-4 PN/DP ODK
订货号	6ES7 516-3AN01-0AB0	6ES7 517-3AP00-0AB0	6ES7 518-4AP00-0AB0	6ES7 518-4AP00-3AB0
• 可连接 I/O 设备的最大数量	125			
S7 通信（服务器 / 客户端）	X1/X2/X3		X1/X2/X3/X4	
开放式 IE 通信 TCP/IP（加密和非加密），ISO-on-TCP（RFC1006），UDP	X1/X2		X1/X2/X3	
Web 服务器（HTTP，HTTPS）	X1/X2		X1/X2/X3	
MODBUS TCP（客户端 / 服务器）	X1/X2		X1/X2/X3	
OPC UA DA 服务器（读，写，订阅），需运行授权	X1/X2		X1/X2/X3	
指令执行时间				
位运算	10ns	2ns	1ns	
字运算	12ns	3ns	2ns	
整数运算	16ns	3ns	2ns	
浮点运算	64ns	12ns	6ns	
存储器				
集成工作存储器（用于程序）	1MB	2MB	4MB	
集成工作存储器（用于数据）	5MB	8MB	20MB	
集成数据存储用于 ODK 应用	—			20MB
集成掉电保持数据区	512KB	768KB	768KB	
通过 PS 扩展掉电保持数据区	5MB	8MB	20MB	
装载存储器（SIMATIC 存储卡）最大	32GB			
CPU 块总计（如 DB，FB，FC，UDT 以及全局常量等）	6000	10000		

续表

标准型 CPU	CPU 1516-3PN/DP	CPU 1517-3 PN/DP	CPU 1518-4 PN/DP	CPU 1518-4 PN/DP ODK
订货号	6ES7 516-3AN01-0AB0	6ES7 517-3AP00-0AB0	6ES7 518-4AP00-0AB0	6ES7 518-4AP00-3AB0
DB				
最大容量（编号范围 1~60999）	5MB	8MB	16MB	
FB				
最大容量（编号范围 0~65535）	512KB			
FC				
最大容量（编号范围 0~65535）	512KB			
OB				
最大容量	512KB			
地址区				
I/O 模块最大数量（包括所有模块及子模块）	8192	16384		
I/O 最大地址范围：输入	32KB；所有输入均在过程映像中			
I/O 最大地址范围：输出	32KB；所有输出均在过程映像中			
硬件配置能力				
最大通信卡（CM/CP）扩展能力	8			
最大分布式 I/O 系统数量（包括 PN，PB 及 AS-I）	64		128	
最大分布式 I/O 站数量	1000			
最大 PROFINET 接口数量（通过 CM）	8			
最大 PROFIBUS 接口数量（通过 CM/CP）	8			

③ 故障安全型。为确保设备发生故障时控制系统切换到安全模式，西门子公司开发了故障安全型 CPU 模块。在 S7-1500 PLC 中常用的故障安全型 CPU 模块（F 系统）有 CPU 1511F-1 PN、CPU 1513F-1 PN、CPU 1515F-2 PN、CPU 1516F-3 PN/DP、CPU 1517F-3 PN/DP 和 CPU 1518F-4 PN/DP（ODK/MFP）等型号，如图 1-1-3 所示。

图 1-1-3　故障安全型 CPU 模块实物外形

④ 分布式。SIMATIC ET 200SP CPU 模块是一款性能突出、简单易用、外形结构小巧和接线方便的模块，与 CPU 1511-1 PN 和 CPU 1513-1 PN 模块具有相同的功能，可直接连接 ET 200SP I/O 设备。

⑤ ET 200SP 开放式 PLC。目前西门子 ET 200SP 开放式 CPU 1515SP PC 模块是将 PC-Based 平台与 ET 200SP 控制器功能相结合的可靠、紧凑的控制系统，可以用于特定的 OEM 设备以及工厂的分布式控制，可直接扩展 ET 200SP I/O 模块。

图 1-1-4　工艺型 CPU 模块

CPU 1515SP PC 开放式 PLC 使用双核 1GHz，AMD GSeries APU T40E 处理器，4GB 内存，使用 8G/16G Cfast 卡作为硬盘，Windows7 嵌入版 32 位或 64 位操作系统，1 个千兆标准以太网接口，3 个 USB2.0，1 个 DVI-I 接口。

⑥ 工艺型。工艺型 CPU 模块无缝扩展了中高级 PLC 的产品线，在标准型 / 故障安全型 CPU 模块功能基础上，能够实现更多的运动控制功能。目前常用的 CPU 模块有 CPU 1511T-1 PN、CPU 1511TF-1 PN、CPU 1515T-2 PN、CPU 1515TF-1 PN、CPU 1517T-3 PN/DP、CPU 1517TF-3 PN/DP 等型号，如图 1-1-4 所示。

1.1.2　CPU 1516F-3 PN/DP模块

（1）CPU 1516F-3 PN/DP 的操作显示屏

CPU 1516F-3 PN/DP 模块集成了一块显示屏和操作键构成的操作显示屏，在显示屏上可以显示不同的菜单信息，或者进行多种不同的设置，再通过控制键实现菜单之间的切换。操作显示屏面板如图 1-1-5 所示。

① 操作模式和诊断状态的 LED 指示灯。CPU 1516F-3 PN/DP 模块操作显示屏上配有三个 LED 指示灯，分别为停止 / 运行指示灯（双色 LED：绿 / 黄）、故障指示灯（单色 LED：红）和维护指示灯（单色 LED：黄），用于指示当前的操作状态和诊断状态，表 1-1-3 列出了 RUN/STOP LED、ERROR LED 和 MAINT LED 指示灯各种颜色组合的含义。如果出现故障指示灯，可以通过操作显示屏查看详细信息，并可以快速通过故障信息来确定故障的最小范围通道，具体查看的操作方法见后面显示屏的介绍。

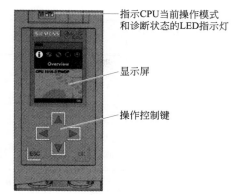

指示CPU当前操作模式和诊断状态的LED指示灯

显示屏

操作控制键

图 1-1-5　操作显示屏面板

表1-1-3　操作显示屏面板上三个LED指示灯的含义

RUN/STOP LED 指示灯	ERROR LED 指示灯	MAINT LED 指示灯	含义
LED 指示灯熄灭	LED 指示灯熄灭	LED 指示灯熄灭	CPU 电源缺失或不足
LED 指示灯熄灭	LED 指示灯红色闪烁	LED 指示灯熄灭	发生错误
LED 指示灯绿色点亮	LED 指示灯熄灭	LED 指示灯熄灭	CPU 处于 RUN 模式
LED 指示灯绿色点亮	LED 指示灯红色闪烁	LED 指示灯熄灭	诊断事件未决
LED 指示灯绿色点亮	LED 指示灯熄灭	LED 指示灯黄色点亮	设备要求维护 必须在短时间内检查 / 更换受影响的硬件 激活强制作业 PROF lenergy 暂停
LED 指示灯绿色点亮	LED 指示灯熄灭	LED 指示灯黄色闪烁	设备需要维护 必须在短时间内检查 / 更换受影响的硬件 组态错误
LED 指示灯黄色点亮	LED 指示灯熄灭	LED 指示灯黄色闪烁	固件更新已成功完成
LED 指示灯黄色点亮	LED 指示灯熄灭	LED 指示灯熄灭	CPU 处于 STOP 模式
LED 指示灯黄色点亮	LED 指示灯红色闪烁	LED 指示灯黄色闪烁	SIMATIC 存储卡中的程序出错 CPU 故障
LED 指示灯黄色闪烁	LED 指示灯熄灭	LED 指示灯熄灭	CPU 在 STOP 模式下执行内部活动，如 STOP 之后启动 从 SIMATIC 存储卡下载用户程序

续表

RUN/STOP LED 指示灯	ERROR LED 指示灯	MAINT LED 指示灯	含义
☀ LED 指示灯黄色 / 绿色闪烁	▫ LED 指示灯熄灭	▫ LED 指示灯熄灭	启动（从 RUN 转为 STOP）
☀ LED 指示灯黄色 / 绿色闪烁	☀ LED 指示灯红色 闪烁	☀ LED 指示灯黄色 闪烁	启动（CPU 正在启动）
			启动、插入模块时测试 LED 指示灯
			LED 指示灯闪烁测试

② 操作显示屏。S7-1500 PLC 有两种操作显示屏，如图 1-1-6 所示，一个带有 3.4in（1in=25.4mm）大显示屏和一个带有 1.36in 小显示屏。小显示屏配置在 CPU 1511/1513 上；大显示屏配置在 CPU 1515/1516/1517/1518 上。

显示屏具有下列优点：

a. 通过查看纯文本形式的诊断消息，有助于操作与维护人员进行设备维护，缩短停机时间，提高维护效率。

b. 通过操作显示屏直接更改 CPU 模块或 CM/CP 模块接口设置（例如 IP 地址），方便在工厂调试、维护和停机。

c. 通过操作显示屏直接对强制表或监控表进行读 / 写访问，缩短了停机时间。

d. 最多选择 11 种用户界面语言用于菜单界面显示，用于故障及报警文本的项目语言则可选择 2 种，运行期间可以进行语言切换。

e. CPU 模块可以脱离操作显示屏运行，操作显示屏也可以在运行期间插拔，而不影响 PLC 的运行。

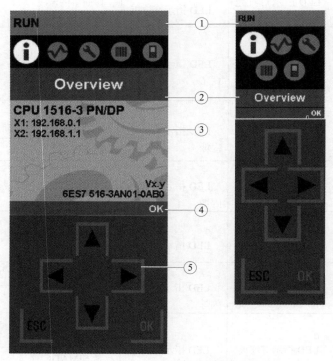

图 1-1-6　CPU 模块中两种显示屏

图 1-1-6 显示的大显示屏主要由以下五部分组成。①表示 CPU 状态信息显示区，具体显示的状态信息见表 1-1-4。②表示菜单名称，菜单名称含义见表 1-1-5，进入菜单后可以对各个子菜单选项进行查看和设置，选项上带有指示图标，这些图标的含义见表 1-1-6。③表示数据显示域。④表示导航帮助，例如确定 / 退出或页码。⑤表示控制键。

表1-1-4　显示CPU状态信息含义

状态数据的颜色和图标	含义
绿色	RUN
橙色	• STOP • STOP—固件更新
红色	FAULT
白色	• CPU 和显示屏之间建立了连接
🔒	组态有保护等级
⚠	• CPU 中至少激活了一个中断 • CPU 中未插入 SIMATIC 存储卡 • 受专有技术保护的块的序列号与 CPU 或 SIMATIC 存储卡的序列号不匹配 • 用户程序未加载
F	CPU 中激活了强制作业
◉	F 功能已激活。安全操作已激活（故障安全 CPU） 禁用安全模式时，该符号将灰显
▬▬▬	故障安全 CPU（适用于故障安全 CPU）

表1-1-5　显示屏中菜单名称含义

主菜单项	含义	描述
ⓘ	概述	"概览"（Overview）菜单包含有关 CPU 和插入的 SIMATIC 存储卡属性的信息以及有关是否有专有技术保护或是否链接有序列号的信息。 对于 F-CPU，将会显示安全模式的状态、集体签名以及 F-CPU 中的最后更改日期
⩗	诊断	"诊断"（Diagnostics）菜单包括： • 显示诊断消息。 • 读 / 写访问强制表和监控表。 • 显示循环时间。 • 显示 CPU 存储器使用情况。 • 显示中断
🔧	设置	在"设置"（Settings）菜单中，用户可以： • 指定 CPU 的 IP 地址和 PROFINET 设备名称。 • 设置每个 CPU 接口的网络属性。 • 设置日期、时间、时区、操作模式（RUN/STOP）和保护等级。 • 通过显示密码禁用 / 启用显示。 • 复位 CPU 存储器。 • 复位为出厂设置。 • 格式化 SIMATIC 存储卡。 • 删除用户程序。 • 通过 SIMATIC 存储卡，备份和恢复 CPU 组态。 • 查看固件更新状态。 • 将 SIMATIC 存储卡转换为程序存储卡

主菜单项	含义	描述
	模块	"模块"（Modules）菜单包含有关组态中使用的集中式和分布式模块的信息。 外围部署的模块可通过 PROFINET 和 / 或 PROFIBUS 连接到 CPU。 可在此设置 CPU 或 CP/CM 的 IP 地址。 将显示 F 模块的故障安全参数
	显示	在"显示"（Display）菜单中，可组态显示屏的相关设置，例如，语言设置、亮度和省电模式。省电模式将使显示屏变暗。待机模式选择器将显示屏关闭

表1-1-6 子菜单选项图标的含义

图标	含义
	可编辑的菜单项
	在此选择所需语言
	消息位于下一页中
	下一页面下方存在错误消息
	标记的模块不可访问
	浏览到下一页面
	在编辑模式中，可使用两个方向键进行选择： • 向下 / 向上：跳转到选定位置，或选择所需的数字 / 选项
	在编辑模式中，可使用四个方向键进行选择： • 向下 / 向上：跳转到选定位置，或选择所需的数字 • 向左 / 向右：向前或向后跳一个格
	报警尚未确认
	报警已确认

③ 控制键。如图 1-1-6 所示的操作显示屏上带有 4 个方向按键，分别为"上""下""左"和"右"，用于选择菜单和设置。如果按住一个方向键 2s，将生成一个自动滚动功能、一个"OK"键和一个"Esc"键用于确认和退出。

实例 1-1 通过操作显示屏设置CPU模块IP地址和子网掩码

【操作步骤】

① 浏览"设置"（Settings）。

② 选择"地址"（Addresses）。

③ 选择接口"X1（IE/PN）"。

④ 选择菜单项"IP 地址"（IP Addresses）。

⑤ 设置 IP 地址为 192.168.0.10。

⑥ 按控制键"右"键。

⑦ 设置子网掩码为 255.255.255.0。

⑧ 按控制键"下"键，选择菜单项"应用"（Apply），然后单击"确定"（OK）确认设置。

至此，设置完成接口"X1（IE/PN）"的 IP 地址和子网掩码。

（2）CPU 的操作模式

操作模式说明了 CPU 的状态，可以通过 CPU 上的模式操作开关、CPU 的显示屏和 TIA 博途软件切换 CPU 的操作模式，下面分别介绍。

① 使用模式操作开关切换 CPU 的运行状态。可以通过 CPU 模式操作开关进行选择 RUN、STOP 和 MRES 三种操作状态，如图 1-1-7 所示，模式操作开关相对应的含义见表 1-1-7。

图 1-1-7 模式操作开关

表1-1-7 模式操作开关相对应的含义

位置	含义	说明
RUN	运行模式	在"RUN"模式下，将循环执行用户程序、响应中断程序和故障信息的处理，在每个程序周期内，将自动更新过程映像中的地址
STOP	停止模式	STOP 模式下 CPU 不执行用户程序。在此状态下，如果装载程序，CPU 将检测所有模块是否满足启动条件；如果 CPU 由运行切换到停止模式，CPU 根据相应模块的参数设置，禁用或响应所有输出。例如：在模块组态中设置响应 STOP 模式时，将按照模块参数中所设置的替换值或保持上一个值输出，从而将控制过程保持在安全操作模式
MRES	存储器复位（将 CPU 恢复到所组态的初始状态）	只能在 STOP 模式下执行 CPU 的存储器复位。存储器复位是对 CPU 的数据进行初始化，恢复到"初始状态"，即断开 PG/PC 和 CPU 间的现有在线连接；工作存储器中的内容以及保持性和非保持性数据被删除；诊断缓冲区、时间、IP 地址被保留；CPU 通过已装载的项目数据（硬件配置、代码块和数据块以及强制作业）进行初始化，CPU 将此数据从装载内存复制到工作存储器

 提示

用模式操作开关 MRES 复位存储器时，应按照下列操作步骤进行：

a. 将模式操作开关扳到 STOP 位置。此时 RUN/STOP LED 指示灯点亮为黄色。

b. 将模式操作开关扳到 MRES 位置并保持 3s（该位置不能保持，需要用手按住），直至 RUN/STOP LED 黄色指示灯第二次点亮并保持在点亮状态（约 3s），然后松开模式操作开关自动回到 STOP 位置。

c. 再一次将模式操作开关从 STOP 位置扳到 MRES 位置，然后重新返回到 STOP 模式（此动作过程在 3s 内完成）。至此，CPU 开始执行存储器复位，在此复位过程中 RUN/STOP LED 指示灯黄色闪烁，当呈现黄色灯不再闪烁时，表示 CPU 存储器复位结束。

② 使用显示屏切换 CPU 的运行状态。通过操作显示屏中的"设置"功能，可对 RUN、STOP 和 MRES 三种操作模式进行切换。具体操作步骤不再介绍。

③ 使用博途软件中的在线工具选项下 CPU 操作面板进行切换 CPU 的运行状态，如图 1-1-8 所示。

图 1-1-8　博途软件中 CPU 操作面板

（3）CPU 模块不带操作显示屏的前面板及连接元件

如图 1-1-9 所示是 CPU 1516F-3 PN/DP 模块不带操作显示屏的前面板及主要连接元件。

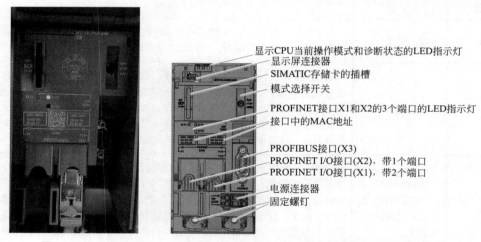

图 1-1-9　CPU 1516F-3 PN/DP 模块不带操作显示屏的前面板及主要连接元件

（4）CPU 模块背面连接元件

如图 1-1-10 所示是 CPU 模块背面的连接元件示意图。

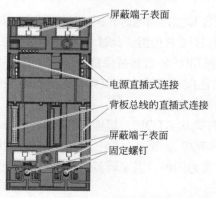

图 1-1-10　CPU 模块背面的连接元件

（5）CPU 1516F-3 PN/DP 模块的接口端子

① 电源连接器及接线。标准 CPU 模块的供电电源是 24V 直流电压。模块电源接线端在出厂时配有电源连接器及电源引脚分配如图 1-1-11 所示，图中①与④是接 +24V DC 电源电压，导线颜色采用红色或橙色，导线截面积建议 1.5mm²（0.25 ～ 2.5mm²）；②与③是电源电压负极，导线颜色采用蓝色，导线截面积建议 1.5mm²（0.25 ～ 2.5mm²）；⑤是开簧器（每个端子一个开簧器），用于导线的插入和拔出连接。

CPU 模块电源接线步骤是先拔出 4 孔连接插头（位于 CPU 模块的设备底部）；然后打开开簧器分别把红、蓝导线接入连接器，注意电源极性；最后检查无误后插回连接插座，如图 1-1-12 所示。如果 CPU 模块通过系统 PS 电源供电，则无须连接 24V 电源。

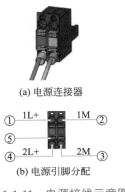

图 1-1-11　电源接线示意图

图 1-1-12　电源连接器

② PROFINET 接口 X1。PROFINET 接口 X1 是 CPU 模块内部集成了一个带双端口交换机（X1P1R 和 X1P2R），该端子分配基于 RJ45 插头的以太网标准。每个端口都配有一个 LINK RX/TX LED 指示灯，LINK RX/TX LED 指示灯的含义见表 1-1-8。它支持 HMI 通信，除了可与组态系统、上位网络（骨干网、路由器、Internet）或其他设备或自动化单元进行数据通信等基本功能之外，该接口还支持 PROFINET I/O RT（实时）和 IRT（等时同步实时）功能。

表1-1-8　LINK RX/TX LED指示灯的含义

LINK RX/TX LED 指示灯	含义
▪ LED 指示灯熄灭	PROFINET 设备的 PROFINET 接口与通信伙伴之间没有以太网连接。 当前未通过 PROFINET 接口收发任何数据。 无 LINK 连接
※ LED 指示灯绿色闪烁	正在执行"LED 指示灯闪烁测试"
▪ LED 指示灯绿色点亮	PROFINET 设备的 PROFINET 接口与通信伙伴之间进行以太网连接
▪ LED 指示灯黄色闪烁	当前正在通过 PROFINET 设备的 PROFINET 接口向以太网上的通信伙伴发送 / 接收数据

③ PROFINET 接口 X2。PROFINET 接口 X2 是带 1 个端口（X2 P1），该端口分配基于 RJ45 插头的以太网标准，在 X2 上总是会激活自动跨接功能，这意味着 RJ45 插座既可以被分配成数据终端设备（MDI-X），也可以被分配成一个交换机（MDI-X）。

④ PROFIBUS 接口 X3。它用于连接到 PROFIBUS 网络，该接口用作 PROFIBUS DP 接

口时，CPU 模块只能作为 DP 主站，不能用作 DP 从站。

1.1.3　CPU模块中的存储器

　　CPU 模块中的存储器主要分为 CPU 内部集成的工作存储器、保持性存储器、其他存储区位和外插的 SIMATIC 存储卡。存储器的分布示意图如图 1-1-13 所示。存储器使用情况可通过博途软件、CPU 显示屏和 Web 服务器等设备来查看，如图 1-1-14 所示是通过博途软件中项目树下"程序信息"→"资源"选项卡来查看存储器的使用情况。

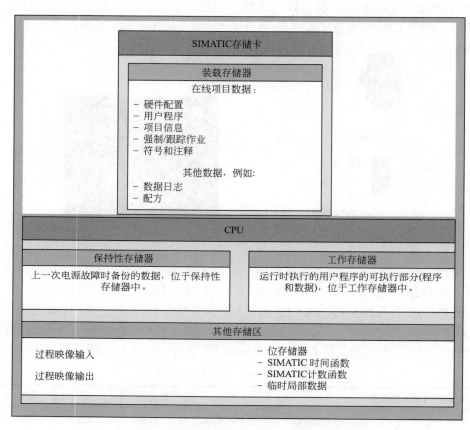

图 1-1-13　CPU 存储器的分布示意图

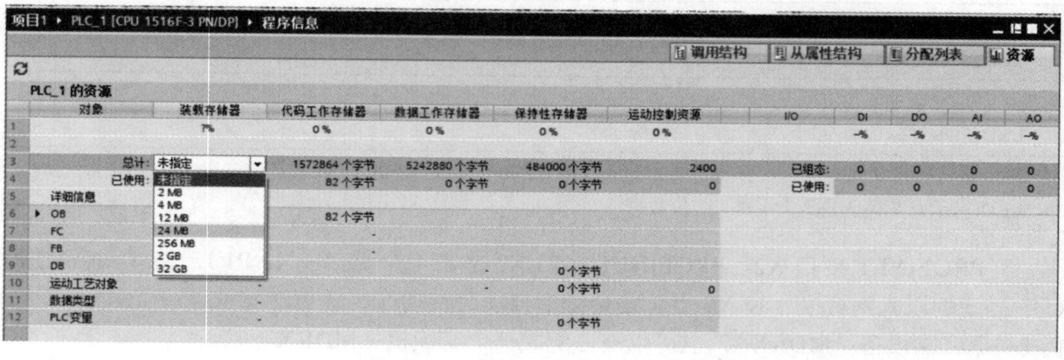

图 1-1-14　查看存储器使用情况

（1）工作存储器

工作存储器是一种易失性存储器，用于存储用户程序代码和数据块。工作存储器集成在CPU 中，不能进行扩展。在 CPU 模块中，工作存储器划分为以下两个区域：

① 代码工作存储器：代码工作存储器保存与运行时相关的程序代码部分（例如 FC、FB、OB）。

② 数据工作存储器：数据工作存储器保存 DB 数据块和工艺对象中与运行时相关的部分。

（2）保持性存储器

保持性存储器是非易失性存储器，用于在发生电源故障时保存有限数量的数据。这些数据必须预先定义为具有保持功能，例如整个 DB 模块、DB 块中的部分数据（优化数据块）、位存储器 M 区、定时器和计数器等。

（3）其他（系统）存储区

其他存储区包括位存储器、定时器和计数器、本地临时数据区以及过程映像，这些数据区的大小与 CPU 模块的类型有关。

（4）装载存储器

外插的 SIMATIC 存储卡又称为装载存储器，作为程序存储器。存储卡是一种非易失性存储器，用于存储代码块、数据块、工艺对象和硬件配置等，当操作使用 CPU 时，必须插入SIMATIC 存储卡。在博途软件中建立的项目数据将从电脑下载到 CPU 中的装载存储器中，然后复制到工作存储器中运行。由于 SIMATIC 存储卡还存储变量的符号、注释信息及 PLC 数据类型等，因此所需的存储空间远大于工作存储器。可以通过 CPU 的 Web 服务器或资源管理器将其他数据（如 HMI 备份或其他文件）复制到 SIMATIC 存储卡中。

① SIMATIC 存储卡。如图 1-1-15 所示是 SIMATIC 存储卡，此卡带有序列号，可与用户程序进行绑定。SIMATIC 存储卡的结构中包含的文件夹和文件见表 1-1-9，常用 SIMATIC 存储卡的技术规格见表 1-1-10。更多的存储卡知识参考 CPU 存储器的结构和使用功能手册。

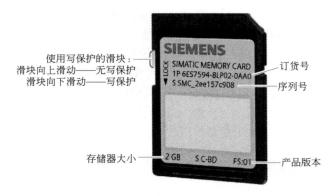

图 1-1-15　SIMATIC 存储卡

表1-1-9　SIMATIC存储卡中包含的文件夹和文件

文件夹	描述
FWUPDATE.S7S	CPU 和 I/O 模块的固件更新文件
SIMATIC.S7S	用户程序［即所有块（OB、FC、FB、DB）和系统块］和 CPU 中的项目数据
SIMATIC.HMI	与 HMI 相关的数据

续表

文件夹	描述
数据日志	数据日志文件
配方	配方文件
备份	使用显示屏备份和恢复文件

表1-1-10 常用SIMATIC存储卡的技术规格

SIMATIC 存储卡的存储容量	订货号	每个存储块的最大写入 / 删除次数
4MB	6ES7 954-8LCxx-0AA0	500000
12MB	6ES7 954-8LExx-0AA0	500000
24MB	6ES7 954-8LFxx-0AA0	500000
256MB	6ES7 954-8LL02-0AA0	200000
2GB	6ES7 954-8LP01-0AA0	100000
2GB	6ES7 954-8LP02-0AA0	60000
32GB	6ES7 954-8LT02-0AA0	50000

② 使用存储卡应注意的事项。

a. SIMATIC 存储卡必须使用专用存储器，普通商用 SD 卡不能作为 SIMATIC 存储卡使用，可以使用商用 PC 的 SD 插槽读出 SIMATIC 存储卡的内容，也可以删除存储卡中的用户程序，但是不能使用 Windows 中的工具对存储卡进行格式化或删除存储卡中的隐藏文件，否则可能会对 SIMATIC 存储卡造成损坏。如果误删隐藏文件，需要将存储卡安装在 CPU 模块中，使用博途软件对它进行在线格式化，恢复存储卡中的隐藏文件。

b. 确保在 STOP 模式中或 POWER OFF 前，未执行任何写操作状态下，可进行拔插 SIMATIC 存储卡。当重新插入卡后将触发对该 SIMATIC 存储卡的重新评估。此时，CPU 对 SIMATIC 存储卡上的组态内容和保持性备份数据进行比较。如果保持性备份数据和 SIMATIC 存储卡上的组态数据一致，则该保持性数据保留不变。如果存在数据差异，CPU 将自动执行存储器复位（这意味着删除该保持性数据）并进入 STOP 模式。

c. 如果 CPU 受到干扰或者在运行时拔插 SIMATIC 存储卡，CPU 模块会进入故障模式，即 CPU 模块上所有的指示灯全闪，与外围设备的通信中断。断电后再上电，由于用户程序不会丢失，系统将恢复，但是 CPU 中变量的过程数据有可能丢失并恢复到初始值，这相当于重新下载了程序。

d. 工作存储器的空间大小与 CPU 的类型有关，不能扩展，所以选择 CPU 的类型时，应考虑程序的大小。保持性存储器的容量空间与 CPU 的类型也有关。

e. SIMATIC 存储卡的使用寿命主要取决于存储块的删除 / 写入次数、写入的字节数和环境温度等因素。

实例 1-2 使用CPU操作显示屏格式化SIMATIC存储卡

【操作步骤】

① 将格式化 SIMATIC 存储卡插入 CPU 中。

② 在 CPU 显示屏中，选择菜单"设置"→"卡功能"→"格式化卡"（Settings → Card functions → Format card）。

③ 单击"确定"（OK）进行确认。

至此，存储卡被格式化，CPU 模块中除了 IP 地址之外的数据均被删除。如果要使用博途软件对 SIMATIC 存储卡进行格式化，必须在线连接到 CPU，并且该 CPU 处于 STOP 模式下，具体的操作步骤参考 3.5 节相关介绍。

1.1.4　紧凑型CPU 1511C-1 PN模块

本节将介绍紧凑型 CPU 1511C-1 PN 模块硬件、模拟量 I/O 和数字量 I/O 的性能及接线。

（1）紧凑型 CPU 1511C-1 PN 模块硬件

CPU 1511C-1 PN 的硬件由 CPU 模块、模拟量 I/O 模块和数字量 I/O 模块组成，如图 1-1-16 所示。因此在 TIA 博途软件中组态时，紧凑型 PLC 需要占用一个共享插槽（插槽 1）。

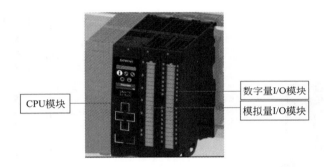

图 1-1-16　CPU 1511C-1 PN 模块实物图

① CPU 1511C-1 PN 模块的前面板如图 1-1-17 所示。图中的 CPU 模块的指示灯和操作显示屏的知识可参考前面 CPU 模块的介绍。

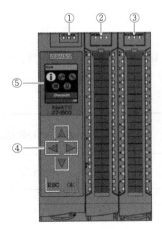

① 指示CPU当前操作模式和诊断状态的LED指示灯
② 板载模拟量I/O的状态和错误指示灯RUN/ERROR
③ 板载数字量I/O的状态和错误指示灯RUN/ERROR
④ 控制键
⑤ 显示屏

图 1-1-17　CPU 1511C-1 PN 模块的前面板

② CPU 模块前盖板打开时，CPU 1511C-1 PN 模块视图如图 1-1-18 所示。

③ CPU 1511C-1 PN 背面视图如图 1-1-19 所示。

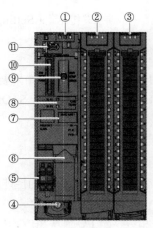

① 指示CPU当前操作模式和诊断状态的LED指示灯
② 板载模拟量I/O的状态和错误指示灯RUN/ERROR
③ 板载数字量I/O的状态和错误指示灯RUN/ERROR
④ 紧固螺钉
⑤ 电源电压接口
⑥ PROFINET接口(X1)，带双端口(X1 P1和X1 P2)
⑦ MAC地址
⑧ PROFINET接口X1上双端口(X1 P1和X1 P2)的LED指示灯
⑨ 模式选择器
⑩ SIMATIC存储卡插槽
⑪ 显示屏接口

图 1-1-18　前盖板打开时 CPU 1511C-1 PN 模块视图

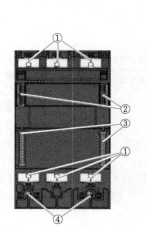

① 屏蔽端子表面
② 电源直插式接口
③ 背板总线的直插式接口
④ 紧固螺钉

图 1-1-19　CPU 1511C-1 PN 背面视图

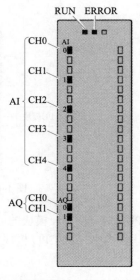

图 1-1-20　模拟量 I/O 的状态和错误指示灯

　　④ 模拟量 I/O 的状态和错误指示灯的示意图如图 1-1-20 所示，指示灯的含义见表 1-1-11、表 1-1-12。

表1-1-11　RUN/ERROR状态和错误指示灯的含义

LED 指示灯		含义	补救措施
RUN	ERROR		
灭	灭	电压缺失或过低	接通 CPU 和 / 或系统电源模块
闪烁	灭	板载模拟量 I/O 启动，在分配有效参数前该指示灯一直闪烁	—
亮	灭	板载模拟量 I/O 已完成参数设置	
亮	闪烁	指示模块错误（至少一个通道故障，如断路）	评估诊断信息并消除该错误（如断路）

表1-1-12　CHx状态指示灯的含义

CHx LED 指示灯	含义	补救措施
□ 灭	禁用通道	—
■ 亮	通道参数已设置且设置正确	—
■ 亮	通道参数已设置，但通道错误。诊断报警：如断路	检查接线 禁用诊断

⑤ 数字量 I/O 的状态和错误指示灯可参考上述的介绍。

（2）紧凑型 CPU 1511C-1 PN 模块的技术指标

紧凑型 CPU 模块集成了模拟量和数字量 I/O 模块，并集成大量工艺功能，可完美应用于各种中小型自动化系统控制，表 1-1-13 列出了两种紧凑型 CPU 模块的技术性能概览。

表1-1-13　两种紧凑型CPU模块的技术性能概览

项目	CPU 1511C-1 PN	CPU 1512C-1 PN
PROFIBUS 接口	—	—
PROFINET 接口	1	1
工作存储器（程序）	175KB	250KB
工作存储器（数据）	1MB	1MB
位操作的处理时间	60ns	48ns
集成的模拟量输入 / 输出	5 个输入 /2 个输出	5 个输入 /2 个输出
集成的数字量输入 / 输出	16 个输入 /16 个输出	32 个输入 /32 个输出
高速计数器	6	6
脉冲发生器 • PWM（脉宽调制） • PTO（脉冲串输出） • 频率输出	4（PTOx/PWMx）	4（PTOx/PWMx）

① CPU 通信接口（PROFINET 接口 X1）。CPU 1511C-1 PN 带有一个 PROFINET 接口（X1），配有两个端口（P1R 和 P2R）。它不仅支持 PROFINET 基本功能，还支持 PROFINET I/O RT（实时）和 IRT（等时同步实时）。用户可以在该接口上组态 PROFINET I/O 通信或实时通信。在组态以太网中的冗余环网结构（介质冗余）时，端口 1、端口 2 可用作环网端口。

② 模拟量 I/O 模块的技术特性。

a. CPU 1511C-1 PN 模块有 5 个模拟量输入，每个输入通道的诊断、测量类型和测量范围等参数可由 TIA 博途软件进行更改设置。表 1-1-14 列出了输入通道各种测量类型、测量范围和相应的通道。

表1-1-14 输入通道各种测量类型、测量范围和相应的通道

测量类型	测量范围	通道
电压	0 ～ 10V 1 ～ 5V ± 5V ± 10V	0 ～ 3
电流 4WMT （4 线制测量传感器）	0 ～ 20mA 4 ～ 20mA ± 20mA	0 ～ 3
电阻	150Ω 300Ω 600Ω	4
热电阻 RTD	Pt100 标准型 / 气候型 Ni100 标准型 / 气候型	4
取消激活	—	—

b. CPU 1511C-1 PN 模块有 2 个模拟量输出，每个输出通道的诊断、输出通道的测量类型和测量范围等参数可由 TIA 博途软件进行更改设置。表 1-1-15 列出了输出类型和输出范围。

表1-1-15 输出类型和输出范围

输出类型	输出范围
电压	1 ～ 5V 0 ～ 10V ± 10V
电流	0 ～ 20mA 4 ～ 20mA ± 20mA
取消激活	—

③ 数字量 I/O 模块的技术特性。

a. CPU 1511C-1 PN 模块有 16 个高速数字量快速输入，信号频率最高可达 100kHz，输入既可用作标准输入，也可作为工艺功能的输入。额定输入电压 24V DC，适用于开关以及 2/3/4 线制接近开关。

b. CPU 1511C-1 PN 模块有 16 个数字量输出，输出既可用作标准输出，也可作为工艺功能的输出，其中 8 个可作为工艺功能的高速输出。额定输出电压 24V DC，作为标准模式时额定输出电流为 0.5 A/ 通道；作为工艺功能的输出电流是介于最大 0.5A 的输出电流（输出频率最高 10kHz）与最小 0.1A 的降额输出电流（输出频率可增大到最高 100kHz）之间。它适用于电磁阀、直流接触器和指示灯、信号传输和比例阀。

（3）紧凑型 PLC 的接线

紧凑型 PLC 的接线以 CPU 1511C-1 PN 模块为例来介绍，在阅读接线图时，主要阅读 CPU 模块的直流 24V 电源接线和模块通道与电气元件的接线。

① CPU 1511C-1 PN 模块的模拟量输入端子的接线。

a. 模拟量输入电压的接线。如图 1-1-21 所示显示了模拟量输入电压测量的方框图和端子

分配接线（通道 CH0 ～ CH3）。注意：以下所有图中虚线连接是当有干扰信号时采用的等电位连接电缆。

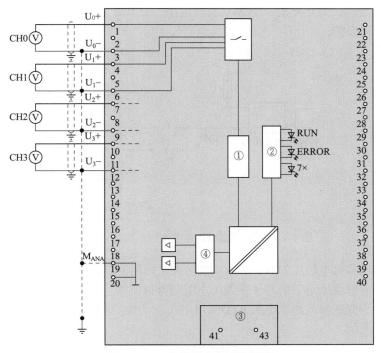

图 1-1-21　模拟量输入电压接线

b. 模拟量输入电流的 4 线制传感器接线。如图 1-1-22 所示是模拟量输入电流 4 线制传感器测量的方框图和端子分配接线（通道 CH0 ～ CH3）。

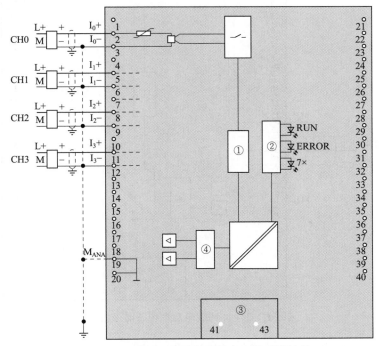

图 1-1-22　模拟量输入电流 4 线制传感器接线

c. 模拟量输入电流的 2 线制传感器的接线。输入电流的测量除了用 4 线传感器外，还有 2 线制传感器。如图 1-1-23 所示是在通道 CH0 上连接 2 线制传感器。当模拟量 I/O 模块上连接一个 2 线制传感器时，需要外接一个 24V 直流电源，并在 2 线制传感器的电源电路中串联一个熔断器作为短路保护。

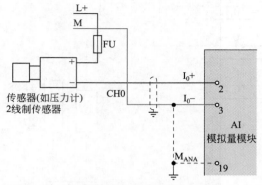

图 1-1-23　模拟量输入电流 2 线制传感器接线

d. 电阻传感器或热电阻（RTD）的 4 线制接线。如图 1-1-24 所示是通道 CH4 采用 4 线制连接的电阻型传感器或热电阻的端子接线（电阻测量只能接通道 4）。图中 M_4+/M_4- 为测量输入通道（仅电阻型变送器或热敏电阻 RTD），$I_{C4}+/I_{C4}-$ 为电流输入通道（仅电流），M_{ANA} 为模拟量电路的参考电位。

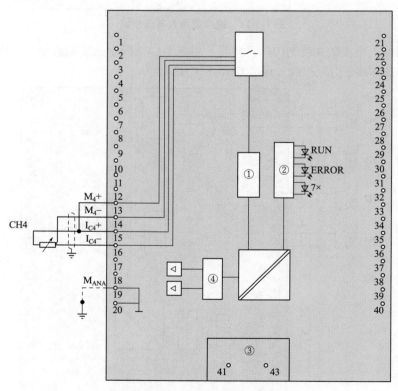

图 1-1-24　4 线制电阻型传感器接线

e. 电阻传感器或热电阻（RTD）的 3 线制接线，如图 1-1-25 所示。

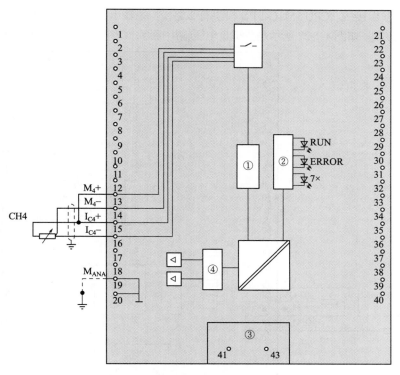

图 1-1-25　3 线制电阻型传感器接线

f. 电阻型传感器或热电阻（RTD）的 2 线制接线，如图 1-1-26 所示。

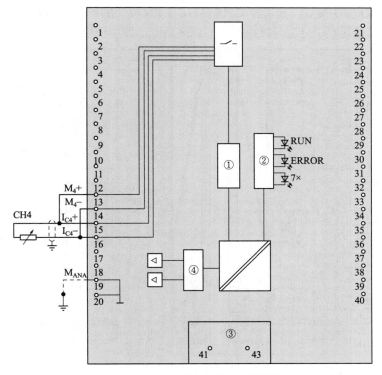

图 1-1-26　2 线制电阻型传感器接线

② 模拟量输出接线。CPU 1511C-1 PN 模块有 2 路模拟量输出通道，输出只能是电压或电流信号，其接线也类似。如图 1-1-27 所示是模拟量电压输出接线，图中 QV_0、QV_1 表示通道输出电压。

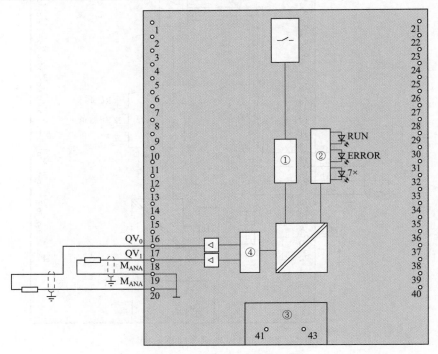

图 1-1-27　模拟量电压输出接线

③ 数字量 I/O 模块接线。紧凑型 CPU 1511C-1 PN 模块的数字量 I/O 模块中有 16 路输入和 16 路输出，其接线端子分配与接线如图 1-1-28 所示。图中模块左侧是输入接线端子，9 号

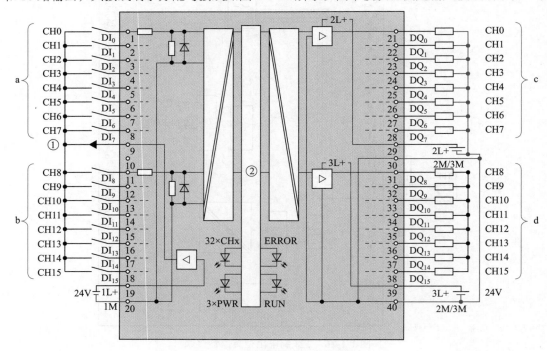

图 1-1-28　数字量 I/O 模块接线

端子是输入端子的公共端，输入端子的接线需要在 1L+ 与 1M 接线端子 19 与 20 上连接 24V 直流电压，注意直流电源的极性不能接反。右侧是输出接线端子，分两组输出，一组中端子 29 外接 24V 直流电压的 2L+ 正极，端子 30 接电压负极 2M；二组中端子 39 外接 24V 直流电压的 3L+ 正极，端子 40 接电压负极 3M。

1.2　西门子S7-1500 PLC电源模块

S7-1500 PLC 系统的正常工作必须配有合适的电源，目前常用的两种电源是负载电源 PM 和系统电源 PS。实际工程中可以根据现场电压类型和模块的功率损耗灵活地选择电源。

1.2.1　负载电源（PM）

S7-1500 PLC 系统中常用的负载电源模块型号有 PM 70W 120/230 V AC 和 PM 190W 120/230V AC 两种，如图 1-2-1 所示。负载电源在使用时可单独为 CPU 模块、I/O 模块及传感器和执行器等设备提供高效稳定的 24V 直流电压，如图 1-2-2 所示为带负载电源（PM）的系统配置示意图，与背板总线电源无关，也不需要在博途软件中进行 PM 的硬件组态配置。

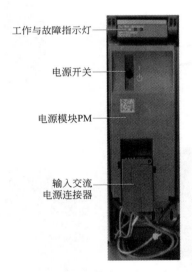

图 1-2-1　负载电源（PM）

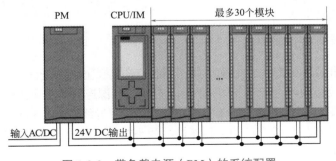

图 1-2-2　带负载电源（PM）的系统配置

实例 1-3 负载电源（PM）与CPU模块的电源接线

【操作步骤】

① 在导轨上安装负载电源（PM），如图 1-2-3 所示。

② 打开前盖并拔出交流电源连接插头，如图 1-2-4 所示。

③ 拔出输出 24V 直流电源 4 孔连接插头，并拧紧安装负载电源（PM），如图 1-2-5 所示。

④ 安装紧凑型 PLC（CPU 1511C-1 PN），如图 1-2-6 所示。

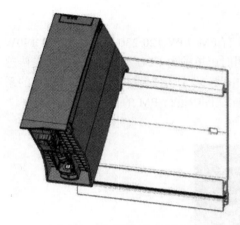

图 1-2-3　安装负载电源（PM）

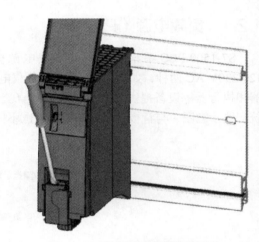

图 1-2-4　拔出交流电源连接插头

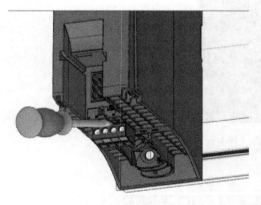

图 1-2-5　拔出 24V 连接器

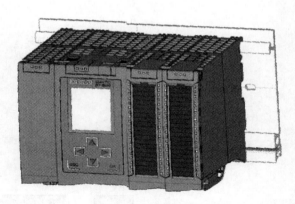

图 1-2-6　安装紧凑型 PLC

⑤ 打开输入电源连接器盖，根据接线图将护套电源线连接到标有 L1、N 和 PE（接地）的插头接线柱上，如图 1-2-7 所示，接完后合上外盖，电源连接插头现在已接线。

⑥ 对负载电源（PM）的 4 孔连接器插头进行接线（导线选择 1.5mm² 的红色和蓝色多股塑料铜芯导线），然后把负载电源的 4 孔连接器插头的另一端导线接线到 CPU 的 4 孔电源连接插头，如图 1-2-8 所示。

⑦ 将负载电源连接到 CPU 电源上，如图 1-2-9 所示，接线完毕。

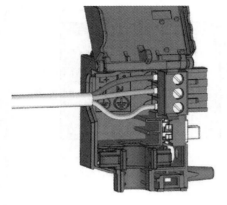

图 1-2-7　连接交流电源

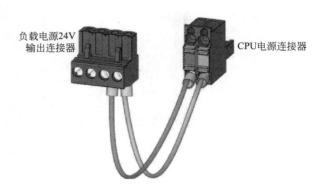

负载电源24V
输出连接器

CPU电源连接器

图 1-2-8　连接电源插头

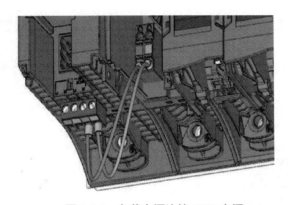

图 1-2-9　负载电源连接 CPU 电源

图 1-2-10　U 形连接器

1.2.2　系统电源（PS）

（1）系统电源介绍

系统电源是具有诊断功能的电源模块，可通过 U 形连接器（如图 1-2-10 所示）连接到背板总线上，向 S7-1500 PLC 及分布式 ET 200MP I/O 系统供电，因此，必须安装在背板上，不能与机架分离安装，且必须在 TIA 博途软件中进行硬件组态配置。目前常用的系统电源模块有 3 种型号：PS 25W 24V DC（6ES7505-0KA00-0AB0）、PS 60W 24/48/60V DC（6ES7505-0RA00-0AB0）和 PS 60W 120/230V AC/DC（6ES7507-0RA00-0AB0）。

（2）系统电源的配置

S7-1500 PLC 系统配置中央机架和分布式 ET 200SP I/O 系统时，CPU 模块中集成的系统电源可为背板总线提供 10W 或 12W 的电源（具体取决于 CPU 模块类型），最多连接 12 个模块。如果 CPU 模块 / 接口模块提供给背板总线的电量不足以为所连接的模块供电，则需要配置使用系统电源。

一个机架上最多可以插入 32 个模块（包括系统电源、CPU 模块），可以插入最多 3 个系统电源模块，通过系统电源模块构成 3 个电源段向系统供电（一个电源段是指一个电源模块和安装在它右侧的由该电源供电的模块），如图 1-2-11 所示。

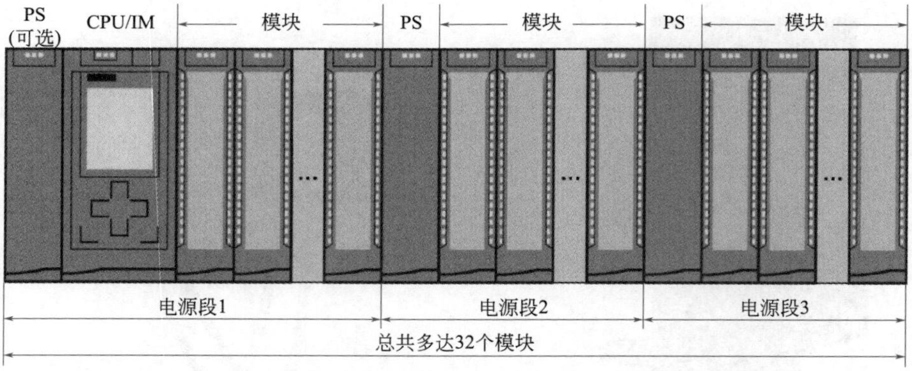

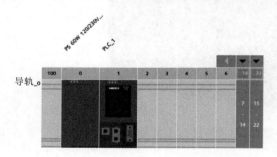

图 1-2-11　带有 3 个电源段的配置型式

实例 1-4 插入多个系统电源模块的S7-1500 PLC的系统硬件配置

【操作步骤】

① 第一个系统电源模块安装到 CPU 模块的左侧，占用机架 0 号插槽，如图 1-2-12 所示。

图 1-2-12　安装第一个系统电源

此时，系统输送的总功率为系统电源提供的功率和 CPU 模块提供的功率之和（图 1-2-11 中 PS 提供 60W+CPU 模块提供 12W=72W），系统中的功率分配使用情况可在 CPU 模块属性电源参数中查看，如图 1-2-13 所示（此处的功率分配需要查看 CPU 的属性，由于还没介绍到 CPU 的组态，此时可跳过，可在后续 CPU 参数中查看）。

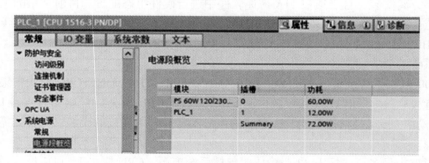

图 1-2-13　查看电源总功率分配

② 安装相关的模块，在 CPU 模块的右侧配置两个系统电源模块，如图 1-2-14 所示，组

成总共 32 个模块的最大组态，可通过查看这两个 PS 属性来了解电源功率分配使用情况，如图 1-2-15 所示。

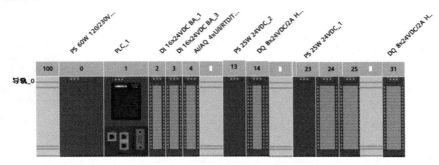

图 1-2-14　配置 32 个模块的最大组态

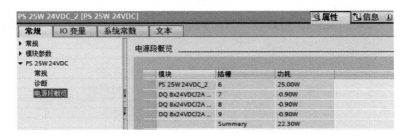

图 1-2-15　第二个系统电源模块的功率分配

1.3　西门子S7-1500 PLC信号模块

信号模块是 CPU 模块与控制设备之间的接口。外部输入信号通过输入模块传送到 CPU 模块中进行计算和逻辑处理，然后将逻辑结果和控制命令通过输出模块输出到控制设备，从而达到控制设备的目的。外部信号主要分为数字量信号和模拟量信号，因此信号模块也分为数字量输入（DI）/ 输出（DQ）模块和模拟量输入（AI）/ 输出（AQ）模块。

S7-1500 PLC 信号模块的模块安装宽度尺寸有 35mm 和 25mm 两种规格。I/O 模块端子连接信号线时，需要用前连接器进行连接，如图 1-3-1 所示的前连接器实物外形图，图中包含了一个用于电源分配传导的内部电位桥（连接器件），图 1-3-2 是内部电位桥的应用，图中 24V 直流电压经过电位桥①连接到右端输出将 24V 电压传导到下一个模块。

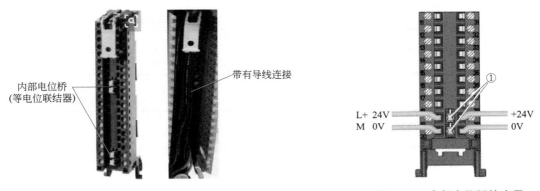

图 1-3-1　前连接器　　　　　　　　　　　　　　图 1-3-2　内部电位桥的应用

1.3.1 数字量输入模块

（1）型号名称

S7-1500 PLC 的数字量输入模块型号以"SM521"开头，"5"表示为 S7-1500 系列，"2"表示为数字量，"1"表示为输入类型。S7-1500 PLC 常用的数字量输入模块如图 1-3-3 所示。图中 DI 表示数字量输入，16（32）表示输入通道数，24V DC 表示输入额定电压直流24V，BA 表示基本型，基本型不需要参数化，没有诊断功能（HF 表示高性能）。常用的数字量输入模块的技术参数见表 1-3-1。

图 1-3-3　数字量输入模块

表1-3-1　常用的数字量输入模块的技术参数

数字量输入模块	16DI，DC 24V 高性能型	16DI，DC 24V 基本型	16DI，AC 230V 基本型	16DI，DC 24V SRC 基本型
订货号	6ES7521-1BH00-0AB0	6ES7521-1BH10-0AA0	6ES7521-1FH00-0AA0	6ES7521-1BH50-0AA0
数字量输入				
• 输入通道数	16	16	16	16
• 输入类型	漏型输入	漏型输入	漏型输入	源型输入
• 计数器通道数，最多	2	—	—	—
• 计数频率，最高	1kHz	—	—	—
• 输入额定电压	DC 24V	DC 24V	AC 230V	DC 24V
等时模式	√			
电缆长度				
• 屏蔽电缆长度，最大	1000m	1000m	1000m	1000m
• 未屏蔽电缆长度，最长	600m	600m	600m	600m
是否包含前连接器	否	是	否	否
中断 / 诊断				
• 硬件中断	√	—	—	—
• 诊断中断	√	—	—	—
• 诊断功能	√；通道级	—	√；模块级	—
电气隔离				
• 通道之间	—	—	—	—
• 通道之间，每组个数	16	16	4	16
• 通道和背板总线之间	√	√	√	√
• 通道与电子元件的电源之间	—	—	—	—
模块宽度 /mm	35	25	35	35

续表

数字量输入模块	32DI，DC 24V 高性能型	32DI，DC 24V 基本型	16DI，DC 24 ～ 125V 高性能型
订货号	6ES7521-1BL00-0AB0	6ES7521-1BL10-0AA0	6ES7 521-7EH00-0AB0
数字量输入			
• 输入通道数	32	32	16
• 输入类型	漏型输入	漏型输入	源型 / 漏型输入
• 计数器通道数，最多	2	—	—
• 计数频率，最高	1kHz	—	—
• 输入额定电压	DC 24V	DC 24V	AC/DC 24V，48V，125V
等时模式	√	—	—
电缆长度			
• 屏蔽电缆长度，最大	1000m	1000m	1000m
• 未屏蔽电缆长度，最长	600m	600m	600m
是否包含前连接器	否	是	否
中断 / 诊断			
• 硬件中断	√	—	√
• 诊断中断	√	—	√
• 诊断功能	√；通道级	—	√；通道级
电气隔离			
• 通道之间	—	—	√
• 通道之间，每组个数	16	16	1
• 通道和背板总线之间	√	√	√
• 通道与电子元件的电源之间	—	—	—
模块宽度 /mm	35	25	35

（2）接线

　　数字量输入模块的接线基本都相似，下面以 DI 16×24V DC HF 模块为例介绍接线，接线方框图如图 1-3-4 所示，图中按每组 8 个通道进行电气隔离。

 提示

在阅读模块接线图时，重点阅读模块的电源接线和每个通道与电气元件的接线。

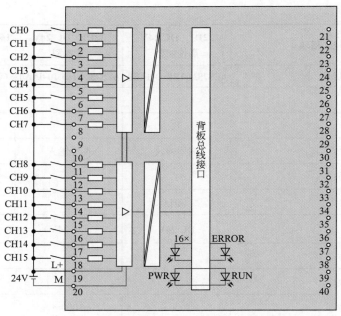

图 1-3-4   DI 16×24V DC HF 模块接线方框图

实例 1-5 数字量输入模块与光电开关的实际接线

如图 1-3-5 所示是 3 线制的 PNP 型光电开关与 PLC 的接线示意图。PNP 型 3 线开关引出的 3 根线，棕色线接电源 24V 正极，蓝色线接电源负极，黑色线为控制信号线，接 PLC 输入端子 10（I1.0）。

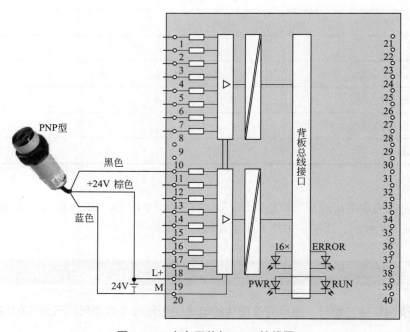

图 1-3-5   光电开关与 PLC 接线图

1.3.2　数字量输出模块

（1）型号名称

S7-1500 PLC 的数字量输出模块型号以"SM522"开头，"5"表示为 S7-1500 系列，第一个"2"表示为数字量，第二个"2"表示为输出类型。S7-1500 PLC 常用的数字量输出模块如图 1-3-6 所示。图中 DQ 表示数字量输出，8（16、32）表示输出通道数；24V DC/0.5A 表示输出额定电压直流 24V，每个通道的额定电流 0.5A，输出类型晶体管（230V AC/2A 表示输出额定电压交流 230V，额定电流 2A，输出类型继电器输出）；ST 表示标准型。常用的数字量输出模块的技术参数见表 1-3-2。

▸ ▯ DQ 8x24VDC/2A HF
▸ ▯ DQ 16x24VDC/0.5A BA
▸ ▯ DQ 16x24VDC/0.5A ST
▸ ▯ DQ 16x24VDC/0.5A HF
▸ ▯ DQ 32x24VDC/0.5A BA
▸ ▯ DQ 32x24VDC/0.5A ST
▸ ▯ DQ 32x24VDC/0.5A HF
▸ ▯ DQ 16x24…48VUC/125VDC/0.5A ST
▸ ▯ DQ 8x230VAC/2A ST
▸ ▯ DQ 8x230VAC/5A ST
▸ ▯ DQ 16x230VAC/1A ST
▸ ▯ DQ 16x230VAC/2A ST

图 1-3-6　数字量输出模块

表1-3-2　常用的数字量输出模块的技术参数

数字量输出模块	8DQ，230VAC/2A 标准型	8DQ，24V DC/2A 高性能型	8RQ，230V AC/5A 标准型	16DQ，24V DC ～ 48V/125V DC /0.5A 标准型
订货号	6ES7522-5FF00-0AB0	6ES7522-1BF00-0AB0	6ES7522-5HF00-0AB0	6ES7522-5EH00-0AB0
数字量输出				
• 输出通道数	8	8	8	16
• 输出类型	晶闸管	晶体管源型输出	继电器输出	源型输出
• 额定输出电压	AC 120/230V	DC 24V	DC 24V-AC 230V	AC/DC 24V，48V；DC 125V
• 额定输出电流	2A	2A	5A	0.5A
等时模式	—	—	—	—
电缆长度				
• 屏蔽电缆长度，最大	1000m	1000m	1000m	1000m
• 未屏蔽电缆长度，最长	600m	600m	600m	600m
是否包含前连接器	否	否	否	否
中断 / 诊断				
• 硬件中断	—	√	—	—
• 诊断中断	—	√	√	√
• 诊断功能	√；模块级	√；通道级	√；模块级	√；模块级
电气隔离				
• 通道之间	√	—	√；允许使用不同级别的开关	√
• 通道之间，每组个数	1	4	1	1
• 通道和背板总线之间	√	√	√	√

数字量输出模块	8DQ，230VAC/2A 标准型	8DQ，24V DC/2A 高性能型	8RQ，230V AC/5A 标准型	16DQ，24V DC ～ 48V/125V DC /0.5A 标准型
订货号	6ES7522-5FF00-0AB0	6ES7522-1BF00-0AB0	6ES7522-5HF00-0AB0	6ES7522-5EH00-0AB0
• 通道与电子元件的电源之间	√	—	√	—
模块宽度 /mm	35	35	35	35

数字量输出模块	16DQ，24V DC/0.5A 标准型	16DQ，24V DC/0.5A 基本型	16DQ，230V AC/1A 标准型	16DQ，230V AC/2A 标准型	32DQ，24V DC/0.5A 标准型	32DQ，24V DC/0.5A 基本型
订货号	6ES7522-1BH00-0AB0	6ES7522-1BH10-0AA0	6ES7522-5FH00-0AB0	6ES7522-5HH00-0AB0	6ES7522-1BL00-0AB0	6ES7522-1BL10-0AA0
数字量输出						
• 输出通道数	16	16	16		32	32
• 输出类型	晶体管源型输出	晶体管源型输出	晶闸管		晶体管源型输出	晶体管源型输出
• 额定输出电压	DC 24V	DC 24V	AC 120/230V	DC 24V-AC 230V	DC 24V	DC 24V
• 额定输出电流	0.5A	0.5A	1A	2A	0.5A	0.5A
等时模式	√	—	—	—	√	—
电缆长度						
• 屏蔽电缆长度，最大	1000m	1000m	1000m	1000m	1000m	1000m
• 未屏蔽电缆长度，最长	600m	600m	600m	600m	600m	600m
是否包含前连接器	否	是	否	否	否	是
中断 / 诊断						
• 硬件中断	—	—	—	—	—	—
• 诊断中断	√	—	—	√	√	—
• 诊断功能	√；模块级	—	—	√；模块级	√；模块级	—
电气隔离						
• 通道之间	—	—	—	—	—	—
• 通道之间，每组个数	8	8	2	2	8	8
• 通道和背板总线之间	√	√	√	√	√	√
• 通道与电子元件的电源之间	—	—	—	√	—	—
模块宽度 /mm	35	25	35	35	35	25

（2）接线

① 晶体管输出类型的模块接线。晶体管输出类型的数字量输出模块的接线基本都相似，下面以 DQ 16×24V DC/0.5A ST 模块为例介绍接线，接线方框图如图 1-3-7 所示，按每组 8 个通道进行电气隔离。

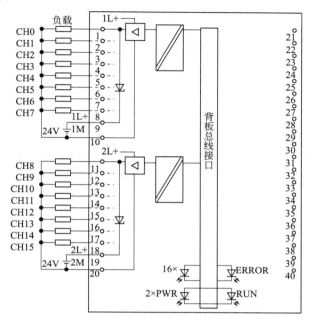

图 1-3-7　DQ 16×24V DC/0.5A ST 模块的接线方框图

② 继电器输出类型的模块接线。继电器输出类型的数字量输出模块的接线基本都相似，下面以 DQ 8×230V AC/5A ST 模块为例介绍接线，接线方框图如图 1-3-8 所示，模块有 8 个数字量继电器输出，每个输出通道都是电气隔离的。

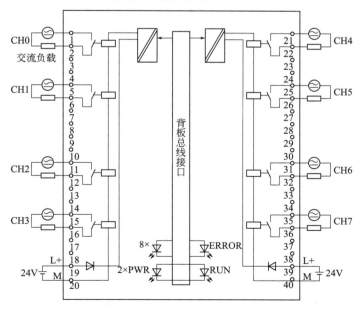

图 1-3-8　DQ 8×230V AC/5A ST 模块接线方框图

1.3.3 数字量输入/输出模块

（1）型号名称

S7-1500 PLC的数字量输入/输出模块型号以"SM523"开头，"5"表示为 S7-1500系列，"2"表示为数字量，"3"表示为数字量输入/输出混合型。目前常用的型号为 DI 16/DQ 16×24V DC。模块的技术参数见表 1-3-3。

① 16 个数字量输入，以 16 个通道为一组进行电隔离，额定输入电压 24V DC，适用于开关以及 2/3/4 线制接近开关。

② 16 个数字量输出，按每组 8 个通道进行电气隔离，额定输出电压 24V DC，每个通道的额定输出电流 0.5A。

表1-3-3 混合模块的技术参数

数字量输入 / 输出模块	16DI，24V DC 基本型 /16DQ，24V DC/0.5A 基本型
订货号	6ES7523-1BL00-0AA0
数字量输入	
• 输入通道数	16
• 输入特性曲线	1EC61131，类型 3
• 输入类型	漏型输入
• 输入额定电压	DC 24V
数字量输出	
• 输出通道数	16
• 输出类型	源型输出
• 额定输出电压	DC 24V
额定输出电流	0.5A
等时模式	—
电缆长度	
• 屏蔽电缆长度，最大	1000m
• 未屏蔽电缆长度，最长	600m
是否包含前连接器	是
中断 / 诊断	
• 硬件中断	—
• 诊断中断	—
• 诊断功能	—
电气隔离	
• 通道之间	—
• 通道之间，每组个数	8
• 通道和背板总线之间	√
• 通道与电子元件的电源之间	—
模块宽度 /mm	25

（2）接线

数字量输入 / 输出模块的接线方框图如图 1-3-9 所示。

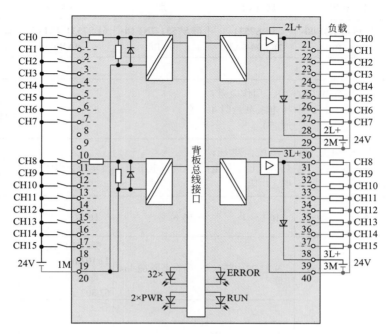

图 1-3-9　数字量输入 / 输出模块的接线方框图

1.3.4　模拟量输入模块

模拟量输入模块将模拟信号转换为数字信号后传送到 CPU 的进计算和处理。例如测量温度信号 0 ～ 100℃时，温度的变化对应一个输出为 0 ～ 10V 的电压信号，再通过 A/D(模 / 数) 转换器按线性比例关系转换为数字量信号为 0 ～ 27648，传送到 CPU 就可以用于其他计算处理，也可以发送到人机界面用于温度显示，也可以进行温度的自动控制。S7-1500 PLC 标准型模拟量输入模块为多功能测量模块，具有多种测量类型，每个通道的测量类型和范围都可以选择。

（1）型号名称

S7-1500 PLC 的模拟量输入模块型号以"SM531"开头，"5"表示为 S7-1500 系列，"3"表示为模拟量，"1"表示为输入类型。S7-1500 PLC 中常用的模拟量输入模块（AI）如图 1-3-10 所示，图中 AI 表示模拟量输入，4 表示通道数，U/I/RTD/TC 表示测量类型电压 / 电流 / 热电阻 / 热电偶。模拟量输入模块的技术参数见表 1-3-4。

图 1-3-10　模拟量输入模块（AI）

表1-3-4　模拟量输入模块的技术参数

模拟量输入模块	4AI，U/I/RTD/TC 标准型	8AI，U/I/RTD/TC 标准型	8AI，U/I，高速型	8AI U/I 高性能型	8AI U/R/RTD/TC 高性能型
订货号	6ES7534-7QE00-0AB0	6ES7531-7KF00-0AB0	6ES7531-7NF10-0AB0	6ES7531-7NF00-0AB0	6ES7531-7PF00-0AB0
模拟量输入					
• 输入通道数	4（用作电阻/热电阻测量时2通道）	8（用作电阻/热电阻测量时4通道）	8	8	8，附加1个RTD参考通道
• 输入信号类型	电流，电压，热电阻，热电偶，电阻	电流，电压，热电阻，热电偶，电阻	电流，电压	电流，电压	电压，热电阻，热电偶，电阻
• 分辨率（包括符号位）最高	16位	16位	16位	16位	16位
• 转换时间（每通道）	9/23/27/107ms	9/23/27/107ms	所有通道62.5μs	快速模式：4/18/22/102ms 标准模式：9/52/62/302 ms	快速模式：4/18/22/102 ms 标准模式：9/52/62/302 ms
等时模式	—	—	√	—	—
屏蔽电缆长度，最大	U/I 800m;R/RTD 200m；TC 50m	U/I 800m；R/RTD 200m；TC 50m	800m	800m	U 800m；R/RTD/TC 200m
是否包含前连接器	是	否	否	否	否
中断/诊断					
• 限制中断	√	√	√	√	√
• 诊断中断	√	√	√	√	√
• 诊断功能	√；通道级	√；通道级	√；通道级	√；通道级	√；通道级
电气隔离					
• 通道之间	—	—	—	√	√
• 通道之间，每组个数	4	8	8	1	1
• 通道和背板总线之间	√	√	√	√	√
• 通道与电子元件的电源之间	√	√	√	√	√
模块宽度/mm	25	35	35	35	35

（2）接线

模拟量输入模块的接线基本都相似，下面以 AI 8×U/I/RTD/TC ST 模块为例介绍接线。该模块具有 8 个模拟量输入，精度 16 位，可按照通道设置相关的测量类型和诊断等参数。

① 电压测量的接线。模拟量输入模块 AI 8×U/I/RTD/TC ST 的电压测量接线方框图如图 1-3-11 所示，电压类传感器与每个通道 4 个端子中的第 3 个和第 4 个端子连接，其他通道接线类似。图中模块需要配接直流 24V 电压，需要将电源元件插入前连接器，为模拟量模块供电，如图 1-3-12 所示，连接电源电压与端子 41（L+）和 44（M），然后通过端子 42（L+）和 43（M）为下一个模块供电。

注意：以下所有图中虚线连接是当有干扰信号时采用的等电位联结电缆。

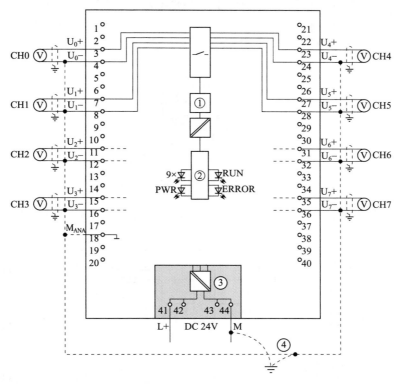

图 1-3-11　模拟量输入模块电压测量接线方框图

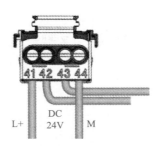

图 1-3-12　配接电源电压

② 使用 4 线制变送器的电流测量接线。模拟量输入模块 AI 8×U/I/RTD/TC ST 的 4 线制变送器的电流测量接线方框图如图 1-3-13 所示。一个 4 线制变送器有 2 根线接 24V 供电，2 根输出信号线接到模拟量输入通道中第 2 个和第 4 个端子上。其他通道的接线类似。

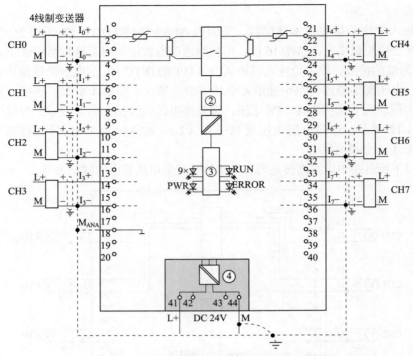

图 1-3-13　4 线制变送器的电流测量接线方框图

③ 使用 2 线制变送器的电流测量接线。如图 1-3-14 所示的接线，连接 2 线制电源与信号线共用与通道中第 1 个和第 2 个端子连接。

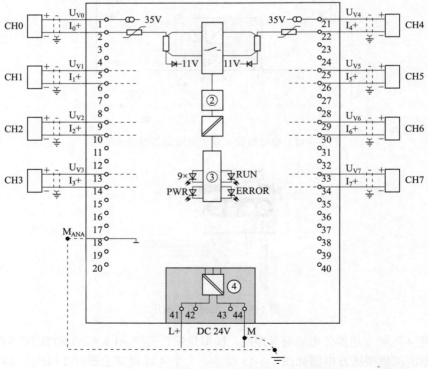

图 1-3-14　2 线制变送器的电流测量接线方框图

　　④ 电阻传感器或热电阻的 2、3 和 4 线制接线。如图 1-3-15 所示的接线，每个传感器接线都需要占用两个通道，使用 1、3、5、7 通道的第 3 个和第 4 个端子向传感器提供恒流源信号 I_C+ 和 I_C-，在热电阻上产生电压信号，使用相应通道 0、2、4、6 通道的第 3 个和第 4 个端子作为测量端接入。

　　⑤ 热电偶的接线。使用每个通道中第 3 个、第 4 个端子进行连接。如图 1-3-16 所示。

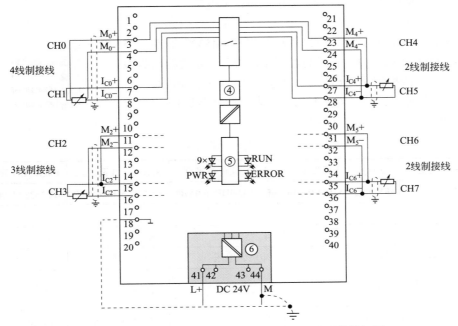

图 1-3-15　电阻传感器或热电阻的 2、3 和 4 线制接线框图

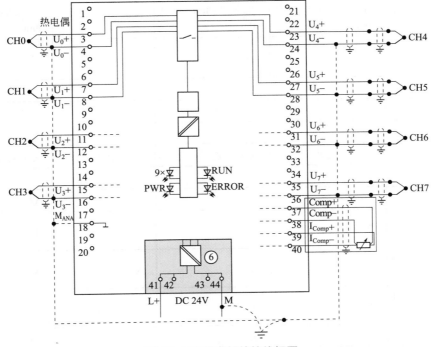

图 1-3-16　热电偶的接线框图

1.3.5　模拟量输出模块

模拟量输出模块将数字量信息转换为模拟量信号输出，模拟量输出模块只有电压和电流信号两种。目前模拟量输出模块都是 16 位高分辨率模块，精度非常高，由 CPU 处理后的数字量信息传送到模拟量输出模块内部，经过数 / 模转换器将数字量信号 0 ~ 27648 按线性比例关系转换为模拟量信号 0 ~ 10V 输出控制相关设备。

（1）型号名称

S7-1500 PLC 的模拟量输出模块型号以"SM532"开头，"5"表示为 S7-1500 系列，"3"表示为模拟量，"2"表示为输出类型。S7-1500 中常用的模拟量输出模块（AQ）如图 1-3-17 所示，图中 AQ 表示模拟量输出，4 表示通道数，U/I 表示输出类型电压 / 电流。模拟量输出模块的技术参数见表 1-3-5。

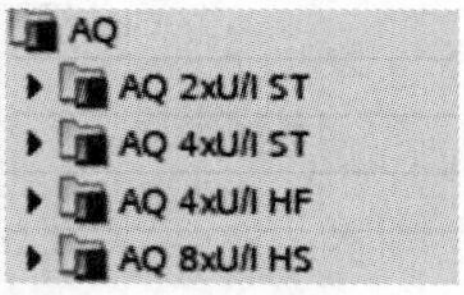

图 1-3-17　模拟量输出模块

表1-3-5　模拟量输出模块的技术参数

模拟量输出模块	2AQ，U/I 标准型	4AQ，U/I 标准型	8AQ，U/I 高速型	4AQ，U/I 高性能型
订货号	6ES7532-5NB00-0AB0	6ES7532-5HD00-0AB0	6ES7532-5HF00-0AB0	6ES7532-5ND00-0AB0
模拟量输出				
• 输出通道数	2	4	8	4
• 输出信号类型	电流，电压	电流，电压	电流，电压	电流，电压
• 分辨率（包括符号位），最高	16 位	16 位	16 位	16 位
转换时间（每通道）	0.5ms	0.5ms	所有通道 50μs	125μs
等时模式	—	—	√	√
屏蔽电缆长度，最大	电流 800m；电压 200m	电流 800m；电压 200m	200m	电流 800m；电压 200m
是否包含前连接器	是	否	否	否
中断 / 诊断				
• 硬件中断	—	—	—	—
• 诊断中断	√	√	√	√
• 诊断功能	√；通道级	√；通道级	√；通道级	√；通道级
电气隔离				
• 通道之间	—	—	—	√
• 通道之间，每组个数	2	4	8	1
• 通道和背板总线之间	√	√	√	√
• 通道与电子元件的电源之间	√	√	√	√
模块宽度 /mm	25	35	35	35

（2）接线

模拟量输出模块的接线基本都相似，下面以 AQ 4×U/I ST 模块为例介绍接线。该模块具有 4 个模拟量输出，精度 16 位，相同的端子可以连接不同类型的负载，只需要在 TIA 博途软件中进行配置即可。

① 电压输出的接线。如图 1-3-18 所示的电压输出接线是 2 线制和 4 线制输出的接线。2 线制电压类负载接线都要占用 1 个通道，通道中的端子 1、2 短接，端子 3、4 短接后，分别接到负载上。4 线制电压类负载接地也要占用 1 个通道，端子 1 和端子 4 分别连接到负载两端，同样把第 2 个和第 3 个端子也接到负载两端，这种接法对线路中的电阻有补偿作用，确保输出的准确性。

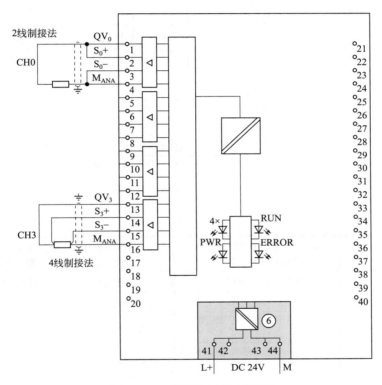

图 1-3-18　模拟量电压输出接线

② 电流输出的接线。如图 1-3-19 所示是电流输出的接线，使用通道中 4 个端子中的第 1 个和第 4 个端子连接负载。

1.3.6　模拟量输入 / 输出模块

西门子 S7-1500 PLC 的模拟量输入 / 输出模块型号以"SM534"开头，"5"表示为 S7-1500 系列，"3"表示为模拟量，"4"表示为模拟量输入 / 输出类型，例如 AI 4×U/I/RTD/TC/AQ 2×U/I ST 模块，有 4 个模拟量输入、2 个模拟量输出。混合模块的技术参数见表 1-3-6。模拟量输入 / 输出模块连接传感器的接线方式、方法与前面介绍的独立模拟量输入模块、输出模块相同，可参考前面的相关介绍。

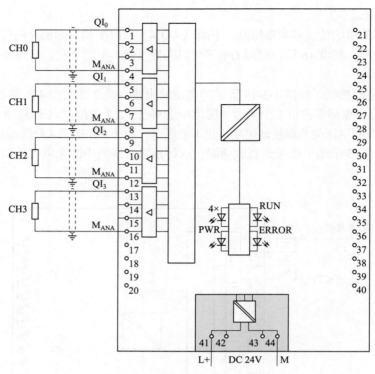

图 1-3-19　模拟量电流输出接线

表1-3-6　混合模块的技术参数

模拟量输入 / 输出模块	4AI，U/I/RTD/TC 标准型 /2AQ，U/I 标准型	模拟量输入 / 输出模块	4AI，U/I/RTD/TC 标准型 /2AQ，U/I 标准型
订货号	6ES7534-7QE00-0AB0	订货号	6ES7534-7QE00-0AB0
模拟量输入		等时模式	—
• 输入通道数	4（用作电阻 / 热电阻测量时 2 通道）	是否包含前连接器	是
• 输入信号类型	电流，电压，热电阻，热电偶，电阻	中断 / 诊断	
• 分辨率（包括符号位），最高	16 位	• 硬件中断	—
• 转换时间（每通道）	9/23/27/107 ms	• 诊断中断	√
• 屏蔽电缆长度，最大	U/I 800m；R/RTD 200m；TC 50m	• 诊断功能	√；通道级
模拟量输出		电气隔离	
• 输出通道数	2	• 通道之间	—
• 输出信号类型	电流，电压	• 通道之间，每组个数	4/2
• 分辨率（包括符号位），最高	16 位	• 通道和背板总线之间	√
• 转换时间（每通道）	0.5 ms	• 通道与电子元件的电源之间	√
• 屏蔽电缆长度，最大	电流 800m；电压 200m	模块宽度 /mm	25

1.4　西门子S7-1500 PLC通信模块

通信模块集成有各种接口，可与不同接口类型设备进行通信，而通过具有安全功能的工业以太网模块，可以极大提高连接的安全性。目前常用的通信模块有点对点通信模块、PROFIBUS 通信模块和 PROFINET/ETHERNET 通信模块 3 大类。

1.4.1　点对点通信模块

点对点通信模块又称为串口模块，可通过 RS232、RS422 和 RS485 接口进行通信，如 Freeport 或 Modbus 通信。

① CM PtP RS422/485 BA 点对点通信模块。下面以 CM PtP RS422/485 BA 模块为例来介绍，如图 1-4-1 所示是 CM PtP RS422/485 BA 模块外形图。该模块具有 RS422/RS485 物理接口，前面板具有通信模块运行状态指示灯 LED 显示，如图 1-4-1（b）所示，显示状态信息见表 1-4-1。

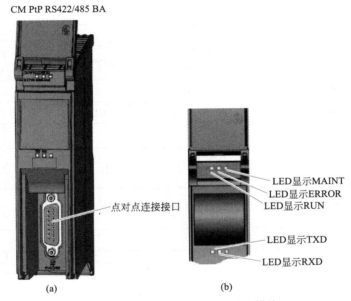

图 1-4-1　CM PtP RS422/485 BA 模块

表1-4-1　面板指示灯的含义

LED			含义	解决方案
RUN	**ERROR**	**MAINT**		
☐ 灭	☐ 灭	☐ 灭	通信模块电源没有电压或电压过低	检查站的电源
☼ 闪烁	☐ 灭	☐ 灭	CM 处于启动状态，但参数尚未分配	—
■ 亮	☐ 灭	☐ 灭	CM 已组态并准备好运行	—
■ 亮	☼ 闪烁	☐ 灭	组错误（至少一个错误未决）	判断诊断数据并清除该错误

续表

LED		含义		解决方案
TXD	**RXD**			
☀ 闪烁	▫ 灭	接口正在传输		—
▫ 灭	☀ 闪烁	接口正在接收		—

② 常用的点对点通信模块类型及技术参数见表 1-4-2。

表1-4-2　点对点通信模块类型及技术参数

通信模块	CM PtP RS422/485 基本型	CM PtP RS422/485 高性能型	CM PtP RS232 基本型	CM PtP RS232 高性能型
订货号	6ES7540-1AB00-0AA0	6ES7541-1AB00-0AB0	6ES7540-1AD00-0AA0	6ES7541-1AD00-0AB0
连接接口	RS422/RS485	RS422/RS485	RS 232	RS 232
接口数量	1	1	1	1
通信协议	自由口 3964（R）	自由口 3964（R） Modbus RTU 主 / 从	自由口 3964（R）	自由口 3964（R） Modbus RTU 主 / 从
通信速率	19.2 Kbps	115.2 Kbps	19.2 Kbps	115.2 Kbps
最大报文长度	1 KB	4 KB	1 KB	4 KB
等时模式	—	—	—	—
屏蔽电缆长度，最大	1200m	1200m	15m	15m
是否包含前连接器	否	否	否	否
中断 / 诊断				
• 硬件中断	—	—	—	—
• 诊断中断	√	√	√	√
• 诊断功能	√	√	√	√
隔离				
• 通道和背板总线之间	√	√	√	√
模块宽度 /mm	35	35	35	35

1.4.2　PROFIBUS通信模块

　　目前常用的 PROFIBUS 通信模块有 CM 1542-5 模块和 CP 1542-5 模块。通信模块 CM 1542-5（如图 1-4-2 所示）适合在 S7-1500 自动化系统中运行，CM 1542-5 允许将 S7-1500 PLC 站点连接到 PROFIBUS 现场总线系统，支持用作 DP 主站或 DP 从站。常用的 PROFIBUS 通信模块的类型及技术参数见表 1-4-3。

表1-4-3　PROFIBUS通信模块的类型及技术参数

通信模块	S7-1500-PROFIBUS CM 1542-5	S7-1500-PROFIBUS CP 1542-5
订货号	6GK7542-5DX00-0XE0	6GK7542-5FX00-0XE0
连接接口	RS485（母头）	RS485（母头）
接口数量	1	1
通信协议	DPV1 主 / 从 S7 通信 PG/OP 通信	
通信速率	9.6Kbps 12Mbps	9.6Kbps 12Mbps
最多连接从站数量	125	32
VPN	否	否
防火墙功能	否	
模块宽度 /mm	35	35

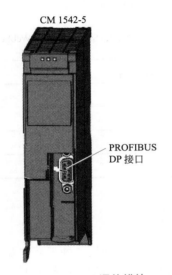

图 1-4-2　CM 1542-5 通信模块

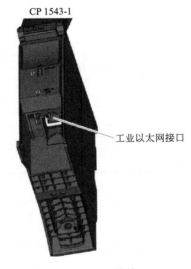

图 1-4-3　CP 1543-1 模块

1.4.3　PROFINET/ETHERNET通信模块

目前常用的 PROFINET/ETHERNET 通信模块有 CP 1543-1 模块和 CM 1542-1 模块。CP 通信模块接口的功能比 CPU 上集成的接口功能更多，并支持一些特殊功能。例如，CP 1543-1（如图 1-4-3 所示）支持工业以太网安全功能，可通过其工业以太网接口确保工业以太网安全。常用的 CP 通信模块的类型及技术参数见表 1-4-4。

表1-4-4　CP通信模块的类型及技术参数

通信模块	S7-1500-ETHERNET CP1543-1	S7-1500-PROFINET CM 1542-1
订货号	6GK7543-1AX00-0XE0	6GK7542-1AX00-0XE0
连接接口	RJ45	RJ45
接口数量	1	2

通信模块	S7-1500-ETHERNET CP1543-1	S7-1500-PROFINET CM 1542-1
订货号	**6GK7543-1AX00-0XE0**	**6GK7542-1AX00-0XE0**
通信协议	开放式通信 - ISO 传输 - TCP、ISO - on - TCP、UDP - 基于 UDP 连接组播 S7 通信 IT 功能 - FTP - SMTP - Webserver - NTP - SNMP	PROFINET IO - RT - IRT - MRP - 设备更换无需可交换存储介质 - I/O 控制器 - 等时实时 开放式通信 - ISO 传输 - TCP、ISO - on - TCP、UDP - 基于 UDP 连接组播 S7 通信 其他如 NTP，SNMP 代理，WebServer
通信速率	10/100/1000Mbps	10/100Mbps
最多连接从站数量	—	128
VPN	是	否
防火墙功能	否	是
模块宽度 /mm	35	35

1.5 西门子S7-1500 PLC工艺模块

S7-1500 PLC 具有多种工艺模块（TM），在实际工作中可以满足各种工艺的要求，实现高速及精准的控制。例如高速计数器模块、基于时间的 I/O 模块及 PTO 工艺模块等。

1.5.1 高速计数器模块

高速计数器模块具有独立处理计数功能，可以使用编码器或脉冲信号或通过组态指定计数方向，实现高速计数和测量，也可以根据预先设定的方式使用集成与模块的输出点控制现场设备（快速性要求），也可以通过调用通信函数指令可以对计数器进行读写操作。在 S7-1500 PLC 中常用的高速计数器有 TM Count 2 × 24V 模块和 TM PosInput2 位置检测模块，模块的技术参数见表 1-5-1。

表1-5-1　高速计数器模块的技术参数

计数模块	TM Count 2 × 24V	TM PosInput2
订货号	**6ES7550-1AA00-0AB0**	**6ES7551-1AB00-0AB0**
供电电压	24V DC（20.4 至 28.8V DC）	
可连接的编码器数量	2	

计数模块	TM Count 2×24V	TM PosInput2
订货号	6ES7550-1AA00-0AB0	6ES7551-1AB00-0AB0
可连接的编码器种类	– 带和不带信号 N 的 24V 增量编码器 – 具有方向信号的 24V 脉冲编码器 – 不具有方向信号的 24V 脉冲编码器 – 用于向上和向下计数脉冲的 24V 脉冲编码器	SSI 绝对编码器 – 带和不带信号 N 的 RS422/TTL 增量编码器 – 具有方向信号的 RS422/TTL 脉冲编码器 – 不具有方向信号的 RS422/TTL 脉冲编码器 – 用于向上和向下计数脉冲的 RS422/TTL 脉冲编码器
最大计数频率	200kHz；800kHz（4 倍脉冲评估）	1MHz；4MHz（4 倍脉冲评估）
功能		
• 计数功能	√：2 个计数器；最大计数频率 800kHz（4 倍脉冲评估）	√：2 个计数器；最大计数频率 4MHz（4 倍脉冲评估）
• 比较器	√	√
• 测量功能	√：频率，周期，速度	√：频率，周期，速度
• 位置检测	√：绝对位置和相对位置	√：绝对位置和相对位置
数字量输入		
• 输入通道数	6；每个计数通道 3 个	4；每个通道 2 个
• 功能	门控制，同步，捕捉，自由设定	门控制，同步，捕捉，自由设定
数字量输出		
• 输出通道数	4；每个计数通道 2 个	4；每个通道 2 个
• 功能	比较值转换，自由设定	比较值转换，自由设定
等时模式	√	√
是否包含前连接器	否	否
中断 / 诊断		
• 硬件中断	√	√
• 诊断中断	√	√
• 诊断功能	√；模块级	√；模块级
模块宽度 /mm	35	35

（1）TM Count 2×24V 工艺模块

如图 1-5-1 所示是 TM Count 2×24V 工艺模块实物外形图。

（2）TM Count 2×24V 工艺模块的接线

如图 1-5-2 所示是 TM Count 2×24V 工艺模块中通道 0 和通道 1 的两个增量编码器的接线（更详细的资料可参考 S7-1500 系统功能手册）。图中①是电气隔离单元，②是前连接器处的屏蔽支架，③是工艺和背板总线接口，④是输入滤波器，⑤是通过电源器件提供的电源电压，⑥是等电位联结点，⑦是增量编码器。

图 1-5-1　TM Count 2×24V 工艺模块

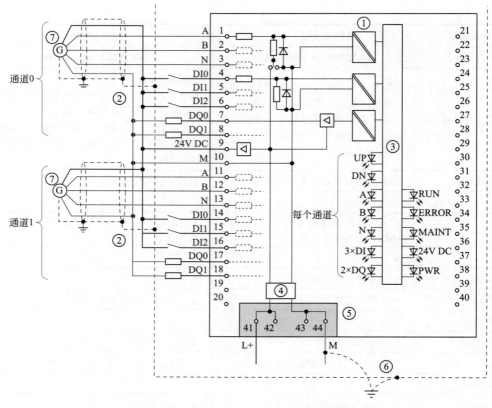

图 1-5-2　TM Count 2 × 24V 工艺模块接线

① 端子连接器的引脚分配见表1-5-2。表中只列出了两个通道的分配说明，其余可供参考该表。

表1-5-2　端子连接器引脚分配

视图	信号名称	说明				
		24V 增量编码器		24V 脉冲编码器		
		有信号 N	无信号 N	有方向信号	无方向信号	向上 / 向下
	计数器通道 0					
	1	CH0.A	编码器信号 A		计数信号 A	向上计数信号 A
	2	CH0.B	编码器信号 B		方向信号 B	—	向下计数信号 B
	3	CH0.N	编码器信号 N	—			
	4	DI0.0	数字量输入 DI0				
	5	DI0.1	数字量输入 DI1				
	6	DI0.2	数字量输入 DI2				
	7	DQ0.0	数字量输出 DQ0				
	8	DQ0.1	数字量输出 DQ1				
	两个计数器通道的编码器电源和接地端					
	9	24V DC	24V DC 编码器电源				
	10	M	编码器电源、数字输入和数字输出的接地端				

续表

视图	信号名称	说明				
		24V 增量编码器		24V 脉冲编码器		
		有信号 N	无信号 N	有方向信号	无方向信号	向上 / 向下
	计数器通道 1					
	11	CH1.A	编码器信号 A		计数信号 A	向上计数信号 A
	12	CH1.B	编码器信号 B		方向信号 B	—	向下计数信号 B
	13	CH1.N	编码器信号 N	—			
	14	DI1.0	数字量输入 DI0				
	15	DI1.1	数字量输入 DI1				
	16	DI1.2	数字量输入 DI2				
	17	DQ1.0	数字量输出 DQ0				
	18	DQ1.1	数字量输出 DQ1				
	19 ～ 40	—	—				

② 图 1-5-2 中把直流 24V 的电源电压连接到高速计数器电源端子 L+（端子 41/42）和 M（端子 43/44）上，为该模块供电。

③ 编码器的接线。工艺模块端子 9 与 M 端子 10 为编码器和传感器通过 24V DC 电源供电。24V 编码器信号用字母 A、B 和 N 标识，工作中根据实际工业要求进行选择编码器的接线。

图 1-5-2 是增量型编码器的接线，图中 A、B 和 N 信号可通过相应标记的端子进行连接，信号 A 和 B 是两个互差 90° 相位的增量信号。N 是每转提供一个脉冲的零标记信号（如果不需要零脉冲信号 N 可以不接）。

提示

当采用 24V 脉冲编码器是的接线方法如下：

a. 不具有方向信号的脉冲编码器接线。计数信号将连接至端子 A。计数方向可通过控制接口指定。端子 B 和 N 保持未连接状态。

b. 具有方向信号的脉冲编码器接线。计数信号将连接至端子 A，向上计数信号 A。方向信号将连接至端子 B，当方向信号为高电平时，向下计数信号 B。端子 N 保持未连接状态。

c. 具有向上 / 向下计数信号的脉冲编码器接线。向上计数信号将连接至端子 A。向下计数信号将连接至端子 B。端子 N 保持未连接状态。

编码器接线一定要注意电缆屏蔽层的接线，必须通过前连接器处和编码器处的屏蔽支架（屏蔽托架和端子）将编码器与工艺模块之间的电缆屏蔽层接地。

1.5.2 基于时间的I/O模块

基于时间的 I/O 模块是一个具有多种工艺控制功能的模块，这些 工艺控制系统要求响应时间确保能在规定时间到后进行输出，精度控制在 1μs 内。但是，一个程序从输入到输出，要经 CPU 程序处理时间、总线周期时间（现场总线、背板总线）、I/O 模块的周期时间以及传感器 / 执行器的内部周期时间。这些周期时间的存在会使各个循环周期具有响应时间的不确定性，很难达到时间同步输出。为了解决类似的问题，厂家就开发了一种基于时间的 I/O 模块来解决这种问题。

（1）TM Timer DIDQ 16×24V 模块

S7-1500 PLC 中常用的基于时间的 I/O 模块型号是 TM Timer DIDQ 16×24V，如图 1-5-3 所示。该模块具有离散量输入 / 输出信号的高精度时间控制、支持过采样，脉宽调制和计数等功能，广泛适用于电子凸轮控制、长度检测、脉冲宽度调制和计数等多种应用。模块的技术参数见表 1-5-3。

图 1-5-3　TM Timer DIDQ 16×24V 模块

例如，基于时间的 I/O 模块在 PR0FINT 网络中使用等时同步技术（RT），可以实现时间戳检测（Timer DI）、时间控制的切换（Timer DQ）、数字量输入的 Oversampling 和数字量输出的 Oversampling 控制。在等时模式中，用户程序的周期、输入信号的传输以及工艺模块中的处理都将同步。

表1-5-3　TM Timer DIDQ 16×24V模块技术参数

订货号	6ES7552-1AA00-0AB0
编程环境	
• STEP 7TIA Portal	V13 update3 以上
数字量输入	
• 输入通道数，最多	8 通道；取决于参数设置
• 输入带有时间戳，最多	8 通道
• 计数器，最多	4 通道

订货号	6ES7552-1AA00-0AB0
• 增量型计数器，最多	4 通道
• 输入过采样输入，最多	8 通道
数字量输出	
• 输出通道数，最多	16 通道；取决于参数设置
• 输出带有时间戳，最多	16 通道
• PWM，最多	16 通道
• 输出过采样，最多	16 通道
编码器	
• 增量编码器（非对称）	24V
• 输入频率，最大	50 kHz
• 计数频率，最大	200 kHz；带有 4 倍评估
等时模式	√
是否包含前连接器	否
中断 / 诊断	
• 硬件中断	√
• 诊断中断	√
• 诊断功能	√；模块级
电气隔离	
• 通道之间	√
模块宽度 /mm	35

（2）TM Timer DIDQ 16x24V 模块的接线

基于时间的 I/O 模块 TM Timer DIDQ16×24V 接线前，先确定设置模块的 16 个通道有多少个通道用作输入和输出。这需要在 TIA 博途软件中对模块的通道参数进行组态，组态范围见表 1-5-4。详细的组态参数和接线可参考 S7-1500PLC 系统手册。

表1-5-4　模块通道组态范围

参数	值范围	默认设置
模块的通道组态	0 输入，16 输出 3 输入，13 输出 4 输入，12 输出 8 输入，8 输出	0 输入，16 输出

① 通道设置为 16 个数字量输出的接线。当通道组态为 0 个输入、16 个输出时的端子连接器接线引脚分配见表 1-5-5。16 个数字量输出的接线如图 1-5-4 所示，图中①表示电气隔离，②表示工艺和背板总线接口，③表示电源电压的输入滤波器。如果要通过共享电源为两个负载组供电，端子 19 和 39 之间以及端子 20 和 40 之间插入电位跳线。

表1-5-5　16个数字量输出的引脚分配

名称	信号名称	视图		信号名称	名称
—	—		1	21	DQ0	数字量输出 DQ0
			2	22	DQ1	数字量输出 DQ1
			3	23	DQ2	数字量输出 DQ2
			4	24	DQ3	数字量输出 DQ3
			5	25	DQ4	数字量输出 DQ4
			6	26	DQ5	数字量输出 DQ5
			7	27	DQ6	数字量输出 DQ6
			8	28	DQ7	数字量输出 DQ7
			9	29	—	—
数字量输出 DQ0 ~ DQ7 的接地	1M		10	30		
	1M		11	31	DQ8	数字量输出 DQ8
	1M		12	32	DQ9	数字量输出 DQ9
	1M		13	33	DQ10	数字量输出 DQ10
	1M		14	34	DQ11	数字量输出 DQ11
	1M		15	35	DQ12	数字量输出 DQ12
	1M		16	36	DQ13	数字量输出 DQ13
	1M		17	37	DQ14	数字量输出 DQ14
	1M		18	38	DQ15	数字量输出 DQ15
数字量输出 DQ0 ~ DQ7 的电源电压 DC 24V	1L+		19	39	2L+	数字量输出 DQ8 ~ DQ15 的电源电压 DC 24V
电源电压 1L+ 的接地	1M		20	40	2M	电源电压 2L+ 的接地

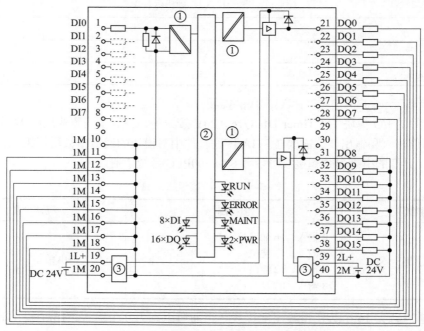

图 1-5-4　使用 16 个数字量输出的接线框图

②　通道组态为 8 个输入、8 个输出时，前连接器的引脚分配见表 1-5-6。输入端接增量编码器的接线如图 1-5-5 所示，图中①是电气隔离，②是工艺和背板总线接口，③是相应增量编

码器的 24V 电源，④是电源电压的输入滤波器，⑤是等电位联结点，⑥是前连接器处的屏蔽支架，⑦是具有 A 和 B 信号的增量编码器。

表1-5-6　前连接器的引脚分配

名称	信号名称		视图		信号名称	名称
数字量输入 DI0	DI0	1		21	DQ0	DI0 的编码器电源 24V
数字量输入 DI1	DI1	2		22	DQ1	DI1 的编码器电源 24V
数字量输入 DI2	DI2	3		23	DQ2	DI2 的编码器电源 24V
数字量输入 DI3	DI3	4		24	DQ3	DI3 的编码器电源 24V
数字量输入 DI4	DI4	5		25	DQ4	DI4 的编码器电源 24V
数字量输入 DI5	DI5	6		26	DQ5	DI5 的编码器电源 24V
数字量输入 DI6	DI6	7		27	DQ6	DI6 的编码器电源 24V
数字量输入 DI7	DI7	8		28	DQ7	DI7 的编码器电源 24V
—	—	9		29	—	—
编码器电源和数字量输入 DI0 ~ DI7 的接地	1M	10		30		
	1M	11		31	DQ8	数字量输出 DQ8
	1M	12		32	DQ9	数字量输出 DQ9
	1M	13		33	DQ10	数字量输出 DQ10
	1M	14		34	DQ11	数字量输出 DQ11
	1M	15		35	DQ12	数字量输出 DQ12
	1M	16		36	DQ13	数字量输出 DQ13
	1M	17		37	DQ14	数字量输出 DQ14
	1M	18		38	DQ15	数字量输出 DQ15
数字量输入 DI0 ~ DI7 的电源电压 DC 24V	1L+	19		39	2L+	数字量输出 DQ8 ~ DQ15 的电源电压 DC 24V
电源电压 1L+ 的接地	1M	20		40	2M	电源电压 2L+ 的接地

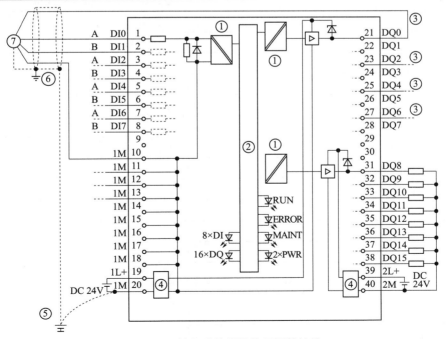

图 1-5-5　输入端接增量编码器的接线

1.5.3 PTO工艺模块

S7-1500 PLC 通过一个 TM PTO 4 通道工艺模块用来连接伺服和步进电机驱动器，可以连接最多 4 个步进电机轴，模块的技术参数见表 1-5-7。

表1-5-7　PTO工艺模块的技术参数

订货号	6ES7553-1AA00-0AB0
编程环境	
•STEP 7 TIA Portal	v14 以上
通道数量	4；轴
数字量输入	
• 输入通道数	12；每通道 3 个，包括一个 DIQ
• 同步功能	√
• 测量输入	√
• 驱动使能	√
• 输入过采样输入，最多	8 通道
数字量输出	
• 输出通道数	12；每通道 3 个，包括一个 DIQ
• 电流灌入	√；推挽式 DQn.0 和 DQn.1
• 电流输出	√
• 可配置输出	√
• 控制数字量输入	√
PTO 信号接口	
•24V 非对称	√；200 kHz，DQn.0 和 DQn.1
•RS 422 对称	√；1MHz
•TTL（5V）非对称	√；200 kHz
PTO 信号类型	
• 脉冲和方向	√
• 向上计数，向下计数	√
• 增量型编码器（A，B 相差）	√
• 增量型编码器（A，B 相差，4 倍评估）	√
等时模式	√
是否包含前连接器	否
中断 / 诊断	
• 硬件中断	—
• 诊断中断	√
• 诊断功能	√；通道级
隔离	
• 通道和背板总线之间	√
模块宽度 /mm	35

1.6　西门子S7-1500 PLC分布式模块

S7-1500 PLC 支持的分布式 I/O 系统分为 ET 200MP 和 ET 200SP 系统，是面向过程自动化和工厂自动化开放的系统，是通过现场总线来完成过程信号传到上一级控制器的控制系统。下面介绍这两种系统中常用的硬件模块。

1.6.1　ET 200SP分布式模块

SIMATIC ET 200SP 是新一代分布式 I/O 系统，体积小，使用灵活，支持 PROFINET 和 PROFIBUS。SIMATIC ET 200SP 站点安装于标准 DIN 导轨上，一个站点基本配置包括：PROFINET 或 PROFIBUS 的 CPU/IM 通信接口模块，各种 I/O 模块，相关功能模块及所对应的基座单元和最右侧用于完成配置的服务模块，如图 1-6-1 所示是一个站点配置实例。图中①是接口模块；②是浅色 BaseUnit BU，用于提供电源电压；③是深色 BaseUnit BU，用于进一步传导电位组；④是 I/O 模块；⑤是服务模块；⑥是 I/O 模块（故障安全型）；⑦是总线适配器（BusAdapter）；⑧是安装导轨；⑨是参考标识标签。

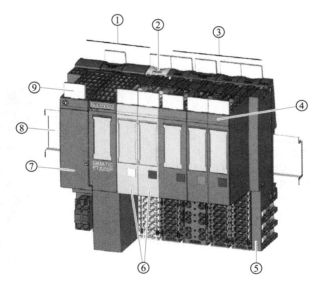

图 1-6-1　带有故障安全 I/O 模块的 ET 200SP 站点配置实例

（1）ET 200SP 分布式 I/O 系统的基本组件

ET 200SP 分布式 I/O 系统的基本组件及功能见表 1-6-1。

表1-6-1　ET 200SP分布式I/O系统的基本组件及功能

基本组件	功能	图
符合 EN 60715 标准的安装导轨	安装导轨是 ET 200SP 的机架。ET 200SP 安装在该安装导轨上。安装导轨的高度为 35mm	

续表

基本组件	功能	图
CPU/ 故障安全 CPU	F-CPU： •运行用户程序。F-CPU 也可运行安全程序 •可用作 PROFINET I/O 上的 I/O 控制器或智能设备，也可用作独立的 CPU •连接 ET 200SP 和 I/O 设备或 I/O 控制器 •通过背板总线与 I/O 模块进行数据交换 其他 CPU 功能： •通过 PROFIBUS DP 进行数据通信（CPU 可用作 DP 主站或 DP 从站，与 CM DP 通信模块组合使用） •集成 Web 服务器 •集成工艺功能 •集成跟踪功能 •集成系统诊断 •安全集成 •安全模式（使用故障安全 CPU 时）	
通信模块 CM DP	通信模块 CM DP： •连接 CPU 与 PROFIBUS DP •通过 RS485 接口进行总线连接	
支持 PROFINET I/O 的接口模块	接口模块： •可用作 PROFINET I/O 上的 I/O 设备 •连接 ET 200SP 和 I/O 控制器 •通过背板总线与 I/O 模块进行数据交换	

续表

基本组件	功能	图
支持 PROFIBUS DP 的接口模块	接口模块： • 可用作 PROFIBUS DP 上的 DP 从站 • 连接 ET 200SP 和 DP 主站 • 通过背板总线与 I/O 模块进行数据交换	
BusAdapter	通过 BusAdapter，PROFINET I/O 可任意选择相应的连接技术。PROFINET CPU/ 接口模块支持以下连接方式： • RJ45 标准接头：BA 2×RJ45 ① • 直接连接总线电缆（BA 2×FC）② • POF/PCF 光纤电缆（BA 2×SCRJ）③ • POF/PCF 光纤电缆 FO ⇔ 标准 RJ45 插头（BA SCRJ/RJ45）的介质转换器④ • 光纤电缆 POF/PCF ⇔ 直接连接总线电缆（BA SCRJ/FC）的介质转换器⑤ • 玻璃光纤电缆（BA 2×LC）⑥ • 玻璃光纤电缆 ⇔ 标准 RJ45 插头（BA LC/RJ45）的介质转换器⑦ • 玻璃光纤电缆 ⇔ 直接连接总线电缆（BA LC/FC）的介质转换器⑧	
	对于 ET 200SP/ET 200AL 混合组态，需要安装 BusAdapter BA-Send 1×FC ①（插入到 BaseUnit BU-Send 中）。然后通过总线电缆，连接 ET-Connection 和 BusAdapter BA-Send 1×FC	
BaseUnit	BaseUnit 用于对 ET 200SP 模块进行电气和机械连接。将 I/O 模块或电机启动器置于 BaseUnit 上	

续表

基本组件	功能	图
故障安全电源模块	故障安全电源模块用于对数字量输出模块 / 故障安全型数字量输出模块进行安全关闭	
I/O 模块 / 故障安全 I/O 模块	I/O 模块可确定各端子的功能。控制器将通过所连接的传感器和执行器检测当前的过程状态，并触发相应的响应。I/O 模块可分类为以下几种类型： • 数字量输入（DI、F-DI） • 数字量输出（DQ、F-DQ 和 F-RQ） • 模拟量输入（AI） • 模拟量输出（AQ） • 工艺模块（TM） • 通信模块（CM）	
服务模块	服务模块用于完整 ET 200SP 组态。服务模块包含可支撑三个备用熔断器的支架（5×20mm）。 服务模块随 CPU/ 接口模块一同提供	

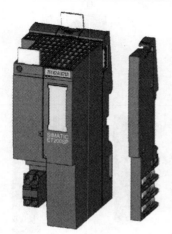

图 1-6-2　IM 155-6 PN ST 接口模块和服务模块

（2）接口模块

在 ET 200SP 中常用的接口模块（IM）类型有四种，分别是 IM 155-6 PN 标准型（带有总线适配器 BA 2×RJ45 和服务模块）、IM 155-6 PN 高性能型（含服务模块）、IM 155-6 DP 高性能型（带有 PROFIBUS 快连接头和服务模块）和 IM 155-6 PN 基本型（含服务模块和集成 2×RJ45 接口）。如图 1-6-2 所示是 IM 155-6 PN ST 接口模块和服务模块，接口模块中集成的电源将为背板总线提供 14W 的电源，这样最多可为 12 个 I/O 模块供电。常用的接口模块技术参数见表 1-6-2。

表1-6-2　常用的接口模块技术参数

接口模块	IM 155-6 PN 基本型	IM 155-6 PN 标准型	IM155-6 PN 高性能型	IM 155-6 DP 高性能型
电源电压	24V	24V	24V	24V
功耗，典型值	1.7W	1.9W	2.4W	1.5W
通信方式	PROFINET I/O	PROFINET I/O	PROFINET I/O	PROFIBUS DP
总线连接	集成 2×RJ45	总线适配器	总线适配器	PROFIBUS DP 接头
支持模块数量	12	32	64	32
Profisafe 故障安全	—	√	√	√
S7-400H 冗余系统	—	—	PROFINET 系统冗余	可以通过 Y-Link
扩展连接 ET 200AL	√	√	√	√
PROFINET RT/IRT	√／—	√／√	√／√	n.a.
PROFINET 共享设备	—	√	√	n.a.
中断 / 诊断功能 / 状态显示				
• 状态显示	√	√	√	√
• 中断	√	√	√	√
• 诊断功能	√	√	√	√

（3）I/O 模块

ET 200SP 具有多种 I/O 模块，包括常规的数字量输入 / 输出模块和模拟量输入 / 输出模块，按性能有标准型（ST）、高性能型（HF）以及高速型（HS），可以满足不同应用的需要。不同的模块通过不同的颜色进行标识，例如 DI 模块用白色表示，DO 模块用黑色表示，AI 模块用淡蓝色表示，AO 模块用深蓝色表示，模块可支持热插拔。

① 常用的数字量输入模块技术参数见表 1-6-3，数字量输出模块技术参数见表 1-6-4。

表1-6-3　数字量输入模块技术参数

数字量输入模块	16DI，DC 24V 标准型	8DI，DC 24V 基本型	8DI，DC 24V 标准型	8DI，DC 24V 高性能型
订货号	6ES7131-6BH00-0BA0	6ES7131-6BF00-0AA0	6ES7131-6BF00-0BA0	6ES7131-6BF00-0CA0
供电电压				
• 24V DC	√	√	√	√
• 极性反接保护	√	√	√	√
功耗，典型值	1.7W	1.6W	1W	1.5W
数字量输入				
• 输入通道数	16	8	8	8
• 输入类型	漏型输入	漏型输入	漏型输入	漏型输入
• 输入额定电压	DC 24V	DC 24V	DC 24V	DC 24V
中断 / 诊断				
• 硬件中断	—	—	—	√

续表

数字量输入模块	16DI，DC 24V 标准型	8DI，DC 24V 基本型	8DI，DC 24V 标准型	8DI，DC 24V 高性能型
订货号	6ES7131-6BH00-0BA0	6ES7131-6BF00-0AA0	6ES7131-6BF00-0BA0	6ES7131-6BF00-0CA0
• 诊断中断	√	√	√	√
• 诊断功能	√；模块级	√；模块级	√；模块级	√；通道级
隔离				
• 通道和背板总线之间	√	√	√	√
模块宽度 /mm	15	15	15	15
数字量输入模块	8DI，DC 24V 高速型	8DI，DC 24V SRC 基本型	8DI，NAMUR 高性能型	4DI，AC 120-230V 标准型
订货号	6ES7131-6BF00-0DA0	6ES7131-6BF60-0AA0	6ES7131-6TF00-0CA0	6ES7131-6FD00-0BB1
供电电压				
• 24V DC	√	√	√	230V AC
• 极性反接保护	√	√	√	√
功耗，典型值	1.5W	1.5W	1.5W	1W
• 输入通道数	8	8	8	4
• 输入类型	漏型输入	源型输入	NAMUR	交流输入
• 计数器通道数，最多	4，最高 10kHz	—	—	—
• 输入额定电压	DC 24V	DC 24V	DC 8.2V	AC 120/230V
等时模式	√	—	—	—
中断 / 诊断				
• 硬件中断	√	—	√	—
• 诊断中断	√	√	√	—
• 诊断功能	√；模块级	√；模块级	√；通道级	√；模块级
隔离				
• 通道和背板总线之间	√	√	√	√
模块宽度 /mm	15	15	15	20

表1-6-4　数字量输出模块技术参数

数字量输出模块	16DO，DC 24V/0.5A 标准型	8DO，DC 24V/0.5A 基本型	8DO，DC 24V/0.5A 标准型	8DO，DC 24V/0.5A 高性能型	8DO，DC 24V/0.5A SNK 基本型	4DO，DC 24V/2A 标准型
订货号 6ES7132-	6BH00-0BA0	6BF00-0AA0	6BF00-0BA0	6BF00-0CA0	6BF60-0AA0	6BD20-0BA0
供电电压						
•24V DC	√	√	√	√	√	√
• 极性反接保护	√	√	√	√	√	√

续表

数字量输出模块	16DO，DC 24V/0.5A 标准型	8DO，DC 24V/0.5A 基本型	8DO，DC 24V/0.5A 标准型	8DO，DC 24V/0.5A 高性能型	8DO，DC 24V/0.5A SNK 基本型	4DO，DC 24V/2A 标准型
订货号 6ES7132-	6BH00-0BA0	6BF00-0AA0	6BF00-0BA0	6BF00-0CA0	6BF60-0AA0	6BD20-0BA0
功耗，典型值	1W	1W	1W	1W	1.5W	1W
开关量输出						
• 输出通道数	16	8	8	8	8	4
• 输出类型	源型输出	源型输出	源型输出	源型输出	源型输出	源型输出
• 额定输出电压	DC 24V	DC 24V	DC 24V	DC 24V	DC 24V	DC 24V
• 额定输出电流	0.5A	0.5A	0.5A	0.5A	0.5A	2A
等时模式	—	—	—	√	—	—
中断 / 诊断						
• 硬件中断	—	—	—	√	√	—
• 诊断中断	√	√	√	√	√	√
• 诊断功能	√；模块级	√；模块级	√；模块级	√；通道级	√；通道级	√；模块级
隔离						
• 通道和背板总线之间	√	√	√	√	√	√
模块宽度 /mm	15	15	15	15	15	15

数字量输出模块	4DO，DC 24V/2A 高性能型	4DO，DC 24V/2A 高速型	4DO，AC 24-230V/2A 标准型	4RQ，UC 24V/2A 标准型	4RQ，DC 120V-AC 230V/5A 标准型	4RQ，DC 120V-AC 230V/5A 标准型，带手动置位
订货号 6ES7132-	6BD20-0CA0	6BD20-0DA0	6FD00-0BB1	6GD50-0BA0	6HD00-0BB1	6MD00-0BB1
供电电压						
• 24V DC	√	√	AC 24V-230V	√	√	√
• 极性反接保护	√	√		√	√	√
功耗，典型值	1W	2.5W	9W	1.2W	1.5W	1.5W
开关量输出						
• 输出通道数	4	4	4	4	4	4
• 输出类型	源型输出	源型输出	交流输出	继电器，常开和常闭	继电器，常开触点	继电器输出，常开触点，带手动置位
• 额定输出电压	DC 24V	DC 24V	AC 24V-230V	AC 24V 和 DC 24V	DC 120V-AC 230V	DC 120V-AC 230V
• 额定输出电流	2A	2A	2A	2A	5A	5A
等时模式	√	√	—	—	—	—
• 诊断中断	√	√	√	√	√	√

续表

数字量输出模块	4DO，DC 24V/2A 高性能型	4DO，DC 24V/2A 高速型	4DO，AC 24-230V/2A 标准型	4RQ，UC 24V/2A 标准型	4RQ，DC 120V-AC 230V/5A 标准型	4RQ，DC 120V-AC 230V/5A 标准型，带手动置位
订货号 6ES7132-	6BD20-0CA0	6BD20-0DA0	6FD00-0BB1	6GD50-0BA0	6HD00-0BB1	6MD00-0BB1
•诊断功能	√；通道级	√；模块级	√；模块级	√；通道级	√；模块级	√；模块级
隔离						
•通道和背板总线之间	√		√	√	√	√
模块宽度/mm	15	15	20	15	20	20

② 常用的模拟量输入模块技术参数见表 1-6-5，模拟量输出模块技术参数见表 1-6-6。

表1-6-5 模拟量输入模块技术参数

模拟量输入模块	2AI，U，标准型	2AI，I，2/4-线 标准型	2AI，U/I，2/4-线 高速型	2AI，U/I，2/4-线 高性能型	4AI，U/I，2-线标准型	4AI，I，2/4-线 标准型	4AI，I，2-线 HART
订货号 6ES7134-	6FB00-0BA1	6GB00-0BA1	6HB00-0DA1	6HB00-0CA1	6HD00-0BA1	6GD00-0BA1	6TD00-0CA1
供电电压							
•24V DC	√	√	√	√	√	√	√
•极性反接保护	√	√	√	√	√	√	√
功耗，典型值	0.9W	1.1W	0.95W	0.95W	0.85W	0.85W	0.65W
模拟量输入							
•输入通道数	2	2	2	2	4	4	4
•输入信号类型	0～10V；1～5V；-10V～10V；-5V～5V	0～20mA；4～20mA；-20～20mA	0～10V；1～5V；-10V～10V；-5V～5V；0～20mA；4～20mA；-20～20mA	0～10V；1～5V；-10V～10V；-5V～5V；0～20mA；4～20mA；-20～20mA	0～10V；1～5V；-10V～10V；-5V～5V；0～20mA；4～20mA	0～20mA；4～20mA；-20～20mA	4～20mA
•特殊功能	—	—	过采样，最小分辨率 50μs	—	—	—	HART 协议修订版 5~7
•分辨率（包括符号位）	16 位	16 位	16 位	16 位	16 位	16 位	16 位
•转换时间（每通道）	180/60/50/0.25	180/60/50/0.25	10μs	67.5/22.5/18.75/10/5/2.5/1.25/0.625ms	180/60/50ms	180/60/50ms	—
等时模式	—	—	√	√	—	—	—
中断／诊断							

续表

模拟量输入模块	2AI,U,标准型	2AI,I,2/4-线标准型	2AI,U/I,2/4-线高速型	2AI,U/I,2/4-线高性能型	4AI,U/I,2-线标准型	4AI,I,2/4-线标准型	4AI,I,2-线HART
订货号 6ES7134-	6FB00-0BA1	6GB00-0BA1	6HB00-0DA1	6HB00-0CA1	6HD00-0BA1	6GD00-0BA1	6TD00-0CA1
• 硬件中断	—	—	√	√	—	—	—
• 诊断中断	√	√	√	√	√	√	√
• 诊断功能	√；模块级	√；模块级	√；通道级	√；通道级	√；模块级	√；模块级	√；通道级
隔离							
• 通道和背板总线之间	√	√	√	√	√	√	√
模块宽度/mm	15	15	15	15	15	15	15

模拟量输入模块	4AI，RTD/TC，2/3/4-线 高性能型	8AI，RTD/TC，2-线 高性能型	8AI，I，2/4-线，基本型	8AI，U，基本型	电能测量模块标准型	电能测量模块标准型
订货号 6ES7134-	6JD00-0CA1	6JF00-0CA1	6GF00-0AA1	6FF00-0AA1	6PA01-0BD0	6PA20-0BD0
供电电压						
•24 V DC	√	√	√	√	AC 100～240V	AC 100～277V
• 极性反接保护	√	√	√	√		
功耗，典型值	0.75W	0.75W	0.7W	0.7W	0.6W	0.6W
模拟量输入						
• 输入通道数	4	8	8	8		
• 输入信号类型	±50mV；±80mV；±250mV；±1V；热电阻/热电偶（详见手册）	±50mV；±80mV；±250mV；±1V；热电阻/热电偶（详见手册）	0～20mA；4～20mA；-20～20mA	0～10V；-10V～10V	电压；电流	电压；电流
• 分辨率（包括符号位）	16 位	16 位	16 位	16 位	—	—
• 转换时间（每通道）	180/60/50ms	180/60/50ms	180/60/50/0.625	180/60/50/0.625	—	—

续表

模拟量输入模块	4AI，RTD/TC，2/3/4- 线 高性能型	8AI，RTD/TC，2- 线 高性能型	8AI，I，2/4- 线，基本型	8AI，U，基本型	电能测量模块标准型	电能测量模块标准型
订货号 6ES7134-	6JD00-0CA1	6JF00-0CA1	6GF00-0AA1	6FF00-0AA1	6PA01-0BD0	6PA20-0BD0
中断 / 诊断						
• 硬件中断	√	√	—	—	—	√
• 诊断中断	√	√	√	√	√	√
• 诊断功能	√；通道级	√；通道级	√；模块级	√；模块级	√；通道级	√；通道级
隔离						
• 通道和背板总线之间	√	√	√	√	√	√
模块宽度 /mm	15	15	15	15	20	20

表1-6-6　模拟量输出模块技术参数

模拟量输出模块	2AO，U，标准型	2AO，I，标准型	4AO，U/I，标准型	2AO，U/I，高速型	2AO，U/I，高性能型
订货号 6ES7135-	6FB00-0BA1	6GB00-0BA1	6HD00-0BA1	6HB00-0DA1	6HB00-0CA1
供电电压					
•24V DC	√	√	√	√	√
• 极性反接保护	√	√	√	√	√
功耗，典型值	1W	1.5W	1.5W	0.9W	0.9W
模拟量输出					
• 输出通道数	2	2	4	2	2
• 输出信号类型	0 ～ 10V；1 ～ 5V；-10V ～ 10V；-5V ～ 5V	0 ～ 20mA；4 ～ 20mA；-20 ～ 20mA	0 ～ 10V；1 ～ 5V；-10V ～ 10V；-5V ～ 5V；0 ～ 20mA；4 ～ 20mA；-20 ～ 20mA	0 ～ 10V；1 ～ 5V；-10V ～ 10V；-5V ～ 5V；0 ～ 20mA；4 ～ 20mA；-20 ～ 20mA	0 ～ 10V；1 ～ 5V；-10V ～ 10V；-5V ～ 5V；0 ～ 20mA；4 ～ 20mA；-20 ～ 20mA
• 特殊功能	—	—	—	过采样	—
• 分辨率（包括符号位），最高	16 位	16 位	16 位	16 位	16 位
• 周期时间（每模块）	最小 1ms	最小 1ms	最小 5ms	最小 125μs	最小 750μs
等时模式	—	—	—	√	√

续表

模拟量输出模块	2AO，U，标准型	2AO，I，标准型	4AO，U/I，标准型	2AO，U/I，高速型	2AO，U/I，高性能型
订货号 6ES7135-	6FB00-0BA1	6GB00-0BA1	6HD00-0BA1	6HB00-0DA1	6HB00-0CA1
中断 / 诊断					
•硬件中断	—	—	—	—	—
•诊断中断	√	—	√	√	√
•诊断功能	√；模块级	√	√；模块级	√；通道级	√；通道级
隔离					
•通道和背板总线之间	√	√	√	√	√
模块宽度 /mm	15	15	15	15	15

（4）ET 200SP 通信模块

ET 200SP 支持串行通信、IO-Link 和 AS-i 通信功能，和 ET 200SP 处理器配合使用还可以支持 PROFIBUS DP 通信。常用的通信模块类型及技术参数见表 1-6-7。

表1-6-7　常用的通信模块类型及技术参数

通信模块	CM PtP 串行通信	CM 4×IO-Link 主站	CM AS-I Master ST	CM DP
订货号	6ES7 137-6AA00-0BA0	6ES7 137-6BD00-0BA0	3RK7 137-6SA00-0BC1	6ES7545-5DA00-0AB0
供电电压				
•24V DC	√	√	通过 AS-I 24V 和背板总线	√
•极性反接保护	√	√		√
功耗，典型值	0.7W	1W	1.7W	—
编程环境				
•STEP 7 TIA Portal	V12 以上	V13 SP1 以上	V13 SP1 以上	V13 SP1 Update3 以上 SP3 以上
•STEP 7 V5.5	SP2 以上	SP3 以上	SP3 以上	SP3 以上
连接接口	RS 232/RS422/RS485	I/O-Link	AS-interface；最多 62 个从站	RS 485
接口数量	1	4	1	1
通信协议	自由口，3964(R)，Modbus RTU 主 / 从，USS	I/O-Link 主，符合 I/O-Link 规范 V1.1，V1.1	符合 AS-I 规范 V3.0	SIMATIC 通信，PROFIBUS DP 主站、从站
通信速率	最大 115.2 Kbps	4.8kBd（COM1） 38.4kBd（COM2） 230.4kBd（COM3）	最大 167 Kbps	最大 12 Mbps

续表

通信模块	CM PtP 串行通信	CM 4×IO-Link 主站	CM AS-I Master ST	CM DP
订货号	6ES7 137-6AA00-0BA0	6ES7 137-6BD00-0BA0	3RK7 137-6SA00-0BC1	6ES7545-5DA00-0AB0
等时模式	—	√	—	—
基座单元类型	A0	A0	C0	—
中断 / 诊断				
• 硬件中断	—	—	—	—
• 诊断中断	√	√	√	√
• 诊断功能	√；通道级	√；通道级	√；模块级	√；模块级
隔离				
• 通道和背板总线之间	√	√	√	√

（5）ET 200SP 工艺模块

ET 200SP 工艺模块包括计数器模块、定位模块和基于时间的 I/O 模块，可完成计数、速度和频率测量，绝对位置和相对位置测量等功能。常用计数器模块、定位模块和基于时间的 I/O 模块的技术参数见表 1-6-8。

表1-6-8　常用工艺模块的技术参数

计数模块	TM Count 1×24V	TM PosInput 1
订货号	6ES7138-6AA00-0BA0	6ES7138-6BA00-0BA0
供电电压	24V DC（19.2 ～ 28.8V DC）	
可连接的编码器数量	1	
可连接的编码器种类	- 带和不带信号 N 的 24V 增量编码器 - 具有方向信号的 24V 脉冲编码器 - 不具有方向信号的 24V 脉冲编码器 - 用于向上和向下计数脉冲的 24V 脉冲编码器	SSI 绝对编码器 - 带和不带信号 N 的 RS422/TTL 增量编码器 - 具有方向信号的 RS422/TTL 脉冲编码器 - 不具有方向信号的 RS422/TTL 脉冲编码器 - 用于向上和向下计数脉冲的 RS422/TTL 脉冲编码器
最大计数频率	200 kHz；800 kHz（4 倍频）	1 MHz；4 MHz（4 倍频）
功能		
• 计数功能	√ 1 个计数器；最大计数频率 800 kHz（4 倍频）	√ 1 个计数器；最大计数频率 4 MHz（4 倍频）
• 比较器	√	√
• 测量功能	√ 频率，周期，速度	√ 频率，周期，速度
• 位置检测	√；适用于 S7-1500 运动控制	√；绝对位置和相对位置，适用于 S7-1500 运动控制

计数模块	TM Count 1 × 24V	TM PosInput 1
订货号	6ES7138-6AA00-0BA0	6ES7138-6BA00-0BA0
数字量输入		
• 输入通道数	3	2
• 功能	门控制，同步，捕捉，自由设定	门控制，同步，捕捉，自由设定
数字量输出		
• 输出通道数	2	2
• 功能	比较值转换，自由设定	比较值转换，自由设定
等时模式	√	√
是否包含前连接器	否	否
中断 / 诊断		
• 硬件中断	√	√
• 诊断中断	√	√
• 诊断功能	√；模块级	√；模块级
时间戳模块		TM Timer DIDO 10 × 24V
订货号		6ES7138-6CG00-0BA0
供电电压		
• 24V DC		√
• 极性反接保护		√
功耗，典型值		1.5W
编程环境		
• STEP 7TIA Portal		V13 update3 以上
• STEP 7 V5.5		SP3 以上
数字量输入		
• 输入通道数		4 通道
• 输入带有时间戳，最多		4 通道
• 计数器，最多		3 通道
• 增量型计数器，最多		1 通道
• 硬件使能输出，最多		3 通道
数字量输出		
• 输出通道数		6 通道
• 输出带有时间戳，最多		6 通道
• PWM，最多		6 通道
• 输出过采样，最多		6 通道
编码器		
• 增量编码器（非对称）		24V

时间戳模块	TM Timer DIDO 10 × 24V
订货号	6ES7138-6CG00-0BA0
• 计数频率，最大	200 kHz；带有 4 倍频
等时模式	√
基座单元类型	A0
中断 / 诊断	
• 硬件中断	√
• 诊断中断	√
• 诊断功能	√；模块级
隔离	
• 通道和背板总线之间	√

1.6.2　ET 200MP分布式模块

ET 200MP 分布式 I/O 设备采用和 S7-1500 相同的 I/O 模块，具有很好的通用性，35mm 模块和 25mm 模块可以任意混合使用，详细的模块技术可参考 ET 200MP 系统手册，这里仅介绍 ET 200MP 的常用 IM 接口模块型号及技术参数，见表 1-6-9。

表1-6-9　ET 200MP的常用IM接口模块型号及技术参数

接口模块	IM 155-5 PN 标准型	IM 155-5 PN 高性能型	IM 155-5 DP 标准型
订货号	6ES7155-5AA00-0AB0	6ES7155-5AA00-0AC0	6ES7155-5BA00-0AB0
供电电压	24 V	24 V	24 V
通信方式	PROFINET I/O	PROFINET I/O	PROFIBUS DP
接口类型	2 × RJ45	2 × RJ45	RS 485，DP 接头
编程环境			
• STEP 7 TIA Portal	V12 以上	V13 以上	V12 SP1 以上
• STEP 7 V5.5	SP3 以上	SP3 以上	SP3 以上
支持模块数量	30	30	12
S7-400 H 冗余系统	—	PROFINET 系统冗余	—
MRPD	—	√	n.a.
PROFINET 共享设备	√，2 个控制器	√，4 个控制器	n.a.
中断 / 诊断功能 / 状态显示			
• 状态显示	√	√	√
• 中断	√	√	√
• 诊断功能	√	√	√

第 2 章

TIA博途软件V15的安装与使用

2.1　TIA博途软件V15的安装

2.1.1　TIA博途软件介绍

　　TIA Portal V15 又称博途 V15，是一款由西门子打造的全集成自动化编程软件，整合了 STEP 7、WinCC、Startdrive 等软件，实际工作中工程师只需要通过这一个软件就可以对 PLC、触摸屏、驱动等设备进行编程调试和仿真操作。新版本增强了性能，提高了兼容性，完美支持 Windows 10 操作系统，并进行了 Engineering Options 和 Runtime Options 两个层面同步更新，增强了对 SIMATIC S7-1200PLC、S7-1500PLC、S7-300/400PLC 和 WinAC 控制器的支持。

　　（1）TIA 博途平台

　　西门子 TIA 博途软件平台完善了西门子工业软件系列的集成化和操作标准化，在同一平台中不仅可以组态应用于控制器及外部设备程序编辑的 STEP 7，还可以组态安全控制器的 Safety、应用于设备可视化的 WinCC，同时 TIA 博途还集成了应用于驱动装置的 Startdrive、应用于运动控制的 SCOUT 等，如图 2-1-1 所示。此外，TIA 博途的设计基于面向对象和集中数据管理，实现了所有数据只需输入一次，避免了数据输入错误。在控制参数、程序块、变量、消息等数据管理方面的应用，极大程度上减少了工程组态时间，降低了成本。使用项目范围的交叉索引系统功能，使用户可在整个自动化项目内轻松查找数据和程序块，极大地缩短了软件项目的故障诊断和调试时间。

　　（2）SIMATIC STEP 7 V15

　　TIA 博途 -STEP 7 是用于组态 SIMATIC S7-300PLC、S7-400PLC、S7-1200PLC、S7-1500PLC 以及 WinAC 控制器系列的工程组态软件。TIA 博途 -STEP 7 包含以下 2 个版本。

　　① TIA 博途 -STEP 7 Basic（基本版）：主要用于组态 S7-1200 控制器，并且自带 WinCC Basic，用于 Basic 面板的组态。

　　② TIA 博途 -STEP 7 Professional（专业版）：用于组态、S7-300PLC、S7-400PLC、S7-1200PLC、S7-1500PLC 和 WinAC，并且也自带 WinCC Basic，用于 Basic 面板的组态。

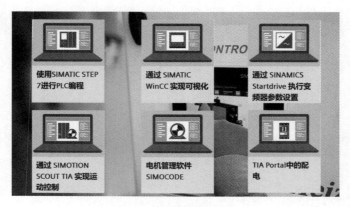

图 2-1-1　博途软件平台

图 2-1-2 所示为 SIMATIC STEP 7 V15。

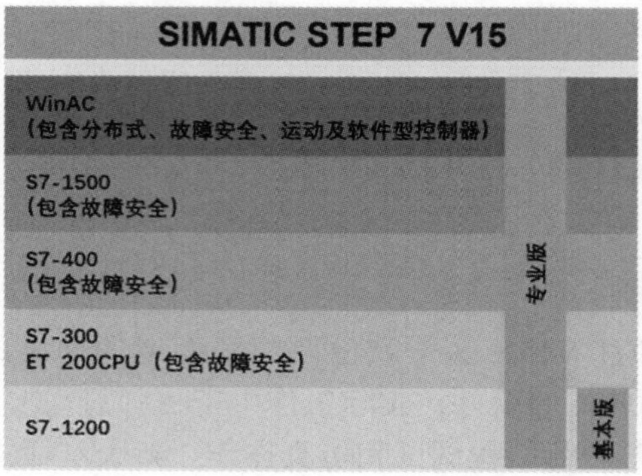

图 2-1-2　SIMATIC STEP 7 V15

（3）SIMATIC WinCC V15

WinCC V15(TIA Portal) 是使用 WinCC Runtime Advanced 或 SCADA 系统 WinCC Runtime Professional 可视化软件，组 SIMATIC 面板、SIMATIC 工业 PC 以及标准 PC 的工程组态软件，如图 2-1-3 所示。

WinCC V15 (TIA Portal) 共有以下 4 种版本。

① WinCC Basic（基本版）：用于组态精简系列面板，WinCC Basic 包含在每款 STEP 7 Basic 和 STEP 7 Professional 产品中。

② WinCC Comfort（精致版）：用于组态所有面板（包括精简面板、精智面板和移动面板）。

③ WinCC Advanced（高级版）：用于通过 WinCC Runtime Advanced 可视化软件，组态所有面板和 PC。WinCC Runtime Advanced 是基于 PC 单站系统的可视化软件。WinCC Runtime Advanced 外部变量许可根据个数购买，有 128、512、2k、4k 以及 8K 个外部变量许可出售。

④ WinCC Professional（专业版）：用于使用 WinCC Runtime Advanced 或 SCADA 系统 WinCC Runtime Professional 组态面板和 PC。WinCC Professional 有带有 512 和 4096 个外部变量的 WinCC Professional 以及 WinCC Professional(最大外部变量) 的三个版本。

WinCC Runtime Professional 是一种用于构建组态范围从单站系统到多站系统 (包括标准客户端或 Web 客户端) 的 SCADA 系统。可以购买带有 128、512、2K、4K、8K 和 64K 个外部变量许可的 WinCC Runtime Professional。

通过 WinCC(TIA Portal) 还可以使用 WinCC Runtime Advanced 或 WinCC Runtime Professional 组态 SINUMERIK PC 以及使用 SINUMERIK HMI Pro sl RT 或 SINUMERIK Operate WinCC RT Basic 组态 HMI 设备。

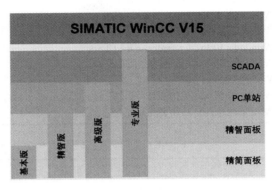

图 2-1-3　SIMATIC WinCC V15

（4）SIMATIC Startdrive（TIA Portal）

SIMATIC Startdrive 软件能够直观地将 SINAMICS 驱动设备集成到自动化环境中。在 TIA 博途统一的工程平台上实现 SINAMICS 驱动设备的系统组态、参数设置、调试和诊断。

（5）Scout TIA V5.2 SP1

在 TIA 博途统一的工程平台上实现 SIMOTION 运动控制器的工艺对象配置、用户编程、调试和诊断。

（6）SIMOCODE ES

它是一种智能电机管理系统，量身打造电机保护、监控、诊断及可编程控制功能，支持 PROFINET、PROFIBUS、Modbus、RTU 等通信协议。

2.1.2　TIA博途软件的安装条件

TIA 博途软件对计算机的硬件、软件要求比较高，表 2-1-1 中列出了安装时需满足的软件和硬件最低要求。表 2-1-2 中列出了安装 TIA 博途推荐的硬件要求。

表2-1-1　安装TIA博途的软件和硬件最低要求

硬件 / 软件	要求
处理器	Intel®Core™ i3-6100U，2.30GHz
RAM	8GB
硬盘	S-ATA，至少配备 20GB 可用空间
网络	100Mbps 或更高
屏幕分辨率	1024 × 768
操作系统	Windows 7（64 位） • Windows 7 Home Premium SP1 •Windows 7 Professional SP1 • Windows 7 Enterprise SP1 • Windows 7 Ultimate SP1 Windows 10（64 位） • Windows 10 Home Version 1703

硬件 / 软件	要求
操作系统	• Windows 10 Professional Version 1703 • Windows 10 Enterprise Version 1703 • Windows 10 Enterprise 2016 LTSB • Windows 10 IoT Enterprise 2015 LTSB • Windows 10 IoT Enterprise 2016 LTSB Windows Server（64 位） • Windows Server 2012 R2 StdE（完全安装） • Windows Server 2016 Standard（完全安装）

表2-1-2 安装TIA博途推荐的硬件要求

硬件	要求
计算机	SIMATIC FIELD PG M5 Advanced 或更高版本（或类似的 PC）
处理器	Intel®Core™i5-6440EQ（最高 3.4GHz）
RAM	16GB 或更多（对于大型项目，为 32GB）
硬盘	SSD，配备至少 50GB 的存储空间
程序段	1GB（多用户）
监视	15.6" 全高清显示器（1920×1080 或更高）

2.1.3 TIA博途软件的安装步骤及注意事项

（1）TIA 博途软件的安装步骤

选择符合安装 TIA 博途软硬件安装条件的计算机，关闭计算机的其他运行程序，将 TIA 博途软件安装光盘插入计算机的光驱，或将 TIA 博途安装程序拷贝到计算机中，开始启动安装。具体安装顺序如下。

① 打开安装程序中，双击安装程序中的可执行文件 "TIA_Portal_STEP_7_Pro_WINCC_Pro_V15.exe"，进入 TIA 博途安装欢迎使用页面，如图 2-1-4 所示，单击 "下一步（N）>" 按钮。

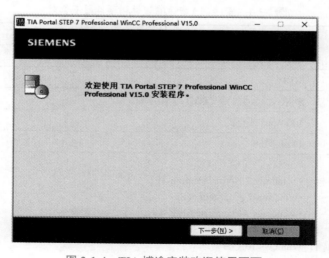

图 2-1-4 TIA 博途安装欢迎使用页面

② 选择安装语言。如图 2-1-5 所示，TIA 博途提供了英语、德语、简体中文、法语、西班牙语以及意大利语，供选择安装，选择"简体中文"，单击"下一步（N）>"按钮。

③ 选择软件包解压缩路径。如图 2-1-6 所示是软件包解压缩的默认路径，"覆盖文件且不提示（O）""解压缩安装程序文件，但不进行安装（E）""退出时删除提取的文件（D）"三个选项不用勾选，单击"下一步（N）>"按钮。

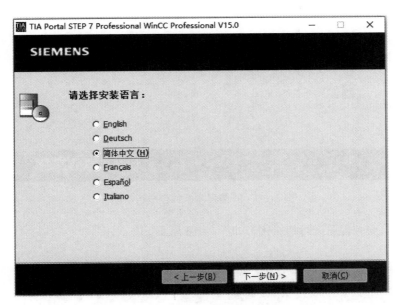

图 2-1-5　TIA 博途安装语言选择

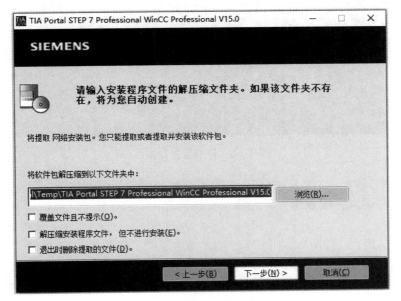

图 2-1-6　选择软件包解压缩到文件夹的路径

④ 软件包进行解压。如图 2-1-7 所示，等待软件包解压缩完成。

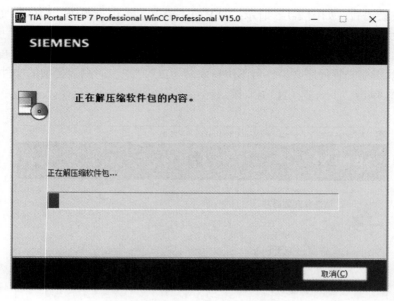

图 2-1-7　安装程序软件包进行解压

⑤ 初始化。安装程序进行初始化，如图 2-1-8 所示。

图 2-1-8　安装程序初始化

⑥ 选择安装语言。如图 2-1-9 所示，TIA 博途提供了英语、德语、中文、法语、西班牙语以及意大利语六种安装语言，选择"安装语言：中文（H）"，单击"下一步（N）>"按钮。

⑦ 选择产品语言。如图 2-1-10 所示，TIA 博途提供了英语、德语、中文、法语、西班牙语以及意大利语 6 种产品语言供选择，选择"中文（H）"，单击"下一步（N）>"按钮。

⑧ 选择需要安装的软件。如图 2-1-11 所示，有"最小（M）""典型（T）""用户自定义（U）"三个选项可以选择，本例中选择"典型（T）"，单击"下一步（N）>"按钮。

⑨ 选择许可条款。如图 2-1-12 所示，勾选两个选项，同意许可条款，单击"下一步（N）>"按钮。

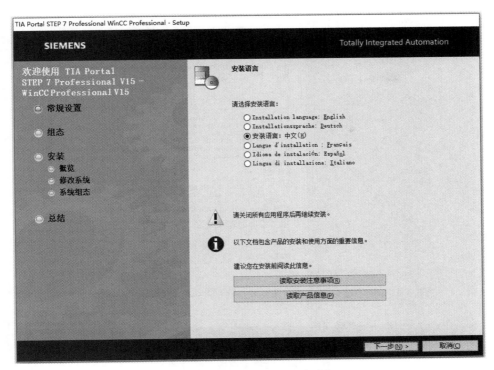

图 2-1-9　TIA 博途安装语言选择

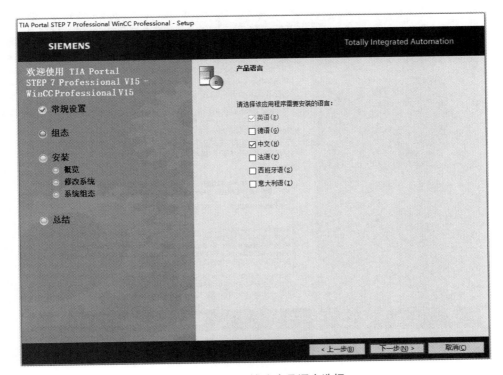

图 2-1-10　TIA 博途产品语言选择

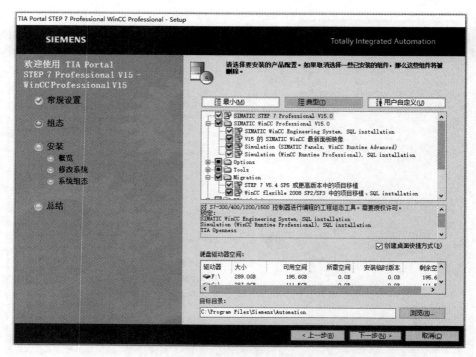

图 2-1-11　选择需要安装的软件

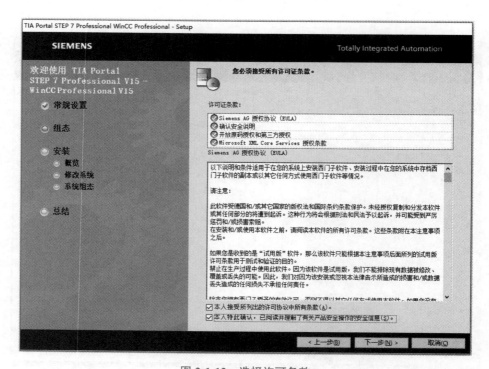

图 2-1-12　选择许可条款

⑩ 安全控制。如图 2-1-13 所示，勾选"我接受此计算机上的安全和权限设置"，单击"下一步（N）>"按钮。

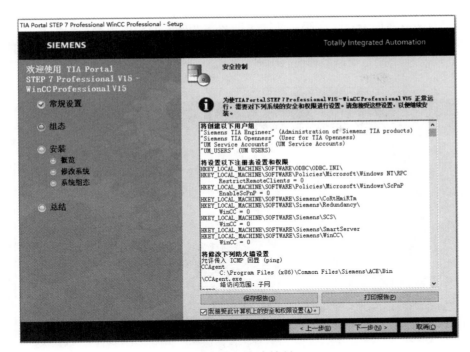

图 2-1-13　安全控制

⑪ 概览与安装。如图 2-1-14 所示是概览界面，显示产品配置、产品语言、软件的安装路径，单击"安装（I）"按钮后，TIA 博途软件开始安装，安装界面如图 2-1-15 所示。安装时间较长，大概需要 40min 以上，安装过程中软件要求重新启动计算机，如图 2-1-16 所示，单击"重新启动（R）"，重新启动后会继续安装。

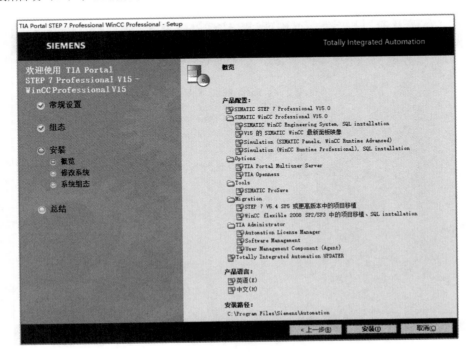

图 2-1-14　概览界面

⑫ 重新启动。如图 2-1-17 所示，软件全部安装完成之后，要求重新启动计算机，单击"重新启动（R）"，重启后，软件安装完成，即可使用。注意：在安装过程中，会弹出"许可证传送"提示信息，选择"跳过许可证传送"即可。

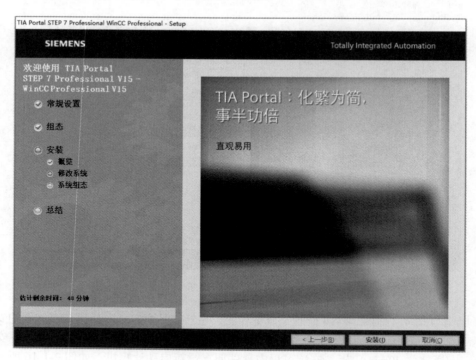

图 2-1-15　安装界面

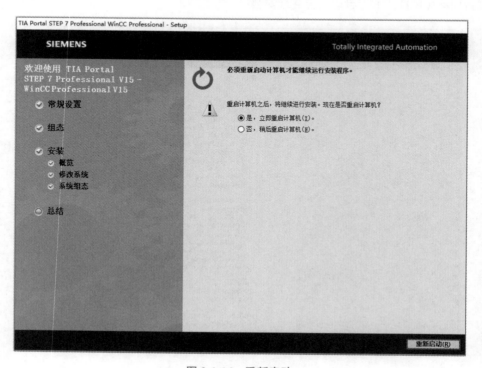

图 2-1-16　重新启动

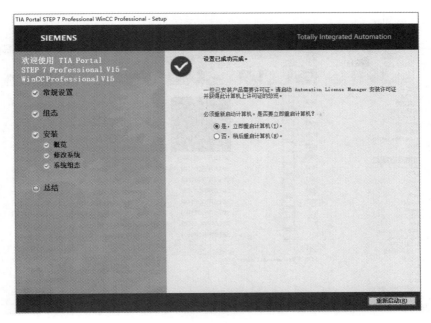

图 2-1-17　安装完成

（2）安装授权

① 打开 "SIM_EKB_instail_2017_12_24"（博途软件的授权工具），如图 2-1-18 所示。

图 2-1-18　打开授权软件

② 找到安装长密钥 2822 和 2823 进行勾选。

③ 点击安装长密钥 Install Long，如图 2-1-19 所示。

④ WinCC 授权文件的安装。选择左侧导航区 TIA Portal → TIA Portal V15 → WinCC Prof v15，如图 2-1-20 所示，勾选 2542、2845、2848、2853 和 2856 项目，选择完后，点击安装长密钥 Install Long。

⑤ 重启计算机。

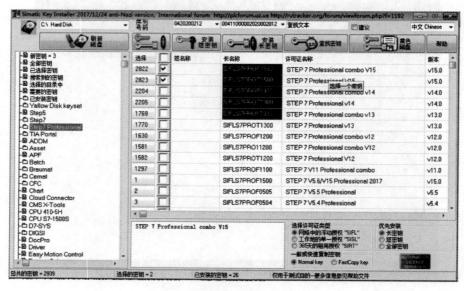

图 2-1-19 安装长密钥

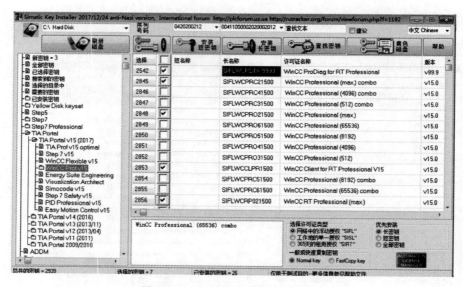

图 2-1-20 WinCC 授权文件的安装

（3）TIA 博途软件的安装注意事项

① 32 位的 Windows 操作系统不支持 TIA 博途 V15。

② 安装 TIA 博途软件时，关闭正在运行的程序，例如监控和杀毒软件。

③ 安装软件时，软件的存放目录中不能有汉字，例如弹出 "SSF 文件错误" 的信息时，说明目录中有不能识别的字符。

④ 在安装 TIA 博途的过程中出现提示 "请重新启动 Windows" 字样。当重启电脑后，仍然重复提示重启电脑时，请单击 "开始" → "运行"，在运行对话框中输入 "regedit" 打开注册表编辑器。选中注册表中的 "**HKEY_LOCAL_MACHINE\System\ CurrentControlSet**

Control"中的"Session manager",删除右侧窗口的"PendingFileRenameOperations"选项,如图 2-1-21 所示,就可以解决重复提示重启计算机的提示问题。

⑤ 在同一台计算机的同一个操作系统中,允许同时安装多个版本的 TIA 博途软件,例如可以同时安装 STEP 7 V5.5、STEP 7 V12、STEP 7 V13、STEP 7 V14、STEP 7 V15 等。

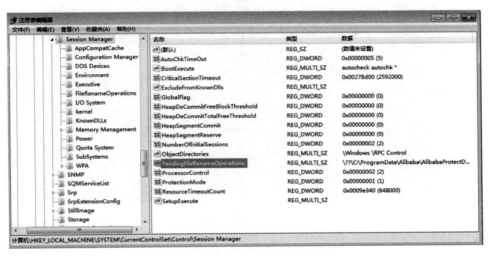

图 2-1-21　打开注册表

2.1.4　TIA博途软件的卸载步骤

TIA 博途软件的卸载同其他程序一样,具体步骤如下:

① 打开"程序和功能"界面。打开 Windows 系统的控制面板,单击"程序和功能",打开"程序和功能"界面,如图 2-1-22 所示,单击"卸载"按钮,弹出卸载初始化界面。

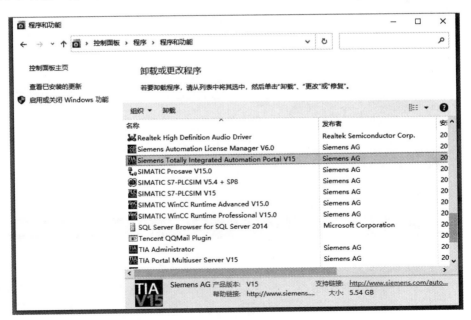

图 2-1-22　"程序和功能"界面

② TIA 博途开始软件卸载初始化。软件卸载初始化界面如图 2-1-23 所示，初始化时间较长，请耐心等初始化完成。

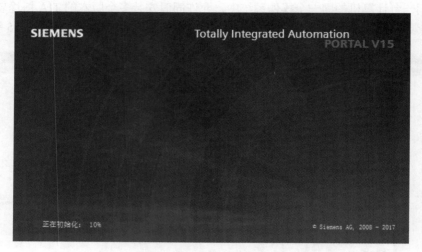

图 2-1-23　TIA 博途软件卸载初始化界面

③ 选择安装语言。如图 2-1-24 所示，选择"安装语言：中文（H）"，单击"下一步（N）>"按钮。

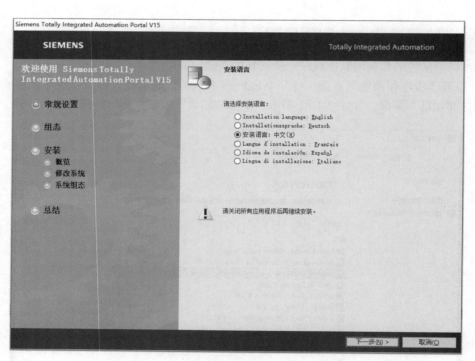

图 2-1-24　选择安装语言

④ 选择要卸载的软件。如图 2-1-25 所示，选择要卸载的软件，单击"下一步（N）>"按钮。

⑤ 完成卸载。按照卸载提示，如图 2-1-26 所示，单击"卸载（U）"，软件完成卸载。

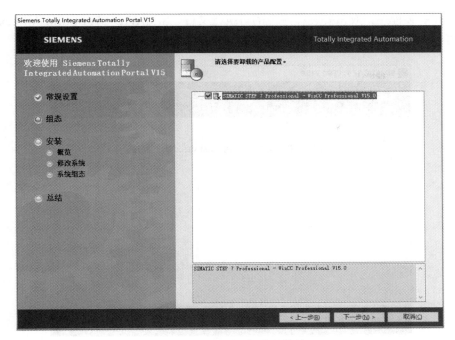

图 2-1-25　选择要卸载的软件

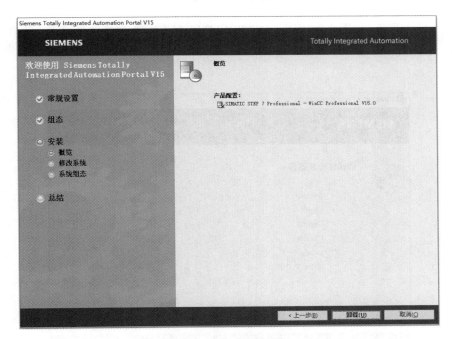

图 2-1-26　完成卸载

2.2　S7-PLCSIM V15仿真软件的安装

S7-PLCSIM V15 仿真软件的安装过程与 TIA 博途软件的安装过程相似，具体安装过程如下。

① 打开安装程序，双击安装程序中的可执行文件"SIMATIC_S7PLCSIM_V15.exe"，进入仿真软件的欢迎使用页面，如图 2-2-1 所示，单击"下一步（**N**）>"按钮。

图 2-2-1　S7-PLCSIM V15 仿真软件的欢迎使用页面

② 选择安装语言。如图 2-2-2 所示，S7-PLCSIM V15 仿真软件提供了德语、英语、西班牙语、法语、意大利语、简体中文六种安装语言。选择"简体中文（H）"，单击"下一步（**N**）>"按钮。

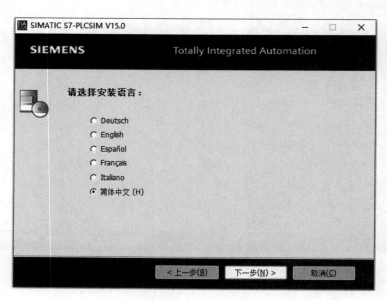

图 2-2-2　选择安装语言

③ 选择软件包解压缩路径。如图 2-2-3 所示是软件包解压缩的默认路径，"覆盖文件且不提示（O）""解压缩安装程序文件，但不进行安装（E）"两个选项不用勾选，单击"下一步（**N**）>"按钮。

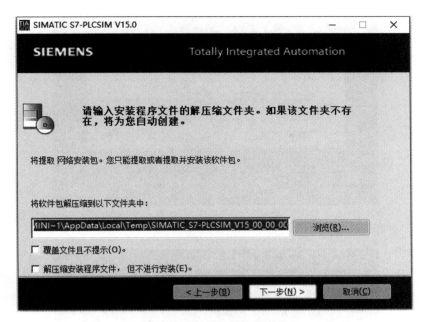

图 2-2-3　软件包解压缩路径

④ 软件包进行解压。如图 2-2-4 所示，等待软件包解压缩完成。

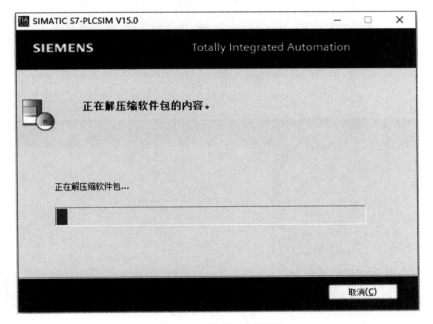

图 2-2-4　软件包解压缩

⑤ 检查必备软件。解压缩完成后，如图 2-2-5 所示，程序将进行检查必备软件，检查完成后，弹出重新启动计算机对话框，单击"是"，重启计算机。

⑥ 初始化。安装程序进行初始化，如图 2-2-6 所示。

⑦ 选择安装语言。如图 2-2-7 所示，软件提供了英语、德语、中文、法语、西班牙语以及意大利语六种安装语言，选择"安装语言：中文（H）"，单击"下一步（N）>"按钮。

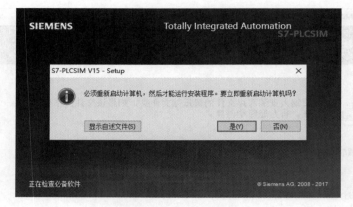

图 2-2-5　检查必备软件

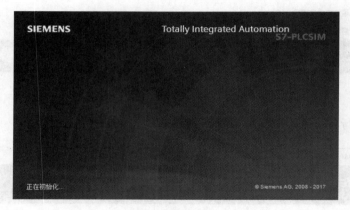

图 2-2-6　初始化

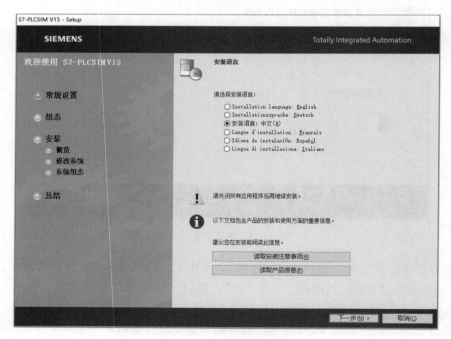

图 2-2-7　选择安装语言

⑧ 选择产品语言。如图 2-2-8 所示，TIA 博途提供了英语、德语、中文、法语、西班牙语以及意大利语 6 种产品语言供选择，选择"中文（H）"，单击"下一步（N）>"按钮。

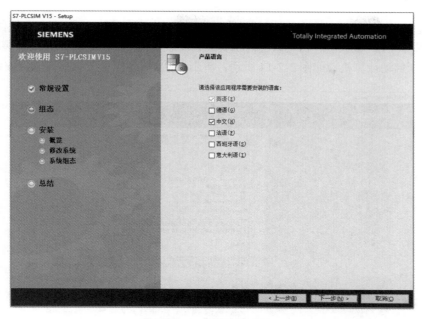

图 2-2-8 选择产品语言

⑨ 选择需要安装的软件。如图 2-2-9 所示，有"最小（M）""典型（T）""用户自定义（U）"三个选项可以选择，本例中选择"典型（T）"，单击"下一步（N）>"按钮。

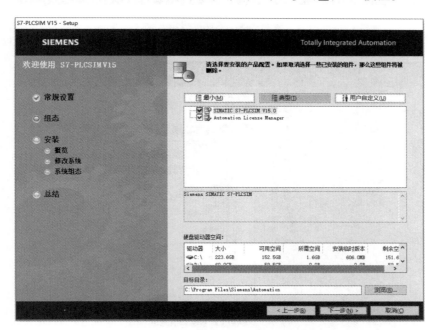

图 2-2-9 选择需要安装的软件

⑩ 选择许可条款。如图 2-2-10 所示，勾选两个选项，同意许可条款，单击"下一步（N）>"

按钮。

⑪ 安全控制。如图 2-2-11 所示，勾选"我接受此计算机上的安全和权限设置"，单击"下一步（**N**）>"按钮。

⑫ 概览与安装。如图 2-2-12 所示是概览界面，显示产品配置、产品语言、软件的安装路径，单击"安装（Ⅰ）"按钮后，仿真软件开始安装，安装界面如图 2-2-13 所示。安装时间较长，最后一步重新启动计算机，如图 2-2-14 所示，单击"重新启动（R）"，仿真软件安装完成。

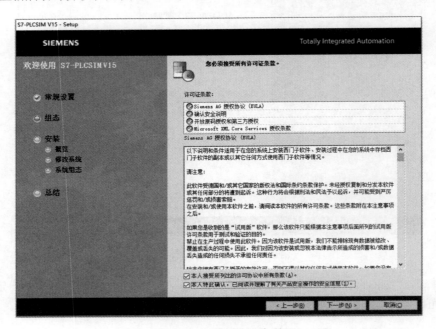

图 2-2-10　选择许可条款

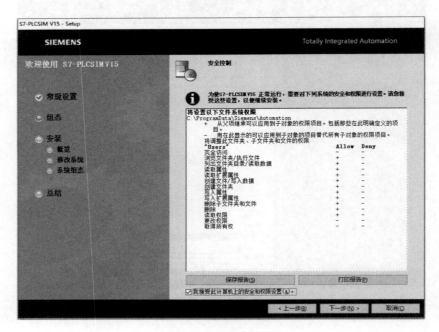

图 2-2-11　安全控制

图 2-2-12　概览界面

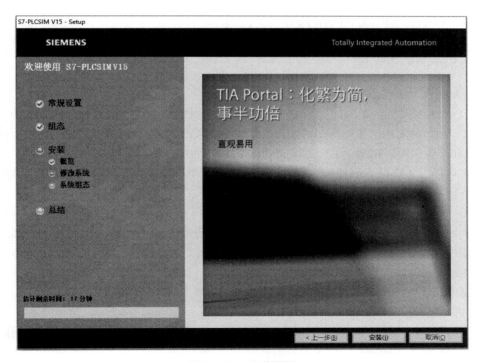

图 2-2-13　安装界面

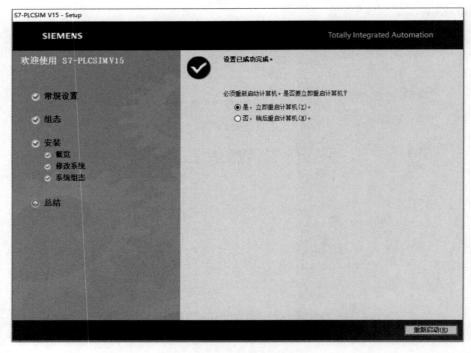

图 2-2-14　重新启动计算机

2.3　TIA博途软件的使用入门

2.3.1　编程软件界面

（1）TIA Portal 视图界面

TIA Portal 视图提供了面向任务的工具视图，可以快速确定要执行的操作或任务。如有必要，该界面会针对所选任务自动切换为项目视图。双击 TIA 博途软件的快捷方式打开软件，看到 Portal 视图界面，如图 2-3-1 所示，Portal 视图界面功能说明如下：

① 图中标号 1 为任务选项：为各个任务区提供了基本功能，在 Portal 视图中提供的任务选项取决于所安装的软件产品。

② 图中标号 2 为所选任务选项对应的操作：提供了在所选任务选项中可使用的操作，操作的内容会根据所选的任务选项动态变化，可在每个任务选项中查看相关任务的帮助文件。

③ 图中标号 3 为操作选择面板：所有任务选项中都提供了选择面板，该面板的内容取决于当前的选择。

④ 图中标号 4 为切换到项目视图：使用"项目视图"链接切换到项目视图。

（2）项目视图

项目视图是项目所有组件的结构化视图，如图 2-3-2 所示，项目视图界面功能说明如下。

① 图中标号 1 为标题栏：显示项目名称。

② 图中标号 2 为菜单栏：菜单栏包含工作所需的全部命令。

③ 图中标号 3 为工具栏：工具栏提供了常用命令的按钮，可以更快地访问"复制""粘贴""上传"等命令。

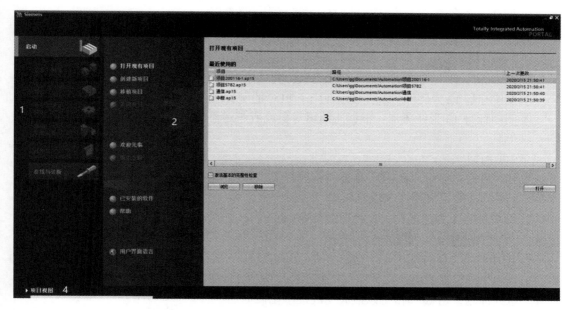

图 2-3-1　TIA Portal 视图界面

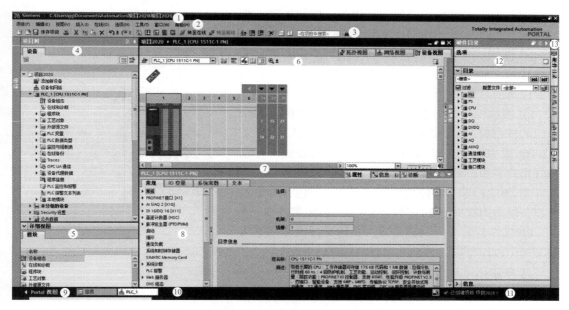

图 2-3-2　项目视图界面

④ 图中标号 4 为项目树：使用项目树功能可以访问所有组件和项目数据。

⑤ 图中标号 5 为详细视图：显示总览窗口或者项目树中所选对象的特定内容，包含文本列表或变量。

⑥ 图中标号 6 为工作区：在工作区内显示编辑的对象。

⑦ 图中标号 7 为分隔线：分隔程序界面的各个组件，可使用分隔线上的箭头显示和隐藏用户界面的相邻部分。

⑧ 图中标号 8 为巡视窗口：有关所选对象或所执行操作的附加信息均显示在巡视窗口中。

⑨ 图中标号 9 为切换到 Portal 视图：使用 "Portal 视图" 链接切换到 Portal 视图。

⑩ 图中标号 10 为编辑器栏：将显示打开的编辑器，从而在已打开元素间进行快速切换。如果打开的编辑器数量非常多，则可对类型相同的编辑器进行分组显示。

⑪ 图中标号 11 为带有进度显示的状态栏：将显示当前正在后台运行的过程的进度条。

⑫ 图中标号 12 为硬件目录：显示西门子 PLC 的所有硬件。

⑬ 图中标号 13 为任务卡：根据所编辑对象或所选对象，提供了用于执行附加操作的任务卡。

（3）项目树

使用项目树功能可以访问所有组件和项目数，如图 2-3-3 所示，项目树界面功能说明如下。

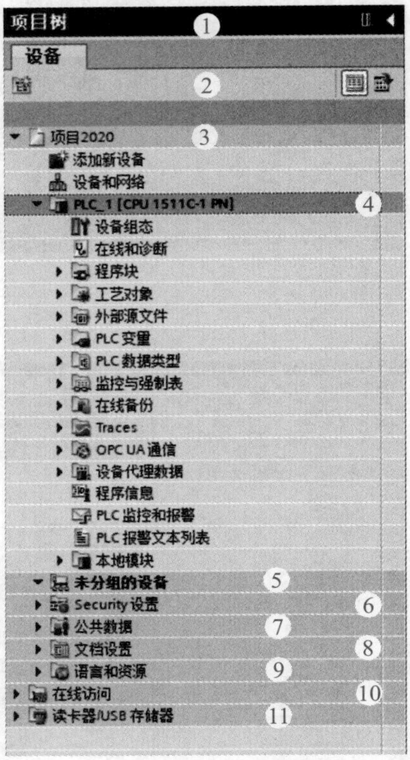

① 图中标号 1 为标题栏：项目树的标题栏有一个按钮，可以自动■■和手动◀折叠项目树。

② 图中标号 2 为工具栏：用 ■ 按钮可以在项目树的工具栏中创建新的用户文件夹，用 ■ 按钮可以隐藏或显示列标题，用 ■ 按钮可以最大化或最小化概览视图。

③ 图中标号 3 为项目：在 "项目" 文件夹中，可以找到与项目相关的所有对象和操作，例如设备、公共数据、文档设置、语言和资源等。

④ 图中标号 4 为设备：项目中的每个设备都有一个单独的文件夹，该文件夹具有内部的项目名称，属于该设备的对象和操作都排列在此文件夹中。

⑤ 图中标号 5 为未分组的设备：项目中的所有未分组的分布式 I/O 设备都将包含在此文件夹中。

⑥ 图中标号 6 为 Security 设置：安装设置，可以设置用户名和密码。

⑦ 图中标号 7 为公共数据：该文件夹包含可跨多个设备使用的数据，例如公共消息类、日志和脚本。

⑧ 图中标号 8 为文档设置：在该文件夹中指定项目文档的打印布局。

⑨ 图中标号 9 为语言和资源：在该文件夹中确定项目语言和文本。

⑩ 图中标号 10 为在线访问：该文件夹包含了 PG/PC 的所有接口，可以通过 "在线访问" 查找可访问的设备。

⑪ 图中标号 11 为读卡器／USE 存储器：该文件夹用于管理连接到 PG/PC 的所有读卡器和其他 USE 存储介质。

图 2-3-3　项目树

2.3.2　TIA Portal的基本设定

对于用户可以对 TIA Portal 里面的相关常规设置进行个性化的基本设定。在项目视图菜单栏中，选择 "选项→设置→常规" 选项进行相关设定，如图 2-3-4 所示，下面主要介绍两项参数的设定修改。

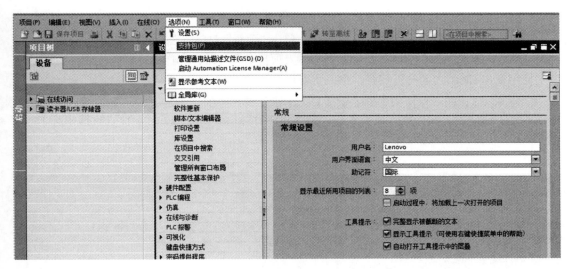

图 2-3-4　常规设置界面

（1）常规设置

在图 2-3-4 中选择"常规设置"选项中的"用户界面语言→中文"和"助记符→国际"。当助记符采用"国际"语言编程时，使用国际助记符，如"I1.0"。当助记符采用"德语"编程时，将使用德语助记符，如"E1.0"。

（2）设置起始视图

设置 TIA Portal 软件每次开机时打开的操作视图界面，建议设定为"项目视图"，如图 2-3-5 所示。

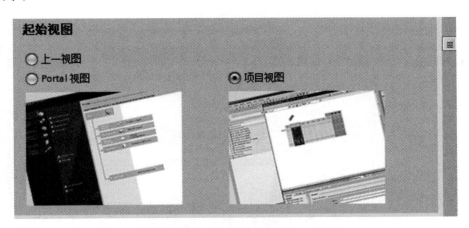

图 2-3-5　设置起始视图

2.3.3　创建新项目

在桌面中，双击"TIA Portal V15"图标 ，启动软件，软件界面包括 Portal 视图和项目视图，在两个界面中都可以新建项目。

创建方法 1：在 Portal 视图中，如图 2-3-6 所示，单击"创建新项目"，并输入项目名称、路径和作者等信息（项目名称、作者支持中文），单击"创建"

按钮，即可生成新项目。

　　创建方法 2：在项目视图中创建新项目，单击"项目"菜单，选择"新建"命令，弹出"创建新项目"对话框，如图 2-3-7 所示，同样输入项目名称、路径和作者等信息（项目名称、作者支持中文），单击"创建"按钮，生成新项目。

　　创建方法 3：在项目视图中创建新项目，单击工具栏中的"新建项目"图标 ，弹出"创建新项目"对话框，同样输入项目名称、路径和作者等信息（项目名称、作者支持中文），单击"创建"按钮，生成新项目。

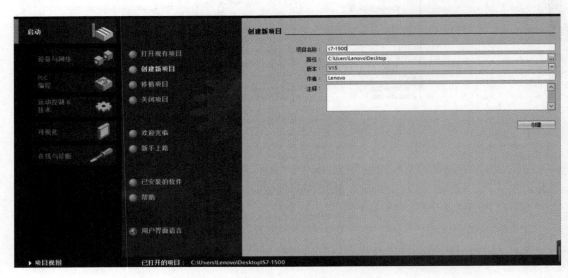

图 2-3-6　在 Portal 视图中创建新项目

图 2-3-7　在项目视图中创建新项目

2.3.4　添加新设备

　　方法 1：在 Portal 视图中，新项目创建后，如图 2-3-8 所示，单击"组态设备"按钮，弹出"添加新设备"窗口，如图 2-3-9 所示，单击"添加新设备"按钮，在右侧弹出"添加新设备"窗口，如图 2-3-10 所示，在"添加新设备"窗口中选择所需设备"S7-1500 → CPU 1516F-3 PN/DP → 6ES7 516-3FN01-0AB0"，单击"添加"按钮，完成添加新设备。

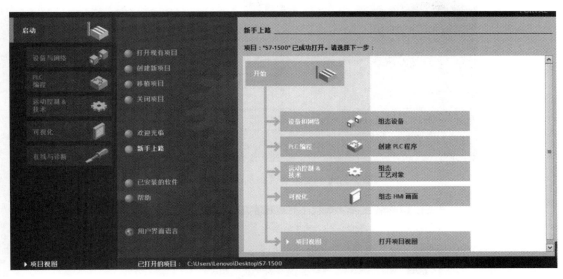

图 2-3-8　"组态设备"窗口

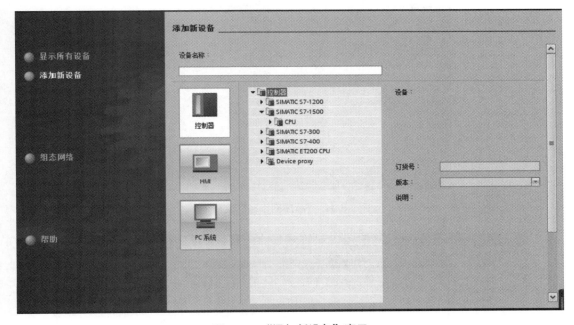

图 2-3-9　"添加新设备"窗口

方法 2：进入项目视图后，在左侧的项目树中，双击"添加新设备"，随即弹出"添加新设备"窗口，如图 2-3-11 所示，在"添加新设备"窗口中选择所需设备"S7-1500→CPU→CPU 1516F-3 PN/DP→6ES7 516-3FN01-0AB0"，单击"确定"完成添加新设备，如图 2-3-12 所示。

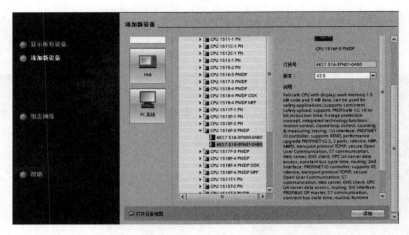

图 2-3-10　选择需要添加的新设备

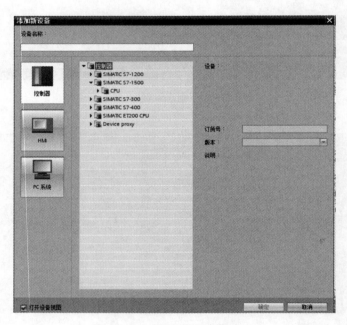

图 2-3-11　"添加新设备"窗口

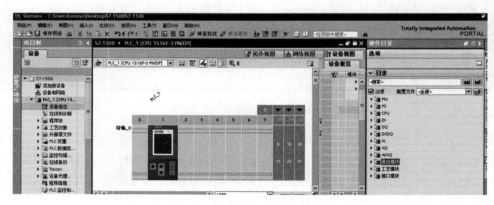

图 2-3-12　添加完成 CPU 设备

2.3.5　项目保存与删除

（1）项目保存

方法 1：在项目视图中，选中菜单栏中"项目"，单击"保存"命令，现有项目即可保存。

方法 2：在项目视图中，选中菜单栏中"保存"按钮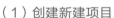，即可完成项目保存。

（2）项目删除

方法：在项目视图中，选中菜单栏中"项目"，单击"删除项目"命令，弹出如图 2-3-13 所示"删除项目"界面选中要删除的项目，单击"删除"按钮，即可删除所选项目。

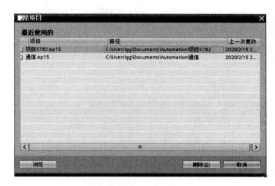

图 2-3-13　"删除项目"界面

2.3.6　程序的编辑

在 TIA 博途软件中，主程序一般都编写在 OB1 组织块中，编辑过程如下。

（1）创建新建项目

根据前面讲解的新建项目的过程，新建项目。

（2）打开程序输入界面

如图 2-3-14 所示，打开项目视图，在左侧项目树中点击展开 PLC_1 [CPU 1511C-1 PN]，再点击展开 程序块，双击 Main [OB1]，打开程序输入界面。

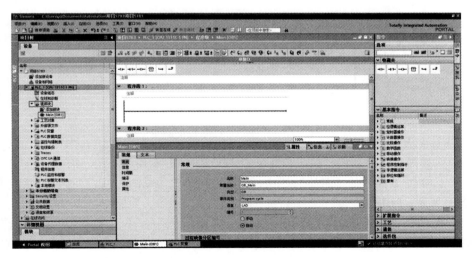

图 2-3-14　程序输入界面

（3）输入主程序

如图 2-3-15 所示，鼠标左键点击常用工具栏中的常开触点 ┤├ 不放，拖动到"程序段 1"位置，直到出现 ┗┓，释放鼠标。同样方法，鼠标左键点击常开触点 ┤├ 不放，拖动到"程序段 1"位置，直到出现 ┗┓，释放鼠标。如图 2-3-16 所示，单击常开触点上的红色问号，输入"M0.5"，单击线圈上的红色问号，输入"Q0.0"。

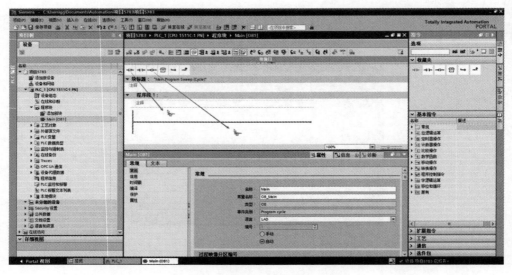

图 2-3-15　添加常开触点和线圈

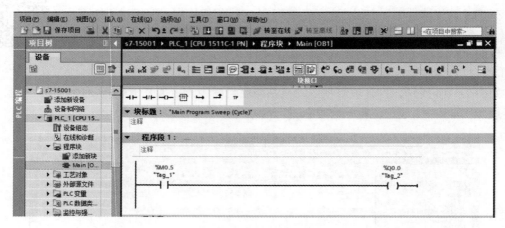

图 2-3-16　输入地址

（4）重命名变量

方法 1：如图 2-3-17 所示，鼠标右键单击"Q0.0"，在弹出的对话框中鼠标左键单击"重命名变量"，在图 2-3-18 的"名称"栏中，输入"LED"，单击"更改"按钮，将线圈 Q0.0 的变量名命名为"LED"。

方法 2：如图 2-3-19 所示，在项目视图左侧项目树中，单击展开"PLC 变量"图标 ▶ ┣ PLC 变量 ，在展开菜单中左键双击"显示所有变量"图标 ┣ 显示所有变量 ，弹出"PLC 变量"界面，在"PLC 变量"中的"名称"栏中，将 Q0.0 的名称改为"LED"。

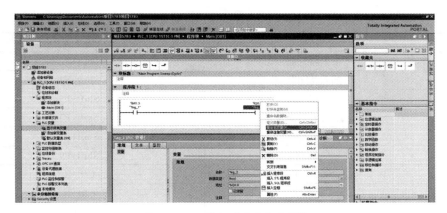

图 2-3-17　单击"重命名变量"

图 2-3-18　修改变量名

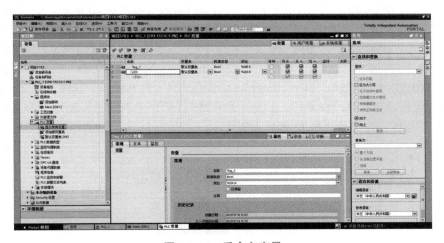

图 2-3-19　重命名变量

（5）程序编辑的常用快捷键

在 TIA 博途软件的程序编辑中设置了部分快捷键，使用快捷键可以大大提高程序编辑的速度和效率。如图 2-3-20 所示，单击菜单栏中的"选项"，下拉菜单中单击"设置"，弹出"设置"对话框，在对话框中单击"键盘快捷方式"图标，可以查看所有快捷键。常用快捷键功能对照见表 2-3-1。

图 2-3-20　键盘快捷方式

表2-3-1　常用快捷键功能对照

序号	功能	快捷键
1	插入常开触点	Shift+F2
2	插入常闭触点	Shift+F3
3	插入空功能框	Shift+F5
4	插入线圈	Shift+F7
5	打开分支	Shift+F8
6	关闭分支	Shift+F9
7	插入程序段	Ctrl+R
8	新增快	Ctrl+N
9	展开所有程序段	Alt+F11
10	折叠所有程序段	Alt+F12

2.3.7　下载与上传

（1）修改计算机的 IP 地址

程序的下载与上传要求 S7-1500 的 IP 地址与计算机的 IP 地址必须在同一网段上。S7-1500 出厂默认的 IP 地址是 "192.168.0.1"，我们可以修改计算机的 IP 地址，确保两者在同一网段，以 Windows 10 系统为例，具体修改过程说明如下。

打开计算机 "控制面板"，单击 "网络和共享中心"，单击 "更改适配器设置"，如图 2-3-21 所示，右键单击 "以太网"，单击 "属性"，在弹出 "以太网属性" 页面中，双击 "Internet 协议版本 4（TCP/IPv4）" 选项，弹出 "Internet 协议版本 4（TCP/IPv4）属性" 界面，在该界面中，把 IP 地址修改为 "192.168.0.*x*"，*x* 值为 2 ～ 255 任选，子网掩码修改为 "255.255.255.0"，点击 "确定" 按钮，完成计算机 IP 地址设置。

图 2-3-21　计算机 IP 地址设置

（2）下载

程序下载之前，将计算机与 S7-1500 PLC 用网线建立在线连接，可以通过下面三种方法完成程序的下载。

方法 1：如图 2-3-22 所示，单击工具栏的"下载"按钮⏬。

方法 2：如图 2-3-23 所示，菜单栏单击"在线"，单击"下载到设备"按钮 ⏬ 下载到设备(L) 。

方法 3：如图 2-3-24 所示，在项目视图左侧项目树中右键单击设备名称按钮
▼ 🔲 PLC_1 [CPU 1516F-3 PN/DP] ，选择"下载到设备（L）" 下载到设备(L) ，单击"硬件和软件"按钮
硬件和软件（仅更改） 。

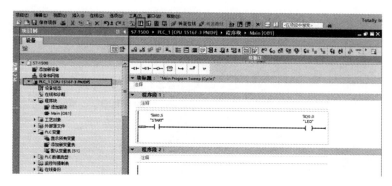

图 2-3-22　下载方法 1

图 2-3-23　下载方法 2

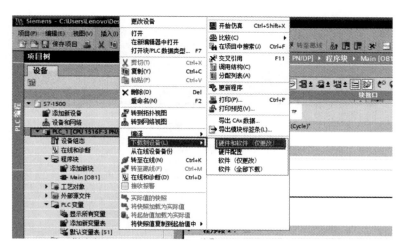

图 2-3-24　下载方法 3

通过上述三种方法的操作，随即弹出如图 2-3-25 所示界面，选择"PG/PC 接口类型"为"PN/IE"，选择"PG/PC 接口"为计算机的网卡型号。如果使用仿真软件进行项目仿真，"PG/PC 接口"选择"PLCSIM"。单击"开始搜索"按钮，搜索到 S7-1500 PLC 设备后，单击"下载"按钮。弹出下载预览界面，单击"下载"按钮，弹出如图 2-3-26 所示界面，单击"完成"按钮，下载完成。

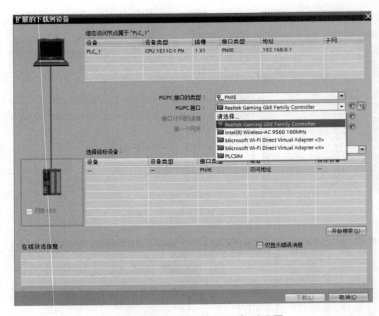

图 2-3-25　PG/PC 接口及类型设置

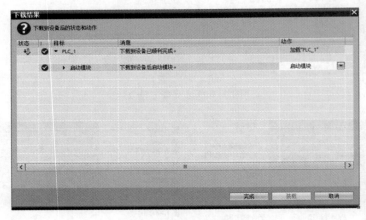

图 2-3-26　下载完成

（3）上传

上传是指将 S7-1500 PLC 中的程序读取到计算机中，上传同下载相对应，首先在工具栏中点击"转至在线 转至在线"按钮，然后选中项目站点，通过单击工具栏"上传 🔟"图标进行上传，如图 2-3-27 所示，单击"从设备上传"按钮，完成程序上传。或通过菜单栏"在线"→"从设备上传"或者再通过右键项目树设备名称按钮 ▼ 🔟 PLC_1 [CPU 1516F-3 PN/DP] → "从设备上传"三种操作方式打开上传界面。

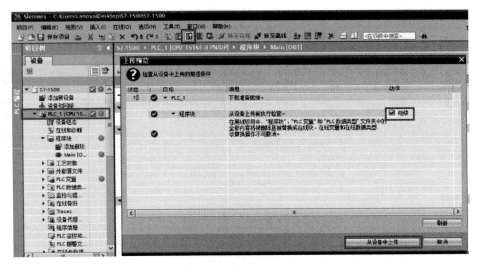

图 2-3-27　程序上传

2.3.8　打印与归档

（1）打印

创建项目程序后，为了便于查阅项目内容或以文档形式保存，可以将项目内容打印成文档。可以打印整个项目或项目内的单个对象。打印的文档有助于编辑项目，以及项目后期的维护和服务工作。打印的具体操作步骤如下。

① 打开所要打印的项目，在屏幕上显示所要打印的信息。

② 单击菜单栏命令"项目"，在下拉菜单中单击"打印"按钮 ，打开打印界面，如图 2-3-28 所示。

③ 在打印界面中可以设置打印选项（打印机、打印范围等）。

如图 2-3-29 所示，如果在打印机名字中选择"Microsoft XPS Document Writer"，再单击"打印"按钮，可以将程序等生成 xps 或者 pdf 格式的文档，生成文档如图 2-3-30 所示。

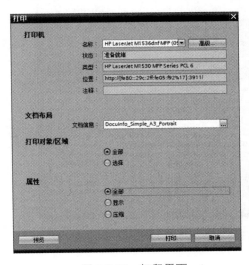

图 2-3-28　打印界面

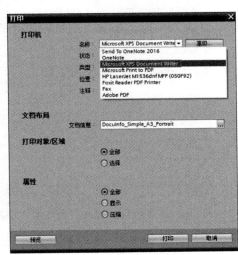

图 2-3-29　打印文档

109

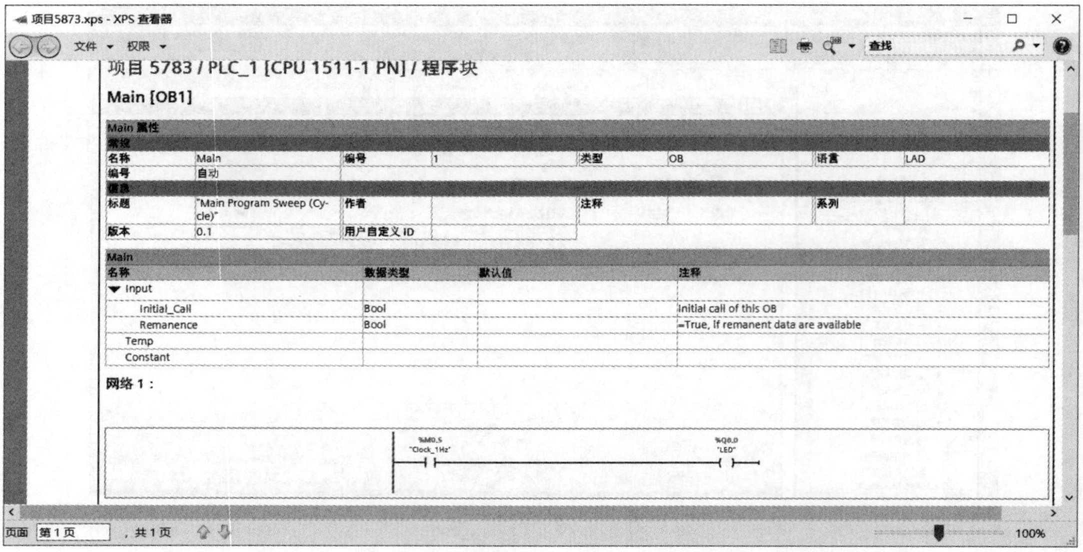

图 2-3-30　生成的 xps 文档

（2）归档

如果一个 TIA 博途软件项目的处理时间比较长，则可能会产生大 量的文件。可以使用项目归档功能缩小项目文件的大小，便于将项目程序备份以及通过可移动介质、电子邮件等方式进行传输。归档的步骤如下。

在项目视图中，单击菜单栏命令"项目"，在下拉菜单中单击"归档"按钮 归档(H)...，打开归档设置界面，如图 2-3-31 所示。单击"保存"按钮，生成一个后缀为"ZAP13"的压缩文件。

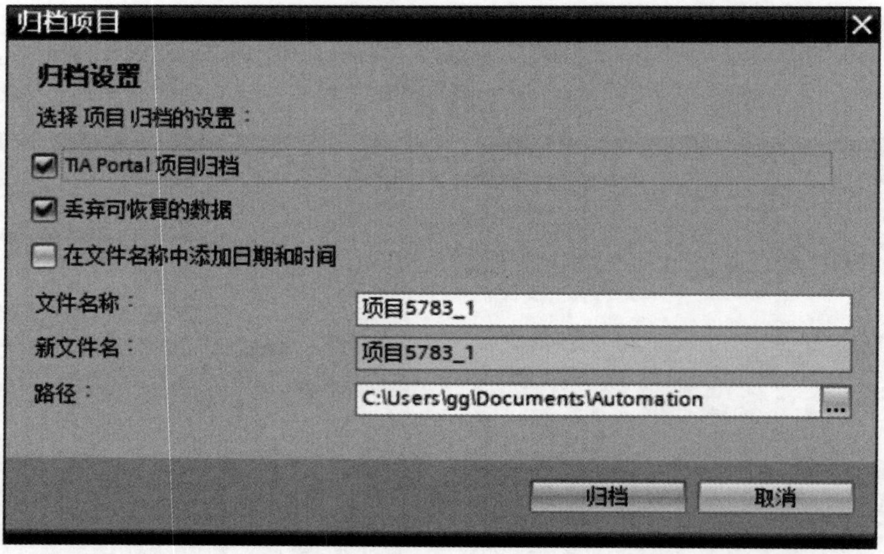

图 2-3-31　归档设置

实例 2-1 创建一个简单工程的步骤与方法

例如：控制一台电动机启动、保持、停止的项目，具体创建过程如下。

（1）创建新项目

打开 TIA 博途软件，创建新项目，项目名称为"电动机控制"，如图 2-3-32 所示单击"创建"按钮，创建新项目完成如图 2-3-33 所示。

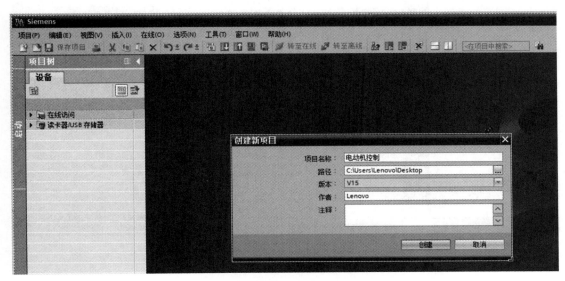

图 2-3-32　创建新项目

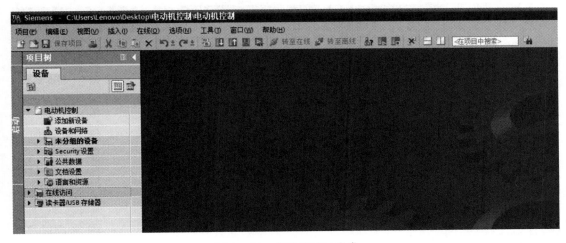

图 2-3-33　创建新项目完成

（2）添加新设备

① 添加 CPU 设备。如图 2-3-34 所示，双击打开"添加新设备"，单击选择"控制器→S7-1500 → CPU → CPU 1516F-3 PN/DP → 6ES7 516-3FN01-0AB0"，单击"添加"按钮，完成在设备视图中添加 CPU 设备，如图 2-3-35 所示。

图 2-3-34　添加新设备

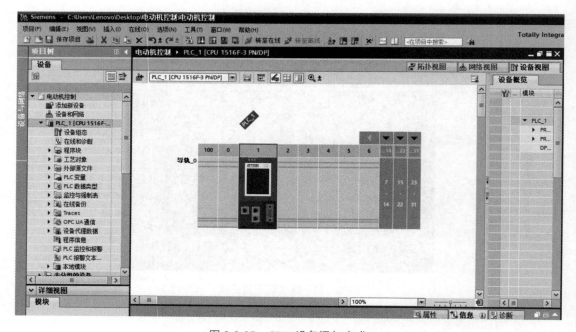

图 2-3-35　CPU 设备添加完成

② 添加 DI 模块。如图 2-3-36 所示，在项目视图中添加数字量输入 / 输出模块，选择最右侧的硬件目录，单击选择数字量输入模块 "DI 16×24VDC BA"，双击 "6ES7 521-1BH10-

OAAO"，此模块会自动添加到机架的第 2 槽位，完成 DI 模块的添加。

③ 添加 DQ 模块。用同样的办法把 DQ 模块"DQ 8×24VDC/2A HF，6ES7 5221-BF00-
OABO"添加到第 3 槽位，完成 DQ 模块的添加。

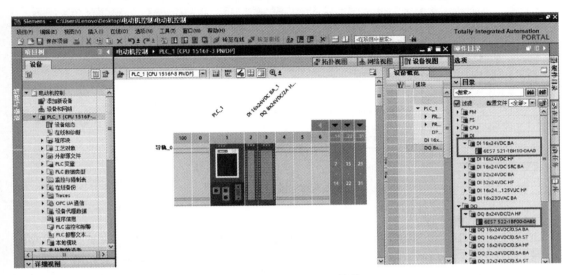

图 2-3-36　添加 DI/DQ 模块

（3）编写程序

按照 2.3.6 节所讲程序编辑操作过程，输入如图 2-3-37 所示的控制程序。将 I0.0 重命名
变量为"启动"，将 I0.1 重命名变量为"停止"，将 Q0.0 重命名变量为"电动机"，如图 2-3-38
所示。

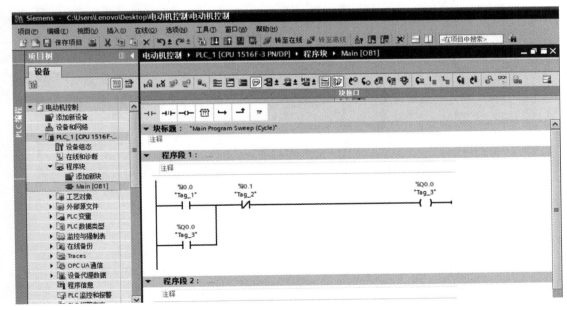

图 2-3-37　输入程序

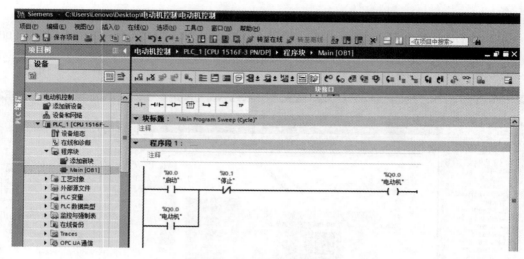

图 2-3-38　重命名变量

（4）项目下载

在项目视图中，单击工具栏的"下载"按钮![下载]。随即弹出如图 2-3-39 所示界面，选择"PG/PC 接口类型"为"PN/IE"，选择"PG/PC 接口"为计算机的网卡型号。单击"开始搜索"按钮，搜索到 S7-1500 设备后，单击"下载"按钮。弹出下载预览界面，单击"下载"按钮，弹出如图 2-3-40 所示界面，单击"完成"按钮，下载完成。

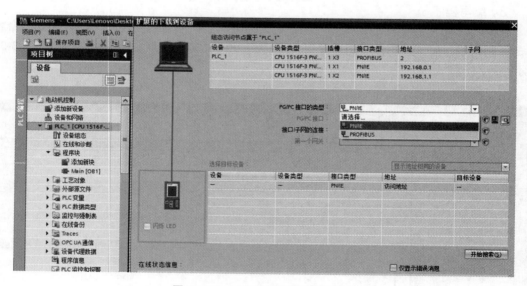

图 2-3-39　PG/PC 接口及类型设置

（5）程序监控

在项目视图中，单击"转至在线"按钮，如图 2-3-41 所示的标记处由灰色变为黄色，表明 TIA 博途软件与 PLC 或者仿真器处于在线状态。再单击工具栏中的"启用/禁用监视"按钮，此时梯形图中连通的部分是绿色实线，而没有连通的部分是蓝色虚线。

给 I0.0 启动信号（通断电一次），此时线圈 Q0.0 得电，并自锁保持，在程序监控状态下，梯形图中未启动前的蓝色虚线变为启动后绿色实线，表示能流接通，如图 2-3-42 所示为启动状态。

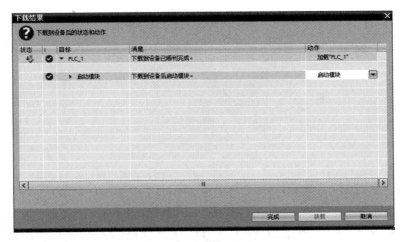

图 2-3-40　下载完成

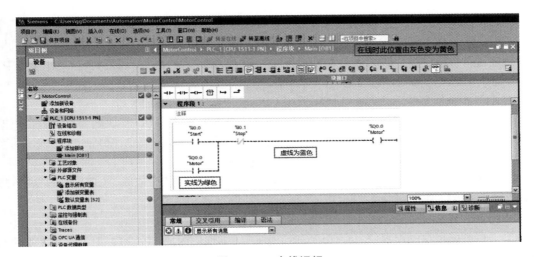

图 2-3-41　在线运行

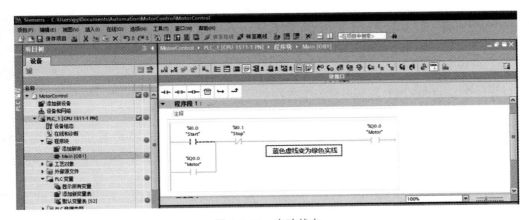

图 2-3-42　启动状态

第 3 章

西门子S7-1500 PLC硬件设备组态

组态，就是在 TIA 博途软件中的设备视图或网络视图中，对所需的各种模块在中央机架的插槽中进行排列安装、设置参数和网络连接。组态后经过编译并下载到实际 CPU 模块中，硬件设备的组态对于系统的正常运行非常重要，主要完成以下功能。

① 配置参数信息并下载到 CPU 模块中，CPU 模块按配置的参数执行。

② CPU 比较模块的配置信息与实际安装的模块是否匹配（如 I/O 模块的安装位置、模拟量模块选择的测量类型等）。如果不匹配，CPU 模块报警并将故障信息存储于 CPU 模块的诊断缓存区中，并根据 CPU 提供的故障信息做出相应的修改处理。

③ CPU 模块根据配置的信息对模块进行实时监控，如果模块有故障，CPU 报警并将故障信息存储于 CPU 模块的诊断缓存区中。

④ 将 I/O 模块的物理地址映射为逻辑地址，用于程序块调用。

⑤ 一些智能模块的配置信息存储于 CPU 模块中（如通信模块 CP/CM、工艺模块 TM 等），当模块出现故障后可直接更换，不需要重新下载配置信息。

3.1 配置一个西门子S7-1500 PLC站点

3.1.1 添加一个S7-1500 PLC新设备

添加一个 S7-1500 PLC 新设备的操作方法如下。

（1）创建新项目

打开 TIA 博途软件创建一个新项目，命名为"配置组态 S7-1500 系统"，如图 3-1-1 所示。

（2）添加 CPU 1516F-3 PN/DP 模块

打开项目视图后，在左侧的项目树中双击"添加新设备"标签栏，弹出添加新设备的编辑窗口。

也可以使用菜单命令"插入"→"设备"，则会弹出"添加新设备"编辑窗口。

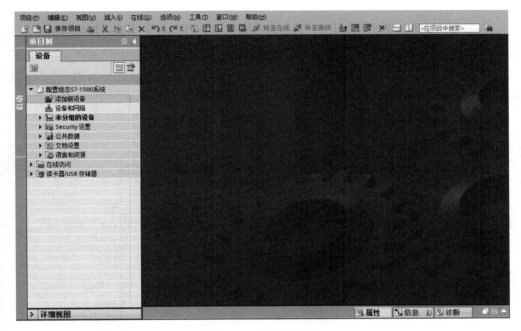

图 3-1-1　创建新项目

在弹出的编辑窗口中，单击选择"控制器→S7-1500→CPU→CPU 15I6F-3 PN/DP→6ES7 516-3FN01-0AB0"，勾选弹出窗口左下角的"打开设备视图"选项，如图 3-1-2 所示，点击"确定"即直接打开设备视图，如图 3-1-3 所示，在设备视图中新添加的 CPU 设备和机架一起创建并显示出来，所选 CPU 设备插在机架 1 号插槽中。新添加的 CPU 设备在项目树下自动生成 PLC_1 的站点，新生成的 PLC 站点同样也显示在"网络视图"中，如图 3-1-4 所示。

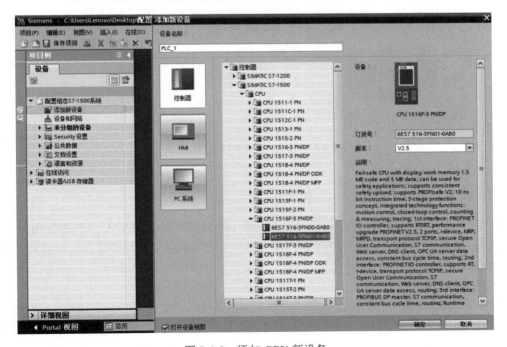

图 3-1-2　添加 CPU 新设备

机架：就是将模块分配给设备，需要使用机架，即安装导轨。将模块固定到机架上并通过背板总线将其与 CPU 模块、电源模块或其他模块相连接。

创建机架：如果在网络视图中插入设备，则会自动创建适合所选设备的一个站点和机架。机架和可用的插槽显示在设备视图中，可用的插槽数也取决于所使用设备的类型。

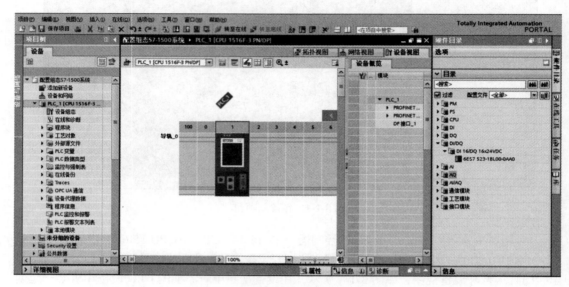

图 3-1-3　在设备视图中添加 CPU 设备

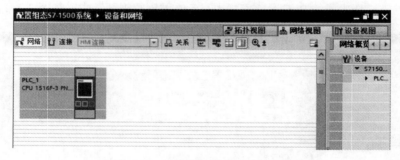

图 3-1-4　网络视图中的 PLC 站点

3.1.2　配置S7-1500 PLC硬件模块

在图 3-1-3 中的设备视图中继续添加电源模块（PM 190W 120/230VAC 6EP1333-4BA00）和数字量输入 / 输出模块（DI 16×24VDC HF 6ES7 521-1BH00-OABO；DQ 16×24VDC/0.5AST 6ES7 522-1BH00-0AB0）。

具体操作方法如下。

（1）添加电源模块 PM

用鼠标点击设备视图右侧的硬件目录，可先激活"过滤"，只保留与站点相关的模块，这样便于查找。在硬件目录中选择 PM 电源模块，找到 PM 190W 120/230VAC，单击选择

6EP1333-4BA00 时，在机架中允许插入该模块的槽位边缘会呈现蓝色框，而不允许插入该模块的槽位边缘颜色无变化。使用鼠标拖放的方法将模块拖到允许插入的槽位 0 上。在配置过程中，TIA 博途自动检查配置的正确性，当光标没有移动到正确的槽位时，其形状为 ⊘ 禁止放置。

 提示

　　还有一种更为简便的方法是：找到模块订货号后双击，即可自动插入到合适的槽位中，同时能允许配置的槽位出现蓝色框。

　　（2）添加数字量输入 / 输出模块

　　用上述方法找到数字量输入 / 输出模块（DI 16×24VDC HF 6ES7 521-1BH00-OABO；DQ 16×24VDC/0.5AST 6ES7 522-1BH00-0AB0）。分别双击订货号，该模块自动配置到槽位 2 和 3 中。

　　（3）添加模拟量输入 / 输出模块

　　用上述同样的方法添加模拟量输入 / 输出模块，槽位分别是 4 号位和 5 号位，如图 3-1-5 所示。

　　如果还需要添加模块，按实际需求及配置规则将硬件分别插入到相应的槽位中。需要注意模块的型号和固件版本都要与实际的一致。一般情况下，添加的模块的固件版本都是最新的。

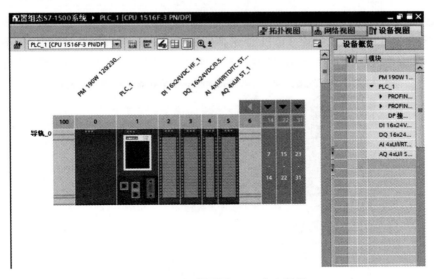

图 3-1-5　组态配置 CPU 中央机架

　　配置完硬件组态后，可以在设备视图右方的"设备概览"视图中查看整个硬件组态的详细信息，包括模块、插槽号、输入地址和输出地址、类型、订货号、固件版本等，如图 3-1-6 所示。

　　最后，点击工具栏上右侧的 ▣ 保持窗口设置按钮，保存窗口视图的格式，这样下次打开硬件视图时，与关闭前的视图设置一样。

...	模块	机架	插槽	I 地址	Q 地址	类型	订货号	固件
		0	100					
	PM 190W 120/230VAC	0	0			PM 190W 120/230...	6EP1333-4BA00	
▼	PLC_1	0	1			CPU 1516F-3 PN/DP	6ES7 516-3FN01-0AB0	V2.5
▶	PROFINET 接口_1	0	1 X1			PROFINET 接口		
▶	PROFINET 接口_2	0	1 X2			PROFINET 接口		
	DP 接口_1	0	1 X3			DP 接口		
	DI 16/DQ 16x24VDC/0.5A B...	0	2	0...1	0...1	DI 16/DQ 16x24VD...	6ES7 523-1BL00-0AA0	V1.0
	AI 4xU/I/RTD/TC ST_1	0	3	2...9		AI 4xU/I/RTD/TC ST	6ES7 531-7QD00-0AB0	V1.0
	AQ 4xU/I ST_1	0	4		2...9	AQ 4xU/I ST	6ES7 532-5HD00-0AB0	V2.1
		0	5					
		0	6					
		0	7					

图 3-1-6 设备概览

 提示

① 如果将设备视图的缩放级别设置为大于 200%，可以显示 I/O 模块的各个通道。若为通道定义了 PLC 变量，则显示 PLC 变量的名称，如图 3-1-7 所示。

② 更换模块：如果需要对已经组态的模块进行更换，可以直接在模块上操作。例如要更改 CPU 的类型，只要在设备视图中选择 1 号槽上的 CPU 并单击右键，在弹出的菜单中选择"更改设备"命令，即可弹出更改窗口，如图 3-1-8 所示。在窗口右侧新设备中选择新的 CPU 来替换原来的 CPU。选择新的 CPU 硬件版本时，在窗口的下方信息栏中给出了兼容性信息，提示用户新硬件与原硬件对比时不支持的功能或新增加的功能。

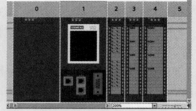

图 3-1-7 设置缩放比例

图 3-1-8 更改设备

通过上述添加电源模块和信号模块介绍了配置硬件的方法，在实际配置 S7-1500 中央机架时还需要注意以下几点：

① 中央机架有 32 个插槽，从 0 ~ 31，CPU 占用 1 号插槽，不能更改。

② CPU 左侧插槽 0 可以放入负载电源模块 PM 或系统电源 PS。如果 CPU 左侧 0 号槽位插入的是系统电源模块 PS，由于该 PS 模块有背板总线接口可以与 CPU 一起为机架右侧设备供电，所以在 TIA 博途软件硬件组态中必须对 PS 电源模块进行硬件配置组态。如果在实际任务中插槽 0 号安装了一个负载电源模块 PM，由于 PM 电源不带有背板总线接口，因此在 TIA 博途软件硬件组态中可以不进行 PM 的硬件配置。

③ CPU 右侧的插槽中最多可以再插入 2 个系统电源模块，这样加上 CPU 左侧的系统电源模块，在主机架上最多可以插入 3 个系统电源模块。需要的系统电源模块数量由所有模块的功耗总和来决定。

④ 从 2 号插槽开始可依次插入 I/O 模块、工艺模块和通信模块。对于信号模块的 I/O 地址排列是由系统自动分配的，编程使用时必须使用组态时分配给 I/O 的地址，这些地址可以在设备概览中查看。模块数量与模块的宽窄尺寸无关，如果需要配置更多的模块则需要使用分布式 I/O。由于目前机架不带有源背板总线，故相邻模块间不能有空槽位。

⑤ S7-1500 系统不支持中央机架的扩展。

 提示

TIA 博途软件在硬件组态时，软件提供了一个非常实用的功能，那就是在设备视图中的"未插入模块区域"，这个区域是在软件中存在的，具有模块暂存功能。在某些情况下，短期内未给用于硬件组态的模块分配插槽，可暂时把这些未插入的模块移动到这个特殊区域暂时保存。或者当完成一个硬件组态工作，发现某个模块尚未到货，需要忽略这个模块，继续调试其他部件时，我们可以使用这个"暂存功能"，把这个已组态的模块从插槽中移动到存储区域。等待以后再把所需的模块从存储区域拖拽到释放前的插槽中。使用该方法将已经分配了参数的模块临时从组态中移出，模块将保留先前分配的所有设置和参数不变，在编译和下载时都会忽略这个模块的存在。

使用未插入模块区域的具体操作方法如下：

① 点击设备视图中 拔出模块按钮可打开未插入模块区域。

② 在设备视图中找到需要暂存的模块，把它拖拽到拔出模块区域中即可，如图 3-1-9 所示。

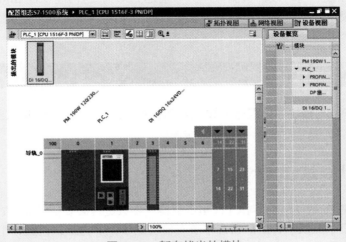

图 3-1-9　暂存拔出的模块

3.1.3　使用硬件检测功能配置S7-1500的中央机架

　　在实际硬件配置工作中，如果按照上述方法一个硬件一个硬件地进行配置组态，或许会因为疏忽而出现硬件组态与实际硬件不一致的现象。为避免这种情况，我们可采用 S7-1500 CPU 中的自动检测功能（非指定 CPU 检测功能）来进行配置，具体的操作方法如下：

　　① 把所有实际硬件按照规则先在中央机架提前正确安装。

　　② 用网线连接好电脑与 CPU，并建立在线连接。双击项目树下的"添加新设备"，在"SIMATIC S7-1500"目录下找到"非指定的 CPU 1500"，双击该订货号"6ES7 5XX-XXXXX-XXXX"，创建一个非指定的 CPU 站点，并在打开的设备视图中显示未指定的 PLC 组态，如图 3-1-10 所示。

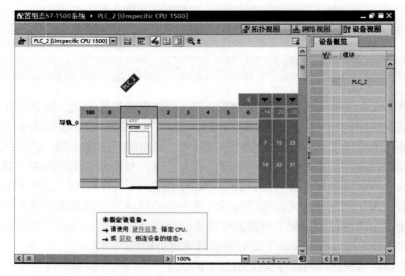

图 3-1-10　未指定设备的设备视图

　　③ 与 CPU 模块建立在线连接后，点击设备视图中未指定该设备方框中的"获取"，或者通过菜单命令"在线"→"硬件检测"→"非指定 PLC"，这时将检测 SIMATIC S7-1500 中央机架上的所有模块（不包括远程 I/O），检测后的模块自动添加到设备视图中，模块参数具有默认值。

 提示

在实际 CPU 与模块中已组态参数及用户程序不能通过这种方法读取上来。

3.2　CPU模块的参数设置

　　当硬件配置完毕后，还需要对 CPU 站点及模块参数进行必要的设置，TIA 博途软件为各种模块的参数预设了默认值，出厂状态下所有模块的参数都为默认设置，用户可立即使用模块，无须进行任何其他设置就能完成简单标准应用。实际应用中可根据具体应用要求和环境来修改模块的相关参数，可设置参数的模块包括 CPU 模块、功能模块（FM）、通信模块（CP）和某些模拟量输入和输出模块以及数字量输入和输出模块。本节将模块的参数设置进行逐一介绍。

　　下面以 CPU 1516F-3 PN/DP 模块为例介绍 CPU 模块的参数设置。首先单击选中博途软件设备视图中的 CPU 模块，在博途软件底部打开 CPU 模块的属性巡视窗口，如图 3-2-1 所示，在这里可以设置 CPU 模块的各种参数。

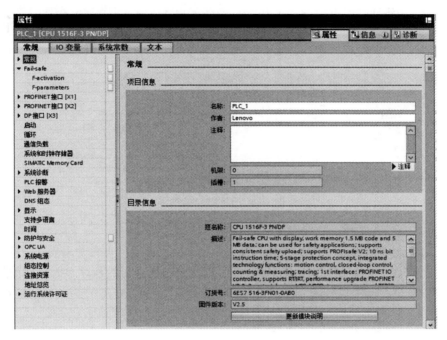

图 3-2-1　CPU 模块属性巡视窗口

3.2.1　常规

　　单击属性中的"常规"选项卡，可见 CPU 属性中的常规参数有项目信息、目录信息、标识与维护及校验和等信息。

（1）项目信息

　　选择项目信息，可以在项目信息下编写和查看与项目相关的信息，如图 3-2-2 所示中"名称"是模块名称，可根据需要更改模块名，如果更改了名称，则更改后的名称可作为设备名称出现在设备视图和网络视图中。

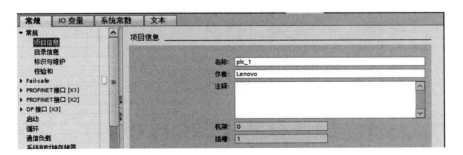

图 3-2-2　查看项目信息

（2）目录信息

在目录信息下显示的短名称及描述、订货号及组态的固件版本与硬件目录中的信息完全相同，这些参数不要修改。

（3）标识与维护

在标识与维护下显示工厂标识和位置标识。工厂标识用于根据功能唯一标识工厂的各个部分；位置标识是设备名称的一部分，用来识别设备和设备所处的位置，最多可输入 32 个字符。还可以选择安装日期和更多信息的编写，如图 3-2-3 所示，更多信息栏最多可以输入 54 个字符。

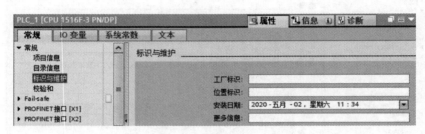

图 3-2-3　标识与维护

（4）校验和

用于检查 PLC 程序的身份和完整性。在编译过程中，块文件夹和文本列表中的块将自动标记一个唯一的校验和。这样可快速判断 CPU 模块中当前运行的程序是否是以前加载的程序，或者该程序是否发生了变更。通过"GetChecksum"指令，可在程序运行时读取校验和。

3.2.2　Fail-Safe（故障安全）

由于本章选择的 CPU 1516F-3 PN/DP 模块是故障安全型（型号 CPU 1516F 中带有字母"F"），故在 CPU 模块属性中有故障安全项"Fail-Safe"，所有与故障安全相关的参数右侧会显示一个黄色方框，如图 3-2-4 所示。当故障安全功能关闭后（F-activation 故障安全功能使能激活），该 CPU 模块可以当普通 CPU 模块使用。F 参数的设置可以简单地使用默认值（F-parameters F 参数）。本例选择取消安全保护故障使能。

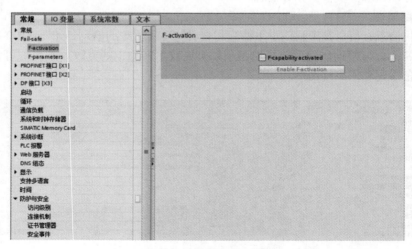

图 3-2-4　设置故障安全参数

3.2.3　PROFINET接口［X1］与[X2]

CPU 模块集成了 PROFINET[X1] 和 PROFINET[X2] 两个接口，这两个接口需要组态的参数相同，这里只介绍一个 PROFINET[X1] 接口的参数设置。

PROFINET[X1] 表示 CPU 模块集成的第一个 PROFINET 接口，接口参数包括常规、以太网地址、时间同步、操作模式、高级选项和 Web 服务器访问等选项，下面分别介绍。

（1）常规

PROFINET［X1］接口选项卡中，在"常规"选项下有"名称""作者"和"注释"，程序员可以写一些提示性的标注。这些标注不能通过程序块读出。

（2）以太网地址

单击"以太网地址"选项，在打开的以太网地址窗口中可以创建子网、设置 IP 协议和 PROFINET 参数，如图 3-2-5 所示是本例参考设置参数。

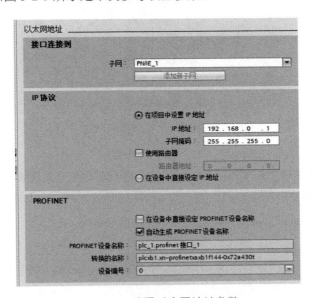

图 3-2-5　设置以太网地址参数

① 接口连接到。"接口连接到"是设置本接口连接的子网。如果子网中显示"未联网"，可通过单击"添加新子网"按钮，为该接口添加新子网，默认为 PN/IE_1。如果有多个子网，可通过下拉菜单选择需要连接的子网。

② IP 协议。在 IP 协议选项下，默认状态为"在项目中设置 IP 地址"，可以根据实际需要设置 IP 地址和子网掩码。默认 IP 地址为 192.168.0.1，子网掩码为 255.255.255.0。

"使用路由器"选项是指当 PLC 需要和其他非同一子网的设备进行通信时，需要激活"使用路由器"选项，并输入路由器（网关）的 IP 地址。

"在设备中直接设定 IP 地址"选项是指当不在硬件组态中设置 IP 地址时，可激活"在设备中直接设定 IP 地址"选项，这样就可以通过使用操作显示屏或函数指令"T_ CONFIG"等方式分配 IP 地址。

③ PROFINET。PROFINET 选项默认为"自动生成 PROFINET 设备名称"，是指 TIA 博途软件根据接口的名称自动生成 PROFINET 设备名称、转换的名称和设备编号。如果取消该

选项，则由用户设定 PROHNET 设备名称。

（3）时间同步

NTP 模式是网络时间协议，是指在 NTP 模式中，设备按固定时间间隔将时间发送到子网（LAN）中的 NTP 服务器，用来同步站上的时间。这种模式的优点是它能够实现跨子网的时间同步。

打开时间同步选项，如图 3-2-6 所示，如果激活"通过 NTP 服务器启动同步时间"，表示该 PLC 可通过以太网从 NTP 服务器上获取时间以同步自己的时钟。该选项需要组态最多四个 NTP 服务器的 IP 地址。更新周期用于定义两次时间查询之间的时间间隔（单位：s），时间间隔的取值范围在 10s ～ 24h 之间。

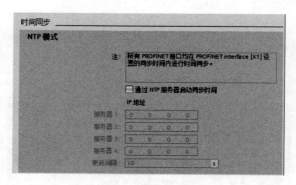

图 3-2-6　时间同步界面

（4）操作模式

一个 PROFINET 网络中的 CPU 模块既可作为 I/O 控制器使用，也可以同时作为 I/O 设备使用，这需要由 NPROFINET 接口中的操作模式来设置，如图 3-2-7 所示，系统默认为"I/O 控制器"。

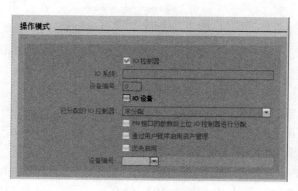

图 3-2-7　操作模式

当该 PLC 作为智能设备，则需要激活"I/O 设备"，并在"已分配的 I/O 控制器"选项中选择一个 I/O 控制器（上位机）。如果 I/O 控制器不在该项目中，则选择"未分配"。如果激活"PN 接口的参数由上位 I/O 控制器进行分配"，则 I/O 设备的设备名称由 I/O 控制器分配，具体的参数设置参见第 8.5 节。

（5）高级选项

在高级选项中可以对接口选项、介质冗余、实时设定、端口等选项进行设置，下面分别进行介绍。

① 接口选项。"接口选项"是对 PROFINET 接口的一些通信事件进行设置，如图 3-2-8 所示。

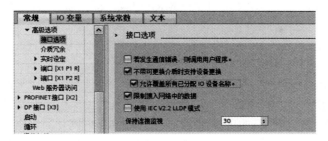

图 3-2-8　接口选项

a. 若发生通信错误，则调用用户程序。如果不激活"若发生通信错误，则调用用户程序"选项，当出现 PROFINET 接口的通信错误时，不会调用诊断中断组织块 OB82，但错误信息会进入 CPU 模块的诊断缓冲区。如果激活此选项，当出现 PROFINET 接口的通信错误时，则调用诊断中断组织块 OB82。

b. 不带可更换介质时支持设备更换。PROFINET 通信网络中，I/O 控制器是通过 I/O 设备名称来识别 I/O 设备的。早期的 I/O 设备通常通过插入可交换介质（存储卡）或通过编程设备为 I/O 设备分配设备名称，I/O 控制器使用该设备名称识别 I/O 设备。现在的 I/O 设备没有存储卡，在更换 I/O 设备时，可激活"不带可更换介质时支持设备更换"选项，新 I/O 设备可通过预先定义的拓扑信息和正确的相邻关系，I/O 控制器可以检测到新更换的 I/O 设备，并为其分配已组态的设备名称，具体更换方法见实例 3-2。

c. 允许覆盖所有已分配 I/O 设备名称。"允许覆盖所有已分配 I/O 设备名称"是指当使用拓扑信息分配设备名称时，不需要将新替换设备恢复到出厂值设置。因此，使用此功能时，激活此选项即可。

d. 限制馈入网络中的数据。"限制馈入网络中的数据"是用于设置网络中标准以太网通信的网络负载最大值。在 PROFINET I/O 系统中，采用标准以太网通信将很快达到网络负载的临界值，因此 PROFINET I/O 系统中的所有设备都支持"限制馈入网络中的数据"功能。该功能并不适用于实时通信（RT/IRT）。

如果 CPU 模块 X1 接口用作 I/O 控制器，则系统自动启用"限制馈入网络中的数据"功能；如果 CPU 模块 X1 接口用作 I/O 设备，则可启用也可禁用"限制馈入网络中的数据"功能。

e. 使用 IEC V2.2 LLDP 模式。LLDP 表示"链路层发现协议"，是标准 IEEE 802.1AB 中定义的一种独立于制造商的协议。以太网设备使用 LLDP，按固定间隔向相邻设备发送关于自身的信息，相邻设备将保存此信息。

现场总线标准 IEC 61158 V2.2（或简称"IEC V2.2"）为 PROFINET 接口的设备实现了 LLDP 协议，所有联网的 PROFINET 接口必须设置为同一种模式（如 IEC V2.3 或 IEC V2.2），具有多个 PROFINET 接口的设备要求使用此标准的新版本 IEC V2.3。

组态同一个项目中 PROFINET 子网的所有设备时，博途软件自动设置 LLDP 模式，用户无须考虑设置问题。如果是在不同项目下组态，则可能需要手动设置。

如果选择"使用 IEC V2.2 LLDP 模式"选项且无法更改，则 PROFINET 接口仅支持 V2.2 模式。如果禁用了"使用 IEC V2.2 LLDP 模式"选项并且可以更改，则 PROFINET 接口支持 V2.2 模式以及 V2.3 模式。

f. 保持连接监视。"保持连接监视"是指向 TCP 或 ISO-on-TCP 连接伙伴保持连接请求的时间间隔，选项默认为 30s，设置范围为 0～65535。

② 介质冗余。CPU 模块的 PN 接口支持 MRP 协议，即介质冗余协议。可以通过 MRP 协议来实现环网的连接，如图 3-2-9 所示。

"MRP 域"中列出了所选 I/O 系统中现有的 MRP 域名。要更改名称，必须点击"域设定"按钮，域名只能在子网设置中集中修改。

在"介质冗余功能"中，可选择"环网中无设备""管理器"或"客户端"三种选项。当设置 CPU 模块在介质冗余功能中作为"管理器"时，负责发送检测报文进行检测网络连接状态，在环网端口选项中还要选择使用哪两个端口连接 MRP 环网及网络出现故障时是否调用诊断中断 OB82（即激活"诊断中断"）。当选择为客户端时，只进行转发检测报文。

图 3-2-9　介质冗余界面

③ 实时设定。"实时设定"主要对 I/O 通信、同步和实时选项的三个选项进行设置，如图 3-2-10 所示。

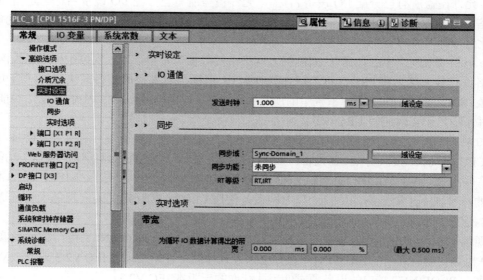

图 3-2-10　实时设定界面

a. I/O 通信。I/O 通信是设置 PROFINET 的发送时钟时间，是指 I/O 控制器和 I/O 设备交换数据的最小时间间隔，默认为 1ms，最大为 4ms，最小为 250μs。

b. 同步。"同步域"参数是用来显示同步域的名称，如果组态 I/O 控制器并连接到以太网子网，它将被自动添加到该以太网子网的默认同步域，默认同步域始终可用。所有域内的

PROFINET 设备按照同一时基进行时钟同步，如果一台设备为同步主站（时钟发生器），所有其他设备为同步从站。

在"同步功能"选项中，可设置此接口为"未同步""同步主站"或"同步从站"。

"RT 等级"是选择 I/O 设备的实时通信类别。选择"RT"时，设备始终处于异步运行。如果选择"IRT"，则所有的项目站点都在一个同步域内，确保所有属于此域的设备能同步通信。

c. 带宽。带宽是 TIA 博途软件根据 I/O 设备的数量和 I/O 字节，自动计算"为循环 I/O 数据计算得出的带宽"，最大带宽一般为"发送时钟"的一半。

④ 端口 [X1 P1 R]。CPU 模块的 PROFINET[X1] 接口自带一个两端口的交换机，这两个端口分别是"端口 [X1 P1 R]"和"端口 [X1 P2 R]"，这两个端口需要组态的参数相同，这里只介绍一个端口的参数设置。

选中"端口 [X1 P1 R]"，如图 3-2-11 所示，端口需要设置的参数有常规、端口互连和端口选项，下面逐一介绍。

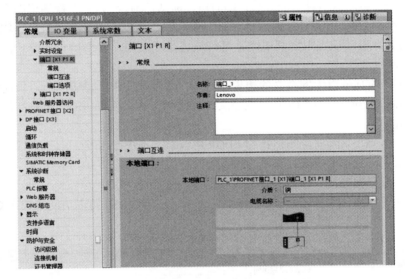

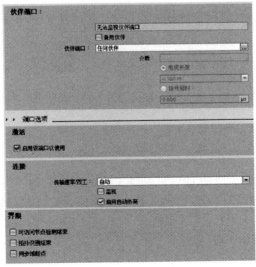

图 3-2-11　端口设置界面

a. 常规。用户可以在"名称""注释"等空白处做一些提示性的标注。

b. 端口互连。端口互连选项中有本地端口和伙伴端口两个参数。

"本地端口"区显示本地端口的属性,"介质"的类型默认为"铜",铜缆无电缆名。

"伙伴端口"区可以在下拉列表中选择需要连接的伙伴端口,如果在拓扑视图中已经组态了网络拓扑,在"伙伴端口"处会显示连接的伙伴端口、"介质"类型以及"电缆长度"或"信号延时"等参数。其中"电缆长度"或"信号延时"两个参数仅适用于 PROFINET IR 通信,可以设置两参数中的其中一个,另一个参数会自动添加。例如,选择"电缆长度",则 TIA 博途软件根据指定的电缆长度自动计算信号延迟时间。

c. 端口选项。端口选项中有激活、连接和界限三个选项。

当激活"启用该端口以使用"选项时,表示该端口可以使用,否则禁止使用该端口。

在"连接"选项中的"传输速率 / 双工"参数有"自动"和"TP 100Mbit/s"两种选择。默认为"自动",表示该 PLC 与连接伙伴自动协商传输速率和双工模式,在自动模式下,"启用自动协商"选项自动激活且不能取消;同时可以激活"监视",来监视端口的连接状态,一旦出现故障,则向 CPU 报警。如果选择"TP100Mbit/s",会自动激活"监视"功能和"启用自动协商"模式,自动识别以太网电缆是平行线还是交叉线;如果禁止该模式,需要注意选择正确的以太网电缆形式。

界限是表示传输某种以太网报文的边界限制。在界限选项中"可访问节点检测结束"表示不转发用于检测可访问节点的 DCP 协议报文,也就是无法在项目树的"可访问设备"中显示此端口之后的设备。

"拓扑识别结束"表示对检测拓扑的 LLDP 协议报文不进行转发。

"同步域断点"表示对用来同步域内设备的同步报文不进行转发。

(6)Web 服务器访问

激活"启用使用该接口访问 Web 服务器"选项,通过该接口可以访问集成在 CPU 模块中的 Web 服务器,如图 3-2-12 所示。

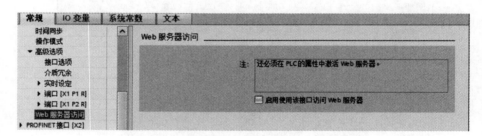

图 3-2-12 Web 服务器访问界面

3.2.4 DP接口 [X3]

CPU 模块集成的 DP 接口 [X3] 是一个标准的工业以太网端口,接口只能做主站,并且该接口不能被设置为 MPI 接口(S1MAT1C S7-1500 PLC 不支持MPI 接口)。该接口属性设置包括常规、PROFIBUS 地址、操作模式、时间同步、SYNC/FREEZE(同步 / 冻结)等选项,下面将分别介绍。

(1)常规

"DP 接口 [X3]"下的"常规"选项同接口 [X1],这里不再赘述。

（2）PROFIBUS 地址

单击"PROFIBUS 地址"选项，显示接口连接到的子网、地址和传输率等参数，如图
3-2-13 所示。

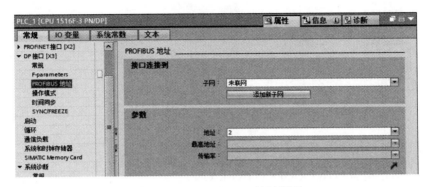

图 3-2-13　PROFIBUS 地址界面

① 接口连接到。"接口连接到"选项通过"添加新子网"按钮为该接口添加新 PROFIBUS
网络，新添加的 PROFIBUS 子网名称默认为 PROFIBUS_1。

② 参数。"参数"选项中的"地址"是设置 PROFIBUS 的地址。最高地址和传输率两参
数在这里不能修改，如果要修改，可以切换至网络视图，选中 PROFIBUS 子网系统，然后在
属性窗口中进行设置。

（3）操作模式

"操作模式"默认选择为主站并且不能更改，表示该 CPU 集成接口只能作为 PROFIBUS-
DP 通信主站。如图 3-2-14 所示。

"主站系统"表示 DP 主站系统的名称，也就是 DP 主站连接 DP 从站时的 DP 子网名称。

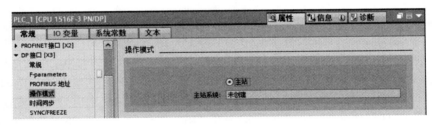

图 3-2-14　操作模式界面

（4）时间同步

"时间同步"是指通过 PROFIBUS 网络进行时间同步。如果作为从站，将接收其他主站
的时间来同步自己的时间；如果作为主站，则用自己的时间来同步其他从站的时间。可以根
据需要设置时间同步的间隔。

（5）SYNC/FREEZE

SYNC/FREEZE 是一个"同步 / 冻结"选项，此功能表示 DP 主站可以同时发送 SYNC/
FREEZE 控制命令到一组 DP 从站中以同步这些从站。如果需要使用此功能，则需要将 DP 从
站分配给 SYNC/FREEZ 组。对于一个主站系统，最多可以建立 8 个同步和冻结组，如图 3-2-15
所示。将从站分配到不同的组中，当调用同步指令时，组中的从站同时接收到主站信息。当
调用冻结指令时，主站将同时接收到组中从站某一时刻的信息。

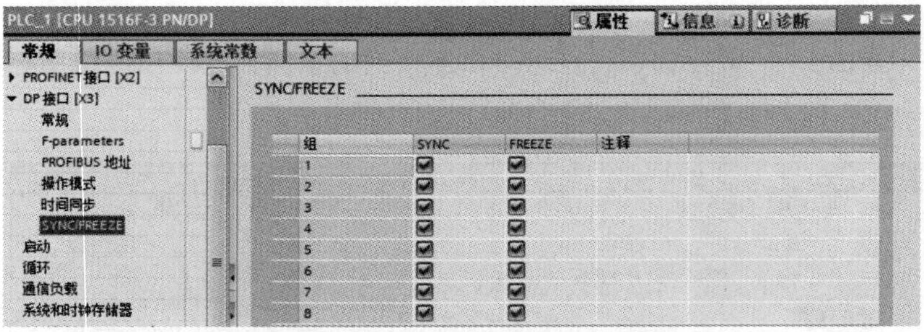

图 3-2-15　SYNC/FREEZE 界面

3.2.5　启动

"启动"参数是指当 POWER OFF/POWER ON 转换后设置相关的启动特性，如图 3-2-16 所示。S7-1500 PLC 中的 CPU 模块只支持暖启动方式。在暖启动期间，所有非保持性位存储器内容都将删除并且非保持性数据块内容将复位。将保留保持性位存储器和保持性 DB 中的内容，程序执行在调用第一个启动 OB 时开始。

图 3-2-16　CPU 属性中的启动界面

（1）上电后启动

"上电后启动"选项可设置 CPU 模块上电后的启动方式，上电启动方式有以下三种。

① 暖启动 - 断开电源之前的操作模式。TIA 博途软件默认 CPU 模块的启动方式为"暖启动 - 断开电源之前的操作模式"，此模式是当 CPU 模块上电后，会进入到断电之前的运行模式。

② 未重启。当选择"未重启（仍处于 STOP 模式）"模式时，CPU 模块上电后处于 STOP 模式。

③ 暖启动 -RUN。当选择"暖启动 -RUN"模式时，CPU 模块上电后进入暖启动和运行模式。前提是 CPU 模块的模式操作开关必须在"RUN"位置，否则 CPU 不会执行暖启动，也不会进入运行模式。

> **提示**
>
> 　　暖启动是指在 CPU 开始执行循环用户程序之前，将执行启动程序的一种模式。暖启动过程期间将进行以下任务处理：
> 　　a. 将初始化非保持性位存储器、定时器和计数器；b. 将初始化数据块中的非保持性变量；c. 在启动期间，尚未运行循环时间监视；d.CPU 按启动组织块编号的顺序处理启动组织块，无论所选的启动模式如何，CPU 都会处理所有编程的启动组织块；e. 如果发生相应事件，则 CPU 可在启动期间启动 OB82（诊断中断）、OB83（可移除 / 插入的模块）、OB86（机架错误）、OB121（全局编程错误处理）、OB122（全局超时处理）。

（2）比较预设与实际组态

"比较预设与实际组态"选项决定当硬件配置信息与实际硬件不匹配时 CPU 是否可以启动。

若选择为"仅兼容时启动 CPU"，表示实际模块与组态模块一致或者实际的模块兼容硬件组态的模块，此时 CPU 模块可以启动。兼容是指安装的模板要匹配组态的模板的输入 / 输出数量，且必须匹配其电气和功能属性。兼容模块是指实际模块必须完全能够替换已组态的模块，功能可以更多，但不能少。例如组态的模块为 DI 8×24V DC HF，实际模板为 DI 16×24V DC HF，则实际模块兼容组态模块，CPU 模块可以启动。

当选择"即便不兼容仍然启动 CPU"，表示实际模块与组态的模块不一致时仍然可以启动 CPU 模块，例如组态的是 DI 模板，实际的是 AI 模板，此时 CPU 模块可以运行，但是带有诊断信息提示。

（3）组态时间

组态时间是指集中式和分布式 I/O 的组态时间，在 CPU 启动过程中，将检查集中式 I/O 模块和分布式 I/O 站点中的模块在所组态的时间段内是否准备就绪（默认值为 60000ms），如果没有准备就绪，则 CPU 模块的启动特性取决于"比较预设与实际组态"中的设置。

3.2.6　循环

循环是指循环时间（周期），是操作系统刷新过程映像和执行程序循环 OB 及中断此循环的所有程序段所需的时间。单击"循环"选项进入循环界面，如图 3-2-17 所示，在该界面中设置与 CPU 循环扫描有关的最大循环时间和最小循环时间两个参数。

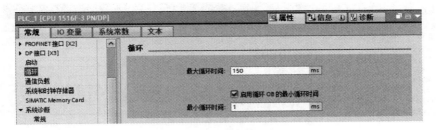

图 3-2-17　CPU 属性中的循环界面

"最大循环时间"是设定程序循环扫描监控时间的上限时间，默认值为 150ms。如果循环程序超过最大循环时间，则操作系统将尝试启动时间错误块 OB80。如果 OB80 存在，则扫描监视时间会变为原来的 2 倍，如果此后扫描时间再次超过了此限制，CPU 仍然会进入停机状态。如果 OB80 不存在，则 CPU 将切换为 STOP 模式。

循环运行时间除了设定最大循环时间之外，还需要保证满足最小循环时间。启用"最小循环时间"是设定 CPU 最小的扫描时间。如果实际扫描时间小于设定的最小时间，当实际扫描时间执行完后，操作系统会延时新循环的启动，在此等待时间内等待直到达到最小扫描时间后才进行下一个扫描周期。这样可保证在固定的时间内完成循环扫描。将循环时间设置为最小值时需考虑通信负载情况（通信负载将在 3.2.7 节中介绍），否则会发生时间错误。

3.2.7　通信负载

CPU 的循环时间会受 CPU 之间的通信过程和测试功能等操作的影响，如果循环时间因通信过程而被延长，则在循环组织块的循环时间内可能会发生更多异步事件。此时，可以设定"通信产生的循环负载"参数，在一定程度上可以限制通信任务在一个循环扫描周期中所占的比例，确保 CPU 的扫描周期中通信负载小于设定的比例，默认值为 50%，设置范围是 15% ～ 50%，如图 3-2-18 所示。

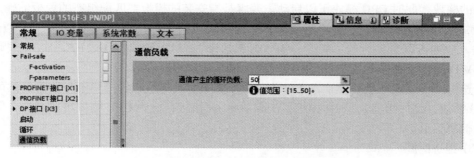

图 3-2-18　设置 CPU 属性中的通信负载

3.2.8　系统和时钟存储器

设置系统和时钟存储器是对 CPU 中系统存储器 1 个字节和时钟存储器 1 个字节按照指定的频率对各位进行设置，如图 3-2-19 所示。在"系统和时钟存储器"选项中，可以将系统和时钟信号赋值到标志位区 M 的变量中，一旦这里选择了系统和时钟存储器字节后，这两个字节不能再用于其他用途了。

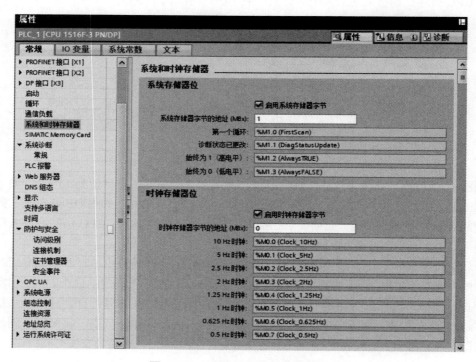

图 3-2-19　系统和时钟存储器界面

（1）系统存储器位

"系统存储器字节"是分配系统存储器参数时需要指定用作系统存储器字节的 CPU 存储

器字节，默认字节为 MB1，可在初始化程序段使用系统存储器，系统存储器位只有 1 或 0 状态。设置规则是：字节第 0 位为首次扫描位，只有在 CPU 启动进入 RUN 模式的第一个程序循环中值为 1，即常开触点闭合，其他时间为 0 断开；第一位表示诊断状态已更改，即在一个扫描周期内状态为 1；第 2 位始终为 1，即常开触点始终闭合；第 3 位始终为 0；第 4~7 位为保留位。

（2）时钟存储器位

时钟存储器是按照 1 : 1 占空比周期性改变二进制状态的位存储器。分配时钟存储器参数时，需要指定要用作时钟存储器字节的 CPU 存储器字节，默认字节为 MB0。

激活"启用时钟存储器字节"选项，CPU 将 8 个固定频率的时钟信号赋值到一个标志位存储区的字节中，字节中每位对应的频率和周期见表 3-2-1，例如 M0.5 的时钟脉冲周期为 1s，即触点接通 0.5s，断开 0.5s。

表3-2-1　时钟存储器字节位的功能含义

时钟存储器字节位	7	6	5	4	3	2	1	0
周期 /s	2.0	1.6	1.0	0.8	0.5	0.4	0.2	0.1
频率 /Hz	0.5	0.625	1	1.25	2	2.5	5	10

3.2.9　SIMATIC 存储卡

启用"SIMATIC 存储卡的时效性"选项，是选择到达 SIMATIC 存储卡使用寿命（存储卡的使用频率）的阈值，如图 3-2-20 所示。当 CPU 运行到达设定的百分比时，将启动一条诊断中断和生成一条诊断缓冲区条目，默认值为 80%，设定范围为 0 ~ 100%。

图 3-2-20　SIMATIC 存储卡诊断界面

3.2.10　系统诊断

系统诊断就是记录、评估和报告自动化系统内的故障，例如 CPU 程序错误、模块故障、传感器和执行器断路等故障。CPU 模块属性中系统诊断功能自动激活（无法禁用），如图 3-2-21 所示。报警文本可以采用默认的文本在 CPU 模块的操作显示屏、Web 浏览器或触摸屏中查看这些故障信息。必要时，可更改现有的报警文本，并增添新文本。该设置与项目一同保存，且仅在编译硬件配置后并加载到相关组件后才有效。

启用"将网络故障报告为维护而非故障"时，网络错误将发送"要求维护"信号。

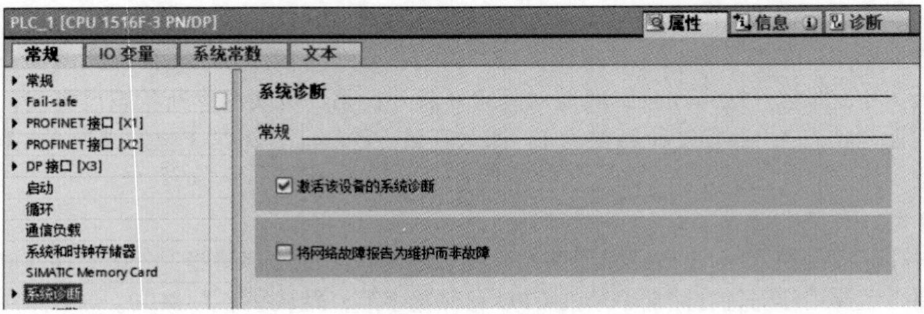

图 3-2-21　系统诊断界面

3.2.11　PLC报警

PLC 报警选项是用来对"PLC 中的中央报警管理"参数的设置，默认为启用，如图 3-2-22 所示。启用中央报警管理功能后，CPU 将完整的报警文本（可能包含多个文本列表条目）传送到触摸屏设备中。CPU 对完整报警文本进行编译，出现未决的报警触发事件时，CPU 立即将完整的报警文本及相关值发送到触摸屏设备中。启用中央报警管理功能后，无须下载所连触摸屏设备的文本。

如果未启用中央报警管理功能，则必须通过工程组态系统（WinCC）将文本下载到触摸屏设备中，这样才能在运行过程中显示报警文本。出现未决的报警触发事件时，CPU 只需向触摸屏设备发送基本信息（如报警 ID、报警类型和相关值）。

图 3-2-22　PLC 报警

3.2.12　Web服务器

Web 服务器的选项主要包括常规、自动更新、用户管理、安全性（Security）、监控表、入口页面和接口概览等参数，下面进行部分介绍。

（1）常规

选中"启用模块上的 Web 服务器"选项，即激活 CPU 中 Web 服务器功能，如图 3-2-23 所示。默认状态下，打开 IE 浏览器并输入 CPU 接口的 IP 地址，例如 http：//192.168.0.1，即可进入浏览 CPU Web 服务器中查看内容。如果选择"仅允许通过 HTTPS 访问"的方式，可通过数据加密的方式浏览网页，即在 IE 浏览器中需要输入 https：//192.168.0.1 才能浏览网页。

如果 CPU 模块带有多个 PROFINET 接口或组态了带有 PROFINET 接口的通信模块 CP，则还需要激活 Web 服务器选项中"接口概览"的相应接口中的"已启用 Web 服务器访问"选项，如图 3-2-24 所示。

（2）自动更新

激活"启用自动更新"参数，可设置相应的时间间隔（取值范围 1 ～ 999s），Web 服务器将会以"更新间隔"下设置的时间间隔自动更新网页的内容。如果设置较短的更新时间，将会增加 CPU 的扫描时间。

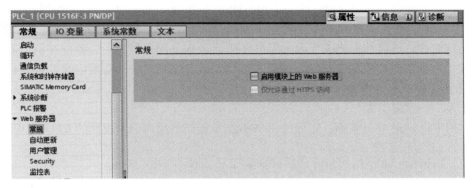

图 3-2-23　Web 服务器常规界面

图 3-2-24　Web 服务器中接口概览界面

（3）用户管理

　　用户管理是用于管理访问网页中用户的列表，如图 3-2-25 所示。可以根据需要增加和删除用户，并设置访问级别和密码，这样在使用浏览器登录 Web 服务器时，需要输入相应的用户名和密码。

图 3-2-25　用户管理界面

（4）监控表

用于创建监控表，并定义对这些表格进行读取或读 / 写访问形式。点击"监控表"选项中"名称"栏中的▇图标，在弹出的对话框中选择需要在 Web 服务器中显示的监控表或强制表，并设置访问方式。这样拥有相关权限的用户在登录到 Web 服务器之后，就能在浏览器中查看或修改监控表或强制表中的变量值。如果在监控表或者强制表中的变量没有变量名称，那么其值不能通过 Web 服务器进行访问。

（5）用户自定义页面

通过用户自定义 Web 页面，可以使用 Web 浏览器访问用户自由设计的 CPU 的 Web 页面。

（6）入口页面

在"入口页面"选项中，可以选择登录 Web 服务器时的初始页面。

（7）接口概览

在"接口概览"选项中，可以查看 PLC 站点中所有可以访问 Web 服务器的设备与以太网接口，如图 3-2-24 所示，在表中可以激活需要的接口用于 Web 服务器的访问。

3.2.13　显示

CPU 模块上都配有一块操作显示屏，可通过 CPU 属性中的"显示"选项来对操作显示屏进行相关参数的设置，实现合理使用操作显示屏。

（1）常规

在"常规"选项中，可以对显示待机模式、节能模式和显示的语言等参数进行设置，如图 3-2-26 所示。

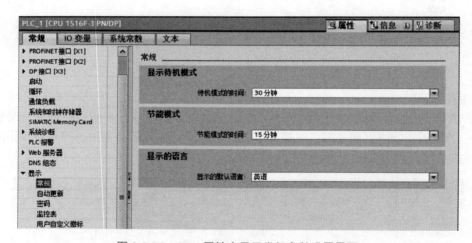

图 3-2-26　CPU 属性中显示常规参数设置界面

① 显示待机模式。"待机模式的时间"参数是指显示屏进入待机模式所需的无任何操作的持续时间。在显示屏的显示菜单中，可以更改待机模式时间或禁用。当进入待机模式时，显示屏保持为黑屏，按下显示屏上任意按键时，立即重新激活。

② 节能模式。"节能模式的时间"是指显示屏进入节能模式所需的无任何操作的持续时间。在显示屏的显示菜单中，可更改节能模式时间或禁用。在节能模式下，显示屏将以低亮度显示信息，按下显示屏任意按键时，节能模式立即结束。

③ 显示的语言。显示屏默认的菜单语言是英语，可通过"显示的默认语言"参数来设置

语言，设置后需下载至 CPU 模块中立即生效。

（2）自动更新

"自动更新"是对当前的诊断信息和 CPU 的变量值自动传送到显示屏的时间间隔进行更新设置，如图 3-2-27 所示。更新前时间默认为 5s，可以设置时间间隔和禁用。

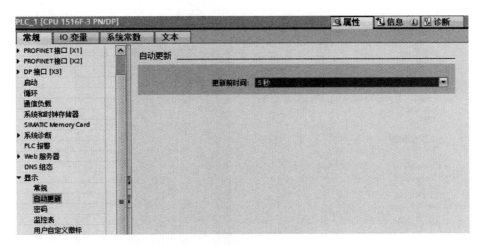

图 3-2-27　显示中的自动更新界面

（3）密码

"密码"是指通过"屏保"参数设置显示屏上的操作密码。当需要"启用写访问"和"启用屏保"时，如图 3-2-28 所示，需要通过输入密码，可在显示屏上对 CPU 进行授权写访问。还可以设置显示屏上输入密码后，在无任何的操作下访问授权自动注销的时间。

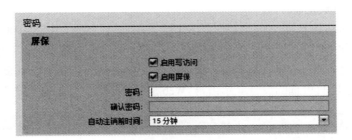

图 3-2-28　屏保密码设置界面

（4）监控表

在"监控表"中，可添加项目中的"监控表"和"强制表"，并设置访问形式是"读取"或"读/写"，下载后可以在显示屏中的"诊断"→"监视表"菜单下显示或者修改监控表和强制表中的变量，显示屏只支持符号寻址的方式，绝对寻址的变量不能显示。

（5）用户自定义徽标

在"用户自定义徽标"选项，如图 3-2-29 所示，可以将用户自定义的徽标图片与硬件配置一起装载到 CPU 中，用于显示屏显示，用户自定义的徽标图片必须是"Bitmap""JPEG""GIF"和"PNG"等格式。如果图片的尺寸超出指定的尺寸，需激活"修改徽标"选项缩放图像尺寸以适合显示屏的要求，在显示屏的主画面中，按下"Esc"按键，就会显示用户自定义徽标。

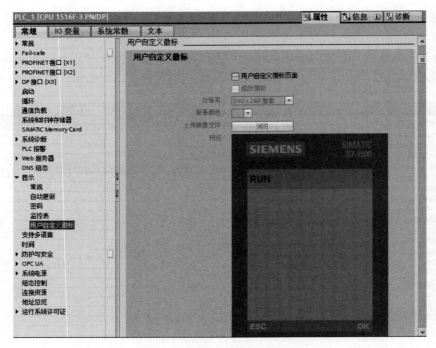

图 3-2-29　用户自定义徽标界面

3.2.14　支持多语言

"支持多语言"选项是指可以选择多种语言,下载到设备中的项目语言被指定为设备的项目语言和显示语言 /Web 服务器的语言。

项目语言必须在项目树下的"语言和资源"→"项目语言"标签中激活,并且只能为 CPU 指定最多两种不同的项目语言,如图 3-2-30 所示的表格左侧栏中项目语言只选择了一种"中文"语言;"设备显示语言 /Web 服务器语言"可以选择多种语言,如图 3-2-30 所示的表格右侧栏中列出了所有可选的设备显示语言 /Web 服务器语言,可以根据需要来选择。

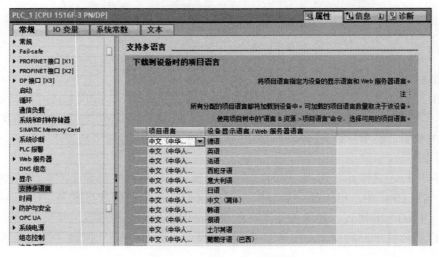

图 3-2-30　多语言设置界面

3.2.15　时间

本地时间则由 UTC 时间、时区和冬令时 / 夏令时共同决定（UTC 时间是 PLC 中系统时间），如图 3-2-31 所示。在"时区"选项中，选择为"（UTC+08:00）北京、重庆、香港、乌鲁木齐"，博途软件会根据此地区夏令时实施的实际情况自动激活或禁用夏令时，方便用户设置本地时间。用户也可手动激活或禁用夏令时，并设置夏令时的开始和结束时间等参数。

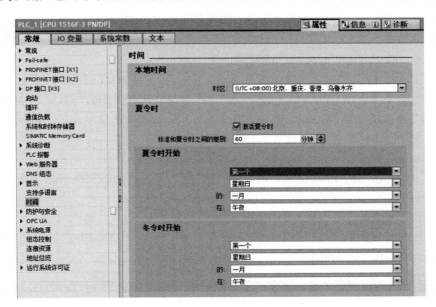

图 3-2-31　时间设置界面

3.2.16　防护与安全

（1）访问级别

CPU 模块提供多种访问级别，以限制对特定功能的访问。需要在 CPU 模块属性中"防护与安全"选项中设置访问级别及相关的权限密码，如图 3-2-32 所示，在各个访问级别右侧列中的绿色复选框标记"√"，表示在不知道此访问级别的密码的情况下可以执行的操作。将防护权限设置了密码后，需要将其设置下载到 CPU 模块之后才生效，这样可根据相关的保护级别进行访问。

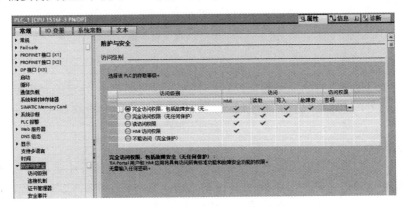

图 3-2-32　访问级别设置界面

访问级别详细介绍如下：

① 完全访问权限，包括故障安全（无任何保护）。所有用户都可以对硬件配置和块进行读取和更改，包括 F 型故障安全模块。默认访问级别为"完全访问权限（无任何保护）"。

② 完全访问权限（无任何保护）。所有用户都可以对硬件配置和块进行读取和更改。默认访问级别为"完全访问权限（无任何保护）"。

③ 读访问权限。当设置"读访问权"时，无须输入密码即可对硬件配置和块进行只读访问，即将硬件配置和块上传到编程设备中。如果在操作过程中使用写访问权，则必须输入完全访问权限的密码，此时，还可进行 HMI 访问并访问诊断数据、显示离线 / 在线比较结果、切换操作模式（RUN/STOP）并设置日期时间。

④ HMI 访问权限。当设置"HMI 访问权限"时，只支持 HMI 访问和诊断数据访问，不能将块和硬件配置加载到 CPU 中，也无法从 CPU 中将块和硬件配置加载到编程设备中，也不适用测试功能、切换操作模式（RUN/STOP）、固件更新以及显示在线 / 离线比较结果等操作。

⑤ 不能访问（完全保护）。当设置"不能访问（完全保护）"时，无法对硬件配置和块进行读写访问，也无法进行 HMI 访问，PUT/GET 通信的服务器功能在此访问等级下都处于禁用状态（无法更改）。只能通过"可访问设备"读取标识数据。

（2）连接机制

激活"允许来自远程对象的 PUT/GET 通信访问"可对 PUT/GET 通信启用访问，如图 3-2-33 所示，具体的应用参照 8.3 节。

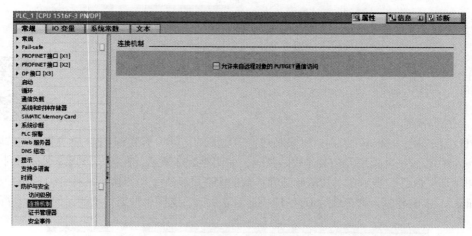

图 3-2-33　连接机制设置界面

（3）证书管理器

启用"使用证书管理器的全局安全设置"参数，以便在 CPU 特定的局部证书管理器中为设备分配全局新证书。如果取消启用该设置，则只能使用功能受限的 CPU 特定的局部证书管理器。

（4）安全事件

为防止诊断缓冲区被大量相同的安全事件"淹没"，在博途软件中启用"在出现大量消息时汇总安全事件"参数，并设置时间间隔长度，默认为 20s，如图 3-2-34 所示，这样将在每个间隔内，CPU 就为每种事件类型生成一个组警报，并保存到诊断缓冲区中。

图 3-2-34　安全事件设置界面

3.2.17　系统电源

所有 I/O 模块都需要从背板总线获得电源，通常情况是由 CPU 为其背板总线供电，但在必要时，还可以通过额外的系统电源为背板总线供电。

（1）常规

如图 3-2-35 所示，如果选择"连接电源电压 L+"选项，则需要 CPU 模块连接 24V DC 电源，背板总线供电由 CPU 模块完成；如果选择"未连接电源电压 L+"选项，则 CPU 模块没有连接 24V DC 电源，不能为背板总线供电，此时应外接电源为其供电。

（2）电源段概览

博途软件会自动计算每一个模块在背板总线的功率损耗，组态时可在"系统电源"选项中查看供电是否充足，如图 3-2-35 所示的电源段概览中列出了插入的所有 I/O 模块和这些模块的最大功耗，如果"汇总"的电源为正值，表示电源供电充足；如果为负值，表示需要增加 PS 电源模块来提供更多的功率。如果背板总线上的 I/O 模块消耗的功率比供电功率要多，那么对应的单元格将显示为红色，并在编译了硬件配置之后收到一个相应的警告信息。

图 3-2-35　系统电源界面

3.2.18　组态控制

"组态控制"选项是在一定的限制条件下，在用户程序中启用组态来更改硬件配置信息。使用组态控制功能时需激活"允许通过用户程序重新组态设备"选项，如图 3-2-36 所示。

图 3-2-36　组态控制界面

3.2.19 连接资源

每个连接都需要一定的连接资源，可用的连接资源数取决于所使用的 CPU 模块。CPU 连接资源中的预留资源与动态资源概览由 CPU 属性中"连接资源"选项来显示，如图 3-2-37 所示。

连接资源		站资源		模块资源
		预留	动态	PLC_1 [CPU 1516F-3 PN/DP]
最大资源数：		10	118	128
	最大	已组态	已组态	已组态
PG 通信：	4	-	-	-
HMI 通信：	4	0	0	0
S7 通信：	0	-	0	0
开放式用户通信：	0	-	0	0
Web 通信：	2	-	-	-
其它通信：	-	-	0	0
使用的总资源：		0	0	0
可用资源：		10	118	128

图 3-2-37　连接资源界面

3.2.20 地址总览

CPU 属性中的地址总览可显示已经配置的所有模块的输入 / 输出和插入模块所用的所有地址一览表，如图 3-2-38 所示，模块未使用的地址将显示为空。

类型	起始地	结束地	大小	模块	机架	插槽	设备名称	设备	主站 / I/O 系统	PIP	OB
I	2	3	2 字节	DI 16/DQ 16x24VDC/0.5A BA_2	0	3	PLC_1 [CPU 1516F-3 PN/DP]	-	-	自动更新	-
O	2	3	2 字节	DI 16/DQ 16x24VDC/0.5A BA_2	0	3	PLC_1 [CPU 1516F-3 PN/DP]	-	-	自动更新	
I	0	1	2 字节	DI 16/DQ 16x24VDC/0.5A BA_1	0	2	PLC_1 [CPU 1516F-3 PN/DP]	-	-	自动更新	
O	0	1	2 字节	DI 16/DQ 16x24VDC/0.5A BA_1	0	2	PLC_1 [CPU 1516F-3 PN/DP]	-	-	自动更新	

图 3-2-38　地址总览界面

3.3　SIMATIC S7-1500 PLC I/O模块参数

在博途软件设备视图中组态了 CPU 模块和 I/O 模块时，除了对 CPU 模块设置参数外还需要对 I/O 模块进行参数设置。I/O 模块主要对输入 / 输出通道的诊断功能及地址的分配等参数进行设置。下面以数字量和模拟量模块为例介绍模块的参数配置（型号不同的模块，参数会有所不同）。

3.3.1 数字量输入模块参数设置

数字量输入模块采用 DI 32×24V DC HF 为例介绍。数字量输入模块参数包括常规、模块参数和输入参数。常规参数与 CPU 属性中的常规参数基本类似，这里不再介绍，重点对模块参数和输入参数进行逐一介绍。

（1）模块参数

模块参数包括常规、通道模板和 DI 组态三项，如图 3-3-1 所示。

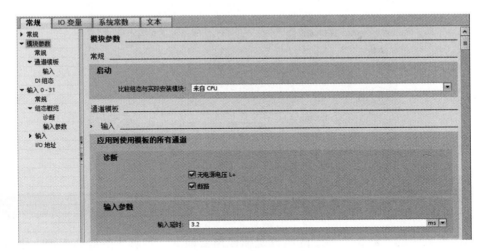

图 3-3-1　模块参数设置界面

① 常规。模块参数中的"常规"选项中的"启动"参数，是指当前的组态硬件与实际安装硬件模块进行比较是否一致时，选择启动特性，如图 3-3-2 所示，启动特性有以下三种选择。

a. 来自 CPU。表示启动时将使用 CPU 属性中的设置，默认为"来自 CPU"。

b. 仅兼容时启动 CPU。表示所有组态的与实际安装的模块和子模块相匹配兼容时，才能启动 CPU。

c. 即便不兼容仍然启动 CPU。表示组态的与实际安装的模块和子模块存在差异，也要启动 CPU。

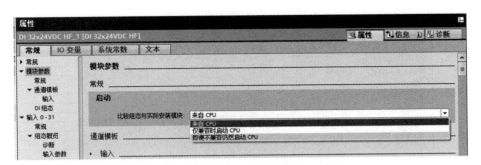

图 3-3-2　输入模块的常规启动设置界面

② 通道模板。"通道模板"选项是当模块各个通道具有相同组态时，可以先设置好"通道模板"，然后选择实际组态中的各个通道与"通道模板"一致，这样无须对每个通道逐个组态。也可以手动对某个通道进行单独设置，如图 3-3-3 所示。

激活"无电源电压 L+"参数就是启用对电源电压 L+ 缺失或不足的诊断功能；激活"断路"参数就是启用模块断路检测诊断功能。激活上述的两个诊断功能并且 CPU 在线程序中有 OB82 块时，若出现故障则触发诊断中断并调用程序块 OB82。

"输入延时"参数是为了抑制一些干扰信号而选择输入通道的输入延时时间。输入延时越长，信号越不容易受到干扰，但会影响信号采集速度，默认值为"3.2ms"，如果选择了"0.05ms"，在接线时必须使用屏蔽电缆来连接数字量输入。

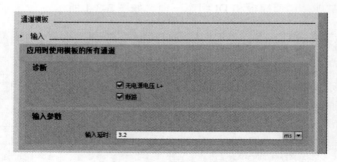

图 3-3-3　通道模板设置界面

提示

通道模板中的"断路"检测的原理是模板需要检测到足够大的静态电流，否则认为线路断路。为了保证在传感器断开时仍然有此静态电流，可在传感器上并连一个 25 ~ 45kΩ、功率大于 0.25W 的电阻，如图 3-3-4 所示。

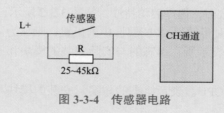

图 3-3-4　传感器电路

③ DI 组态。"DI 组态"选项的设置界面如图 3-3-5 所示。

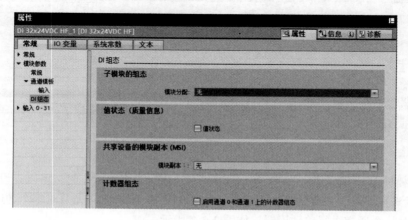

图 3-3-5　DI 组态设置界面

a. 子模块的组态。"子模块的组态"功能是将一个数字量输入模块分成以 8 个通道为一组的若干个子模块，可以为每个子模块分配起始地址（模块种类不同，能够分成的子模块数量也不相同，例如 DI 16×24V DC HF 可最多分为 2 路，即 2×8 通道；DI 32×24V DC HF 可最多分为 4 路，即 4×8 通道）。

提示

"子模块的组态"功能只能在 ET 200SP 和 ET 200MP 等分布式 I/O 设备上使用。

例如，对 DI 16×24V DC HF 模块进行 DI 组态，该模块的 16 个通道划分为两个子模块，每个子模块为 8 个通道。在共享设备中使用该模块时，其中一个子模块分配给一个 I/O 控制器（CPU）完全访问，而将另外一个子模块分配给另外一个 I/O 控制器（CPU）完全访问。注意：一个模块的输入信号最多可以分给 4 个 CPU 使用。在模块属性的"DI 组态"区域中，选择子模块的组态为"带 8 个数字量输入的 2 个子模块"，将在巡视窗口的区域导航中显示 2 个子模块及其各自的名称，这 2 个子模块都可任意指定起始地址。

b. 值状态。值状态 QI（质量信息）是指通过过程映像输入（PII）供用户程序使用的 I/O 通道诊断信息，值状态与用户数据同步传送。值状态的每个位均指定给一个通道，并提供有关值有效性的信息，如果值状态为 0，则表示值不正确；值状态为 1，则表示值正确。

当激活"值状态"选项时，系统将在值状态组态中为每个通道指定一个附加位。

例如，组态为带值状态的 32 通道 DI 32×24V DC HF 的地址空间。

预设的 DI 组态保持原样不变 [32 个通道，不划分到子模块或模块内部共享输入（MSI）组态]。

在"DI 组态"区域中，选择"启用值状态"。

这样组态为带值状态的 32 通道模块的地址空间分配，如图 3-3-6 所示。可任意指定模块的起始地址，通道的地址将从该起始地址开始，例如，指定起始地址为 2（输入字节 2，即 IB2）和结束地址自动为 9（输入字节 9，即 IB9），博途软件自动分配地址，输入值为 4 个字节地址和值状态为 4 个字节地址。

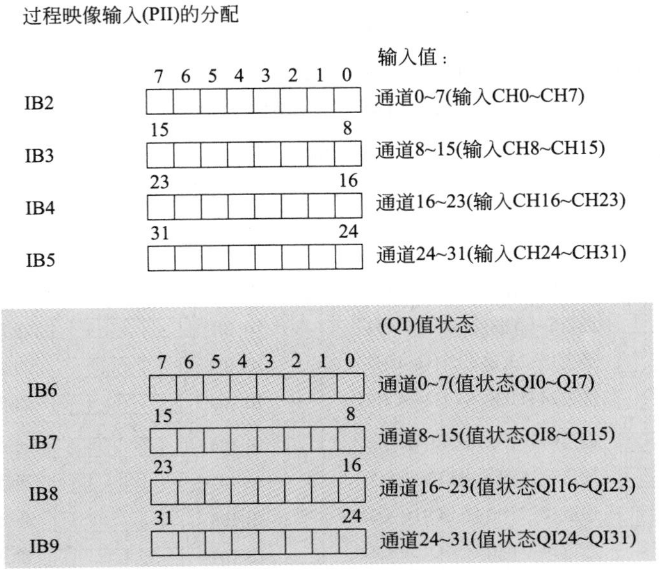

图 3-3-6　激活模块的值状态地址分配

值状态位将指示所读入的数字值是否有效，可以对 I/O 通道进行诊断提示。例如，输入值 IB2 对应着值状态 IB6。如果数字输入发生断路，用户数据信号逻辑上应为 "0"。由于诊断到断路情况，模块将值状态中的相关位设置为 0，此时用户可以通过查询值状态来确定输入端有断路故障。

注意：对于高性能（HF）模块，每个通道对应一位值状态位；对于 BA 模块，不提供诊断功能，所以值状态选项无效。

c. 共享设备的模块副本（MSI）。"共享设备的模块副本（MSI）"表示模块内部的共享输入功能。一个模块将所有通道的输入值复制最多三个副本，作为第二子模块、第三子模块和第四子模块，这样该模块可以由最多 4 个 I/O 控制器（CPU）同时对其进行读取访问，每个 I/O 控制器都具有对相同通道的读访问权限。如果使用了 MSI 功能，则值状态功能会自动激活并且不能取消（即使是 BA 模板，此时也具有值状态）。此时，值状态用来指示基本子模块（第一个子模块）是否就绪。可用的子模块数量取决于所使用的接口模块。

提示

"共享设备的模块副本（MSI）"功能只能在 ET 200SP 和 ET 200MP 等分布式 I/O 上使用。MSI 功能与子模块的组态功能不能在同一个模块中同时使用。

例如，组态输入模块 DI 32×24V DC HF 为带 MSI 和值状态的通道地址空间。

下面将组态使用"模块内部共享输入（MSI）"功能。在共享设备（ET 200SP）中使用该模块时，该功能允许不同 I/O 控制器（CPU）同时读取输入值。将组态带有模块内部共享输入（MSI）的 1×32 通道模块 DI 32×24V DC HF 时，可在基本子模块中最多复制 3 个子模块的通道 0～31。之后，在不同的子模块中通道 0～31 将具有相同的输入值。

在模块属性的"DI 组态"区域中，"模块细分"选择"无"；"模块副本"选择"一个附加的输入副本"，产生一个基本子模块和一个 MSI 子模块，此设置允许一个附加 I/O 控制器读取模块的输入。基本子模块接收起始地址可以设定为 IB10，而 MSI 子模块接收起始地址也可以根据情况设定为 IB100，系统自动为 MSI 组态启用值状态（无法更改），自动分配前 4 个字节作为输入值的地址和后续 4 个字节地址作为值状态地址。这样设置的原因是负责"监听"的共享设备的 I/O 控制器可根据值状态确定模块是否已准备就绪并提供有效值。MSI 子模块的地址与 I/O 控制器无关，这是因为该 MSI 子模块稍后将在共享设备组态过程中分配给另一个 I/O 控制器，并因此从参数分配 I/O 控制器的地址空间消失（所有子模块最初都是分配给 I/O 控制器）。如图 3-3-7 所示显示了子模块 1 和 2 的地址空间分配和值状态。

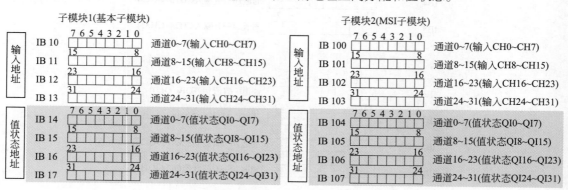

图 3-3-7 子模块 1 和 2 的地址空间分配和值状态

d. 计数器组态。启用 DI 模块的通道 0 和通道 1 上的计数器组，可为通道 0 和通道 1 启用计数器工作模式。具体的高速计数功能，可参看工艺模块相关知识。

（2）输入 0-31

在"输入 0-31"选项下，可以设置各个通道的功能和参数。

① 常规。在常规选项下显示的是组态模块名称，如图 3-3-8 所示。

图 3-3-8　常规界面

② 组态概览。组态概览选项中的诊断和输入参数的设置，可选择"来自模板"，则"诊断"选项和"输入参数"选项的设置采取预先设置的"通道模板"的设置，如图 3-3-9 所示。如果某通道选择了"手动"设置，可以单独设置此通道的"诊断"和"输入延时"参数。

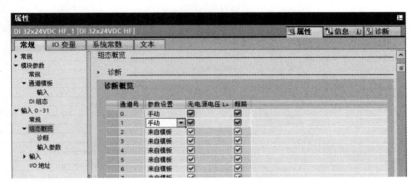

图 3-3-9　组态概览界面

③ 输入。

a. 常规。如图 3-3-10 所示的模块故障时的输入值，默认为"输入值 0"。

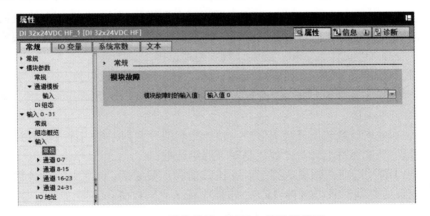

图 3-3-10　模块故障时的输入值设置界面

b. 输入通道。各通道的功能参数基本相同，如果组态选择了"通道模板"，则各通道的相关设置采用"通道模板"的设置。

DI 32×24V DC HF 模块是一块带有计数器功能的数字量输入模块，通道 DI0 和通道 DI1 可通过硬件组态为单相高速计数用的通道，其他通道是标准的普通输入通道。下面介绍作为高速计数器用的通道 0 的参数设置。

在"DI 组态"选项下激活了"计数器组态"参数，则通道 0 和通道 1 的高速计数功能被激活，打开通道 0 如图 3-3-11 所示。

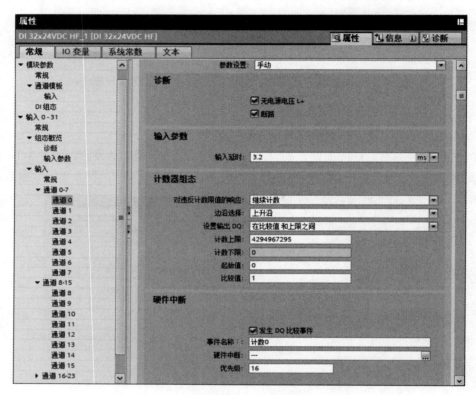

图 3-3-11　通道 0 的设置界面

• 参数设置。如果选择"来自模板"，则"诊断"选项和"输入参数"选项的设置采用"通道模板"的设置。如果选择"手动"，可以单独设置此通道的"诊断"和"输入延时"参数。

• 计数器组态。"对违反计数限值的响应"参数的设置：是对计数值超出了限定值的处理方法，处理方法有"停止计数"和"继续计数"两种选择。

"停止计数"是指当计数超出计数限值后，将关闭计数进而计数过程停止，并且模块将忽略任何其他计数信号，并将计数器值设置为相反的计数限值。要重新开始计数，必须关闭并重新打开软件 / 硬件门。

"继续计数"是指计数超出计数限值后，将计数器值设置为相反的计数限值并继续计数。

"边沿选择"是选择对上升沿计数还是对下降沿计数。

"设置输出 DQ"选项：如果选择了"在比较值和上限之间"，则表示当计数器的计数值在比较值和上限值之间时置位 STS_DQ；如果选择了"比较值和下限之间"，则表示计数器的计数值在比较值和计数器下限之间时置位 STS_DQ。

"计数上限"和"计数下限"是对计数值的上限值和下限值进行设置,下限值为 0,不能更改。

"起始值"是通过组态起始值,可以指定计数起始值。必须输入一个介于计数限值之间或等于计数下限值的值,默认设置为"0"。

"比较值"是设定一个大于等于下限值小于等于上限值的一个数值。

• 硬件中断。当激活硬件中断中的"发生 DQ 比较事件"选项时,可对事件名称、硬件中断和优先级进行设置,如图 3-3-11 所示。

"事件名称"是用来确定事件的名称。系统根据此名称创建数据类型为 Event_HwInt 的系统常量(可在"系统常数"栏中查看,如图 3-3-12 所示),这样如果多个硬件中断调用同一个中断组织块,可以通过中断组织块临时变量"LADDR"与触发中断的事件的系统常量值相比较,如果相同,即可判断该中断为某一通道的上升沿或下降沿所触发。

在"硬件中断"处可添加中断组织块,如图 3-3-13 所示,当此中断事件到来时,系统将调用所组态的中断组织块一次。

在"优先级"处设置中断组织块的优先级,取值范围为 2 ～ 24。

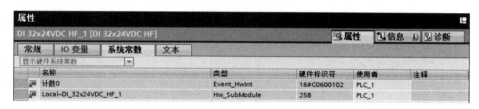

图 3-3-12　系统常数中的计数 0 Event_HwInt

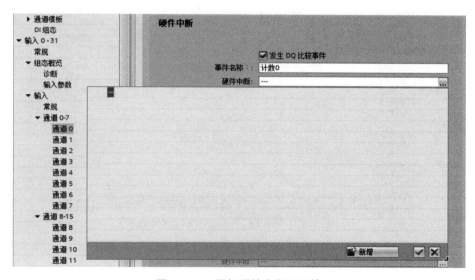

图 3-3-13　添加硬件中断组织块

④ I/O 地址。在机架上插入数字量 I/O 模块时,系统会为每个模块自动分配 I/O 逻辑地址,当删除或添加模块时都不会导致逻辑地址发生冲突。

在输入模块的巡视窗口中的属性栏中的"I/O 地址"选项是可以根据情况对系统自动分配好的 I/O 模块的逻辑地址进行更改,以便适应编程需要,如图 3-3-14 所示。

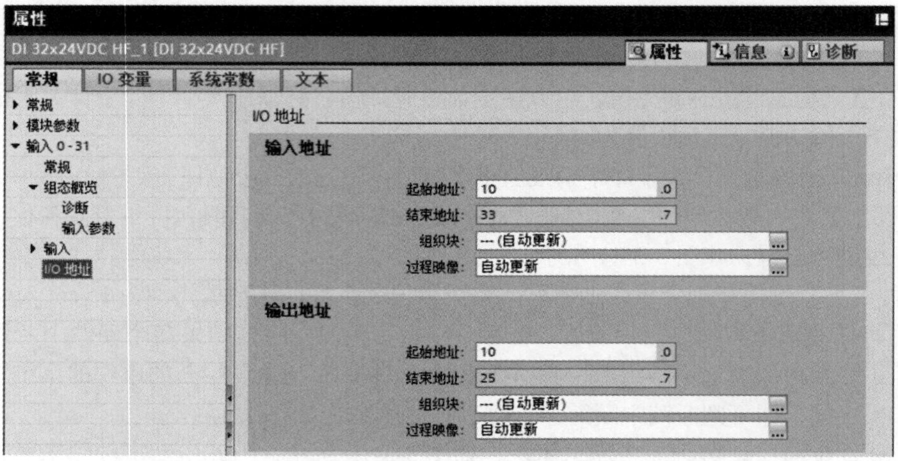

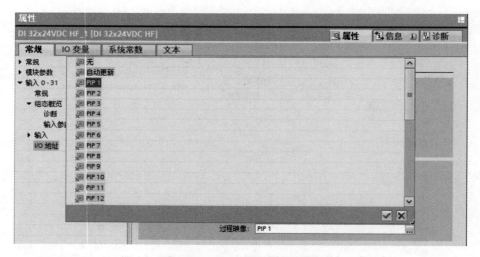

图 3-3-14 I/O 地址选项界面

图 3-3-14 中"起始地址"参数要输入新的起始地址，修改后系统根据模块的 I/O 数量自动计算结束地址。如果修改的模块地址与其他模块地址相冲突，系统自动提示"该地址被使用，下一空闲地址：（地址号）"的错误信息，根据提示进行修改地址。

S7-1500 PLC 系统中所有 I/O 模块的地址均在过程映像区内，默认情况下过程映像区的更新是"自动更新"，即在扫描用户程序之前更新过程映像区，扫描用户程序结束后更新过程映像输出区。也可以在图中"过程映像"参数中定义过程映像分区，定义的分区范围为"PIP 1 ~ PIP 31"，如图 3-3-15 所示。也可选择"无"，即未向过程映像区分配任何地址。

图 3-3-15 过程映像分区界面

例如，定义模块的 I/O 地址在"过程映像"参数中选择 PIP 1，同时"组织块"参数也要进行定义，如图 3-3-16 所示。如果定义选择一个组织块 OB，即将过程映像分区连接到这个组织块。当启动 OB 之后，系统将自动更新所分配的输入过程映像分区 PIP 1。在 OB 结束时，系统将所分配的过程映像分区输出写入到 I/O 输出中。注意：同一个过程映像分区只能连接到一个组织块，同样一个组织块只能更新一个过程映像分区；如果选择"-- 无"，即不选择任何组织块，若要更新过程映像分区 PIP 1，只能在用户程序中使用"UPDAT_PI"指令更新输入映像分区，而过程映像分区输出则使用"UPDAT_PO"指令。

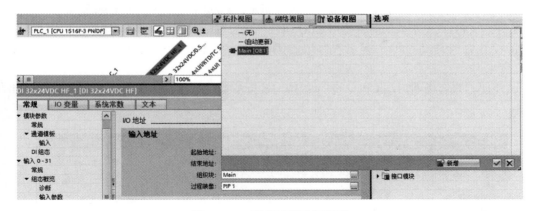

图 3-3-16　定义过程映像界面

3.3.2　数字量输出模块参数设置

数字量输出模块与数字量输入模块的参数化基本类似，下面以输出模块 DQ 16×24V DC/0.5A HF 为例介绍参数的设置。

（1）常规

常规参数与 CPU 属性中的常规选项参数基本类似，这里不再介绍。

（2）模块参数

模块参数包括常规、通道模板和 DQ 组态三项，如图 3-3-17 所示。

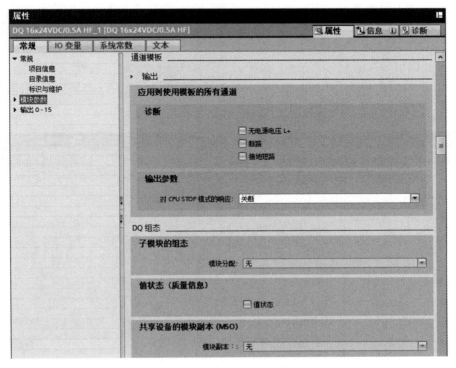

图 3-3-17　模块参数设置界面

① 常规。"常规"选项中的"启动"参数，是指当前的组态硬件与实际安装硬件模块进行比较是否一致时，选择启动特性，如图 3-3-18 所示，启动特性有以下三种选择。

a. 来自 CPU。表示启动时将使用 CPU 属性中的设置，默认为"来自 CPU"。

b. 仅兼容时启动 CPU。表示所有组态的与实际安装的模块和子模块匹配，才能启动 CPU。

c. 即便不兼容仍然启动 CPU。表示组态与实际安装的模块和子模块存在差异，也要启动 CPU。

图 3-3-18　输出模块中的常规启动设置界面

② 通道模板。"通道模板"选项是当模块各个通道具有相同组态时，可以先设置好"通道模板"，然后选择实际组态中的各个通道与"通道模板"一致，这样无须对每个通道逐个组态。也可以手动对某个通道进行单独设置，如图 3-3-19 所示。

激活"无电源电压 L+"参数，就是启用对电源电压 L+ 缺失或电压不足的诊断功能。激活"断路"参数，就是启用模块断路检测诊断功能。激活"接地短路"参数，就是启用执行器电源短路接地（输出通道电源接地短路）诊断功能。当激活上述的诊断功能并且用户程序中有 OB82 块时，出现故障则会触发诊断中断并调用 OB82 块。

"输出参数"是表示当 CPU 转入 STOP 模式时输出应采用的值，此参数设置有关断、保持上一个值和输出替换值 1 三种选择。关断表示当 CPU 停止后输出关断；保持上一个值表示当 CPU 停止后输出点保持停止前的输出状态；输出替换值 1 表示当 CPU 停止后输出点为"1"状态。注意：使用输出替换值 1 时，必须确保设备处于安全状态。

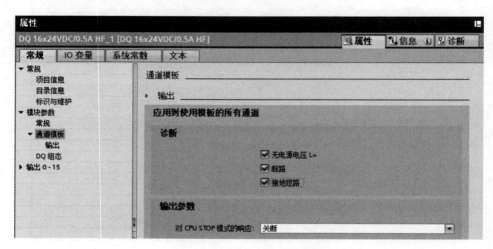

图 3-3-19　通道模板设置界面

③ DQ 组态。对于输出模块"DQ 组态"功能参数与设置跟输入"DI 组态"的基本类似，可参考 DI 组态方法。其中"共享设备的模块副本 MSQ"是指内部共享输出功能，输出模块可将输出数据分给最多 4 个 I/O 控制器，一个 I/O 控制器具有写访问权限，其余的 I/O 控制器只能读访问相同的通道。

（3）输出 0-15 与 I/O 地址

输出模块的输出通道及 I/O 地址的设置与输入模块的输入通道的设置类似，可参考上述的设置方法。

3.3.3　模拟量输入模块参数设置

工程中一个模拟量输入模块可以连接多种模拟量测量的传感器，如电压测量类型、电流测量类型、电阻型热电偶（RTD）类型和热电偶（TC）类型等，传感器的类型不同，在模块设置参数时也有所不同，在模块上的接线方式也有所不同。应用时需使用博途软件设置模块参数。注意：对于不使用的输入通道，建议将其禁用，这样模块周期时间将会缩短，导致模块故障的干扰因素也会避免。下面以模拟量输入模块 AI 4×U/R/RTD/TC ST 为例介绍模块的参数化。

模拟量输入模块参数包括常规、模块参数和输入参数。常规参数与 CPU 属性中的常规选项参数基本类似，这里不再介绍，重点对模块参数和输入参数进行介绍。

（1）模块参数

模块参数包括常规、通道模板和 AI 组态三项，如图 3-3-20 所示。

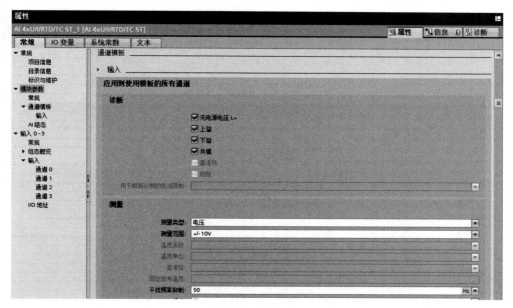

图 3-3-20　模块参数设置界面

① 常规。"常规"选项中的"启动"参数，是指当前的组态硬件与实际安装硬件模块进行比较是否一致时，选择启动特性，如图 3-3-21 所示，启动特性有以下三种选择。

a. 来自 CPU。表示启动时将使用 CPU 属性中的设置，默认为"来自 CPU"。

b. 仅兼容时启动 CPU。表示所有组态与实际安装的模块和子模块匹配，才能启动 CPU。

c. 即便不兼容仍然启动 CPU。表示组态与实际安装的模块和子模块存在差异，也要启动 CPU。

图 3-3-21　模拟量输入模块中的常规启动设置界面

② 通道模板。"通道模板"选项是对模块各个通道具有相同组态时，用户可以先设置好"通道模板"，然后选择各个通道采用"通道模板"设置，这样无须对每个通道逐个组态。当然也可以手动对某个通道进行单独设置。对于模拟量输入/输出模块，如果对个别通道进行使用，建议选择手动设置，不用的通道要禁用。

a. 诊断。设置通道模板中的"输入"选项中的诊断参数，如图 3-3-22 所示。

激活"无电源电压 L+"参数，就是启用对电源电压 L+ 缺失或电压不足的诊断功能。激活"上溢"参数，表示在测量值超出上限时启用诊断功能。激活"下溢"参数，表示在测量值超出下限时启用诊断功能。激活"共模"参数，表示如果超过有效的共模电压，则触发诊断。"基准结"实际是一个"参考通道错误"参数，此功能只对热电偶类型的通道起作用。当在温度补偿通道出现断路或组态了动态参考温度补偿类型，但尚未将参考温度传输到模块中时，启用错误诊断。激活"断路"参数，就是启用模块断路检测诊断功能。如果模块无电流或电流过小，无法在所组态的相应输入处进行测量，或者所加载的电压过低时，都可启用该诊断。"用于断路诊断的电流抑制"是指当断路电流值低于 1.185mA 或 3.6mA 时启用诊断，具体取决于所用传感器。

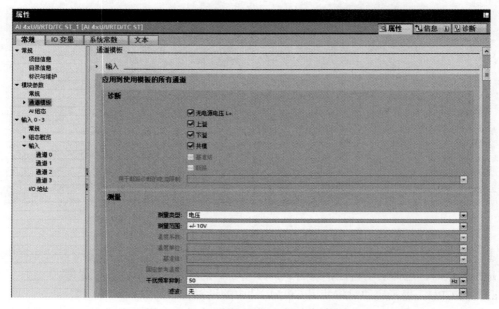

图 3-3-22　模拟量模块的通道模板设置界面

b. 测量。在"测量"选项下需要设置的参数如图 3-3-22 所示。

"测量类型"是选择连接传感器的类型，如电压、电流、电阻和热电偶等，此选项还有"禁用"功能，一旦设置禁用，此通道不再使用。

"测量范围"是选择传感器测量数值范围。例如在"测量类型"中选择"电压"，测量范围可选择 +/-10V。

"温度系数"是表示当温度上升 1℃时，待定材料的电阻响应变化程度，此参数只能适用于测量类型为热敏电阻时有效。

"温度单位"是表示指定温度测量的单位，此参数只能适用于测量类型为热敏电阻或者热电偶时有效。

"基准结"是选择热电偶的温度补偿方式，此参数只能适用于测量类型为热电偶时有效。补偿方式有固定参考温度、动态参考温度和内部参比端三种。

"固定参考温度"是当基准结选择固定参考温度时此参数有效，基准结温度作为固定值保存在模块中。

"干扰频率抑制"是在模拟量输入模块中，可抑制由交流电网频率产生的干扰。交流电网产生频率可能会导致测量值不可靠，在低压范围内和使用热电偶时更为明显。对于此参数，建议设置为系统的电源频率。

"滤波"是表示对各个测量值进行滤波，滤波过程产生一个稳定的变换缓慢的模拟信号。此参数可选择无、弱、中、强 4 个级别。

③ AI 组态。"AI 组态"选项的设置界面如图 3-3-23 所示。设置方法同 DI 组态，不再介绍。

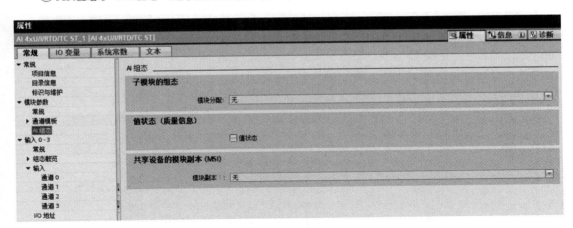

图 3-3-23　AI 组态界面

 提示

AI 组态功能只能在 ET 200SP 和 ET 200MP 等分布式 I/O 上使用。

（2）输入 0-3

在"输入 0-3"选项下可以对组态概览和各个通道的参数进行设置。

① "组态概览"选项可以对诊断和输入参数进行设置。如果选择了"来自模板"，则"诊断"选项和"输入参数"选项的设置采用"通道模板"的设置，如图 3-3-24 所示。如果选择"手

动"，可以单独设置此通道的"诊断"和"输入参数"。

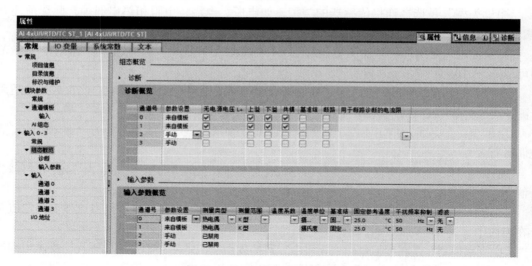

图 3-3-24　组态概览设置界面

② 输入。在"输入"选项下设定各通道的相关参数，例如，对于通道 0 中的参数设置、诊断和输入参数可根据情况使用通道模板或者手动设定，具体设置参考上述相关设定方法，对于硬件中断的设置，如图 3-3-25 所示。

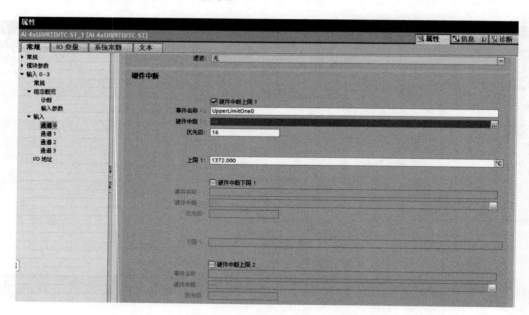

图 3-3-25　硬件中断功能界面

选择激活"硬件中断上限 1"或"硬件中断下限 1"，系统会根据"事件名称"生成一个系统常量用于区分各个中断，在"硬件中断"中添加需要触发的中断组织块，并在"优先级"处填写中断组织块的优先级。在参数"上限"或"下限"设置输入信号的上限值或下限值，当超过这个范围时，会产生一个硬件中断，并由 CPU 调用中断组织块。

③ "I/O 地址"可以参考 DI 模块中的介绍。

3.3.4　模拟量输出模块参数设置

模拟量输出模块的输出类型只有电压型和电流型两种，使用相对比较简单，设置参数也比较简单，下面以 AQ 4×U/I ST 为例进行简单介绍。

（1）模块中的常规选项

与前面模块基本类似，在这里不做介绍。

（2）模块参数

① 常规。"模块参数"选项中的常规"启动"参数的设置可参考前面讲的模块。

② 通道模板。"通道模板"选项中的输出参数及设置如图 3-3-26 所示。可以使用"通道模板"为各个通道分配参数，也可以在各个通道中单独进行手动组态。图中诊断功能与前面的模块基本相同，根据情况选择。

"输出参数"中的输出类型有已禁用、电压和电流三种选项，如果选择禁用则该通道不能使用。输出范围根据选择的输出类型设定相应的数值范围，例如，输出类型设置为电压时，可以选择输出范围为"+/-10V""0-10V"或"1-5V"等；输出类型设置为电流时，可以选择输出范围为"+/-20mA""0-20mA"或"4-20mA"等。

"对 CPU STOP 模式的响应"参数设置有三种情况。选择"关断"表示模块不输出；选择"保持上一值"表示模块输出保持上次有效值；选择"输出替换值"表示模块输出使用替代值，在"替代值"选项中设置数值，如图 3-3-27 所示。

③ "AQ 组态"可以参考前面 DI 组态的介绍。

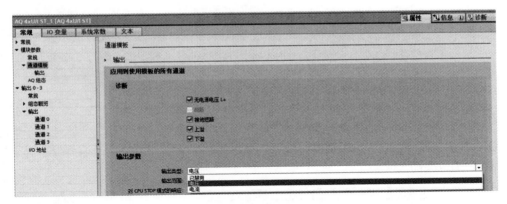

图 3-3-26　输出参数设置界面

图 3-3-27　设置对 CPU 停止模式的响应

（3）输出 0-3

① 组态概览。如图 3-3-28 所示的输出通道中的组态概览设置界面。例如，采用手动进行设置图中参数，诊断概览中的参数设置为"手动"，启动通道 0 和通道 1 相关的诊断功能，输出类型设置为电压，测量范围设置为 +/-10V，禁用通道 2 和通道 3，禁用后通道 2 的界面如图 3-3-29 所示。

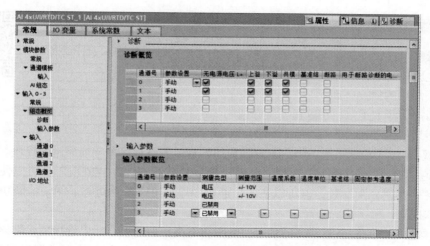

图 3-3-28　输出通道组态概览界面

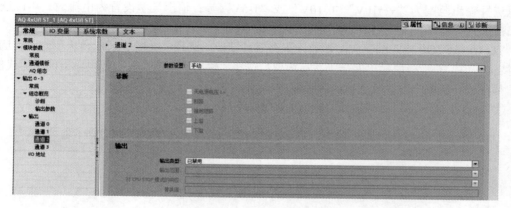

图 3-3-29　通道 2 禁用后界面

② 输出。通过上面的组态概览设置后，打开每个输出通道后看到的设置就是组态概览中的设置，参考如图 3-3-30 所示通道 0 的设置。反过来如果手动设置某个通道，组态概览中的相对应的通道也会随之改动。

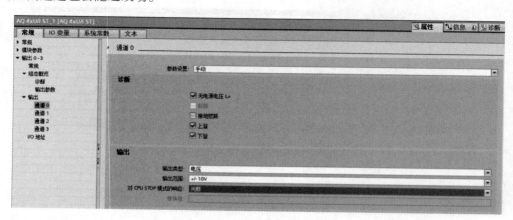

图 3-3-30　通道 0 设置界面

③ I/O 地址参数可参考前面 DI 模块，这里不再介绍。

3.4　配置分布式I/O站点

SIMATIC ET 200SP 是一个高度灵活、功能全面的可扩展的分布式 I/O 系统，在生产和过程自动化系统中通过现场总线（PROFINET I/O 或 PROFIBUS），将现场控制信号或过程信号连接到上一级控制器的控制系统。

接上述 3.1.2 节中的配置 S7-1500 的中央机架（图 3-1-5 所示）的基础上，继续添加配置分布式 I/O 设备。

3.4.1　配置PROFINET分布式I/O设备

（1）添加 ET 200SP 接口模块

打开名称为"配置组态 S7-1500"项目下的网络视图，如图 3-4-1 所示。在硬件目录下找到分布式 I/O → ET 200SP →接口模块→ PROFINET → IM 155-6 PN HF → 6ES7 155-6AU00-0CN0，如图 3-4-2 所示，双击 6ES7 155-6AU00-0CN0，在网络视图中自动添加一个名称为"IO device_1"的站点，如图 3-4-3 所示。

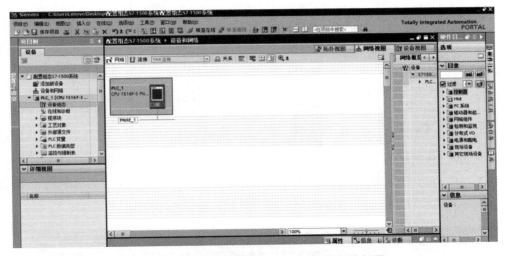

图 3-4-1　"配置组态 S7-1500"项目下的网络视图

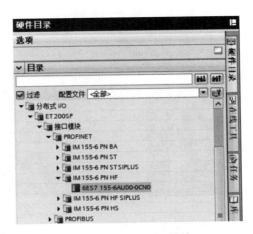

图 3-4-2　添加接口模块

161

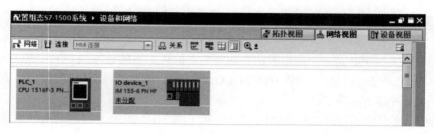

图 3-4-3　添加 I/O 设备 1 站点

（2）添加数字量输入模块和输出模块

双击图 3-4-3 中的"IO device_1"设备，视图切换到 ET 200SP 的设备视图中，如图 3-4-4 所示。在右侧硬件目录中，激活"过滤"，单击选择 DI → DI 8×24VDC HF → 6ES7 131-6BF00-0CA0，双击 6ES7 131-6BF00-0CA0，模块自动添加到相应的机架槽位中。用同样的方法添加数字量输出模块 DQ 8×24VDC/0.5A HF（6ES7 132-6BF00-0CA0），添加完成后如图 3-4-5 所示。

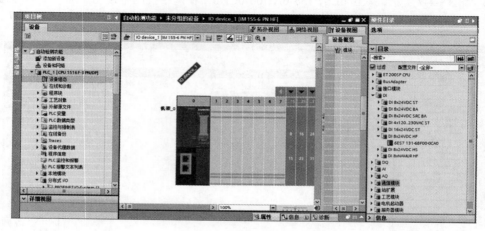

图 3-4-4　ET 200SP 设备视图

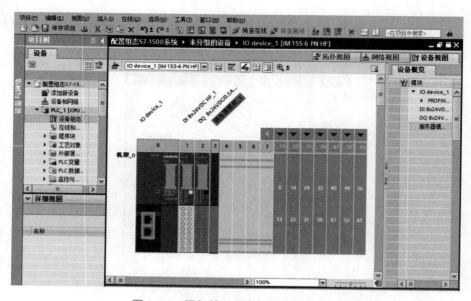

图 3-4-5　添加输入 / 输出及服务器模块

（3）添加服务器模块

服务器模块是一个完整 ET 200SP 站的最后需要添加的模块。当配置完所有的模块后，需要添加服务器模块 6ES7 193-6PA00-0AA0。至此一个简单的 PROFINET 分布式 I/O 系统硬件配置完成，如图 3-4-5 所示。如果遗忘了添加服务器模块，则将在系统编译设备组态时自动创建服务器模块。

新建的 ET 200SP 项目会在项目树中的"未分组的设备"下生成一个"I/O 设备 1"站点，所有的硬件模块都添加在里面，如图 3-4-6 所示。

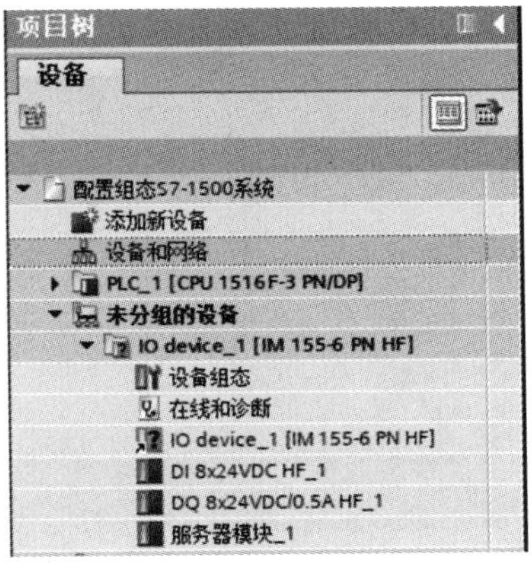

图 3-4-6　项目树下的未分组的设备

3.4.2　使用I/O硬件检测功能自动配置I/O设备

在实际 I/O 硬件配置工作中，如果按照上述方法一个硬件一个硬件地配置组态，或许会因为疏忽而出现硬件组态与实际硬件不一致的现象。为避免这种情况，可采用博途软件中的 I/O 硬件检测功能来进行自动添加配置，具体的操作方法如下：

① 先在分布式 I/O 站点中按照规则正确安装所有的 ET 200SP I/O 设备。

② 用网线连接好电脑与 CPU，并建立在线连接。点击菜单栏中"在线→硬件检测→ I/O 设备"，如图 3-4-7 所示，单击"I/O 设备"弹出 I/O 设备的硬件检测窗口，在窗口中设置"PG/PC 的接口类型和 PG/PC 接口"，如图 3-4-8 所示，设置完成单击"开始搜索"按钮。搜索完毕后出现如图 3-4-9 所示的界面，在界面中的"所选接口的可访问节点"列表中选择需要访问的节点设备后，单击"添加设备"按钮。这样 I/O 设备自动添加到网络视图中，同时弹出"I/O 设备的硬件检测成功完成"窗口，单击"确定"完成 I/O 设备的自动添加配置，如图 3-4-10 所示。

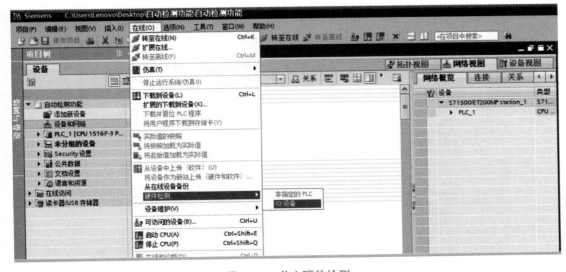

图 3-4-7　单击硬件检测

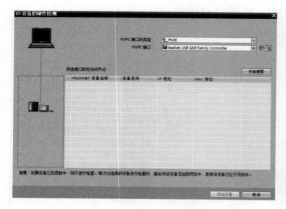

图 3-4-8　设置硬件检测窗口 PG/PC

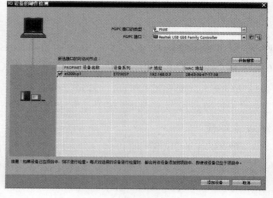

图 3-4-9　选择可访问节点设备

图 3-4-10　设备的硬件检测成功完成界面

3.4.3　分布式I/O设备参数设置

（1）接口模块 IM 155-6 PN HF 参数设置

选中设备视图中机架上的接口模块（IM 155-6 PN HF），打开博途软件底部的属性巡视窗口，如图 3-4-11 所示，可以设置接口模块的各种参数。

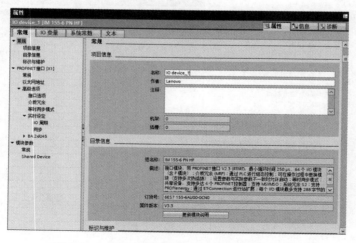

图 3-4-11　接口模块 IM 155-6 PN HF 属性窗口

① 常规。"常规"参数组主要指定模块的常规项目信息、目录信息、标识与维护等信息。该模块中的常规参数与前面介绍的 CPU 模块中的常规参数类似，可参考 3.2.1 节。

② PROFINET 接口 [X1]。它表示接口模块集成的第一个 PROFINET 接口，接口参数选项包括常规、以太网地址和高级选项等，"常规"选项参数不再介绍。

a. 以太网地址。单击"以太网地址"，打开如图 3-4-12 所示的界面，在界面中可以创建网络、设置 IP 协议和 PROFINET 参数。

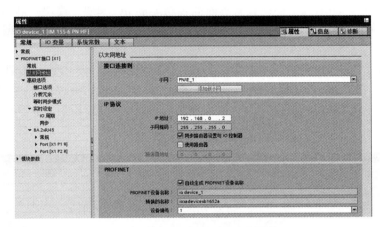

图 3-4-12　以太网地址设置界面

• 接口连接到。"接口连接到"是设置本接口连接到设备的子网。如果子网中显示"未连网"，可通过单击"添加新子网"按钮，为该接口添加新的子网，新添加的子网和 CPU 模块中的子网必须处在一个子网中，新添加的以太网的子网名称默认为 PN/IE_1。

• IP 协议。在 IP 协议选项下，可以根据实际需要设置 IP 地址和子网掩码。默认 IP 地址为 192.168.0.2，子网掩码为 255.255.255.0。

"同步路由器设置与 I/O 控制器"参数：表示该 I/O 设备将采用相关的 I/O 控制器上的 PROFINET 接口设置，默认为激活状态。如果禁止该项功能，则不能使用 I/O 控制器上的接口设置，需要单独为 I/O 设备指定路由器地址。

"使用路由器"参数：表示可选择网关路由器。如果激活，需要输入路由器的地址。"同步路由器设置与 I/O 控制器"和"使用路由器"参数的使用只能选一种。

b. PROFINET。在 PROFINET 选项中，激活"自动生成 PROFINET 设备名称"参数，博途软件会根据接口的名称自动生成 PROFINET 设备名称、转换的名称和设备编号。如果取消该选项，则由用户手动设定 PROFINET 设备名称和设备编号。

③ 高级选项。在高级选项中可以对接口选项、介质冗余、等时同步模式、实时设定和 BA 2×RJ45（PROFINET 适配器）等参数进行设置，下面分别进行介绍。

a. 接口选项。"接口选项"中包括优先启动、使用 IEC V2.2 LLDP 模式和可选 I/O 设备等参数，如图 3-4-13 所示，一般使用中接口选项参数不用设置。

• "优先启动"参数：具有优先化启动的 I/O 设备实现最短的启动时间，只有 I/O 控制器支持该功能时才能激活。

• "使用 IEC V2.2 LLDP 模式"参数：可参考

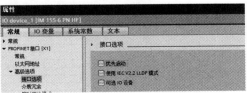

图 3-4-13　接口选项界面

CPU 属性中的高级选项中的设置介绍。

•"可选 I/O 设备"参数：是为设备接口启用可选设备的设置。如果激活该参数，则必须对要组态为可选的所有 I/O 设备激活此功能，否则该可选设备无法被 CPU 识别，也无法进行数据交换。如果禁用此功能，I/O 设备可作为一个普通的设备使用。

b."介质冗余"参数的设置可参考 CPU 模块中的设置介绍。

c."等时同步模式"参数是来选择 I/O 设备与模块的等时同步模式，如图 3-4-14 所示。如果激活该参数，则硬件配置中必须具有等时同步功能的 I/O 模块（模块扩展名为"HF"，如 DI 16×24VDC HF 6ES7 521-1BH00），还需要与"实时设定"相关参数配合调整。否则不能使用。

d. 实时设定。"实时设定"选项中的参数包括 I/O 周期和同步等参数，如图 3-4-15 所示。

• I/O 周期。在"Shared Device"共享设备参数中，可以设定有权访问共享 I/O 设备的项目外的 I/O 控制器的数量，可以实现多个 I/O 控制器访问一台 I/O 设备。共享设备支持的发送时钟默认为 1s。

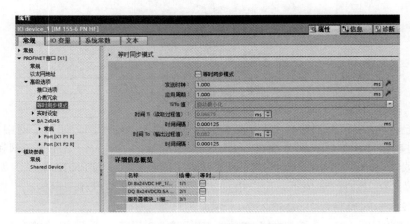

图 3-4-14　等时同步模式界面

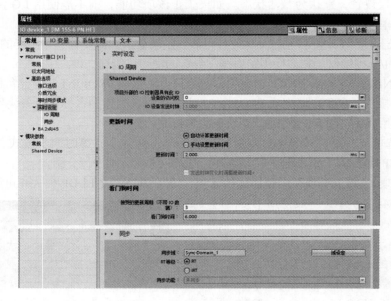

图 3-4-15　实时设定界面

"更新时间"是 I/O 设备的刷新时间，可以由博途软件自动计算更新时间，用户也可选择手动设置修改。

"看门狗时间"是表示如果在看门狗时间内 CPU 没有向 I/O 设备提供输入或输出数据（I/O 数据），这种情况将作为站故障报告给 CPU，I/O 设备切换到安全状态。看门狗时间不能直接输入，而是通过设置当 I/O 数据丢失时可"接受的更新周期（不带 I/O 数据）"后自动计算而得，一般看门狗的时间是接收更新周期数的整数倍。

• 同步域。"同步域"表示当需要同步 PROFINET I/O 设备时，同步域可确保所有属于此域的设备能共用时钟同步通信。在设备组态中，如果组态了 I/O 控制器并连接到以太网子网，它将被自动添加到该以太网子网的默认同步域，默认同步域始终可用。如果为 I/O 控制器的 I/O 系统分配了额外的 I/O 设备，此 I/O 设备将自动分配到 I/O 控制器同步域。

"RT 等级"是选择 I/O 设备的实时类别，同时决定"同步功能"。选择"RT"时"同步功能"设备始终异步运行。如果选择"IRT"则等时同步从站，表示同步传输数据，此时具有高稳定性，可用于对时间要求高的应用场合（例如运动控制）。IRT 通信的先决条件是由同步主站（通常是 I/O 控制器）生成统一的同步时钟并指定所有其他同步从站（通常是 I/O 设备）同步所使用的时基。通过时基同步，可实现同步域中 PROFINET 设备的同步传送周期。

e. BA 2 × RJ45。BA 2 × RJ45 是一个带标准 PROFINET 连接器的 PROFINET 适配器，使用时可采取系统默认的设置，确保正常情况下数据交换无错误。

④ 模块参数。模块参数下的"常规"选项中的"启动"参数，是指当前的组态硬件与实际安装硬件模块进行比较是否一致时，选择启动特性，如图 3-4-16 所示。此选项与前面模块介绍功能一致，不再介绍。

"组态控制"是在一定的限制条件下，在用户程序中使用组态控制方式来更改硬件配置信息。使用组态控制功能时，需激活"允许通过用户程序重新组态设备"选项。详细的状态控制功能可参考在线帮助。

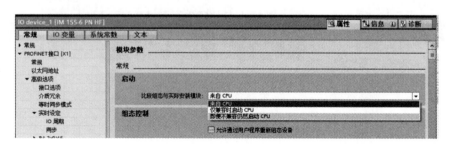

图 3-4-16　模块参数中的常规界面

（2）I/O 设备输入 / 输出模块的参数配置

本节针对 I/O 设备中的模块不管是数字量还是模拟量输入 / 输出模块参数，与前面介绍输入与输出模块的参数基本一致，唯独的区别在于 I/O 设备模块参数中有一项"电位组"参数。下面以输入模块 DI 8 × 24VDC HF 为例介绍"电位组"参数设置，其余的参数设置可参考前面介绍的输入模块。

"电位组"参数表示选择插入模块的基座单元是否具有独立接入电源功能，如图 3-4-17 所示。在设备视图中的基座单元的颜色根据选定的选项进行调整，确保与实际组态一致。如果选择"启用新的电位组"，基座的颜色为浅色（白色），表示该模块的电源母线（P1、P2）单独接入电源与其他模块的电源不共用。如果选择"使用左侧模块的电位组",基座的颜色为深色（黑色），表示该模块的电源母线（P1、P2）连接到左侧相邻模块的电源上，构成一个电位组。

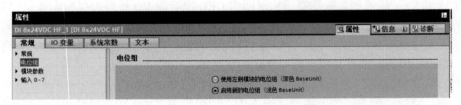

图 3-4-17   电位组设置界面

> ## 提示
>
> ET 200SP 组态中安装的各基座单元都会建立一个新的电位组，为所有后续 I/O 模块提供所需的电源电压。CPU 模块或接口模块右侧的第一个 24VDC I/O 模块的基座单元必须是浅色（白色）。随后安装第二个基座单元，可根据情况需要对电位组进行设置。如果启用新电位组组态，实际接线需要接独立电源，确保电源电压进行单独分组，不能使用第一个模块的电源。如图 3-4-18 所示为模块电位组的配置实例。
>
>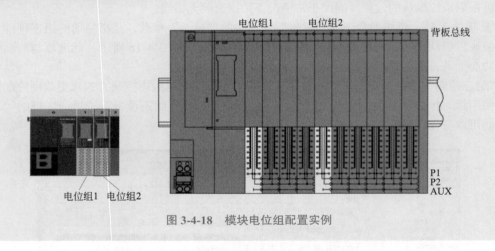
>
> 图 3-4-18   模块电位组配置实例

3.4.4   配置PROFIBUS分布式I/O设备

接上述 3.1.2 节中的配置 S7-1500 PLC 的中央机架的基础上，继续添加配置 PROFIBUS 分布式 I/O 设备。

（1）添加 ET 200SP 接口模块

打开名称为"配置组态 S7-1500"的项目下的网络视图，如图 3-4-19 所示。在硬件目录下找到分布式 I/O → ET 200SP →接口模块→ PROFIBUS → IM 155-6DP HF → 6ES7 155-6BU00-0CN0，双击 6ES7 155-6BU00-0CN0，在网络视图中自动添加一个名称为"Slave_1"的从站，如图 3-4-20 所示。

（2）添加数字量输入模块和输出模块

双击图 3-4-20 中的"Slave_1"站点，设备切换到 ET 200SP 的设备视图中，如图

3-4-21 所示。在硬件目录中找到 DI 8×24VDC HF → 6ES7 131-6BF00-0CA0，双击 6ES7 131-6BF00-0CA0，模块自动添加到相应的机架槽位中；用同样的方法添加数字量输出模块 DQ 8×24VDC/0.5A（6ES7 132-6BF00-0CA0）。添加完成后如图 3-4-22 所示。

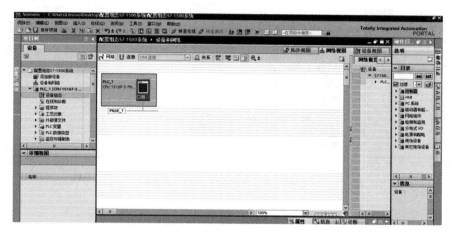

图 3-4-19　"配置组态 S7-1500"项目下的网络视图

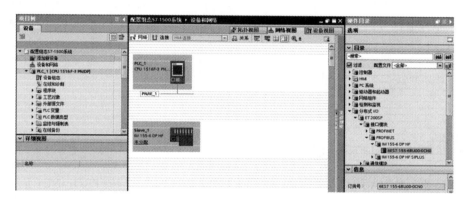

图 3-4-20　添加"Slave_1"从站

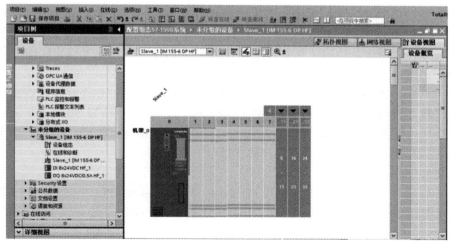

图 3-4-21　ET 200SP 设备视图

169

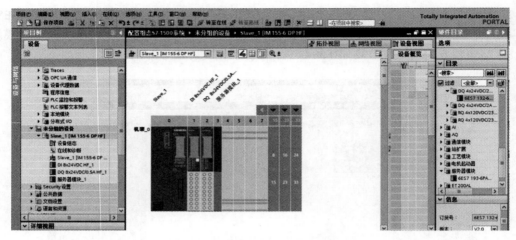

图 3-4-22 添加输入 / 输出模块

（3）添加服务器模块

服务器模块是一个完整的 ET 200SP 站点中最后需要添加的模块。当配置完所有的模块后，添加服务器模块。选择添加硬件目录选项下的服务器模块→双击 6ES7 193-6PA00-0AA0 后，服务器模块自动添加完成。至此，一个简单的 PROFIBUS 分布式 I/O 系统硬件配置完成。

3.5　硬件组态实例

实例 3-1　硬件组态PROFINET通信

【控制要求】用 TIA 博途软件创建一个带 ET 200SP 分布式结构的 PROFINET 通信项目。

【操作步骤】设计一个基于 PROFINET 网络的自动化控制系统任务，在硬件组态之前必须先完成硬件规划。首先根据任务确定控制方案，规划控制系统中所需要的硬件结构，对这些硬件按照技术要求规划出主机架上的控制器及需要的各个模块，选择分布式 I/O 机架并配置相应的硬件模块，最后选择一个能确保供电需求的电源。硬件规划工作完成后，我们需要对硬件设备进行组态，这就需要在 TIA 博途软件中生成一个与实际硬件系统完全相同的组态系统。

组建一个基于 PROFINET 分布式 I/O 系统的完整项目，应按照以下步骤进行硬件规划与组态。硬件规划与组态的大体步骤是：硬件规划→创建新项目→添加 CPU 站点→配置 CPU 中央机架模块→配置分布式 I/O 设备→配置 S7-1500 模块参数→配置 ET 200SP 系统 I/O 设备参数→保存与编译硬件组态→在线访问→硬件组态下载。

（1）硬件规划

本任务创建一个 PROFINET 分布式 I/O 系统。因为 S7-1500 PLC 中 CPU 模块都集成了一个 PROFINET 接口，可以作为 PROFINET 系统的 I/O 控制器，分布式 I/O 系统选择 ET 200SP，其他模块根据实际要求经过规划列出所需硬件明细，见表 3-5-1。

表3-5-1　硬件模块的明细清单

硬件规划	模块名称	型号	订货号	插槽	数量
S7-1500 中央机架	电源	PM 190W 120/230VAC	6EP1 333-4BA00	0	1
	控制器 CPU	CPU 1516F-3 PN/DP	6ES7 516-3FN01-0AB0	1	1
	数字量输入模块	DI 16×24VDC HF	6ES7 521-1BH00-OABO	2	1
	数字量输出模块	DQ 16×24VDC/0.5A ST	6ES7 522-1BH00-0AB0	3	1
	模拟量输入模块	AI 4×U/I/RTD/TC ST	6ES7 531-7QD00-0AB0	4	1
	模拟量输出模块	AQ 4×U/I ST	6ES7 532-5HD00-0AB0	5	1
分布式 ET 200SP 机架	ET 200SP PROFINET 接口模块	IM 155-6 PN HF	6ES7 155-6AU00-0CN0	I/O 机架槽：0	1
	数字量输入模块	DI 8×24VDC HF	6ES7 131-6BF00-0CA0	1	1
	数字量输出模块	DQ 8×24VDC/0.5A HF	6ES7 132-6BF00-0CA0	2	1
	服务器模块		6ES7 193-6PA00-0AA0	3	1

（2）创建新项目

打开 TIA 博途软件创建一个新项目，命名为"配置 PROFINET 通信"，如图 3-5-1 所示。

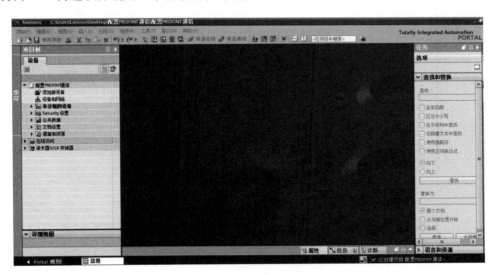

图 3-5-1　创建新项目

（3）添加 CPU 站点

在项目树下，完成表 3-5-1 中的站点安装。

（4）配置 CPU 中央机架模块

配置完成表 3-5-1 中数字量和模拟量输入 / 输出模块的安装。

（5）配置分布式 I/O 设备

配置完成表 3-5-1 中的 I/O 设备的安装。至此，所有设备完成硬件安装，如图 3-5-2、图 3-5-3 所示为设备视图中设备组态，图 3-5-4 所示为 S7-1500/ET 200SP 网络视图。

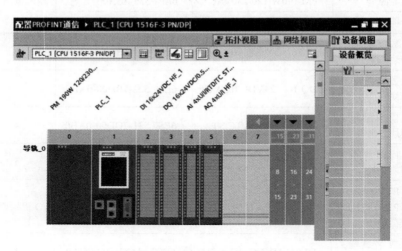

图 3-5-2　S7-1500 中设备视图

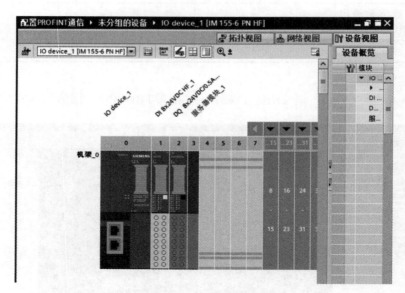

图 3-5-3　ET 200SP 中设备视图

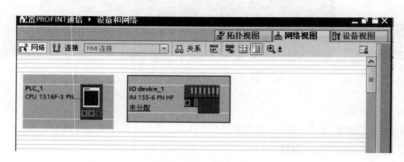

图 3-5-4　网络视图

（6）设置 S7-1500 PLC 模块参数

此处需要对 S7-1500 PLC 中央机架上配置的硬件模块参数进行设置。本例主要包括 CPU 和数字量 / 模拟量的输入 / 输出模块，需要设置的参数可根据具体的任务要求来组态。下面简单设置几个参数便于参考学习。

① 设置 CPU 相关参数。

a. 设置 CPU 1516F-3 PN/DP 的以太网接口。在设备视图中选定 CPU 并双击打开→属性→ PROFINET 接口 [X1] →以太网地址→添加新子网为 "PN/IE_1"。继续设定 IP 地址和子网掩码，保持默认值不变，如图 3-5-5 所示。

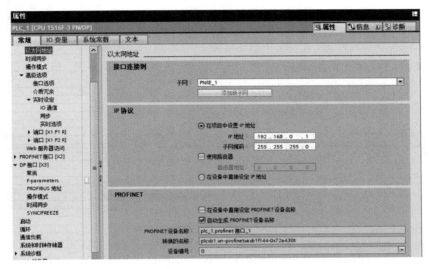

图 3-5-5　设置以太网地址

b. 设置 CPU 1516F-3 PN/DP 的故障安全性。切换到属性→故障安全（Fail-safe）→ F-activation → Disable-activation（取消激活故障安全性）→出现询问是否继续时→ Yes（确认）。

c. 设置 CPU 1516F-3 PN/DP 的安全访问级别。切换到属性→防护与安全→访问级别→选择 "完全访问权限，包括故障安全" 选项，不需要分配任何密码。

d. 在网络视图中组态 I/O 系统。上述 a ～ c 步骤完成，切换到网络视图，如图 3-5-6 所示。在网络视图中点击设备图标左下角的 "未分配"，在弹出的菜单中选择控制器接口，TIA 博途随后自动生成一个 PROFINET 子网，如图 3-5-7 所示，至此接口模块与 CPU 模块的 PROFINET[X1] 连接在一起，从而现场设备（I/O 设备）分配给 CPU 1516F（I/O 控制器）。

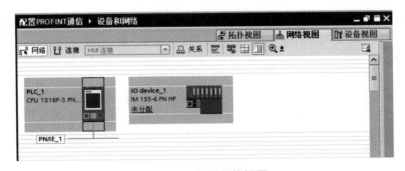

图 3-5-6　配置网络视图

图 3-5-7　网络视图中组态 I/O 系统

e. 设置 CPU 1516F-3 PN/DP 的发送时钟。组态 I/O 系统连接建立后需要设置发送时钟，在 CPU 属性窗口中选择"高级选项"→"实时设定"→"I/O 通信"选项，在"发送时钟"参数中添加需要的公共发送时钟，默认为"1ms"，如图 3-5-8 所示。

图 3-5-8　设置 CPU 的发送时钟

② 设置数字量 / 模拟量的输入 / 输出模块参数。本例只进行硬件组态 I/O 系统，不涉及具体的控制任务，因此模块参数就不再设置参数了。

（7）设置 ET 200SP 系统 I/O 设备参数

此处需要对 ET 200SP 系统中 I/O 设备的硬件模块参数进行设置。本例主要对接口模块和数字量输入 / 输出模块进行介绍，需要设置的参数可根据具体的任务要求来组态。下面简单设置几个参数便于参考学习。

① 设置接口模块 IM 155-6 PN HF 的以太网接口。在网络视图中组态 I/O 系统并建立连接后，接口模块 IM 155-6 PN HF 属性中的以太网地址中的子网和 PROFINET[X1]IP 地址将由 CPU 控制器自动分配给接口模块，不用再设置。

② 设置接口模块 IM 155-6 PN HF 的 I/O 周期。I/O 设备的更新时间由 TIA 博途软件自动计算和设置，可以采用默认值，也可自行修改。如果修改可选择接口模块（IM 155-6PN HF）的 PROFINET 接口，在属性中选择"高级选项"→"实时设定"→"I/O 周期"选项，在"更新时间"中选择手动，则可以指定设备的更新时间为 1ms，如图 3-5-9 所示。

③ 设置 DQ 模块基本单元的电位组。DQ 输出模块启用新的电位组。选定 I/O 设备 DQ 输出模块，单击打开"属性"→"电位组"→"启用新的电位组"，如图 3-5-10 所示。

（8）保存与编译硬件组态

① 保存项目。相关参数设置完成后，点击"保存项目"，进行保存项目。

② 编译硬件组态。在项目树下选择 PLC 站点文件夹→▶ ⬛ PLC_1 [CPU 1516F-3 PN/DP] →⬛编译，如果编译没错出现如图 3-5-11 所示界面，图中出现的一则警告信息，是因为未组态防护等级，不带密码保护，可忽略该警告信息。

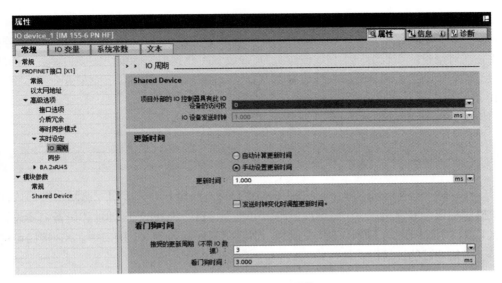

图 3-5-9　设置 I/O 周期

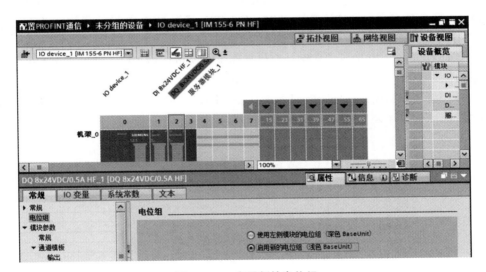

图 3-5-10　启用新的电位组

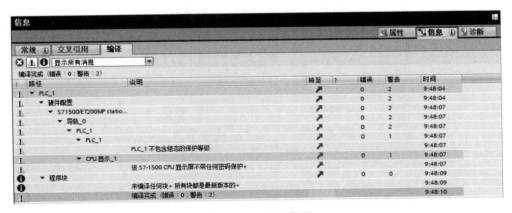

图 3-5-11　编译界面

（9）在线访问（在线设置）

通过上述 8 个步骤配置出了整个项目的硬件组态状况。如果与实际的设备进行通信连接，还需要完成对设备的在线访问（在线设置）。在线设置主要完成实际模块的接口参数与硬件组态中的设置必须一致，例如通过在线设置 IP 地址和设备名称等参数。下面重点介绍本例在线设置 IP 地址和设备名称两个参数，以保证能完成硬件组态的下载。

① 对 CPU 硬件模块的在线设置。

 提示

　　CPU 模块有两个 PROFINET 接口 X1 和 X2，都是 RJ45 接口，这两个接口内部由交换机相连。通常接口 X1 将连接 PROFINET 设备，规划的 IP 地址和设备名要设置到 X1 接口中，所以对 CPU 在线设置时，需要将网线插入到 X1 接口中。X2 接口可连接用于设备调试的计算机。

在线对硬件模块设置之前，首先用 PROFTNET 网线连接好计算机和相应 CPU 模块 PROFTNET 接口 [X1]。为了使计算机与 S7-1500 CPU 通过 TCP/IP 进行通信，必须对两台设备的接口 IP 地址进行匹配设置。

a. 设置计算机接口 IP 地址（本例计算机操作系统 Windows 10）。在计算机任务栏中的网络图标█的位置，随后单击打开→网络 和 Internet 设置→更改网络适配器选项→选择与控制器连接的局域网连接→双击打开该网络的属性→选择 Internet 协议版本 4（TCP/IPV4）→属性→设置 IP 地址→点击确认，如图 3-5-12 所示。

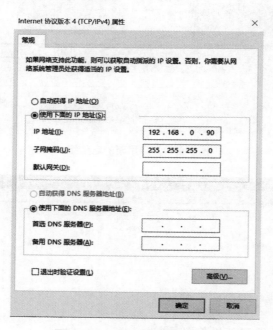

图 3-5-12　设置计算机 IP 地址

b. 设置 CPU 的 IP 地址。

• 在 TIA 博途软件项目树下找到"在线访问"→找到连接 CPU 的网卡接口→双击"更新

可访问的设备"，如图 3-5-13 所示，搜索到设备信息将会一并在下方排列出来。这里 CPU 模块的 IP 地址以前设置过，所以在这里会显示出 S7-1500 CPU 的 IP 地址。

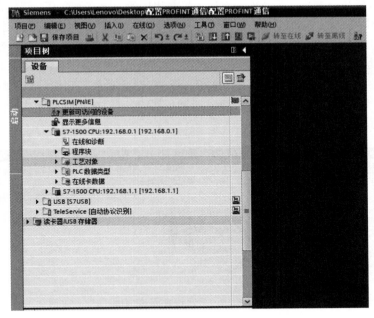

图 3-5-13　在线访问搜索设备

• 如果 CPU 模块是一块全新的，通过前面的在线更新可访问的设备时，则会显示出该设备的 MAC 地址（说明 IP 地址未分配），这时可在此处下方点击"在线和诊断"进入设备的设置界面，点击"功能"→"分配 IP 地址"→修改 IP 地址和子掩码→点击确认"分配 IP 地址"按钮，分配成功，如图 3-5-14 所示。

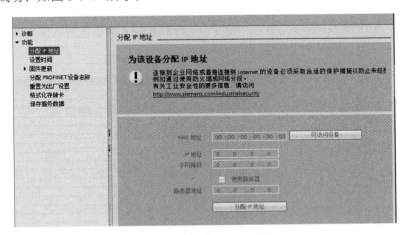

图 3-5-14　CPU 的在线设置界面

• 如果通过前面的在线更新可访问的设备操作后，当未能成功分配 IP 地址，会有一条消息出现在巡视窗口"信息"栏中，这时需要对 CPU 中的存储卡进行格式化和恢复出厂值设置。首先进行格式化：在 CPU 的在线设置界面图 3-5-14 中，选择"格式化存储卡"→点击"格式"→出现询问是否需要格式→"是"→出现询问必要时使 CPU 停止→"是"等待格式化结束。

当格式完后必须进行恢复出厂值，操作方法是：当格式化后，必须为 CPU 重新进行在线更新可访问的设备操作后，再一次进入图 3-5-14 所示的界面→重置为出厂值→重置→出现询问确定要复位该模块→"是"等待模块复位；恢复出厂值后再次进行在线访问即可。

② 为接口模块 IM 155-6 PN HF 分配设备名称。ET 200SP 作为控制器用时 IP 地址的设置可参考上述 CPU 的设置。本例是作为 I/O 设备用，IP 的地址已经有上一级的控制器分配，则不能更改 IP 地址，这里只对设备名称进行更改。因为设备在线联网后，如果 I/O 设备中的设备名称与组态的设备名称不一致，连接 I/O 控制器和 I/O 设备后，它们的故障灯 LED 会点亮。

在图 3-5-7 所示的网络视图中，选择显示地址 🖳 图标，在网络视图中显示出设备地址，如图 3-5-15 所示。

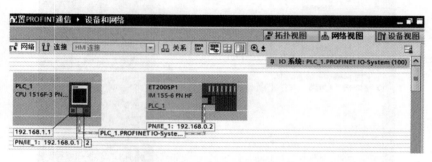

图 3-5-15　显示设备网络地址

在网络视图中选定" PLC_1.PROFINET IO-Syste... "网络后，点击分配设备名称 🖳 图标，弹出分配设备名称界面（或选定 ET 200SP1 的设备，执行右键快捷菜单中分配设备名称），在出现的界面设置中，对 PROFINET 设备名称中选择一个新设备（如 ET 200SP1），设备类型为 IM 155-6 PN HF，如图 3-5-16 所示；对 PG/PC 接口类型为"PN/IE"和 PG/PC 接口的设置为电脑网卡型号，如图 3-5-16 所示。点击"更新列表"按钮后，在网络中的可访问节点列表中显示出所有的设备，如图 3-5-17 所示，显示设备名称不同。在列表中点击选定要改的设备名称，单击"分配名称"，分配成功后列表中的状态显示"确定"，如图 3-5-18 所示设备名称分配完成。先观察设备名称分配成功后，再关闭窗口界面。

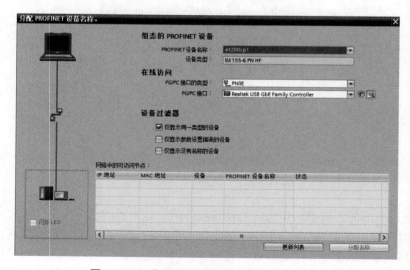

图 3-5-16　分配 PROFINET 设备名称界面 1

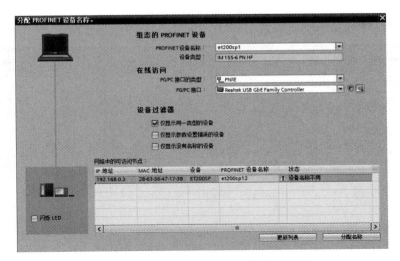

图 3-5-17　分配 PROFINET 设备名称界面 2

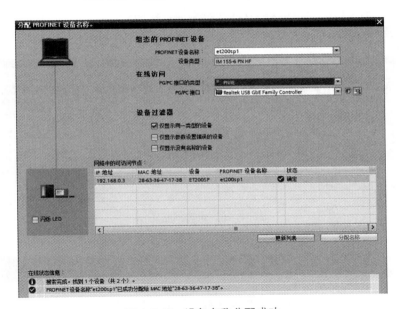

图 3-5-18　设备名称分配成功

（10）硬件组态下载

为了使整个项目下载到 CPU 中，需要点击 PLC1 的项目文件夹，然后点击"下载到设备"按钮，具体下载步骤参考前面的介绍。

实例 3-2　PROFINET网络中更换I/O设备

【控制要求】更换实例 3-1 中的 I/O 设备。启用"不带可更换介质时支持设备更换"功能，更换 PROFINET 网络中有故障的 I/O 设备。

【操作步骤】

① 打开实例 3-1 中的硬件组态设备视图，激活 CPU 属性中的"不带可更换介质时支持设

备更换"和"允许覆盖所有已分配 I/O 设备名称"参数,如图 3-5-19 所示。

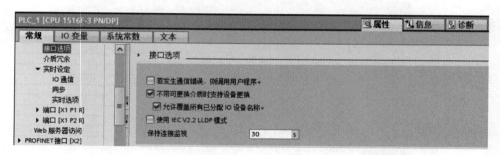

图 3-5-19　激活接口选项中的参数

② 组态网络拓扑。不带可更换介质时支持设备更换这种方法,必须要组态拓扑网络,然后由 I/O 控制器为 I/O 设备在线分配设备名称,为此 I/O 控制器必须从网络拓扑(设备间的相邻关系)识别不同的 I/O 设备。

打开拓扑视图,使用鼠标拖拽的方式连接端口,如图 3-5-20 所示,组态的网络拓扑必须与实际的网络连接完全一致。

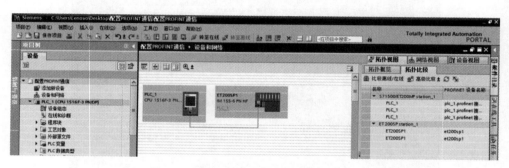

图 3-5-20　组态网络拓扑

> **提示**
>
> 　　组态 PROFINET 分布式 I/O 设备系统,当 ET 200SP 设备都是全新的(或都处于出厂设置状态)时,通过组态拓扑网络后无须使用 PG 为 I/O 设备分配设备名称和 IP 地址,I/O 控制器将根据组态的拓扑网络自动为它们分配设备名称和 IP 地址,并建立 PROFINET 通信。

③ 编译硬件配置并下载到 CPU 中,如果端口连接不匹配,则 I/O 控制器与 I/O 设备会报错。

④ 更换 I/O 设备。插入新模块后,CPU 自动识别并建立通信。更换的 I/O 设备和 PROFINET 网络组件都必须支持 LLDP 协议。固件版本 V1.5 及更高版本的 SIMATIC S7-1500 CPU 可以覆盖 I/O 设备的 PROFINET 设备名称,在替换有故障的 I/O 设备时无须替换设备恢复到出厂设置。即使替换设备带有不同的设备名称,也可以直接更换有故障的设备,不需要先将其恢复出厂设置。

第 4 章

西门子S7-1500 PLC编程基础

4.1 PLC中常用数制及转换

4.1.1 常用数制

（1）基本概念

① 数码。数码就是数制中表示基本数值大小的不同数字符号。例如，二进制有2个数码：0、1；十进制有10个数码：0、1、2、3、4、5、6、7、8、9。

② 基数。基数就是指数制中所使用数码的个数。例如，二进制的基数为2；十进制的基数为10。

③ 位权。位权是指数制中某一位上的1所表示数值的大小。例如，十进制的123，1的位权是100，2的位权是10，3的位权是1。二进制中的1011，从高位开始，第一个1的位权是8，0的位权是4，第二个1的位权是2，第三个1的位权是1。

（2）常用的基本数制

在计数的规则中，人们使用最多的进位计数制中，表示数的符号在不同的位置上时所代表的数的值是不同的。

① 十进制。十进制是人们日常生活中最熟悉的进位计数制，十进制是一种以10为基数的计数法。在十进制中，数用0、1、2、3、4、5、6、7、8、9这10个符号来描述。计数规则是：逢十进一。

② 二进制。二进制是在计算机系统中采用的进位计数制，二进制是一种以2为基数的计数法，采用0、1两个数值。计数规则是：逢二进一。在二进制中，用0和1两个符号来描述，可以表示开关量的两种不同状态，如触点的闭合与断开，线圈的通电与断电，指示灯的亮与灭等。在PLC梯形图中如果某位为1，则表示该位触点闭合和线圈通电；如果某位为0，则表示该位触点断开和线圈断电。西门子PLC中二进制用前缀2#加数值来表示，如2#0001110就是8位的二进制。

③ 八进制。八进制是一种以8为基数的计数法，采用0、1、2、3、4、5、6、7这8个

数字，逢八进一。在 PLC 中输入与输出的地址编号用八进制数表示，例如 I0.0、I0.1、…、I0.7。

④ 十六进制。十六进制是人们在计算机指令代码和数据的书写中经常使用的数制，十六进制是一种以 16 为基数的计数法，采用 0、1、…、9、A、B、…、F 等 16 个符号来描述。计数规则是：逢十六进一。西门子 PLC 中十六进制用前缀 16# 加数值来表示，例如 16#0A。

⑤ BCD 码。BCD 码是用 4 位二进制数来表示 1 位十进制数中的 0 ~ 9 这 10 个数码，是一种二进制的数字编码形式，BCD 码和四位自然二进制码不同的是，它只选用了四位二进制码中前 10 组代码，即用 0000 ~ 1001 分别代表它所对应的十进制数，余下的六组代码不用，例如十进制数中的 6 的 BCD 码是 0110。

（3）常用的码制

原码是用"符号 + 数值"表示，对于正数，符号位为 0，对于负数，符号位为 1，其余各位表示数值部分。

在反码中，对于正数，其反码表示与原码表示相同；对于负数，符号位为 1，其余各位是将原码数值按位取反。

在补码中，对于正数，其补码表示与原码表示相同；对于负数，符号位为 1，其余各位是在反码数值的末位加"1"。

4.1.2 数制转换

（1）二进制转换为十进制

方法：将二进制数按权位展开，然后各项相加，就得到相应的十进制数，例如将二进制的 11010 转换为十进制数的方法为：

$$(11010)_2 = 1 \times 2^4 + 1 \times 2^3 + 0 \times 2^2 + 1 \times 2^1 + 0 \times 2^0$$

$$= 16 + 8 + 2$$

$$= (26)_{10}$$

（2）将十进制转换为其他进制

方法：把要转换的数除以新进制的基数，把余数作为新进制的最低位；把上一次得的商再除以新的进制基数，把余数作为新进制的次低位；继续上一步，直到最后的商为零，这时的余数就是新进制的最高位。例如：将十进制的 58 转化为二进制，需要连除以 2 取余数，例如：$(58)_{10} = (111010)_2$。

（3）二进制与八进制、十六进制的相互转换

二进制转换为八进制、十六进制的方法：它们之间满足 2^3 和 2^4 的关系，因此把要转换的二进制数从低位到高位每 3 位或 4 位一组，高位不足时在有效位前面添"0"，然后把每组二进制数转换成八进制数或十六进制数即可

八进制、十六进制转换为二进制时，把上面的过程逆过来即可。例如：

八进制：　　2　　　5　　　7　　·　　0　　　5　　　5　　　4

二进制：　010　　101　　111　　·　000　　101　　101　　100

十六进制：A　　　　　F　　　·　　1　　　6　　　C

几种常用进制之间的对应关系如表 4-1-1 所示。

表4-1-1　几种常用进制之间的对应关系

十进制数	二进制数	八进制数	十六进制数
0	00000	0	0
1	00001	1	1
2	00010	2	2
3	00011	3	3
4	00100	4	4
5	00101	5	5
6	00110	6	6
7	00111	7	7
8	01000	10	8
9	01001	11	9
10	01010	12	A
11	01011	13	B
12	01100	14	C
13	01101	15	D
14	01110	16	E
15	01111	17	F

4.2　西门子S7-1500 PLC的数据类型

数据是指所有能输入到 PLC 中并被程序处理的信息的总称，数据的传递和存储都是通过一个有名字的连续的存储空间来实现的，这个存储空间就是我们常说的变量，变量由名称和数据类型组成。所有变量在声明使用时都指定它的数据类型，以决定能够存储哪种数据。数据类型的出现是为了把数据分成所需内存大小不同的数据，编程时根据需要数据的属性来选择合适的数据类型。

在 TIA 博途软件中常用的有效数据类型有以下几类：基本数据类型、复合数据类型、用户自定义数据类型（PLC 数据类型 UDT）、参数数据类型、系统数据类型和硬件数据类型等。

4.2.1　基本数据类型

基本数据类型是 PLC 程序中最常用的数据类型，每一个基本数据类型的数据都具备关键字、数据长度、取值范围和常数表达格式等属性。常用的基本数据类型有位数据类型、整数和浮点数数据类型、定时器数据类型、日期和时间数据类型、字符数据类型等。

（1）位数据类型

位数据类型主要包括布尔型（Bool）、字节型（Byte）、字型（Word）、双字型（DWord）、长字型（LWord）等，如表 4-2-1 所示。

表4-2-1　位数据类型

数据类型	关键字	长度 / 位	取值范围	常用格式举例
布尔型	Bool	1	FALSE 或 TRUE	TRUE
字节型	Byte	8	二进制表达：2#0 ～ 2#1111 1111 十六进制表达：16#0 ～ 16#FF	B#16#10

续表

数据类型	关键字	长度/位	取值范围	常用格式举例
字型	Word	16	二进制表达： 2#0 ~ 2#1111_1111_1111_1111 十六进制表达：W#16#0 ~ W#16#FFFF 十六进制序列表达：B#（0,0）~ B（255,255） BCD（二进制编码的十进制数）表达：C#0 ~ C#999	2#0011 W#16#11 B#（10,40） C#98
双字型	DWord	32	二进制表达： 2#0 ~ 2#1111_1111_1111_1111_1111_1111_1111_1111 十六进制表达： DW#16#0 ~ DW#16#FFFF_FFFF 十进制序列表达： B#（0,0,0,0）~ B（255,255,255,255）	DW#16#10 B#（1,10,10,20）
长字型	LWord	64	二进制表达： 2#0 ~ 2#1111_1111_1111_1111_1111_1111_1111_1111_ 1111_1111_1111_1111_1111_1111_1111_1111 十六进制表达： LW#16#0 ~ LW#16#FFFF_FFFF_FFFF_FFFF 十进制序列表达： B#（0,0,0,0,0,0,0,0）~ B（255,255,255,255,255,255,255,255）	LW#16#0000_0 000_5F52_DF8B

① 位（bit）。位数据的数据类型为 Bool，在 TIA 博途软件中布尔值用 TRUE 和 FALSE 来表示，输入时也可以直接 1 或 0，自动转换成 TRUE 或 FALSE。

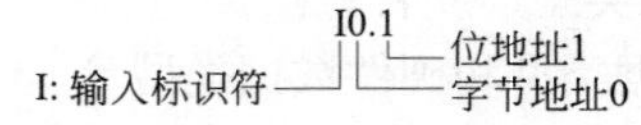

位存储单元的地址由字节地址和位地址组成，如图 4-2-1 所示字节.位，例如 I0.1、Q1.0、M10.0 等。

图 4-2-1 位

② 字节（Byte）。一个字节由 8 位二进制组成，例如 QB0 字节由 Q0.0 ~ Q0.7 组成，如图 4-2-2 所示字节。

图 4-2-2 字节

③ 字（Word）。一个字由相邻的 2 个字节组成，也就是连续 16 位二进制组成，每 4 位一组，例如 MW100 由 MB100 与 MB101 组成，如图 4-2-3 所示的字。当用十六进制表示 Word 数值时是没有符号位的，例如 W#16#1231。

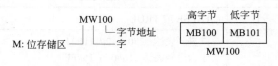

图 4-2-3 字

④ 双字（DWord）。一个双字由 2 个连续字（或 4 个字节）组成，例如 MD100 由 MW100、MW102 两字组成或 MB100 ～ M103 四个字节组成，如图 4-2-4 所示。

图 4-2-4 双字

⑤ 长字型（LWord）。对于西门子 S7-1500 PLC 支持 64 位长字型，是由 4 个双字或 8 个字节组成的。

（2）整数数据类型

整数数据类型一般有 8 位短整数 SInt、16 位整数 Int、32 位双整数 DInt 和 64 位整数 LInt 等，如表 4-2-2 所示。所有整数都有有符号整数和无符号整数两种，带 U 的为无符号整数，不带 U 的为有符号整数，在有符号整数中最高位为符号位，最高位是 0 时表示为正数，为 1 时表示为负数。例如 Int（整数），Int 是一个有符号整数，由 16 个位组成，在存储器中占用一个字（Word）的空间。第 0 ～ 14 位表示数值的大小，最高位第 15 位是表示数值的正负符号位，如图 4-2-5 所示为 Int 有符号整数。

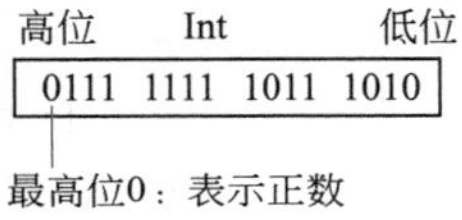

SInt、Int、DInt 和 LInt 虽然变量长度不同，但都表示有符号整数，表示方法一样，即最高位为符号位；USInt、UInt、UDInt 和 ULInt 均为无符号整数，所以无符号位。

高位   Int   低位

| 0111 | 1111 | 1011 | 1010 |

最高位0：表示正数

图 4-2-5 Int 有符号整数的表示方法

表4-2-2 整数数据类型

数据类型	关键字	长度/位	取值范围	常用格式举例
短整数	SInt	8	−128 ～ 127	+4，SINT#-20
整数	Int	16	−32768 ～ 32767	18
双整数	DInt	32	−L#2147483648 ～ L#2147483647	L#17
短整数	USInt	8	0 ～ 255	58，USINT#75
无符号整数	UInt	16	0 ～ 65535	55295，UINT#65244
无符号双整数	UDInt	32	0 ～ 4294967295	3042322154，UDINT#3042322145
无符号长整数	LInt	64	−9223372036854775808 ～ +9223372036854775807	+144323791816234，LINT#+154323701816239
无符号长整数	ULInt	64	0 ～ 18446744073709551615	154325790816159，ULINT#124325390816160

（3）浮点数数据类型（Real）

浮点数又称为实数，在 S7-1500 PLC 中分为 32 位浮点数（Real）和 64 位浮点数（LReal），也有正负之分且带小数点，最高位为符号位（见表 4-2-3）。

在 PLC 编程软件中，一个 Real 类型的数占用 4 个字节的空间，一个长浮点数数据（LReal）类型的数占用 8 个字节的空间。用十进制小数来输入或显示浮点数，例如 21 是整数，而 21.0

则是浮点数。

表4-2-3　浮点数数据类型

数据类型	关键字	长度 / 位	取值范围	常用格式举例
浮点数	Real	32	$-3.402823E+38 \sim -1.175495E-38$， 0， $+1.175495E-38 \sim +3.402823E+38$	1.0e-5， REAL#1.0e-51.0， REAL#1.0
长浮点数	LReal	64	$-1.7976931348623158E+308 \sim$ $-2.2250738585072014E-308$， 0， $+2.2250738585072014E-308 \sim$ $+1.7976931348623158E+308$	1.0e-5， LREAL#1.0e-41.0， LREAL#1.0

（4）定时器数据类型

S7-1500 PLC 中的定时器数据类型主要有时间（Time）、长时间（LTime）和 S5 定时器（S5Time）数据类型，如表 4-2-4 所示。

① 时间数据类型（Time）。它是采用 IEC 标准的时间格式，数据长度为 32 位的有符号双整数，占用 4 个字节。格式为 T#Xd_Xh_Xm_Xs_Xms，操作数内容以毫秒为单位。其中 d 表示天；h 表示小时；m 表示分钟；s 表示秒；ms 表示毫秒。

② 长时间数据类型（LTime）。长时间数据类型采用 IEC 标准的时间格式，数据长度为 64 位的有符号双整数，数据类型长度为 8 个字节。格式为 LT#Xd_Xh_Xm_Xs_Xms_Xμs_Xns，操作数内容以纳秒为单位，LINT 数据每增加 1，时间值增加 1ns。其中 d 表示天；h 表示小时；m 表示分钟；s 表示秒；ms 表示毫秒；μs 表示微秒；ns 表示纳秒。

③ S5 定时器（S5Time）数据类型。它使用 S5Time 的数据类型，采用 3 位 BCD 码的时间格式，计时时间值范围是 0 ～ 999，数据长度为 16 位，格式为 S5T#Xh-Xm-Xs-Xms，其中 h 表示小时；m 表示分钟；s 表示秒；ms 表示毫秒。

S5 定时器采用 BCD 码的计时时间值最大为 999，通过选择不同的时基可以改变定时器的定时长度。在 PLC 编写用户程序时可以直接装载设定的时间值，CPU 根据时间值大小自动选择时基值。如果选择时间值为一个变量，则需要对时基值进行赋值。

IEC 定时器与 S5Time 相比，IEC 定时器更精确，定时时间更长，但是每一个 IEC 定时器需要占用一个 CPU 的存储区。

表4-2-4　定时器数据类型

数据类型	关键字	长度 / 位	取值范围	常用格式举例
S5 定时器	S5Time	16	S5T#0h_0m_0s_10ms ～ S5T#2h_46m_30s_0ms	S5T#6s
时间	Time	32	IEC 时间格式（带符号），分辨率为 1ms： -T#24d_20h_31m_23s_648ms ～ T#24d_20h_31m_23s_648ms	T#8d_1h _1m_0s_0ms
长时间	LTime	64	信息包括天（d）、小时（h）、分钟（m）、秒（s）、 毫秒（ms）、微秒（μs）和纳秒（ns）， LT#-106751d23h47m16s854ms775μs808ns ～ LT#+106751d23h47m16s854ms775μs807ns	LT#10351d2h20m10 s800ms650μs215ns

（5）日期和时间数据类型

TIA 博途软件中常用的日期和时间数据类型如表 4-2-5 所示。

表4-2-5　日期和时间数据类型

数据类型	关键字	长度	取值范围	常用格式举例
日期	Date	16bit	IEC 日期格式，分辨率 1 天： D#1990-01-01 ～ D#2168-12-31	DATE#1997-05-15
日时间 TOD	Time_ Of_Day （TOD）	32bit	24 小时时间格式，分辨率 1ms TOD#0：0：0.0 ～ TOD#23：59：59.999	TIME_OF_ DAY#1：10：3.3
长日时间 LTOD	LTOD （LTime_ Of_Day）	8Byte	时间（小时：分钟：秒：纳秒） LTOD#00：00：00.000000000 ～ LTOD#23：59：59.999999999	LTOD#10：20： 30.400_365_215， L T I M E _ O F _ D A Y # 10：20：30.400_365_215
日期时间	DT （Date_ And_ Time）	8Byte	年 - 月 - 日 - 小时：分钟：秒：毫秒 DT#1990-01-01-00：00：00.000 ～ DT#2089-12-31-23：59：59.999	DT#2008-10-25-8：12： 34.567， DATE_AND_ TIME#2008-10-25-08： 12：34.567
日期长时间 LDT	LDT	8Byte	存储自 1970 年 1 月 1 日 0：0 以来的日期和时间信息（单位为纳秒） LDT#1970-01-01-0：0：0.000000000 ～ LDT#2263-04-11-23：47：15.854775808	LDT#2008-10-25-8：12： 34.567
长日期时间 DTL	DTL	12 Byte	D T L # 1 9 7 0 _ 0 1 _ 0 1 _ 0 0 : 0 0 : 0 0 ～ D T L # 2 2 6 2 _ 0 4 _ 1 1 _ 2 3 : 4 7 : 16.854775807	DTL#1998_01_01_00： 00：00.00

① 日期（Date）。日期（Date）数据类型采用 IEC 标准日期格式的 16 位无符号整数，数据类型 Date 的操作数按十六进制形式，占用 2 个字节，例如 2018 年 8 月 12 日的表示格式为：D#2018-08-12，按年 - 月 - 日排序。在规定的取值范围内（S7-1500 日期取值范围 D#1990-01-01 ～ D#2068-12-31），DATE（IEC 日期）类型数据可以与 INT 类型的数据相互转换（D#1990-01-01 对应 16#0000），INT 数据每增加 1，日期值增加 1 天。

② 日期时间 DT（Date_And_Time）。日期时间 DT 数据类型存储日期和时间信息，是一个 8 位字节的 BCD 码时间格式，例如 DT#19_11_20_12：30：20.10。

③ 日期长时间 LDT（Date_And_LTime）。日期长时间 LDT 数据类型存储日期和时间信息，单位是 ns。

④ 长日期时间（DTL）。数据类型 DTL 的操作数为 12 个字节，按照预定的结构存储日期和时间，用于表示完整的日期时间，有固定的结构，定义 DTL 时起始值必须包括年、月、日、时、分、秒，TIA 博途软件会根据年、月、日自行计算星期的值，例如 DTL#1998_01_01_00：00：00.00。

⑤ 日时间 TOD（Time_Of_Day）。日时间 TOD 数据类型占用 1 个双字节无符号整数，存储从指定当天的 0 时 0 分 0 秒开始的 1 天（24 小时）内的毫秒数。例如 T0D#10：11：56.111，按时：分：秒：毫秒排序。

⑥长日时间 LTOD（LTime_Of_Day）。日时间 TOD 数据类型占用 2 个双字节无符号整数，存储从指定当天的 0 时 0 分 0 秒开始的 1 天（24 小时）内的纳秒数。

（6）字符数据类型

字符数据类型有 Char 和 WChar，如表 4-2-6 所示。

表4-2-6　字符数据类型

数据类型	关键字	长度	取值范围	常用格式举例
字符	Char	8bit	ASCII 字符集	'A'
宽字符	WChar	16bit	Uncode 字符集	' 我 '

Char 的操作数长度为 1 个字节，格式为 ASCII 字符。字符 B 表示例为 CHAR# 'B'。提示：单引号必须是在英文下的单引号。

WChar（宽字符）的操作数长度为 2 个字节，该数据类型以 Unicode 格式存储，可存储所有 Unicode 格式的字符，包括汉字、阿拉伯字母等所有以 Unicode 为编码方式的字符，例如汉字"我"以 WChar 表示为：WChar# ' 我 '。

4.2.2　复合数据类型

复合数据类型中的数据由基本数据类型的数据组合而成，其长度可能超过 64 位。在 S7-1500 PLC 中复合数据类型包括字符串和宽字符串（String 和 WString）、数组类数据类型（Array）和结构数据类型（Struct）等。

（1）字符串（String）

数据类型为 String 的操作数在一个字符串中存储多个字符，最多可包括 254 个字符，一个字节存放一个字符。实际数据类型为 String 的操作数在内存中占用的字节数比指定的最大长度要多 2 个字节，即 256 个字节。这些字节的排列顺序规定如下：

String 字符串第一个字节表示字符串中定义要使用的最大字符长度；第二个字节表示当前字符串中有效字符的个数；第三个字节表示字符串中开始的第一个有效字符（数据类型为 Char）；第三个字节表示字符串中开始的第二个有效字符（数据类型为 Char），以此类推。

字符串可以在 DB、OB、FC、FB 接口区进行定义，在操作数的声明过程中，可在关键字 String 后使用方括号指定字符串的最大长度（如 String[4]），如图 4-2-6 所示；也可以使用局部或全局常量声明字符串的最大长度；如果未指定最大长度，则相应的操作数长度默认设置为标准的 254 个字符。在软件中使用字符串常数时，书写格式应是由单引号包括的字符串，例如 '12'。

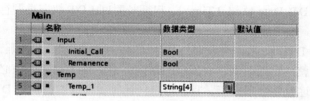

图 4-2-6　OB 块中接口区定义 String[4]

例如，定义为最大长度 4 个字符的字符串 String［4］中只包含两个字符 'AB'，其中 A 占用了字节 2，B 占用字节 3，字节 4 和字节 5 无定义，再加上定义字符串最大长度的字节 0 和定义字符串实际长度的字节 1，共实际占用 6 个字节，字节排列如图 4-2-7 所示。

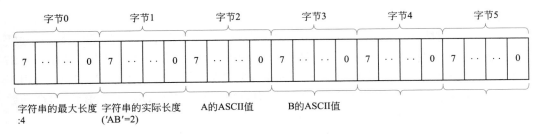

图 4-2-7　字符串数据类型的字节排列顺序

（2）宽字符串（WString）

宽字符串 WString 数量类型用来存储多个数据类型 WChar 的 Unicode 字符（长度 16 位的宽字符，包括汉字），使用中如果不指定长度，在默认情况下最大长度为 256 个字，可声明最多 16382 个字符的长度（WString［16382］）。在软件中使用宽字符串常数时，宽字符串前面必须使用 WSTRING#，由软件自动生成，例如在软件中输入“西门子”后，在它的前面自动添加 WString#，即 WString#' 西门子 '。

（3）数组类数据类型（Array）

数组类 Array 数据类型表示一个变量由多个固定数目且数据类型相同元素组成的数据结构。这些元素可使用除 Array 之外的所有数据类型。定义一个数组时，需要声明数组的元素类型、维数和每一维的索引范围。一个数组 Array 最多可包含六个维度，各维度的限值使用逗号进行分隔。

一维变量的格式是：Array[下限 .. 上限]of< 数据类型 >，一维变量的结构形式如图 4-2-8 所示。

在 TIA 博途软件中创建数据块中的 Array 变量时，将在方括号内定义下标的限值，并在关键字 “of” 之后定义数据类型，如图 4-2-9 所示是一维数组。Array 限值可使用整数或全局 / 局部常量定义的固定值，也可定义为块的形参或使用 Array[*] 进行定义，下限值必须小于或等于上限值。

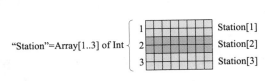

图 4-2-8　一维变量的结构形式

数据块_1

	名称	数据类型	起始值
1	▼ Static		
2	▼ Static_1	Array[0..3] of Int	
3	Static_1[0]	Int	0
4	Static_1[1]	Int	0
5	Static_1[2]	Int	0
6	Static_1[3]	Int	0

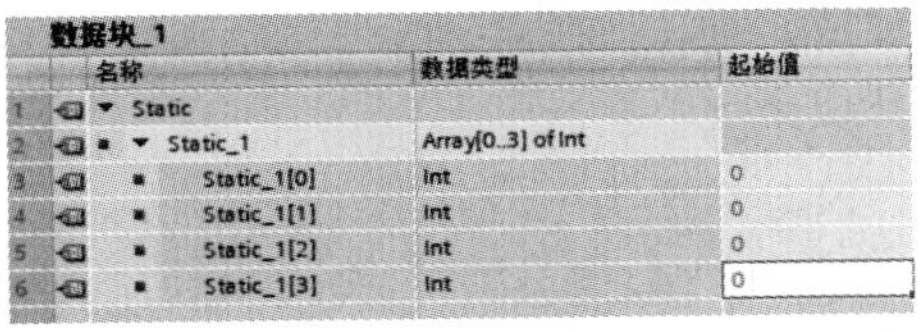

图 4-2-9　创建一维数组

二维数组的格式是：Array[1..3，1..5]of< 数据类型 >。在 TIA 博途软件中创建二维数组 Array 变量，如图 4-2-10 所示。

数据块_1

	名称	数据类型	起始值
1	▼ Static		
2	▼ Static_1	Array[0..3, 2..3] of Int	
3	Static_1[0,2]	Int	0
4	Static_1[0,3]	Int	0
5	Static_1[1,2]	Int	0
6	Static_1[1,3]	Int	0
7	Static_1[2,2]	Int	0
8	Static_1[2,3]	Int	0
9	Static_1[3,2]	Int	0
10	Static_1[3,3]	Int	0

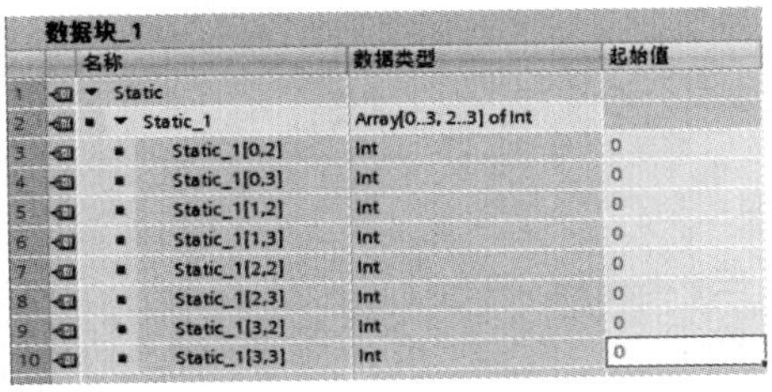

图 4-2-10　创建二维数组

（4）结构数据类型（Struct）

结构数据类型是由多个不同数据类型元素组成的复合型数据结构，通常用来把一个过程控制系统中相关的数据统一组织在一个结构体中，可作为一个数据单元来传送参数。在 S7-1500 PLC 一个数据块中最多有 252 个结构，如果需要更多结构，则必须重新构造自己的程序。例如，可以在多个全局数据块中创建结构。结构数据类型可以在 DB 块、OB 块、FC 函数、FB 函数块等块接口区和 PLC 数据类型中定义。

例如，在 TIA 博途软件数据块 DB1 中定义一组电动机的数据，如图 4-2-11 所示。

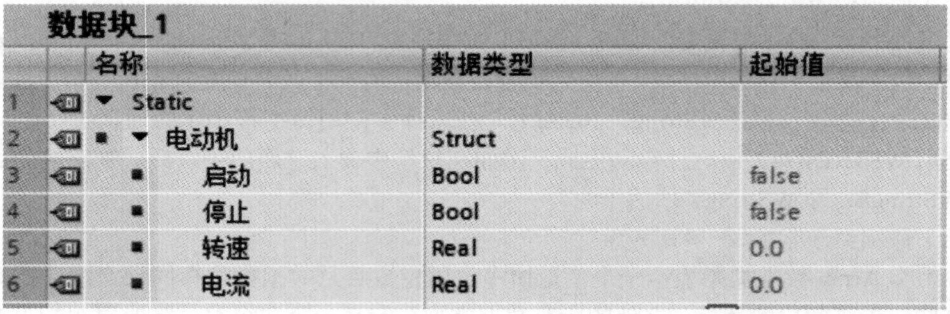

		名称	数据类型	起始值
1		▼ Static		
2		■ ▼ 电动机	Struct	
3		■ 启动	Bool	false
4		■ 停止	Bool	false
5		■ 转速	Real	0.0
6		■ 电流	Real	0.0

图 4-2-11　创建结构数据类型

4.2.3　PLC 数据类型

PLC 数据类型（UDT）是一种复杂的用户自定义数据类型，用于声明一个变量。这种数据类型是一个由多个不同数据类型元素组成的数据结构。其中，各元素可源自其他 PLC 数据类型、ARRAY，也可直接使用关键字 STRUCT 声明为一个结构，它作为一个整体的变量模板在 DB 块、函数块 FB、函数 FC 中多次使用。PLC 数据类型还可以相互嵌套使用，嵌套深度限制为 8 级。

PLC 数据类型（UDT）可在程序代码中统一更改和重复使用，系统自动更新该数据类型的使用位置。

PLC 数据类型的应用优势如下：

① PLC 数据类型可用作逻辑块的变量声明或数据块中变量的数据类型。通过块接口，在多个块中进行数据快速交换。

② 根据过程控制对数据进行分组。

③ 将参数作为一个数据单元进行传送。

④ PLC 数据类型可用作模板，创建数据结构化的 PLC 变量。

实例 4-1　PLC 数据类型的创建及应用

【操作步骤】

（1）创建用户数据类型 UDT

在项目树 CPU 下，双击 "PLC 数据类型" 可新建一个用户数据类型。例如，在用户数据类型中定义一个名称为 MOTOR 的数据结构，如图 4-2-12 所示。

图 4-2-12　创建用户数据类型 UDT

（2）在 DB 中调用 UDT

创建用户数据类型 UDT，可以作为模板在 DB 块或函数块 FB、函数 FC 中添加变量。现在介绍在 DB 中调用 UDT 添加三台电动机的变量，如图 4-2-13 所示，变量类型选择"用户数据类型 _UDT"。

图 4-2-13　在 DB 中调用 UDT

（3）程序中的调用

定义的 UDT 数据类型的变量可以整体使用，也可以单独使用该变量中的某元素，使用举例如图 4-2-14 所示。

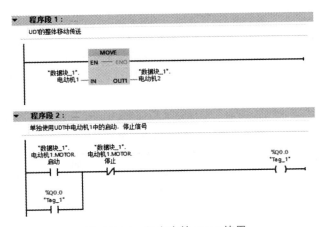

图 4-2-14　程序中的 UDT 使用

4.2.4　参数数据类型

参数数据类型是专用于 FC（函数）或者 FB（函数块）的接口参数的数据类型，是传递给被调用块的形参的数据类型，参数类型还可以是 PLC 数据类型，表 4-2-7 所示是参数数据类型及其用途。使用这些参数类型，可以把定时器、计数器、程序块、数据块甚至是不确定类型和长度的数据通过参数传递给 FC（函数）和 FB（函数块）。参数类型为程序设计提供了很高的灵活性。

表4-2-7　参数数据类型及其用途

参数数据类型	长度 / 位	说明
TIMER	16	可用于指定在被调用代码块中所使用的定时器。如果使用 TIMER 参数类型的形参，则相关的实参必须是定时器。 示例：T1
COUNTER	16	可用于指定在被调用代码块中使用的计数器。如果使用 COUNTER 参数类型的形参，则相关的实参必须是计数器。 示例：C10
BLOCK_FC	16	可用于指定在被调用代码块中用作输入的块。
BLOCK_FB	16	参数的声明决定所要使用的块类型（例如：FB、FC、DB）。
BLOCK_DB	16	如果使用 BLOCK 参数类型的形参，则将指定一个块地址作为实参。
BLOCK_SDB	16	示例：DB3
VOID	—	VOID 参数类型不会保存任何值。如果输出不需要任何返回值，则使用此参数类型。例如，如果不需要显示错误信息，则可以在输出 STATUS 中指定 VOID 参数类型
PARAMETER	—	在执行相应输入时，可通过 PARAMETER 数据类型，使用程序块中的局部变量符号调用该程序块中包含的"GetSymbolName：读取输入参数处的变量名称"和"GetSymbolPath：查询输入参数分配中的组合全局名称"指令

4.2.5　系统数据类型

系统数据类型（SDT）由系统提供并具有预定义的结构。系统数据类型的结构由固定数目的可具有各种数据类型的元素构成，不能更改系统数据类型的结构。仅当系统数据类型的类型相同且名称匹配时，才可相互分配。这一规则同样适用于系统生成的 PLC 数据类型，如 IEC_Timer 等。

系统数据类型只能用于特定指令，表 4-2-8 所示给出了可用的系统数据类型及其用途。

表4-2-8　系统数据类型及其用途

系统数据类型	长度 / 字节	说明
IEC_TIMER	16	声明有 PT、ET、IN 和 Q 参数的定时器结构。时间值为 TIME 数据类型。例如，此数据类型可用于"TP""TOF""TON""TONR""RT"和"PT"指令

系统数据类型	长度 / 字节	说明
IEC_LTIMER	32	声明有 PT、ET、IN 和 Q 参数的定时器结构，时间值为 LTIME 数据类型。 例如，此数据类型可用于 "TP" "TOF" "TON" "TONR" "RT" 和 "PT" 指令
IEC_SCOUNTER	3	计数值为 SINT 数据类型的计数器结构。 例如，此数据类型用于 "CTU" "CTD" 和 "CTUD" 指令
IEC_ USCOUNTER	3	计数值为 USINT 数据类型的计数器结构。 例如，此数据类型用于 "CTU" "CTD" 和 "CTUD" 指令
IEC_COUNTER	6	计数值为 INT 数据类型的计数器结构。 例如，此数据类型用于 "CTU" "CTD" 和 "CTUD" 指令
IEC_UCOUNTER	6	计数值为 UINT 数据类型的计数器结构。 例如，此数据类型用于 "CTU" "CTD" 和 "CTUD" 指令
IEC_DCOUNTER	12	计数值为 DINT 数据类型的计数器结构。 例如，此数据类型用于 "CTU" "CTD" 和 "CTUD" 指令
IEC_ UDCOUNTER	12	计数值为 UDINT 数据类型的计数器结构。 例如，此数据类型用于 "CTU" "CTD" 和 "CTUD" 指令
IEC_LCOUNTER	24	计数值为 UDINT 数据类型的计数器结构。 例如，此数据类型用于 "CTU" "CTD" 和 "CTUD" 指令
IEC_ ULCOUNTER	24	计数值为 UINT 数据类型的计数器结构。 例如，此数据类型用于 "CTU" "CTD" 和 "CTUD" 指令
ERROR_STRUCT	28	编程错误信息或 I/O 访问错误信息的结构。 例如，此数据类型用于 "GET_ERROR" 指令
CREF	8	数据类型 ERROR_STRUCT 的组成，在其中保存有关块地址的信息
NREF	8	数据类型 ERROR_STRUCT 的组成，在其中保存有关操作数的信息
VREF	12	用于存储 VARIANT 指针。 这种数据类型通常用于 S7-1200/1500Motion Control 指令中
SSL_HEADER	4	指定在读取系统状态列表期间保存有关数据记录信息的数据结构。例如，此数据类型用于 "RDSYSST" 指令
CONDITIONS	52	用户自定义的数据结构，定义数据接收的开始和结束条件。 例如，此数据类型用于 "RCV_CFG" 指令
TADDR_Param	8	指定用来存储那些通过 UDP 实现开放用户通信的连接说明的数据块结构。 例如，此数据类型用于 "TUSEND" 和 "TURSV" 指令
TCON_Param	64	指定用来存储那些通过工业以太网（PROFINET）实现开放用户通信的连接说明的数据块结构。 例如，此数据类型用于 "TSEND" 和 "TRSV" 指令
HSC_Period	12	使用扩展的高速计数器，指定时间段测量的数据块结构。 此数据类型用于 "CTRL_HSC_EXT" 指令

4.2.6 硬件数据类型

硬件数据类型由 CPU 提供。可用硬件数据类型的数目取决于 CPU。根据硬件配置中设置的模块存储特定硬件数据类型的常量。在用户程序中插入用于控制或激活已组态模块的指令时，可将这些可用常量用作参数。可用的硬件数据类型及其用途如表 4-2-9 所示。

表4-2-9　硬件数据类型及其用途

硬件数据类型	基本数据类型	说明
REMOTE	ANY	用于指定远程 CPU 的地址。 例如，此数据类型可用于 "PUT" 和 "GET" 指令
HW_ANY	UINT	任何硬件组件（如模块）的标识
HW_DEVICE	HW_ANY	DP 从站 /PROFINET I/O 设备的标识
HW_DPMASTER	HW_INTERFACE	DP 主站的标识
HW_DPSLAVE	HW_DEVICE	DP 从站的标识
HW_IO	HW_ANY	CPU 或接口的标识号。 该编号在 CPU 或硬件配置接口的属性中自动分配和存储
HW_IOSYSTEM	HW_ANY	PN/IO 系统或 DP 主站系统的标识
HW_SUBMODULE	HW_IO	重要硬件组件的标识
HW_MODULE	HW_IO	模块标识
HW_INTERFACE	HW_SUBMODULE	接口组件的标识
HW_IEPORT	HW_SUBMODULE	端口的标识（PN/IO）
HW_HSC	HW_SUBMODULE	高速计数器的标识。 例如，此数据类型可用于 "CTRL_HSC" 和 "CTRL_HSC_EXT" 指令
HW_PWM	HW_SUBMODULE	脉冲宽度调制标识。 例如，此数据类型用于 "CTRL_PWM" 指令
HW_PTO	HW_SUBMODULE	脉冲编码器标识。 该数据类型用于运动控制
EVENT_ANY	AOM_IDENT	用于标识任意事件
EVENT_ATT	EVENT_ANY	用于指定动态分配给 OB 的事件。 例如，此数据类型可用于 "ATTACH" 和 "DETACH" 指令
EVENT_HWINT	EVENT_ATT	用于指定硬件中断事件
OB_ANY	INT	用于指定任意组织块
OB_DELAY	OB_ANY	用于指定发生延时中断时调用的组织块。 例如，此数据类型可用于 "SRT_DINT" 和 "CAN_DINT" 指令
OB_TOD	OB_ANY	指定时间中断 OB 的数量。 例如，此数据类型用于 "SET_TINT" "CAN_TINT" "ACT_TINT" 和 "QRY_TINT" 指令
OB_CYCLIC	OB_ANY	用于指定发生看门狗中断时调用的组织块
OB_ATT	OB_ANY	用于指定动态分配给事件的组织块。 例如，此数据类型可用于 "ATTACH" 和 "DETACH" 指令
OB_PCYCLE	OB_ANY	用于指定分配给 "循环程序" 事件类别事件的组织块
OB_HWINT	OB_ATT	用于指定发生硬件中断时调用的组织块

硬件数据类型	基本数据类型	说明
OB_DIAG	OB_ANY	用于指定发生诊断中断时调用的组织块
OB_TIMEERROR	OB_ANY	用于指定发生时间错误时调用的组织块
OB_STARTUP	OB_ANY	用于指定发生启动事件时调用的组织块
PORT	HW_SUBMODULE	用于指定通信端口。 该数据类型用于点对点通信
RTM	UINT	用于指定运行小时计数器值。 例如，此数据类型用于"RTM"指令
PIP	UINT	用于创建和连接"同步循环"OB，读数据类型可用于 SFC 26、SFC 27、SFC 126 和 SFC 127 中
CONN_ANY	WORD	用于指定任意连接
CONN_PRG	CONN_ANY	用于指定通过 UDP 进行开放式通信的连接
CONN_OUC	CONN_ANY	用于指定通过工业以太网（PROFINET）进行开放式通信的连接
CONN_R_ID	DWORD	S7 通信块上 R_ID 参数的数据类型
DB_ANY	UINT	DB 的标识（名称或编号）。 数据类型"DB_ANY"在"Temp"区域中的长度为 0
DB_WWW	DB_ANY	通过 Web 应用生成的 DB 的数量（例如，"WWW"指令）。 数据类型"DB_WWW"在"Temp"区域中的长度为 0
DB_DYN	DB_ANY	用户程序生成的 DB 编号

4.3　西门子 S7-1500 PLC 的编程语言

PLC 程序有系统程序和用户程序两种。用户程序就是由用户根据控制系统的工艺控制要求，通过 PLC 编程语言的编制设计的。根据国际电工委员会制定的工业控制编程语言标准（IEC 61131-3），西门子 S7-1500 PLC 支持的编程语言有梯形图 LAD（Ladder Logic Programming Language）、语句表 STL（Statement List Programming Language）、功能块图 FBD（Function Block Diagram Programming Language）、结构化控制语言 SCL（Structured Control Language）和图表化的 GRAPH 五种编程语言。

（1）LAD

LAD 是一种图形编程语言，也是我们经常说的梯形图。它是 PLC 程序设计中最常用的编程语言，各型号的 PLC 都具有梯形图语言。它的特点是：与电气操作原理图相对应，具有直观性和对应性；与原有继电器控制相一致，电气设计人员易于掌握。在 TIA 博途软件中编程指令可以直接从指令集窗口中拖放到程序中使用。如图 4-3-1 所示梯形图中显示了一个具有两个常开触点、一个常闭触点和一个线圈的程序段。

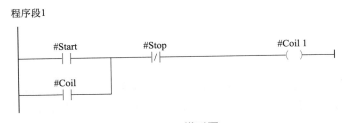

图 4-3-1　梯形图

（2）STL

STL 是一种基于文本的编程语言，又称语句表。语句表的指令丰富，编写的程序量很简洁，适合熟悉汇编语言的人员使用。TIA 博途软件的 STL 指令集具有指令助记符功能，调用指令时不需要事先了解或从在线帮助中查询。STL 编写程序段如图 4-3-2 所示。

STL 🗐   说明
A "Tag_Input_1"   //检查操作数的信号状态是否为"1"，并与当前的RLO进行"与"运算
A "Tag_Input_2"   //检查操作数的信号状态是否为"1"，并与当前的RLO进行"与"运算
S "Tag_Output"   //如果RLO为"1"，则将操作数设置为"1"

图 4-3-2　STL 编写程序段

（3）FBD

FBD 是一种图形编程语言，又称功能块图。采用基于电路系统的表示法。它的特点是：以功能模块为单位，不同的功能模块表示不同的功能，分析理解控制方案简单容易，直观性强。由于功能模块是用图形的形式表达功能，因此对于具有数字逻辑电路基础的设计人员来说很容易掌握。对规模大、逻辑关系复杂的控制系统，用功能模块图编程，能够清楚表达功能关系，使编程调试时间大大减少，如图 4-3-3 所示的功能块图程序。

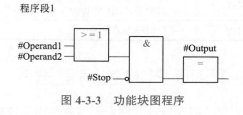

图 4-3-3　功能块图程序

（4）SCL

SCL（Structured Control Language，结构化控制语言）是一种基于 PASCAL 的高级编程语言。这种语言基于标准 DIN EN 61131-3（国际标准为 IEC 61131-3）。SCL 除了包含 PLC 的典型元素（例如输入、输出、定时器或存储器位）外，还包含高级编程语言，非常适合于复杂的运算功能、数学函数、数据管理和过程优化等，将是今后主要的编程语言，如图 4-3-4 所示的 SCL 程序。

```
SCL 🗐
IF "StartPushbutton_Left_S1" OR "StartPushbutton_Right_S3" THEN
"MOTOR_ON" := 1;
"MOTOR_OFF" := 0;
END_IF;

IF "StopPushbutton_Left_S2" OR "StopPushbutton_Right_S4" THEN
"MOTOR_ON" := 0;
"MOTOR_OFF" := 1;
END_IF;
```

图 4-3-4　SCL 程序

（5）GRAPH

GRAPH 是创建顺序控制系统的图形编程语言。使用顺控程序，可以更快速便捷和直观地对顺序进行编程。通过将过程分解为多个步，而且每个步都有明确的功能范围，再将这些步组织到顺控程序中，如图 4-3-5 所示。

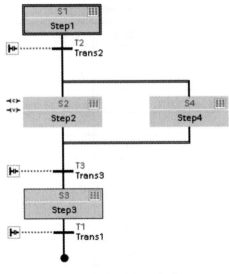

图 4-3-5　GRAPH 程序

TIA 博途软件中 SCL、LAD/FBD 与 STL 编译器都是独立的，这样四种编程语言的效率是相同的。除 LAD、FBD 以外，各语言编写的程序间不能相互转化。

4.4　西门子S7-1500 PLC的地址区

西门子 S7-1500 PLC 的存储器区由装载存储器、工作存储器和系统存储器组成。装载存储器相当于计算机的硬盘，用来保存逻辑块、数据块和系统数据；工作存储器相当于计算机内存条，用来存储 CPU 运行时的用户程序和数据；系统存储器是 CPU 为用户提供的存储组件，用于存储用户程序的操作数据，下面主要介绍系统存储器。

4.4.1　CPU地址区的划分及寻址方法

西门子 S7-1500 CPU 存储器划分不同的地址区，为用户程序提供存储单元，例如过程映像输入区（I）和输出区（Q）、位存储器（M）、定时器（T）、计数器（C）、数据块（DB）和本地数据区（L）等，如表 4-4-1 所示。S7-1500 CPU 的工作存储器或系统存储器划分为多个操作数区域，每个操作数区域都有唯一的地址，通过在用户程序中使用合适的操作，可以在相应操作数区域中直接寻址数据。

在 TIA 博途软件编程中要求每个变量都有一个符号名，不允许无符号名称的变量出现，所以在使用时必须为变量定义符号名称，如果用户没有定义，系统也会自动为其分配默认名称，名称从"Tag_1"开始自动分配。因此，S7-1500 地址区域内的变量均可进行符号寻址。

 提示

变量是一段有名字的连续存储空间，是程序中数据的临时存放场所。在使用中通过定义变量来申请并命名这样的存储空间，并通过变量的名字来使用这段存储空间。PLC 变量的名称在 CPU 范围内必须唯一。

表4-4-1　　S7-1500 CPU存储器的地址区

操作数区域	访问单元	S7 表示	描述
过程映像输入区	输入位	I	在每个循环开始时由 CPU 从输入模块读取输入，并将这些值保存到过程映像输入
	输入字节	IB	
	输入字	IW	
	输入双字	ID	
过程映像输出区	输出位	Q	在循环期间，程序计算输出的值，并将这些值放在过程映像输出中。循环结束时，CPU 将计算出的输出值写入输出模块
	输出字节	QB	
	输出字	QW	
	输出双字	QD	
位存储器	存储器位	M	此区域用于存储程序中计算出的中间结果
	存储器字节	MB	
	存储器字	MW	
	存储器双字	MD	
定时器	定时器（T）	T	此区域用于存储定时器
计数器	计数器（C）	C	此区域用于存储计数器
数据块	数据块，用 "OPN DB" 打开	DB	数据块存储程序信息。可以对它们进行定义以便所有代码块都可以访问它们（全局数据块），也可将其分配给特定的 FB 或 SFB（背景数据块）
	数据位	DBX	
	数据字节	DBB	
	数据字	DBW	
	数据双字	DBD	
	数据块，用 "OPN DI" 打开	DI	
	数据位	DIX	
	数据字节	DIB	
	数据字	DIW	
	数据双字	DID	
局部数据	局部数据位	L	此区域包含块处理时产生的该块的临时局部数据。此 L 堆栈还提供存储空间来传送块参数和保存 LAD 程序段的中间结果
	局部数据字节	LB	

操作数区域	访问单元	S7 表示	描述
局部数据	局部数据字	LW	
	局部数据双字	LD	
I/O 区域：输入	I/O 输入字节	PIB	I/O 输入和输出区域允许直接访问集中式和分布式输入和输出模块
	I/O 输入字	PIW	
	I/O 输入双字	PID	
I/O 区域：输出	I/O 输出字节	PQB	
	I/O 输出字	PQW	
	I/O 输出双字	PQD	

（1）过程映像输入区（I）

用户程序对输入（I）和输出（O）操作数区域寻址时，不会查询或更改数字量信号模块端的信号状态。而是访问 CPU 系统存储器中的存储区，该存储区称为过程映像区，与输入端相连的称为过程映像输入区（I）；与输出端相连的称为过程映像输出区（Q）。

过程映像的优点：

与直接访问输入和输出模块相比，访问过程映像的主要优点在于在一个程序周期期间，CPU 具有一致性的过程信号映像。如果程序执行期间输入模块端的信号状态发生变化，过程映像中的信号状态仍保持不变，直到下一个周期再次更新过程映像。在用户程序中周期性地扫描输入信号的过程，确保了总有一致的输入信息。访问过程映像还比直接访问信号模块更节省时间，因为过程映像位于 CPU 的内部存储器中。

过程映像输入区与输入端相连，专门用来接收 PLC 外部开关信号的元件，如图 4-4-1 所示。其过程映像输入 / 输出区等效电路如图 4-4-2 所示。在每次扫描执行程序时，CPU 首先对物理输入点进行采样，并将采样值写入到过程映像输入区，读写过程中可以按位、字节、字或双字来处理过程映像输入区的数据，寻址方式有位寻址、字节寻址、字寻址、双字寻址等方式。

位寻址格式：I[字节地址].[位地址]，例如 I0.0。

字节寻址方式：I[字节长度][起始字节地址]，例如 IB0。

字寻址方式：I[字长度][起始字节地址]，例如 IW0。

双字寻址方式：I[双字长度][起始字节地址]，例如 ID0。

在 TIA 博途软件程序编程器中输入绝对操作数，前面会自动生成插入"%"，例如 %I0.0、%Q0.0、%M1。在 SCL 编辑中，必须在地址前面输入"%"来表示该地址为绝对地址，否则编辑会出现未定义的变量错误。

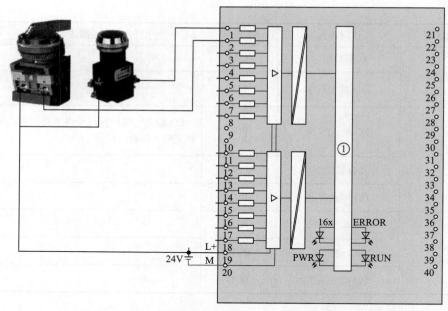

图 4-4-1 按钮、转换开关与 PLC 输入端子的接线示意图

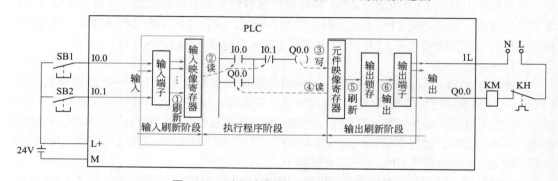

图 4-4-2 过程映像输入 / 输出区等效电路

（2）过程映像输出区（Q）

过程映像输出区与输出端相连，用来将 PLC 内部信号传送给外部负载，如图 4-4-2 所示的过程映像输出区等效电路。在每次扫描执行程序结尾时，CPU 将过程映像输出区中的数值赋值到物理输出点上。在对过程映像输出区的数据读写，可以按位、字节、字或双字来处理，寻址方式有位寻址、字节寻址、字寻址、双字寻址等方式。

位寻址格式：Q[字节地址].[位地址]，例如 Q0.0。

字节寻址方式：Q[字节长度][起始字节地址]，例如 QB0。

字寻址方式：Q[字长度][起始字节地址]，例如 QW0。

双字寻址方式：Q[双字长度][起始字节地址]，例如 QD0。

（3）位存储器

位存储器位于 CPU 的系统存储器，地址标识符为"M"，是 PLC 中应用比较多的一种存储器，与继电器控制系统中的中间继电器相似，用来存储运算的中间操作状态和控制信息。对 S7-1500 PLC 而言，所有型号的 CPU 标志位存储器都在 16384 个字节。在程序中允许读和写访问位存储器，M 存储器的寻址方式与输入 / 输出映像器的寻址方式类似。同样，M 器的变量也可通过符号名进行访问。位存储器可以根据实际情况在分配列表中定义需要的保持性存储器的宽度，断电之后以及上电后 STOP 切换为 RUN 时，在保持性存储器中寻址的变量内容会被保留。

设置方法是：通过右击"PLC 变量"→"分配列表"→"保持"，弹出保持性存储器，并进行相关设置，如图 4-4-3 所示。

图 4-4-3　定义保持性存储器

（4）定时器（T）

定时器存储区位于 CPU 的系统存储器，主要用来定时，类似于继电控制系统的时间继电器。对 SIMATIC S7-1500 PLC 而言，所有型号 CPU 的定时器的数量都是 2048 个。定时器的表示方法为 Tx，T 表示定时器标识符，x 表示定时器编号，寻址方式也可通过符号寻址。存储区中掉电保持的定时器个数可以在 CPU 中（如同设定 M 保持性存储器）设置。

在 TIA 博途软件中建议使用 IEC 定时器，它们的个数不受限制，这样程序编写更灵活。

（5）计数器（C）

计数器存储区位于 CPU 的系统存储区，主要用来计数，类似于继电控制系统的计数器。在 SIMATIC S7-1500 PLC 中，所有型号 CPU 的 S5 计数器的数量都是 2048 个。计数器的表示方法为 Cx，C 表示计数器的标识符，x 表示计数器编号，寻址方式也可通过符号寻址。存储区中掉电保持的计数器个数可以在 CPU 中（如同设定 M 保持性存储器）设置。

在 TIA 博途软件中建议使用 IEC 计数器，它们的个数不受限制，这样程序编写更灵活。

（6）外设地址输入

外设地址输入区位于 CPU 的系统存储器。程序访问外设输入时可以不经过程映像输入区，直接访问输入模块的输入点信息。数据不经过程映像输入区的扫描而从信号源立即读取，这种方式称为"立即读或直接访问"模式，其访问格式是在 I 地址或符号名称后附加后缀"：P"，例如"I0.4：P""start：P"或"IW6：P"。

用"立即读"访问外设输入不会影响存储在过程映像输入区中对应的数据值，访问只能读不能写，访问最小单位为位。

（7）外设地址输出

外设地址输出区位于 CPU 的系统存储器。程序访问外设输出时可以不经过程映像输出区，直接把数据写到输出模块的目标点，也同时写给过程映像输出区。数据不经过程映像输出区而直接写到目标点，这种方式称为"立即写"，其访问格式是在 Q 地址或符号名称后附加后缀":P",例如"Q0.4:P"或"QW6:P"。

用"立即写"访问外设输出不仅会影响外设输出点的对应值,还会影响过程映像输出区中的对应值,访问只能写不能读,访问最小单位为位。

(8)数据块(DB)

数据块可以存储于装载存储器、工作存储器以及系统存储中(块堆栈),主要用来存储用户程序的程序块中的各种变量数据,数据块的大小由 CPU 的型号决定。共享数据块地址标识符为"DB",函数块 FB 的背景数据块地址标识符为"IDB"。

在 S7-1500 PLC 中,DB 块分 2 种,一种为优化 DB,另一种为标准 DB。DB 块的访问设置可以鼠标右击相应的 DB 块→属性→常规→属性,弹出属性窗口设置"优化的块访问",点击"确定"按钮,完成 DB 的类型修改,如图 4-4-4 所示。

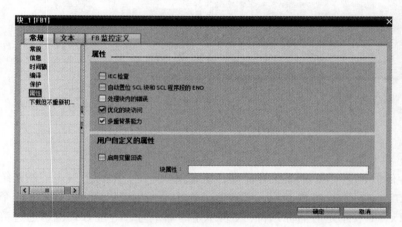

图 4-4-4　设置数据块的属性

每次添加一个新的全局 DB 时,其默认类型为优化的 DB,DB 块的变量地址系统可自动分配,也可自行定义。背景数据块的属性是由其所属的 FB 块决定的,如果该 FB 块为标准 FB 块,则其背景 DB 就是标准 DB;如果该 FB 块为优化的 FB 块,则其背景 DB 就是优化 DB。

优化 DB 和标准 DB 在 S7-1500 CPU 中存储和访问的过程完全不同。标准 DB 掉电保持属性为整个 DB,DB 内变量为绝对地址访问,支持指针寻址;而优化 DB 内每个变量都可以单独设置掉电保持属性,DB 内变量只能使用符号名寻址,不能使用指针寻址。优化的 DB 块借助预留的存储空间,支持"下载无需重新初始化"功能,而标准 DB 则无此功能。

推荐使用优化的 DB。在优化的 DB 中,所有的变量以符号形式存储,没有绝对地址,不易出错,效率更高。

优化的 DB 支持以下访问方式:

L "Dam".Setpoint // 直接装载变量"Data".Setpoint。

A "Data".Status.x0 // 以片段访问的方式访问变量"Data".Status 的第 0 位。

L "Data".my_array[#index] // 以索引的方式对数组变量"Data".my_array 实现变址访问。

(9)本地数据区(L)

本地数据区又称为临时存储器,位于 CPU 的系统数据区,临时存储 FC(函数)、FB(函数块)的临时变量(Temp),以及"标准"访问的组织块中的开始信息、参数传送信息及梯形图编程的内部逻辑结果(仅限标准程序块)等,只对相应的数据块局部有效,地址标识符为"L"。在程序中访问本地数据区的表示方法与访问输入映像区的表示方法类似，例如 L0.0、LB3。

4.4.2　全局变量与局部变量

（1）全局变量

全局变量可以在该 CPU 内被所有的程序块使用，例如在 OB（组织块）、FC（函数）、FB（函数块）中使用。全局变量在某一个程序块中赋值后，可以在其他的程序中读出，没有使用限制。如果在 PLC 变量表中更改变量，则在程序中引用了该变量的地方会自动更新为新变量。

全局变量包括：I、Q、M、定时器（T）、计数器（C）、数据块（DB）等数据区。

（2）局部变量

局部变量只能在该变量所属的程序块（OB、FC、FB）范围内使用，不能被其他程序块使用。

局部变量包括本地数据区（L）中的变量。

4.4.3　全局常量与局部常量

常量是具有固定值的数据，其值在程序运行期间不能更改。常量在程序执行期间可由各种程序元素读取，但不能被覆盖。不同的常量值通常会指定相应的表示方式，具体取决于数据类型和数据格式。

（1）全局常量

全局常量是整个 PLC 项目中都可以使用的常量，在 PLC 变量表中定义。全局常量在项目树下的"PLC 变量"表中打开"显示所有变量"后，选中"用户常量"选项卡中声明定义，如图 4-4-5 所示。定义完成后，在该 CPU 的整个程序中均可直接使用全局用户常量"a"，它的值即为"12"。如果在"用户常量"选项卡下更改用户常量的数值，则在程序中引用了该常量的地方会自动对应新的值。

图 4-4-5　定义用户常量

（2）局部常量

局部常量是在 OB、FC、FB 块的接口数据区"Constant"下声明的常量，仅在定义该局部变量的块中有效，如图 4-4-6 所示，在该 FB 块_1 中可直接使用局部常量"a"，其值为"12"。

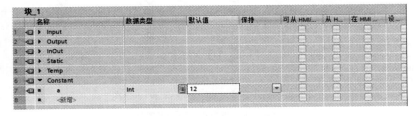

图 4-4-6　定义局部常量

4.5 变量表、监控表与强制表

4.5.1 变量表

（1）PLC 变量表

PLC 变量表包含在整个 CPU 范围有效的变量和符号常量的定义，这里定义的变量就是全局变量。系统会为项目中使用的每个 CPU 自动创建一个 PLC 变量表，用户可以创建其他变量表用于对变量和常量进行归类与分组。

在项目树中，项目中的每个 CPU 都有"PLC 变量"文件夹，如图 4-5-1 所示。

图 4-5-1　PLC 变量

① PLC 变量文件夹。PLC 变量文件中包含有"显示所有变量表""添加新变量表"和"默认变量表"。

a. 显示所有变量："显示所有变量表"概括包含有全部的 PLC 变量、用户常量和 CPU 系统常量，该表不能删除或移动。

b. 添加新变量表："添加新变量表"是用户定义的变量表，可以根据要求为每个 CPU 创建多个用户自定义变量表以分组变量。可以对用户定义的变量表重命名、整理合并为组或删除。用户定义变量表包含 PLC 变量和用户常量。

c. 默认变量表："默认变量表"包含 PLC 变量、用户常量和系统常量。可以在默认变量表中声明所有的 PLC 变量，或根据需要创建其他的用户定义变量表。

② PLC 变量表的结构。每个 PLC 变量表包含"变量"选项卡和"用户常量"选项卡，默认变量表和"所有变量"表还包括"系统常量"选项卡。

a."变量"选项卡的结构。新添加一个 PLC 变量表，并打开显示变量选项卡的结构，如图 4-5-2 所示。在"变量"选项卡中声明程序中所需的全局 PLC 变量。图中显示了该选项卡结构，表 4-5-1 中列出了各列的含义，所显示的列编号可能有所不同。可根据需要显示或隐藏各列。

		名称	数据类型	地址	保持	从 HMI/OPC UA 可写	可从 HMI/OPC UA 访问	在 HMI 工程组态中可见	监控	注释
1		A	Word	%MW8		☑	☑	☑		
2		D	Word	%MW10		☑	☑	☑		
3		Tagin-1	Bool	%I5.0		☑	☑	☑		
4		Tagin-2	Bool	%I5.1		☑	☑	☑		
5		Tagin-3	Bool	%I5.2		☑	☑	☑		
6		Tagout-1	Bool	%Q2.0		☑	☑	☑		
7		Tagout-2	Bool	%Q2.1		☑	☑	☑		
8		Tagout-3	Bool	%Q2.2		☑	☑	☑		
9		<添加>				☑	☑	☑		

图 4-5-2　变量选项卡的结构

表4-5-1　变量选项卡中各列的含义

列	说明
〔符号〕	通过单击符号并将变量拖动到程序中作为操作数
名称	常量在 CPU 范围内的唯一名称
数据类型	变量的数据类型
地址	变量地址
保持性	将变量标记为具有保持性。 即使在关断电源后，保持性变量的值也将保留不变
在 HMI 工程组态中可见	显示默认情况下，在选择 HMI 的操作数时变量是否显示
从 HMI/OPC UA 可访问	指示在运行过程中，HMI/OPC UA 是否可访问该变量
从 HMI/OPC UA 可写	指示在运行过程中，是否可从 HMI/OPC UA 写入变量
监控	指示是否已为该变量的过程诊断创建有监视
注释	用于说明变量的注释信息

b. "用户常量"和"系统常量"表结构。在"用户常量"中，可以定义整个 CPU 范围内有效的符号常量，如图 4-5-3 所示。系统所需的常量将显示在"系统常量"选项卡中，系统常量选项卡的结构与用户常量中结构一致。表 4-5-2 列出了用户常量选项卡各列的含义，可根据需要显示或隐藏各列。

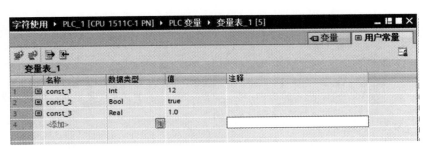

图 4-5-3　用户常量的选项卡结构

表4-5-2　用户常量选项卡各列的含义

列	说明
〔符号〕	可以单击该符号，以便通过拖放操作将变量移动到程序段中以用作操作数
名称	常量在 CPU 范围内的唯一名称
数据类型	常量的数据类型
值	常量的值
变量表	显示包含有常量声明的变量表。 该列仅存在于"所有变量"（All tags）表中
注释	用于描述变量的注释

（2）创建 PLC 变量表

可以在 CPU 中创建多个用户定义的 PLC 变量表，每个变量表在 CPU 范围内必须具有唯一的名称。

创建 PLC 新变量表的操作步骤如下：

① 创建并打开项目视图。

② 在项目树中打开 CPU 下面的 "PLC 变量" 文件夹，双击 "添加新变量表" 项，将创建一个默认名称为 "变量表 _x" 的新 PLC 变量表。

③ 选择项目树中的新建的 PLC 变量表，在快捷菜单中选择 "重命名" 命令，键入在 CPU 范围内的唯一名称。

至此，新的 PLC 变量表创建完毕，可以在该表中声明变量与常量。

（3）在 PLC 变量表中定义新变量

当需要新定义变量时，可打开变量表对相关的变量属性进行设置，如图 4-5-4（a）所示，定义三个变量 "start1" "stop" 和 "MOTOR" 的名称、数据类型、地址、保持等。

① 点击变量表工具栏中的添加行 按钮，新添加 2 个变量行。

② 在名称下输入 "start1" →数据类型设置为 "Bool" →地址中设置为 "I0.0"。

③ 输入第二个变量，输入 "stop" →数据类型设置为 "Bool" →地址中设置为 "I0.1"。

④ 输入第三个变量，输入 "MOTOR" →数据类型设置为 "Bool" →地址中设置为 "Q0.0"。

当变量定义完成后，这些变量就是全局变量，这些符号在所有的程序中均可使用。例如打开 OB1 程序块，编制一段梯形图程序，就可以在梯形图中指令符号上调用这些符号地址来完成，如图 4-5-4（b）所示。图中全局变量在梯形图中用加双引号（""）表示，绝对地址前面自动添加 "%" 号。

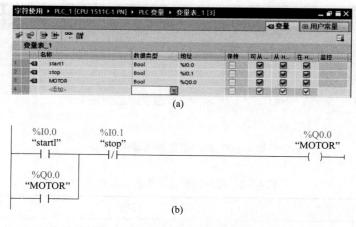

图 4-5-4　定义新变量关联梯形图

💡 提示

定义变量名称与地址时，必须保持在该程序中的唯一性。如果不同的符号名对应相同绝对地址的两个变量，在显示地址的单元格中背景会变成黄色，单击这个黄色背景的单元格，会弹出相应的提示。

⑤ 变量的保持性设置。如果需要对某变量定义为断电保持性，则需要在变量表工具栏中双击"保持"图标，弹出设置窗口对相关变量进行设置，设置完后在变量表中的保持列下面对应的变量软件自动打上"√"，如图 4-5-5 所示。这样断电保持性设置完毕。

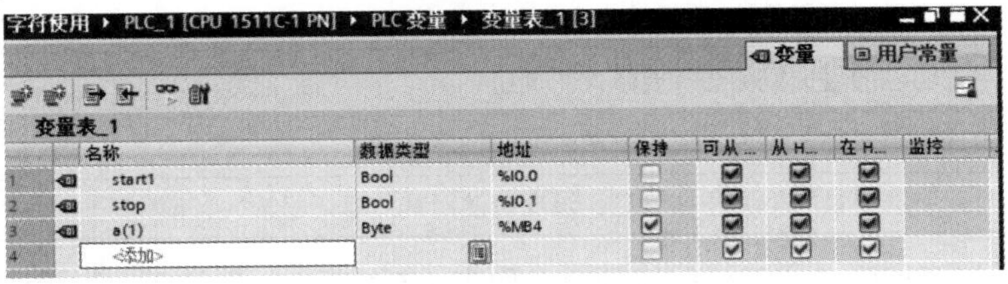

图 4-5-5　MB4 设置保持性

4.5.2　监控表与强制表

监控表和强制表是 S7-1500 PLC 重要的程序调试工具，合理地使用可以对编写的程序进行测试和监控，这样学习使用起来事半功倍，提高学习效率。本节只对监控表与强制表做一下基本介绍，具体使用将在后面第 7 章中详细讲解。

（1）监控表

通过监控表可以监视和修改用户程序或 CPU 中各变量的当前值。在监控表中，输入该 CPU 中已经定义并选择的变量，可以通过为各变量赋值来进行测试，并在不同的情况下运行该程序。也可以在 STOP 模式下为 CPU 的输出 I/O 分配固定值，例如用于检查接线情况。

监视和修改的变量有输入、输出和位存储器，数据块的内容，用户自定义变量的内容和 I/O 等。

监控表中包含用户为整个 CPU 定义的变量。系统会为项目中创建的每个 CPU 自动生成一个"监控表和强制表"文件夹。通过选择"添加新监控表"命令，在该文件夹中创建新的监控表，如图 4-5-6 所示。监控表中各列的含义如表 4-5-3 所示。

图 4-5-6　监控表

表4-5-3　监控表中各列的含义

列	含义
i	标识符列
名称	插入变量的名称
地址	插入变量的地址
显示格式	所选的显示格式

列	含义
监视值	变量值，取决于所选的显示格式
修改数值	修改变量时所用的值
🖋	单击相应的复选框可选择要修改的变量
注释	该选项用于在监控表中输入变量的注释信息
变量注释	显示所选变量的相关注释信息，该变量使用其他编辑器输入。该列无法编辑

　　监控表中的工具栏中各个图标按钮的含义如表 4-5-4 所示。当使用监控表对程序进行测试和监控时，还会显示相关状态的图标，这些图标的含义如表 4-5-5 所示。

表4-5-4　工具栏中各个图标按钮的含义

图标	含义
🐛	在所选行之前插入一行
🐛	在所选行之后插入一行
🐛	在所选行上方插入一个注释行
🖋	立即修改所有选定变量的地址一次。该命令将立即执行一次，而不参考用户程序中已定义的触发点
🖋	参考用户程序中定义的触发点，修改所有选定变量的地址
📶	禁用外设输出的输出禁用命令。用户因此可以在 CPU 处于 STOP 模式时修改外设输出
📇	显示扩展模式的所有列。如果再次单击该图标，将隐藏扩展模式的列
📇	显示所有修改列。如果再次单击该图标，将隐藏修改列
📷	开始对激活监控表中的可见变量进行监视。在基本模式下，监视模式的默认设置是"永久"。在扩展模式下，可以为变量监视设置定义的触发点
📷	开始对激活监控表中的可见变量进行监视。该命令将立即执行并监视变量一次

表4-5-5　监控时相关状态的图标含义

图标	含义
🖋	显示用于选择要修改的变量的复选框
▣	表示所选变量的值已被修改为"1"
▣	表示所选变量的值已被修改为"0"
▬	表示将多次使用该地址
▦	表示将使用该替代值。替代值是在信号输出模块故障时输出到过程的值，或在信号输入模块故障时用来替换用户程序中过程值的值，用户可以分配替代值（如保留旧值）
🔒	表示地址因已修改而被阻止
🔒	表示无法修改该地址
🔒	表示无法监视该地址
▣	表示该地址正在被强制
▣	表示该地址正在被部分强制

图标	含义
📖	表示相关的 I/O 地址正在被完全 / 部分强制
📕	表示该地址不能被完全强制。示例：只能强制地址 QW0：P，但不能强制地址 QD0：P。这是由于该地址区域始终不在 CPU 上
✖	表示发生语法错误
⚠	表示选择了该地址但该地址尚未更改

（2）强制表

通过强制表可以监视和强制用户程序或 CPU 中各变量的当前值。在强制表中，输入该 CPU 中已经定义并选择的变量，将在该 CPU 中强制这些变量，只能强制外设输入和外设输出（I/O）。

项目中创建的每个 CPU，在"监视表和强制表"文件夹中都对应存在一个自动创建的强制表，如图 4-5-7 所示，强制表工具栏中图标按钮的含义见表 4-5-6，各列的含义见表 4-5-7。每个 CPU 仅对应一个强制表，此强制表可显示对应 CPU 中强制的所有地址，执行强制时，将用指定值覆盖各变量，这样就可以测试用户程序，并在不同环境下运行该程序。在执行强制时，确保落实好强制变量时的安全预防措施。

提示

强制利用强制表为用户程序各变量分配固定值的操作。使用强制功能必须在线连接到具有持强制功能的 CPU。变量强制会覆盖 CPU 中的值，即使终止了与 CPU 的在线连接，仍然会继续强制变量，不会停止强制操作。要停止强制，必须选择"在线 > 强制 > 停止强制"命令。此后，才不再强制当前强制表中的可见变量。如果停止个别变量的强制，必须在强制表中清除这些变量的强制复选标记，并使用"在线 > 强制 > 全部强制"命令重新启动强制。

图 4-5-7　强制表

表4-5-6　强制表工具栏中图标按钮的含义

图标	含义
👉	在所选行之前插入一行
👉	在所选行之后插入一行
📝	在所选行上方插入一个注释行

图标	含义
	显示扩展模式的所有列。如果再次单击该图标，将隐藏扩展模式的列
	更新所有操作数以及 CPU 中打开的强制表中当前强制的值
	开始对所选变量的所有地址进行强制。如果强制功能已经在运行，则将无中断地替换先前的操作
	停止对强制表中的地址进行强制
	开始监视强制表中的可见变量。在基本模式下，监视的默认设置是"永久"（permanent）。扩展模式下会显示附加列，用户可以设置用于监视变量的待定触发点
	开始监视强制表中的可见变量。该命令将立即执行并监视变量一次

表4-5-7　强制表中各列的含义

列	含义
i	标识列
名称	插入变量的名称
地址	插入变量的地址
显示格式	所选的显示格式
监视值	变量值，取决于所选的显示格式
强制值	变量被强制使用的值
F（强制）	选中相应的复选框可选择要强制的变量
注释	该选项用于在强制表中输入变量的注释信息
变量注释	显示所选变量的相关注释信息，该变量使用其他编辑器输入，该列无法编辑

第 5 章

西门子S7-1500 PLC的常用指令及应用

西门子 S7-1500 CPU 的指令可以分为基本指令、扩展指令、工艺指令和通信指令。基本指令又包括位逻辑运算指令、数学运算指令、比较指令、移动指令等，如图 5-1-1（a）所示；扩展指令又包括时间指令、字符串指令、中断指令、诊断指令、配方和数据记录指令等，如图 5-1-1（b）所示；工艺指令又包括计数和测量指令、PID 指令、运动控制指令等，如图 5-1-1（c）所示；通信指令又包括 S7 通信指令、OUC（开放式用户通信）指令、OPC UA 通信指令、WEB 服务器通信指令等，如图 5-1-1（d）所示。本章主要介绍前两部分，工艺指令和通信指令将在其他相关章节分别介绍。

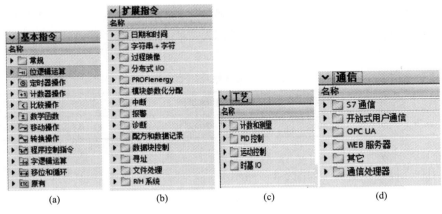

图 5-1-1　常用的指令分类

5.1　基本指令

5.1.1　位逻辑运算指令

位逻辑运算指令处理数字量输入、输出以及其他数据区的布尔变量的相关位逻辑操作，一般包括触点指令与线圈指令，如图 5-1-2 所示为常用的位逻辑运算指令。

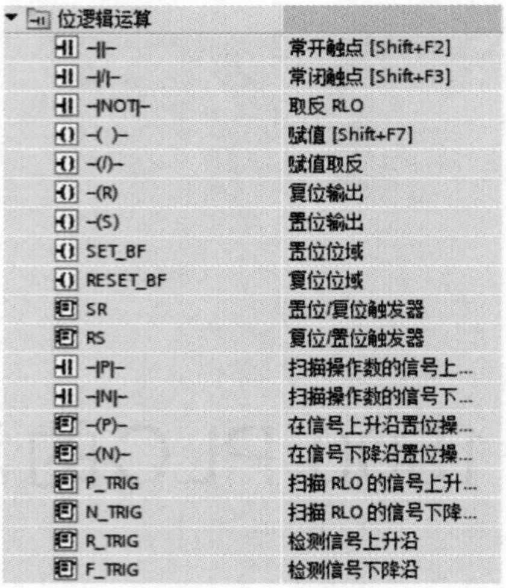

位逻辑运算	
⊣⊢	常开触点 [Shift+F2]
⊣/⊢	常闭触点 [Shift+F3]
⊣NOT⊢	取反 RLO
⟨ ⟩	赋值 [Shift+F7]
⟨/⟩	赋值取反
⟨R⟩	复位输出
⟨S⟩	置位输出
SET_BF	置位位域
RESET_BF	复位位域
SR	置位/复位触发器
RS	复位/置位触发器
⊣P⊢	扫描操作数的信号上…
⊣N⊢	扫描操作数的信号下…
⟨P⟩	在信号上升沿置位操…
⟨N⟩	在信号下降沿置位操…
P_TRIG	扫描 RLO 的信号上升…
N_TRIG	扫描 RLO 的信号下降…
R_TRIG	检测信号上升沿
F_TRIG	检测信号下降沿

图 5-1-2　位逻辑运算指令

（1）常开触点指令

① 常开触点梯形图格式（如图 5-1-3 所示）。

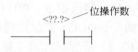

图 5-1-3　常开触点梯形图格式

② 指令功能。常开触点的激活取决于相关操作数的信号状态，当操作数的信号状态为"1"时，常开触点将闭合；当操作数的信号状态为"0"时，不会激活常开触点。

③ 指令参数。表 5-1-1 列出了该指令的参数。

表5-1-1　常开触点指令参数

参数	声明	数据类型	存储区
<操作数>	Input	Bool	I、Q、M、D、L、T、C 或常量

（2）常闭触点指令

① 常闭触点梯形图格式（如图 5-1-4 所示）。

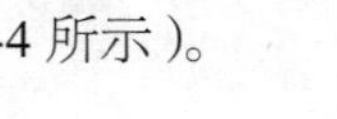

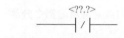

图 5-1-4　常闭触点梯形图格式

② 指令功能。常闭触点的激活取决于相关操作数的信号状态，当操作数的信号状态为"1"时，常闭触点将打开；当操作数的信号状态为"0"时，不会激活常闭触点。

③ 指令参数。表 5-1-2 列出了该指令的参数。

表5-1-2　常闭触点指令参数

参数	声明	数据类型	存储区
<操作数>	Input	Bool	I、Q、M、D、L、T、C 或常量

（3）线圈输出指令

① 线圈输出指令梯形图格式（如图 5-1-5 所示）。

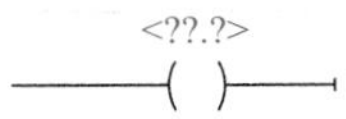

图 5-1-5　线圈输出指令梯形图格式

② 指令功能。当线圈输入的逻辑运算结果（RLO）的信号状态为 "1" 时，指定线圈输出操作数的信号状态置位为 "1"。当线圈输入的信号状态为 "0" 时，指定操作数的位将复位为 "0"。

③ 指令参数。表 5-1-3 列出了该指令的参数。

表5-1-3　线圈输出指令参数

参数	声明	数据类型	存储区
<操作数>	Output	Bool	I、Q、M、D、L

实例 5-1 基本触点指令的应用

如图 5-1-6 所示的梯形图是用基本指令串并联来完成电动机的启动与停止。按下启动按钮后 I0.0 闭合，Q0.0 接通并保持；按下停止按钮后 I0.1 断开，Q0.0 复位断电。此控制方式称为启保停控制。

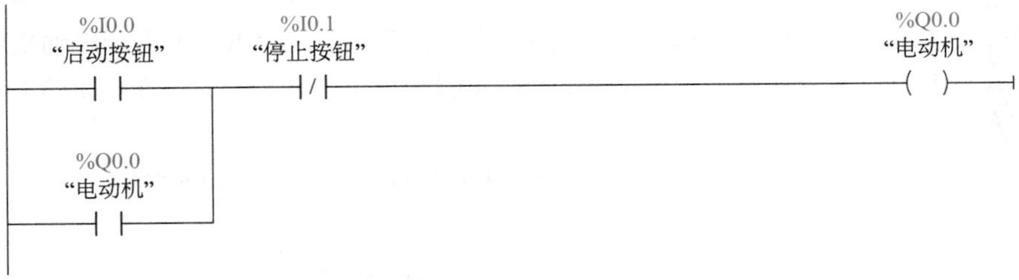

```
  %I0.0        %I0.1                                    %Q0.0
 "启动按钮"    "停止按钮"                                "电动机"
   ┤├──────────┤/├──────────────────────────────────────( )──┤

  %Q0.0
 "电动机"
   ┤├
```

图 5-1-6　启保停控制电动机梯形图

（4）置位输出指令

① 置位输出指令梯形图格式（如图 5-1-7 所示）。

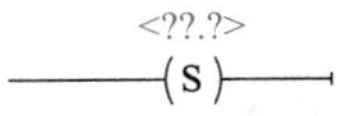

图 5-1-7　置位输出指令梯形图格式

② 指令功能。当线圈输入的逻辑运算结果为 "1" 时，执行该指令，将线圈操作数置

位为"1"并保持。如果线圈输入的逻辑运算结果为"0",则指定操作数的信号状态将保持不变。

③指令参数。表 5-1-4 列出了该指令的参数。

表5-1-4 置位输出指令参数

参数	声明	数据类型	存储区
<操作数>	Output	Bool	I、Q、M、D、L

（5）复位输出指令

①复位输出指令梯形图格式（如图 5-1-8 所示）。

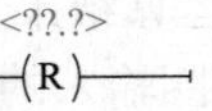

$$<??.?>$$
$$—(R)—$$

图 5-1-8　复位输出指令梯形图格式

②指令功能。当线圈输入的逻辑运算结果为"1"时,执行该指令,将指定的操作数复位为"0"。如果线圈输入的逻辑运算结果为"0",则指定操作数的信号状态将保持不变。

③指令参数。表 5-1-5 列出了该指令的参数。

表5-1-5 复位输出指令参数

参数	声明	数据类型	存储区
<操作数>	Output	Bool	I、Q、M、D、L、T、C

实例 5-2 置位/复位指令的应用

【控制要求】某传送带运行两地控制示意图如图 5-1-9 所示,在传送带的开始端有两个按钮,S1（I0.0）用于电动机启动,S2（I0.1）用于电动机停止;在传送带的末端也有两个按钮,S3（I0.2）用于电动机启动,S4（I0.3）用于电动机停止。

【编写程序】编写传送带控制梯形图程序如图 5-1-10 所示。

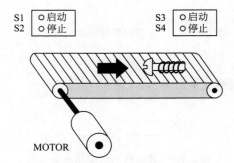

图 5-1-9　传送带运行两地控制示意图

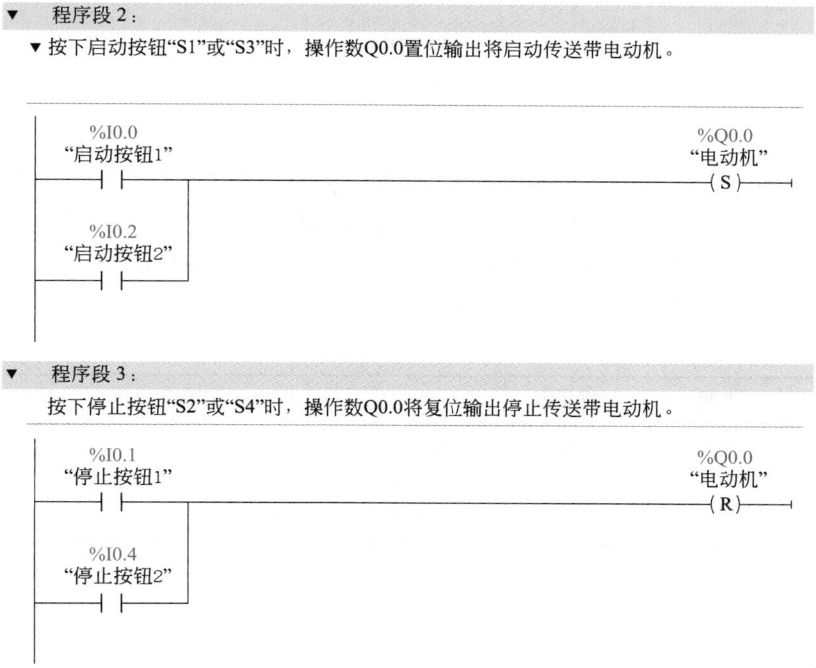

▼　程序段 2 :
　▼ 按下启动按钮"S1"或"S3"时，操作数Q0.0置位输出将启动传送带电动机。

```
        %I0.0                                        %Q0.0
      "启动按钮1"                                    "电动机"
        ─┤ ├─┬──────────────────────────────────────( S )─┤
              │
        %I0.2 │
      "启动按钮2"
        ─┤ ├─┘
```

▼　程序段 3 :
　　按下停止按钮"S2"或"S4"时，操作数Q0.0将复位输出停止传送带电动机。

```
        %I0.1                                        %Q0.0
      "停止按钮1"                                    "电动机"
        ─┤ ├─┬──────────────────────────────────────( R )─┤
              │
        %I0.4 │
      "停止按钮2"
        ─┤ ├─┘
```

图 5-1-10　传送带控制梯形图程序

（6）置位位域指令

① 置位位域指令梯形图格式（如图 5-1-11 所示）。

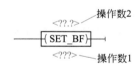

图 5-1-11　置位位域指令梯形图格式

② 指令功能。使用"置位位域"指令，可对从某个特定地址开始的多个位进行置位。图 5-1-11 中＜操作数 1＞指定要置位的位数，＜操作数 2＞指定要置位位域的首位地址。＜操作数 1＞的值不能大于选定字节中的位数，否则将不执行该条指令且显示错误消息。

③ 指令参数。表 5-1-6 列出了该指令的参数。

表5-1-6　置位位域指令参数

参数	声明	数据类型	存储区
＜操作数 1＞	Input	Uint	常数
＜操作数 2＞	Output	Bool	I、Q、M DB 或 IDB,Bool 类型的 Array[..] 中的元素

（7）复位位域指令

① 复位位域指令梯形图格式（如图 5-1-12 所示）。

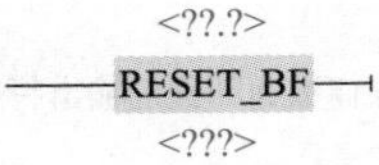

<??.?>
————RESET_BF——|
<???>

图 5-1-12　复位位域指令梯形图格式

② 指令功能。使用"复位位域"指令，将复位从某个特定地址开始的多个位。使用中 < 操作数 1> 的值来指定要复位的位数；< 操作数 2> 指定要复位位域的首位地址。< 操作数 1> 的值不能大于选定字节中的位数，否则将不执行该条指令且显示错误消息。

③ 指令参数。表 5-1-7 列出了该指令的参数。

表5-1-7　复位位域指令参数

参数	声明	数据类型	存储区
< 操作数 1>	Input	Uint	常数
< 操作数 2>	Output	Bool	I、Q、M DB 或 IDB, Array[..]Of Bool 的元素

实例 5-3　置位位域/复位位域指令的应用

如图 5-1-13 所示的梯形图程序是利用置位位域 / 复位位域指令来实现 Q10.0 ～ Q10.3 连续 4 个地址的置位接通与复位断开。

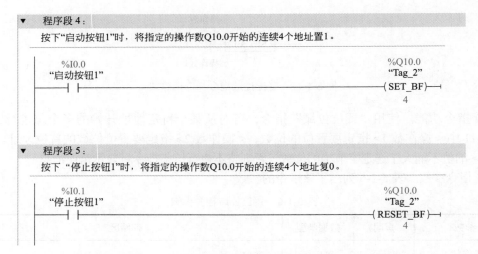

图 5-1-13　置位位域 / 复位位域指令梯形图程序

（8）置位 / 复位触发器（SR）

① SR 指令梯形图格式（如图 5-1-14 所示）。

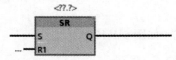

图 5-1-14　SR 指令梯形图格式

② 指令功能。触发器 SR 是"置位 / 复位触发器"指令，根据输入 S 和 R1 的信号状态，置位或复位指定操作数的位。如果输入 S 的信号状态为"1"且输入 R1 的信号状态为"0"，则将指定的操作数置位为"1"。如果输入 S 的信号状态为"0"且输入 R1 的信号状态为"1"，则将指定的操作数复位为"0"。如果两个输入 S 和 R1 的信号状态都为"0"，则不会执行该指令，操作数的信号状态保持不变。操作数的当前信号状态被传送到输出 Q 端，并可在此进行查询。

输入 R1 的优先级高于输入 S。输入 S 和 R1 的信号状态都为"1"时，指定操作数的信号状态将复位为"0"，因此，SR 触发器又称为复位优先触发器。

③ 指令参数。表 5-1-8 列出了该指令的参数。

表5-1-8 SR指令参数

参数	声明	数据类型	存储区	说明
S	Input	Bool	I、Q、M、D、L 或常量	使能置位
R1	Input	Bool	I、Q、M、D、L、T、C 或常量	使能复位
<操作数>	InOut	Bool	I、Q、M、D、L	待置位或复位的操作数
Q	Output	Bool	I、Q、M、D、L	操作数的信号状态

实例 5-4 SR指令的应用

【控制要求】2 路抢答器的设计。抢答器有 2 个输入，分别为 I10.0 和 I10.1，输出分别为 Q3.0 和 Q3.1，复位输入是 I10.2。要求：两人中任意抢答，谁先按按钮，谁的指示灯优先亮，且只能亮一盏灯，当主持人按复位按钮后，抢答重新开始。抢答器控制梯形图程序如图 5-1-15 所示。

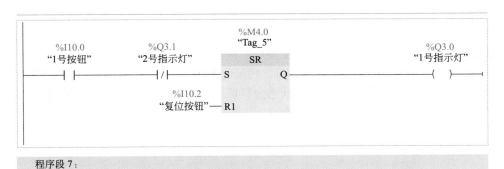

图 5-1-15 抢答器控制梯形图程序

（9）复位/置位触发器指令（RS）

① RS 指令梯形图格式（如图 5-1-16 所示）。

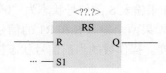

图 5-1-16　RS 指令梯形图格式

② 指令功能。触发器 RS 是"复位/置位触发器"指令，根据输入 R 和 S1 的信号状态，复位或置位指定操作数的位。如果输入 R 的信号状态为"1"，且输入 S1 的信号状态为"0"，则指定的操作数将复位为"0"；如果输入 R 的信号状态为"0"且输入 S1 的信号状态为"1"，则将指定的操作数置位为"1"；如果两个输入 R 和 S1 的信号状态都为"0"，则不会执行该指令，操作数的当前信号状态被传送到输出 Q 端，并可在此进行查询。

输入 S1 的优先级高于输入 R。当输入 R 和 S1 的信号状态均为"1"时，将指定操作数的信号状态置位为"1"，因此，RS 触发器又称为置位优先触发器。

③ 指令参数。表 5-1-9 列出了该指令的参数。

表5-1-9　RS指令参数

参数	声明	数据类型	存储区	说明
R	Input	Bool	I、Q、M、D、L 或常量	使能复位
S1	Input	Bool	I、Q、M、D、L、T、C 或常量	使能置位
<操作数>	InOut	Bool	I、Q、M、D、L	待复位或置位的操作数
Q	Output	Bool	I、Q、M、D、L	操作数的信号状态

实例 5-5　RS指令的应用

如图 5-1-17 所示是 RS 指令的应用梯形图程序。当复位按钮状态为"1"，或启动按钮 1 状态为"0"时，将复位 M0.0 和 Q0.0。当复位按钮的信号状态为"0"且启动按钮 1 的信号状态为"1"，或复位按钮和启动按钮的信号状态都为"1"时，将置位 M0.0 和 Q0.0。

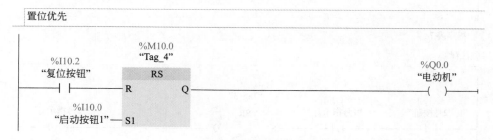

图 5-1-17　RS 指令应用梯形图程序

（10）上升沿检测触点指令

① 上升沿检测触点指令梯形图格式（如图 5-1-18 所示）。

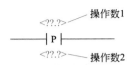

图 5-1-18　上升沿检测触点指令梯形图格式

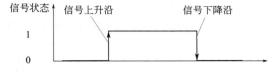

图 5-1-19　上升沿示意图

② 当该指令操作数中 < 操作数 1> 的信号状态从"0"变为"1"时，即产生一个上升沿如图 5-1-19 所示，则该操作数的触点接通一个扫描周期。

该指令触点下面的 < 操作数 2> 是一个边沿存储位，是保存上一次扫描的信号状态，该指令将比较 < 操作数 1> 的当前信号状态与上一次扫描的信号状态来检测信号的上升沿。边沿存储位的地址只能在程序中使用一次，不能重复。只能使用 M、全局 DB 和静态局部变量来作边沿存储位，不能使用临时局部数据或 I/O 变量来作边沿存储位。

③ 指令参数。表 5-1-10 列出了该指令的参数。

表5-1-10　上升沿检测触点指令参数

参数	声明	数据类型	存储区	说明
< 操作数 1>	Input	Bool	I、Q、M、D、L、T、C 或常量	要扫描的信号
< 操作数 2>	InOut	Bool	I、Q、M、D、L	保存上一次查询的信号状态的边沿存储位

实例 5-6　上升沿检测触点指令的应用

如图 5-1-20 所示的梯形图程序，当启动按钮 I0.0 接通时，产生一个上升沿脉冲，置位接通 Q0.0。

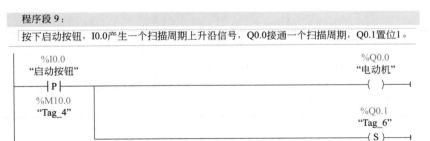

图 5-1-20　上升沿检测触点指令应用

实例 5-7　上升沿触点指令与置位指令的综合应用

【控制要求】单按钮控制电动机的启停。

如图 5-1-21 所示的程序可以实现一个按钮控制电动机启停，第一次按下按钮 I0.0，电动机启动运行，第二次按下按钮 I0.0，电动机停止，第三次按下按钮 I0.0，电动机再次启动运行，如此循环。

▼ 程序段 2：
利用输入信号的上升沿和复位优先触发器完成控制。

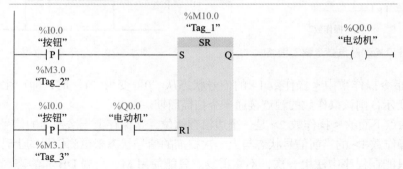

图 5-1-21　单按钮控制电动机运行

（11）下降沿检测触点指令

① 下降沿检测触点指令梯形图格式（如图 5-1-22 所示）。

图 5-1-22　下降沿检测触点指令梯形图格式

② 指令功能。当该指令操作数中＜操作数 1＞的信号状态从"1"变为"0"时，产生一个下降沿，则该操作数的触点接通一个扫描周期。

该指令触点下面的＜操作数 2＞是一个边沿存储位，是保存上一次扫描的信号状态，该指令将比较＜操作数 1＞的当前信号状态与上一次扫描的信号状态来检测信号的下降沿。边沿存储位的地址只能在程序中使用一次，不能重复。只能使用 M、全局 DB 和静态局部变量来作边沿存储位，不能使用临时局部数据或 I/O 变量来作边沿存储位。

③ 指令参数。表 5-1-11 列出了该指令的参数。

表5-1-11　下降沿检测触点指令参数

参数	声明	数据类型	存储区	说明
＜操作数 1＞	Input	Bool	I、Q、M、D、L、T、C 或常量	要扫描的信号
＜操作数 2＞	InOut	Bool	I、Q、M、D、L	保存上一次查询的信号状态的边沿存储位

实例 5-8　下降沿检测触点指令的应用

如图 5-1-23 所示的梯形图程序，当按下按钮 I0.0 时，Q0.0 不置位，当按钮松手断开时产生一个下降沿信号，使输出 Q0.0 置位输出。

图 5-1-23　下降沿检测触点指令应用梯形图

（12）信号上升沿置位操作数指令（上升沿检测线圈指令）

① 信号上升沿置位操作数指令梯形图格式（如图 5-1-24 所示）。

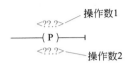

图 5-1-24　信号上升沿置位操作数指令梯形图格式

② 指令功能。当程序中逻辑运算结果（RLO）从"0"变为"1"时，P 线圈中的 < 操作数 1> 的状态也为"1"。该指令下面的 < 操作数 2> 是一个边沿存储位，是保存上一次 RLO 的信号状态，该指令将当前 RLO 与保存在 < 操作数 2> 上次查询的 RLO 进行比较，如果该指令检测到 RLO 从"0"变为"1"，则说明出现了一个信号上升沿，每次执行指令时，都会查询信号上升沿，检测到信号上升沿时，< 操作数 1> 的信号状态将在一个扫描周期内保持置位为"1"。在其他任何情况下，操作数的信号状态均为"0"。

 提示

边沿指令每次执行时都会对输入和边沿存储器位值进行评估，包括第一次执行。在程序设计期间，必须考虑输入和存储器位的初始状态，以允许或避免在第一次扫描时进行沿检测。由于存储器位必须从一次执行保留到下一次执行，因此应该对每个边沿指令都使用唯一的位，并且不应在程序中的任何其他位置使用该位。还应避免使用临时存储器和可受其他系统功能（例如 I/O 更新）影响的存储器。仅将 M、全局 DB 或静态存储器（在背景 DB 中）用于 M_BIT 存储器分配。

③ 指令参数。表 5-1-12 列出了该指令的参数。

表5-1-12　信号上升沿置位操作数指令参数

参数	声明	数据类型	存储区	说明
< 操作数 1>	Output	Bool	I、Q、M、D、L	信号上升沿置位的操作数
< 操作数 2>	InOut	Bool	I、Q、M、D、L	边沿存储位

实例 5-9　信号上升沿置位操作数指令的应用

如图 5-1-25 所示的程序，当 I10.0 的状态为"0"时，操作数 M3.0 的状态也为"0"，因此 M3.1 的状态也为"0"，则 Q5.0 状态为"0"。当 I10.0 接通时状态为"1"时，操作数 M3.0 的状态由"0"状态变化到"1"，产生一个上升沿信号，操作数 M3.0 导通一个扫描周期，其常开触点将输出线圈 Q5.0 置位。

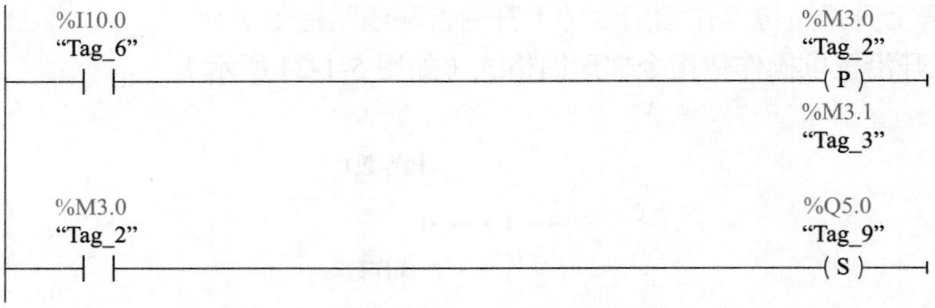

```
        %I10.0                                      %M3.0
       "Tag_6"                                     "Tag_2"
    ─────┤├───────────────────────────────────────( P )────────
                                                    %M3.1
                                                   "Tag_3"

        %M3.0                                      %Q5.0
       "Tag_2"                                     "Tag_9"
    ─────┤├───────────────────────────────────────( S )────────
```

图 5-1-25　信号上升沿置位操作数指令应用梯形图

> ## ⚡ 提示
>
> 　　边沿检测指令有信号输出时，输出信号仅仅持续一个周期的时间，由于输出时间极短，使用这类指令后面应跟随置位或复位之类指令，一般不能直接跟随线圈这类指令，在程序监控中也看不到这个输出信号的变化情况。

（13）信号下降沿置位操作数指令（下降沿检测线圈指令）

① 信号下降沿置位操作数指令梯形图格式（如图 5-1-26 所示）。

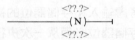

图 5-1-26　信号下降沿置位操作数指令梯形图格式

② 指令功能。当程序在逻辑运算结果（RLO）从"1"变为"0"时，置位 N 线圈中的 < 操作数 1>。该指令下面的 < 操作数 2> 是一个边沿存储位，是保存上一次 RLO 的信号状态，该指令将当前 RLO 与保存在 < 操作数 2> 上次查询的 RLO 进行比较，如果该指令检测到 RLO 从"1"变为"0"，则说明出现了一个信号下降沿。每次执行指令时，都会查询信号下降沿，检测到信号下降沿时，< 操作数 1> 的信号状态将在一个程序周期内保持置位为"1"。在其他任何情况下，操作数的信号状态均为"0"。

　　边沿存储器位的地址在程序中只能使用一次，否则会覆盖该位存储器，边沿存储位的存储区域必须位于 DB（FB 静态区域）或位存储区中。

③ 指令参数。表 5-1-13 列出了该指令的参数。

表5-1-13　信号下降沿置位操作数指令参数

参数	声明	数据类型	存储区	说明
< 操作数 1>	Output	Bool	I、Q、M、D、L	下降沿置位的操作数
< 操作数 2>	InOut	Bool	I、Q、M、D、L	边沿存储位

实例 5-10　信号下降沿置位操作数指令的应用

　　如图 5-1-27 所示的程序，当 I10.0 由接通状态"1"变为断开状态"0"时，操作数 M3.0

的状态由"1"状态变化到"0"状态，产生一个下降沿信号，使其操作数 M3.0 导通一个扫描周期，其常开触点将置位输出线圈 Q5.0。

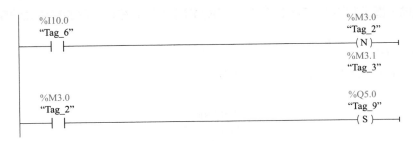

图 5-1-27　信号下降沿置位操作数指令应用梯形图

（14）扫描 RLO 的信号上升沿指令（P_TRIG）

① P_TRIG 指令梯形图格式（如图 5-1-28 所示）。

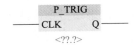

图 5-1-28　P_TRIG 指令梯形图格式

② 指令功能。当程序中逻辑运算结果（RLO）的信号状态从"0"到"1"变化时，该指令的输出 Q 的信号状态也为"1"。该指令将比较 RLO 的当前信号状态与保存在边沿存储位 <操作数> 中上一次查询的信号状态。如果该指令检测到 RLO 从"0"变为"1"，则说明出现了一个信号上升沿。每次执行指令时，都会查询信号上升沿，检测到信号上升沿时，该指令输出 Q 的信号状态为"1"，接通一个扫描周期，在其他任何情况下，该输出的信号状态均为"0"。

③ 指令参数。表 5-1-14 列出了该指令的参数。

表5-1-14　P_TRIG指令参数

参数	声明	数据类型	存储区	说明
CLK	Input	Bool	I、Q、M、D、L 或常量	当前 RLO
<操作数>	InOut	Bool	M、D	保存上一次查询的 RLO 的边沿存储位
Q	Output	Bool	I、Q、M、D、L	边沿检测的结果

实例 5-11　P_TRIG指令的应用

如图 5-1-29 所示的程序，当 I0.0 接通时，指令 CLK 输入端会产生一个上升沿信号，则 P_TRIG 指令 Q 输出端信号为"1"，此时执行置位指令使 Q0.0 置位接通。

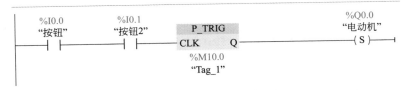

图 5-1-29　P_TRIG 指令应用梯形图

提示

在梯形图编写中 P_TRIG 和 N_TRIG 指令不能放在程序段的开头或结尾处。

（15）扫描 RLO 的信号下降沿指令（N_TRIG）

① N_TRIG 指令梯形图格式（如图 5-1-30 所示）。

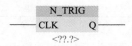

图 5-1-30　N_TRIG 指令梯形图格式

② 指令功能。当程序中逻辑运算结果（RLO）的信号状态从"1"到"0"变化时，该指令的输出 Q 的信号状态也为"1"。该指令将比较 RLO 的当前信号状态与保存在边沿存储位 < 操作数 > 中上一次查询的信号状态。如果该指令检测到 RLO 从"1"变为"0"，则说明出现了一个信号下降沿。每次执行指令时，都会查询信号下降沿，检测到信号下降沿时，该指令输出 Q 的信号状态为"1"，接通一个扫描周期，在其他任何情况下，该输出的信号状态均为"0"。

③ 指令参数。表 5-1-15 列出了该指令的参数。

表5-1-15　N_TRIG指令参数

参数	声明	数据类型	存储区	说明
CLK	Input	Bool	I、Q、M、D、L 或常量	当前 RLO
< 操作数 >	InOut	Bool	M、D	保存上一次查询的 RLO 的边沿存储位
Q	Output	Bool	I、Q、M、D、L	边沿检测的结果

实例 5-12 N_TRIG指令的应用

如图 5-1-31 所示的程序，I0.0 由接通到断开瞬间，即状态由 1 变为 0 时，在指令 CLK 输入端会产生一个下降沿信号，此时 N_TRIG 指令 Q 输出端信号状态为"1"，维持一个扫描周期，期间执行置位指令使 Q0.0 置位接通。

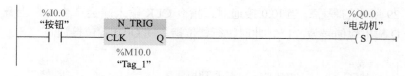

图 5-1-31　N_TRIG 指令应用梯形图

（16）检测信号上升沿指令 R_TRIG

① R_TRIG 指令梯形图格式（如图 5-1-32 所示）。

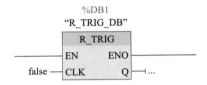

图 5-1-32　R_TRIG 指令梯形图格式

② 指令功能。R_TRIG 是"检测信号上升沿"指令，它是一个函数块，在调用时应为它指定背景数据块，这条指令将输入 CLK 的当前状态与背景数据块中的边沿存储位保存的上一个扫描周期的 CLK 的状态进行比较。如果指令检测到 CLK 的上升沿，将会通过 Q 端输出一个扫描周期的脉冲。

③ 指令参数。表 5-1-16 列出了该指令的参数。

表5-1-16　R_TRIG指令参数

参数	声明	数据类型	存储区	说明
EN	Input	Bool	I、Q、M、D、L 或常量	使能输入
ENO	Output	Bool	I、Q、M、D、L	使能输出
CLK	Input	Bool	I、Q、M、D、L 或常量	到达信号，将查询该信号的边沿
Q	Output	Bool	I、Q、M、D、L	边沿检测的结果

实例 5-13　R_TRIG指令的应用

如图 5-1-33 所示的程序，当按钮 I0.0 接通时，信号状态从"0"变为"1"，与输入 CLK 中变量的上一个状态存储在"R_TRIG_DB"变量中信号状态进行比较，检测到信号状态从"0"变为"1"，则 Q 输出的信号状态在一个循环周期内为"1"，使 M10.0 接通一个扫描周期，其触点使"Q0.0"置位接通。

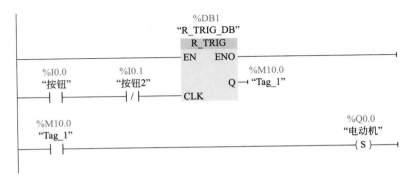

图 5-1-33　R_TRIG 指令应用梯形图

（17）检测信号下降沿指令 F_TRIG

① F_TRIG 指令梯形图格式（如图 5-1-34 所示）。

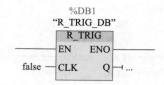

图 5-1-34　F_TRIG 指令梯形图格式

② 指令功能。F_TRIG 是"检测信号下降沿"指令，它是一个函数块，在调用时应为它指定背景数据块，这条指令将输入 CLK 的当前状态与背景数据块中的边沿存储位保存的上一个扫描周期的 CLK 的状态进行比较。如果指令检测到 CLK 的下降沿，将会通过 Q 端输出一个扫描周期的脉冲。

③ 指令参数。表 5-1-17 列出了该指令的参数。

表5-1-17　F_TRIG指令参数

参数	声明	数据类型	存储区	说明
EN	Input	Bool	I、Q、M、D、L 或常量	使能输入
ENO	Output	Bool	I、Q、M、D、L	使能输出
CLK	Input	Bool	I、Q、M、D、L 或常量	到达信号，将查询该信号的边沿
Q	Output	Bool	I、Q、M、D、L	边沿检测的结果

实例 5-14　F_TRIG指令的应用

如图 5-1-35 所示的程序，当按钮 I0.0 由接通到断开时，信号状态从"1"变为"0"，与输入 CLK 中变量的上一个状态存储在"F_TRIG_DB"变量中信号状态进行比较，检测到信号状态从"1"变为"0"，则 Q 输出的信号状态在一个循环周期内为"1"，使 M3.0 接通一个扫描周期，其触点使"Q0.0"置位接通。

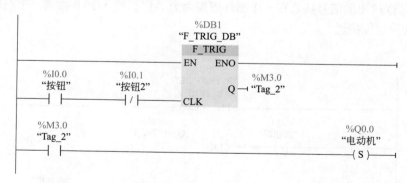

图 5-1-35　F_TRIG 指令应用梯形图

5.1.2　定时器指令

SIMATIC S7-1500 CPU 可以使用 IEC 定时器和 SIMATIC 定时器，IEC 定时器占用 CPU 的工作存储器资源，数量与工作存储器大小有关，并且 IEC 定时器可设定的时间要远远大于 SIMATIC 定时器可设定的时间。本节只介绍 TIA 博途软件中提供的 IEC 定时器指令，如图 5-1-36 所示。

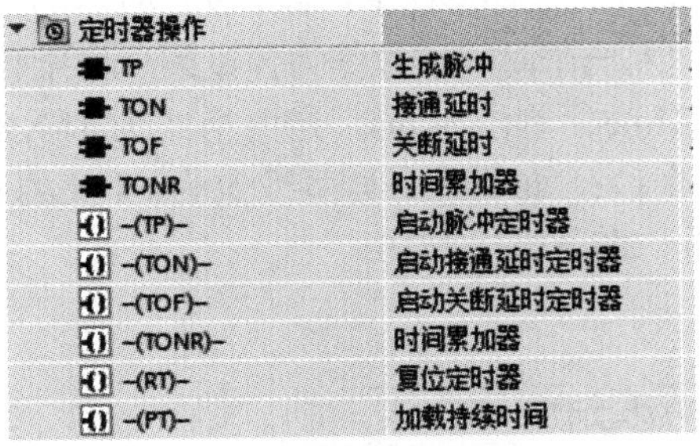

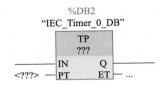

图 5-1-36　采用定时器指令

（1）TP 定时器（生成脉冲）

① TP 定时器指令格式（如图 5-1-37 所示）。

%DB2
"IEC_Timer_0_DB"

图 5-1-37　TP 定时器指令格式

② 指令功能。使用 TP 定时器指令可生成具有预设宽度时间的脉冲，当参数 IN 的逻辑运算结果从"0"变为"1"（信号上升沿）时，启动该指令，该定时器值从 T#0s 开始计时的同时 Q 输出端也置为"1"状态，当达到 PT 预设时间值时结束，输出端 Q 也停止输出。这样在 Q 端就产生一个以预设时间为脉冲宽度的脉冲信号。指令启动时，从 PT 预设的时间开始计时，随后无论 IN 输入信号如何改变，都会将参数 Q 设置为时间 PT。如果持续时间 Q 仍在计时，即使检测到新的信号上升沿，参数 PT 的信号状态也不会受到影响。可以在参数 ET 中查询当前时间值。如果达到 PT 时间值，并且参数 IN 的信号状态为"0"，则复位 ET 参数。

③ TP 定时器指令中的参数。表 5-1-18 列出了该指令的参数。

表5-1-18　TP定时器指令中的参数

参数	声明	数据类型	存储区	说明
IN	Input	Bool	I、Q、M、D、L、P 或常数	启动输入
PT	Input	Time、LTime	I、Q、M、D、L、P 或常数	脉冲的持续时间。PT 参数的值必须为正数
Q	Output	Bool	I、Q、M、D、L、P	脉冲输出
ET	Output	Time、LTime	I、Q、M、D、L、P	当前定时器的值

④ 定时器的使用。使用"生成脉冲"定时器指令之前，需要事先预设以下几个参数：

a. 选择数据类型。当调用"生成脉冲"指令时，必须为其选择一个 IEC 定时器用以存储该指令的数据类型（IEC_TIMER 或 IEC_LTIMER）。使用时可以从指令格式图中符号"???"

下拉列表中选择该指令的数据类型，如图 5-1-38 所示选择为 Time 类型。

b. 设定 IN 启动输入信号。在梯形图中设定一个逻辑运算作为定时器的启动使能信号。

c. 设定定时器的定时时间 PT。在梯形图 PT 端预设定时器的定时时间值。在该指令 PT 端需要连接一个时间型变量或输入一个时间常数作为预设值。如果数据类型选择为 "Time"，则 PT 的数据类型也为 32 位的 Time，单位为 ms，定时格式为 T#XXd_XXh_XXm_XXs_XXms，分别是日、小时、分、秒、毫秒；如果数据类型设定为 64 位的 LTime，单位应为 ns。例如图 5-1-39 所示设定时间为 10s，即 PT 为 T#10s。

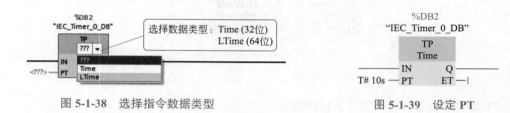

图 5-1-38　选择指令数据类型　　　　　　　　　图 5-1-39　设定 PT

d. 定时器 Q 输出端。Q 端为定时器的位输出，可以不接地址。在该指令的背景数据块中，有一个 "Q" 变量，如图 5-1-40 所示的数据背景块内容。该变量的值就是这个指令输出端 Q 的状态，在梯形图编程时，可以根据需要调用其数据背景块中的 "Q" 变量来完成相关的程序控制，如图 5-1-41 所示。

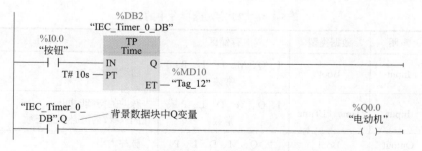

图 5-1-40　数据背景块内容

图 5-1-41　背景数据块中 "Q" 变量的使用

e. 当前时间值 ET。指令 ET 端可以连接一个时间型变量，用于显示及存放当前时间值，变量类型与定时器类型一致。在编程时 ET 端可以根据实际情况来选择是否设定该地址（ET 端可以不接地址）。

如图 5-1-42 所示是 TP 定时器运行时序图。

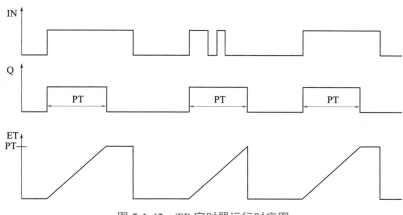

图 5-1-42　TP 定时器运行时序图

实例 5-15　TP定时器的应用

如图 5-1-43 所示的程序，当按下启动按钮 I0.0 时，电动机 Q0.0 立即启动运转，运转 5min 后自动停止。

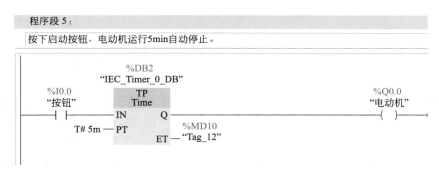

图 5-1-43　TP 定时器应用梯形图

（2）复位定时器（RT）

① 复位定时器指令的格式（如图 5-1-44 所示）。

② 指令功能。使用"复位定时器"指令，可将 IEC 定时器复位为"0"。当线圈输入的逻辑运算结果（RLO）为"1"时，执行该指令，数据块中的定时器结构组件将复位为"0"。如果该指令输入的逻辑运算结果为"0"，则该定时器保持不变。

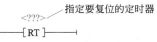

图 5-1-44　复位定时器指令的格式

复位定时器是为已在程序中声明使用的 IEC 定时器分配"复位定时器"指令。

③ RT 定时器指令中的参数。表 5-1-19 列出了该指令的参数。

表5-1-19　RT定时器指令中的参数

参数	声明	数据类型	存储区	说明
<IEC 定时器>	Ouput	IEC-TIMER，IEC_LTIMER，TP_TIME，TP_LTIME，TON_TIME,TON_LTIME,TOF_TIME，TOF_LTIME,TONR_TIME,TONR_LTIME	D、L	复位的 IEC 定时器

实例 5-16 RT复位定时器的应用

如图 5-1-45 所示的程序，当按下启动按钮 I0.0 时，电动机 Q0.0 立即启动运转，运转 5min 后自动停止；当电动机在运行过程中按下停止按钮 I0.1 时，定时器立即复位，电动机立即停止。

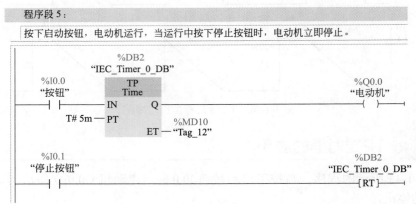

图 5-1-45 RT 复位定时器的应用

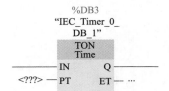

图 5-1-46 TON 定时器指令格式

（3）接通延时定时器（TON）

① TON 定时器指令格式（如图 5-1-46 所示）。

② 指令功能。使用"接通延时定时器"指令，定时器在 PT 预设的延时时间到后，将输出 Q 端接通。当参数 IN 的逻辑运算结果从"0"变为"1"时，启动该指令，该定时器值从 T#0s 开始计时，当计时时间到达 PT 设定时间时，参数 Q 的信号状态变为"1"接通。只要启动输入 IN 仍为"1"，参数 Q 就保持不变；当启动输入的信号状态从"1"变为"0"时，将复位参数 Q。在启动输入检测到新的信号上升沿时，该定时器功能将再次启动。ET 输出保存定时器的当前时间值。

③ TON 定时器指令中的参数。表 5-1-20 列出了该指令的参数。

表5-1-20 TON定时器指令中的参数

参数	声明	数据类型	存储区	说明
IN	Input	Bool	I、Q、M、D、L、P 或常数	启动输入
PT	Input	Time、LTime	I、Q、M、D、L、P 或常数	接通延时的持续时间 PT 参数的值必须为正数
Q	Output	Bool	I、Q、M、D、L、P	信号状态延时 PT 时间
ET	Output	Time、LTime	I、Q、M、D、L、P	当前定时器的值

实例 5-17 TON定时器的应用

如图 5-1-47 所示的程序，当按下启动按钮 I0.0 时，定时器开始计时，当达到预设时间 5s 后，电动机启动运转。

程序段 6：

当 I0.0 闭合后，定时器延时 5s 后电动机启动运转。

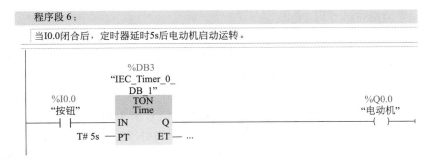

图 5-1-47　TON 定时器的应用

（4）关断延时定时器（TOF）

① TOF 定时器的格式（如图 5-1-48 所示）。

② 指令功能。使用"关断延时定时器"指令，可将定时器在预设的延时时间到后，将输出 Q 重置为 OFF。当参数 IN 的逻辑运算结果（RLO）从"0"变为"1"（信号上升沿）时，指令输出端 Q 参数立即置位，此时定时器并不运行，只有当参数 IN 的信号状态变为"0"时（此时输出端 Q 继续保持输出），定时器开始从 0 向上计时，只要时间 PT 在计时，参数 Q 就保持置位状态。当计时时间到达 PT 预设值后，将参数 Q 复位。如果参数 IN 的信号状态在超出时间值 PT 之前变为"1"，则将复位定时器，参数 Q 的信号状态重新置位为"1"。

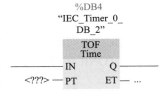

图 5-1-48　TOF 定时器格式

③ TOF 定时器指令中的参数。表 5-1-21 列出了该指令的参数。

表 5-1-21　TOF 定时器指令中的参数

参数	声明	数据类型	存储区	说明
IN	Input	Bool	I、Q、M、D、L、P 或常数	启动输入
PT	Input	Time、LTime	I、Q、M、D、L、P 或常数	关断延时的持续时间 PT 参数的值必须为正数
Q	Output	Bool	I、Q、M、D、L、P	信号状态延时 PT 时间
ET	Output	Time、LTime	I、Q、M、D、L、P	当前定时器的值

实例 5-18　TOF 定时器的应用

如图 5-1-49 所示的程序，当按下启动按钮 I0.0 时，电动机立即启动运行，当断开启动按钮后，定时器开始计时，当达到预设时间 5min 后，电动机立即停止运转。

图 5-1-49　TOF 定时器的应用

（5）时间累加定时器（TONR）

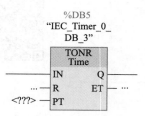

①TONR 定时器的格式（如图 5-1-50 所示）。

②指令功能。使用"时间累加定时器"指令，将累加由参数 PT 设定的时间段内的时间值（即定时器具有记忆功能）。当输入 IN 的信号状态从"0"变为"1"（信号上升沿）时，定时器开始计时，当 IN 输入信号消失后，定时器停止计时，但已经运行的时间值不清零。当 IN 输入的信号再次为"1"时。定时器接着上次的定时值继续运行，直到定时值累加到预设值后，定时器的 Q 输出端置位为"1"，即使 IN 参数的信号状态从"1"

图 5-1-50　TONR 定时器格式

变为"0"（信号下降沿），Q 参数仍将保持置位为"1"。累加得到的时间值将写入到输出 ET 中，并可以在此进行查询。

无论任何时刻，只要输入端 R 有信号，都将复位定时器。

③TONR 定时器指令中的参数。表 5-1-22 列出了该指令的参数。

表5-1-22　TONR定时器指令中的参数

参数	声明	数据类型	存储区	说明
IN	Input	Bool	I、Q、M、D、L、P 或常量	启动输入
R	Input	Bool	I、Q、M、D、L、P 或常量	复位输入
PT	Input	Time、LTime	I、Q、M、D、L、P 或常量	时间记录的最长持续时间 PT 参数的值必须为正数
Q	Output	Bool	I、Q、M、D、L、P	超出时间值 PT 之后要置位的输出
ET	Output	Time、LTime	I、Q、M、D、L、P	累计的时间

实例 5-19 TONR定时器的应用

如图 5-1-51 所示的程序，当按钮 I0.0 闭合的累加时间大于等于 15s 后，电动机 Q0.0 接通运行。当复位按钮 I0.1 闭合时，定时器复位，电动机停止运转。

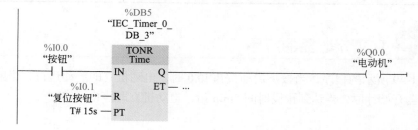

图 5-1-51　TONR 定时器的应用

实例 5-20 定时器的综合应用

【控制要求】设计小便池自动冲水控制系统，当检测开关 I0.0 检测到有人时闭合，定时器开始计时 4s 后 Q0.0 接通冲水系统开启冲水 5s 后停止，当人离开后检测开关断开，冲水系统再次开启冲水 6s 后结束，如此循环。控制要求时序如图 5-1-52 所示。

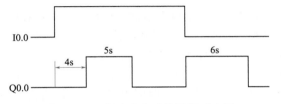

图 5-1-52　自动冲水系统运行时序图

【编写程序】编写梯形图程序如图 5-1-53 所示。

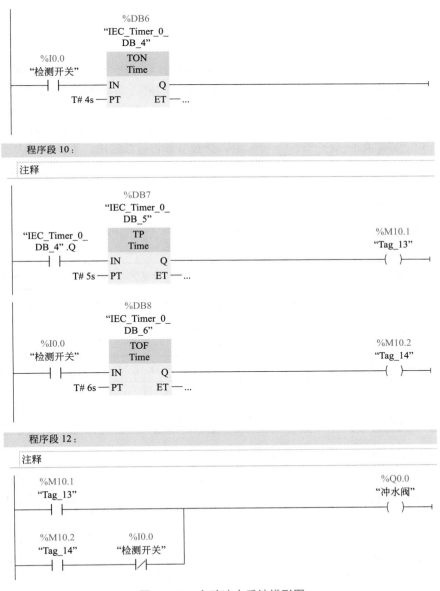

图 5-1-53　自动冲水系统梯形图

5.1.3　计数器指令

计数器指令对内部程序事件和外部过程事件进行计数，SIMATIC S7-1500 CPU 可以使用 IEC 计数器和 SIMATIC 计数器，本节只介绍 IEC 计数器，在博途软件里面主要使用的计数器有加计数器（CTU）、减计数器（CTD）与加减计数器（CTUD），如图 5-1-54 所示。IEC 计数器占用 CPU 的工作存储器资源、数量与工作存储器大小有关。IEC 计数器最大可支持 64 位无符号整数 ULint 型变量作为计数值，同时使用背景数据块进行状态记录。

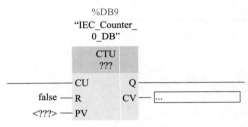

▼ +1 计数器操作	
■+ CTU	加计数
■+ CTD	减计数
■+ CTUD	加减计数

图 5-1-54　计数器指令

（1）加计数器（CTU）

```
        %DB9
   "IEC_Counter_
       0_DB"

        CTU
        ???
──────  CU      Q  ─────
false ─ R      CV ─ ...
<???> ─ PV
```

图 5-1-55　CTU 计数器指令格式

① CTU 计数器指令格式（如图 5-1-55 所示）。

② 指令功能。当计数输入 CU 端的逻辑运算结果（RLO）从"0"变为"1"时，执行该指令，将当前计数器值加 1，在 CU 端每来一个信号上升沿，计数值都将继续递增，当计数值大于等于预设值时，计数器的输出 Q 端置"1"并保持，反之为"0"，即使不再有输入信号，计数器也保存置"1"（即计数器具有记忆功能）。

③ CTU 计数器指令中的参数。表 5-1-23 列出了该指令的参数。

表5-1-23　CTU计数器指令中的参数

参数	声明	数据类型	存储区	说明
CU	Input	Bool	I、Q、M、D、L 或常数	计数输入
R	Input	Bool	I、Q、M、T、C、D、L、P 或常数	复位输入
PV	Input	整数	I、Q、M、D、L、P 或常数	置位输出 Q 的值
Q	Output	Bool	I、Q、M、D、L	计数器状态
CV	Output	整数、Char、WChar、Date	I、Q、M、D、L、P	当前计数器值

④ 计数器的使用。使用计数器指令之前，需要事先预设以下几个参数：

a. 选择数据类型。当调用 CTU 计数器指令时，必须为其选择一个 IEC 计数器用以存储该指令的数据类型，使用时可以从指令格式图中符号"???"下拉列表中选择该指令的数据类型，如图 5-1-56 所示。

b. 设定加计数输入信号 CU。在梯形图中设定一个逻辑运算作为计数器的计数输入信号。

c. 设定计数器的计数值 PV。在指令 PV 端预设计数器的计数值。在该指令 PV 端需要连接一个变量或输入一个常数作为预设值。计数值的数值范围取决于所选的数据类型。如果计数值是无符号整数，则可以加计数到范围限值；如果计数值是有符号整数，则可以加计数到正整数限值。例如图 5-1-57 所示设定计数值 PV 为 10。

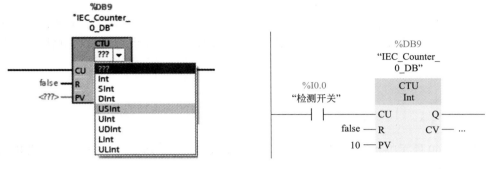

图 5-1-56　选择指令数据类型　　　　　　　　　　图 5-1-57　设定 PV 值

d. 计数器 Q 输出端。Q 端为计数器的位输出，可以不接地址。在该指令的背景数据块中，有一个 "Q" 变量，如图 5-1-58 所示的数据背景块内容。该变量的值就是这个指令输出端 Q 的状态，在梯形图编程时，可以根据需要调用其数据背景块中的 "Q" 变量来完成相关的程序控制，如图 5-1-59 所示。

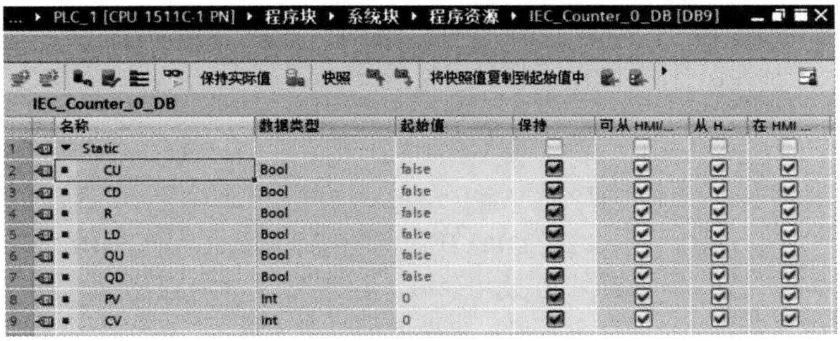

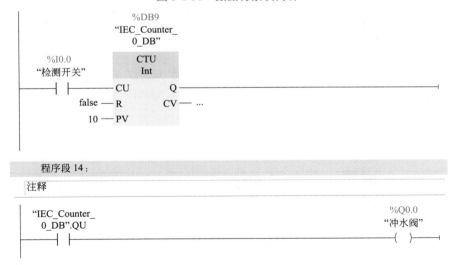

图 5-1-58　数据背景块内容

图 5-1-59　背景数据块中 "Q" 变量的使用

e. 当前计数值 CV。指令 CV 端可以连接一个变量，用于显示及存放当前时间值，变量类型与定时器类型一致。在编程时 CV 端可以根据实际情况来选择是否设定该地址（CV 端可以不接地址）。

f. 复位端 R。复位端接入一个逻辑信号，当计数器需要复位清零或第一次使用时，需要对计数器进行复位。当复位端 R 状态为"1"时，计数器复位，输出 Q 端变为 0 状态，当前计数器值被清零。

实例 5-21 CTU计数器的应用

如图 5-1-60 所示的程序，按下按钮 I0.0 三次，电动机启动运转；按下停止按钮 I0.1，电动机停止。

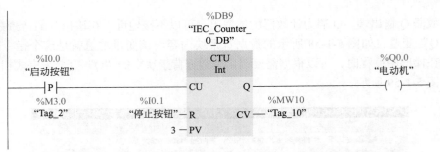

图 5-1-60　CTU 计数器的应用

（2）减计数器（CTD）

① CTD 计数器的指令格式（如图 5-1-61 所示）。

② 使用"减计数器"，当 CD 计数输入端每检测到一个信号上升沿，计数器值就会递减 1，直到达到零或指定数据类型的下限为止，达到下限时，输入端 CD 的信号状态将不再影响该指令。当前计数器值小于或等于"0"，则 Q 输出的信号状态将置位为"1"。在其他任何情况下，输出 Q 的信号状态均为"0"。

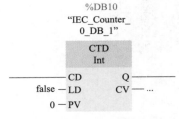

图 5-1-61　CTD 计数器指令格式

当 LD 的信号状态变为"1"时，输出 Q 端被复位为 0，并将预设值装入计数器作为当前计数值。LD 的信号状态为"1"时，输入 CD 的信号状态就不起作用。

③ CTD 计数器指令中的参数。表 5-1-24 列出了该指令的参数。

表5-1-24　CTD计数器指令中的参数

参数	声明	数据类型	存储区	说明
CD	Input	Bool	I、Q、M、D、L 或常数	计数输入
LD	Input	Bool	I、Q、M、T、C、D、L、P 或常数	装载输入
PV	Input	整数	I、Q、M、D、L、P 或常数	使用 LD=1 置位输出 CV 的目标值
Q	Output	Bool	I、Q、M、D、L	计数器状态
CV	Output	整数、Char、WChar、Date	I、Q、M、D、L、P	当前计数器值

实例 5-22 CTD计数器的应用

如图 5-1-62 所示的程序，按下按钮 I0.0 三次，计数器 CTD 的计数当前值 CV 为 0，输出 Q 端置 1，电动机启动运转；按下停止按钮 I0.1，计数器复位，电动机停止，PV 预设值 3 装载到当前值 CV 中，CV 数值为 3。

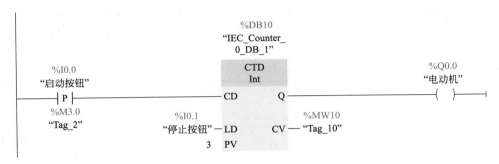

图 5-1-62　CTD 计数器的应用

（3）加减计数器（CTUD）

① CTUD 计数器的格式（如图 5-1-63 所示）。

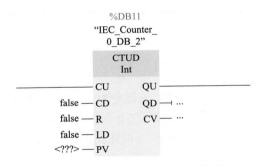

图 5-1-63　CTUD 计数器指令格式

② 指令功能。使用"加减计数器"指令，可递增和递减输出 CV 的计数器值。

当 LD 和 R 都没有输入信号时，如果输入 CU 的信号状态从"0"变为"1"，则当前计数器值加 1 并存储在输出 CV 中，随着 CU 信号的变化，CV 当前计数值递增等于或大于 PV 预设值时，QU 输出端置"1"；如果输入 CD 的信号状态从"0"变为"1"，则输出 CV 的计数器值减 1，随着 CD 信号的变化，CV 当前计数值递减等于或小于 0 时，QD 输出端置"1"；如果在一个程序周期内，输入 CU 和 CD 都出现信号上升沿，则输出 CV 的当前计数器值保持不变。

当输入 LD 的信号状态变为"1"时，把 PV 预设值的输出到 CV 当前值中，此时 PV 值等于 CV 值，输出 QU 端变为"1"状态，QD 端被复位为 0。只要输入 LD 的信号状态保持为"1"，输入 CU 和 CD 的信号状态就不起作用。

当输入 R 的信号状态变为"1"时，将计数器复位，CV 被清零，输出端 QU 变为"0"状态，QD 端变为"1"状态。只要输入 R 的信号状态保持为"1"，输入 CU、CD 和 LD 信号状态的改变都不会影响"加减计数器"指令。

在使用过程中可以在数据背景块中的 QU 输出参数中查询加计数器的状态。如果当前计数器值大于或等于参数 PV 的值，则将输出 QU 的信号状态置位为 "1"。在其他任何情况下，输出 QU 的信号状态均为 "0"；可以在 QD 输出参数中查询减计数器的状态。如果当前计数器值小于或等于 "0"，则 QD 输出的信号状态将置位为 "1"。在其他任何情况下，输出 QD 的信号状态均为 "0"。

③ CTUD 计数器指令中的参数。表 5-1-25 列出了该指令的参数。

表5-1-25 CTUD计数器指令中的参数

参数	声明	数据类型	存储区	说明
CU	Input	Bool	I、Q、M、D、L 或常数	加计数输入
CD	Input	Bool	I、Q、M、D、L 或常数	减计数输入
R	Input	Bool	I、Q、M、T、C、D、L、P 或常数	复位输入
LD	Input	Bool	I、Q、M、T、C、D、L、P 或常数	装载输入
PV	Input	整数	I、Q、M、D、L、P 或常数	输出 QU 被设置的值 /LD=1 的情况下，输出 CV 被设置的值
QU	Output	Bool	I、Q、M、D、L	加计数器的状态
QD	Output	Bool	I、Q、M、D、L	减计数器的状态
CV	Output	整数、Char、WChar、Date	I、Q、M、D、L、P	当前计数器值

实例 5-23 CTUD计数器的应用

如图 5-1-64 所示的程序，当计数器 PV 值设定为 4，CV 值为 0 时，在没有任何输入信号时，输出端 QD 置 1 状态，指示灯 2 亮。按下加计数按钮 I0.0 一次，此时 CV 值大于 0，输出端 QD 的状态为 "0"，指示灯 2 灭。继续按下按钮三次，CV 值为 4 等于 PV 值，QU 输出置 1，指示灯亮。按下复位按钮，计数器复位，指示灯 1 灭。如果在指示灯 1 亮的状态下，当减计数按钮 I0.2 按下一次时，CV 当前值为 3 小于预设值，则指示灯 1 灭，继续按下按钮三次，CV 当前值等于 0，则 QD 输出置 1，指示灯 2 亮。按下装载按钮 I0.3，计数器复位，指示灯 2 灭，指示灯 1 亮。

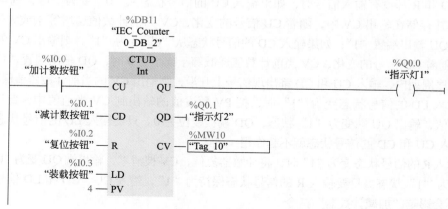

图 5-1-64 CTUD 计数器的应用

5.1.4　比较指令

比较指令是用来对数据类型相同的两个数进行比较，根据比较结果进行相关程序的处理，博途软件提供了丰富的比较指令供用户使用。常用的比较指令有数值比较、值范围比较和检查有效性与检查无效性等指令，如图 5-1-65 所示。

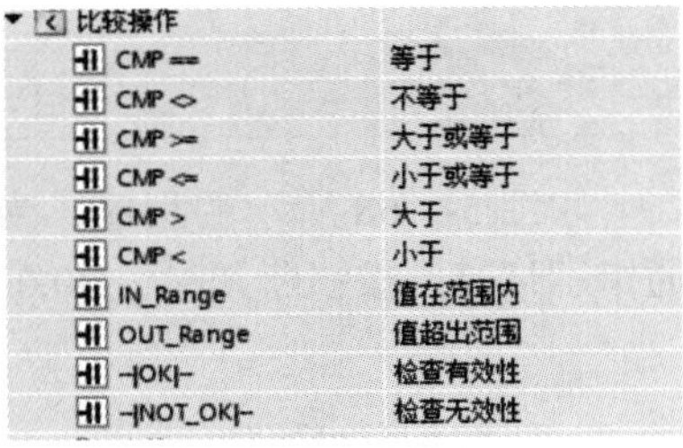

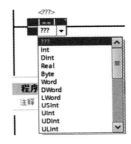

图 5-1-65　比较指令

（1）等于比较指令（CMP ==）

① 等于比较指令的梯形图格式。等于比较指令的梯形图格式如图 5-1-66 所示。在指令上方的"<???>"操作数占位符中指定第一个比较值 <操作数 1>，在指令下方的"<???>"操作数占位符中指定第二个比较值 <操作数 2>。指令中间的"???"是选择该指令数据类型，如图 5-1-67 所示。

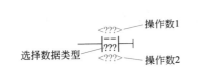

图 5-1-66　等于比较指令的梯形图格式

图 5-1-67　选择数据类型

② 指令功能。使用"等于比较"指令是判断两个数据类型相同的两个操作数是否相等的操作，两个操作数的比较结果用触点的形式表现，比较结果相等时，则该触点会被激活置 1，否则触点为"0"状态。

③ 等于比较指令中的参数。表 5-1-26 列出了该指令的参数。

表5-1-26　等于比较指令中的参数

参数	声明	数据类型	存储区	说明
<操作数 1>	Input	位字符串、整数、浮点数、字符串、定时器、日期时间、ARRAY of< 数据类型 >（ARRAY 限值固定 / 可变）、STRUCT、VARIANT、ANY、PLC 数据类型	I、Q、M、D、L、P 或常数	第一个比较值
<操作数 2>	Input	位字符串、整数、浮点数、字符串、定时器、日期时间、ARRAY of< 数据类型 >（ARRAY 限值固定 / 可变）、STRUCT、VARIANT、ANY、PLC 数据类型	I、Q、M、D、L、P 或常数	要比较的第二个值

注：如表 5-1-26 中详细列示，数据类型 ARRAY、STRUCT（PLC 数据类型中）、VARIANT、ANY 和 PLC 数据类型（UDT）仅适用于固件版本 V2.0 或 V4.2 及更高版本。

实例 **5-24** 等于比较指令的应用

如图 5-1-68 所示的程序，当按钮 I0.0 闭合后，MW10 与 MW12 的数值相等时，Q0.0 接通指示灯亮。按钮断开时，Q0.0 断开指示灯灭。

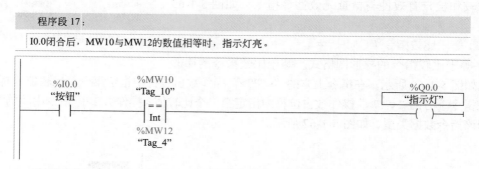

图 5-1-68　等于比较指令的应用

（2）不等于比较指令（CMP<>）

① 不等于比较指令的梯形图格式。不等于比较指令的梯形图格式如图 5-1-69 所示。

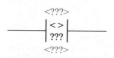

图 5-1-69　不等于比较指令的梯形图格式

② 指令功能。使用"不等于比较"指令来判断第一个比较值 < 操作数 1> 是否不等于第二个比较值 < 操作数 2>，当比较条件满足时，比较触点接通为"1"，否则触点为"0"。

③ 不等于比较指令中的参数。表 5-1-27 列出了该指令的参数。

表5-1-27　不等于比较指令中的参数

参数	声明	数据类型	存储区	说明
< 操作数 1>	Input	位字符串、整数、浮点数、字符串、定时器、日期时间、ARRAY of< 数据类型 >（ARRAY 限值固定 / 可变）、STRUCT、VARIANT、ANY、PLC 数据类型	I、Q、M、D、L、P 或常数	第一个比较值
< 操作数 2>	Input	位字符串、整数、浮点数、字符串、定时器、日期时间、ARRAY of< 数据类型 >（ARRAY 限值固定 / 可变）、STRUCT、VARIANT、ANY、PLC 数据类型	I、Q、M、D、L、P 或常数	要比较的第二个值

注：如表 5-1-27 中详细列示，数据类型 ARRAY、STRUCT（PLC 数据类型中）、VARIANT、ANY 和 PLC 数据类型（UDT）仅适用于固件版本 V2.0 或 V4.2 及更高版本。

实例 5-25 不等于比较指令的应用

如图 5-1-70 所示的程序，当按钮 I0.0 闭合后，MW10 与 MW12 的数值不相等时，Q0.0 接通指示灯亮。按钮断开时，Q0.0 断开指示灯灭。

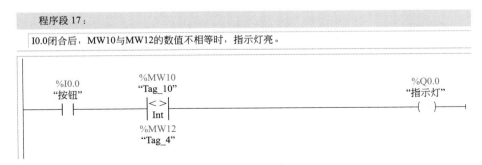

图 5-1-70　不等于比较指令应用

（3）大于或等于比较指令（CMP>=）

① 大于或等于比较指令的梯形图格式。大于或等于比较指令的梯形图格式如图 5-1-71 所示。

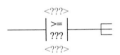

图 5-1-71　大于或等于比较指令的梯形图格式

② 指令功能。使用"大于或等于"指令可以比较操作数 1 的值是否大于或等于操作数 2 的值，当比较条件满足时，比较触点接通为"1"，否则为"0"。

③ 大于或等于比较指令中的参数。表 5-1-28 列出了该指令的参数。

表5-1-28　大于或等于比较指令中的参数

参数	声明	数据类型	存储区	说明
<操作数 1>	Input	位字符串、整数、浮点数、字符串、定时器、日期时间、ARRAY of< 数据类型 >（ARRAY 限值固定 / 可变 ）、STRUCT、VARIANT、ANY、PLC 数据类型	I、Q、M、D、L、P 或常数	第一个比较值
<操作数 2>	Input	位字符串、整数、浮点数、字符串、定时器、日期时间、ARRAY of< 数据类型 >（ARRAY 限值固定 / 可变 ）、STRUCT、VARIANT、ANY、PLC 数据类型	I、Q、M、D、L、P 或常数	要比较的第二个值

注：如表 5-1-28 中详细列示，数据类型 ARRAY、STRUCT（PLC 数据类型中）、VARIANT、ANY 和 PLC 数据类型（UDT）仅适用于固件版本 V2.0 或 V4.2 及更高版本。

实例 5-26 大于或等于比较指令的应用

如图 5-1-72 所示的程序，当按钮 I0.0 闭合后，操作数 1 中的常数 10 与 MW12 中的数值比较，当 10 大于或等于 MW12 的数值时，Q0.0 接通指示灯亮。按钮断开时，Q0.0 断开指示灯灭。

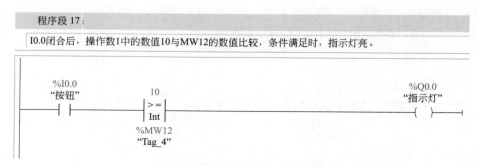

图 5-1-72　大于或等于比较指令应用

（4）小于或等于比较指令（CMP<=）

① 小于或等于比较指令的梯形图格式。小于或等于比较指令的梯形图格式如图 5-1-73 所示。

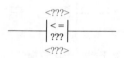

图 5-1-73　小于或等于比较指令的梯形图格式

② 指令功能。使用"小于或等于"指令可以比较操作数 1 的值是否小于或等于操作数 2 的值，当比较条件满足时，比较触点接通为"1"，否则为"0"。

③ 小于或等于比较指令中的参数。表 5-1-29 列出了该指令的参数。

表5-1-29　小于或等于比较指令中的参数

参数	声明	数据类型	存储区	说明
<操作数 1>	Input	位字符串、整数、浮点数、字符串、定时器、日期时间、ARRAY of< 数据类型 >（ARRAY 限值固定 / 可变）、STRUCT、VARIANT、ANY、PLC 数据类型	I、Q、M、D、L、P 或常数	第一个比较值
<操作数 2>	Input	位字符串、整数、浮点数、字符串、定时器、日期时间、ARRAY of< 数据类型 >（ARRAY 限值固定 / 可变）、STRUCT、VARIANT、ANY、PLC 数据类型	I、Q、M、D、L、P 或常数	要比较的第二个值

注：如表 5-1-29 中详细列示，数据类型 ARRAY、STRUCT（PLC 数据类型中）、VARIANT、ANY 和 PLC 数据类型（UDT）仅适用于固件版本 V2.0 或 V4.2 及更高版本。

实例 5-27　小于或等于比较指令的应用

如图 5-1-74 所示的程序，当按钮 I0.0 闭合后，操作数 1 中的常数 10 与 MW12 中的数值比较，当 10 小于或等于 MW12 的数值时，Q0.0 接通指示灯亮。按钮断开时，Q0.0 断开指示灯灭。

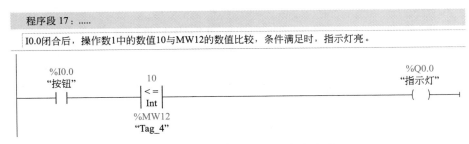

图 5-1-74　小于或等于比较指令应用

（5）大于比较指令（CMP>）

① 大于比较指令的梯形图格式。大于比较指令的梯形图格式如图 5-1-75 所示。

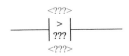

图 5-1-75　大于比较指令的梯形图格式

② 指令功能。使用"大于"比较指令可以比较操作数 1 的值是否大于操作数 2 的值，当比较条件满足时，比较触点接通为"1"，否则为"0"。

③ 大于比较指令中的参数。表 5-1-30 列出了该指令的参数。

表5-1-30　大于比较指令中的参数

参数	声明	数据类型	存储区	说明
<操作数 1>	Input	位字符串、整数、浮点数、字符串、定时器、日期时间、ARRAY of< 数据类型 >（ARRAY 限值固定 / 可变）、STRUCT、VARIANT、ANY、PLC 数据类型	I、Q、M、D、L、P 或常数	第一个比较值
<操作数 2>	Input	位字符串、整数、浮点数、字符串、定时器、日期时间、ARRAY of< 数据类型 >（ARRAY 限值固定 / 可变）、STRUCT、VARIANT、ANY、PLC 数据类型	I、Q、M、D、L、P 或常数	要比较的第二个值

注：如表 5-1-30 中详细列示，数据类型 ARRAY、STRUCT（PLC 数据类型中）、VARIANT、ANY 和 PLC 数据类型（UDT）仅适用于固件版本 V2.0 或 V4.2 及更高版本。

实例 **5-28** 大于比较指令的应用

如图 5-1-76 所示的程序，当按钮 I0.0 闭合后，操作数 1 中的常数 10 与 MW12 中的数值比较，当 10 大于 MW12 的数值时，Q0.0 接通指示灯亮。按钮断开时，Q0.0 断开指示灯灭。

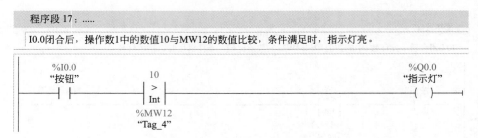

图 5-1-76 大于比较指令应用

（6）小于比较指令（CMP<）

① 小于比较指令的梯形图格式。小于比较指令的梯形图格式如图 5-1-77 所示。

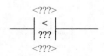

图 5-1-77 小于比较指令的梯形图格式

② 指令功能。使用"小于"比较指令可以比较操作数 1 的值是否小于操作数 2 的值，当比较条件满足时，比较触点接通为"1"，否则为"0"。

③ 小于比较指令中的参数。表 5-1-31 列出了该指令的参数。

表5-1-31 小于比较指令中的参数

参数	声明	数据类型	存储区	说明
<操作数 1>	Input	位字符串、整数、浮点数、字符串、定时器、日期时间、ARRAY of< 数据类型 >（ARRAY 限值固定 / 可变）、STRUCT、VARIANT、ANY、PLC 数据类型	I、Q、M、D、L、P 或常数	第一个比较值
<操作数 2>	Input	位字符串、整数、浮点数、字符串、定时器、日期时间、ARRAY of< 数据类型 >（ARRAY 限值固定 / 可变）、STRUCT、VARIANT、ANY、PLC 数据类型	I、Q、M、D、L、P 或常数	要比较的第二个值

注：如表 5-1-31 中详细列示，数据类型 ARRAY、STRUCT（PLC 数据类型中）、VARIANT、ANY 和 PLC 数据类型（UDT）仅适用于固件版本 V2.0 或 V4.2 及更高版本。

实例 5-29 小于比较指令的应用

如图 5-1-78 所示的程序，当按钮 I0.0 闭合后，操作数 1 中的常数 10 与 MW12 中的数值比较，当 10 小于 MW12 的数值时，Q0.0 接通指示灯亮。按钮断开时，Q0.0 断开指示灯灭。

图 5-1-78　小于比较指令应用

（7）值在范围内比较（IN_RANGE）

① 值在范围内比较指令的格式。值在范围内比较指令的格式如图 5-1-79 所示。

② 指令功能。使用值在范围内比较指令将输入 VAL 的值与输入 MIN 和 MAX 的值进行比较是否指定的取值范围内。如果输入 VAL 的值满足 MIN ≤ VAL ≤ MAX 比较条件，则指令输出的信号状态为"1"；如果不满足比较条件，则指令输出的信号状态为"0"。输入 VAL、MIN 和 MAX 的数据类型必须相同。

只有待比较值的数据类型相同且互连了功能框输入时，才能执行该比较功能。数据类型可以从指令框的"???"下拉列表中选择该指令的数据类型，如图 5-1-80 所示。

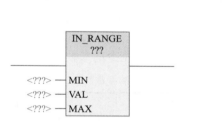

图 5-1-79　值在范围内比较指令的格式

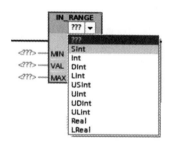

图 5-1-80　选择指令数据类型

③ 值在范围内比较指令中的参数。表 5-1-32 列出了该指令的参数。

表5-1-32　值在范围内比较指令中的参数

参数	声明	数据类型	存储区	说明
功能框输入	Input	Bool	I、Q、M、D、L 或常量	上一个逻辑运算的结果
MIN	Input	整数、浮点数	I、Q、M、D、L 或常量	取值范围的下限
VAL	Input	整数、浮点数	I、Q、M、D、L 或常量	比较值
MAX	Input	整数、浮点数	I、Q、M、D、L 或常量	取值范围的上限
功能框输出	Output	Bool	I、Q、M、D、L	比较结果

实例 5-30 值在范围内比较指令的应用

如图 5-1-81 所示的程序，当按钮 I0.0 闭合后，比较 VAL 中的常数 10 是否在 MIN 与 MAX 之间，当 10 大于 MW10 的数值且小于 MW12 的数值时，指令输出值为 "1"，Q0.0 接通指示灯亮。按钮 I0.0 断开时，Q0.0 断开指示灯灭。

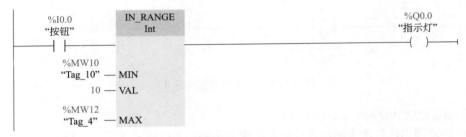

图 5-1-81   值在范围内比较指令的应用

（8）值超出范围比较指令（OUT_RANGE）

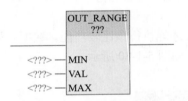

图 5-1-82   值超出范围比较指令的格式

① 值超出范围比较指令的格式。值超出范围比较指令的格式如图 5-1-82 所示。

② 指令功能。使用值超出范围比较指令将输入 VAL 的值与输入 MIN 和 MAX 的值进行比较。如果输入 VAL 的值满足 VAL < MIN 或 VAL > MAX 比较条件，则指令输出的信号状态为 "1"；如果不满足比较条件，则指令输出的信号状态为 "0"。输入 VAL、MIN 和 MAX 的数据类型必须相同。

③ 值超出范围比较指令中的参数。表 5-1-33 列出了该指令的参数。

表5-1-33   值超出范围比较指令中的参数

参数	声明	数据类型	存储区	说明
功能框输入	Input	Bool	I、Q、M、D、L 或常量	上一个逻辑运算的结果
MIN	Input	整数、浮点数	I、Q、M、D、L 或常量	取值范围的下限
VAL	Input	整数、浮点数	I、Q、M、D、L 或常量	比较值
MAX	Input	整数、浮点数	I、Q、M、D、L 或常量	取值范围的上限
功能框输出	Output	Bool	I、Q、M、D、L	比较结果

实例 5-31 值超出范围比较指令的应用

如图 5-1-83 所示的程序，当按钮 I0.0 闭合后，比较 VAL 中的常数 10 是否超出 MIN 与 MAX 之间，当 10 小于 MW10 的数值或大于 MW12 的数值时，指令输出值为 "1"，Q0.0 接通指示灯亮。按钮 I0.0 断开时，Q0.0 断开指示灯灭。

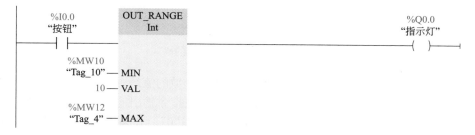

图 5-1-83　值超出范围比较指令的应用

（9）检查有效性指令（OK）

① 检查有效性指令的格式。检查有效性指令的格式如图 5-1-84 所示。

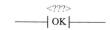

图 5-1-84　检查有效性指令的格式

② 指令功能。使用"检查有效性"指令，检查操作数的值是否为有效的浮点数。如果操作数的值是有效浮点数且指令的信号状态为"1"，则该指令输出的信号状态为"1"。在其他任何情况下，"检查有效性"指令输出的信号状态都为"0"。如果该指令输入的信号状态为"1"，则在每个程序周期内都进行检查。

"检查有效性"指令的使用一般和具有 EN 机制的指令配合，把该指令功能框连接到 EN 使能输入，则仅在值的有效性查询结果为正数时才置位使能输入。使用该功能，可确保仅在指定操作数的值为有效浮点数时才启用该指令。

③ 检查有效性指令中的参数。表 5-1-34 列出了该指令的参数。

表5-1-34　检查有效性指令中的参数

参数	声明	数据类型	存储区	说明
＜操作数＞	Input	浮点数	I、Q、M、D、L	要查询的值

实例 5-32　检查有效性指令的应用

如图 5-1-85 所示的程序，当操作数"MD4"和"MD6"的值显示为有效浮点数时，会执行"等于"比较指令，当 MD4 和 MD6 相等时，Q0.0 接通指示灯亮。

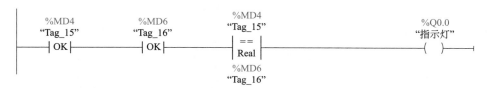

图 5-1-85　检查有效性指令的应用

（10）检查无效性指令（NOT_OK）

① 检查无效性指令的格式。检查无效性指令的格式如图 5-1-86 所示。

```
           <???>
        ─┤ NOT_OK ├─
```

图 5-1-86　检查无效性指令的格式

② 指令功能。使用"检查无效性"指令，检查操作数的值是否为无效的浮点数。如果操作数的值是无效浮点数且指令的信号状态为"1"，则该指令输出的信号状态为"1"。在其他任何情况下，"检查无效性"指令输出的信号状态都为"0"。如果该指令输入的信号状态为"1"，则在每个程序周期内都进行检查。

③ 检查无效性指令中的参数。表 5-1-35 列出了该指令的参数。

表5-1-35　检查无效性指令中的参数

参数	声明	数据类型	存储区	说明
<操作数>	Input	浮点数	I、Q、M、D、L	要查询的值

实例 5-33　检查无效性指令的应用

如图 5-1-87 所示的程序，当操作数"MD4"是有效浮点数时，该指令触点接通置 1，操作数 MD6 是无效浮点数的时候该指令接通置 1，以上两个指令检查通过后，会执行"等于"比较指令，当 MD4 与实数 10.0 相等时，Q0.0 接通指示灯亮（即程序中三个触点都满足导通）。

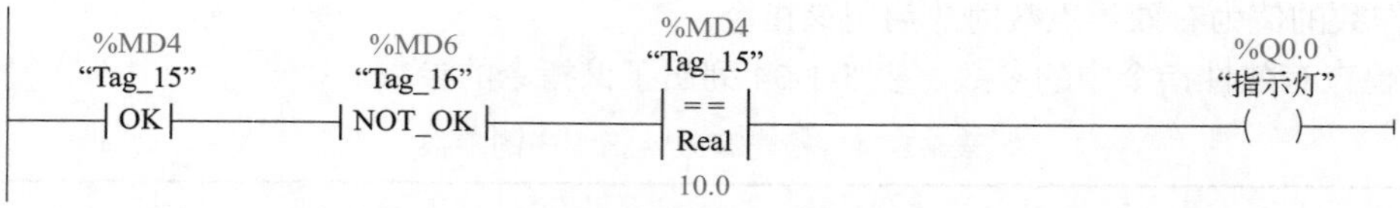

```
  %MD4           %MD6           %MD4                        %Q0.0
 "Tag_15"       "Tag_16"       "Tag_15"                    "指示灯"
 ─┤ OK ├─      ─┤ NOT_OK ├─     ═ ═                          ( )─
                               Real
                                10.0
```

图 5-1-87　检查无效性指令的应用

5.1.5　数学函数指令

在数学函数指令中包含了整数运算指令、浮点数运算指令及三角函数等指令，如图 5-1-88 所示。

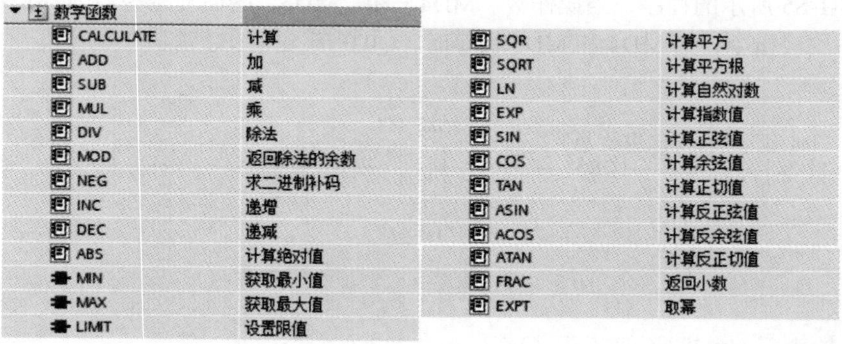

▼ 数学函数			
CALCULATE	计算	SQR	计算平方
ADD	加	SQRT	计算平方根
SUB	减	LN	计算自然对数
MUL	乘	EXP	计算指数值
DIV	除法	SIN	计算正弦值
MOD	返回除法的余数	COS	计算余弦值
NEG	求二进制补码	TAN	计算正切值
INC	递增	ASIN	计算反正弦值
DEC	递减	ACOS	计算反余弦值
ABS	计算绝对值	ATAN	计算反正切值
MIN	获取最小值	FRAC	返回小数
MAX	获取最大值	EXPT	取幂
LIMIT	设置限值		

图 5-1-88　数学函数指令

（1）计算指令

SIMATIC S7-1500 中增加了由用户自行设定计算公式的"计算"指令。该指令非常适合复杂的变量函数运算，且运算中无须考虑中间变量，也不要考虑变量的类型是否一致，PLC 执行该指令时可以进行隐形转换。

① 计算指令的梯形图格式。如图 5-1-89 所示是计算指令梯形图格式。

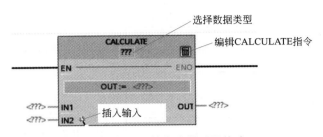

图 5-1-89　计算指令梯形图格式

② 指令功能。使用"计算"指令，用户可自定义计算公式并根据所选数据类型计算数学运算或复杂逻辑运算。该指令的运算结果将传送到输出 OUT 中。当执行 CALCULATE 并成功完成计算中的所有单个运算时，ENO = 1，否则 ENO = 0。

③ 计算指令中的参数。表 5-1-36 列出了该指令的参数。

表5-1-36　计算指令中的参数

参数	声明	数据类型	存储区	说明
EN	Input	Bool	I、Q、M、D、L 或常量	使能输入
ENO	Output	Bool	I、Q、M、D、L	使能输出
IN1	Input	位字符串、整数、浮点数	I、Q、M、D、L、P 或常量	第一个可用的输入
IN2	Input	位字符串、整数、浮点数	I、Q、M、D、L、P 或常量	第二个可用的输入
INn	Input	位字符串、整数、浮点数	I、Q、M、D、L、P 或常量	其他插入的值
OUT	Output	位字符串、整数、浮点数	I、Q、M、D、L、P	最终结果要传送到的输出

④ 计算指令的使用。使用计算指令时，需要预设的参数如下：

a. 选择指令数据类型。可以从指令框的"???"下拉列表中选择该指令的数据类型，如图 5-1-90 所示。根据所选的数据类型，可以组合某些指令的函数在"计算"指令的表达式中一起执行复杂计算，能组合在一起执行指令的组合如表 5-1-37 所示（取决于所选的数据类型），例如指令选择数据类型为"Int"，则该计算指令中表达式运算应由 ADD、SUB、MUL、DIV、MOD、INV、NEG 和 ABS 等指令组成。

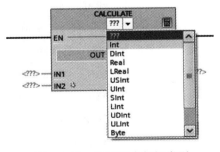

图 5-1-90　选择指令数据类型

表5-1-37 "计算"指令中能一起执行指令的组合

数据类型	指令	语法	示例
位字符串	AND: "与"运算	AND	IN1 AND IN2 OR IN3
	OR: "或"运算	OR	
	XOR: "异或"运算	XOR	
	INV: 求反码	NOT	
	SWAP: 交换①	SWAP	
整数	ADD: 加	+	(IN1+IN2)*IN3;
	SUB: 减	–	(ABS(IN2))*(ABS(IN1))
	MUL: 乘	*	
	DIV: 除	/	
	MOD: 返回除法的余数	MOD	
	INV: 求反码	NOT	
	NEG: 取反	–(in1)	
	ABS: 计算绝对值	ABS()	
浮点数	ADD: 加	+	((SIN(IN2)*SIN(IN2)+(SIN(IN3)* SIN(IN3))/IN3)); (SQR(SIN(IN2))+(SQR(COS(IN3)) /IN2))
	SUB: 减	–	
	MUL: 乘	*	
	DIV: 除	/	
	EXPT: 取幂	**	
	ABS: 计算绝对值	ABS()	
	SQR: 计算平方	SQR()	
	SQRT: 计算平方根	SQRT()	
	LN: 计算自然对数	LN()	
	EXP: 计算指数值	EXP()	
	FRAC: 返回小数	FRAC()	
	SIN: 计算正弦值	SIN()	
	COS: 计算余弦值	COS()	
	TAN: 计算正切值	TAN()	
	ASIN: 计算反正弦值	ASIN()	
	ACOS: 计算反余弦值	ACOS()	
	ATAN: 计算反正切值	ATAN()	
	NEG: 取反	–(in1)	
	TRUNC: 截尾取整	TRUNC()	
	ROUND: 取整	ROUND()	

续表

数据类型	指令	语法	示例
浮点数	CEIL：浮点数向上取整	CEIL（）	（（SIN（IN2）*SIN（IN2）+（SIN（IN3）* SIN（IN3））/IN3）；（SQR（SIN（IN2））+（SQR（COS（IN3））/IN2））
	FLOOR：浮点数向下取整	FLOOR（）	

①不可使用数据类型 Byte。

b. 输入计算的操作数。CALCULATE 指令通过指令的输入来执行计算。使用中可根据要求创建多个输入 IN1，IN2，…，INn。在初始状态下，指令框至少包含两个输入（IN1 和 IN2），要添加其他输入，可单击最后一个输入处的 ✳ 图标，扩展的输入按升序编号自动插入。如果在表达式中使用了功能框中没有的输入，则会在单击"确认"按钮后自动插入这个输入，需要注意的是表达式中新定义的输入编号是连续的。例如，如果表达式中未定义输入 IN3，就不能使用输入 IN4。

c. 编辑计算公式。单击计算器图标▨可打开对话框，在对话框内定义数学函数表达式。表达式可以包含输入参数的名称和指令的语法，不能指定操作数名称和操作数地址。单击"确定"保存函数时，对话框会自动生成 CALCULATE 指令的输入。输入的表达式将在"OUT:="文本框中显示。

d. 定义输出端 OUT。定义一个变量，存储计算结果。

e. 定义 ENO 使能输出端。

实例 5-34　计算指令的应用

【控制要求】用"计算"指令计算 RESULT=（5+10）×4/6 的结果。

【操作步骤】

① 将指令"CALCULATE"从"指令"任务卡拖放到 LAD 程序段中。

② 可以从"<???>"下拉列表中为该指令选择数据类型 Int。

③ 定义变量见表 5-1-38，将块接口中声明的变量与指令框的输入和输出互连。

表5-1-38　定义变量

名称	声明	数据类型	备注	值
A	Input	Int	被加数	5
B	Input	Int	加数	10
C	Input	Int	乘数	4
D	Input	Int	除数	6
RESULT	输出	Int	最终结果	10

④ 单击指令框右上角的"计算器"图标，输入待计算的方程式，单击确认。

⑤ 编写完整的程序如图 5-1-91 所示。

当按钮 I0.0 闭合时，执行该指令。操作数"A"的值与操作数"B"的值相加，将加的结果乘以"C"，然后除以"D"操作数的值。最终运算结果保存在"RESULT"操作数中，计算成功后 Q0.0 接通指示灯 1 亮。

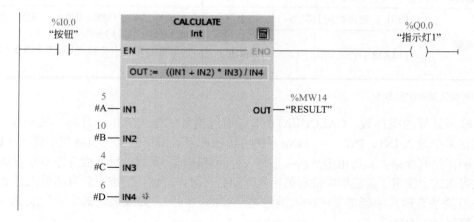

图 5-1-91   编写完整的程序

（2）加法指令（ADD）

①加法指令梯形图格式。加法指令梯形图格式如图 5-1-92 所示。

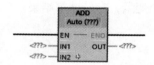

图 5-1-92   加法指令梯形图格式

②指令功能。使用"加法"指令，可对整数或浮点数的可用输入参数的值相加，求得的和存储在输出 OUT 中。当指令执行成功后 ENO 使能输出的信号状态为"1"，否则为"0"，如果指令结果超出输出 OUT 指定的数据类型的允许范围，ENO 输出也为"0"。

在初始状态下，指令框中至少包含两个输入（IN1 和 IN2），根据需要可以扩展输入数目，在功能框中按升序自动插入输入编号。

③加法指令中的参数。表 5-1-39 列出了该指令的参数。

表5-1-39   加法指令中的参数

参数	声明	数据类型	存储区	说明
EN	Input	Bool	I、Q、M、D、L 或常量	使能输入
ENO	Output	Bool	I、Q、M、D、L	使能输出
IN1	Input	整数、浮点数	I、Q、M、D、L、P 或常量	要相加的第一个数
IN2	Input	整数、浮点数	I、Q、M、D、L、P 或常量	要相加的第二个数
INn	Input	整数、浮点数	I、Q、M、D、L、P 或常量	要相加的可选输入值
OUT	Output	整数、浮点数	I、Q、M、D、L、P	总和

实例 5-35 加法指令的应用

如图 5-1-93 所示的程序，当操作数"I0.0"的信号状态为"1"时，将执行"加法"指令。将操作数"10"的值与操作数"A"的值相加，相加的结果存储在操作数"RESULT"中。如果该指令执行成功，则使能输出 ENO 的信号状态为"1"，同时置位 Q0.0"指示灯1"亮。

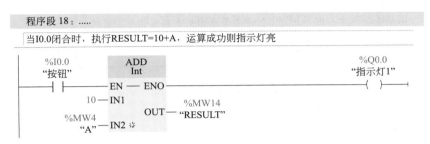

程序段 18：……

当I0.0闭合时，执行RESULT=10+A，运算成功则指示灯亮

图 5-1-93　加法指令的应用

（3）减法指令（SUB）

① 减法指令梯形图格式。减法指令梯形图格式如图 5-1-94 所示。

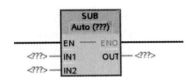

图 5-1-94　减法指令梯形图格式

② 指令功能。使用"减法"指令，可对整数或浮点数的可用输入参数的值相减，求得的差存储在输出 OUT 中。当指令执行成功后 ENO 使能输出的信号状态为"1"，否则为"0"，当指令结果超出输出 OUT 指定的数据类型的允许范围时，ENO 输出也为"0"。

在初始状态下，指令框中至少包含两个输入（IN1 和 IN2），根据需要可以扩展输入数目，在功能框中按升序自动插入输入编号。

③ 减法指令中的参数。表 5-1-40 列出了该指令的参数。

表5-1-40　减法指令中的参数

参数	声明	数据类型	存储区	说明
EN	Input	Bool	I、Q、M、D、L 或常量	使能输入
ENO	Output	Bool	I、Q、M、D、L	使能输出
IN1	Input	整数、浮点数	I、Q、M、D、L、P 或常量	被减数
IN2	Input	整数、浮点数	I、Q、M、D、L、P 或常量	相减
OUT	Output	整数、浮点数	I、Q、M、D、L、P	差值

实例 5-36 减法指令的应用

如图 5-1-95 所示的程序,当操作数"I0.0"的信号状态为"1"时,将执行"减"指令。将操作数"10"的值与操作数"A"的值相减,相减的结果存储在操作数"RESULT"中。如果该指令执行成功,则使能输出 ENO 的信号状态为"1",同时置位 Q0.0"指示灯 1"亮。

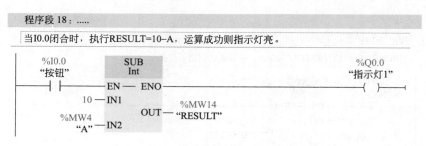

图 5-1-95 减法指令的应用

（4）乘法指令（MUL）

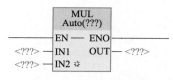

图 5-1-96 乘法指令梯形图格式

① 乘法指令梯形图格式。乘法指令梯形图格式如图 5-1-96 所示。

② 指令功能。使用"乘法"指令,可对整数或浮点数的可用输入参数的值相乘,求得的积存储在输出 OUT 中。当指令执行成功后 ENO 使能输出的信号状态为"1",否则为"0",如果指令结果超出输出 OUT 指定的数据类型的允许范围,ENO 输出也为"0"。

在初始状态下,指令框中至少包含两个输入（IN1 和 IN2）,根据需要可以扩展输入数目,在功能框中按升序自动插入输入编号。

③ 乘法指令中的参数。表 5-1-41 列出了该指令的参数。

表5-1-41 乘法指令中的参数

参数	声明	数据类型	存储区	说明
EN	Input	Bool	I、Q、M、D、L 或常量	使能输入
ENO	Output	Bool	I、Q、M、D、L	使能输出
IN1	Input	整数、浮点数	I、Q、M、D、L、P 或常量	乘数
IN2	Input	整数、浮点数	I、Q、M、D、L、P 或常量	相乘的数
INn	Input	整数、浮点数	I、Q、M、D、L、P 或常量	可相乘的可选输入值
OUT	Output	整数、浮点数	I、Q、M、D、L、P	乘积

实例 5-37 乘法指令的应用

如图 5-1-97 所示的程序,当操作数"I0.0"的信号状态为"1"时,将执行"乘法"指令。将操作数"10"的值与操作数"A"的值相乘,相乘的结果存储在操作数"RESULT"中。如果该指令执行成功，则使能输出 ENO 的信号状态为 "1"，同时置位 Q0.0 "指示灯 1" 亮。

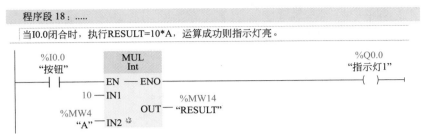

图 5-1-97　乘法指令的应用

（5）除法指令（DIV）

① 除法指令梯形图格式。除法指令梯形图格式如图 5-1-98 所示。

图 5-1-98　除法指令梯形图格式

② 指令功能。使用 "除法" 指令，可对整数或浮点数的可用输入参数的值相除，求得的商存储在输出 OUT 中。当指令执行成功后 ENO 使能输出的信号状态为 "1"，否则为 "0"，如果指令结果超出输出 OUT 指定的数据类型的允许范围，ENO 输出也为 "0"。

在初始状态下，指令框中至少包含两个输入（IN1 和 IN2），根据需要可以扩展输入数目，在功能框中按升序自动插入输入编号。

③ 除法指令中的参数。表 5-1-42 列出了该指令的参数。

表5-1-42　除法指令中的参数

参数	声明	数据类型	存储区	说明
EN	Input	Bool	I、Q、M、D、L 或常量	使能输入
ENO	Output	Bool	I、Q、M、D、L	使能输出
IN1	Input	整数、浮点数	I、Q、M、D、L、P 或常量	乘数
IN2	Input	整数、浮点数	I、Q、M、D、L、P 或常量	相乘的数
INn	Input	整数、浮点数	I、Q、M、D、L、P 或常量	可相乘的可选输入值
OUT	Output	整数、浮点数	I、Q、M、D、L、P	乘积

实例 5-38　除法指令的应用

如图 5-1-99 所示的程序，当操作数 "I0.0" 的信号状态为 "1" 时，将执行 "除法" 指令。将数值 10 与操作数 "A" 的值相除，相除的结果存储在操作数 "RESULT" 中。如果该指令执行成功，则使能输出 ENO 的信号状态为 "1"，同时置位 Q0.0 "指示灯 1" 亮。

当I0.0闭合时，执行RESULT=10/A，运算成功则指示灯亮。

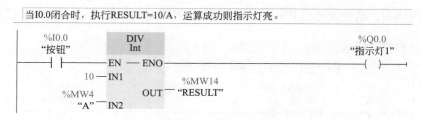

图 5-1-99　除法指令的应用

实例 5-39 加减乘除指令的综合应用

【控制要求】使用算术运算指令，计算 $x=(A+B) \times 15/D$ 的值。

【操作步骤】

① 定义变量，如图 5-1-100 所示。

图 5-1-100　定义变量

② 在主程序 OB1 块中，编写程序如图 5-1-101 所示。

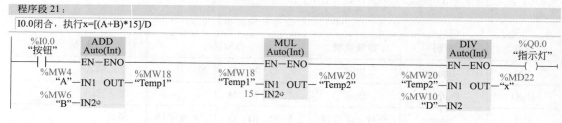

图 5-1-101　编写程序

（6）返回除法的余数指令（MOD）

① 返回除法的余数指令梯形图格式。返回除法的余数指令梯形图格式如图 5-1-102 所示。

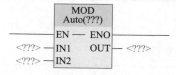

图 5-1-102　返回除法的余数指令梯形图格式

② 指令功能。使用"返回除法的余数"指令，将输入 IN1 的值除以输入 IN2 的值，相除的余数存储在输出 OUT 中。如果该指令执行成功，则使能输出 ENO 的信号状态为"1"。

③ 返回除法的余数指令的参数。表 5-1-43 列出了该指令的参数。

表5-1-43　返回除法的余数指令的参数

参数	声明	数据类型	存储区	说明
EN	Input	Bool	I、Q、M、D、L 或常量	使能输入
ENO	Output	Bool	I、Q、M、D、L	使能输出
IN1	Input	整数	I、Q、M、D、L、P 或常量	被除数
IN2	Input	整数	I、Q、M、D、L、P 或常量	除数
OUT	Output	整数	I、Q、M、D、L、P	除法的余数

实例 5-40　返回除法的余数指令的应用

如图 5-1-103 所示的程序，当操作数 "I0.0" 的信号状态为 "1" 时，将执行 "除法" 指令。将数值 10 与操作数 "B" 的值相除取余数，并把余数存储在操作数 "MW20" 中。如果该指令执行成功，则使能输出 ENO 的信号状态为 "1"，同时置位 Q0.0 "指示灯" 亮。

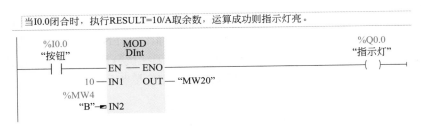

图 5-1-103　返回除法的余数指令的应用

（7）取反指令（INV）

① 取反指令梯形图格式。取反指令梯形图格式如图 5-1-104 所示。

② 指令功能。使用 "取反" 指令，将输入 IN 中值的符号取反，并传送到输出 OUT 中存储。例如，如果输入 IN 为正值，则该值的负等效值将发送到输出 OUT。指令执行成功后，使能输出 ENO 的信号状态为 "1"，否则输入 ENO 的信号状态为 "0"。

图 5-1-104　取反指令梯形图格式

③ 取反指令中的参数。表 5-1-44 列出了该指令的参数。

表5-1-44　取反指令中的参数

参数	声明	数据类型	存储区	说明
EN	Input	Bool	I、Q、M、D、L 或常量	使能输入
ENO	Output	Bool	I、Q、M、D、L	使能输出
IN	Input	SInt、Int、DInt、LInt、浮点数	I、Q、M、D、L、P 或常量	输入值
OUT	Output	SInt、Int、DInt、LInt、浮点数	I、Q、M、D、L、P	输入值取反

实例 5-41 取反指令的应用

如图 5-1-105 所示的程序，当操作数 "I0.0" 的信号状态为 "1" 时，将执行 "取反" 指令。将输入 "A" 中值的符号取反，结果存储至输出 "MD26" 中。如果该指令执行成功，则使能输出 ENO 的信号状态为 "1"，同时置位 Q0.0 "指示灯 1" 亮。

说明：NEG 指令的数据类型为 "Real"，如果 IN 输入的数据类型为 "Int"，该指令输入接口中出现灰色方框──█ IN，表示输入的数据格式自动转换成指令类型 "Real"。

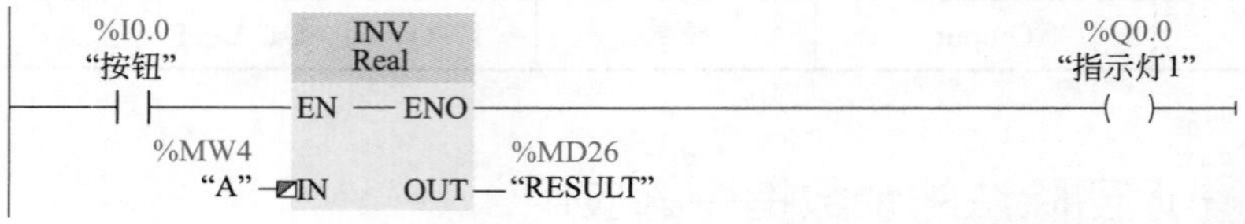

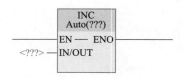

图 5-1-105　取反指令的应用

（8）递增指令（INC）

① 递增指令梯形图格式。递增指令梯形图格式如图 5-1-106 所示。

② 指令功能。使用 "递增" 指令，将参数 IN/OUT 中操作数的值加 1。只有使能输入 EN 的信号状态为 "1" 时，才执行 "递增" 指令。如果在执行期间计算值未超出计算范围，使能输出 ENO 的信号状态置 "1"。

图 5-1-106　递增指令梯形图格式

③ 递增指令中的参数。表 5-1-45 列出了该指令的参数。

表5-1-45　递增指令中的参数

参数	声明	数据类型	存储区	说明
EN	Input	Bool	I、Q、M、D、L 或常量	使能输入
ENO	Output	Bool	I、Q、M、D、L	使能输出
IN/ OUT	InOut	整数	I、Q、M、D、L	要递增的值

实例 5-42 递增指令的应用

如图 5-1-107 所示的程序，当操作数 "I0.0" 的信号状态为 "1" 时，操作数 "A" 的值将加 1 并置位 Q0.0 "指示灯 1" 亮。

图 5-1-107　递增指令的应用

（9）递减指令（DEC）

① 递减指令梯形图格式。递减指令梯形图格式如图 5-1-108 所示。

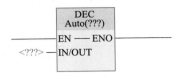

图 5-1-108　递减指令梯形图格式

② 指令功能。使用"递减"指令，将参数 IN/OUT 中操作数的值减 1。只有使能输入 EN 的信号状态为"1"时，才执行"递减"指令，如果在执行期间计算值未超出计算范围，使能输出 ENO 的信号状态置"1"。

③ 递减指令中的参数。表 5-1-46 列出了该指令的参数。

表5-1-46　递减指令中的参数

参数	声明	数据类型	存储区	说明
EN	Input	Bool	I、Q、M、D、L 或常量	使能输入
ENO	Output	Bool	I、Q、M、D、L	使能输出
IN/ OUT	InOut	整数	I、Q、M、D、L	要递减的值

实例 5-43 递减指令的应用

如图 5-1-109 所示的程序，若操作数"I0.0"的信号状态为"1"，则操作数"A"的值将减 1 并置位 Q0.0"指示灯 1"亮。

图 5-1-109　递减指令的应用

（10）计算绝对值指令（ABS）

① 计算绝对值指令梯形图格式。计算绝对值指令梯形图格式如图 5-1-110 所示。

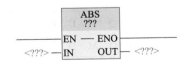

图 5-1-110　计算绝对值指令梯形图格式

② 指令功能。使用"计算绝对值"指令，计算输入 IN 处指定的值的绝对值。只有使能输入 EN 的信号状态为"1"时，才执行"计算绝对值"指令，并将结果发送到输出 OUT 中，如果成功执行该指令，使能输出 ENO 的信号状态置"1"。

③ 计算绝对值指令中的参数。表 5-1-47 列出了该指令的参数。

表5-1-47　计算绝对值指令中的参数

参数	声明	数据类型	存储区	说明
EN	Input	Bool	I、Q、M、D、L 或常量	使能输入
ENO	Output	Bool	I、Q、M、D、L	使能输出
IN	Input	SInt、Int、DInt、LInt、浮点数	I、Q、M、D、L、P 或常量	输入值
OUT	Output	SInt、Int、DInt、LInt、浮点数	I、Q、M、D、L、P	输入值的绝对值

实例 5-44 计算绝对值指令的应用

如图 5-1-111 所示的程序，当操作数 "I0.0" 的信号状态为 "1" 时，将执行 "计算绝对值" 指令。该指令会计算输入 "A" 值的绝对值，并将结果发送到输出 "RESULT"，并置位 Q0.0 "指示灯 1" 亮。

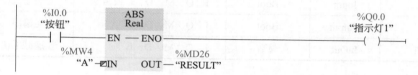

图 5-1-111　计算绝对值指令的应用

（11）获取最小值指令（MIN）

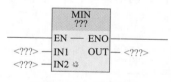

图 5-1-112　获取最小
值指令的梯形图格式

① 获取最小值指令的梯形图格式。获取最小值指令的梯形图格式如图 5-1-112 所示。

② 指令功能。"获取最小值" 指令可用来比较输入的值，并将输入值中最小的值写入输出 OUT 中，如果成功执行该指令，则置位使能输出 ENO。

要执行该指令，最少需要指定 2 个输入，最多可以指定 100 个输入，根据需要可在指令框中扩展输入的数量。

③ 获取最小值指令中的参数。表 5-1-48 列出了该指令的参数。

表5-1-48　获取最小值指令中的参数

参数	声明	数据类型	存储区	说明
EN	Input	Bool	I、Q、M、D、L 或常量	使能输入
ENO	Output	Bool	I、Q、M、D、L	使能输出
IN1	Input	整数、浮点数、DTL、DT	I、Q、M、D、L、P 或常量	第一个输入值
IN2	Input	整数、浮点数、DTL、DT	I、Q、M、D、L、P 或常量	第二个输入值
INn	Input	整数、浮点数、DTL、DT	I、Q、M、D、L、P 或常量	其他插入的输入（其值待比较）
OUT	Output	整数、浮点数、DTL、DT	I、Q、M、D、L、P	结果

注：在不激活 IEC 检查时，还可以使用 Time、LTime、TOD、LTOD、Date 和 LDT 数据类型的变量，方法是选择长度相同的位串或整数作为指令的数据类型（例如，用 UDInt 或 DWord=32 位来代替 Time= > DInt）。

实例 5-45　获取最小值指令的应用

如图 5-1-113 所示的程序，当操作数"I0.0"的信号状态为"1"时，将执行"获取最小值"指令，该指令将比较指定输入操作数的值，并将最小的值写到输出"RESULT"中，并置位 Q0.0"指示灯 1"亮。

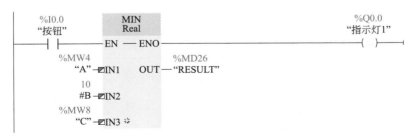

图 5-1-113　获取最小值指令的应用

（12）获取最大值指令（MAX）

① 获取最大值指令的梯形图格式。获取最大值指令梯形图格式如图 5-1-114 所示。

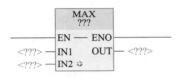

图 5-1-114　获取最大值指令梯形图格式

② 指令功能。"获取最大值"指令可用来比较输入的值，并将输入值中最大的值写入输出 OUT 中，如果成功执行该指令，则置位使能输出 ENO。

要执行该指令，最少需要指定 2 个输入，最多可以指定 100 个输入，根据需要可在指令框中扩展输入的数量。

③ 获取最大值指令中的参数。表 5-1-49 列出了该指令的参数。

表5-1-49　获取最大值指令中的参数

参数	声明	数据类型	存储区	说明
EN	Input	Bool	I、Q、M、D、L 或常量	使能输入
ENO	Output	Bool	I、Q、M、D、L	使能输出
IN1	Input	整数、浮点数、DTL、DT	I、Q、M、D、L、P 或常量	第一个输入值
IN2	Input	整数、浮点数、DTL、DT	I、Q、M、D、L、P 或常量	第二个输入值
INn	Input	整数、浮点数、DTL、DT	I、Q、M、D、L、P 或常量	其他插入的输入（其值待比较）
OUT	Output	整数、浮点数、DTL、DT	I、Q、M、D、L、P	结果

注：在不激活 IEC 检查时，还可以使用 Time、LTime、TOD、LTOD、Date 和 LDT 数据类型的变量，方法是选择长度相同的位串或整数作为指令的数据类型（例如，用 UDInt 或 DWord=32 位来代替 Time= > DInt）。

实例 5-46 获取最大值指令的应用

如图 5-1-115 所示的程序，当操作数 "I0.0" 的信号状态为 "1" 时，将执行 "获取最大值" 指令，该指令将比较指定输入操作数的值，并将最大的值写入输出 "RESULT" 中，并置位 Q0.0 "指示灯 1" 亮。

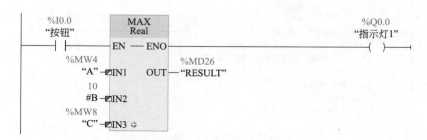

图 5-1-115　获取最大值指令的应用

（13）设置限值指令（LIMIT）

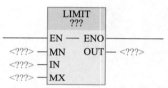

图 5-1-116　设置限值指令梯形图格式

① 设置限值指令的梯形图格式。设置限值指令梯形图格式如图 5-1-116 所示。

② 指令功能。用 "设置限值" 指令，将输入 IN 的值限制在输入 MN 与 MX 的值范围之间。如果 IN 输入的值满足条件 MN ≤ IN ≤ MX，则将其复制到 OUT 输出。如果不满足该条件且输入值 IN 低于下限 MN，则将输出 OUT 设置为输入 MN 的值。如果超出上限 MX，则将输出 OUT 设置为输入 MX 的值。如果输入 MN 的值大于输入 MX 的值，则结果为 IN 参数中的指定值且使能输出 ENO 为 "0"。

③ 设置限值指令中的参数。表 5-1-50 列出了该指令的参数。

表5-1-50　设置限值指令中的参数

参数	声明	数据类型	存储区	说明
EN	Input	Bool	I、Q、M、D、L 或常量	使能输入
ENO	Output	Bool	I、Q、M、D、L	使能输出
MN	Input	整数、浮点数、Time、LTime、TOD、LTOD、Date、LDT、DTL、DT	I、Q、M、D、L、P 或常量	下限
IN	Input	整数、浮点数、Time、LTime、TOD、LTOD、Date、LDT、DTL、DT	I、Q、M、D、L、P 或常量	输入值
MX	Input	整数、浮点数、Time、LTime、TOD、LTOD、Date、LDT、DTL、DT	I、Q、M、D、L、P 或常量	上限
OUT	Output	整数、浮点数、Time、LTime、TOD、LTOD、Date、LDT、DTL、DT	I、Q、M、D、L、P	结果

注：如果未启用 IEC 测试，则不能使用数据类型 TOD、LTOD、Date 和 LDT。

实例 5-47 设置限值指令的应用

如图 5-1-117 所示的程序，当操作数"I0.0"的信号状态为"1"时，执行该指令。将操作数"#C"的值 4 与操作数"#A"的值 5 和"#B"的值 10 进行比较。由于操作数"#C"的值小于下限值，因此将操作数"#A"的值复制到输出"RESULT"中。如果成功执行该指令，则置位 Q0.0"指示灯 1"亮。

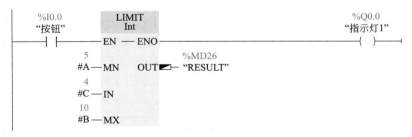

图 5-1-117　设置限值指令的应用

（14）计算平方指令（SQR）

① 计算平方指令的梯形图格式。计算平方指令的梯形图格式如图 5-1-118 所示。

② 指令功能。使用"计算平方"指令计算输入 IN 的浮点值的平方，并将结果写入输出 OUT。如果成功执行该指令，则置位使能输出 ENO。

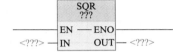

图 5-1-118　计算平方指令的梯形图格式

③ 计算平方指令中的参数。表 5-1-51 列出了该指令的参数。

表5-1-51　计算平方指令中的参数

参数	声明	数据类型	存储区	说明
EN	Input	Bool	I、Q、M、D、L 或常量	使能输入
ENO	Output	Bool	I、Q、M、D、L	使能输出
IN	Input	浮点数	I、Q、M、D、L、P 或常量	输入值
OUT	Output	浮点数	I、Q、M、D、L、P	输入值的平方

实例 5-48 计算平方指令的应用

如图 5-1-119 所示的程序，当操作数"I0.0"的信号状态为"1"时，执行"计算平方"指令。该指令将计算输入值 6.0 的平方，并将结果 36.0 发送到输出"RESULT"，如果成功执行该指令，则置位 Q0.0"指示灯 1"亮。

图 5-1-119　计算平方指令的应用

（15）计算平方根指令（SQRT）

① 计算平方根指令的梯形图格式。计算平方根指令的梯形图格式如图 5-1-120 所示。

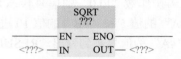

图 5-1-120　计算平方根指令的梯形图格式

② 指令功能。使用"计算平方根"指令计算输入 IN 的浮点值的平方根，并将结果写入输出 OUT。如果输入值大于零，则该指令的结果为正数。如果输入值小于零，则输出 OUT 返回一个无效浮点数。如果成功执行该指令，则置位使能输出 ENO。

③ 计算平方根指令中的参数。表 5-1-52 列出了该指令的参数。

表5-1-52　计算平方根指令中的参数

参数	声明	数据类型	存储区	说明
EN	Input	Bool	I、Q、M、D、L 或常量	使能输入
ENO	Output	Bool	I、Q、M、D、L	使能输出
IN	Input	浮点数	I、Q、M、D、L、P 或常量	输入值
OUT	Output	浮点数	I、Q、M、D、L、P	输入值的平方根

实例 5-49　计算平方根指令的应用

如图 5-1-121 所示的程序，当操作数"I0.0"的信号状态为"1"时，执行"计算平方根"指令。该指令将计算输入值 36.0 的平方根，并将结果发送到输出"RESULT"，如果成功执行该 Q0.0，则置位 Q0.0"指示灯 1"亮。

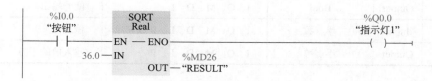

图 5-1-121　计算平方根指令的应用

（16）计算自然对数指令（LN）

① 计算自然对数指令的梯形图格式。计算自然对数指令的梯形图格式如图 5-1-122 所示。

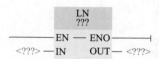

图 5-1-122　计算自然对数指令的梯形图格式

② 指令功能。使用"计算自然对数"指令，可以计算输入 IN 处值以（e= 2.718282）为底的自然对数。计算结果将存储在输出 OUT 中，可供查询使用。如果输入值大于零，则该指

令的结果为正数。如果输入值小于零，则输出 OUT 返回一个无效浮点数。如果成功执行该指令，则置位使能输出 ENO。

③ 计算自然对数指令中的参数。表 5-1-53 列出了该指令的参数。

表5-1-53　计算自然对数指令中的参数

参数	声明	数据类型	存储区	说明
EN	Input	Bool	I、Q、M、D、L 或常量	使能输入
ENO	Output	Bool	I、Q、M、D、L	使能输出
IN	Input	浮点数	I、Q、M、D、L、P 或常量	输入值
OUT	Output	浮点数	I、Q、M、D、L、P	输入值的自然对数

实例 5-50　计算自然对数指令的应用

如图 5-1-123 所示的程序，当操作数 "I0.0" 的信号状态为 "1" 时，执行 "计算自然对数" 指令。该指令将计算输入 "Tag_15" 值的自然对数，并将结果发送到输出 "RESULT"，如果成功执行该指令，则置位 Q0.0 "指示灯 1" 亮。

图 5-1-123　计算自然对数指令的应用

（17）计算指数值指令（EXP）

① 计算指数值指令的梯形图格式。计算指数值指令的梯形图格式如图 5-1-124 所示。

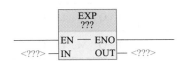

图 5-1-124　计算指数值指令的梯形图格式

② 指令功能。使用 "计算指数值" 指令，以 e 为底计算输入 IN 的值的指数，并将结果存储在输出 OUT 中。如果成功执行该指令，则置位使能输出 ENO。

③ 计算指数值指令中的参数。表 5-1-54 列出了该指令的参数。

表5-1-54　计算指数值指令中的参数

参数	声明	数据类型	存储区	说明
EN	Input	Bool	I、Q、M、D、L 或常量	使能输入
ENO	Output	Bool	I、Q、M、D、L	使能输出
IN	Input	浮点数	I、Q、M、D、L、P 或常量	输入值
OUT	Output	浮点数	I、Q、M、D、L、P	输入值 IN 的指数值

实例 5-51 计算指数值指令的应用

如图 5-1-125 所示的程序，当操作数"I0.0"的信号状态为"1"时，执行"计算指数值"指令。该指令将以 e 为底，计算操作数"Tag_15"的值的指数，并将结果发送到输出"RESULT"，如果成功执行该指令，则置位 Q0.0"指示灯 1"亮。

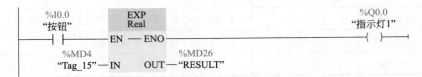

图 5-1-125　计算指数值指令的应用

（18）计算正弦值指令（SIN）

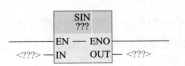

图 5-1-126　计算正弦值指令的梯形图格式

① 计算正弦值指令的梯形图格式。计算正弦值指令的梯形图格式如图 5-1-126 所示。

② 指令功能。使用"计算正弦值"指令，可以计算角度的正弦值。角度大小在 IN 输入处以弧度的形式指定。指令结果被发送到输出 OUT。如果成功执行该指令，则置位使能输出 ENO。

③ 计算正弦值指令中的参数。表 5-1-55 列出了该指令的参数。

表 5-1-55　计算正弦值指令中的参数

参数	声明	数据类型	存储区	说明
EN	Input	Bool	I、Q、M、D、L 或常量	使能输入
ENO	Output	Bool	I、Q、M、D、L	使能输出
IN	Input	浮点数	I、Q、M、D、L、P 或常量	角度值（弧度形式）
OUT	Output	浮点数	I、Q、M、D、L、P	指定角度的正弦

实例 5-52 计算正弦值指令的应用

如图 5-1-127 所示的程序，当操作数"I0.0"的信号状态为"1"时，将执行"计算正弦值"指令。该指令计算输入"Tag_15"指定的角度的正弦并将结果保存在"RESULT"输出中。如果成功执行该指令，则置位 Q0.0"指示灯 1"亮。

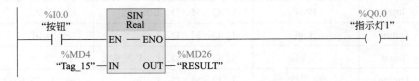

图 5-1-127　计算正弦值指令的应用

（19）计算余弦值指令（COS）

① 计算余弦值指令的梯形图格式。计算余弦值指令的梯形图格式如图 5-1-128 所示。

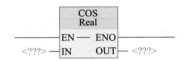

图 5-1-128 计算余弦值指令的梯形图格式

② 指令功能。使用"计算余弦值"指令，可以计算角度的余弦值。角度大小在 IN 输入处以弧度的形式指定，指令结果被发送到输出 OUT，可供查询使用。如果成功执行该指令，则置位使能输出 ENO。

③ 计算余弦值指令中的参数。表 5-1-56 列出了该指令的参数。

表5-1-56 计算余弦值指令中的参数

参数	声明	数据类型	存储区	说明
EN	Input	Bool	I、Q、M、D、L 或常量	使能输入
ENO	Output	Bool	I、Q、M、D、L	使能输出
IN	Input	浮点数	I、Q、M、D、L、P 或常量	角度值（弧度形式）
OUT	Output	浮点数	I、Q、M、D、L、P	指定角度的余弦

实例 5-53 计算余弦值指令的应用

如图 5-1-129 所示的程序，若操作数"I0.0"的信号状态为"1"，则将执行"计算余弦值"指令。该指令计算输入"Tag_15"指定的角度的余弦并将结果保存在"RESULT"输出中。如果成功执行该指令，则置位 Q0.0"指示灯 1"亮。

图 5-1-129 计算余弦值指令的应用

（20）计算正切值指令（TAN）

① 计算正切值指令的梯形图格式。计算正切值指令的梯形图格式如图 5-1-130 所示。

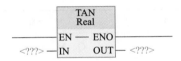

图 5-1-130 计算正切值指令的梯形图格式

② 指令功能。使用"计算正切值"指令，可以计算角度的正切值。角度大小在 IN 输入处以弧度的形式指定，指令结果被发送到输出 OUT，可供查询使用。如果成功执行该指令，

则置位使能输出 ENO。

③ 计算正切值指令中的参数。表 5-1-57 列出了该指令的参数。

表5-1-57　计算正切值指令中的参数

参数	声明	数据类型	存储区	说明
EN	Input	Bool	I、Q、M、D、L 或常量	使能输入
ENO	Output	Bool	I、Q、M、D、L	使能输出
IN	Input	浮点数	I、Q、M、D、L、P 或常量	角度值（弧度形式）
OUT	Output	浮点数	I、Q、M、D、L、P	指定角度的正切

实例 5-54　计算正切值指令的应用

如图 5-1-131 所示的程序，当操作数 "I0.0" 的信号状态为 "1" 时，将执行 "计算正切值" 指令。该指令计算输入 "Tag_15" 指定的角度的正切值并将结果保存在 " RESULT" 输出中。如果成功执行该指令，则置位 Q0.0 "指示灯 1" 亮。

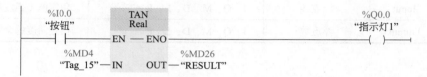

图 5-1-131　计算正切值指令的应用

（21）计算反正弦值指令（ASIN）

① 计算反正弦值指令的梯形图格式。计算反正弦值指令的梯形图格式如图 5-1-132 所示。

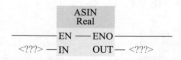

图 5-1-132　计算反正弦值指令的梯形图格式

② 指令功能。使用 "计算反正弦值" 指令，根据输入 IN 指定的正弦值，计算与该值对应的角度值。只能为输入 IN 指定范围 $-1 \sim +1$ 内的有效浮点数。计算出的角度值以弧度为单位，在输出 OUT 中输出，范围在 $-\pi/2 \sim +\pi/2$。如果成功执行该指令，则置位使能输出 ENO。

③ 计算反正弦值指令中的参数。表 5-1-58 列出了该指令的参数。

表5-1-58　计算反正弦值指令中的参数

参数	声明	数据类型	存储区	说明
EN	Input	Bool	I、Q、M、D、L 或常量	使能输入
ENO	Output	Bool	I、Q、M、D、L	使能输出
IN	Input	浮点数	I、Q、M、D、L、P 或常量	正弦值
OUT	Output	浮点数	I、Q、M、D、L、P	角度值（弧度形式）

实例 5-55 计算反正弦值指令的应用

如图 5-1-133 所示的程序，若操作数 "I0.0" 的信号状态为 "1"，则将执行 "计算反正弦值" 指令。该指令计算与输入 "Tag_15" 指定的正弦值对应的角度值，并将结果保存在 "RESULT" 输出中。如果成功执行该指令，则置位 Q0.0 "指示灯 1" 亮。

图 5-1-133　计算反正弦值指令的应用

（22）计算反余弦值（ACOS）

① 计算反余弦值指令的梯形图格式。计算反余弦值指令的梯形图格式如图 5-1-134 所示。

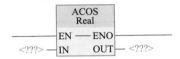

图 5-1-134　计算反余弦值指令的梯形图格式

② 指令功能。可以使用 "计算反余弦值" 指令，根据输入 IN 指定的余弦值，计算与该值对应的角度值。只能为输入 IN 指定范围 -1 ～ +1 内的有效浮点数。计算出的角度值以弧度为单位，在输出 OUT 中输出，范围在 0 ～ +π。如果成功执行该指令，则置位使能输出 ENO。

③ 计算反余弦值指令中的参数。表 5-1-59 列出了该指令的参数。

表5-1-59　计算反余弦值指令中的参数

参数	声明	数据类型	存储区	说明
EN	Input	Bool	I、Q、M、D、L 或常量	使能输入
ENO	Output	Bool	I、Q、M、D、L	使能输出
IN	Input	浮点数	I、Q、M、D、L、P 或常量	余弦值
OUT	Output	浮点数	I、Q、M、D、L、P	角度值（弧度形式）

实例 5-56 计算反余弦值指令的应用

如图 5-1-135 所示的程序，若操作数 "I0.0" 的信号状态为 "1"，则将执行 "计算反余弦值" 指令。该指令计算与输入 "Tag_15" 指定的余弦值对应的角度值，并将结果保存在 "RESULT" 输出中。如果成功执行该指令，则置位 Q0.0 "指示灯 1" 亮。

图 5-1-135　计算反余弦值指令的应用

（23）计算反正切值（ATAN）

① 计算反正切值指令的梯形图格式。计算反正切值指令的梯形图格式如图 5-1-136 所示。

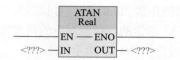

图 5-1-136　计算反正切值指令的梯形图格式

② 指令功能。可以使用"计算反正切值"指令，根据输入 IN 指定的正切值，计算与该值对应的角度值。输入 IN 中的值只能是有效的浮点数。计算出的角度值以弧度形式在输出 OUT 中输出，范围在 $-\pi/2 \sim +\pi/2$。如果成功执行该指令，则置位使能输出 ENO。

③ 计算反正切值指令中的参数。表 5-1-60 列出了该指令的参数。

表5-1-60　计算反正切值指令中的参数

参数	声明	数据类型	存储区	说明
EN	Input	Bool	I、Q、M、D、L 或常量	使能输入
ENO	Output	Bool	I、Q、M、D、L	使能输出
IN	Input	浮点数	I、Q、M、D、L、P 或常量	正切值
OUT	Output	浮点数	I、Q、M、D、L、P	角度值（弧度形式）

实例 5-57　计算反正切值指令的应用

如图 5-1-137 所示的程序，若操作数"I0.0"的信号状态为"1"，则将执行"计算反正切值"指令。该指令计算与输入"Tag_15"指定的正切对应的角度值，并将结果保存在"RESULT"输出中。如果成功执行该指令，则置位 Q0.0"指示灯 1"亮。

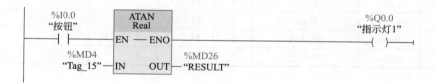

图 5-1-137　计算反正切值指令的应用

（24）返回小数指令（FRAC）

① 返回小数指令的梯形图格式。返回小数指令的梯形图格式如图 5-1-138 所示。

图 5-1-138　返回小数指令的梯形图格式

② 指令功能。使用"返回小数"指令确定输入 IN 的值的小数位复制存储到输出 OUT 中，并可供查询使用。如果成功执行该指令，则使能输出 ENO 的信号状态为"1"。

③ 返回小数指令中的参数。表 5-1-61 列出了该指令的参数。

表5-1-61　返回小数指令中的参数

参数	声明	数据类型	存储区	说明
EN	Input	Bool	I、Q、M、D、L 或常量	使能输入
ENO	Output	Bool	I、Q、M、D、L	使能输出
IN	Input	浮点数	I、Q、M、D、L、P 或常量	要确定其小数位的值
OUT	Output	浮点数	I、Q、M、D、L、P	输入 IN 的值的小数位

实例 5-58　返回小数指令的应用

如图 5-1-139 所示的程序，若操作数 "I0.0" 的信号状态为 "1"，则将执行 "返回小数" 指令。将输入 IN 的值 123.4567 的小数部分 0.4567 复制保存到 "RESULT" 输出中。如果成功执行该指令，则置位 Q0.0 "指示灯 1" 亮。

图 5-1-139　返回小数指令的应用

（25）取幂指令（EXPT）

① 取幂指令的梯形图格式。取幂指令的梯形图格式如图 5-1-140 所示。

图 5-1-140　取幂指令的梯形图格式

② 指令功能。使用 "取幂" 指令，计算以输入 IN1 的值为底，以输入 IN2 的值为幂的结果。指令结果放在输出 OUT 中，可供查询使用。如果成功执行该指令，则使能输出 ENO 的信号状态为 "1"。

输入 IN1 指定有效数为浮点数；输入 IN2 可以指定有效数为整数或浮点数。

③ 取幂指令中的参数。表 5-1-62 列出了该指令的参数。

表5-1-62　取幂指令中的参数

参数	声明	数据类型	存储区	说明
EN	Input	Bool	I、Q、M、D、L 或常量	使能输入
ENO	Output	Bool	I、Q、M、D、L	使能输出
IN1	Input	浮点数	I、Q、M、D、L、P 或常量	底数值
IN2	Input	整数、浮点数	I、Q、M、D、L、P 或常量	对底数进行幂运算所用的值
OUT	Output	浮点数	I、Q、M、D、L、P	结果

实例 5-59 取幂指令的应用

如图 5-1-141 所示的程序，当操作数"I0.0"的信号状态都为"1"时，将启动"取幂"指令。计算以输入 IN 的值 20.3 为底，以输入值 IN2 的值 20 为幂的结果，并将结果存储在输出"RESULT"中。如果该指令执行成功，则使能输出 ENO 的信号状态为"1"，同时置位 Q0.0"指示灯 1"亮。

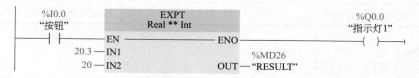

图 5-1-141　取幂指令的应用

5.1.6　移动操作指令

S7-1500 PLC 所支持的移动指令有移动值 MOVE、序列化 Serialize 和取消序列化 Deserialize、存储区移动 MOVE_BLK 和交换 SWAP 等指令，还有针对数值 DB 和 Variant 变量的移动操作指令，如图 5-1-142 所示，本节主要介绍几种常用的指令。

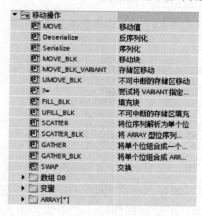

图 5-1-142　移动操作指令

（1）移动值指令（MOVE）

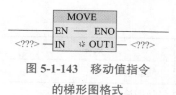

图 5-1-143　移动值指令的梯形图格式

① 移动值指令的梯形图格式。移动值指令的梯形图格式如图 5-1-143 所示。

② 指令功能。使用"移动值"指令，将 IN 输入处源地址操作数中的内容传送给 OUT1 指定的目标地址操作数中，数值传送始终沿地址升序方向进行传送，移动过程不会更改源数据。如果输入 IN 数据类型的位长度超出输出 OUT1 数据类型的位长度，则源值的高位会丢失。如果输入 IN 数据类型的位长度低于输出 OUT1 数据类型的位长度，则目标值的高位会被改写为 0。

在初始状态，指令框中包含 1 个输出（OUT1），根据情况可以扩展输出数目，多个输出具有相同的信号状态。

当使能输入 EN 输入信号为 "1" 时，使能输出 ENO 的信号状态置位也为 "1"。

③ 移动值指令中的参数。表 5-1-63 列出了该指令的参数。

表5-1-63　移动值指令中的参数

参数	声明	数据类型	存储区	说明
EN	Input	Bool	I、Q、M、D、L 或常量	使能输入
ENO	Output	Bool	I、Q、M、D、L	使能输出
IN	Input	位字符串、整数、浮点数、定时器、日期时间、Char、WChar、Struct、Array、Timer、Counter、IEC 数据类型、PLC 数据类型（UDT）	I、Q、M、D、L 或常量	源值
OUT1	Output	位字符串、整数、浮点数、定时器、日期时间、Char、WChar、Struct、Array、Timer、Counter、IEC 数据类型、PLC 数据类型（UDT）	I、Q、M、D、L	传送源值中的操作数

实例 5-60　移动值指令的应用

如图 5-1-144 所示的程序，若操作数 "I0.0" 的信号状态 "1"，则执行该指令。该指令将十六进制数 16#E071 传送到 QW0 中，并将 "Q4.0" 的信号状态置位为 "1"，数据传送过程如图 5-1-145 所示。

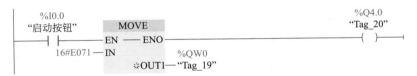

图 5-1-144　移动值指令应用

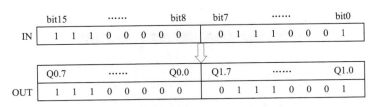

图 5-1-145　数据传送过程示意图

（2）移动块指令（MOVE_BLK）

① 移动块指令的梯形图格式。移动块指令的梯形图格式如图 5-1-146 所示。

② 指令功能。使用 "移动块" 指令将一个存储区（源存储区）的数据移动到另一个存储区（目标存储区）中。输入 COUNT 可以指定移动到目标存储区中的元素个数；输入 IN 定义待移动元素的首元素。

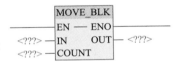

图 5-1-146　移动块指令的梯形图格式

仅当源存储区和目标存储区的数据类型相同时，才能执行该指令。

③ 移动块指令中的参数。表 5-1-64 列出了该指令的参数。

表5-1-64　移动块指令中的参数

参数	声明	数据类型	存储区	说明
EN	Input	Bool	I、Q、M、D、L 或常量	使能输入
ENO	Output	Bool	I、Q、M、D、L	使能输出
IN[①]	Input	二进制数、整数、浮点数、定时器、Date、Char、WChar、TOD、LTOD	D、L	待复制源区域中的首个元素
COUNT	Input	USInt、UInt、UDInt、ULInt	I、Q、M、D、L、P 或常量	要从源范围移动到目标范围的元素个数
OUT[①]	Output	二进制数、整数、浮点数、定时器、Date、Char、WChar、TOD、LTOD	D、L	源范围内容要复制到的目标范围中的首个元素

① ARRAY 结构中的元素只能使用指定的数据类型。

实例 5-61 移动块指令的应用

　　移动块指令的应用如图 5-1-147 所示，程序中的数组 a、数组 b 由全局数据块定义如图 5-1-148 所示。当操作数 "I0.0" 的信号状态为 "1" 时，执行该指令。移动块指令将数据块 _1 中的数值 a 的 0 号元素开始的 3 个连续元素内容，移动到数据块 _1 中的数组 b 变量中，从第二个元素开始的 3 个连续元素。如果该指令执行成功，则使能输出 ENO 的信号状态为 "1"，同时置位 Q0.0 "指示灯 1" 亮。

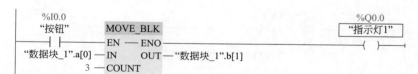

图 5-1-147　移动块指令的应用

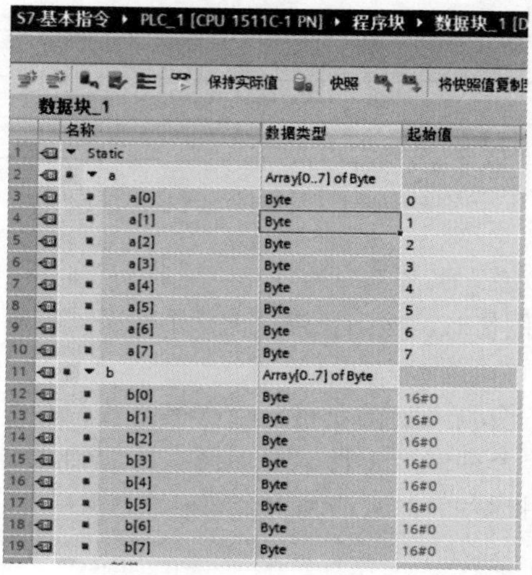

图 5-1-148　全局数据块定义

（3）不可中断的存储区移动指令（UMOVE_BLK）

不可中断的存储区移动指令功能与移动块指令相同，区别在于该指令在运行过程中不会被其他操作系统的任务打断。这里不再赘述了。

（4）交换指令（SWAP）

① 交换指令的梯形图格式。交换指令的梯形图格式如图 5-1-149 所示。

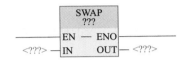

图 5-1-149　交换指令的梯形图格式

② 指令功能。使用"交换"指令，可以更改输入 IN 中字节的顺序，并保存输出到 OUT 指定的地址中。当数据类型为 Word 时，交换高、低字节的顺序；当数据类型为 DWord 时，交换 4 个字节中数据的顺序，交换过程示意图如图 5-1-150 所示。

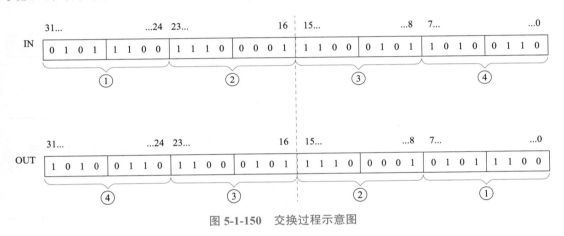

图 5-1-150　交换过程示意图

③ 交换指令中的参数。表 5-1-65 列出了该指令的参数。

表5-1-65　交换指令中的参数

参数	声明	数据类型	存储区	说明
EN	Input	Bool	I、Q、M、D、L 或常量	使能输入
ENO	Output	Bool	I、Q、M、D、L	使能输出
IN	Input	Word、DWord、LWord	I、Q、M、D、L、P 或常量	要交换其字节的操作数
OUT	Output	Word、DWord、LWord	I、Q、M、D、L、P	结果

实例 5-62　交换指令的应用

如图 5-1-151 所示的程序，当操作数"I0.0"的信号状态为"1"时，执行"交换"指令。把输入操作数"A"中的数值（0000 1111 0101 0101）字节的顺序改变为（0101 0101 0000 1111），并存储在操作数"D"中。

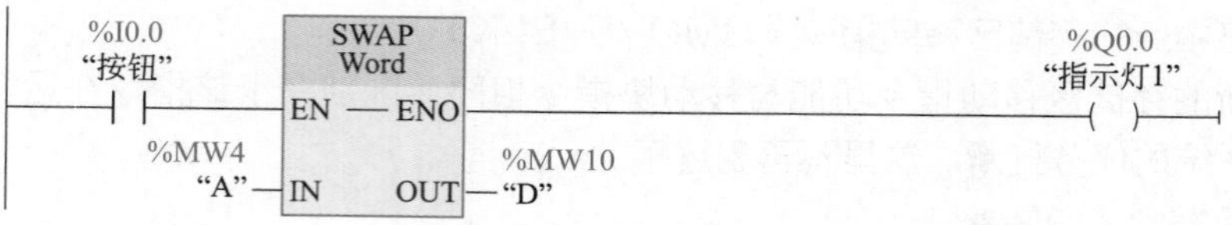

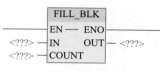

图 5-1-151 交换指令的应用

（5）填充块指令（FILL_BLK）

图 5-1-152 填充块指令的梯形图格式

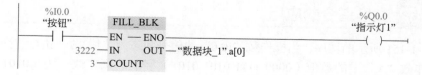

① 填充块指令的梯形图格式。填充块指令的梯形图格式如图 5-1-152 所示。

② 指令功能。使用“填充块”指令，用 IN 输入的值移动填充到输出 OUT 指定的地址开始填充目标存储区。可以使用参数 COUNT 指定复制操作的重复次数。仅当源存储区和目标存储区的数据类型相同时，才能执行该指令。

③ 填充块指令中的参数。表 5-1-66 列出了该指令的参数。

表5-1-66 填充块指令中的参数

参数	声明	数据类型	存储区	说明
EN	Input	Bool	I、Q、M、D、L 或常量	使能输入
ENO	Output	Bool	I、Q、M、D、L	使能输出
IN	Input	二进制数、整数、浮点数、定时器、Date、Char、WChar、TOD、LTOD	I、Q、M、D、L、P 或常量	用于填充目标范围的元素
COUNT	Input	USInt、UInt、UDInt、ULInt	I、Q、M、D、L、P 或常量	移动操作的重复次数
OUT	Output	二进制数、整数、浮点数、定时器、Date、Char、WChar、TOD、LTOD	D、L	目标范围中填充的起始地址

实例 5-63 填充块指令的应用

如图 5-1-153 所示的程序，程序中创建的全局数据块 1 定义数组为如图 5-1-154 所示。当操作数“I0.0”的信号状态为“1”时，执行该指令。该指令从操作数从第一个元素开始，将 3222 的值填充到输出 OUT 指定的“数据块 _1.a”中三次。如果成功执行该指令，则将 ENO 使能输出的信号状态置位为“1”。

图 5-1-153 填充块指令的应用

数据块_1			
	名称	数据类型	起始值
1	▼ Static		
2	▼ a	Array[0..7] of Int	
3	a[0]	Int	0
4	a[1]	Int	0
5	a[2]	Int	0
6	a[3]	Int	0
7	a[4]	Int	0
8	a[5]	Int	0
9	a[6]	Int	0
10	a[7]	Int	0

图 5-1-154　定义全局数据块 1

（6）不可中断的存储区填充指令（UFILL_BLK）

不可中断的存储区填充指令功能与填充块指令相同，区别在于该指令在运行过程中不会被其他操作系统的任务打断。这里不再赘述了。

5.1.7　转换指令

一个指令中有关操作数的数据类型应相同，如果操作数中具有不相同的数据类型，应对它们进行转换。转换指令是将数据元素从一种数据类型转换为另一种数据类型进行存储。S7-1500 PLC 中常用的转换指令如图 5-1-155 所示。

▼ 转换操作	
CONVERT	转换值
ROUND	取整
CEIL	浮点数向上取整
FLOOR	浮点数向下取整
TRUNC	截尾取整
SCALE_X	缩放
NORM_X	标准化

图 5-1-155　常用的转换指令

（1）转换值指令（CONV）

① 转换值指令的梯形图格式。转换值指令的梯形图格式如图 5-1-156 所示。

图 5-1-156　转换值指令的梯形图格式

② 指令功能。"转换值"指令将读取参数 IN 的内容，并根据指令框中选择的数据类型对其进行转换，转换值将在 OUT 输出处输出。如果在转换过程中无错误，则使能输出 ENO 的信号状态为 1；如果在处理过程中出错，则使能输出 ENO 的信号状态为 0。

 提示

S7-1500 系列 CPU 中数据类型 DWORD 和 LWORD 只能与数据类型 REAL 或 LREAL 互相转换。

③ 转换值指令中的参数。表 5-1-67 列出了该指令的参数。

表5-1-67　转换值指令中的参数

参数	声明	数据类型	存储区	说明
EN	Input	Bool	I、Q、M、D、L 或常量	使能输入
ENO	Output	Bool	I、Q、M、D、L	使能输出
IN	Input	位字符串、整数、浮点数、Char、WChar、BCD16、BCD32	I、Q、M、D、L、P 或常量	要转换的值
OUT	Output	位字符串、整数、浮点数、Char、WChar、BCD16、BCD32	I、Q、M、D、L、P	转换结果

实例 5-64　转换值指令的应用

① 整数转双整数。如图 5-1-157 所示的程序，当 I0.0 接通闭合时，执行整数转双整数指令，把 MW40 中的十六进数 16#0012 转换成双整数 16#0000 0012 输出到 MD40 存储区。转换过程示意图如图 5-1-158 所示，转换前后数值大小没有变化，但是数据的存放位置发生变化了。

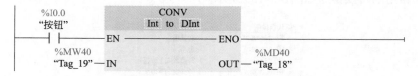

图 5-1-157　整数转双整数指令应用

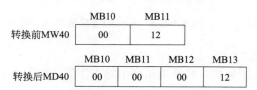

图 5-1-158　转换过程示意图

② 双整数转实数。如图 5-1-159 所示的程序，当 I0.0 接通闭合时，执行双整数转实数指令，把 MD40 中的十进数 16 转换成实数 16.0 输出到 MD50 存储区（实数占用四个字节存储器）。

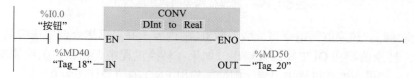

图 5-1-159　双整数转实数指令应用

（2）取整指令（ROUND）

① 取整指令的梯形图格式。取整指令的梯形图格式如图 5-1-160 所示。

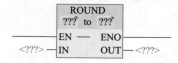

图 5-1-160　取整指令的梯形图格式

② 指令功能。使用"取整"指令将输入 IN 的值四舍五入取整为最接近的整数，并把结果发送到输出 OUT 存储器。如果成功执行该指令，则置位输出 ENO。该指令将输入 IN 的值为浮点数，并转换为一个 DInt 数据类型的整数。如果输入值恰好是在一个偶数和一个奇数之间，则选择偶数（例 2.5=2 和 3.5=4）。

③ 取整指令中的参数。表 5-1-68 列出了该指令的参数。

表5-1-68　取整指令中的参数

参数	声明	数据类型	存储区	说明
EN	Input	Bool	I、Q、M、D、L 或常量	使能输入
ENO	Output	Bool	I、Q、M、D、L	使能输出
IN	Input	浮点数	I、Q、M、D、L、P 或常量	要取整的输入值
OUT	Output	整数、浮点数	I、Q、M、D、L、P	取整的结果

实例 5-65 取整指令的应用

如图 5-1-161 所示的程序，当操作数"I0.0"的信号状态为"1"时，执行该指令。输入的浮点数 2.7 将取整到最接近的整数 3，并发送到输出"MD40"。如果成功执行该指令，则置位 Q0.0"指示灯 1"亮。

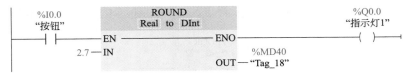

图 5-1-161　取整指令的应用

（3）浮点数向上取整指令（CEIL）

① 浮点数向上取整指令的梯形图格式。浮点数向上取整指令的梯形图格式如图 5-1-162 所示。

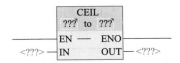

图 5-1-162　浮点数向上取整指令的梯形图格式

② 指令功能。使用"浮点数向上取整"指令，将输入 IN 的值向上取整为相邻整数。该指令将输入 IN 的值为浮点数并将其转换为较大的相邻整数，指令结果被发送到输出 OUT，输出值可以大于或等于输入值。

③ 浮点数向上取整指令中的参数。表 5-1-69 列出了该指令的参数。

表5-1-69　浮点数向上取整指令中的参数

参数	声明	数据类型	存储区	说明
EN	Input	Bool	I、Q、M、D、L 或常量	使能输入

参数	声明	数据类型	存储区	说明
ENO	Output	Bool	I、Q、M、D、L	使能输出
IN	Input	浮点数	I、Q、M、D、L、P 或常量	输入值
OUT	Output	整数、浮点数	I、Q、M、D、L、P	结果为相邻的较大整数

实例 5-66 浮点数向上取整指令的应用

如图 5-1-163 所示的程序，当操作数 "I0.0" 的信号状态为 "1" 时，执行该指令。输入的浮点数 125.56 将向上取整到最接近的实数 126.0，并发送到输出 "MD30"。如果成功执行该指令，则置位 Q0.0 "指示灯 1" 亮。

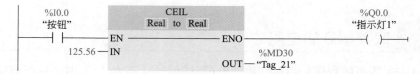

图 5-1-163　浮点数向上取整指令的应用

（4）浮点数向下取整指令（FLOOR）

① 浮点数向下取整指令的梯形图格式。浮点数向下取整指令的梯形图格式如图 5-1-164 所示。

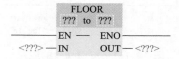

图 5-1-164　浮点数向下取整指令的梯形图格式

② 指令功能。使用 "浮点数向下取整" 指令，将输入 IN 的值向下取整为相邻整数。该指令将输入 IN 的值为浮点数并将其转换为较小的相邻整数，指令结果被发送到输出 OUT，输出值可以小于或等于输入值。

③ 浮点数向下取整指令中的参数。表 5-1-70 列出了该指令的参数。

表5-1-70　浮点数向下取整指令中的参数

参数	声明	数据类型	存储区	说明
EN	Input	Bool	I、Q、M、D、L 或常量	使能输入
ENO	Output	Bool	I、Q、M、D、L	使能输出
IN	Input	浮点数	I、Q、M、D、L、P 或常量	输入值
OUT	Output	整数、浮点数	I、Q、M、D、L、P	结果为相邻的较小整数

实例 5-67 浮点数向下取整指令的应用

如图 5-1-165 所示的程序，当操作数 "I0.0" 的信号状态为 "1" 时，执行该指令。输入的浮点数 125.56 将向下取整到最接近的实数 125.0，并发送到输出 "MD30"。如果成功执行该指令，则置位 Q0.0 "指示灯 1"亮。

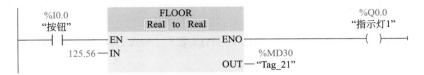

图 5-1-165　浮点数向下取整指令的应用

（5）截尾取整指令（TRUNC）

① 截尾取整指令的梯形图格式。截尾取整指令的梯形图格式如图 5-1-166 所示。

图 5-1-166　截尾取整指令的梯形图格式

② 指令功能。使用"截尾取整"指令，将输入 IN 的值得出整数部分，并将其发送到输出 OUT 中，不带小数位。输入 IN 的值为浮点数。

③ 截尾取整指令中的参数。表 5-1-71 列出了该指令的参数。

表5-1-71　截尾取整指令中的参数

参数	声明	数据类型	存储区	说明
EN	Input	Bool	I、Q、M、D、L 或常量	使能输入
ENO	Output	Bool	I、Q、M、D、L	使能输出
IN	Input	浮点数	I、Q、M、D、L 或常量	输入值
OUT	Output	整数、浮点数	I、Q、M、D、L	输入值的整数部分

实例 5-68　截尾取整指令的应用

如图 5-1-167 所示的程序，当操作数 "I0.0" 的信号状态为 "1" 时，执行该指令。输入的浮点数 125.56 截尾取整为 125，并发送到输出 "MD40"。如果成功执行该指令，则置位 Q0.0 "指示灯 1"亮。

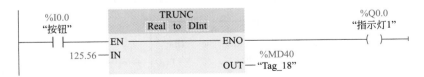

图 5-1-167　截尾取整指令的应用

（6）缩放指令（SCALE_X）

① 缩放指令的梯形图格式。缩放指令的梯形图格式如图 5-1-168 所示。

② 指令功能。使用"缩放"指令，通过将输入 VALUE 的值映射到指定的值范围内，对该值进行缩放。当执行"缩放"指令时，输入 VALUE 的浮点值（0 ≤ VALUE ≤ 1.0）被线性转换为由参数 MIN 和 MAX 定义的范围内的数值，转换结果为整数并存储在输出 OUT 指定的地址中。

"缩放"指令将按公式进行计算：OUT=VALUE×（MAX–MIN）+MIN，缩放示意图如图 5-1-169 所示。

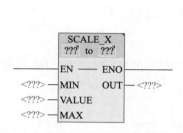

图 5-1-168　缩放指令的梯形图格式

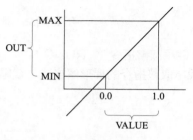

图 5-1-169　缩放示意图

③ 缩放指令中的参数。表 5-1-72 列出了该指令的参数。

表5-1-72　缩放指令中的参数

参数	声明	数据类型	存储区	说明
EN	Input	Bool	I、Q、M、D、L 或常量	使能输入
ENO	Output	Bool	I、Q、M、D、L	使能输出
MIN	Input	整数、浮点数	I、Q、M、D、L 或常量	取值范围的下限
VALUE	Input	浮点数	I、Q、M、D、L 或常量	要缩放的值。 如果输入一个常量，则必须对其声明
MAX	Input	整数、浮点数	I、Q、M、D、L 或常量	取值范围的上限
OUT	Output	整数、浮点数	I、Q、M、D、L	缩放的结果

实例 5-69　缩放指令的应用

缩放指令常用于模拟量 A/D 转换，如图 5-1-170 所示的程序，当操作数 "TagIn=I0.0" 的信号状态为 "1" 时，执行该指令。输入 "Tag_Value" 的值为实数 0.5，将缩放到由输入 "Tag_MIN=0" 和 "Tag_MAX=27648" 的值定义的值范围内。结果存储在输出 "Tag_Result=13824" 中。如果成功执行了该指令，则使能输出 ENO 的信号状态为 "1"，同时置位输出 "TagOut"。

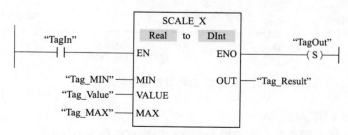

图 5-1-170　缩放指令的应用

（7）标准化指令（NORM_X）

① 标准化指令的梯形图格式。标准化指令的梯形图格式如图 5-1-171 所示。

② 指令功能。使用"标准化"指令，通过将输入 VALUE 中变量的值映射到线性标尺，对其进行线性标准化转换得到一个 0 ～ 1.0 之间的浮点数，转换结果输出到 OUT 指定的地址中。参数 MIN 和 MAX 定义该标尺的值范围的限值。如果要标准化的值等于输入 MIN 中的值，则输出 OUT 值为"0.0"；如果要标准化的值等于输入 MAX 的值，则输出 OUT 值为"1.0"，故"标准化"指令将按公式进行计算：OUT=（VALUE–MIN）/（MAX–MIN），标准化示意图如图 5-1-172 所示。

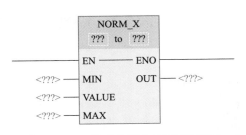

图 5-1-171　标准化指令的梯形图格式

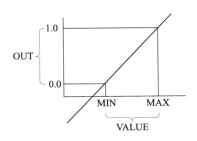

图 5-1-172　标准化示意图

③ 标准化指令中的参数。表 5-1-73 列出了该指令的参数。

表5-1-73　标准化指令中的参数

参数	声明	数据类型	存储区	说明
EN	Input	Bool	I、Q、M、D、L 或常量	使能输入
ENO	Output	Bool	I、Q、M、D、L	使能输出
MIN①	Input	整数、浮点数	I、Q、M、D、L 或常量	取值范围的下限
VALUE①	Input	整数、浮点数	I、Q、M、D、L 或常量	要标准化的值
MAX①	Input	整数、浮点数	I、Q、M、D、L 或常量	取值范围的上限
OUT	Output	浮点数	I、Q、M、D、L	标准化结果

① 如果在这三个参数中都使用常量，则仅需声明其中一个。

实例 5-70　标准化指令的应用

标准化指令常用于模拟量 D/A 转换，如图 5-1-173 所示的程序，当操作数"TagIn=I0.0"的信号状态为"1"时，执行该指令。输入"Tag_Value=13824"的值将标准化到由输入"Tag_MIN=0"和"Tag_MAX=1.0"的值定义的值范围内。结果存储在输出"Tag_Result=0.5"中。如果成功执行了该指令，则使能输出 ENO 的信号状态为"1"，同时置位输出"TagOut"。

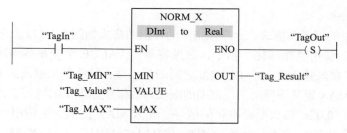

图 5-1-173 标准化指令的应用

5.1.8 程序控制操作指令

程序控制指令包括跳转指令、块操作指令以及运行时控制指令。TIA 博途软件中采用的程序控制指令如图 5-1-174 所示。

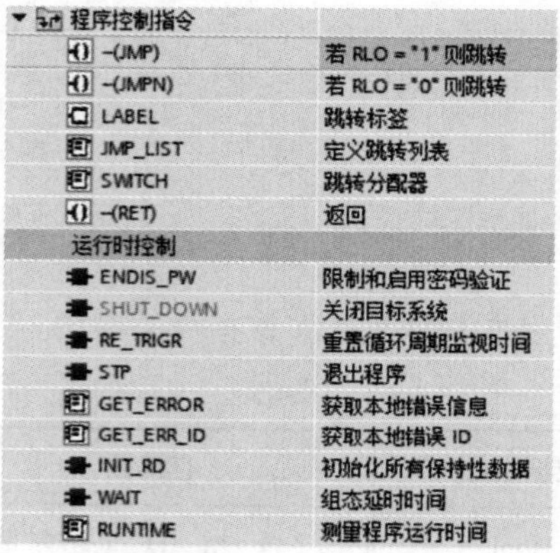

程序控制指令	
() -(JMP)	若 RLO = "1" 则跳转
() -(JMPN)	若 RLO = "0" 则跳转
LABEL	跳转标签
JMP_LIST	定义跳转列表
SWITCH	跳转分配器
() -(RET)	返回
运行时控制	
ENDIS_PW	限制和启用密码验证
SHUT_DOWN	关闭目标系统
RE_TRIGR	重置循环周期监视时间
STP	退出程序
GET_ERROR	获取本地错误信息
GET_ERR_ID	获取本地错误 ID
INIT_RD	初始化所有保持性数据
WAIT	组态延时时间
RUNTIME	测量程序运行时间

图 5-1-174 程序控制指令

（1）跳转指令（JMP）、（JMPN）与跳转标签（LABEL）指令

① 跳转指令 JMP 与跳转标签指令 LABEL 的梯形图格式。指令转指令 JMP 与跳转标签指令 LABEL 的梯形图格式如图 5-1-175、图 5-1-176 所示，在指令上方 "???" 处指定该跳转标签的名称。

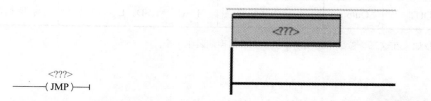

图 5-1-175 跳转指令 JMP 的梯形图格式　　图 5-1-176 跳转标签指令 LABEL 的梯形图格式

② 指令功能。

a. 当跳转指令（JMP）的输入逻辑运算结果（RLO）为 "1" 时，跳转指令中断正在顺序执行的程序，将跳转到由指定跳转标签（LABEL）标识的程序段处，执行其他程序段。当跳转的程序执行完毕后，再返回跳转处，继续执行后续程序。

如果不满足该指令输入的条件（RLO=0），则程序将继续执行下一程序段。

b. 当跳转指令（JMPN）的输入逻辑运算结果（RLO）为"0"时，跳转指令中断正在顺序执行的程序，它与 JMP 用法一样，在这里不再赘述了。

c. 跳转标签指令可使用跳转标签来标识一个目标程序段。执行跳转时，应继续执行该程序段中的程序。

 使用提示

指定的跳转标签与执行的指令必须位于同一数据块中。指定的名称在块中只能出现一次，S7-1500 CPU 最多可以声明 256 个跳转标签。一个程度段中只能使用一个跳转线圈。一个程序段中只能设置一个跳转标签，每个跳转标签可以跳转到多个位置。

跳转标签的编写遵循以下语法规则：

① 跳转标签最多由四位组成，第一位必须是字母（a ~ z，A ~ Z），例如 CAS1。

② 字母和数字组合：需注意排列顺序，如首先是字母，然后字符（a ~ z，A ~ Z，0 ~ 9）。

③ 不能使用特殊字符或反向排序字母与数字组合。

实例 5-71　跳转指令与跳转标签指令的应用

如图 5-1-177 所示的程序，当操作数"TagIn_1"的信号状态为"1"时，执行"若 RLO = 1 则跳转"指令，中断程序的顺序执行，并跳转到由跳转标签 CAS1 标识的程序段 3 进行执行，此时如果"TagIn_3"输入的信号状态为"1"，则置位"TagOut_3"输出。

当操作数"TagIn_1"的信号状态为"0"时，不执行跳转，程序继续往下顺序扫描程序段 2。

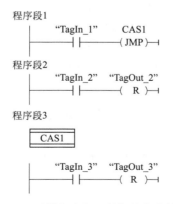

图 5-1-177　跳转指令与跳转标签指令的应用

（2）定义跳转列表（JMP_LIST）指令

① 定义跳转列表指令的梯形图格式。定义跳转列表指令的梯形图格式如图 5-1-178 所示。

图 5-1-178　定义跳转列表指令的梯形图格式

② 指令功能。仅在 EN 使能输入的信号状态为 "1" 时，才执行 "定义跳转列表" 指令。"定义跳转列表" 指令可定义多个有条件跳转，并继续执行由 K 参数值指定的程序段中的程序。

可使用跳转标签（LABEL）定义跳转，跳转标签则可以在指令框的输出指定。而 S7-1500 CPU 最多可以声明 256 个输出。

输出从值 "0" 开始编号，每次新增输出后以升序继续编号，在指令的输出中只能指定跳转标签，而不能指定指令或操作数。

K 参数值将指定输出编号，因而程序将从跳转标签处继续执行。如果 K 参数值大于可用的输出编号，则继续执行块中下个程序段中的程序。

③ 定义跳转列表指令中的参数。表 5-1-74 列出了该指令的参数。

表5-1-74　定义跳转列表指令中的参数

参数	声明	数据类型	存储区	说明
EN	Input	Bool	I、Q、M、D、L 或常量	使能输入
K	Input	UInt	I、Q、M、D、L 或常量	指定输出的编号以及要执行的跳转
DEST0	—	—	—	第一个跳转标签
DEST1	—	—	—	第二个跳转标签
DEST1	—	—	—	可选跳转标签

实例 5-72 定义跳转列表指令的应用

如图 5-1-179 所示的程序，当操作数 "Tag_Input" 的信号状态为 "1" 时，执行 "定义跳转列表" 指令。根据操作数 "Tag_Value" 的值在跳转标签 "LABEL" 标识的程序段中执行程序。如果 "Tag_Value=0"，则执行跳转标签 "LABEL0" 标识的程序段；如果 "Tag_Value=1"，则执行跳转标签 "LABEL1" 标识的程序段。

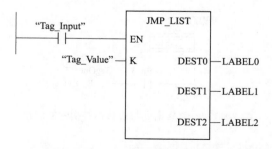

图 5-1-179　定义跳转列表指令的应用

（3）跳转分支指令（SWITCH）

① 跳转分支指令的梯形图格式。跳转分支指令的梯形图格式如图 5-1-180 所示。选择指令"???"的不同数据类型，指令输入可用的比较指令也有所不同，参考表 5-1-75。

② 指令功能。使用"跳转分支"指令，根据一个或多个比较指令的结果，定义要执行的多个程序跳转。选择指令"？？？"的不同数据类型，指令输入可用的比较指令也有所不同，参考表 5-1-75。在参数 K 指定要比较的值，将该值与各个输入提供的

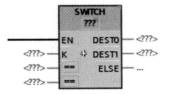

图 5-1-180　跳转分支指令的梯形图格式

值进行比较。该指令从第一个开始比较执行，直至满足比较条件为止，去执行相对应输出设定的跳转程序，不考虑后续比较条件。如果未满足任何指定的比较条件，将在输出 ELSE 处执行跳转。如果输出 ELSE 中未定义程序跳转，则程序从下一个程序段继续执行。

可在指令框中增加输出的数量。输出从值"0"开始编号，每次新增输出后以升序继续编号。在指令的输出中指定跳转标签（LABEL）。不能在该指令的输出上指定指令或操作数。

表5-1-75　根据选定的数据类型列出可用的比较指令

数据类型	指令	语法
位字符串	等于	==
	不等于	<>
整数、浮点数、Time、LTime、Date、TOD、LTOD、LDT	等于	==
	不等于	<>
	大于或等于	>=
	小于或等于	<=
	大于	>
	小于	<

③ 跳转分支指令中的参数。表 5-1-76 列出了该指令的参数。

表5-1-76　跳转分支指令中的参数

参数	声明	数据类型	存储区	说明
EN	Input	Bool	I、Q、M、D、L 或常量	使能输入
K	Input	UInt	I、Q、M、D、L 或常量	指定要比较的值
<比较值>	Input	位字符串、整数、浮点数、Time、LTime、Date、TOD、LTOD、LDT	I、Q、M、D、L 或常量	要与参数 K 的值比较的输入值
DEST0	—	—	—	第一个跳转标签
DEST1	—	—	—	第二个跳转标签
ELSE	—	—	—	不满足任何比较条件时，执行的程序跳转

实例 5-73 跳转分支指令的应用

如图 5-1-181 所示的程序，各参数的设定值如表 5-1-77 所示。若操作数 "Tag_Input" 的信号状态变为 "1"，则执行 "跳转分支指令" 指令。"Tag_Value=23" 与 "Tag_Value_1=20" 进行相等比较，比较结果不相等则不跳转；继续向下比较 "Tag_Value=23" 与 "Tag_Value_2=21" 进行大于比较，比较结果满足，则跳转到跳转标签 "LABEL1" 标识的程序段中执行程序。

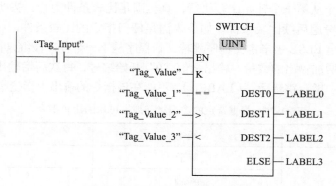

图 5-1-181　跳转分支指令的应用

表5-1-77　跳转分支指令参数的设定值

参数	操作数 / 跳转标签	值
K	Tag_Value	23
==	Tag_Value_1	20
>	Tag_Value_2	21
<	Tag_Value_3	19
DEST0	LABEL0	跳转到跳转标签 "LABEL0"（如果参数 K 的值等于 20）
DEST1	LABEL1	跳转到跳转标签 "LABEL1"（如果参数 K 的值大于 21）
DEST2	LABEL2	跳转到跳转标签 "LABEL2"（如果参数 K 的值小于 19）
ELSE	LABEL3	如果不满足任何比较条件，则跳转到跳转标签 "LABEL3"

（4）返回指令（RET）

① 返回指令的梯形图格式。返回指令的梯形图格式如图 5-1-182 所示。

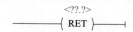

图 5-1-182　返回指令的梯形图格式

② 指令功能。在 FC 块或 FB 块中可使用 "返回" 指令停止有条件执行或无条件执行。一般情况下不需要在程序结束时使用 RET 指令来结束块，操作系统将自动完成这个任务。

程序块退出时，返回到调用该程序块的那个程序中。在 RET 返回线圈指令的上面 "???"

参数是一个返回值，使用时需要输入一个布尔量，如果返回值设置为"1"，则该指令返回上一级程序后，该 FC 或 FB 块使能输出端 ENO 有信号输出，接在它后面的指令继续运行。如果返回值设置为"0"，则该指令返回上一级程序后，该 FC 或 FB 块使能输出端 ENO 没有信号输出，则与该 FC 或 FB 块使能输出端 ENO 相接的指令停止运行。

5.1.9　字逻辑运算指令

字逻辑运算指令是对 Byte（字节）、Word（字）、DWord（双字）或 LWord（长字）逐位进行逻辑运算操作的。在 TIA 博途软件中常用的字逻辑运算指令如图 5-1-183 所示，主要包括与、或、异或、求反码、编码、解码、选择、多路复用和多路分用等。

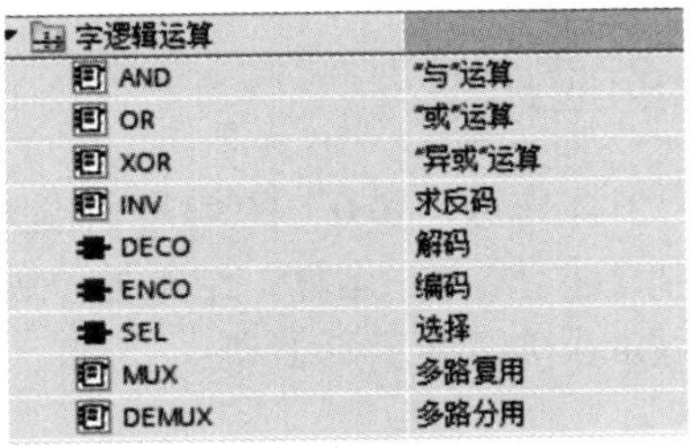

▼ 字逻辑运算	
AND	"与"运算
OR	"或"运算
XOR	"异或"运算
INV	求反码
DECO	解码
ENCO	编码
SEL	选择
MUX	多路复用
DEMUX	多路分用

图 5-1-183　字逻辑运算指令

（1）与运算指令（AND）

① 与运算指令的梯形图格式。与运算指令的梯形图格式如图 5-1-184 所示。

图 5-1-184　与运算指令的梯形图格式

② 指令功能。使用"与"运算指令将输入 IN1 的值和输入 IN2 的值按位进行"与"运算，并将结果在输出 OUT 中查询。

执行该指令时，输入 IN1 的值的位 0 和输入 IN2 的值的位 0 进行"与"运算。结果存储在输出 OUT 的位 0 中。对指定值的所有其他位都执行相同的逻辑运算。当逻辑运算中的两个位的信号状态均为"1"时，结果位的信号状态才为"1"。如果该逻辑运算的两个位中有一个位的信号状态为"0"，则对应的结果位将是"0"。与运算指令的工作过程如图 5-1-185 所示。

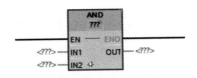

A　0101 0101 0101 0101

B　0000 0000 0000 1111

与

C　0000 0000 0000 0101

图 5-1-185　与运算指令的工作过程

③ 与运算指令中的参数。表 5-1-78 列出了该指令的参数。

表5-1-78 与运算指令中的参数

参数	声明	数据类型	存储区	说明
EN	Input	Bool	I、Q、M、D、L 或常量	使能输入
ENO	Output	Bool	I、Q、M、D、L	使能输出
IN1	Input	位字符串	I、Q、M、D、L、P 或常量	逻辑运算的第一个值
IN2	Input	位字符串	I、Q、M、D、L、P 或常量	逻辑运算的第二个值
INn	Input	位字符串	I、Q、M、D、L、P 或常量	其值要进行逻辑组合的其他输入
OUT	Output	位字符串	I、Q、M、D、L、P	指令的结果

实例 5-74 与运算指令的应用

如图 5-1-186 所示的程序，当操作数 "I0.0" 的信号状态为 "1" 时，执行该指令。将操作数 "A" 的值与操作数 "B" 的值进行 "与" 运算，结果按位映射并输出到操作数 "RESULT" 中，使能输出 ENO 置为 "1"，Q0.0 接通指示灯 1 亮。

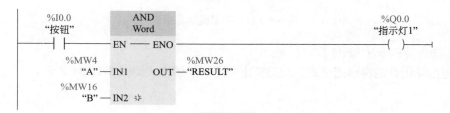

图 5-1-186 与运算指令的应用

（2）或运算指令（OR）

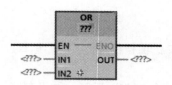

图 5-1-187 或运算指令的梯形图格式

① 或运算指令的梯形图格式。或运算指令的梯形图格式如图 5-1-187 所示。

② 指令功能。使用 "或" 运算指令将输入 IN1 的值和输入 IN2 的值按位进行 "或" 运算，并将结果在输出 OUT 中查询。

执行该指令时，输入 IN1 的值的位 0 和输入 IN2 的值的位 0 进行 "或" 运算，并将结果存储在输出 OUT 的位 0 中，对指定值的所有其他位都执行相同的逻辑运算。当逻辑运算中的两个位的信号状态均为 "0" 时，结果位的信号状态才为 "0"。如果该逻辑运算的两个位中有一个位的信号状态为 "1" 或全为 "1"，则对应的结果位将是 "1"。

或运算指令的工作过程如图 5-1-188 所示。

```
      A   0101 0101 0101 0101
      B   0000 0000 0000 1111
  或  ──────────────────────────
      C   0101 0101 0101 1111
```

图 5-1-188 或运算指令的工作过程

③ 或运算指令中的参数。表 5-1-79 列出了该指令的参数。

表5-1-79　或运算指令中的参数

参数	声明	数据类型	存储区	说明
EN	Input	Bool	I、Q、M、D、L 或常量	使能输入
ENO	Output	Bool	I、Q、M、D、L	使能输出
IN1	Input	位字符串	I、Q、M、D、L、P 或常量	逻辑运算的第一个值
IN2	Input	位字符串	I、Q、M、D、L、P 或常量	逻辑运算的第二个值
INn	Input	位字符串	I、Q、M、D、L、P 或常量	其值要进行逻辑组合的其他输入
OUT	Output	位字符串	I、Q、M、D、L、P	指令的结果

实例 5-75　或运算指令的应用

如图 5-1-189 所示的程序，当操作数 "I0.0" 的信号状态为 "1" 时，执行该指令。将操作数 "A" 的值与操作数 "B" 的值进行 "或" 运算，结果按位映射并输出到操作数 "RESULT" 中，使能输出 ENO 置为 "1"，Q0.0 接通指示灯 1 亮。

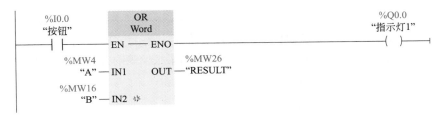

图 5-1-189　或运算指令的应用

（3）异或运算指令（XOR）

① 异或运算指令的梯形图格式。异或运算指令的梯形图格式如图 5-1-190 所示。

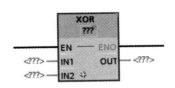

图 5-1-190　异或运算指令的梯形图格式

② 指令功能。使用 "异或" 运算指令将输入 IN1 的值和输入 IN2 的值按位进行 "异或" 运算，并将结果在输出 OUT 中查询。

执行该指令时，输入 IN1 的值的位 0 和输入 IN2 的值的位 0 进行 "异或" 运算，并将结果存储在输出 OUT 的位 0 中，对指定值的所有其他位都执行相同的逻辑运算。当该逻辑运算中的两个位中有一个位的信号状态为 "1" 时，结果位的信号状态为 "1"。如果该逻辑运算的两个位的信号状态均为 "1" 或 "0"，则对应的结果位为 "0"。

异或运算指令的工作过程如图 5-1-191 所示。

```
     A    0101 0101 0101 0101
     B    0000 0000 0000 1111
或   ─────────────────────────
     C    0101 0101 0101 1111
```

图 5-1-191　异或运算指令的工作过程

③ 异或运算指令中的参数。表 5-1-80 列出了该指令的参数。

表5-1-80　异或运算指令中的参数

参数	声明	数据类型	存储区	说明
EN	Input	Bool	I、Q、M、D、L 或常量	使能输入
ENO	Output	Bool	I、Q、M、D、L	使能输出
IN1	Input	位字符串	I、Q、M、D、L、P 或常量	逻辑运算的第一个值
IN2	Input	位字符串	I、Q、M、D、L、P 或常量	逻辑运算的第二个值
INn	Input	位字符串	I、Q、M、D、L、P 或常量	其值要进行逻辑组合的其他输入
OUT	Output	位字符串	I、Q、M、D、L、P	指令的结果

实例 5-76　异或运算指令的应用

如图 5-1-192 所示的程序，若操作数 "I0.0" 的信号状态为 "1"，则执行该指令。将操作数 "A" 的值与操作数 "B" 的值进行 "异或" 运算，结果按位映射并输出到操作数 "RESULT" 中，使能输出 ENO 置为 "1" 指示灯 1 亮。

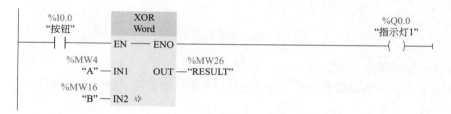

图 5-1-192　异或运算指令的应用

（4）求反码（INV）

① 求反码指令的梯形图格式。求反码指令的梯形图格式如图 5-1-193 所示。

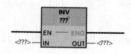

图 5-1-193　求反码指令的梯形图格式

② 指令功能。使用 "求反码" 指令对输入 IN 的各个位的信号状态取反。在处理该指令时，输入 IN 的值与一个十六进制掩码（表示 16 位数的 W#16#FFFF 或表示 32 位数的 DW#16#FFFF FFFF）进行 "异或" 运算，将各个位的信号状态取反，并且结果存储在输出 OUT 中。

③ 求反码指令中的参数。表 5-1-81 列出了该指令的参数。

表5-1-81　求反码指令中的参数

参数	声明	数据类型	存储区	说明
EN	Input	Bool	I、Q、M、D、L 或常量	使能输入
ENO	Output	Bool	I、Q、M、D、L	使能输出
IN	Input	位字符串、整数	I、Q、M、D、L、P 或常量	输入值
OUT	Output	位字符串、整数	I、Q、M、D、L、P	输入 IN 的值的反码

实例 5-77　求反码指令的应用

如图 5-1-194 所示的程序，如果操作数 "I0.0" 的信号状态为 "1"，则执行该指令。该指令对输入 "A=W#16#000F" 的各个位的信号状态取反，并将结果写入输出 "RESULT=W#16#FFF0"，使能输出 ENO 的信号为 "1"，并使指示灯 1 亮。

图 5-1-194　求反码指令的应用

（5）解码指令（DECO）

① 解码指令的梯形图格式。解码指令的梯形图格式如图 5-1-195 所示。

图 5-1-195　解码指令的梯形图格式

② 指令功能。使用 "解码" 指令，将输入值指定的输出值中的某个位置位。当输入参数 IN 的值为 N 时，"解码" 指令将输出 OUT 参数中的第 N 位置位为 "1"，输出值中的其他位以零填充。当输入 IN 的值大于 31 时，将执行以 32 为模的指令。

③ 解码指令中的参数。表 5-1-82 列出了该指令的参数。

表5-1-82　解码指令中的参数

参数	声明	数据类型	存储区	说明
EN	Input	Bool	I、Q、M、D、L 或常量	使能输入
ENO	Output	Bool	I、Q、M、D、L	使能输出
IN	Input	UINT	I、Q、M、D、L、P 或常量	输出值中待置位的位置
OUT	Output	位字符串	I、Q、M、D、L、P	输出值

实例 5-78 解码指令的应用

如图 5-1-196 所示的程序，若操作数 "I0.0" 的信号状态为 "1"，则执行该指令。该指令从输入中 "A" 操作数的值中读取位号 "3"，并将输出中 "RESULT" 操作数的值第三个位设置为 "1"（即 RESULT=1000）。如果该指令执行成功，则使能输出 ENO 的信号状态为 "1"，同时置位 Q0.0 "指示灯 1" 亮。解码指令的工作过程如图 5-1-197 所示。

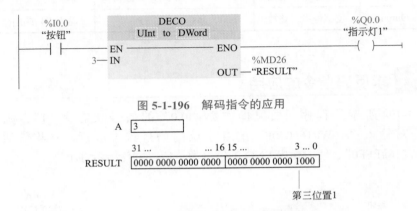

图 5-1-196　解码指令的应用

图 5-1-197　解码指令的工作过程

（6）编码指令（ENCO）

① 编码指令的梯形图格式。编码指令的梯形图格式如图 5-1-198 所示。

图 5-1-198　编码指令的梯形图格式

② 指令功能。"编码" 指令与 "解码" 指令相反。"编码" 指令是将输入 IN 值中为 1 的最低有效位的位号写入到输出 OUT 的变量中。例如 IN 为 2#0010 0100，OUT 指定的编码结果为 2。

③ 编码指令中的参数。表 5-1-83 列出了该指令的参数。

表5-1-83　编码指令中的参数

参数	声明	数据类型	存储区	说明
EN	Input	Bool	I、Q、M、D、L 或常量	使能输入
ENO	Output	Bool	I、Q、M、D、L	使能输出
IN	Input	位字符串	I、Q、M、D、L、P 或常量	输入值
OUT	Output	Int	I、Q、M、D、L、P	输出值

实例 5-79 编码指令的应用

如图 5-1-199 所示的程序，当操作数 "I0.0" 的信号状态为 "1" 时，执行该指令。该指令从输入中 "A" 操作数的值中选择最低有效位，并将位号 "3" 写入到输出 "RESULT" 操作数中（即 RESULT=3）。如果该指令执行成功，则使能输出 ENO 的信号状态为 "1"，同时置位 Q0.0 "指示灯 1" 亮。编码指令的工作过程如图 5-1-200 所示。

图 5-1-199　编码指令的应用

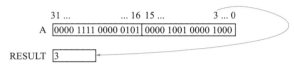

图 5-1-200　编码指令的工作过程

（7）选择指令（SEL）

① 选择指令的梯形图格式。选择指令的梯形图格式如图 5-1-201 所示。

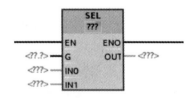

图 5-1-201　选择指令的梯形图格式

② 指令功能。"选择"指令根据开关（输入 G）的情况，选择输入 IN0 或 IN1 中的一个，并将其内容复制到输出 OUT 中。如果输入 G 的信号状态为 "0"，则将输入 IN0 的值移动到输出 OUT 中。如果输入 G 的信号状态为 "1"，则将输入 IN1 的值移动到输出 OUT 中。如果成功执行了该指令，则使能输出 ENO 的信号状态为 "1"。

所有参数的所有变量都必须具有相同的数据类型。

③ 选择指令中的参数。表 5-1-84 列出了该指令的参数。

表5-1-84　选择指令中的参数

参数	声明	数据类型	存储区	说明
EN	Input	Bool	I、Q、M、D、L 或常量	使能输入
ENO	Output	Bool	I、Q、M、D、L	使能输出
G	Input	Bool	I、Q、M、D、L、T、C 或常量	开关
IN0	Input	位字符串、整数、浮点数、定时器、TOD、LTOD、LDT、Char、WChar、Date	I、Q、M、D、L、P 或常量	第一个输入值
IN1	Input	位字符串、整数、浮点数、定时器、TOD、LTOD、LDT、Char、WChar、Date	I、Q、M、D、L、P 或常量	第二个输入值
OUT	Output	位字符串、整数、浮点数、定时器、TOD、LTOD、LDT、Char、WChar、Date	I、Q、M、D、L、P	结果

实例 5-80 选择指令的应用

如图 5-1-202 所示的程序，当操作数 "TagIn" 的信号状态为 "1" 时，执行该指令。根据 "TagIn_G" 输入的信号状态，选择 "TagIn_Value0" 或 "TagIn_Value1" 输入的值并将其移动到 "TagOut_Value" 输出。如果成功执行了该指令，则使能输出 ENO 的信号状态为 "1"，同时置位输出 "TagOut"。

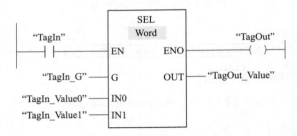

图 5-1-202　选择指令的应用

（8）多路复用指令（MUX）

① 多路复用指令的梯形图格式。多路复用指令的梯形图格式如图 5-1-203 所示。

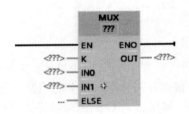

图 5-1-203　多路复用指令的梯形图格式

② 指令功能。使用 "多路复用" 指令，可将选定输入的内容复制到输出 OUT。执行该指令时，如果接口参数 K 的数值与输入参数 IN 的编号相比较，比较结果相等的，可将该接口所连接的变量的值复制到输出 OUT 中，同时使能输出 ENO 有信号输出；如果比较没有相同的，则把 ELSE 接口的变量值复制到输出 OUT 中，同时使能输出 ENO 停止信号输出。

可以扩展指令框中可选输入的数目，输入会在该框中自动按升序编号，最多可声明 32 个输入。

当所有输入和输出 OUT 中变量的数据类型都相同时，才能执行 "多路复用" 指令。参数 K 例外，只能为其指定整数。

③ 多路复用指令中的参数。表 5-1-85 列出了该指令的参数。

表5-1-85　多路复用指令中的参数

参数	声明	数据类型	存储区	说明
EN	Input	Bool	I、Q、M、D、L 或常量	使能输入
ENO	Output	Bool	I、Q、M、D、L	使能输出

续表

参数	声明	数据类型	存储区	说明
K	Input	整数	I、Q、M、D、L、P 或常量	指定要复制哪个输入的数据。 • 如果 $K=0$，则参数 IN0 • 如果 $K=1$，则参数 IN1，依此类推
IN0	Input	二进制数、整数、浮点数、定时器、Char、WChar、TOD、LTOD、Date、LDT	I、Q、M、D、L、P 或常量	第一个输入值
IN1	Input	二进制数、整数、浮点数、定时器、Char、WChar、TOD、LTOD、Date、LDT	I、Q、M、D、L、P 或常量	第二个输入值
INn	Input	二进制数、整数、浮点数、定时器、Char、WChar、TOD、LTOD、Date、LDT	I、Q、M、D、L、P 或常量	可选的输入值
ELSE	Input	二进制数、整数、浮点数、定时器、Char、WChar、TOD、LTOD、Date、LDT	I、Q、M、D、L、P 或常量	指定 $K > n$ 时要复制的值
OUT	Output	二进制数、整数、浮点数、定时器、Char、WChar、TOD、LTOD、Date、LDT	I、Q、M、D、L、P	要将值复制到的输出

实例 5-81　多路复用指令的应用

如图 5-1-204 所示的程序，当操作数 "Tag_Input" 的信号状态为 "1" 时，执行该指令。如果 Tag_Number=1，则根据操作数 "Tag_Number" 的值，将把输入 "Tag_Value_1" 的值复制并分配给输出 "Tag_Result" 的操作数。如果成功执行该指令，则置位使能输出 "ENO" 和 "Tag_Output"。

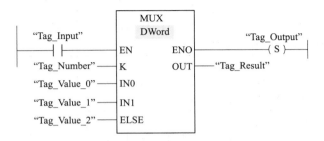

图 5-1-204　多路复用指令的应用

（9）多路分用指令（DEMUX）

① 多路分用指令的梯形图格式。多路分用指令的梯形图格式如图 5-1-205 所示。

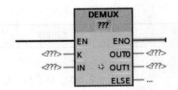

图 5-1-205　多路分用指令的梯形图格式

② 指令功能。多路分用指令（DEMUX）与多路复用指令相反。使用指令"多路分用"将输入 IN 的内容复制到选定的输出。

该指令执行时，如果接口参数 K 的数值与输出参数 OUT 的编号相比较，比较结果相等的，可将输入 IN 所连接的变量的值复制到该输出 OUT 中，同时使能输出 ENO 有信号输出；如果比较没有相同的，则把输入 IN 的变量值复制到输出 ELSE 中，同时使能输出 ENO 停止信号输出。

可以扩展指令框中可选输出的数目，输出会在该框中自动按升序编号，最多可声明 32 个输出。

当输入和所有输出 OUT 中变量的数据类型都相同时，才能执行"多路分用"指令。参数 K 例外，只能为其指定整数。

③ 多路分用指令中的参数。表 5-1-86 列出了该指令的参数。

表5-1-86　多路分用指令中的参数

参数	声明	数据类型	存储区	说明
EN	Input	Bool	I、Q、M、D、L 或常量	使能输入
ENO	Output	Bool	I、Q、M、D、L	使能输出
K	Input	整数	I、Q、M、D、L、P 或常量	指定要将输入值（IN）复制到的输出。 • 如果 K=0，则复制参数 OUT0 • 如果 K=1，则复制参数 OUT1，依此类推
IN	Input	二进制数、整数、浮点数、定时器、Char、WChar、TOD、LTOD、Date、LDT	I、Q、M、D、L、P 或常量	输入值
OUT0	Output	二进制数、整数、浮点数、定时器、Char、WChar、TOD、LTOD、Date、LDT	I、Q、M、D、L、P	第一个输出
OUT1	Output	二进制数、整数、浮点数、定时器、Char、WChar、TOD、LTOD、Date、LDT	I、Q、M、D、L、P	第二个输出
OUTn	Output	二进制数、整数、浮点数、定时器、Char、WChar、TOD、LTOD、Date、LDT	I、Q、M、D、L、P	可选输出
ELSE	Output	二进制数、整数、浮点数、定时器、Char、WChar、TOD、LTOD、Date、LDT	I、Q、M、D、L、P	要将输入值（$K > n$ 中的 IN）复制到的输出

如图 5-1-206 所示的程序，当操作数"Tag_Input"的信号状态为"1"时，执行该指令。如果 Tag_Number=1，则将把输入"Tag_Value"的值复制并分配到输出"Tag_Output_1"中。如果成功执行该指令，则置位使能输出"ENO"和"Tag_Output"。

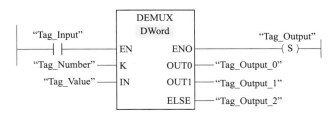

图 5-1-206　多路分用指令的应用

5.1.10　移位和循环移位指令

（1）右移指令（SHR）

① 右移指令的梯形图格式。右移指令的梯形图格式如图 5-1-207 所示。

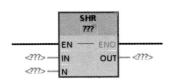

图 5-1-207　右移指令的梯形图格式

② 指令功能。使用"右移"指令，将输入 IN 中操作数的内容按照参数 N 指定的移位位数向右移位，并将移位结果保存到输出 OUT 中。

如果参数 N 的值为"0"，则将输入 IN 的值复制到输出 OUT 的操作数中；如果参数 N 的值大于位数，则输入 IN 的操作数值将向右移动该指令位数的个数。

无符号值移位时，用零填充操作数左侧区域中空出的位。如果指定值有符号，则用符号位的信号状态填充空出的位。

③ 右移指令中的参数。表 5-1-87 列出了该指令的参数。

表5-1-87　右移指令中的参数

参数	声明	数据类型	存储区	说明
EN	Input	Bool	I、Q、M、D、L 或常量	使能输入
ENO	Output	Bool	I、Q、M、D、L	使能输出
IN	Input	位字符串、整数	I、Q、M、D、L 或常量	要移位的值
N	Input	USInt、UInt、UDInt、ULInt	I、Q、M、D、L 或常量	将对值进行移位的位数
OUT	Output	位字符串、整数	I、Q、M、D、L	指令的结果

实例 5-83 右移指令的应用

如图 5-1-208 所示的程序，将参数 "A" 的值设定为 2#1010 1111 0000 1111，参数 N 的值设定为 4，若操作数 "I0.0" 的信号状态为 "1"，则将执行 "右移" 指令，把操作数 "A" 的内容按照参数 N 设定的数值向右移动 4 位，将结果发送到输出 "RESULT" 中（RESULT=2#1111 1010 1111 0000）。如果成功执行了该指令，则使能输出 ENO 的信号状态为 "1"，同时置位 Q0.0 "指示灯 1" 亮。右移过程如图 5-1-209 所示。

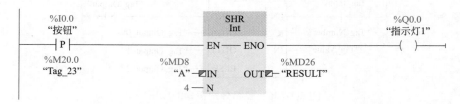

图 5-1-208　右移指令的应用

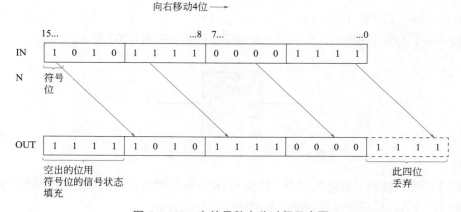

图 5-1-209　有符号数右移过程示意图

（2）左移指令（SHL）

① 左移指令的梯形图格式。左移指令的梯形图格式如图 5-1-210 所示。

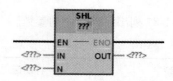

图 5-1-210　左移指令的梯形图格式

② 指令功能。使用 "左移" 指令，将输入 IN 中操作数的内容按照参数 N 指定的移位位数向左移位，并将移位结果保存到输出 OUT 中。

如果参数 N 的值为 "0"，则将输入 IN 的值复制到输出 OUT 的操作数中；如果参数 N 的值大于位数，则输入 IN 的操作数值将向左移动该指令位数的个数。

无符号值移位时，用零填充操作数右侧区域中空出的位。如果指定值有符号，则用符号位的信号状态填充空出的位。

③ 左移指令中的参数。表 5-1-88 列出了该指令的参数。

表5-1-88　左移指令中的参数

参数	声明	数据类型	存储区	说明
EN	Input	Bool	I、Q、M、D、L 或常量	使能输入
ENO	Output	Bool	I、Q、M、D、L	使能输出
IN	Input	位字符串、整数	I、Q、M、D、L 或常量	要移位的值
N	Input	USInt、UInt、UDInt、ULInt	I、Q、M、D、L 或常量	将对值进行移位的位数
OUT	Output	位字符串、整数	I、Q、M、D、L	指令的结果

实例 5-84 左移指令的应用

如图 5-1-211 所示的程序，将参数"A"的值设定为 2#0000 1111 01010101，参数 N 的值设定为 6，当操作数"I0.0"的信号状态为"1"时，将执行"左移"指令，把操作数"A"的内容按照参数 N 设定的数值向左移动 6 位，将结果发送到输出"RESULT"中（RESULT=2#1101 0101 0100 0000）。如果成功执行了该指令，则使能输出 ENO 的信号状态为"1"，同时置位 Q0.0"指示灯 1"亮。左移过程如图 5-1-212 所示。

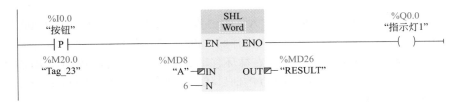

图 5-1-211　左移指令的应用

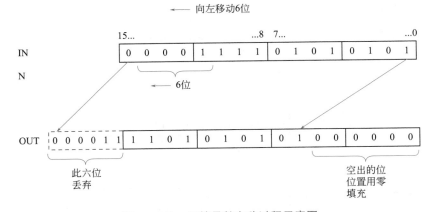

图 5-1-212　无符号数左移过程示意图

（3）循环右移指令（ROR）

① 循环右移指令的梯形图格式。循环右移指令的梯形图格式如图 5-1-213 所示。

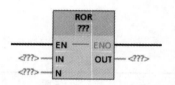

图 5-1-213 循环右移指令的梯形图格式

② 指令功能。使用"循环右移"指令将输入 IN 中操作数的内容按照参数 N 指定循环移位的位数向右循环移位，并将移动结果保存到输出 OUT 中，用移出的位填充因循环移位而空出的位。

如果参数 N 的值为"0"，则将输入 IN 的值复制到输出 OUT 的操作数中。

如果参数 N 的值大于可用位数，则输入 IN 中的操作数值仍会循环移动指定位数。

③ 循环右移指令中的参数。表 5-1-89 列出了该指令的参数。

表5-1-89 循环右移指令中的参数

参数	声明	数据类型	存储区	说明
EN	Input	Bool	I、Q、M、D、L 或常量	使能输入
ENO	Output	Bool	I、Q、M、D、L	使能输出
IN	Input	位字符串、整数	I、Q、M、D、L 或常量	要循环移位的值
N	Input	USInt、UInt、UDInt、ULInt	I、Q、M、D、L 或常量	将值循环移动的位数
OUT	Output	位字符串、整数	I、Q、M、D、L	指令的结果

实例 5-85 循环右移指令的应用

如图 5-1-214 所示的程序，将参数"A"的值设定为 32 位 2#1010 1010 0000 1111 0000 1111 0101 0101，参数 N 的值设定为 3，当操作数"I0.0"的信号状态为"1"时，将执行"循环右移"指令。"A"操作数的内容将向右循环移动 3 位。结果发送到输出"RESULT"中。如果成功执行了该指令，则使能输出 ENO 的信号状态为"1"，同时置位 Q0.0"指示灯 1"亮。循环右移过程如图 5-1-215 所示。

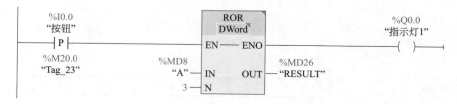

图 5-1-214 循环右移指令的应用

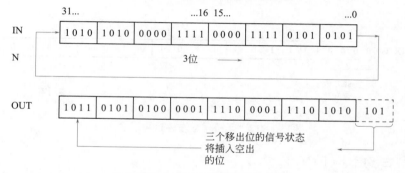

图 5-1-215 循环右移过程示意图

（4）循环左移指令（ROL）

① 循环左移指令的梯形图格式。循环左移指令的梯形图格式如图 5-1-216 所示。

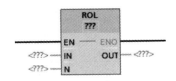

图 5-1-216　循环左移指令的梯形图格式

② 指令功能。使用"循环左移"指令将输入 IN 中操作数的内容按照参数 N 指定循环移位的位数向左循环移位，并将移动结果保存到输出 OUT 中，用移出的位填充因循环移位而空出的位。

如果参数 N 的值为"0"，则将输入 IN 的值复制到输出 OUT 的操作数中。

如果参数 N 的值大于可用位数，则输入 IN 中的操作数值仍会循环移动指定位数。

③ 循环左移指令中的参数。表 5-1-90 列出了该指令的参数。

表5-1-90　循环左移指令中的参数

参数	声明	数据类型	存储区	说明
EN	Input	Bool	I、Q、M、D、L 或常量	使能输入
ENO	Output	Bool	I、Q、M、D、L	使能输出
IN	Input	位字符串、整数	I、Q、M、D、L 或常量	要循环移位的值
N	Input	USInt、UInt、UDInt、ULInt	I、Q、M、D、L 或常量	将值循环移动的位数
OUT	Output	位字符串、整数	I、Q、M、D、L	指令的结果

实例 5-86　循环左移指令的应用

如图 5-1-217 所示的程序，将参数"A"的值设定为 32 位 2#1111 0000 1010 1010 0000 1111 0000 1111，参数 N 的值设定为 3，若操作数"I0.0"的信号状态为"1"，则将执行"循环左移"指令。"A"操作数的内容将向左循环移动 3 位。结果发送到输出"RESULT"中。如果成功执行了该指令，则使能输出 ENO 的信号状态为"1"，同时置位 Q0.0"指示灯 1"亮。循环左移过程如图 5-1-218 所示。

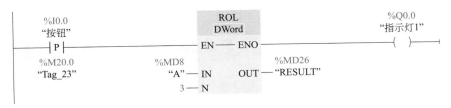

图 5-1-217　循环左移指令的应用

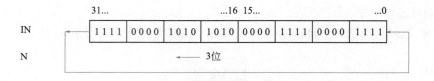

图 5-1-218　循环左移过程示意图

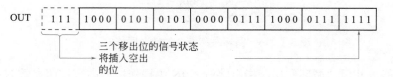

实例 5-87　彩灯循环移位的控制

【控制要求】有 16 盏灯，当接通电源开关时，第一盏灯亮，彩灯每隔 1s 的时间进行循环移位，彩灯的循环左移或循环右移由方向选择开关决定。

【编程操作】

① 定义相关变量如图 5-1-219 所示。

图 5-1-219　定义相关变量

② 编写程序。激活 CPU 中的系统存储器和时钟字节存储器，设定 1s 脉冲信号 M0.5，初始闭合扫描脉冲 M1.0。编写程序如图 5-1-220 所示。启动开关 I10.0 接通，把 16 盏灯的初始状态 16#0001 赋值给输出 QW4 中，方向开关 I10.2 闭合时为右循环，断开时为左循环。停止开关 I10.1 闭合时，彩灯灯灭停止循环。

> **提示**
>
> 　　程序中 M0.5 需要上升沿指令，否则每个扫描循环周期都要执行一次循环移位，而不是每秒移位 1 次。

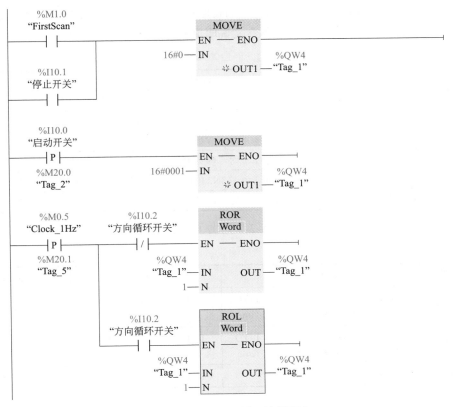

图 5-1-220　彩灯循环控制程序

5.2　扩展指令

TIA 博途软件提供的扩展指令基本上是与系统功能有关的指令，本节主要介绍日期与时间指令、字符串与字符指令和中断指令等部分指令。

5.2.1　日期与时间指令

本节介绍的日期与时间指令主要是与 CPU 系统中的时钟信息有关的指令。

（1）比较时间变量指令（T_COMP）

① 比较时间变量指令的梯形图格式。比较时间变量指令的梯形图格式如图 5-2-1 所示。

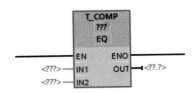

图 5-2-1　比较时间变量指令的梯形图格式

② 指令功能。此指令用于对数据类型为"定时器"或"日期和时间"的两个变量的内容进行比较，比较时间点的结果将在 OUT 参数中作为返回值输出，当满足比较条件时，参数

OUT 将置位为 "1"。要进行比较的数据类型的长度和格式必须相同。比较方式和数据类型可在指令符上来选择。具体几种比较方式的含义说明见表 5-2-1。

表5-2-1　比较时间变量的几种方式含义说明

符号	说明
EQ	如果参数 IN1 和 IN2 的时间点相同，则返回值的信号状态为 "1"
NE	如果参数 IN1 和 IN2 的时间点不同，则返回值的信号状态为 "1"
GE	如果参数 IN1 的时间点大于（晚于）或等于参数 IN2 的时间点，则返回值的信号状态为 "1"
LE	如果参数 IN1 的时间点小于（晚于）或等于参数 IN2 的时间点，则返回值的信号状态为 "1"
GT	如果参数 IN1 的时间点大于（早于）参数 IN2 的时间点，则返回值的信号状态为 "1"
LT	如果参数 IN1 的时间点小于（晚于）参数 IN2 的时间点，则返回值的信号状态为 "1"

③ 比较时间变量指令中的参数。表 5-2-2 列出了该指令的参数。

表5-2-2　比较时间变量指令中的参数

参数	声明	数据类型	存储区	说明
IN1	Input	Date、Time、LTime、TOD、LTOD、DT、LDT、DTL、S5Time	I、Q、M、D、L、P 或常量	待比较的第一个值
IN2	Input	Date、Time、LTime、TOD、LTOD、DT、LDT、DTL、S5Time	I、Q、M、D、L、P 或常量	待比较的第二个值
OUT	Output	Bool	I、Q、M、D、L、P	返回值

实例 5-88 比较时间变量指令的应用

先创建一个全局数据块，添加 3 个变量进行数据存储，如图 5-2-2 所示。编写如图 5-2-3 所示的程序，使用比较时间变量指令中 "大于或等于" 比较选项来比较两个 LTime 数据类型的时间，当第一个待比较的时间值大于或等于第二个值时，返回值 "value1GEvalue2" 显示信号状态 "TRUE"。

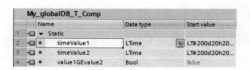

图 5-2-2　定义全局时间变量

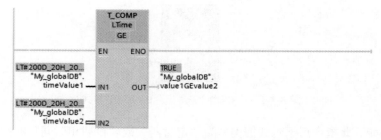

图 5-2-3　比较时间变量指令应用

（2）转换时间并提取指令（T_CONV）

① 转换时间并提取指令的梯形图格式。转换时间并提取指令的梯形图格式如图 5-2-4 所示。

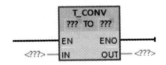

图 5-2-4　转换时间并提取指令的梯形图格式

② 指令功能。使用"T_CONV"指令将 IN 输入参数的数据类型转换为 OUT 输出上输出的数据类型。从输入和输出的指令框中选择进行转换的数据格式。

③ 转换时间并提取指令中的参数。表 5-2-3 列出了该指令的参数。

表5-2-3　转换时间并提取指令中的参数

参数	声明	数据类型		存储区	说明
		S7-1200	S7-1500		
IN	Input	整数、Time、日期和时间	Word、整数、时间、日期和时间	I、Q、M、D、L、P 或常量	要转换的值
OUT	Return	整数、Time、日期和时间	Word、整数、时间、日期和时间	I、Q、M、D、L、P	转换结果

注：支持的数据类型范围取决于 CPU。有关 S7-1200 和 S7-1500 模块支持哪些数据类型，请参见有效数据类型概述。

实例 5-89 转换时间并提取指令应用

先创建一个全局数据块，添加 2 个变量进行数据存储，如图 5-2-5 所示。编写如图 5-2-6 所示的程序，将 Date_And_Time 数据类型的时间转换为 LTime_OF_Day 数据类型的时间。待转换的值（"inputTime"）在输出参数中作为新值输出到"returnTime"中，日期信息丢失。

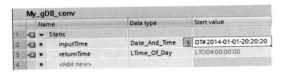

图 5-2-5　定义全局时间变量

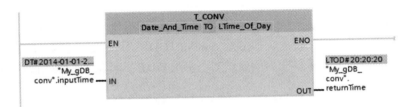

图 5-2-6　转换时间并提取指令应用梯形图

（3）时间加运算指令（T_ADD）

① 时间加运算指令的梯形图格式。时间加运算指令的梯形图格式如图 5-2-7 所示。

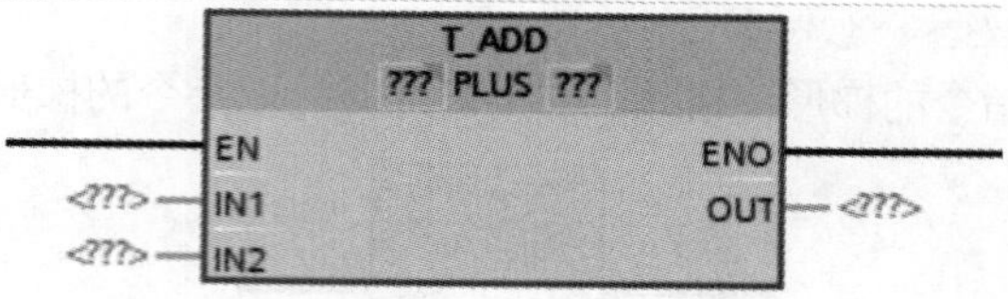

图 5-2-7　时间加运算指令的梯形图格式

② 指令功能。使用该指令将 IN1 输入中的时间信息加到 IN2 输入中的时间信息上，结果在 OUT 输出参数中查询。

③ 时间加运算指令中的参数。时间加运算指令可以对下列两种格式进行相加操作：一是将一个时间段加到另一个时间段上；二是将一个时间段加到某个时间上。表 5-2-4、表 5-2-5 列出了该指令两种格式相加操作中的参数。

表5-2-4　时间段加到时间段上指令中的参数

参数	声明	数据类型	存储区	说明
IN1	Input	Time，LTime	I、Q、M、D、L、P 或常量	要相加的第一个数
IN2	Input	Time，LTime	I、Q、M、D、L、P 或常量	要相加的第二个数
OUT	Return	Time，LTime	I、Q、M、D、L、P	相加的结果 数据类型的选择取决于为 IN1 和 IN2 输入参数选择的数据类型

表5-2-5　时间段加到时间上指令中的参数

参数	声明	数据类型	存储区	说明
IN1	Input	DT、TOD、LTOD、LDT、DTL	I、Q、M、D、L、P 或常量	要相加的第一个数 对于参数 IN2 中的 LTIME，只能使用 LTOD、LDT 或 DTL
IN2	Input	Time，LTime	I、Q、M、D、L、P 或常量	要相加的第二个数
OUT	Return	DT、DTL、LDT、TOD、LTOD	I、Q、M、D、L、P	相加的结果 数据类型的选择取决于为 IN1 和 IN2 输入参数选择的数据类型

实例 5-90　时间加运算指令应用

先创建一个全局数据块，添加 3 个变量进行数据存储，如图 5-2-8 所示。编写如图 5-2-9 所示的程序，将 Time 数据类型的 "timeValTOD" 时间段添加到 TOD 数据类型的 "timeValTIME" 时间上，结果作为时间通过输出参数 OUT 显示在 "valueTimeResult" 中。

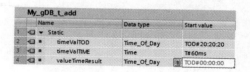

图 5-2-8　定义全局时间变量

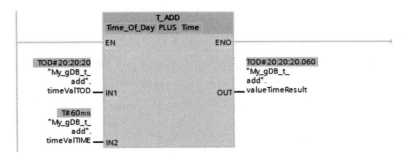

图 5-2-9　时间加运算指令应用梯形图

（4）时间相减指令（T_SUB）

① 时间相减指令的梯形图格式。时间相减指令的梯形图格式如图 5-2-10 所示。

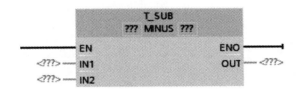

图 5-2-10　时间相减指令的梯形图格式

② 指令功能。使用该指令将 IN1 输入参数中的时间值减去 IN2 输入参数中的时间值。可通过输出参数 OUT 查询差值。

③ 时间相减指令中的参数。时间相减指令可以对下列两种格式进行相减操作：一是将时间段减去另一个时间段；二是从某个时间中减去时间段。表 5-2-6、表 5-2-7 列出了该指令两种格式相减操作中的参数。

表5-2-6　时间段减时间段指令中的参数

参数	声明	数据类型	存储区	说明
		S7-1500		
IN1	Input	Time，LTime	I、Q、M、D、L、P 或常量	被减数
IN2	Input	Time，LTime	I、Q、M、D、L、P 或常量	减数
OUT	Return	Time，LTime	I、Q、M、D、L、P	相减的结果

表5-2-7　时间减时间段指令中的参数

参数	声明	数据类型	存储区	说明
		S7-1500		
IN1	Input	TOD、LTOD、DTL、DT、LDT	I、Q、M、D、L、P 或常量	被减数 对于参数 IN2 中的 LTime，仅支持 LTOD、LDT 或 DTL
IN2	Input	Time，LTime	I、Q、M、D、L、P 或常量	减数
OUT	Return	TOD、LTOD、DTL、DT、LDT	I、Q、M、D、L、P	相减的结果

实例 5-91 时间相减指令应用

先创建一个全局数据块，添加 3 个变量进行数据存储，如图 5-2-11 所示。编写如图 5-2-12 所示的程序，从 TOD 数据类型的时间"value1TOD"中减去 Time 数据类型的时间段"value2Time"。结果作为时间通过输出参数 OUT 显示在"value1MINvalue2"中。

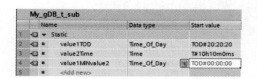

图 5-2-11　定义全局时间变量

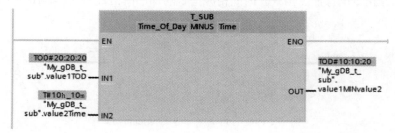

图 5-2-12　时间相减指令应用梯形图

（5）时间值相减指令（T_DIFF）

① 时间值相减指令的梯形图格式。时间值相减指令的梯形图格式如图 5-2-13 所示。

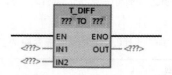

图 5-2-13　时间值相减指令的梯形图格式

② 指令功能。使用该指令将 IN1 输入参数中的时间值减去 IN2 输入参数中的时间值，结果将发送到输出参数 OUT 中。如果 IN2 输入参数中的时间值大于 IN1 输入参数中的时间值，则 OUT 输出参数中将输出一个负数结果。如果减法运算的结果超出 Time 值范围，则使能输出 ENO 的值为"0"。如果选择数据类型为 DTL 的被减数和减数，则计算结果的数据类型为 Time。不能大于 24 天，否则使能输出 ENO 的值为"0"，且结果为"0"。如果选择数据类型为 LDT 的被减数和减数，则可避免该限制条件。

③ 时间值相减指令中的参数。时间值相减指令中的参数见表 5-2-8。

表5-2-8　时间值相减指令中的参数

参数	声明	数据类型	存储区	说明
IN1	Input	DTL、Date、DT、TOD、LTOD、LDT	I、Q、M、D、L、P 或常量	被减数
IN2	Input	DTL、Date、DT、TOD、LTOD、LDT	I、Q、M、D、L、P 或常量	减数
OUT	Return	Time、LTime、Int	I、Q、M、D、L、P	输入参数之间的差值

实例 5-92 时间值相减指令应用

先创建一个全局数据块，添加 3 个变量进行数据存储，如图 5-2-14 所示。编写如图 5-2-15 所示的程序，计算两个 TOD 数据类型的第一个时间 "todvalue1" 与第二个时间 "todvalue2" 相减，差值作为时间段通过输出参数 OUT 显示在 "timevalueDIFF" 中。

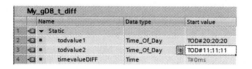

图 5-2-14　定义全局时间变量

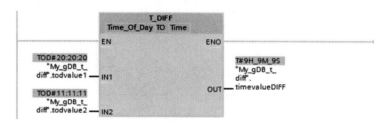

图 5-2-15　时间值相减指令应用梯形图

（6）组合时间指令（T_COMBINE）

① 组合时间指令的梯形图格式。组合时间指令的梯形图格式如图 5-2-16 所示。

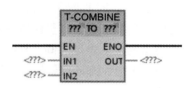

图 5-2-16　组合时间指令的梯形图格式

② 指令功能。该指令用于合并日期值和时间值，并生成一个合并日期时间值。合并后的日期和时间值数据类型在 OUT 输出值中输出。日期在输入参数 IN1 中输入，输入范围为 1990-01-01 ～ 2089-12-31 之间的值；时间在 IN2 输入值中输入。

③ 组合时间指令中的参数。组合时间指令中的参数见表 5-2-9。

表 5-2-9　组合时间指令中的参数

参数	声明	数据类型	存储区	说明
IN1	Input	Date	I、Q、M、D、L、P 或常量	日期的输入变量
IN2	Input	TOD、LTOD	I、Q、M、D、L、P 或常量	时间的输入变量
OUT	Return	DT、DTL、LDT	I、Q、M、D、L、P	日期和时间的返回值

实例 5-93 组合时间指令应用

先创建一个全局数据块，添加 3 个变量进行数据存储，如图 5-2-17 所示。编写如图 5-2-18 所示的程序，将 TOD 数据类型的时间 "valueDATE" 与 Date 数据类型的日期 "valueTOD" 组合在一起。结果以 DT 数据类型指定返回值通过输出参数 OUT 显示在 "combTIME" 中。

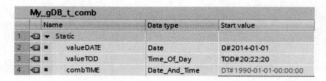

图 5-2-17　定义全局时间变量

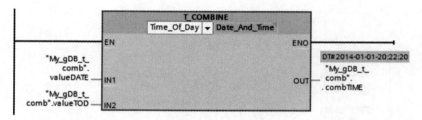

图 5-2-18　组合时间指令应用梯形图

> **提示**
>
> 　　下面将要介绍的设置系统时间指令、读取系统时间指令、读取本地时间、写入本地时间、设置时区指令、运行时间定时器指令、S7-1500 中的同步从站时钟与读取系统时间指令是 CPU 的时钟功能指令。对于这些指令中涉及的系统时间是指 TIA 博途软件默认的格林尼治标准时间，本地时间是根据当地时区设置的本地标准时间。我国的本地时间（北京时间）比系统时间多 8 个小时。在 CPU 属性组态时，设置时区为北京，不使用夏令时。

（7）设置系统时间指令（WR_SYS_T）

① 设置系统时间指令的梯形图格式。设置系统时间指令的梯形图格式如图 5-2-19 所示。

图 5-2-19　设置系统时间指令的梯形图格式

② 指令功能。使用该指令可设置 CPU 时钟的日期和时间（模块时间）。在输入参数 IN 中输入日期和时间，执行该指令期间是否发生了错误，可以在 RET_VAL 输出参数中查询，执行正确显示 "0"。"WR_SYS_T" 指令不能用于传递有关本地时区或夏令时信息。

输入值范围是：

DT：DT#1990-01-01-0:0:0 ～ DT#2089-12-31-23:59:59.999。

LDT：LDT#1970-01-01-0:0:0.000000000 ～

LDT#2200-12-31-23:59:59.999999999

DTL：DTL#1970-01-01-00:00:00.0 ～

DTL#2200-12-31-23:59:59.999999999。

③ 设置系统时间指令中的参数。设置系统时间指令中的参数见表 5-2-10。

表5-2-10　设置系统时间指令中的参数

参数	声明	数据类型	存储区	说明
IN	Input	DT**、DTL、LDT	I、Q、M、D、L、P 或常量 *	日期和时间
RET_VAL	Return	Int	I、Q、M、D、L、P	指令的状态

* 数据类型 DT 和 DTL 无法用于以下存储区：输入、输出和位存储器。

** 使用数据类型 DT 时，毫秒信息将不传送到 CPU 中。

实例 5-94　设置系统时间指令应用

先创建一个全局数据块，添加 3 个变量进行数据存储，如图 5-2-20 所示。编写如图 5-2-21 所示的程序，设置 CPU 时钟的日期和时间。如果常开触点"execute"的信号状态为"TRUE"，则执行"WR_SYS_T"指令，把程序中设置的时间"inputTIME"覆盖 CPU 时钟的模块时间。输出参数 RET_VAL "returnValueT"用于指示处理有无错误。

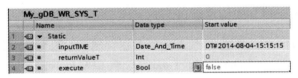

图 5-2-20　定义全局时间变量

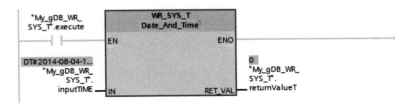

图 5-2-21　设置系统时间指令应用梯形图

提示

当设置完时钟时间后，可以采取以下方法查看 CPU 时钟是否正确接收了新模块时间"inputTIME"。

① 使用 S7-1500 CPU 的显示屏查看。在 CPU 显示屏上找到"设置→日期和时间→常规"查看。

② 使用 TIA 博途软件中"RD_SYS_T"指令读取 CPU 时钟的模块时间。

③ 在 TIA 博途软件项目树下，找到 CPU 站点下的"在线与诊断"条目并打开，点击"功能→设置时间"查看。

（8）读取系统时间指令（RD_SYS_T）

① 读取系统时间指令的梯形图格式。读取系统时间指令的梯形图格式如图 5-2-22 所示。

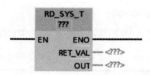

图 5-2-22　读取系统时间指令的梯形图格式

② 指令功能。可以使用该指令读取 CPU 时钟的当前日期和当前时间（模块时间）。在此指令的 OUT 输出参数中输出读取的日期，读取的日期值不包含有关本地时区或夏令时的信息。可以在 RET_VAL 输出中查询在执行该指令期间是否发生了错误，执行正确显示 "0"。

③ 读取系统时间指令中的参数。读取系统时间指令中的参数见表 5-2-11。

表5-2-11　读取系统时间指令中的参数

参数	声明	数据类型	存储区	说明
RET_VAL	Return	INT	I、Q、M、D、L、P	指令的状态
OUT	Output	DT、DTL、LDT	I、Q、M、D、L、P	CPU 的日期和时间

实例 5-95　读取系统时间指令应用

先创建一个全局数据块，添加 2 个变量进行数据存储，如图 5-2-23 所示。编写如图 5-2-24 所示的程序，使用数据类型为 Date_And_Time 来读取 CPU 时钟的模块时间，并通过 OUT 输出参数显示在 "outputTIME" 中。输出参数 RET_VAL "returnValue" 用于指示处理有无错误。

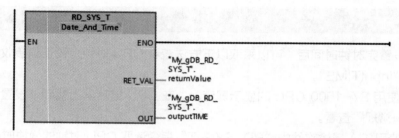

图 5-2-23　定义全局时间变量

图 5-2-24　读取系统时间指令应用梯形图

（9）读取本地时间（RD_LOC_T）

① 读取本地时间指令的梯形图格式。读取本地时间指令的梯形图格式如图 5-2-25 所示。

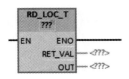

图 5-2-25　读取本地时间指令的梯形图格式

② 指令功能。使用该指令从 CPU 时钟读取当前本地时间，并将此时间在 OUT 输出中输出，在 RET_VAL 输出中查询在执行该指令期间是否发生了错误，执行正确显示“0”。在输出本地时间时，会用到 CPU 时钟的组态中设置的夏令时和标准时间的时区和开始时间的相关信息。

③ 读取本地时间指令中的参数（见表 5-2-12）。

表5-2-12　读取本地时间指令中的参数

参数	声明	数据类型	存储区	说明
RET_VAL	Return	Int	I、Q、M、D、L、P	指令的状态
OUT	Output	DT、LDT、DTL	I、Q、M、D、L、P	本地时间

实例 5-96 读取本地时间指令应用

先创建一个全局数据块，添加 2 个变量进行数据存储，如图 5-2-26 所示。编写如图 5-2-27 所示的程序，使用数据类型为 Date_And_Time，读取 CPU 时钟的本地时间，并通过输出参数 OUT 显示在“outputLocTIME”中。输出参数 RET_VAL“returnValue”指示处理有无错误，通过此调用，将本地时间作为夏令时输出。

My_gDB_RD_LOC_T

	Name	Data type	Start value	Monitor value
1	▼ Static			
2	▪ outputLocTIME	Date_And_Time	DT#1990-01-01-00:00:00	DT#2014-08-04-16:15:15.001
3	▪ returnValue	Int	0	1

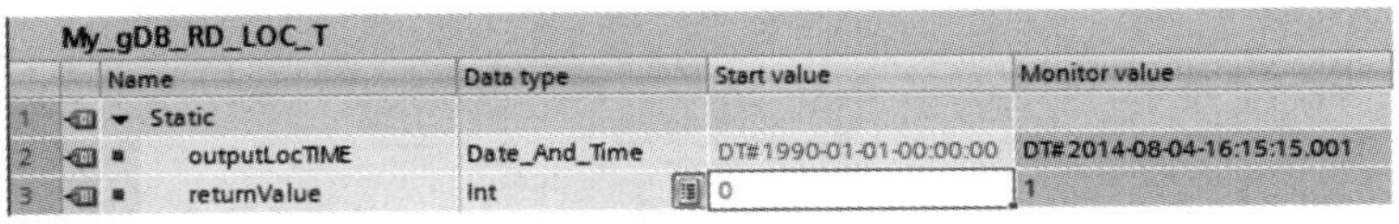

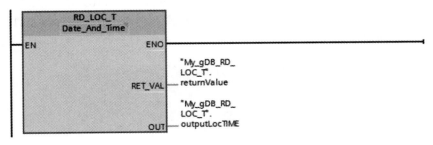

图 5-2-26　定义全局时间变量

图 5-2-27　读取本地时间指令应用梯形图

（10）写入本地时间（WR_LOC_T）

① 写入本地时间指令的梯形图格式。写入本地时间指令的梯形图格式如图 5-2-28 所示。

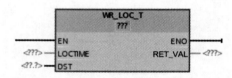

图 5-2-28　写入本地时间指令的梯形图格式

② 指令功能。指令"WR_LOC_T"用于设置 CPU 时钟的日期和时间。在输入参数 LOCTIME 中，输入日期和时间作为本地时间。执行该指令期间是否发生了错误，可以在 RET_VAL 输出参数中查询，执行正确显示"0"。

输入值的范围是：

DTL：DTL#1970-01-01-00:00:00.0 ～ DTL#2200-12-31 23:59:59.999999999

LDT：LDT#1970-01-01-0:0:0.000000000 ～ LDT#2200-12-31 23:59:59.999999999

③ 写入本地时间指令中的参数（见表 5-2-13）。

表5-2-13　写入本地时间指令中的参数

参数	声明	数据类型	存储区	说明
LOCTIME	Input	DTL,LDT	I、Q、M、D、L、P 或常量	本地时间
DST	Input	Bool	I、Q、M、D、L、P、T、C 或常量	Daylight Saving Time 仅在"双重小时值"期间时钟更改为标准时间时才进行求值 ·TRUE= 夏令时（第一个小时值） ·FALSE= 标准时间（第二个小时值）
RET_VAL	Return	Int	I、Q、M、D、L、P	

实例 5-97　写入本地时间指令应用

先创建一个全局数据块，添加 4 个变量进行数据存储，如图 5-2-29 所示。编写如图 5-2-30 所示的程序，使用的数据类型为 DTL 来设置 CPU 时钟的本地时间。若常开触点"execute"的信号状态为"TRUE"，则执行该指令将设置的时间"inputLocTIME"覆盖 CPU 时钟的本地时间。输出参数 RET_VAL"returnValue"用于指示处理有无错误。输入参数 DST"dstValue"指定时间信息是指标准时间。

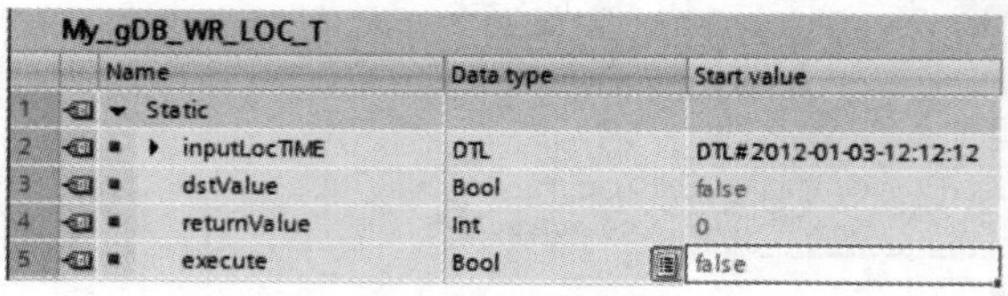

	My_gDB_WR_LOC_T			
		Name	Data type	Start value
1		▼ Static		
2		▶ inputLocTIME	DTL	DTL#2012-01-03-12:12:12
3		dstValue	Bool	false
4		returnValue	Int	0
5		execute	Bool	false

图 5-2-29　定义全局时间变量

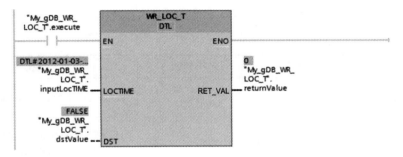

图 5-2-30　写入本地时间指令应用梯形图

 提示

当设置完时钟时间后，可以采取以下方法查看 CPU 时钟是否正确接收了新模块时间 "inputLocTIME"，本地时间以 12 小时制格式输出。

① 使用 S7-1500 CPU 的显示屏查看。在 CPU 显示屏上找到 "设置→日期和时间→常规" 查看。

② 使用 TIA 博途软件中 "RD_LOC_T" 指令读取 CPU 时钟的模块时间。

③ 在 TIA 博途软件项目树下，找到 CPU 站点下的 "在线与诊断" 并打开，点击 "功能→设置时间" 查看。

（11）设置时区指令（SET_TIMEZONE）

① 设置时区指令的梯形图格式。设置时区指令的梯形图格式如图 5-2-31 所示。

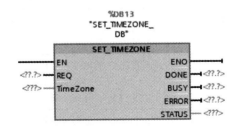

图 5-2-31　设置时区指令的梯形图格式

② 指令功能。使用 "SET_TIMEZONE" 指令，可对 CPU 中的本地时区和夏令时 / 标准时间切换的参数进行设置（使用该指令设置与组态 CPU 属性中的定义时间设置相对应的两种方法）。执行该指令时需要在 "TimeZone" 参数中定义 TimeTransformationRule 系统数据类型的相应参数（本地时区参数和夏令时 / 标准时间转换参数存储在 TimeTransformationRule 系统数据类型中），通过在数据块或函数块的本地接口中输入 TimeTransformationRule 作为数据类型的方式创建该参数。

调用 "SET_TIMEZONE" 指令时，指令 "SET_TIMEZONE" 将内部数据写入 CPU 的装载存储器中，在发生电源故障时，将应用到时区中的更改内容，而无须再次调用该指令。每次更改时区时，需要调用该指令一次，建议在启动 OB 块中调用该指令。"SET_TIMEZONE" 指令只能用于 S7-1500 系列的 CPU（固件版本为 V1.7 及更高）。

③ 设置时区指令中的参数（见表 5-2-14 和表 5-2-15）。

表5-2-14 设置时区指令中的参数

参数	声明	数据类型	存储区	说明
REQ	Input	Bool	I、Q、M、D、L、P 或常量	设置存储于参数 TimeZone 中的参数
TimeZone	Input	TimeTransformationRule	D、L	在参数 TimeZone 中连接系统数据类型 TimeTransformationRule（请参见下文）
DONE	Output	Bool	I、Q、M、D、L、P	状态参数： · 0：作业尚未启动、或仍在执行过程中 · 1：作业已经成功完成
BUSY	Output	Bool	I、Q、M、D、L、P	状态参数： · 0：作业尚未启动或已完成 · 1：作业尚未完成，无法启动新作业
ERROR	Output	Bool	I、Q、M、D、L、P	状态参数： · 0：无错误 · 1：出现错误
STATUS	Output	Word	I、Q、M、D、L、P	在参数 STATUS 外输出详细的错误和状态信息。该参数设置仅维持一次调用所持续的时间。因此，要显示其状态，应将 STATUS 参数复制到可用数据区域

表5-2-15 参数TimeZone的内部结构

名称	数据类型	说明
TimeTransformationRule	Struct	
Bias	Int	本地时间与系统时间（UTC）之间的时差（单位为分钟），该值必须介于 -720 ~ +780min（-12 ~ +13h）之间 值（UTC-12 ~ +13h）对应于用户在 CPU 属性中指定的时区
DaylightBias	Int	标准时间与夏令时之间的时差（单位为分钟）。该值必须介于 0 ~ 120min 之间 ·值"0"表示禁用夏令时和标准时间之间的转换，"DaylightStart…"和"StandardStart…"的值设为"0"，仅计算偏差值（本地时间与系统时间的时差） · 如果值不为"0"，将对 TimeTransformationRule 结构的所有变量进行求值。如果输入无效，将通过参数 STATUS 输出错误代码 808F
向夏令时切换的时间规范，以下时间始终是指本地时间		
DaylightStartMonth	USInt	向夏令时切换的月份： 1= 一月 2= 二月 3= 三月 … 12= 十二月

续表

名称	数据类型	说明
DaylightStartWeek	USInt	向夏令时切换的星期： 1= 该月的第一周 … 5= 该月的最后一周
DaylightStartWeekday	USInt	向夏令时切换的工作日： 1= 星期日 … 7= 星期六
DaylightStartHour	USInt	向夏令时切换的小时
DaylightStartMinute	USInt	向夏令时切换的分钟
向标准时间切换的时间规范。以下时间始终是指本地时间		
StandardStartMonth	USInt	向标准时间切换的月份： 1= 一月 2= 二月 3= 三月 … 12= 十二月
StandardStartWeek	USInt	向标准时间切换的星期： 1= 该月的第一周 … 5= 该月的最后一周
StandardStartWeekday	USInt	向标准时间切换的工作日： 1= 星期日 … 7= 星期六
StandardStartHour	USInt	向标准时间切换的小时
StandardStartMinute	USInt	向标准时间切换的分钟
TimeZoneName	String[80]	未使用：系统将忽略所组态的字符串，不会写入 CPU 内部数据中

实例 5-98　设置时区指令应用

【控制要求】编制一段程序，执行在启动 OB 块中调用 "SET_TIMEZONE" 指令，对本地时区和夏令时 / 标准时间进行切换。

【操作步骤】

① 创建变量。创建一个全局数据块，在全局数据块中创建存储数据 "timezone" 的结构（数据类型为 TimeTransformationRule）和 5 个附加变量，如图 5-2-32 所示。在本地 OB 块接口区再设定一个本地变量为

9	◀□ ■	statDone	Bool	false	Non-retain

。

SLI_gDB_SET_TIMEZONE

	Name	Data type	Start value
1	▼ Static		
2	execute	Bool	false
3	▼ timezone	TimeTransformatio...	
4	Bias	Int	120
5	DaylightBias	Int	60
6	DaylightStartMonth	USInt	3
7	DaylightStartWeek	USInt	5
8	DaylightStartWeekday	USInt	7
9	DaylightStartHour	USInt	2
10	DaylightStartMinute	USInt	0
11	StandardStartMonth	USInt	10
12	StandardStartWeek	USInt	5
13	StandardStartWeekday	USInt	1
14	StandardStartHour	USInt	3
15	StandardStartMinute	USInt	0
16	TimeZoneName	String[80]	'My_GMT+'
17	modeDONE	Bool	false
18	modeBUSY	Bool	false
19	modeERROR	Bool	false
20	statusTime	Word	16#0
21	memErrStatus	Word	16#0

图 5-2-32　创建全局变量

② 编制梯形图程序。如图 5-2-33 所示。

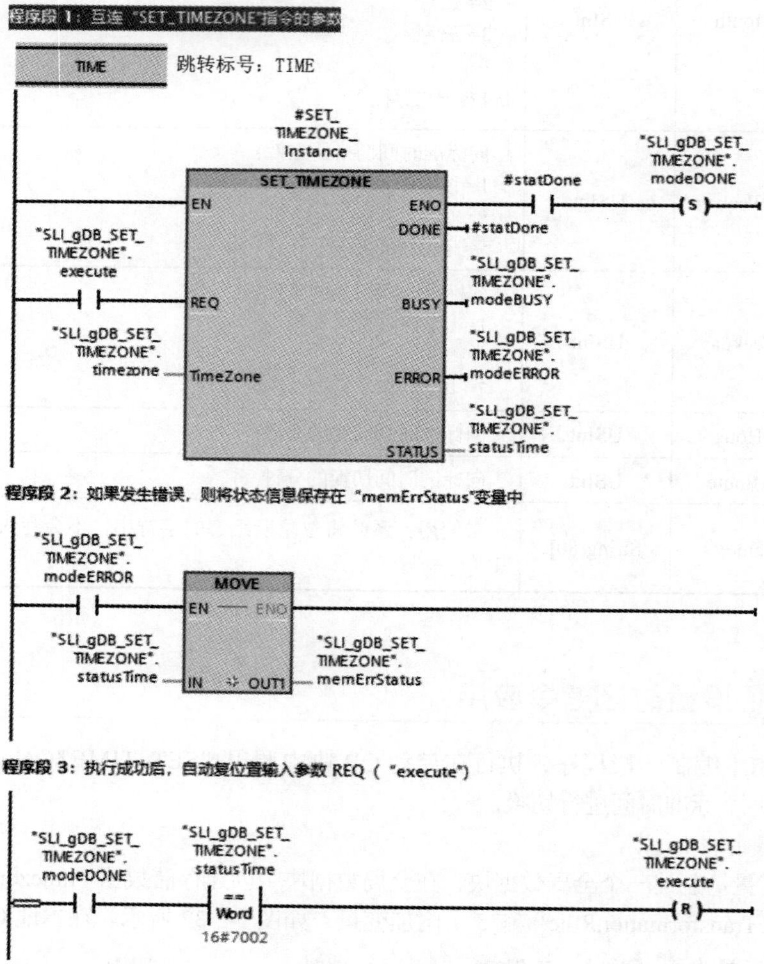

程序段 4：为确保在启动 OB 中调用时 "SET_TIMEZONE" 指令可完整执行，需使用指令JMP（见程序段 4）和 Label（见程序段 1）

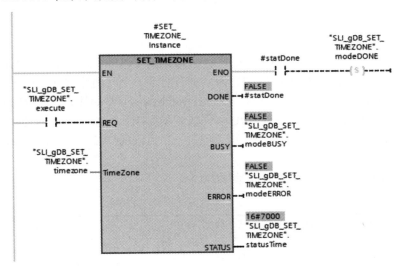

图 5-2-33　设置时区指令应用梯形图

③ 调试监控结果。

a. 先将 "execute" 变量的初始值设置为 "TRUE"。

b. 在启动 OB 中调用该程序，则 CPU 在启动时运行该程序，在程序加载到 CPU 之前，将 CPU 设置为 STOP 模式。下载完后再将 CPU 设置为 RUN 模式。

c. SET_TIMEZONE 成功执行后，如图 5-2-34 所示。"modeDONE" 置位为 "TRUE"，REQ 输入参数 "execute" 的值将自动复位为 "FALSE"。复位后 "statusTime" 输出状态值 "16#7000"（16#7000 表示未激活任何作业处理）。

图 5-2-34　调试监控示意图

提示

采用以下方式来确定 CPU 时钟是否正确接收了设置的数据：
① 在 CPU 显示屏上找到 "设置→日期和时间→夏令时" 来查看。
② 使用 "RD_LOC_T" 指令读取 CPU 时钟的本地时间来查看。
③ 使用 "RD_SYS_T" 指令读取 CPU 时钟的模块时间来查看。

（12）同步从站时钟（SNC_RTCB）

① 同步从站时钟指令的梯形图格式。同步从站时钟指令的梯形图格式如图 5-2-35 所示。

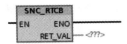

图 5-2-35　同步从站时钟指令的梯形图格式

② 指令功能。同步从站时钟是指将某总线段时钟主站的 CPU 上调用"SNC_RTCB"指令时，可同步 CPU 上或总线段上的所有从站本地时钟日期和日时钟，而与设定的同步时间间隔无关。执行同步期间未发生错误可在 RET_VAL 输出显示"0000"。

③ 同步从站时钟指令中的参数（见表 5-2-16）。

表5-2-16　同步从站时钟指令中的参数

参数	声明	数据类型	存储区	说明
RET_VAL	Output	Int	I、Q、M、D、L	在指令执行过程中如果发生错误，则返回值将包含错误代码

（13）读取系统时间（TIME_TCK）

① 读取系统时间指令的梯形图格式。读取系统时间的梯形图格式如图 5-2-36 所示。

图 5-2-36　读取系统时间指令的梯形图格式

② 指令功能。使用指令"TIME_TCK"，可以读取 CPU 的系统时间，并通过输出参数 RET_VAL 显示在"outputCPUtimer"中。该系统时间是一个时间计数器，从 0 开始计数，直至最大值 2147483647 ms。发生溢出时，系统时间将重新从 0 开始计数。系统时间的时间刻度和精度均为 1ms。而且系统时间仅受 CPU 操作模式的影响。例如，使用系统时间，通过调用两次 TIME_TCK 指令进行比较的结果，可以测量一个过程的持续时间。该指令不提供任何错误信息。

③ 读取系统时间指令中的参数（见表 5-2-17）。

表5-2-17　读取系统时间指令中的参数

参数	声明	数据类型	存储区	说明
RET_VAL	Return	Time	I、Q、M、D、L	参数 RET_VAL 包含所读取的系统时间，范围为 $0 \sim 2^{31}-1$ms

（14）运行时间定时器指令（RTM）

① 运行时间定时器指令的梯形图格式。运行时间定时器指令的梯形图格式如图 5-2-37 所示。

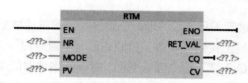

图 5-2-37　运行时间定时器指令的梯形图格式

② 指令功能。可使用该指令对 CPU 的 32 位运行小时计数器执行设置、启动、停止和读取操作。

在执行用户程序期间也可以停止或重新启动运行小时计数器，但这可能会导致保存的值不正确。

③ 运行时间定时器指令中的参数。运行时间定时器指令中的参数见表 5-2-18。

表5-2-18　运行时间定时器指令中的参数

参数	声明	数据类型	存储区	说明
NR	Input	RTM	I、Q、M、D、L 或常量	运行小时计数器的编号 编号从 0 开始 有关 CPU 的运行小时计数器数目的信息，请参见技术规范
MODE	Input	Bite	I、Q、M、D、L 或常量	作业 ID: • 0: 读取（随后将状态写入 CQ，当前值写入 CV），在运行小时计数器达到 2^{31}−1h 后，将停在可显示的最后一个值处并输出一条“上溢”（Overflow）错误消息 • 1：启动（从上一计数值开始） • 2：停止 • 4：设置为参数 PV 中指定的值 • 5：设置为参数 PV 中指定的值并启动 • 6：设置为参数 PV 中指定的值并停止
PV	Input	Dint	I、Q、M、D、L 或常量	运行小时计数器的新值
RET_VAL	Return	Int	I、Q、M、D、L	在指令执行过程中如果发生错误，则返回值将包含错误代码
CQ	Output	Bool	I、Q、M、D、L	运行小时计数器的状态（1：正在运行）
CV	Output	DInt	I、Q、M、D、L	运行小时计数器的当前值

实例 5-99 运行时间定时器指令应用

先创建一个全局数据块，添加 6 个变量进行数据存储，如图 5-2-38 所示。编写如图 5-2-39 所示的程序，设置 CPU 的运行时间定时器，并在 1h 后读取值。若常开触点“execute”的信号状态为“TRUE”，则执行“RTM”指令。CPU 的运行小时计数器设置为目标值“in_processValue”并启动。在启动运行小时计数器后，将输入参数 MODE“comandMODE”的值设置为“0”。因此，“RTM”指令仅原样读取运行小时计数器的当前值“currentValue”。输出参数 CQ“statusRTM”指示在运行小时计数器启动后，运行小时计数器正在运行值为“TRUE”。输出参数 RET_VAL“returnValue”指示处理正在运行，且无错误。1h 后，输出参数 CV“currentValue”指示值“6”，运行结果如图 5-2-40 所示。

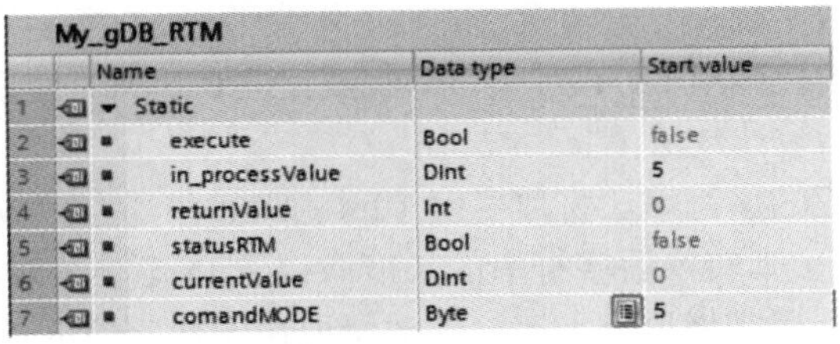
My_gDB_RTM

	Name	Data type	Start value
1	▼ Static		
2	execute	Bool	false
3	in_processValue	DInt	5
4	returnValue	Int	0
5	statusRTM	Bool	false
6	currentValue	DInt	0
7	comandMODE	Byte	5

图 5-2-38　定义全局变量

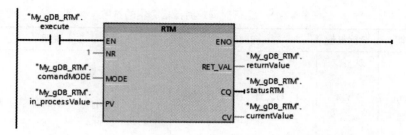

图 5-2-39　运行时间定时器指令应用梯形图

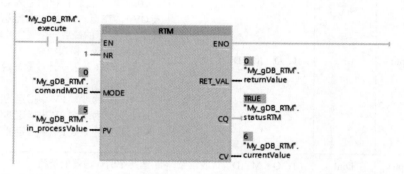

图 5-2-40　运行监控示意图

5.2.2　字符串与字符指令

（1）转换字符串指令（S_CONV）

① 转换字符串指令格式。转换字符串指令格式如图 5-2-41 所示。

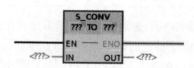

图 5-2-41　转换字符串指令格式

② 指令功能。该指令将 IN 输入中的值转换为 OUT 输出中指定的数据格式。通过对指令框中的输入 / 输出参数类型的选择，可实现不同的转换类型。

a. 将输入的字符串转换为对应的数值（整数或浮点数）。将针对 IN 输入参数中指定的字符串的所有字符执行转换。允许的字符包括数字 "0" ～ "9"、小数点以及加减号。字符串的第一个字符可以是有效数字或符号。转换后的数值用参数 OUT 指定的地址保存，如果输出的数值超出数据类型允许的范围时 OUT 为 0，ENO 被置位 0 状态。使用该指令 "S_CONV" 转换浮点数时，请勿使用指数计数法（"e" 或 "E"）。

b. 将数值转换成对应的字符串。将数字值（Int、UInt 和浮点数数据类型）转换为一个由输出 OUT 指定的字符串，则转换后字符串的长度取决于 IN 输入中的值，输出的字符串中的值右边对齐，值前面字符用空格填充，空格的数量取决于数字值的长度，输出正数字符串时不带符号。

c. 将字符转换为字符。实际就是复制字符串功能，指令的输入与输出的数据类型均为 String。把输入 IN 指定的字符串复制到输出 OUT 指定的地址。

③ 转换字符串指令的参数。

a. 将字符串转换为数字值时的参数见表 5-2-19。

表5-2-19 将字符串转换为数字值时的参数

参数	声明	数据类型	存储区	说明
IN	Input	String、WString	D、L 或常量	要转换的值
OUT	Output	Char、WChar、USInt、UInt、UDInt、ULInt、SInt、Int、DInt、LInt、Real、LReal	I、Q、M、D、L	转换结果

b. 将数字值转换为字符串时的参数见表 5-2-20。

表5-2-20 将数字值转换为字符串时的参数

参数	声明	数据类型	存储区	说明
IN	Input	Char、WChar、USInt、UInt、UDInt、ULInt、SInt、Int、DInt、LInt、Real、LReal	I、Q、M、D、L 或常量	要转换的值
OUT	Output	String、WString	D、L	转换结果

c. 将字符转换为字符时的参数见表 5-2-21。

表5-2-21 将字符转换为字符时的参数

参数	声明	数据类型	存储区	说明
IN	Input	Char、WChar	I、Q、M、D、L 或常量	要转换的值
OUT	Output	Char、WChar	I、Q、M、D、L	转换结果（可能的转换：Char 到 WChar 或相反）

实例 5-100 转换字符串指令的应用

例如，将 Int 数据类型的数值转换为一个 String 数据类型的字符串。

【操作步骤】

 提示

　　使用转换字符串指令之前，必须先在全局数据块或代码块的接口区中定义用于存储字符串的变量（变量表中不能定义字符串）。

① 创建全局数据块。在全局数据块中创建两个用于存储数据的变量，见表 5-2-22。

表5-2-22 定义全局数据块变量

	Name	Data type	Start value
1	Static		

续表

	Name	Data type	Start value
2	inputValueNBR	Int	602
3	resultSTRING	String	

② 在 OB1 中编写梯形图程序，如图 5-2-42 所示。将数值 602（inputValueNBR）转换为字符串的形式通过输出参数 OUT（resultSTRING）输出，即将数值 602 转换为字符串 '602'，空格字符写入在字符串前的开头处的空白区域，如图 5-2-43 所示。

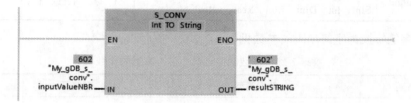

图 5-2-42　转换字符串指令应用梯形图程序

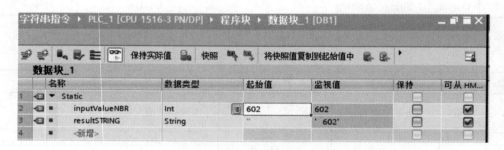

图 5-2-43　全局数据块变量监视

（2）将字符串转换为数值指令（STRG_VAL）

① STRG_VAL 指令格式。STRG_VAL 指令格式如图 5-2-44 所示。

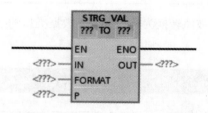

图 5-2-44　STRG_VAL 指令格式

② 指令功能。STRG_VAL 指令是将字符串转换为整数或浮点数。在 IN 输入参数中指定要转换的字符串，通过参数 P 指定要从字符串的第 P 个字符开始转换，直到字符串结束。通过为 OUT 输出参数选择数据类型，确定输出值的格式，转换后的数值保存在 OUT 指定的存储单元中。转换允许的字符包括数字 "0" ～ "9"、小数点、计数制 "E" 和 "e" 以及加减号字符。如果发现无效字符，将取消转换过程。

③ STRG_VAL 指令中的参数。STRG_VAL 指令中的参数见表 5-2-23。使用 FORMAT 参数指定解释字符串字符的格式，具体 FORMAT 参数的说明见表 5-2-24。

表5-2-23　STRG_VAL指令中的参数

参数	声明	数据类型	存储区	说明
IN	Input	String，WString	D、L 或常量	要转换的数字字符串
FORMAT	Input	Word	I、Q、M、D、L、P 或常量	字符的输入格式
P	Input	UInt	I、Q、M、D、L、P 或常量	要转换的第一个字符的引用（第一个字符 =1，值 "0" 或大于字符串长度的值无效）
OUT	Output	USInt,SInt,UInt,Int,UDInt,DInt,ULInt,LInt,Real,LReal	I、Q、M、D、L、P	转换结果

表5-2-24　FORMAT参数的说明

值（W#16#…）	表示法	小数点表示法
0000	小数	"."
0001		","
0002	指数	"."
0003		","
0004 ～ FFFF	无效值	

实例 5-101　STRG_VAL指令的应用

例如，将 String 数据类型的字符串转换为一个 Int 数据类型的数值。

【操作步骤】

① 创建全局数据块。在全局数据块中创建四个用于存储数据的变量，见图 5-2-45。

图 5-2-45　定义全局数据块变量

② 在 OB1 中编写梯形图程序，如图 5-2-46 所示。

STRG_VAL
String TO Real
EN
ENO
"数据块_1".
inputValueNBR_
1
IN
OUT
"数据块_1".
"out.val"
"数据块_1".
resultSTRING
FORMAT
"数据块_1".p
P

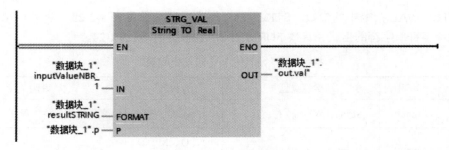

图 5-2-46　指令应用梯形图程序

③ 程序仿真。

a. 打开仿真并进入仿真界面，如图 5-2-46 所示的程序仿真监视结果如图 5-2-47 所示，图中 FORMAT 参数定为“16#0000”时，表示字符串中的句点“.”作为小数点来用。图中 P 参数设定为 1 时，表示指令将从字符串第一位开始转换。如果将输入一个不带句点的字符串 '123'，指令将从第一位开始转换为实数的形式通过输出参数 OUT 输出为 123.0。如果输入一个带句点的字符串 '12.3'，输出实数结果为 12.3，如图 5-2-48 所示为全局数据块变量的监控。

STRG_VAL
String TO Real
EN
ENO
'123'
"数据块_1".
inputValueNBR_
1
IN
123.0
"数据块_1".
"out.val"
OUT
16#0000
"数据块_1".
resultSTRING
FORMAT
1
"数据块_1".p
P

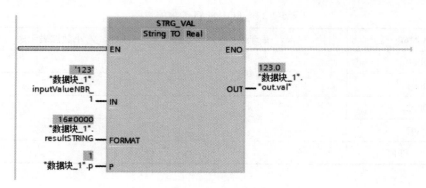

图 5-2-47　程序仿真

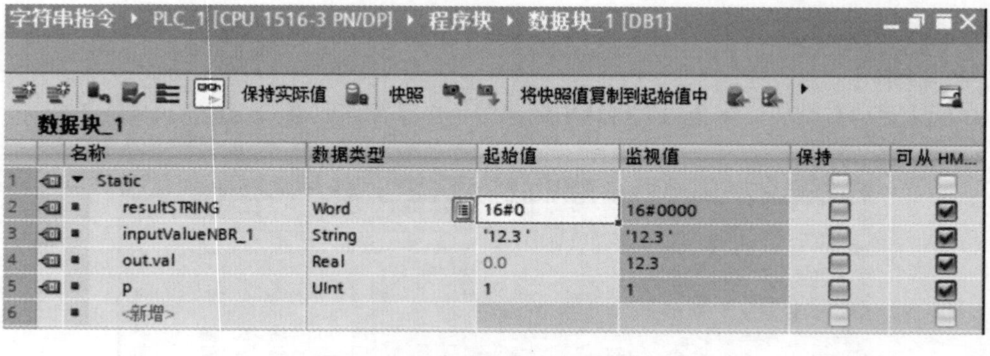

字符串指令 ▸ PLC_1 [CPU 1516-3 PN/DP] ▸ 程序块 ▸ 数据块_1 [DB1]
保持实际值
快照
将快照值复制到起始值中
数据块_1
名称 | 数据类型 | 起始值 | 监视值 | 保持 | 可从 HM...
1 Static
2 resultSTRING | Word | 16#0 | 16#0000
3 inputValueNBR_1 | String | '12.3 ' | '12.3 '
4 out.val | Real | 0.0 | 12.3
5 p | UInt | 1 | 1
6 <新增>

图 5-2-48　全局数据块变量的监控

b. 当程序中 FORMAT 参数定为“16#0001”时，表示字符串中的逗号“,”作为小数点来用，如图 5-2-49 所示的程序执行情况。如果将输入一个逗号的字符串 '01234567'，指令将从第一位开始转换为实数的形式通过输出参数 OUT 输出为 1234567.0。如果输入一个带逗号的字符串 '012，34567'，输出实数结果为 12.34567，如图 5-2-50 所示。

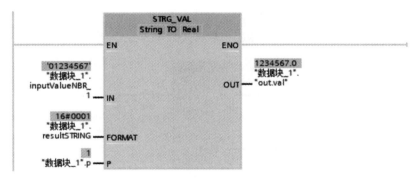

图 5-2-49　字符串中不带逗号的程序仿真

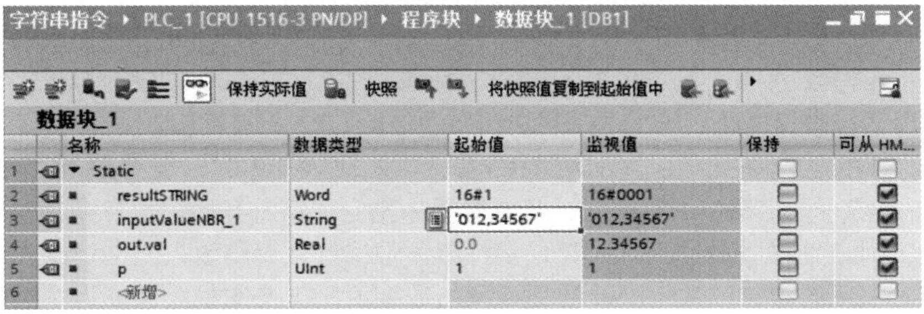

数据块_1							
	名称	数据类型	起始值	监视值	保持	可从 HM...	
1	▼ Static				☐		
2	resultSTRING	Word	16#1	16#0001	☐	☑	
3	inputValueNBR_1	String	'012,34567'	'012,34567'	☐	☑	
4	out.val	Real	0.0	12.34567	☐	☑	
5	p	UInt	1	1	☐	☑	
6	<新增>				☐		

图 5-2-50　字符串中带逗号的程序监视

c. 当 P 参数设置为 2 时，表示从字符串中第二位开始转换，如图 5-2-51 所示的程序转换结果如图 5-2-52 所示。

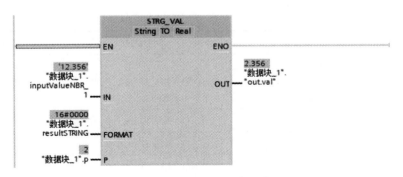

图 5-2-51　P 参数为 2 时的指令程序

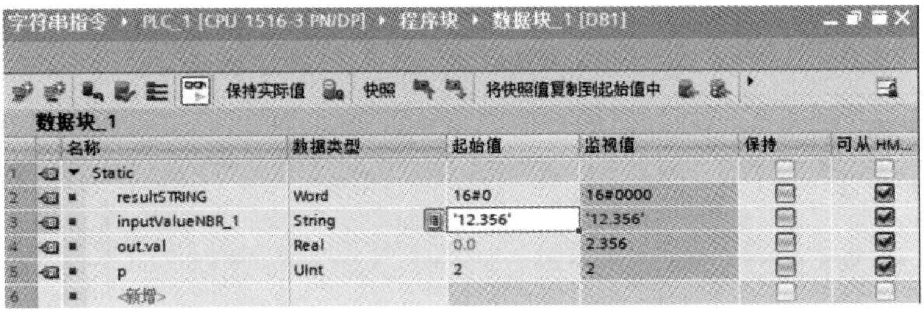

数据块_1							
	名称	数据类型	起始值	监视值	保持	可从 HM...	
1	▼ Static				☐		
2	resultSTRING	Word	16#0	16#0000	☐	☑	
3	inputValueNBR_1	String	'12.356'	'12.356'	☐	☑	
4	out.val	Real	0.0	2.356	☐	☑	
5	p	UInt	2	2	☐	☑	
6	<新增>				☐		

图 5-2-52　全局数据块变量监视

（3）将数字值转换为字符串指令（VAL_STRG）

① VAL_STRG 指令格式。VAL_STRG 指令格式如图 5-2-53 所示。

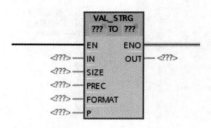

图 5-2-53　VAL_STRG 指令格式

② 指令功能。VAL_STRG 指令是将数字值转换为字符串的指令。在 IN 输入参数中指定要转换的值，通过选择数据类型来决定数字值的格式。转换结果在 OUT 输出参数中查询。转换允许的字符包括数字 "0" ～ "9"、小数点、计数制 "E" 和 "e" 以及加减号字符。如果无效字符或输出字符串长度超过输出范围将中断转换过程，ENO 被置位 0。

③ VAL_STRG 指令的参数。VAL_STRG 指令参数见表 5-2-25，表中 SIZE 和 P 参数使用 SIZE 参数指定待写入字符串的字符数，从 P 参数中指定的字符开始计数转换，如果输出值比指定长度短，则结果将以右对齐方式写入字符串，空字符位置将填入空格。参数 PREC 定义转换浮点数时保留的小数位数，Real 数据类型的数字值所支持的最大精度为 7 位数，如果要转换的值为整数，可使用 PREC 参数指定放置小数点的位置。参数 FORMAT 指定转换期间如何解释数字值以及如何将其写入字符串，只能在 USINT 参数中指定 FORMAT 数据类型的变量，表 5-2-26 显示了 FORMAT 参数的可能值及其含义，表中仅当参数 IN 的数据类型为 Real 或 LReal 时，参数 FORMAT 的值 2、3、6 和 7 才具有相关性。

表5-2-25　VAL_STRG指令参数

参数	声明	数据类型	存储区	说明
IN	Input	USInt,SInt,UInt,Int, UDInt,DInt,ULInt,LInt, Real,LReal	I、Q、M、D、L、P 或常量	要转换的值
SIZE	Input	USInt	I、Q、M、D、L、P 或常量	字符位数
PREC	Input	USInt	I、Q、M、D、L、P 或常量	小数位数
FORMAT	Input	Word	I、Q、M、D、L、P 或常量	字符的输出格式
P	InOut	UInt	I、Q、M、D、L、P 或常量	开始写入结果的字符
OUT	Output	String、WString	D、L	转换结果

表5-2-26　FORMAT参数的可能值及其含义

值（W#16#…）	表示法	符号	小数点表示法
0000	小数	"−"	"."
0001	小数		","
0002	指数		"."
0003	指数		","

值（W#16#…）	表示法	符号	小数点表示法
0004	小数	"+" 和 "−"	"."
0005			","
0006	指数		"."
0007			","
0008 ～ FFFF	无效值		

实例 5-102 VAL_STRG指令的应用1

例如，将 Real 数据类型的浮点数转换为 String 数据类型的字符串。

【操作步骤】

① 创建全局数据块变量。在全局数据块中创建 6 个用于存储数据的变量，见图 5-2-54。

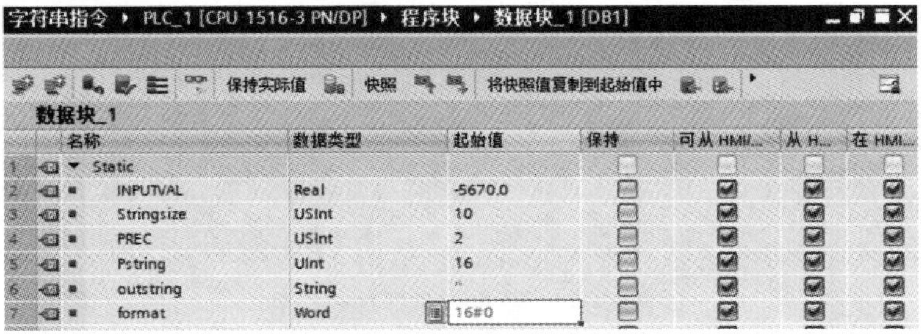

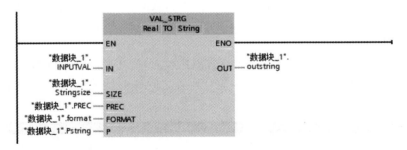

图 5-2-54　定义全局数据块变量

② 在 OB1 中编写梯形图程序，如图 5-2-55 所示。

图 5-2-55　指令应用梯形图程序

③ 仿真调试。打开仿真并进入仿真界面，如图 5-2-56 所示为程序仿真监视结果，全局数据块中的变量监视如图 5-2-57 所示。本例中根据 P 参数的值 "16"，从第 16 个字符处开始写入该字符串，根据 SIZE 参数的值 "10"，从该位置处写入 SIZE 参数规定的 10 个长度字符。因参数 FORMAT 的值为 "0004"，所以输入端待转换值中的点将解释为小数点分隔符，根据参数 PREC 的值 "2"，将向字符串写入两个小数位。待转换值的 "−" 符号作为字符存储在字

符串中，作为数字的前缀。字符串通过输出参数 OUT 输出结果是'   -5670.00'，符号前面的空白区域是填充的空字符。

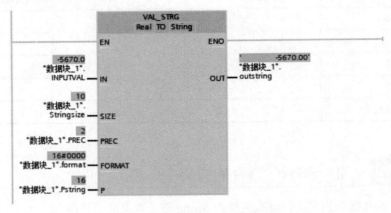

图 5-2-56　程序仿真监视结果

字符串指令 ▸ PLC_1 [CPU 1516-3 PN/DP] ▸ 程序块 ▸ 数据块_1 [DB1]

保持实际值　快照　将快照值复制到起始值中

数据块_1

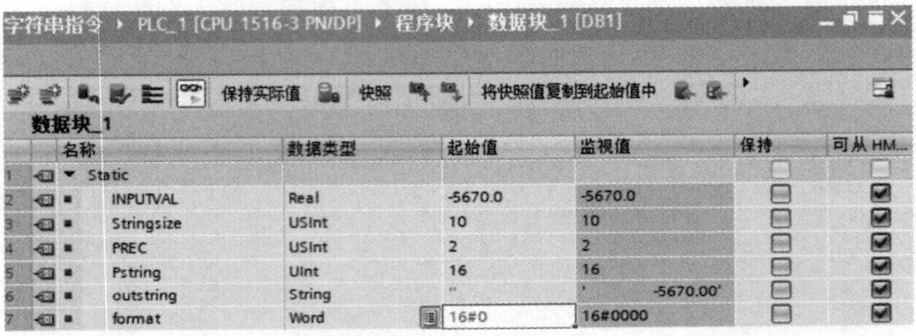

	名称	数据类型	起始值	监视值	保持	可从 HM...
1	▼ Static					
2	INPUTVAL	Real	-5670.0	-5670.0	☐	☑
3	Stringsize	USInt	10	10	☐	☑
4	PREC	USInt	2	2	☐	☑
5	Pstring	UInt	16	16	☐	☑
6	outstring	String	''	' -5670.00'	☐	☑
7	format	Word	16#0	16#0000	☐	☑

图 5-2-57　全局数据块变量监视

实例 5-103 VAL_STRG指令的应用2

编写一段转换程序，把一个代表某电流的数值转换成相应的字符串，并在人机界面上显示出字符串中的动态电流数值。

【操作步骤】

① 创建全局数据块变量。在调用 VAL_STRG 之前，先在变量表中 OUT 参数中设置一个含有初始值为 'I=A' 的空字符串，字符串中等号到 A 之间有 4 个空字符，全局数据块变量见图 5-2-58。

字符串指令 ▸ PLC_1 [CPU 1516-3 PN/DP] ▸ 程序块 ▸ 数据块_1 [DB1]

保持实际值　快照　将快照值复制到起始值中

数据块_1

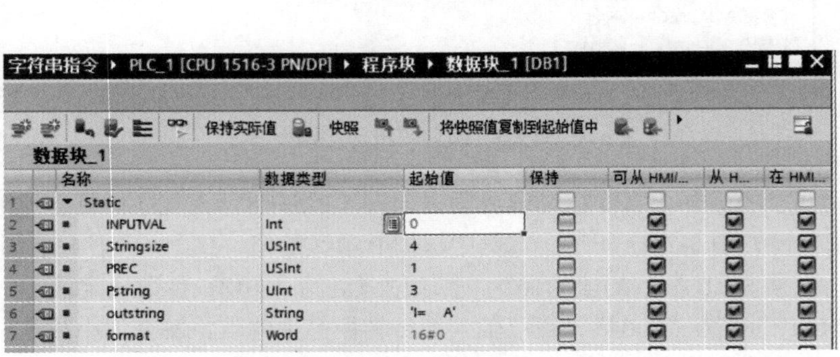

	名称	数据类型	起始值	保持	可从 HMI/...	从 H...	在 HMI...
1	▼ Static						
2	INPUTVAL	Int	0	☐	☑	☑	☑
3	Stringsize	USInt	4	☐	☑	☑	☑
4	PREC	USInt	1	☐	☑	☑	☑
5	Pstring	UInt	3	☐	☑	☑	☑
6	outstring	String	'I= A'	☐	☑	☑	☑
7	format	Word	16#0	☐	☑	☑	☑

图 5-2-58　定义全局数据块变量

② 在 OB1 中编写把数值转换为字符串的程序。程序如图 5-2-59 所示，当 M10.0 接通时，指令把输入数值转换成字符串，嵌入到 VAL_STRG 指令的输出 OUT 参数变量初始值中，这样在人机界面上可调用"数据块_1.outstring"变量，并在人机界面上显示出动态电流数据字符串。

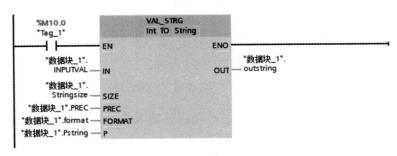

图 5-2-59　编写程序

③ 仿真调试。打开仿真，进入仿真界面。在全局数据块中，把输入参数"数据块_1.INPUTVAL"的值改为"100"，接通 M10.0，运行结果有 OUT 参数输出字符串为 'I=10.0A'，如图 5-2-60 所示是监控运行结果，本例输入值的位数不能超过三位数，否则输出中断转换，ENO 输出为 0。

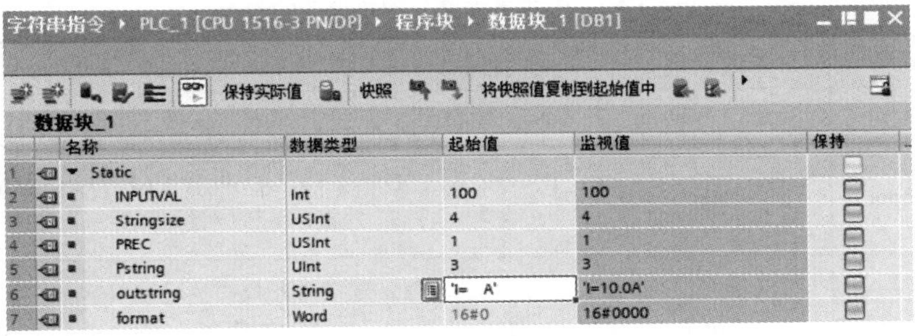

图 5-2-60　程序监控运行结果

为更进一步理解 VAL_STRG 指令在不同参数设置下的运行情况，在表 5-2-27 中列出了调用 VAL_STRG 指令的部分应用运行实例。

表5-2-27　VAL_STRG指令的部分运行实例

IN（值）	IN（数据类型）	P	SIZE	FORMAT（W#16#…）	PREC	OUT（STRING）	ENO 状态
123	UInt	16	10	0000	0	xxxxxxx123	1
0	UInt	16	10	0000	2	xxxxxx0.00	1
12345678	UDInt	16	10	0000	3	x12345.678	1
12345678	UDInt	16	10	0001	3	x12345.678	1
123	Int	16	10	0004	0	xxxxxx+123	1
−123	Int	16	10	0004	0	xxxxxx−123	1
−0.00123	Real	16	10	0004	4	xxx−0.0012	1
−0.00123	Real	16	10	0006	4	-1.2300×10^{-3}	1

（4）将字符串转换为字符指令（Strg_TO_Chars）

① 字符串转换为字符指令格式。字符串转换为字符指令格式如图 5-2-61 所示。

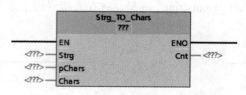

图 5-2-61　字符串转换为字符指令格式

② 指令功能。通过字符串转换为字符指令，是将字符串转换为字符元素组成的数值。即将数据类型为 String 的字符串复制到 Array of Char 或 Array of Byte 中；或将数据类型为 WString 的字符串复制到 Array of WChar 或 Array of Word 中。该操作只能复制 ASCII 字符。

③ 字符串转换为字符指令的参数。字符串转换为字符指令的参数见表 5-2-28。表中目标域中的字符数量至少与从源字符串中复制的字符数量相同。如果目标域包含的字符数少于源字符串中的字符数，则将只写入最多与目标域最大长度相同的字符数。当 PCHARS= 0 时，将使用数组下标的下限（如 Array [0..5] of Char 的 CHAR[0]）。如果数组的下限为负值（如 Array [-5..5] of Char 的 CHAR[-5]），此规则也适用。

表5-2-28　字符串转换为字符指令的参数

参数	声明	数据类型	存储区	说明
STRG	Input	String，WString	D、L 或常量	复制操作的源
PCHARS	Input	DInt	I、Q、M、D、L、P 或常量	Array of（W）Char/Byte/Word 结构中的位置，从该位置处开始写入字符串的相应字符
CHARS	InOut	Variant	D、L	复制操作的目标 将字符复制到 Array of（W）Char/Byte/Word 数据类型的结构中
CNT	Output	UInt	I、Q、M、D、L、P	移动的字符数量

实例 5-104　字符串转换为字符指令的应用

例如，将 String 数据类型的字符串中的字符复制到 Array of Char 数据类型的结构中。

【操作步骤】

① 创建全局数据块变量。在全局数据块中，创建 4 个变量进行数据存储，见图 5-2-62。

② 在 OB1 中编写程序。编写程序如图 5-2-63 所示。将根据 Array of Char 数据类型创建一个包含各个字符的结构。Chars 结构的长度为 10 个字符（Array ... [0..9]）。根据参数 PCHARS 的值 "2"，从该结构的第三个字符开始写入（"0" 和 "1" 为空，"2" 包含字符串 "数据块 _2.inputstrg" 的第一个字符）。在字符串 "inputstrg" 的字符写入到结构 "数据块 _2.CHARS" 后，待创建结构的最后一个字符将写入为空。字符串中移动的字符数通过输出参数 CNT 输出。

	名称	数据类型	起始值	保持	可从 HMI/...	从 H...	在 HMI...
1	▼ Static			☐	☐	☐	☐
2	inputstrg	String[10]	'AB7575#'	☐	☑	☑	☑
3	PCHARS	DInt	2	☐	☑	☑	☑
4	CNT	UInt	0	☐	☑	☑	☑
5	▼ CHARS	Array[0..9] of Char		☐	☑	☑	☑
6	CHARS[0]	Char	' '	☐	☑	☑	☑
7	CHARS[1]	Char	' '	☐	☑	☑	☑
8	CHARS[2]	Char	' '	☐	☑	☑	☑
9	CHARS[3]	Char	' '	☐	☑	☑	☑
10	CHARS[4]	Char	' '	☐	☑	☑	☑
11	CHARS[5]	Char	' '	☐	☑	☑	☑
12	CHARS[6]	Char	' '	☐	☑	☑	☑
13	CHARS[7]	Char	' '	☐	☑	☑	☑
14	CHARS[8]	Char	' '	☐	☑	☑	☑
15	CHARS[9]	Char	' '	☐	☑	☑	☑

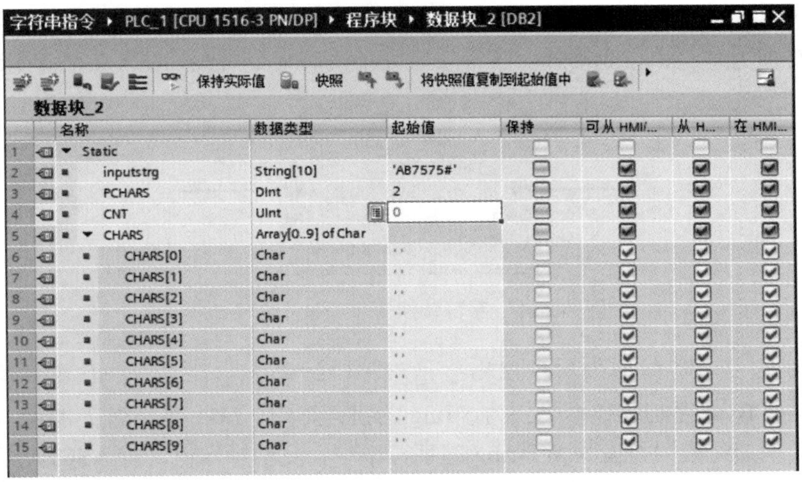

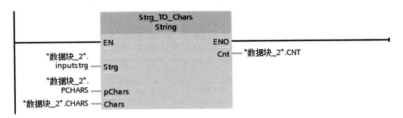

图 5-2-62　定义全局数据块变量

图 5-2-63　指令应用程序

③ 仿真调试。打开仿真，进入仿真界面。在全局数据块中，把输入参数“数据块_2.inputstrg”的起始值改为 'AB7575#'，结果有 CNT 参数输出字符元素组中，如图 5-2-64 所示是监控运行结果。

	名称	数据类型	起始值	监视值	保持	可从 HM...
1	▼ Static				☐	☐
2	inputstrg	String[10]	'AB7575#'	'AB7575#'	☐	☑
3	PCHARS	DInt	2	2	☐	☑
4	CNT	UInt	0	7	☐	☑
5	▼ CHARS	Array[0..9] of Char			☐	☑
6	CHARS[0]	Char	' '	' '	☐	☑
7	CHARS[1]	Char	' '	' '	☐	☑
8	CHARS[2]	Char	' '	'A'	☐	☑
9	CHARS[3]	Char	' '	'B'	☐	☑
10	CHARS[4]	Char	' '	'7'	☐	☑
11	CHARS[5]	Char	' '	'5'	☐	☑
12	CHARS[6]	Char	' '	'7'	☐	☑
13	CHARS[7]	Char	' '	'5'	☐	☑
14	CHARS[8]	Char	' '	'#'	☐	☑
15	CHARS[9]	Char	' '	' '	☐	☑

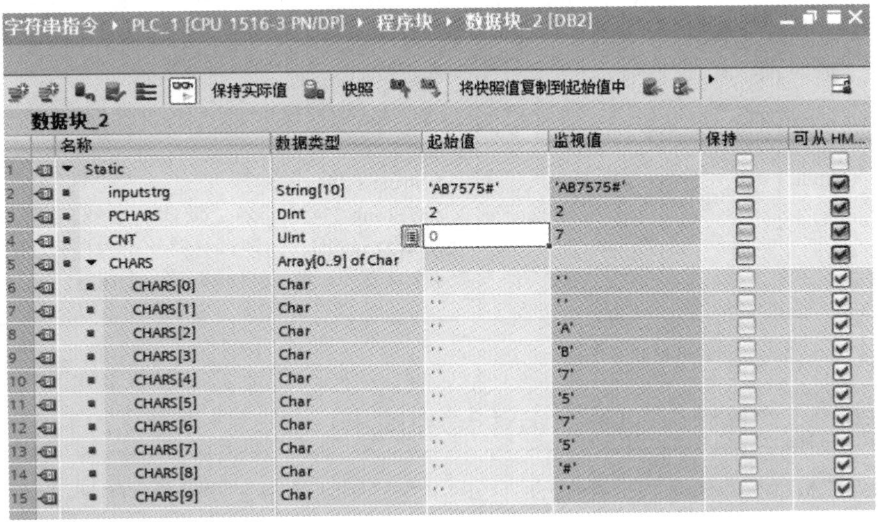

图 5-2-64　程序监控运行结果

（5）将字符转换为字符串指令（Chars_TO_Strg）

① 字符转换为字符串指令格式。字符转换为字符串指令格式如图 5-2-65 所示。

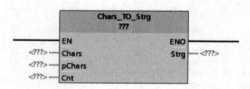

图 5-2-65　字符转换为字符串指令格式

② 指令功能。字符转换为字符串指令是将字符转换为字符串。即将字符串从 Array of Char 或 Array of Byte 复制到数据类型为 String 的字符串中；或将字符串从 Array of WChar 或 Array of Word 复制到数据类型为 WString 的字符串中。复制操作仅支持 ASCII 字符。

③ 字符转换为字符串指令的参数。字符转换为字符串指令的参数见表 5-2-29。表中目标域中的字符数量至少与从源字符串中复制的字符数量相同。如果目标域包含的字符数少于源字符串中的字符数，则目标域写入最大长度的字符数。参数 CNT 的值为 "0" 时，表示将复制所有字符数。

表5-2-29　字符转换为字符串指令的参数

参数	声明	数据类型	存储区	说明
CHARS	Input	Variant	D、L	复制操作的源 从 Array of（W）Char/Byte/Word 处开始复制字符
PCHARS	Input	DInt	I、Q、M、D、L、P 或常量	Array of（W）Char/Byte/Word 中的位置，从该位置处开始复制字符
CNT	Input	UInt	I、Q、M、D、L、P 或常量	要复制的字符数。使用值 "0" 将复制所有字符
STRG	Output	String，WString	D、L	复制操作的目标 （W）String 数据类型的字符串。遵守数据类型的最大长度： · String：254 个字符 · WString:254 个字符（默认）/16382 个字符（最大） 使用 WString 时，请注意必须使用方括号明确定义超过 254 个字符的长度（例如 WString［16382］）

实例 5-105　Chars_TO_Strg指令的应用

例如，将 Array of Char 数据类型的结构的字符复制到 String 数据类型的字符串中。

【操作步骤】

① 创建全局数据块变量。在全局数据块中，创建 4 个变量进行数据存储，见图 5-2-66。

字符串指令 ▸ PLC_1 [CPU 1516-3 PN/DP] ▸ 程序块 ▸ 数据块_3 [DB3]

保持实际值　快照　将快照值复制到起始值中

数据块_3

	名称	数据类型	起始值	保持	可从 HMI/...	从 H...	在 HMI...
1	▼ Static			☐	☐	☐	☐
2	▼ inputchars	Array[0..9] of Char		☐	☑	☑	☑
3	inputchars[0]	Char	'T'	☐	☑	☑	☑
4	inputchars[1]	Char	'I'	☐	☑	☑	☑
5	inputchars[2]	Char	'A'	☐	☑	☑	☑
6	inputchars[3]	Char	'S'	☐	☑	☑	☑
7	inputchars[4]	Char	'7'	☐	☑	☑	☑
8	inputchars[5]	Char	'-'	☐	☑	☑	☑
9	inputchars[6]	Char	'P'	☐	☑	☑	☑
10	inputchars[7]	Char	'L'	☐	☑	☑	☑
11	inputchars[8]	Char	'C'	☐	☑	☑	☑
12	inputchars[9]	Char	' '	☐	☑	☑	☑
13	pchars	DInt	3	☐	☑	☑	☑
14	outstring	String	''	☐	☑	☑	☑
15	cnt	UInt	0	☐	☑	☑	☑

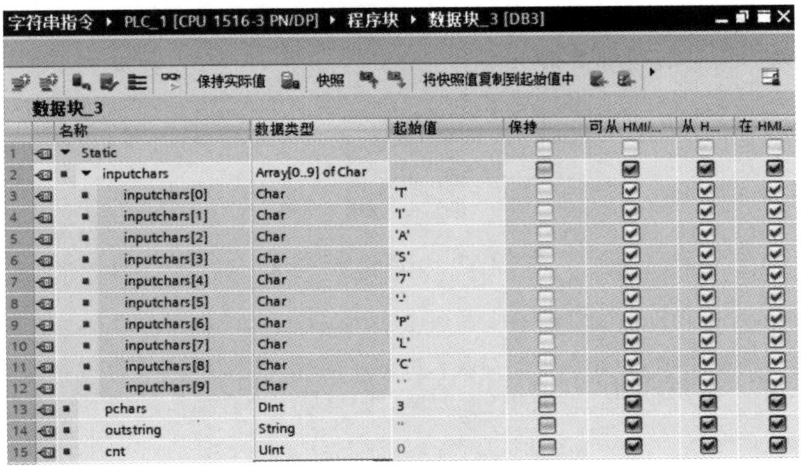

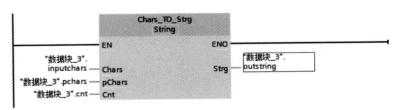

图 5-2-66　定义全局数据块变量

② 在 OB1 中编写程序。在 OB1 中编写程序如图 5-2-67 所示。图中 Chars 结构的长度为 10 个字符（Array ... [0..9]）。根据参数 PCHARS 的起始值设置为“2”，从该结构的从第三个位置（即下标为 [2] 的数组）处开始将字符复制到输出字符串 STRG 中。从位置“2”开始，结构中的所有字符“数据块 _3.inputchars”都将复制到字符串“数据块 _3.outstring”中。

图 5-2-67　指令应用程序

③ 仿真调试。打开仿真，进入仿真界面。在全局数据块中，把输入参数“数据块 _3.inputchars”的起始值改为“TIAS7-PLC”，运行结果有 Strg 参数输出字符串到“数据块 _3.outstring”中，显示值为“S7-PLC”，如图 5-2-68 所示是监控运行结果。

字符串指令 ▸ PLC_1 [CPU 1516-3 PN/DP] ▸ 程序块 ▸ 数据块_3 [DB3]

保持实际值　快照　将快照值复制到起始值中

数据块_3

	名称	数据类型	起始值	监视值	保持	可从 HM...
1	▼ Static				☐	☐
2	▼ inputchars	Array[0..9] of Char			☐	☑
3	inputchars[0]	Char	'T'	'T'	☐	☑
4	inputchars[1]	Char	'I'	'I'	☐	☑
5	inputchars[2]	Char	'A'	'A'	☐	☑
6	inputchars[3]	Char	'S'	'S'	☐	☑
7	inputchars[4]	Char	'7'	'7'	☐	☑
8	inputchars[5]	Char	'-'	'-'	☐	☑
9	inputchars[6]	Char	'P'	'P'	☐	☑
10	inputchars[7]	Char	'L'	'L'	☐	☑
11	inputchars[8]	Char	'C'	'C'	☐	☑
12	inputchars[9]	Char	' '	' '	☐	☑
13	pchars	DInt	3	3	☐	☑
14	outstring	String	''	'S7-PLC'	☐	☑
15	cnt	UInt	0	0	☐	☑

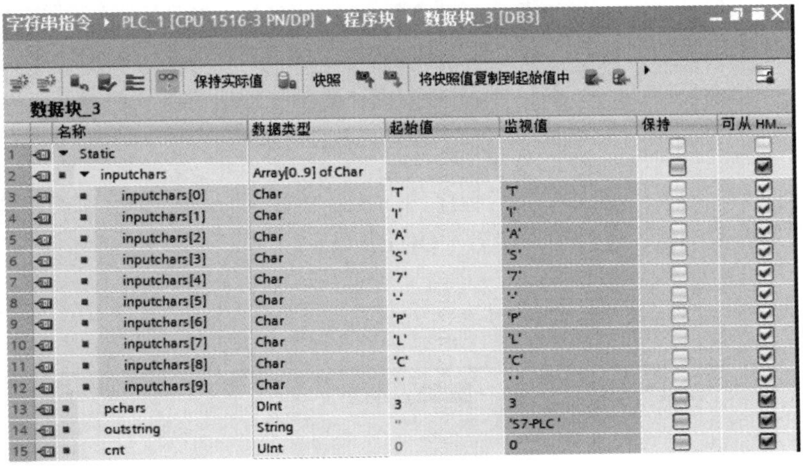

图 5-2-68　程序监控运行结果

（6）确定字符串的长度指令（LEN）

① LEN 指令的格式如图 5-2-69 所示。

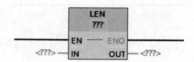

图 5-2-69　LEN 指令的格式

② 指令功能。使用 "LEN" 指令，可查询 IN 输入参数中指定的字符串当前长度，并将其作为数值输出到输出参数 OUT 中。当前长度表示实际使用的字符位置数，当前长度必须小于或等于最大长度，空字符串（''）的长度为零。如果该指令在执行过程中出错，则参数 OUT 处将输出值 "0"。

③ LEN 指令的参数见表 5-2-30。

表5-2-30　LEN指令的参数

参数	声明	数据类型	存储区	说明
IN	Input	String，WString	D、L 或常量	字符串
OUT	Return	Int	I、Q、M、D、L	有效字符数

实例 5-106　LEN指令的应用

例如，确定 String 数据类型字符串的当前长度。

【操作步骤】

① 创建全局数据块变量。在全局数据块中创建两个用于存储数据的变量，见图 5-2-70。

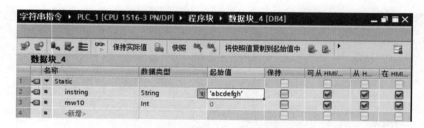

图 5-2-70　定义全局数据块变量

② 在 OB1 编写程序。在 OB1 编写程序如图 5-2-71 所示。将确定字符串中实际占用的字符数，并将其作为数字值，通过输出参数 "OUT" 显示。

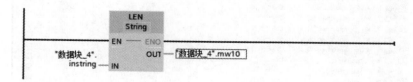

图 5-2-71　指令应用程序

③ 仿真调试。打开仿真，进入仿真界面。在全局数据块中，把输入参数变量"数据块_4.instring"的起始值改为' abcdefgh'，运行结果由 OUT 参数输出到"数据块 _4.MW10"中，显示值为"8"，如图 5-2-72 所示是监控运行结果。

图 5-2-72　程序监控运行结果

（7）确定字符串的最大长度指令（MAX_LEN）

① MAX_LEN 指令的格式如图 5-2-73 所示。

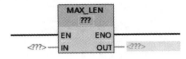

图 5-2-73　MAX_LEN 指令的格式

② 指令功能。使用"MAX_LEN"指令，可确定输入参数 IN 中所指定字符串的最大长度，并将其作为数字值输出到输出参数 OUT 中。如果该指令在执行过程中出错，则参数 OUT 处将输出值"0"。

③ MAX_LEN 指令的参数见表 5-2-31。

表5-2-31　MAX_LEN指令的参数

参数	声明	数据类型	存储区	说明
IN	Input	String WString	D、L 或常量	字符串
OUT	Return	Int DInt	I、Q、M、D、L、P	最大字符数

实例 5-107　MAX_LEN指令的应用

例如，确定 String 数据类型字符串的最大长度。

【操作步骤】

① 创建全局数据块变量。在全局数据块中创建两个用于存储数据的变量，见图 5-2-74。

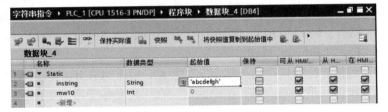

图 5-2-74　定义全局数据块变量

② 在 OB1 编写程序。在 OB1 编写程序如图 5-2-75 所示。将确定字符串的最大长度，并将其作为数字值，通过输出参数"OUT"显示。

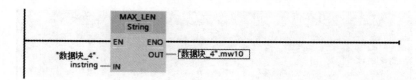

图 5-2-75　指令应用程序

③ 仿真调试。打开仿真，进入仿真界面。在全局数据块中，把输入参数变量"数据块_4.instring"的起始值改为 ' abcdefgh'，运行结果由 OUT 参数输出到"数据块_4.MW10"中，显示值为"254"，如图 5-2-76 所示是监控运行结果。

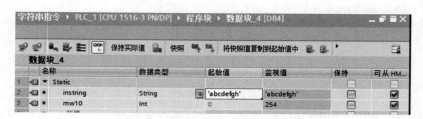

图 5-2-76　程序监控运行结果

（8）将十六进制数转换为 ASCII 字符串指令（HTA）

① HTA 指令的格式如图 5-2-77 所示。

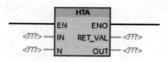

图 5-2-77　HTA 指令的格式

② 指令功能。使用"HTA"指令将 IN 输入中指定的十六进制数转换为 ASCII 字符串，转换结果存储在 OUT 参数指定的地址中。最多可将 32767 个字符写入 ASCII 字符串中。转换结果由数字"0"～"9"以及大写字母"A"～"F"表示。如果 OUT 参数中无法显示转换的完整结果，则结果将部分写入该参数。

③ HTA 指令的参数。HTA 指令的参数见表 5-2-32，表中可以使用 IN 参数（十六进制）中的指针引用以下数据类型：Array of Char、Array of Byte、String、Byte、Char、Word、Array of Word、Int、DWord、Array of DWord、DInt、SInt、USInt、UInt、UDInt。仅 S7-1500：Array of WChar、WString、WChar、ULInt、LInt、LWord、Array of LWord。使用 OUT 参数（ASCII）中的指针，可以引用以下数据类型：String、WString、Array of Char、Array of WChar、Array of Byte、Array of Word。

表中参数 N，可指定待转换十六进制字节的数量。由于 ASCII 字符为 8 位，而十六进制数只有 4 位，故输出值长度为输入值长度的两倍。在保持原始顺序的情况下，将十六进制数的每个半位元组转换为一个字符。

表5-2-32　HTA指令的参数

参数	声明	数据类型	存储区	说明
IN	Input	Variant	I、Q、M、D、L	十六进制数的起始地址
N	Input	UInt	I、Q、M、D、L 或常量	待转换的十六进制字节数
RET_VAL	Return	Word	I、Q、M、D、L	错误消息
OUT	Output	Variant	D、L	结果的存储地址

④ 表 5-2-33 列出了 ASCII 字符及其相对应的十六进制值。

表5-2-33　十六进制值与ASCII字符对应关系

十六进制数	ASCII 编码的十六进制值	ASCII 字符
0	30	"0"
1	31	"1"
2	32	"2"
3	33	"3"
4	34	"4"
5	35	"5"
6	36	"6"
7	37	"7"
8	38	"8"
9	39	"9"
A	41	"A"
B	42	"B"
C	43	"C"
D	44	"D"
E	45	"E"
F	46	"F"

（9）将 ASCII 字符串转换为十六进制数指令（ATH）

使用"ATH"指令将 IN 输入参数中指定的 ASCII 字符串转换为十六进制数，转换结果输出到 OUT 输出参数中。该指令与 HTA 是一个相反的过程，基本应用方法可参考博途软件中的在线帮助。

（10）合并字符串指令（CONCAT）

① CONCAT 指令的格式如图 5-2-78 所示。

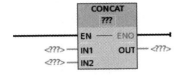

图 5-2-78　CONCAT 指令的格式

② 指令功能。使用 "CONCAT" 指令将 IN1 输入参数中的字符串与 IN2 输入参数中的字符串合并在一起。结果以（W）String 格式通过 OUT 输出参数输出。如果生成的字符串长度大于 OUT 输出参数中指定的变量长度，则将生成的字符串限制到可用长度。如果在指令的执行过程中发生错误而且可写入 OUT 输出参数中，则将输出空字符串。

③ CONCAT 指令的参数见表 5-2-34。

表5-2-34　CONCAT指令的参数

参数	声明	数据类型	存储区	说明
IN1	Input	String,WString	D、L 或常量	字符串
IN2	Input	String,WString	D、L 或常量	字符串
OUT	Return	String,WString	D、L	生成的字符串

实例 5-108　CONCAT指令的应用

例如，将两个 String 数据类型的字符串连接在一起。

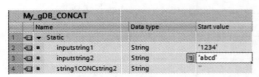

图 5-2-79　定义全局数据块变量

【操作步骤】

① 创建全局数据块变量。在全局数据块中，创建 3 个变量进行数据存储，见图 5-2-79。

② 在 OB1 中编写程序及仿真调试。如图 5-2-80 所示的编写程序，把全局数据块中的变量中的起始值设定为图 5-2-79 中所示。通过仿真调试的运行结果是第二个字符串 "inputstring2" 的字符附加到第一个字符串 "inputstring1"，并通过输出参数 OUT "string1CONCstring2" 输出结果显示为 "1234abcd"。

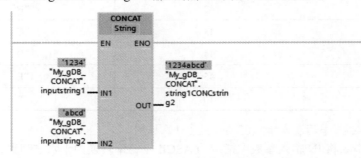

图 5-2-80　指令应用程序

5.3　西门子S7-1500 PLC基本应用实例

5.3.1　电动机正反转控制

【传统继电器控制分析】

在生产设备中，常通过电动机正反运转来改变运动部件的移动方向。接触器正反转控制线路如图 5-3-1 所示。其控制要求如下：按下正传按钮 SB2，电动机正转；按下反转按钮

SB3，电动机反转；按下停止按钮 SB1，电动机停止。由于正转和反转接触器不能同时工作，否则将造成电源短路事故，因此必须采取接触器联锁措施，即正转接触器的常闭触点与反转接触器线圈串联，反转接触器的常闭触点与正转接触器线圈串联。

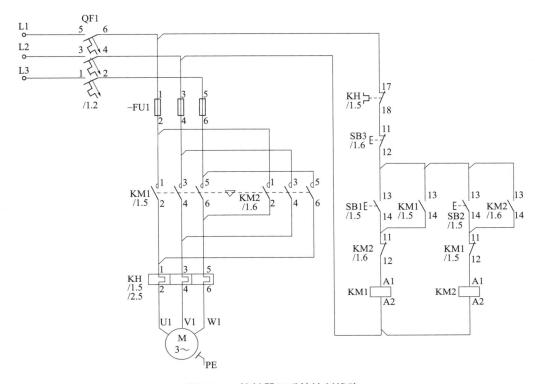

图 5-3-1　接触器正反转控制线路

【用 PLC 改造接触器正反转电路】

本任务将传统的接触器正反转控制改为 PLC 正反转控制，控制要求不变。改造的主要思路是 PLC 正反转控制程序梯形图与接触器正反转控制电路逻辑关系基本相同，改造时主电路完全相同，主要是用 PLC 改造控制电路连接方式。

（1）I/O 地址分配

根据控制要求，首先确定 I/O 的个数，进行 I/O 的分配，见表 5-3-1。

表5-3-1　PLC正反转控制输入/输出端口分配表

输入			输出		
输入端口	输入器件	作用	输出端口	输出器件	控制对象
I10.0	KH（常开触点）	过载保护	Q4.0	KM2 接触器	电动机正转
I10.1	SB1（常闭触点）	停止按钮	Q4.1	KM1 接触器	电动机反转
I10.2	SB2（常开触点）	正转按钮			
I10.3	SB3（常开触点）	反转按钮			

（2）设计 PLC 硬件接线图

电动机正反转 PLC 硬件接线图如图 5-3-2 所示。电动机控制主电路可参考图 5-3-1 所示的主电路，这里仅画出 PLC 改造控制电路接线原理图。在 PLC 正反转控制电路中，按钮、过载保护触点和接触器线圈连接仅确定输入 / 输出信号地址，而不确定控制逻辑。图中保护需要设计硬件保护，仅依靠 PLC 控制程序中软继电器联锁是不可靠的，在 PLC 输出端必须要有接触器常闭物理触点的硬件联锁。

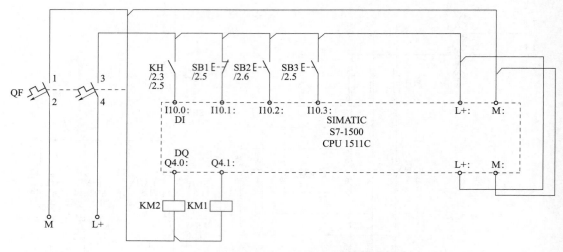

图 5-3-2　电动机正反转 PLC 硬件接线图

（3）准备材料（见表 5-3-2）

① 选择元件时，主要考虑元件的数量、型号及额定参数。

② 检测元器件的质量好坏。

③ PLC 的选型要合理，在满足要求下尽量减少 I/O 的点数，以降低硬件的成本。

表5-3-2　材料清单

序号	名称	型号规格	数量	单位
1	计算机	安装有 TIA Portal V15 软件	1	台
2	PLC	S7-1500	1	台
3	编程电缆	快速连接双绞线	1	根
4	断路器	DZ47-63/3P D16 DZ47-63/2P D10	各 1	只
5	熔断器	RT 系列	1	组
6	接触器	CJX2 系列线圈电压为 DC24V	2	个
7	热继电器	根据电动机自定	1	个
8	按钮	LA10-3H	3	个
9	电动机	自定，小功率	1	台

（4）安装与接线

① 将所有元件装在一块配电板上，做到布局合理、安装牢固、符合安装技术工艺规范。

② 根据接线原理图配线，做到接线正确、牢固、美观。

③ 线路自检，确保接线正确。

（5）设备组态

① 添加设备。打开 TIA 博途，在左侧项目树中双击"添加新设备"弹出对话框，点击控制器→SIMATIC S7-1500→CPU 1511C-1 PN→"6ES7 511-1CK00-0AB0"版本对应 PLC 选择，如若不知则选择最低版本，如图 5-3-3 所示。

图 5-3-3　添加设备

② 配置 CPU 参数。在属性点击"常规"→"PROFINET 接口 [X1]"→"以太网地址"，添加新子网并设置 PLC 的 IP 地址（注意：组态中的 PLC 的 IP 地址要与在线访问中实际硬件中 PLC 的 IP 地址相同），如图 5-3-4 所示。

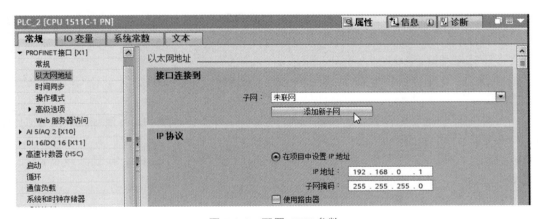

图 5-3-4　配置 CPU 参数

（6）编写 PLC 程序

① 在默认变量表中添加变量，如图 5-3-5 所示。

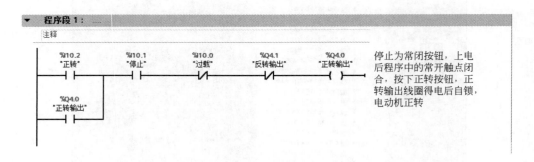

图 5-3-5　添加变量

② 编写程序，如图 5-3-6 所示。

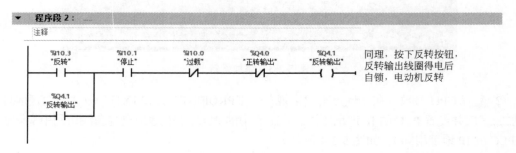

▼ **程序段 1**：____

注释

```
%I10.2        %I10.1        %I10.0        %Q4.1         %Q4.0
"正转"         "停止"         "过载"        "反转输出"      "正转输出"
 ┤ ├          ┤ ├          ┤/├          ┤/├           ( )

%Q4.0
"正转输出"
 ┤ ├
```

停止为常闭按钮，上电后程序中的常开触点闭合，按下正转按钮，正转输出线圈得电后自锁，电动机正转

▼ **程序段 2**：____

注释

```
%I10.3        %I10.1        %I10.0        %Q4.0         %Q4.1
"反转"         "停止"         "过载"        "正转输出"      "反转输出"
 ┤ ├          ┤ ├          ┤/├          ┤/├           ( )

%Q4.1
"反转输出"
 ┤ ├
```

同理，按下反转按钮，反转输出线圈得电后自锁，电动机反转

图 5-3-6　PLC 程序

（7）下载与调试

① 下载。在下载之前，需要将已写完的程序进行编译。编译成功后才能在 CPU 中执行。

② 调试。

a. 电动机正转：按下正转按钮 SB2，反转停止；松开正转按钮 SB2，接触器线圈 KM1 通电，KM1 主触点闭合，电动机通电正转。

b. 电动机反转：按下反转按钮 SB3，正转停止；松开反转按钮 SB2，接触器线圈 KM2 通电，KM2 主触点闭合，电动机通电反转。

c. 电动机停止：按下停止按钮 SB1，电动机断电停止。

d. 过载保护：当发生过载故障时，电动机断电停止。

5.3.2　三台电动机的顺序控制

【三台电动机继电器顺序控制电路分析】

在生产设备中，某传动带设备分别由三台电动机拖动，要求电动机统一为单方向旋转。三台电动机顺序控制线路图如图 5-3-7 所示。控制要求如下，按下启动按钮 SB1，第一台电动机 MA1 启动，MA1 运行 10s 后，第二台电动机 MA2 启动，MA2 运行 10s 后，第三台电动机 MA3 启动。按下停止按钮 SB2，所有电动机停止。

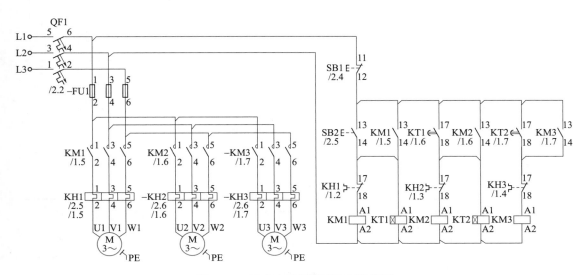

图 5-3-7　三台电动机顺序控制线路图

【用 PLC 改造顺序控制电路】

本任务将传统的三台电动机顺序控制启动改为 PLC 顺序控制启动，控制要求不变。

（1）I/O 端口分配（见表 5-3-3）

表5-3-3　输入/输出端口分配表

输入			输出		
输入端口	输入器件	作用	输出端口	输出器件	控制对象
I10.0	SB1（常闭触点）	停止按钮	Q4.0	KM1 接触器	电动机 MA1
I10.1	SB2（常开触点）	正转按钮	Q4.1	KM2 接触器	电动机 MA2
I10.2	KH1（常开触点）	MA1 过载保护	Q4.2	KM3 接触器	电动机 MA3
I10.3	KH2（常开触点）	MA2 过载保护			
I 10.4	KH3（常开触点）	MA3 过载保护			

（2）PLC 硬件接线图

对于电路的改造，图 5-3-7 所示的电路图主电路不变，只对控制部分进行改造，其接线图如图 5-3-8 所示。

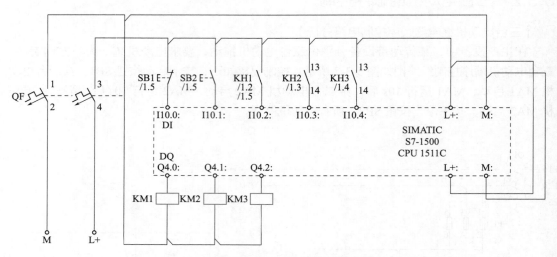

图 5-3-8　PLC 接线原理图

（3）准备材料（见表 5-3-4）

表5-3-4　材料清单

序号	名称	型号规格	数量	单位
1	计算机	安装有 TIA Portal V15 软件	1	台
2	PLC	S7-1500 CPU 1511C	1	台
3	编程电缆	快速连接双绞线	1	根
4	断路器	DZ47-63/3P D16 DZ47-63/2P D10	各 1	只
5	熔断器	RT 系列	1	组
6	接触器	CJX2 系列线圈电压为 DC 24V	3	个
7	热继电器	根据电动机自定	3	个
8	按钮	LA10-3H	2	个
9	电动机	自定，小功率	3	台

（4）安装与接线

① 将所有元件装在一块配电板上，做到布局合理、安装牢固、符合安装工艺规范。

② 根据接线原理图配线，做到接线正确、牢固、美观。

（5）设备组态

① 添加设备。打开 TIA 博途，在左侧项目树中双击"添加新设备"弹出对话框，点击控制器→SIMATIC S7-1500→CPU 1511C-1 PN→"6ES7 511-1CK00-0AB0"版本对应 PLC 选择，如若不知则选择最低版本。如图 5-3-9 所示。

图 5-3-9　添加设备

② 配置 CPU 参数。在属性点击"常规"→"PROFINET 接口 [X1]"→"以太网地址"，添加新子网并设置 PLC 的 IP 地址（注意：组态中的 PLC 的 IP 地址要与在线访问中实际硬件中 PLC 的 IP 地址相同），如图 5-3-10 所示。

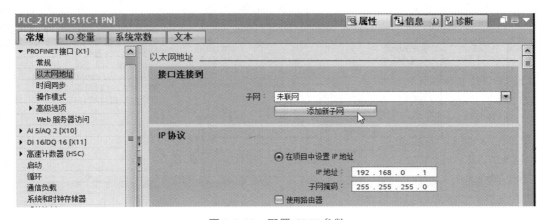

图 5-3-10　配置 CPU 参数

（6）编写 PLC 程序

① 在默认变量表中添加变量，如图 5-3-11 所示。

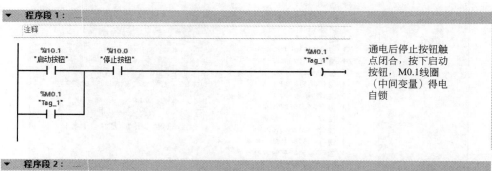

图 5-3-11　添加变量

② 编写程序,如图 5-3-12 所示。

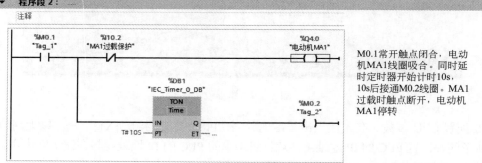

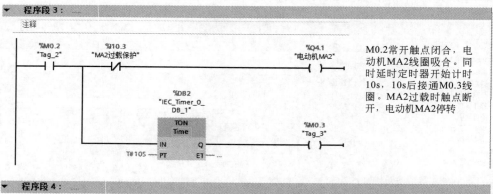

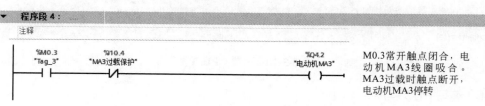

图 5-3-12　PLC 程序

（7）下载与调试

按照前面描述的下载方式下载程序，并进行如下调试。

① 电动机启动：按下启动按钮 SB1，第一台电动机 MA1 启动，MA1 运行 10s 后，第二台电动机 MA2 启动，MA2 运行 10s 后，第三台电动机 MA3 启动。

② 电动机停止：按下停止按钮 SB2，所有电动机停止。

③ 过载保护：当发生过载故障时，电动机断电停止。

5.3.3　电动机星三角降压启动控制

【继电器控制星三角降压启动分析】

在生产设备中，经常需要使用到大功率的电动机。电动机在启动时，启动电流是额定电流的 4 ～ 7 倍，带载启动时可达 8 ～ 10 倍，会使电动机绕组发热，加速绝缘老化，造成电网冲击。过大的冲击往往造成电动机笼条和定子绕组等绝缘破损，导致击穿烧机。在降压启动中经常使用的就是 Y- △（星三角）降压启动，Y- △降压启动时，把定子绕组接成 Y 形，以降低启动电压，限制启动电流。电动机启动平稳后，再把定子绕组换成△形，使电动机全压启动，如图 5-3-13 所示。

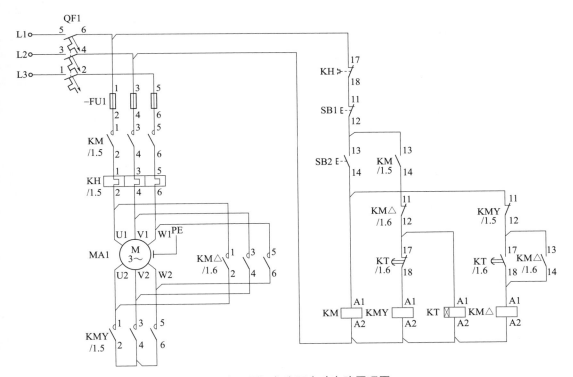

图 5-3-13　星三角降压启动电路原理图

【用 PLC 改造星三角降压启动】

本任务将传统的接触器 Y- △降压启动控制启动改为 PLC 控制 Y- △降压启动，控制要求不变。改造时需要注意以下几点：

① 接触器 KMY 和 KM △的主触点不能同时闭合，必须保证接触器的联锁控制，否则将出现短路事故。在 PLC 程序梯形图中输出继电器的线圈就不能同时得电，在梯形图中也要加

入程序互锁。

② 定子绕组为 △ 形接法时才能采用 Y- △ 降压启动。

电动机正常运行时定子绕组接成 △ 形时才能采用 Y- △ 降压启动，若启动时已经是 Y 接线，电动机全压启动当转入 △ 运行时，电动机绕组会因电压过高而烧毁。

③ 启动时间不能过短或过长。

启动时间过短，电动机还未提速就切换运行，电动机的启动电流还会很大，造成电网波动；启动时间过长，电动机会因低电压运行引发大电流而烧毁。

④ 时间继电器的设定。

时间继电器的时间设定一般按电动机 1kW 约 0.6 ～ 0.8s 整定。

（1）I/O 地址分配（见表 5-3-5）

表5-3-5 输入/输出端口分配表

输入			输出		
输入端口	输入器件	作用	输出端口	输出器件	控制对象
I10.0	SB1（常闭触点）	停止按钮	Q4.0	KM 接触器	电动机 MA1
I10.1	SB2（常开触点）	启动按钮	Q4.1	KMY 接触器	电动机 MA1
I10.2	KH（常开触点）	MA1 过载保护	Q4.2	KM △接触器	电动机 MA1

（2）PLC 硬件接线图（如图 5-3-14 所示）

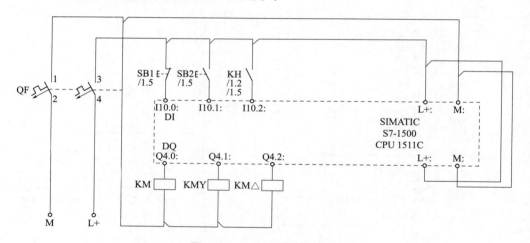

图 5-3-14 PLC 硬件接线图

（3）准备材料（见表 5-3-6）

表5-3-6 材料清单

序号	名称	型号规格	数量	单位
1	计算机	安装有 TIA Portal V15 软件	1	台
2	PLC	S7-1500 CPU 1511C	1	台
3	编程电缆	快速连接双绞线	1	根
4	断路器	DZ47-63/3P D16 DZ47-63/3P D10	各 1	只

续表

序号	名称	型号规格	数量	单位
5	熔断器	RT 系列	1	组
6	接触器	CJX2 系列线圈电压为 DC 24V	3	个
7	热继电器	根据电动机自定	1	个
8	按钮	LA10-3H	2	个
9	电动机	自定，小功率	1	台

（4）安装与接线

① 将所有元件装在一块配电板上，做到布局合理、安装牢固、符合安装工艺规范。

② 根据接线原理图配线，做到接线正确、牢固、美观。

（5）设备组态

① 添加设备。打开 TIA 博途，在左侧项目树中双击"添加新设备"弹出对话框，点击控制器→SIMATIC S7-1500→CPU 1511C-1 PN→"6ES7 511-1CK00-0AB0"版本对应 PLC 选择，如若不知则选择最低版本。如图 5-3-15 所示。

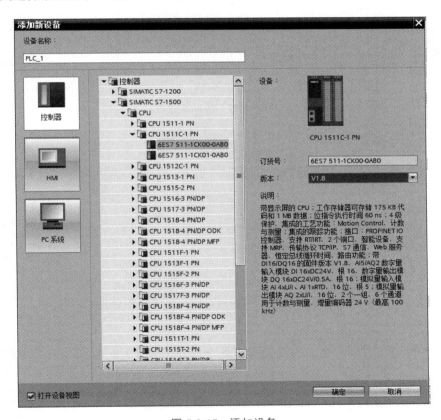

图 5-3-15　添加设备

② 配置 CPU 参数。在属性点击"常规"→"PROFINET 接口 [X1]"→"以太网地址"，添加新子网并设置 PLC 的 IP 地址（注意：组态中的 PLC 的 IP 地址要与在线访问中实际硬件中 PLC 的 IP 地址相同），如图 5-3-16 所示。

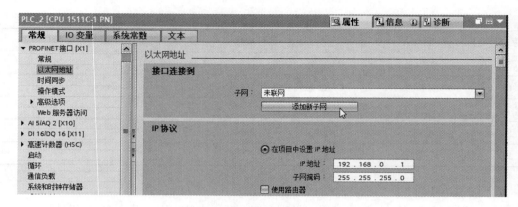

图 5-3-16　配置 CPU 参数

（6）编写 PLC 程序

① 在默认变量表中添加变量，如图 5-3-17 所示。

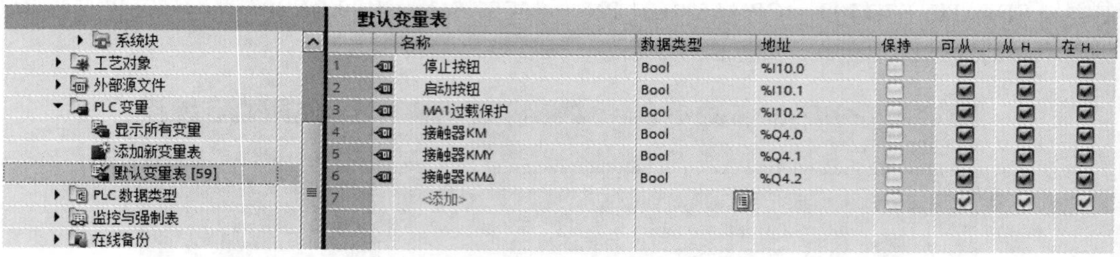

			名称	数据类型	地址	保持	可从 ...	从 H...	在 H...
		1	停止按钮	Bool	%I10.0		☑	☑	☑
		2	启动按钮	Bool	%I10.1		☑	☑	☑
		3	MA1过载保护	Bool	%I10.2		☑	☑	☑
		4	接触器KM	Bool	%Q4.0		☑	☑	☑
		5	接触器KMY	Bool	%Q4.1		☑	☑	☑
		6	接触器KM△	Bool	%Q4.2		☑	☑	☑
		7	<添加>				☑	☑	☑

图 5-3-17　添加变量

② 编写程序，如图 5-3-18 所示。

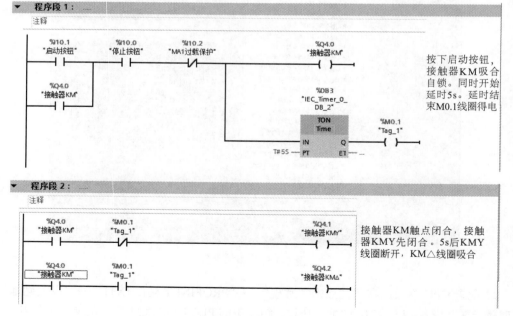

图 5-3-18　PLC 程序

354

（7）下载与调试

按照前面描述的下载方法进行下载，并按照如下步骤进行调试。

① 电动机启动：按下启动按钮 SB2，电动机 MA1 以 Y 形绕组启动，电动机启动 5s 后，再把定子绕组换成△形，使电动机全压启动。

② 电动机停止：按下停止按钮 SB1，所有电动机停止。

③ 过载保护：当发生过载故障时，电动机断电停止。

5.3.4　运料小车的PLC控制

【运料小车继电器控制电路分析】

在生产设备中，工业运料小车采用电动机驱动，电动机正转小车前进，电动机反转小车后退，电路图如图 5-3-19 所示，工作过程如下：小车启动后，到 A 地后停 1min 装料，然后自动走向 B 地；到 B 地后停 1min 卸料，然后自动走向 A 地，循环往复运动。

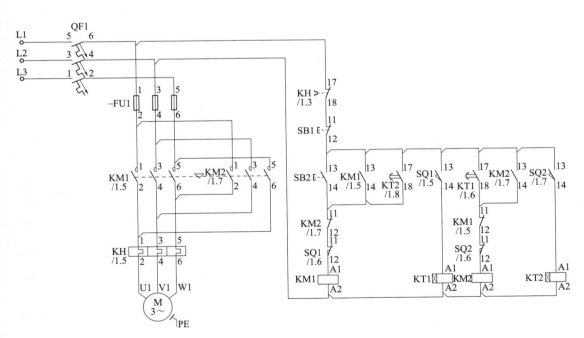

图 5-3-19　运料小车控制电路原理图

【用 PLC 改造运料小车电路】

本任务将传统的接触器运料小车自动往返改为 PLC 控制运料小车自动往返控制系统，具有连线简单，控制速度可控，安装、维修和改造方便等优点，控制要求不变。

（1）I/O 地址分配（见表 5-3-7）

表5-3-7　输入/输出端口分配表

输入			输出		
输入端口	输入器件	作用	输出端口	输出器件	控制对象
I10.0	SB1（常闭触点）	停止按钮	Q4.0	KM1 接触器	电动机 MA1
I10.1	SB2（常开触点）	启动按钮	Q4.1	KM2 接触器	电动机 MA1
I10.2	KH（常开触点）	MA1 过载保护			
I10.3	SQ1（常开触点）	A 地行程开关			
I10.4	SQ2（常开触点）	B 地行程开关			

（2）PLC 硬件接线图（如图 5-3-20 所示）

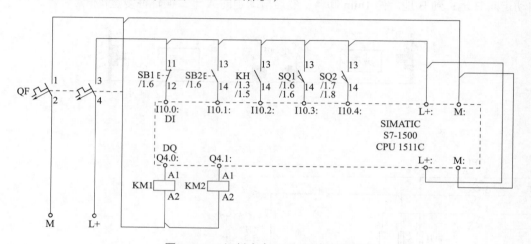

图 5-3-20　运料小车 PLC 硬件接线图

（3）准备材料（见表 5-3-8）

表5-3-8　材料清单

序号	名称	型号规格	数量	单位
1	计算机	安装有 TIA Portal V15 软件	1	台
2	PLC	S7-1500 CPU 1511C	1	台
3	编程电缆	快速连接双绞线	1	根
4	断路器	DZ47-63/3P D16 DZ47-63/2P D10	各 1	只
5	熔断器	RT 系列	1	组
6	接触器	CJX2 系列线圈电压为 DC 24V	3	个
7	热继电器	根据电动机自定	1	个
8	按钮	LA10-3H	2	个
9	电动机	自定，小功率	1	台

（4）安装与接线

① 将所有元件装在一块配电板上，做到布局合理、安装牢固、符合安装工艺规范。

② 根据接线原理图配线，做到接线正确、牢固、美观。

（5）设备组态

① 添加设备。打开 TIA 博途，在左侧项目树中双击"添加新设备"弹出对话框，点击控制器→SIMATIC S7-1500→CPU 1511C-1 PN→"6ES7 511-1CK00-0AB0"版本对应 PLC 选择，如若不知则选择最低版本。如图 5-3-21 所示。

② 配置 CPU 参数。在属性点击"常规"→"PROFINET 接口 [X1]"→"以太网地址"，添加新子网并设置 PLC 的 IP 地址（注意：组态中的 PLC 的 IP 地址要与在线访问中实际硬件中 PLC 的 IP 地址相同），如图 5-3-22 所示。

图 5-3-21　添加设备

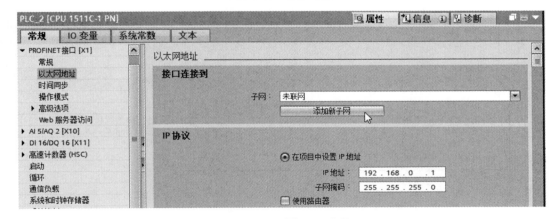

图 5-3-22　配置 CPU 参数

357

（6）编写 PLC 程序

① 在默认变量表中添加变量，如图 5-3-23 所示。

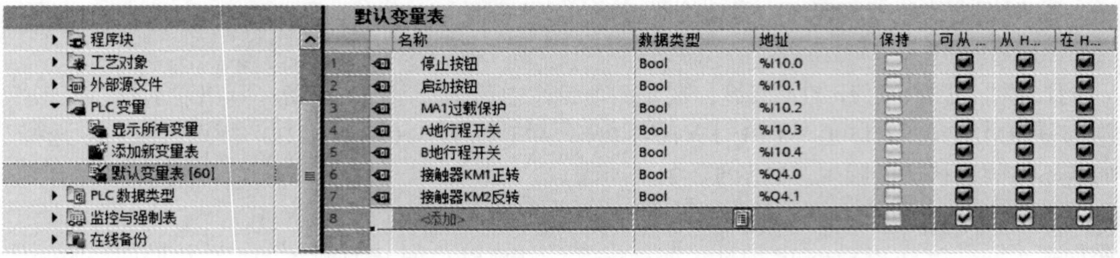

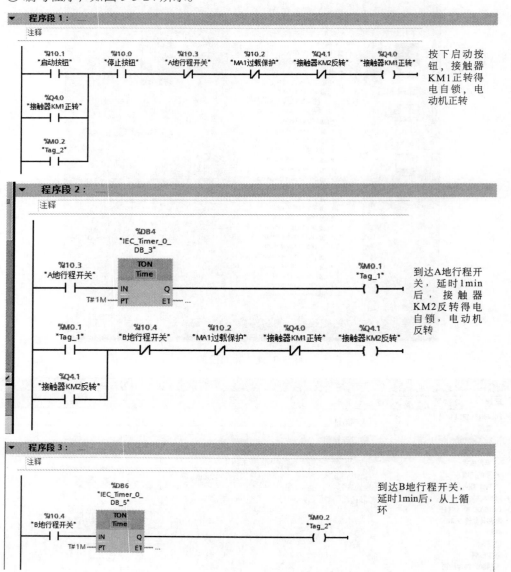

图 5-3-23　添加变量

② 编写程序，如图 5-3-24 所示。

图 5-3-24　PLC 程序

（7）下载与调试

按照前面描述进行下载，并按照下面的步骤进行调试。

① 电动机启动：按下启动按钮 SB2，电动机启动，到 A 地后停 1min 装料，然后自动走向 B 地；到 B 地后停 1min 卸料，然后自动走向 A 地，循环往复运动。

② 电动机停止：按下停止按钮 SB1，所有电动机停止。

③ 过载保护：当发生过载故障时，电动机断电停止。

5.3.5　液体混合装置的PLC控制

【控制要求】

液体混合装置控制系统是在炼油、制药、食品等行业中必不可少的工序。该液体混合装置结构示意图如图 5-3-25 所示，该装置有三个液位传感器，L 为低液位传感器，I 为中液位传感器，H 为高液位传感器。当液位到达某一个传感器时，传感器发出信号使阀 YV1、YV2、YV3 和电动机 M 发出动作。

按下启动按钮 SB1 后，电磁阀 YV1 通电打开，液体 A 流入容器。当液位到达 I 时，传感器 I 接通，此时电磁阀 YV1 断电关闭，而电磁阀 YV2 通电打开，液体 B 流入容器。当液位到达 H 时，液位传感器 H 接通，这时电磁阀 YV2 断电关闭，同时启动电动机 M 搅拌。1min 后电动机 M 停止搅拌，这时电磁阀 YV3 通电打开，混合液流出容器。当液位高度下降到 L 后，再延时 2s

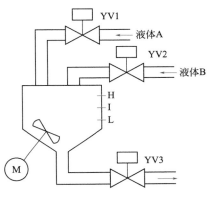

图 5-3-25　液体混合装置结构示意图

电磁阀 YV3 断电关闭，并往复循环。若在工作中按下停止按钮，搅拌器不会立即停止工作，只有当混合搅拌操作结束后才能停止工作，即停在初始状态。

【操作步骤】

（1）I/O 地址分配（见表 5-3-9）

表5-3-9　输入/输出端口分配表

输入			输出		
输入端口	输入器件	作用	输出端口	输出器件	控制对象
I10.0	SB1（常开触点）	启动按钮	Q4.0	KM 接触器	电动机 M
I10.1	SB2（常开触点）	停止按钮	Q4.1	电磁阀线圈	YV1 电磁阀
I10.2	KH（常开触点）	电动机过载保护	Q4.2	电磁阀线圈	YV2 电磁阀
I10.3	传感器（常开触点）	L 液位传感器	Q4.3	电磁阀线圈	YV3 电磁阀
I10.4	传感器（常开触点）	I 液位传感器			
I10.5	传感器（常开触点）	H 液位传感器			

（2）设计 PLC 硬件电气原理接线图（如图 5-3-26 所示）

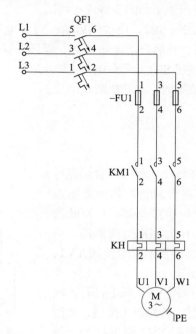

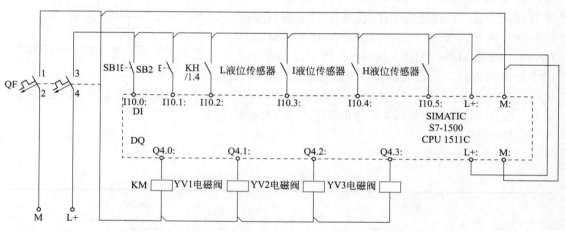

图 5-3-26　PLC 硬件电气原理接线图

（3）准备材料（见表 5-3-10）

表5-3-10　材料清单表

序号	名称	型号规格	数量	单位
1	计算机	安装有 TIA Portal V15 软件	1	台
2	PLC	S7-1500	1	台
3	编程电缆	快速连接双绞线	1	根
4	断路器	HZ10-10/3	2	只
5	熔断器	RT 系列	1	组

续表

序号	名称	型号规格	数量	单位
6	接触器	CJX2 系列线圈电压为 DC 24V	3	个
7	热继电器	根据电动机自定	1	个
8	按钮	LA10-3H	1	个
9	电动机	自定，小功率	1	台
10	电磁阀	线圈电压为 DC 24V	3	个

（4）安装与接线

① 将所有元件装在一块配电板上，做到布局合理、安装牢固、符合安装工艺规范。

② 根据接线原理图配线，做到接线正确、牢固、美观。

（5）设备组态

① 添加设备。打开 TIA 博途，在左侧项目树中双击"添加新设备"弹出对话框，点击控制器→SIMATIC S7-1500→CPU 1511C-1 PN→"6ES7 511-1CK00-0AB0"版本对应 PLC 选择，如若不知则选择最低版本。如图 5-3-27 所示。

图 5-3-27　添加设备

② 配置 CPU 参数。在属性点击"常规"→"PROFINET 接口 [X1]"→"以太网地址"，添加新子网并设置 PLC 的 IP 地址（注意：组态中的 PLC 的 IP 地址要与在线访问中实际硬件中 PLC 的 IP 地址相同），如图 5-3-28 所示。

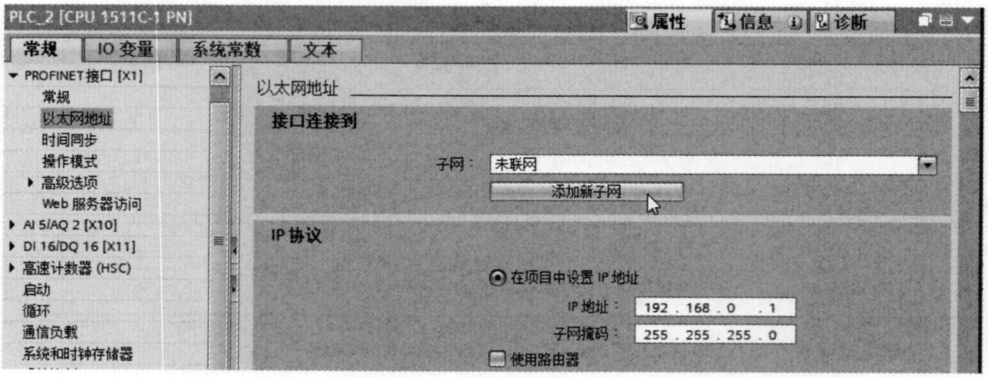

图 5-3-28　配置 CPU 参数

（6）编写 PLC 程序

① 在默认变量表中添加变量，如图 5-3-29 所示。

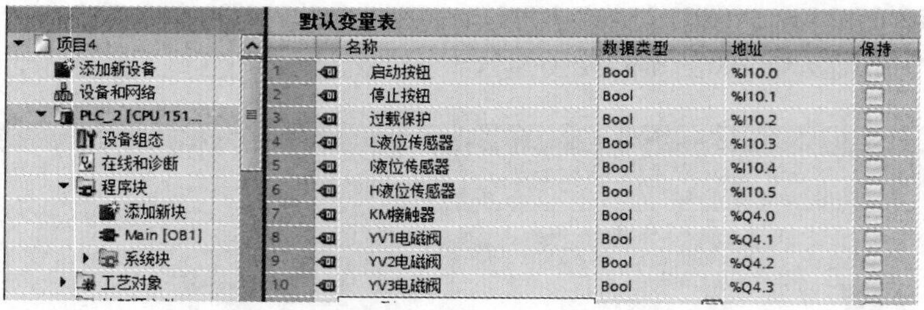

图 5-3-29　添加变量

② 编写程序，如图 5-3-30 所示。

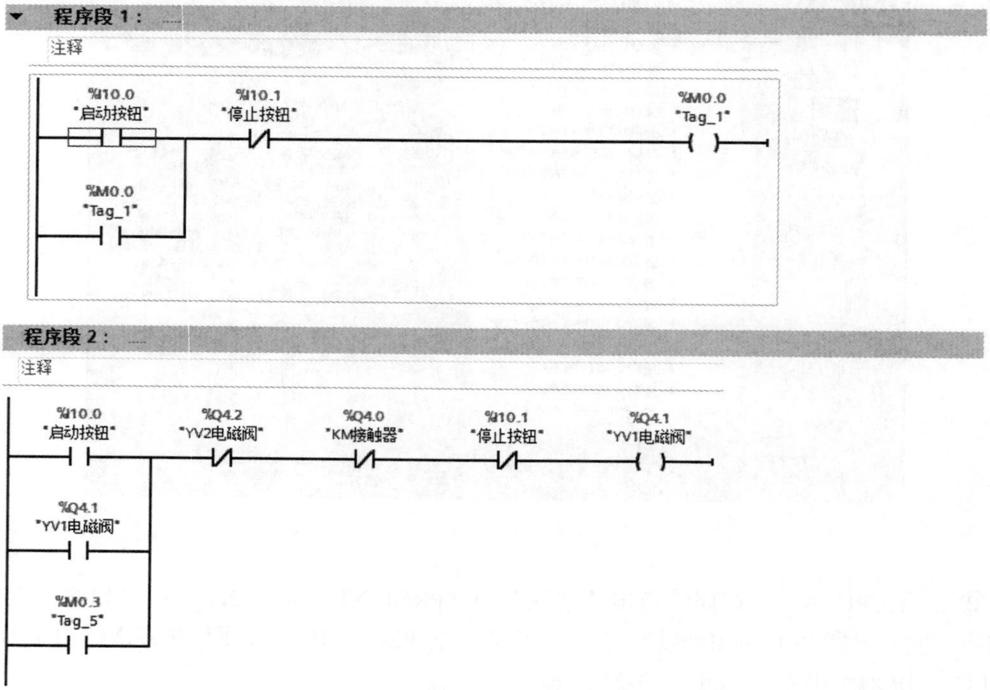

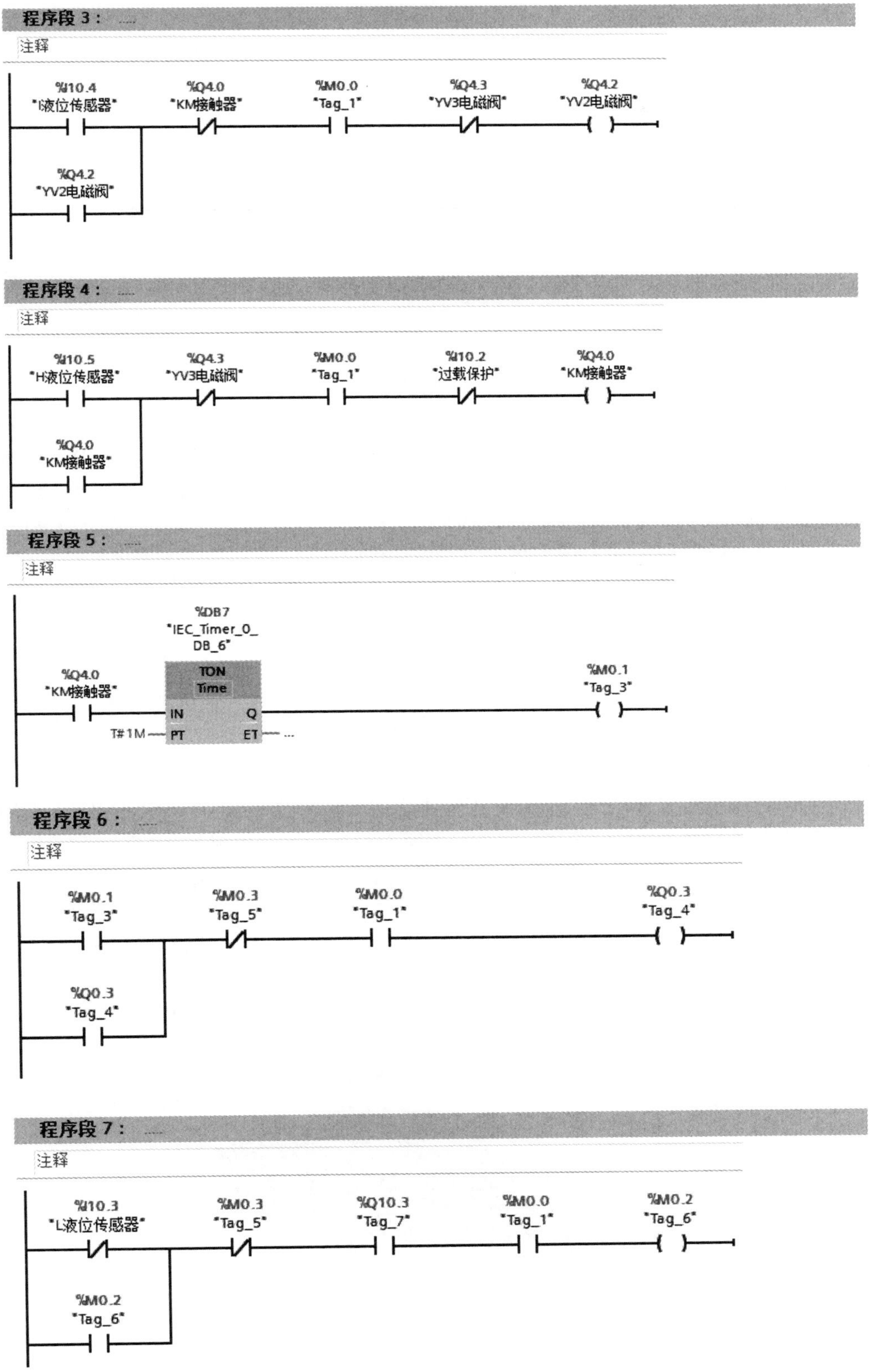

程序段 3：____

注释

```
   %I0.4         %Q4.0         %M0.0         %Q4.3         %Q4.2
"L液位传感器"   "KM接触器"     "Tag_1"      "YV3电磁阀"    "YV2电磁阀"
    ┤├───────────┤/├───────────┤├───────────┤/├───────────( )
    |
   %Q4.2
"YV2电磁阀"
    ┤├
```

程序段 4：____

注释

```
   %I0.5         %Q4.3         %M0.0         %I0.2         %Q4.0
"H液位传感器"   "YV3电磁阀"     "Tag_1"      "过载保护"     "KM接触器"
    ┤├───────────┤/├───────────┤├───────────┤/├───────────( )
    |
   %Q4.0
"KM接触器"
    ┤├
```

程序段 5：____

注释

```
                    %DB7
                "IEC_Timer_0_
                    DB_6"
   %Q4.0            ┌─────────┐                      %M0.1
"KM接触器"           │   TON   │                      "Tag_3"
    ┤├──────────────┤  Time   │──────────────────────( )
                    │         │
              ──────┤IN      Q├
         T#1M ──────┤PT     ET├──── ...
                    └─────────┘
```

程序段 6：____

注释

```
   %M0.1         %M0.3         %M0.0                         %Q0.3
  "Tag_3"       "Tag_5"       "Tag_1"                       "Tag_4"
    ┤├───────────┤/├───────────┤├───────────────────────────( )
    |
   %Q0.3
  "Tag_4"
    ┤├
```

程序段 7：____

注释

```
   %I0.3         %M0.3         %Q10.3        %M0.0         %M0.2
"L液位传感器"    "Tag_5"       "Tag_7"       "Tag_1"       "Tag_6"
    ┤/├──────────┤/├───────────┤├───────────┤├───────────( )
    |
   %M0.2
  "Tag_6"
    ┤├
```

图 5-3-30

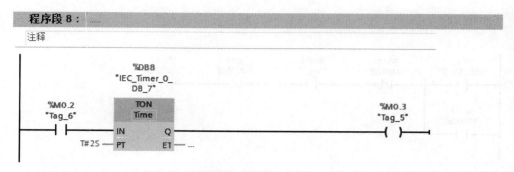

图 5-3-30　PLC 程序

（7）下载与调试

按照前面描述的进行下载，并进行下面的调试。

① 启动：按下启动按钮 SB1 后，电磁阀 YV1 通电打开，液体 A 流入容器。当液位到达 I 时，传感器 I 接通，此时电磁阀 YV1 断电关闭，而电磁阀 YV2 通电打开，液体 B 流入容器。当液位到达 H 时，液位传感器 H 接通，这时电磁阀 YV2 断电关闭，同时启动电动机 M 搅拌。1min 后电动机 M 停止搅拌，这时电磁阀 YV3 通电打开，混合液流出容器。当液位高度下降到 L 后，再延时 2s 电磁阀 YV3 断电关闭，并往复循环。

② 停止：搅拌器不会立即停止工作，只有当混合搅拌操作结束后才能停止工作，即停在初始状态。

③ 过载保护：当发生过载故障时，电动机断电停止。

5.3.6　自动生产线的物料分拣PLC控制

【控制要求】

生产物料分拣装置的作用是将上一道工序生产的产品按照要求进行分类分拣，一般由控制装置、分类装置、输送装置及分拣口组成，如图 5-3-31 所示。控制要求如下：

当落料光电传感器检测到有物料后，马上启动输送电动机；当物料经过推料一位置时，如果电感式传感器动作，则说明该物料为金属，则气缸动作将物料推入到金属料槽中；当物料未被电感式传感器识别时，而被输送到推料二位置，此时如果电容式传感器动作，则说明必定为非金属物料，气缸动作将其推入到塑料槽中。

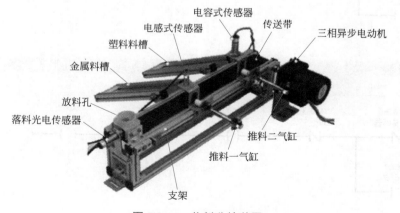

图 5-3-31　物料分拣装置

① 落料光电传感器：检测是否有物料到传送带上，并给 PLC 一个输入信号；

② 放料孔：物料落料位置定位；

③ 金属料槽：放置金属物料；

④ 塑料料槽：放置非金属物料；

⑤ 电感式传感器：检测金属材料；

⑥ 电容式传感器：用于检测非金属材料；

⑦ 三相异步电动机：驱动传送带转动低速运行；

⑧ 推料气缸：将物料推入料槽，由双向电控气阀控制。

【操作步骤】

（1）I/O 地址分配（见表 5-3-11）

表5-3-11　输入/输出端口分配表

输入		输出	
输入端口	输入器件及作用	输出端口	输出器件及控制对象
I10.0	推料一气缸后限位	Q4.0	推料一气缸（缩回）
I10.1	推料一气缸前限位	Q4.1	推料一气缸（推出）
I10.2	推料二气缸前限位	Q4.2	推料二气缸（缩回）
I10.3	推料二气缸后限位	Q4.3	推料二气缸（伸出）
I10.4	电感式传感器（推料 1 气缸）	Q4.4	传动带启停
I10.5	电容式传感器（推料 2 气缸）		
I10.6	光电传感器（传送带物料检测）		

（2）设计 PLC 硬件接线图（见图 5-3-32）

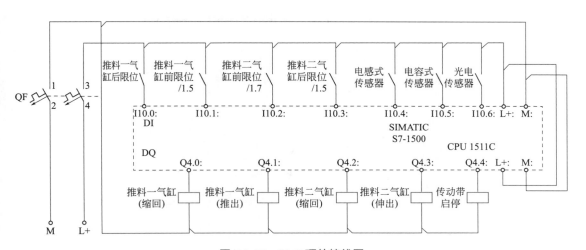

图 5-3-32　PLC 硬件接线图

（3）准备材料（见表 5-3-12）

表5-3-12　材料清单

序号	名称	型号规格	数量	单位
1	计算机	安装有 TIA Portal V15 软件	1	台
2	PLC	S7-1500	1	台
3	编程电缆	快速连接双绞线	1	根
4	断路器	HZ10-10/3	2	只
5	接触器	CJX2 系列线圈电压为 DC 24V	3	个
6	热继电器	根据电动机自定	1	个
7	按钮	LA10-3H	1	个
8	电动机	自定，小功率	1	台
9	气缸	自定	2	个
10	电容传感器		1	个
11	电感传感器		1	个
12	光电传感器		1	个

（4）安装与接线

① 将所有元件装在一块配电板上，做到布局合理、安装牢固、符合安装工艺规范。

② 根据接线原理图配线，做到接线正确、牢固、美观。

（5）设备组态

① 添加设备。打开 TIA 博途，在左侧项目树中双击"添加新设备"弹出对话框，点击控制器→SIMATIC S7-1500→CPU 1511C-1 PN→"6ES7 511-1CK00-0AB0"版本对应 PLC 选择，如若不知则选择最低版本。如图 5-3-33 所示。

图 5-3-33　添加设备

② 配置 CPU 参数。在属性点击“常规”→“PROFINET 接口 [X1]”→“以太网地址”，添加新子网并设置 PLC 的 IP 地址（注意：组态中的 PLC 的 IP 地址要与在线访问中实际硬件中 PLC 的 IP 地址相同），如图 5-3-34 所示。

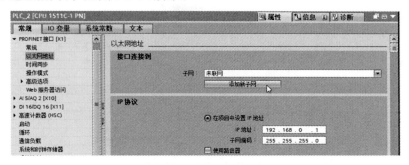

图 5-3-34　配置 CPU 参数

（6）编写 PLC 程序

① 在默认变量表中添加变量，如图 5-3-35 所示。

默认变量表

	名称	数据类型	地址	保持	可从...	从 H...
1	推料一气缸后限位	Bool	%I10.0	☐	☑	☑
2	推料一气缸前限位	Bool	%I10.1	☐	☑	☑
3	推料二气缸前限位	Bool	%I10.2	☐	☑	☑
4	推料二气缸后限位	Bool	%I10.3	☐	☑	☑
5	电感式传感器	Bool	%I10.4	☐	☑	☑
6	电容式传感器	Bool	%I10.5	☐	☑	☑
7	光电传感器	Bool	%I10.6	☐	☑	☑
8	推料一气缸(缩回	Bool	%Q4.0	☐	☑	☑
9	推料一气缸(推出)	Bool	%Q4.1	☐	☑	☑
10	推料二气缸(缩回)	Bool	%Q4.2	☐	☑	☑
11	推料二气缸(伸出)	Bool	%Q4.3	☐	☑	☑
12	传动带启停	Bool	%Q4.4	☐	☑	☑
13	进口物料检测上升沿	Bool	%M0.0	☐	☑	☑
14	未检测到物料定时器	Time	%MD4	☐	☑	☑
15	<添加>			☐	☑	☑

图 5-3-35　添加变量

② 编写程序，如图 5-3-36 所示。

图 5-3-36

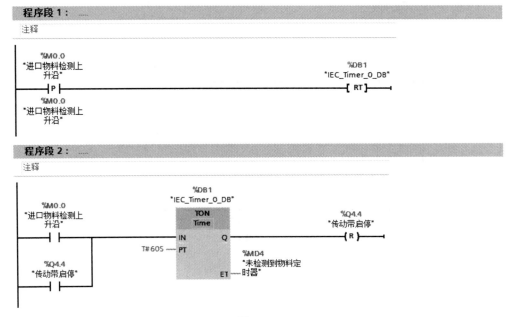

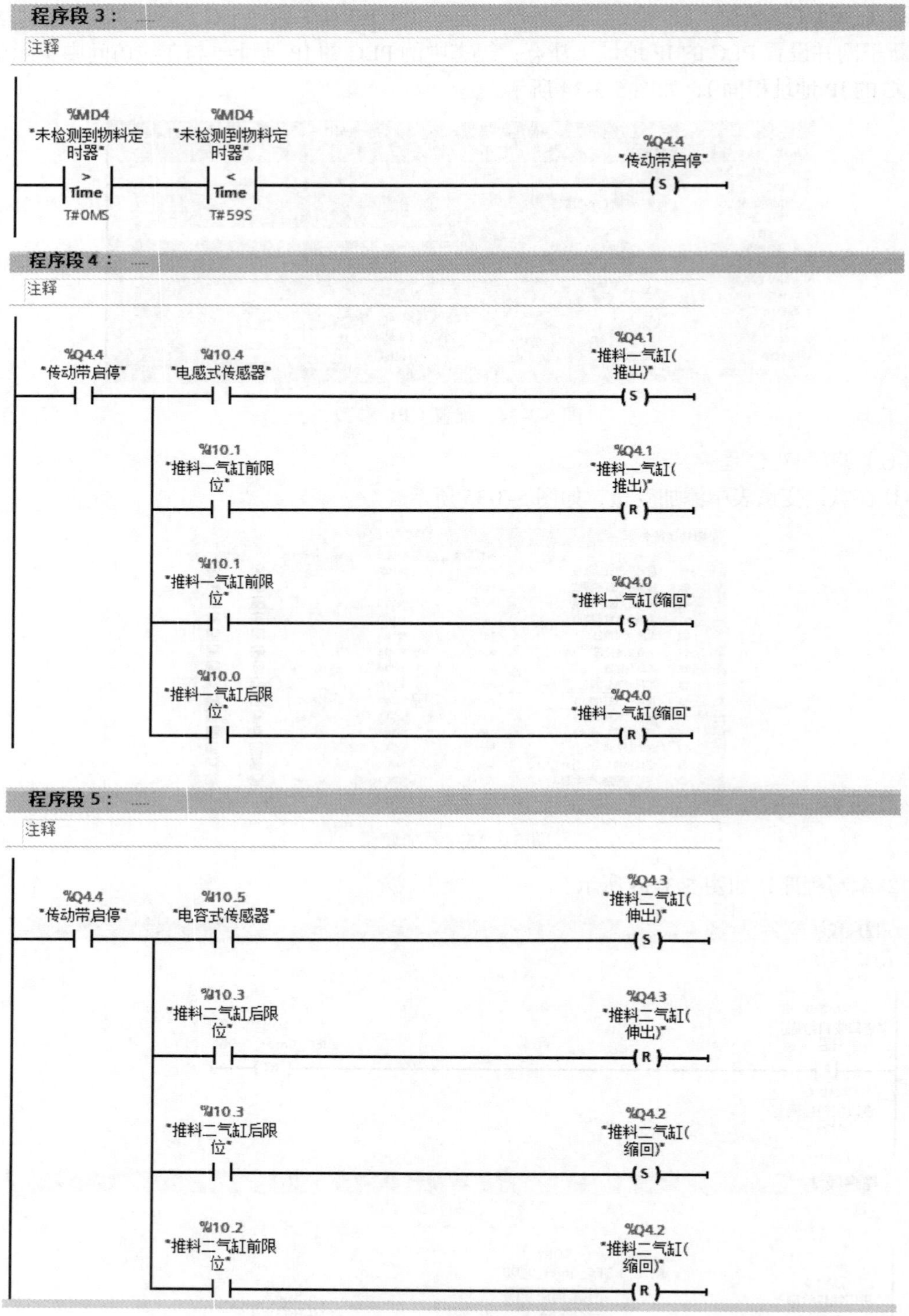

程序段 3： ___

注释

```
      %MD4              %MD4                                           %Q4.4
 "未检测到物料定      "未检测到物料定                                   "传动带启停"
     时器"              时器"
 ─────┤ > ├──────────────┤ < ├─────────────────────────────────────────( S )───
      Time              Time
     T#0MS             T#59S
```

程序段 4： ___

注释

```
    %Q4.4            %I0.4                                             %Q4.1
 "传动带启停"       "电感式传感器"                                   "推料一气缸(
                                                                       推出)"
 ─────┤ ├─────┬──────┤ ├────────────────────────────────────────────────( S )───
             │
             │        %I0.1                                             %Q4.1
             │     "推料一气缸前限                                   "推料一气缸(
             │         位"                                             推出)"
             ├──────┤ ├────────────────────────────────────────────────( R )───
             │
             │        %I0.1                                             %Q4.0
             │     "推料一气缸前限                                   "推料一气缸(缩回)"
             │         位"
             ├──────┤ ├────────────────────────────────────────────────( S )───
             │
             │        %I0.0                                             %Q4.0
             │     "推料一气缸后限                                   "推料一气缸(缩回)"
             │         位"
             └──────┤ ├────────────────────────────────────────────────( R )───
```

程序段 5： ___

注释

```
    %Q4.4            %I0.5                                             %Q4.3
 "传动带启停"       "电容式传感器"                                   "推料二气缸(
                                                                       伸出)"
 ─────┤ ├─────┬──────┤ ├────────────────────────────────────────────────( S )───
             │
             │        %I0.3                                             %Q4.3
             │     "推料二气缸后限                                   "推料二气缸(
             │         位"                                             伸出)"
             ├──────┤ ├────────────────────────────────────────────────( R )───
             │
             │        %I0.3                                             %Q4.2
             │     "推料二气缸后限                                   "推料二气缸(
             │         位"                                             缩回)"
             ├──────┤ ├────────────────────────────────────────────────( S )───
             │
             │        %I0.2                                             %Q4.2
             │     "推料二气缸前限                                   "推料二气缸(
             │         位"                                             缩回)"
             └──────┤ ├────────────────────────────────────────────────( R )───
```

图 5-3-36　PLC 程序

（7）下载与调试

按照前面描述的方法进行下载，并进行调试，这里不再赘述。

第 6 章

西门子S7-1500 PLC的程序块

6.1 程序块的概述

6.1.1 用户程序块的介绍

西门子 S7-1500 PLC 中的用户程序是用户自己编写的程序，用户为了完成特定的自动化任务，将程序编写在不同的块中，由 CPU 按照执行的条件来执行相应的程序块或访问相对应的数据块。这种程序结构将整个程序分成若干个信息块或子程序块，使程序变得清晰，便于阅读和修改。用户程序块通常包括组织块（OB）、函数（FC）、函数块（FB）和数据块（DB）等，如图 6-1-1 所示为 S7-1500 CPU 支持的用户程序块类型。程序块的类型及功能说明见表 6-1-1。

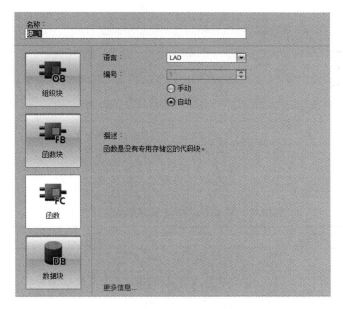

图 6-1-1　S7-1500 CPU 中的程序块

表6-1-1　程序块的类型及功能说明

程序块类型	功能说明
组织块（OB）	（1）OB 块决定用户程序的结构 （2）函数和函数块必须在 OB 块中调用执行 （3）OB 块的执行具有优先级（0 ~ 27）
函数（FC）	（1）FC 既作为子程序使用，也可以作为调用的函数使用 （2）没有存储器，只有临时变量 （3）作为函数调用时必须分配参数
函数块（FB）	（1）FB 作为子程序使用 （2）具有存储器，允许用户编写函数 （3）每次使用必须分配背景数据块
数据块（DB）	（1）背景数据块存储 FB 块中的数据 （2）全局数据块用于存储用户数据，整个程序中有效

6.1.2　块的结构

从图 6-1-2 所示的 FB 块的结构来看，一个程序块主要由变量声明表（函数接口区）和程序组成。每个块中的变量声明表主要来定义局部数据，而局部数据包括参数和局部变量。

参数是在调用块与被调用块之间传递的数据，主要包括输入、输出和输入 / 输出变量。局部变量包括静态变量和临时变量。表 6-1-2 为 FB 函数块变量声明表中的数据类型。

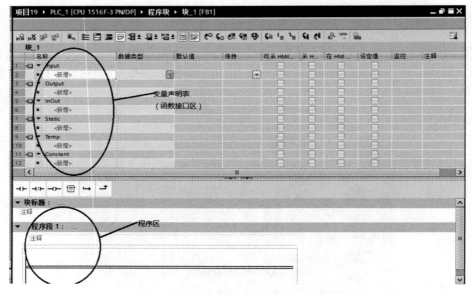

图 6-1-2　块的结构

表6-1-2　FB函数块变量声明表中的数据类型

变量名	变量类型	说明
输入	Input	接收主调用程序所提供的输入数据
输出	Output	将程序块执行结果传递到主调用程序中
输入 / 输出	InOut	参数值既可以输入又可以输出

变量名	变量类型	说明
静态变量	Static	静态变量存储在背景数据块中，块执行完毕后变量保留
临时变量	Temp	存储临时中间结果，块执行完毕后变量消失
常量	Constant	带有声明的符号名的常数，程序中可以使用符号代替常量，这使得程序具有可读性和便于维护，局部常量仅在块内使用

6.2　组织块(OB)

6.2.1　组织块(OB)简介

组织块 (OB) 是操作系统和用户程序之间的接口。组织块（OB）由操作系统调用。CPU 通过组织块以循环或者事件驱动的方式执行以下具体的特定的程序。

① CPU 启动处理；

② 循环或定时程序处理；

③ 错误处理；

④ 中断响应的程序执行。

（1）用户程序的调用结构

一个程序块中至少含有一个组织块用于主程序的循环处理，可以在主程序中使用相关指令调用其他程序块，被调用的程序块执行完成后返回原程序中断处继续执行。程序块的调用过程如图 6-2-1 所示。OB、FC、FB 可以调用其他程序块，被调用的程序块可以是 FC 和 FB，OB 不能被用户程序直接调用。

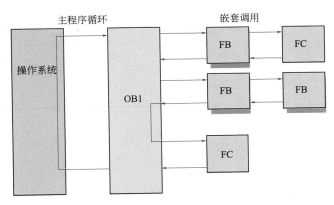

图 6-2-1　程序块的调用

（2）组织块的类型与优先级

组织块代表 CPU 的系统功能，不同类型的组织块完成不同的系统功能。按照组织块控制操作的不同，S7-1500 CPU 中能支持的组织块 OB 类型及优先级见表 6-2-1。OB 组织块按优先级大小执行，S7-1500 PLC 支持优先级 26 个，数字级别为 1 的最低，26 为最高。 如果所发生事件的 OB 块优先级高于当前执行的 OB 块，则中断此 OB 的执行。如果同一个优先级的组织块同时触发，将按块的编号由小到大依次执行。当某组织块在启动时，操作系统将输出启动信息，用户编写组织块程序时，可根据这些启动信息进行相应处理。

表6-2-1　组织块OB类型及优先级

类型	优先级	OB 编号	默认的系统响应	可用的 OB 数目
程序循环	1	1，≥ 123	忽略	100
启动	1	100，≥ 123	忽略	100
延时中断	2 ～ 24（默认 3）	20 ～ 23，≥ 123	不适用	20
循环中断	2 ～ 24（默认 8 ～ 17，取决于循环时间）	30 ～ 38，≥ 123	不适用	20
硬件中断	2 ～ 26（默认 16）	40 ～ 47，≥ 123	忽略	50
时间错误中断	22	80	忽略	1
超出循环监视时间一次	22	80	CPU 进入停机模式	1
诊断错误中断	2 ～ 26（默认 5）	82	忽略	1
移走或插入模块	2 ～ 26（默认 6）	83	忽略	1
机架故障	2 ～ 26（默认 6）	86	忽略	1
程序错误（仅限全局错误处理）	2 ～ 26（默认 7）	121	CPU 进入停机模式	1
I/O 访问错误（仅限全局错误处理）	2 ～ 26（默认 7）	122	忽略	1
时间中断	2 ～ 24（默认 2）	10 ～ 17，≥ 123	不适用	20
MC 伺服中断	17 ～ 31（默认 25）	91	不适用	1
MC 插补器中断	16 ～ 30（默认 24）	92	不适用	1
等时同步模式中断	16 ～ 26（默认 21）	61 ～ 64，≥ 123	忽略	20
状态中断	2 ～ 24（默认 4）	55	忽略	1
更新中断	2 ～ 24（默认 4）	56	忽略	1
制造商特定中断或配置文件特定中断	2 ～ 24（默认 4）	57	忽略	1

6.2.2　程序循环组织块（主程序）的应用

（1）主程序的简介

一个用户程序执行项目中至少要有一个程序循环组织块 OB（默认的 Main 程序 OB1，称为主程序）。程序循环 OB 在 CPU 处于 RUN 模式时，周期性地循环执行。可在程序循环 OB 中放置控制程序的指令或调用其他功能块（FC 或 FB），程序执行过程如图 6-2-2 所示。

S7-1500 支持的"程序循环"OB 的数量最多 100 个，并且按照 OB 的编号由小到大的顺序依次执行，OB1 是默认设置，其他程序循环 OB 的编号必须大于或等于 123。程序循环 OB 的优先级为 1，可被高优先级的组织块中断；程序循环执行一次需要的时间即为程序的循环扫描周期时间。最长循环时间缺省设置为 150ms。如果程序超过了最长循环时间，操作系统将调用 OB80（时间故障 OB）；如果 OB80 不存在，则 CPU 进入停机模式。

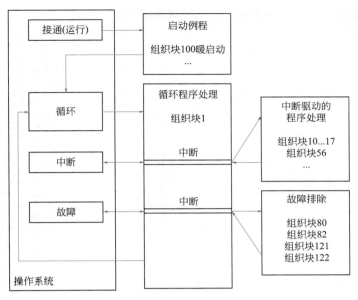

图 6-2-2 程序执行过程

（2）主程序的应用

实例 6-1 在主程序OB1中调用一个FC1

【操作步骤】

① 创建主程序 OB1。创建 OB1 的步骤是：打开编程软件博途 V15，在项目视图中点击新建项目，如图 6-2-3 所示。点击项目树中"添加新设备"，选择 S7-1500 PLC,CPU 选择为 CPU 1516F-3 PN/PD 下版本号如图 6-2-4 所示，点击"确认"后如图 6-2-5 中的项目树下自动生成主程序 OB1 块。

图 6-2-3 创建主程序 OB1

图 6-2-4 添加 PLC 设备

图 6-2-5 生成主程序 OB1 块

② 创建函数 FC。创建函数 FC 的步骤是：在创建的项目树中选中已添加的 PLC →打开"程序块"→双击"添加新块"→弹出"函数界面"如图 6-2-6 所示→点击"确认"，函数 FC1 创建完毕，在 FC 界面添加变量和编辑相关程序，如图 6-2-7 所示。

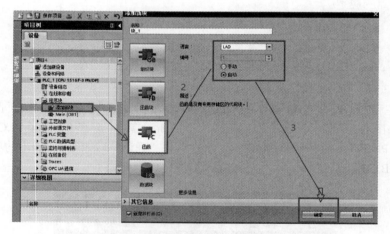

图 6-2-6 创建 FC

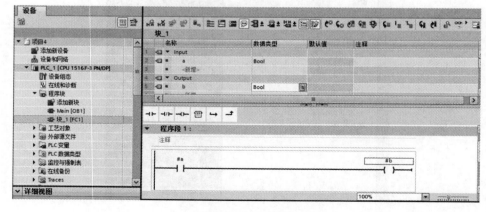

图 6-2-7 FC 界面

③ 在主程序 Main[OB1] 中调用函数 FC1。选中程序块下新创建的函数"FC1"，按住鼠标左键并将其拖拽到主程序编辑器中自动生成主程序，如图 6-2-8 所示。点击"保存"，至此完成了在 OB1 中调用 FC1 的过程。

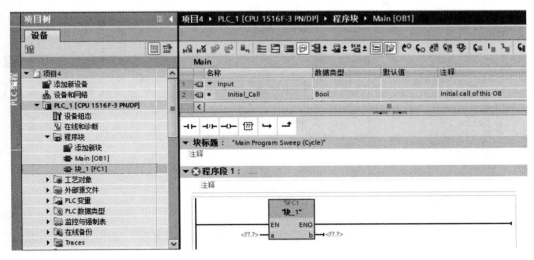

图 6-2-8　OB1 中调用 FC1

实例 6-2 嵌套调用

在主程序 OB1 中调用一个 FC 和 FB，然后在 FC 中调用另外一个 FC，形成嵌套调用。

【操作步骤】

① 创建主程序 OB1、函数 FC1 和函数 FC2。按照实例 6-1 的方法创建 OB1、FC1 和 FC2。

② 创建一个 FB 块。创建过程如图 6-2-9 所示，点击"确认"，至此 OB1、FC1、FC2 和 FB1 创建完成，如图 6-2-10 所示。

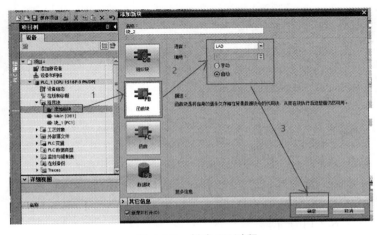

图 6-2-9　创建 FB 过程

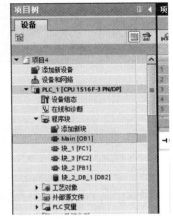

图 6-2-10　项目树中 4 个块示意图

③ 在 FC1 中调用 FC2。双击项目树中 FC1 块，出现 FC1 的程序编辑界面。在项目树下选中函数 "FC2" 并按住鼠标左键将其拖拽到程序编辑器中自动生成程序。

④ 在主程序中调用 FB1 和 FC1。选中程序块下新创建的函数 "FC1" 和 "FB1"，按住鼠标左键并将其拖拽到主程序编辑器中自动生成主程序，如图 6-2-11 所示。点击 "保存"，至此完成了在 OB1 中调用 FC1（FC1 中调用 FC2）和 FB1 的过程。

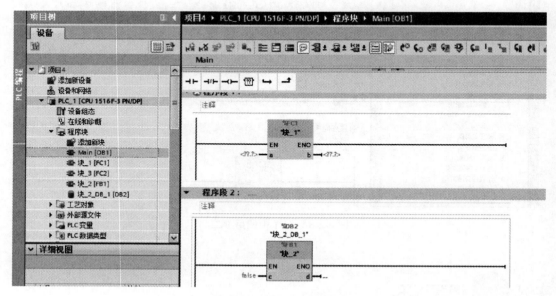

图 6-2-11　OB1 中调用 FC1（嵌套 FC2）和 FB1

图 6-2-11 显示了 Main 程序具体内容，为了了解主程序中的调用结构，可以右击 "OB1"，再点击 "调用结构" 可以清楚地显示主程序的调用结构，如图 6-2-12 所示。

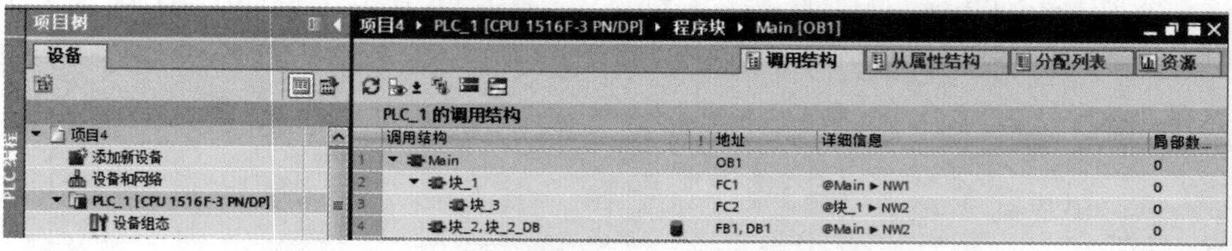

图 6-2-12　主程序的调用结构

6.2.3　循环中断组织块及应用

（1）循环中断组织块的简介

循环中断组织块是按照设定的时间间隔循环执行，周期性地启动程序。

循环中断 OB 的间隔时间由循环时间和相位偏移量决定。在 OB 块的属性中，每个 OB 块的时间间隔都可以由用户设定，如图 6-2-13 所示。

图 6-2-13 循环中断循环时间和相位偏移量的设置

S7-1500 最多提供 9 个循环中断 OB（OB30 ～ OB38），表 6-2-2 中是循环中断 OB 的时帧和优先等级的默认值。每个循环中断 OB 块的运行时间必须小于其时间间隔。如果时间间隔太小，会造成循环中断 OB 没有完成程序运行而被再次调用，这时会启动时间错误 OB80，稍后将执行导致错误的循环中断。

表6-2-2 循环中断OB的时帧和优先等级的默认值

循环中断 OB	时帧的默认值	优先等级的默认值
OB30	5s	7
OB31	2s	8
OB32	1s	9
OB33	500ms	10
OB34	200ms	11
OB35	100ms	12
OB36	50ms	13
OB37	20ms	14
OB38	10ms	15

程序中可以建立多个循环中断 OB 块，应用时可利用相位偏移量的设置来防止多个循环中断 OB 块同时启动。例如：先建立一个循环时间 10000μs 的 OB 块 OB30，同时再创建一个循环时间 100000μs 的 OB 块 OB31。程序在运行时，计时器开始计时，第一个 10000μs 到来时，运行 OB30 一次，当时间计时到 20000μs，第二次运行 OB30，以此类推，当计时到 100000μs 时，既要运行 OB30，又要运行 OB31，这时两者发生冲突。为了解决同等优先级的循环中断 OB 块这种冲突，博途软件中可以为每个中断块设置一个相位偏移量，来防止循环中断 OB 块的同时启动。

如果在同一时间间隔内同时调用低优先级 OB 和高优先级 OB，则只有在执行完高优先级 OB 后才会调用低优先级 OB。低优先级 OB 的调用时间可能有所偏移，这取决于执行高优先级 OB 的时间长度。如果为低优先级 OB 组态的相位偏移大于对应高优先级 OB 的当前执行时间，则会在固定时基内调用该块，如图 6-2-14 所示。

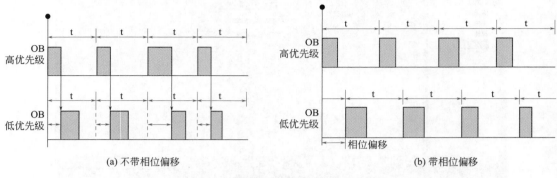

图 6-2-14　循环中断组织块的调用

（2）循环中断组织块的应用

实例 6-3 利用循环中断控制彩灯

利用循环中断产生 1s 的脉冲，来控制一盏彩灯的闪烁。

【操作步骤】

① 创建循环中断 OB30 块。在项目树下，添加新块，创建循环中断组织块 OB30，并设置循环时间为 500000μs，如图 6-2-15 所示。

图 6-2-15　创建 OB30

② 打开 OB30，在程序编辑器中编辑梯形图，如图 6-2-16 所示。

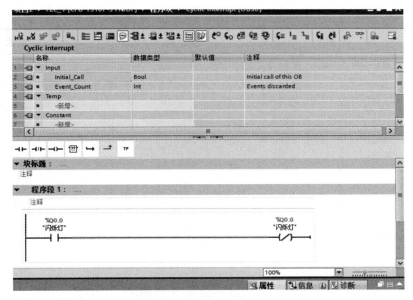

图 6-2-16　OB30 中的梯形图

③ 下载硬件组态和程序进行调试，系统每隔 500000μs 执行一次 OB30，程序每执行一次，闪烁灯的输出状态就变化一次，如此循环。

实例 6-4 EN_IRT指令和DIS_IRT指令

当事件触发激活循环中断指令时，循环中断程序每隔 100ms 时间，PLC 采集一次通道 0 上的模拟量数值。当触发禁止循环中断指令时，循环中断停止。

在编程之前先学习"循环中断指令"与"禁止循环中断指令"。

① 循环中断指令（EN_IRT）。可用此指令来启用已通过指令"DIS_IRT"禁用的新中断和异步错误事件的处理过程。即发生中断事件时，CPU 操作系统将响应调用中断 OB 或异步错误 OB；如果未编程中断 OB 或异步错误 OB，则不会触发指定的响应。

EN_IRT 指令格式如图 6-2-17 所示。指令中参数的含义见表 6-2-3 与表 6-2-4。

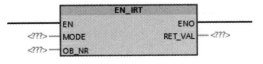

图 6-2-17　EN_IRT 指令格式

表6-2-3　EN_IRT 指令的参数

参数	声明	数据类型	存储区	说明
MODE	Input	BYTE	I、Q、M、D、L 或常量	指定启用哪些中断和异步错误事件
OB_NR	Input	INT	I、Q、M、D、L 或常量	OB 编号
RET_VAL	Return	INT	I、Q、M、D、L	在指令执行过程中如果发生错误，则返回值将包含错误代码

表6-2-4　参数MODE和RET_VAL的含义

MODE	含义	参数 RET_VAL	含义
0	启用所有新发生的中断和异步错误事件（编程错误以及直接访问 I/O 数据和运动控制 OB 期间的错误除外）	错误代码 *（W#16#…）	说明
1	启用属于指定中断类别的新发生事件，通过按以下方式进行指定来标识中断类别： · 时间中断：10 · 延时中断：20 · 循环中断：30 · 过程中断：40 · DPV1 中断：50 · 同步循环中断：60 · 冗余错误中断：70 · 异步错误中断：80	0000	未发生错误
2	启用指定中断的所有新发生事件，可使用 OB 编号来指定中断	8090	OB_NR 输入参数含有无效值
		8091	MODE 输入参数含有无效值

② 禁用中断指令（DIS_IRT）。通过指令"DIS_IRT"，可禁用新中断和异步错误事件的处理过程。"禁用"的意思是，如果发生中断事件，则 CPU 的操作系统产生以下响应：它既不会调用中断 OB 和异步错误 OB，也不会在未对中断 OB 或异步错误 OB 进行编程的情况下触发正常响应。

如果禁用中断和异步错误事件，则这种禁用对所有优先级都起作用。只能通过指令"EN_IRT"或暖启动 / 冷启动取消禁用。

注意：当对指令"DIS_IRT"进行编程时，将放弃发生的所有中断。

③ DIS_IRT 指令格式如图 6-2-18 所示，指令中参数的含义见表 6-2-5 与表 6-2-6。

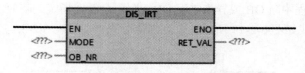

图 6-2-18　DIS_IRT 指令格式

表6-2-5　DIS_IRT指令的参数

参数	声明	数据类型	存储区	说明
MODE	Input	Byte	I、Q、M、D、L 或常量	指定禁用哪些中断和异步错误
OB_NR	Input	Int	I、Q、M、D、L 或常量	OB 编号
RET_VAL	Return	Int	I、Q、M、D、L	在指令执行过程中如果发生错误，则返回值将包含错误代码

表6-2-6　参数 MODE 与RET_VAL的含义

MODE（B#16#…）	含义	参数 RET_VAL	含义
00	禁用所有新发生的中断和异步错误事件（编程错误以及直接访问 I/O 数据和运动控制 OB 期间的错误除外），将值"0"分配给参数 OB_NR，继续在诊断缓冲区中进行输入	错误代码 *（W#16#…）	说明
01	禁用属于指定中断类别的所有新发生事件，通过按以下方式进行指定来标识中断类别： ·时间中断：10 ·延时中断：20 ·循环中断：30 ·过程中断：40 ·DPV1 中断：50 ·同步循环中断：60 ·冗余错误中断：70 ·异步错误中断：80 继续在诊断缓冲区中进行输入	0000	未发生错误
2	禁用所有新发生的指定中断，可使用 OB 编号来指定中断，继续在诊断缓冲区中进行输入	8090	OB_NR 输入参数含有无效值
		8091	MODE 输入参数含有无效值

【操作步骤】

① 创建硬件组态并完成循环中断 OB30 的设置。在项目树下，添加新设备，选中循环中断组织块 OB30，并设置好循环时间为 100000μs，如图 6-2-19 所示。

② 打开 OB30，在程序编辑器中编写梯形图，如图 6-2-20 所示。程序运行时，每100000μs 将采集到的模拟量转化成数字量传送到 MW20 中。

③ 打开主程序 OB1，编写循环中断指令的控制程序，如图 6-2-21 所示。

④ 将硬件组态与程序进行编译下载调试（具体方法参考上述实例）。

图 6-2-19　创建 OB30

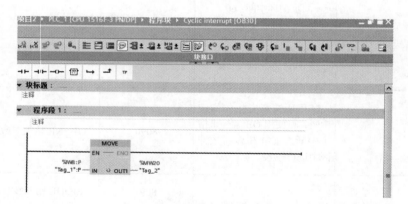

图 6-2-20　编写 OB30 程序

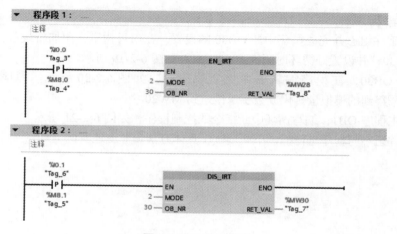

图 6-2-21　OB1 程序

6.2.4 时间中断组织块

（1）时间中断组织块介绍

时间中断组织块在 CPU 属性中可以设置日期时间及特定周期产生中断，OB 可单次启动，也可定期启动。

S7-1500 PLC 中常用的中断组织块有 20 个，默认范围是 OB10 ～ OB17O，其余的组态 OB 编号 123 以上的组织块。

如要启用时间中断组织块，必须提前设置时间中断，然后将其激活，并且将程序中相应的组织块下载到 PLC 中去，才能运行时间中断程序。常用以下三种启动方式：

① 自动启动时间中断。在时间中断组织块的"属性"中设置并激活每个组态的时间中断，则会发生该中断，如图 6-2-22 所示，这是最常用的方法。表 6-2-7 显示了根据组态激活时间中断时的几种情况。

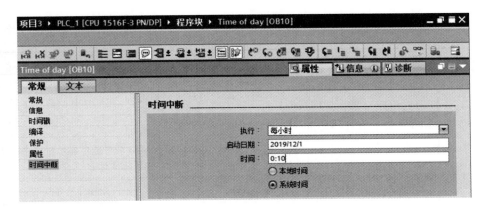

图 6-2-22　设置和激活时间中断

表6-2-7　组态激活时间中断时的几种情况介绍

间隔	说明
未激活	不执行时间中断 OB，即将其加载到 CPU 中。通过调用"ACT_TINT"指令激活时间中断
仅激活一次	时间中断 OB 在按照指定的时间运行一次后，即自动取消。可在程序中使用"SET_TINT"指令复位时间中断，并使用"ACT_TINT"指令重新激活
定期激活	当发生时间中断时，CPU 将根据当前的时间和周期计算时间中断的下一次启动时间

② 根据组态设置时间中断组织块中的"启动日期"和"时间"，在执行文本框中内选择"从未"，然后通过在程序中调用"ACT_TINT"指令来激活时间中断，如图 6-2-23 所示。

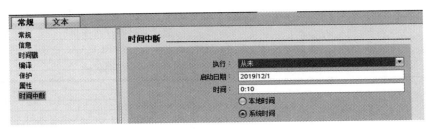

图 6-2-23　组态设置启动日期与时间

③ 通过调用"SET_TINT"指令来设置时间中断，然后通过"ACT_TINT"指令激活中断。

（2）与时间中断相关指令的介绍

① 设置时间中断指令（SET_TINTL）。指令"SET_TINTL"用于在用户程序中设置时间中断组织块的开始日期和时间，而不是在硬件配置中进行设置。该指令的梯形图格式如图6-2-24 所示。表 6-2-8 列出了"SET_TINTL"指令的相关参数含义。

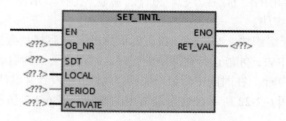

图 6-2-24　SET_TINTL 指令的梯形图格式

表6-2-8　"SET_TINTL"指令的相关参数含义

参数	声明	数据类型	存储区	说明
OB_NR	Input	OB_TOD	I、Q、M、D、L 或常量	时间中断 OB 的编号 • 时间中断 OB 的编号为 10 ～ 17 • 此外，也可分配从 123 开始的 OB 编号 OB 编号通常显示在程序块文件夹和系统常量中
SDT	Input	DTL	D、L 或常量	开始日期和开始时间
LOCAL	Input	Bool	I、Q、M、D、L 或常量	• true: 使用本地时间 • false: 使用系统时间
PERIOD	Input	Word	I、Q、M、D、L 或常量	从 SDT 开始计时的执行时间间隔： • W#16#0000= 单次执行 • W#16#0201= 每分钟一次 • W#16#0401= 每小时一次 • W#16#1001= 每天一次 • W#16#1201= 每周一次 • W#16#1401= 每月一次 • W#16#1801= 每年一次 • W#16#2001= 月末
ACTIVATE	Input	Bool	I、Q、M、D、L 或常量	• true：设置并激活时间中断 • false：设置时间中断，并在调用"ACT_TINT"时激活
RET_VAL	Return	Int	I、Q、M、D、L	在指令执行过程中如果发生错误，则 RET_VAL 的实际值中将包含一个错误代码

② 启用时间中断指令（ACT_TINT）。指令"ACT_TINT"可用于从用户程序中激活时间中断组织块。在执行该指令之前，时间中断 OB 必须已设置了开始日期和时间。指令梯形图

格式如图 6-2-25 所示。表 6-2-9 列出了"ACT_TINT"指令的相关参数含义。

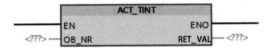

图 6-2-25　ACT_TINT 指令的梯形图格式

表6-2-9　"ACT_TINT"指令的相关参数含义

参数	声明	数据类型	存储区	说明
OB_NR	Input	OB-TOD	I、Q、M、D、L 或常量	时间中断 OB 的编号 • 时间中断 OB 的编号为 10 ～ 17 • 此外，也可分配从 123 开始的 OB 编号 OB 编号通常显示在程序块文件夹和系统常量中
RET_VAL	Return	Int	I、Q、M、D、L	在指令执行过程中如果发生错误，则 RET_VAL 的实际值中将包含一个错误代码

③ 取消时间中断指令（CAN_TINT）。指令"CAN_TINT"可用于删除指定时间中断组织块的开始日期和时间，取消激活时间中断，并且不再调用该组织块，该指令梯形图格式如图 6-2-26 所示。表 6-2-10 列出了该指令相关参数含义。

如果要重复调用时间中断，则必须重新设置开始时间（指令"SET_TINTL"之后），需重新激活时间中断。如果使用带有参数 ACTIVE=false 的指令"SET_TINTL"对时间中断进行设置，则将调用指令"ACT_TINT"；使用指令"SET_TINTL"时，也可通过参数 ACTIVE=true 直接激活时间中断。

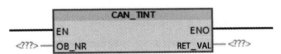

图 6-2-26　CAN_TINT 指令格式

表6-2-10　CAN_TINT指令的相关参数含义

参数	声明	数据类型	存储区	说明
OB_NR	Input	OB_TOD	I、Q、M、D、L 或常量	待删除其开始日期和时间的时间中断 OB 编号
RET_VAL	Return	Int	I、Q、M、D、L	在指令执行过程中如果发生错误，则 RET_VAL 的实际值中将包含一个错误代码

（3）时间组织块的应用

实例 6-5　时间中断

从 2020 年 1 月 1 日 0 时 0 分起，每半小时中断一次，并把中断的次数保存在存储器里面。第一种方法：利用自动启动时间中断的方法完成本实例。

【操作步骤】

① 在项目树下，添加时间中断组织块 OB10，并在属性中设置时间中断的参数，如图 6-2-27 所示，点击"确认"。

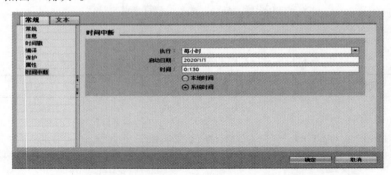

图 6-2-27　设置时间中断参数

② 在 OB10 中编写如图 6-2-28 所示的中断程序。

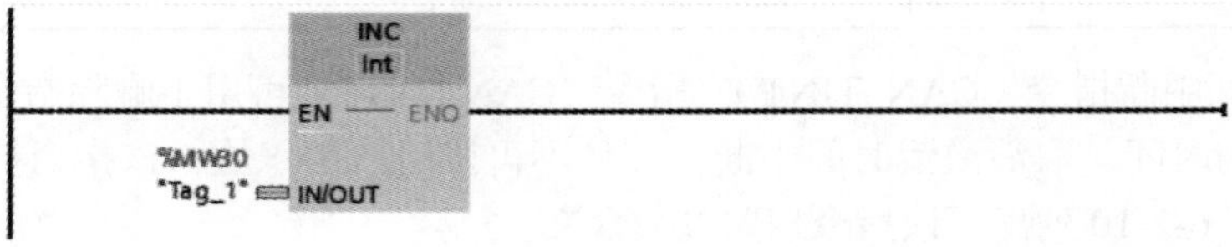

```
                    INC
                    Int
              EN        ENO
   %MW30
   "Tag_1"     IN/OUT
```

图 6-2-28　OB10 块中的梯形图

第二种方法：利用时间中断指令完成本实例。

【操作步骤】

① 新建立一个 OB10 块。

② 在 OB10 中编写中断程序如图 6-2-28 所示。

③ 在主程序中编写设置与激活时间中断指令程序，如图 6-2-29 所示。注意：LOCAL 设置成"true"，把本地 CPU 时钟设置为中国内地；如果 LOCAL 设置成为"false"，将使用系统时间，与本地时间差 8 个小时。

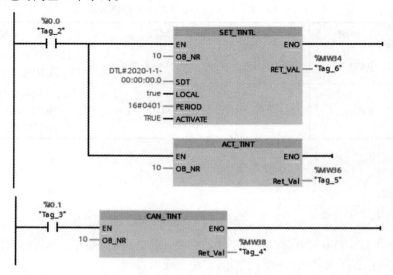

图 6-2-29　OB10 中的主程序

6.2.5　延时中断组织块

（1）延时中断组织块的介绍

延时中断 OB 在经过操作系统中的延时时间到达后启动"延时中断"OB，在系统中将中断程序循环执行。S7 最多提供四个延时中断组织块（OB20 ～ OB23）。延时时间在扩展指令"SRT_DINT"的输入参数中指定。在操作系统调用延时中断 OB 之前，必须满足以下条件。

① 在组态过程中不得禁用延时中断 OB。

② 必须通过调用"SRT_DINT"指令来启动延时中断。

③ 必须将延时中断 OB 作为用户程序的一部分下载到 CPU。

（2）延时中断指令

① 启动延时中断指令 SRT_DINT。指令"SRT_DINT"用于启动延时中断，该中断在超过参数 DTIME 指定的延时时间后调用延时中断 OB，并执行一次延时中断 OB。该指令梯形图格式如图 6-2-30 所示，指令中的参数含义如表 6-2-11 所示。

如果延时中断未执行且再次调用指令"SRT_DINT"，则系统将删除现有的延时中断，并启动一个新的延时中断。

如果所用延时时间小于或等于当前所用 CPU 的循环时间，且循环调用 SRT_DINT，则每个 CPU 循环都将执行一次延时中断 OB。需确保所选择的延时时间大于 CPU 的循环时间。

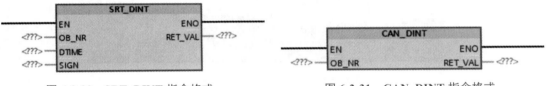

图 6-2-30　SRT_DINT 指令格式　　　　　图 6-2-31　CAN_DINT 指令格式

表6-2-11　SRT_DINT指令参数含义

参数	声明	数据类型	存储区	说明
OB_NR	Input	OB_DELAY(Int)	I、Q、M、D、L 或常量	延时时间后要执行的 OB 的编号
DTIME	Input	Time	I、Q、M、D、L 或常量	延时时间（1 ～ 60000ms） 可以实现更长时间的延时，例如，通过在延时中断 OB 中使用计数器
SIGN	Input	Word	I、Q、M、D、L 或常量	调用延时中断 OB 时 OB 的启动事件信息中出现的标识符
RET_VAL	Return	Int	I、Q、M、D、L	指令的状态

② 取消延时中断指令 CAN_DINT。使用此指令可取消已启动的延时中断，指令梯形图格式如图 6-2-31 所示，指令参数的含义如表 6-2-12 所示。在此情况下，不调用延时中断 OB。

表6-2-12　CAN_DINT指令参数含义

参数	声明	数据类型	存储区	说明
OB_NR	Input	Int	I、Q、M、D、L 或常量	要取消的 OB 的编号（OB 20 ～ OB 23）
RET_VAL	Return	Int	I、Q、M、D、L	如果在执行该指令期间发生了错误，则 RET_VAL 的实参包含一个错误代码

（3）延时中断组织块的应用

实例 6-6 延时中断

利用延时中断完成如下任务：当 I0.0 接通时，延时 6s 后启动延时中断 OB20，使输出指示灯 LED 点亮；当接通 I0.1 时，取消延时中断，LED 灯熄灭。

【操作步骤】

① 在项目树下的 PLC 站点中，右击打开属性，并在常规下"系统和时钟存储器"中启用系统存储器位，如图 6-2-32 所示，本例编程要用到初始高电平字节 "%M1.2"。

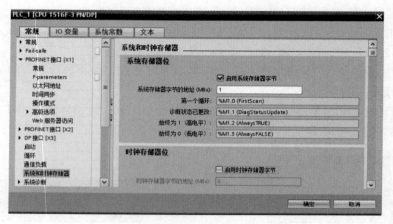

图 6-2-32 设置启用系统存储器位

② 在项目树下，添加延时中断组织块 OB20。

③ 打开延时中断组织块 OB20，编写梯形图程序如图 6-2-33 所示。

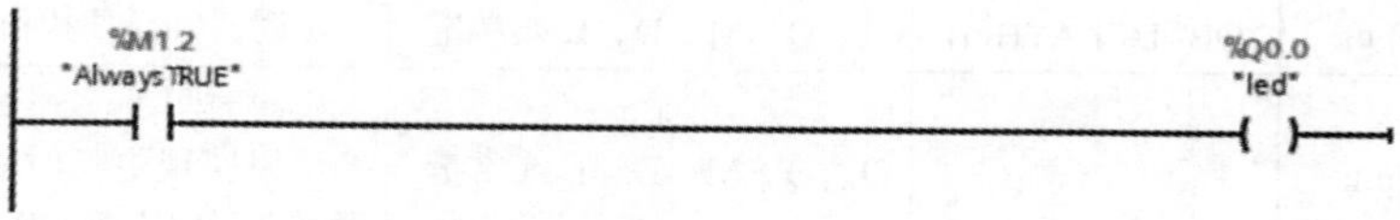

图 6-2-33 OB20 中的梯形图程序

④ 编写 OB1 中的主程序。在主程序中编写启用延时中断指令和取消延时中断指令，如图 6-2-34 所示。

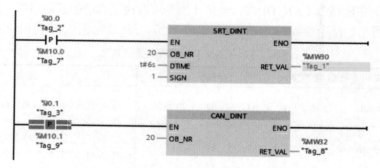

图 6-2-34 OB1 中的梯形图程序

⑤ 程序编译下载调试。下载成功后，当 I0.0 闭合时，延时 6s 后执行中断程序 OB20，PLC 输出指示灯 LED 点亮。当 I0.1 闭合时，取消执行 OB20，指示灯熄灭。如果在 I0.0 闭合后延时不到 6s 时闭合 I0.1，则取消执行 OB20。

6.2.6　硬件中断组织块

（1）硬件中断组织块的简介

硬件中断组织块在 CPU 处于 RUN 模式时，可响应特定硬件事件信号，例如信号模块、通信模块和功能模块等具有硬件中断能力的模块的信号变化，这些事件可触发硬件中断，但这些事件必须已在所组态硬件的属性中定义。在应用中可为触发硬件中断的每个事件指定一个硬件中断 OB，也可为一个硬件中断 OB 指定多个事件。模块或子模块触发了一个硬件中断后，操作系将会确定相关的事件和相关的硬件中断 OB。如果当前活动的 OB 优先级低于该硬件中断 OB，则启动此硬件中断 OB，否则，硬件中断 OB 会被置于对应优先级的队列中。相应硬件中断 OB 完成执行后，将发送通道确认信息，即确认了该硬件中断。

如果在对硬件中断进行标识和确认的这段时间内，在同一模块或子模块中发生了另一过程事件，则遵循以下规则：

① 如果该事件发生在触发当前硬件中断的通道中，则将丢失相关硬件中断。只有确认当前硬件中断后，此通道才能触发其他硬件中断。

② 如果该事件发生在另一个通道中，将触发硬件中断。

③ 对于分布式 I/O 模块或子模块可只触发一种类型的中断，直到确认了当前中断。

（2）硬件中断组织块的应用

实例 6-7 硬件中断组织块

利用硬件中断组织块完成如下任务：当 PLC 输入信号 I0.1 处于上升沿时，触发硬件中断 OB40，并记录硬件触发的次数。

【操作步骤】

① 在项目树下，双击"添加新块"，选中组织块并添加硬件中断组织块 OB40（Hardware interrupt），如图 6-2-35 所示。

② 选中硬件模块"DI 32×24VDC HF_1"，点击巡视窗口中的"属性"，在常规选项卡下，选择"输入通道 1"，选中"启用上升沿检测"，硬件中断选择为"Hardware interrupt（OB40）"。

③ 在组织块 OB40 中编写程序，如图 6-2-36 所示。

④ 程序编译下载调试。

下载成功后，当接通 I0.1 时，触发中断 OB40，MW20 自动加 1，也就记录了硬件触发的次数。

 提示

　　当 CPU 运行期间对中断时间重新分配时，可通过调用 ATTACH 指令实现。在 CPU 运行期间对中断事件进行分离，可通过调用 DETACH 指令实现。

a.ATTACH 指令：将 OB 附加到中断事件中，指令梯形图格式如图 6-2-37 所示，指令参数见表 6-2-13。可以使用指令"ATTACH"为硬件中断事件指定一个组织块 (OB)，事件和硬件中断 OB 的分配通过 EVENT 和 OB_NR 参数进行。

图 6-2-35　添加硬件中断组织块 OB40

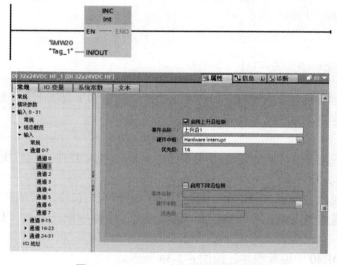

图 6-2-36　OB40 中编写梯形图程序

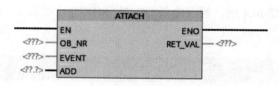

图 6-2-37　ATTACH 指令梯形图格式

在 OB_NR 参数中输入组织块的符号或数字名称。随后将其分配给 EVENT 参数中指定的事件，例如：检测数字量输入的上升沿或下降沿，超出模拟量输入的既定下限和上限，高速计数器的外部重置、上溢／下溢、方向反转等。

在 EVENT 参数处选择硬件中断事件。已经生成的硬件中断事件列在"系统常量"(System constants) 下的 PLC 变量中。

如果成功执行"ATTACH"指令后发生了 EVENT 参数中的事件，则将调用 OB_NR 参数中的组织块并执行其程序。

使用 ADD 参数指定应取消还是保留该组织块到其他事件的先前指定。如果 ADD 参数的值为"0"，则现有指定将替换为最新指定。

表6-2-13　ATTACH指令参数含义

参数	声明	数据类型	存储区	说明
OB_NR	Input	OB_ATT	I、Q、M、D、L 或常量	组织块（最多支持 32767 个）
EVENT	Input	EVENT_ATT	I、Q、M、D、L 或常量	要分配给 OB 的硬件中断事件 必须首先在硬件设备配置中为输入或高速计数器启用硬件中断事件
ADD	Input	Bool	I、Q、M、D、L 或常量	对先前分配的影响： • ADD=0（默认值）：该事件将取代先前为此 OB 分配的所有事件 • ADD=1：该事件将添加到此 OB 之前的事件分配中
RET_VAL	Return	Int	I、Q、M、D、L	指令的状态

b.DETACH 指令：是将 OB 与中断事件分离，指令梯形图格式如图 6-2-38 所示，指令参数见表 6-2-14。运行期间使用该指令取消组织块到一个或多个硬件中断事件的现有分配。

在 OB_NR 参数中输入组织块的符号或数字名称，将取消 EVENT 参数中指定的事件分配。

如果在 EVENT 参数处选择了单个硬件中断事件，则将取消 OB 到该硬件中断事件的分配，当前存在的所有其他分配仍保持激活状态。

如果未选择硬件中断事件，则当前分配给此 OB_NR 组织块的所有事件都会被分开。

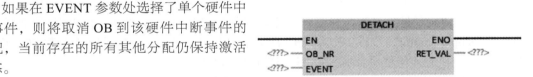

图 6-2-38　DETACH 指令梯形图格式

表6-2-14　DETACH指令参数含义

参数	声明	数据类型	存储区	说明
OB_NR	Input	OB_ATT	I、Q、M、D、L 或常量	组织块（最多支持 32767 个）
EVENT	Input	EVENT_ATT	I、Q、M、D、L 或常量	硬件中断事件
RET_VAL	Return	Int	I、Q、M、D、L	指令的状态

6.3　函数（FC）

6.3.1　函数（FC）简介

函数（FC）是用户编写的程序块，相当于子程序，是不带数据存储器的逻辑块。由于 FC 没有自己的背景数据块，使用时 FC 的形式参数都必须赋予一个实际参数。函数（FC）的使用可分为无参数调用和有参数调用，其使用如图 6-3-1 所示。

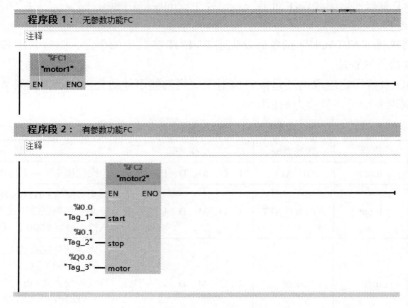

图 6-3-1　FC 的使用

① 无参数调用是 FC 不从外部或主程序中接收参数，也不向外部发送参数，如图 6-3-1 中程序段 1 的使用。因此，编译无参数 FC 块时，无须定义接口变量，直接在 FC 中使用绝对地址来完成控制程序的编程。这种 FC 功能实现相对独立的控制程序，不能重复调用。

② 有参数调用的 FC 需要从主程序接收参数，接收的参数处理完毕后，将处理的结果再返给主调用程序，如图 6-3-1 所示的程序段 2 的应用。有参数调用是在编辑 FC 程序块时在变量声明表内定义形式参数，并使用自定义虚拟的符号地址（如图 6-3-1 中程序段 2 所示的 "start" "stop" "motor"）来完成控制程序的编写，以便在其他块中重复调用有参数 FC。说明：FC 中的程序变量不能使用全局变量，只能使用局部变量。

函数 FC 在变量声明表内有以下参数，如图 6-3-2 所示。

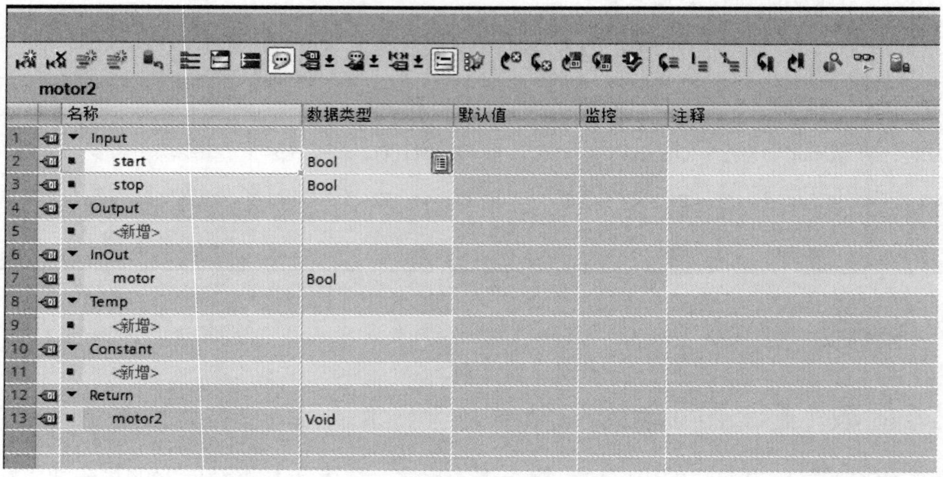

图 6-3-2　定义 FC 变量的示例

① Input（输入参数）：是用于接收主调用程序所提供的输入数据。

② Output(输出参数)：是将 FC 的程序执行结果传递到主调用程序中。

③ InOut(输入 / 输出参数)：输入数据由主调用程序提供，FC 程序执行结果，再用同一个参数将它传递给主调用程序。

④ Temp（临时变量）：用于存储临时中间结果的变量。调用时先赋值后使用，每次调用块之后，不再保留它的临时数据的值。

⑤ Constant（常量）：是在 FC 中使用并且带有声明的符号名的常数。

⑥ Return（返回值）：文件中自动生成的返回值，该函数没有输出参数，只有一个与函数同名的返回值，返回值默认的数据类型为 Void（表示没有返回值）。

6.3.2　函数（FC）的应用

用户可以将具有相同的控制过程的程序编写在函数 FC 中，然后在主程序 Main[OB1] 中调用。创建函数 FC 的步骤是：在创建的项目树中选中已添加的 PLC →打开"程序块"→双击"添加新块"→弹出"函数界面"。下面通过具体的实例来学习函数 FC 的编程应用。

实例 6-8　编写无参数调用的函数FC实现单台电动机的启停控制

【操作步骤】

① 创建函数 FC。在创建的项目树中选中已添加的 PLC →打开"程序块"→双击"添加新块"→弹出"函数界面"，如图 6-3-3 所示。点击选中左侧"函数 FC"图标，函数 FC 名称改为"电动机启停控制"，语言选择"LAD"，编号选择"自动"，点击"确定"，自动生成函数的程序编辑器界面，如图 6-3-4 所示。

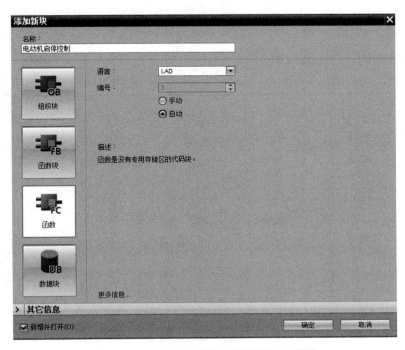

图 6-3-3　电动机启停控制的函数 FC 界面

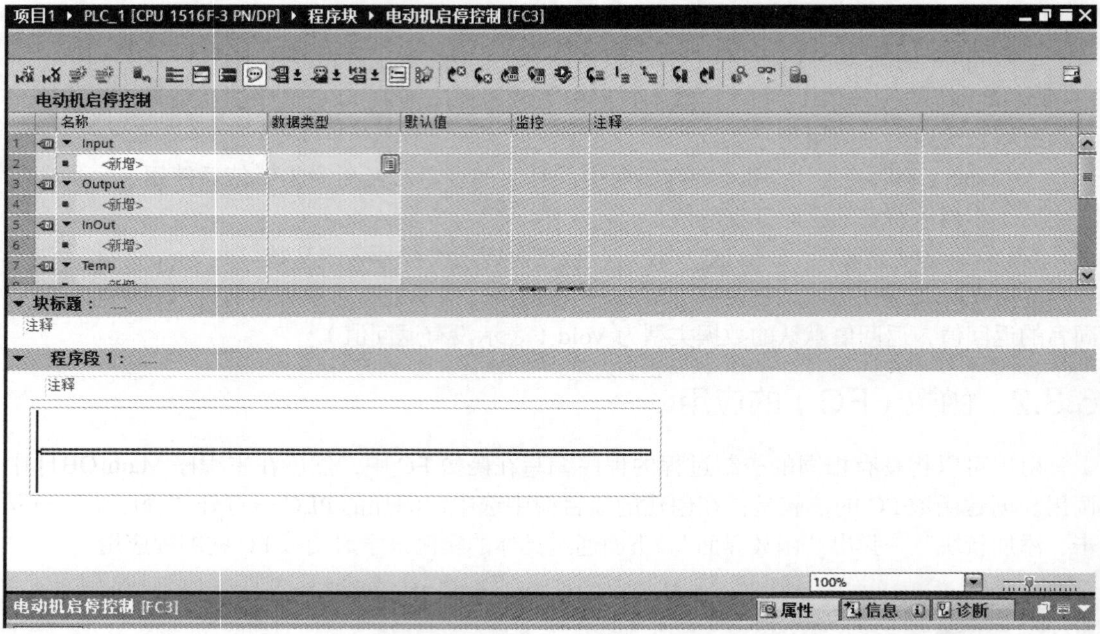

项目1 ▶ PLC_1 [CPU 1516F-3 PN/DP] ▶ 程序块 ▶ 电动机启停控制 [FC3]

电动机启停控制

	名称	数据类型	默认值	监控	注释
1	▼ Input				
2	■ <新增>				
3	▼ Output				
4	■ <新增>				
5	▼ InOut				
6	■ <新增>				
7	▼ Temp				

▼ 块标题：
注释

▼ 程序段 1：
注释

电动机启停控制 [FC3]   属性   信息   诊断

图 6-3-4　函数 FC 的程序编辑器界面

② 在函数 FC 的程序编辑器中编写程序。本例是无参数调用函数 FC 的应用，所以变量声明表中不需要设置任何变量参数。直接在程序编辑区编写梯形图并保存。如图 6-3-5 所示是编写的电动机启停控制的梯形图。

程序段 1：

注释

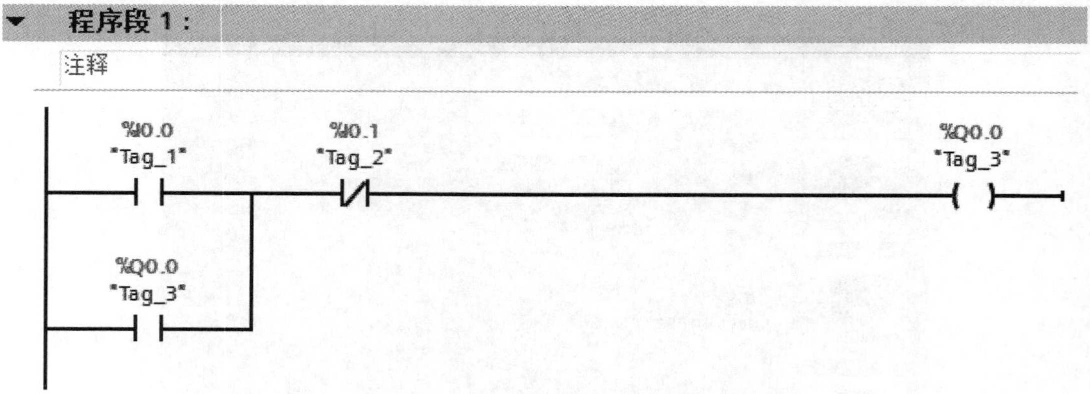

图 6-3-5　函数 FC 中电动机启停控制的梯形图

③ 编写主程序。在编程软件项目树中，双击主程序"Main[OB1]"，打开主程序块进入编程界面，如图 6-3-6 所示。选中程序块下新创建的函数"电动机启停控制 FC1"，按住鼠标左键并将其拖拽到程序编辑器中自动生成主程序，如图 6-3-7 所示。点击"保存"，项目创建完成。本例中，电动机的启停只能使用函数 FC 中设定的地址，显然不够灵活。

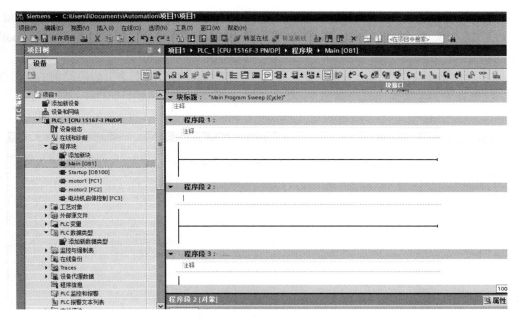

图 6-3-6　主程序编程界面

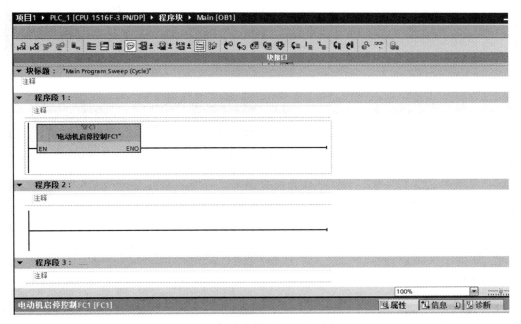

图 6-3-7　编写主程序

实例 6-9 编写有参数调用的函数FC实现单台电动机的启停控制

【操作步骤】

① 参照实例 6-8 的第一步创建函数 FC。

② 在变量声明表中设置相关的变量参数。

本例是有参数调用函数 FC 的应用，所以在编程序前先在变量声明表中定义需要的变量参数，如图 6-3-8 所示。在 Input 输入参数栏中定义参数"启动"和"停止"，数据类型为"Bool"。在 InOut 栏中定义输入 / 输出参数为"电动机"，数据类型为"Bool"。

③ 在程序编辑区编写梯形图并保存。如图 6-3-9 所示是编写的电动机启停控制的梯形图。注意，梯形图中的参数前面自动添加 # 号。

图 6-3-8　定义参数

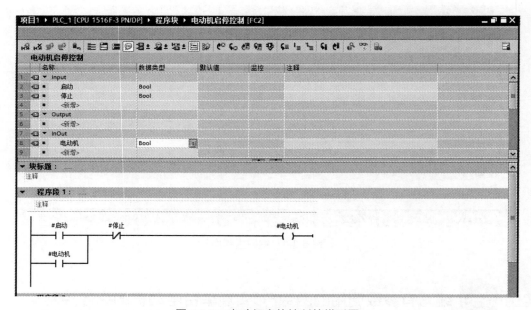

图 6-3-9　电动机启停控制的梯形图

④ 编写主程序。在编程软件项目树中，双击主程序"Main[OB1]"，打开主程序块进入编程界面，选中程序块下新创建的函数"电动机启停控制 FC2"，按住鼠标左键并将其拖拽到

程序编辑器中自动生成主程序，如图 6-3-10 所示。在主程序函数 FC2 中的接口设置相对应的地址。例如"启动"接口设置地址为 I0.0，"停止"接口设置为 I0.1，"电动机"接口设置为 Q0.0，如图 6-3-11 所示。点击"保存"，项目创建完成。

本例与实例 6-8 对比，有参数调用的函数 FC 的接口参数可以根据实际情况任意设置，应用非常灵活。

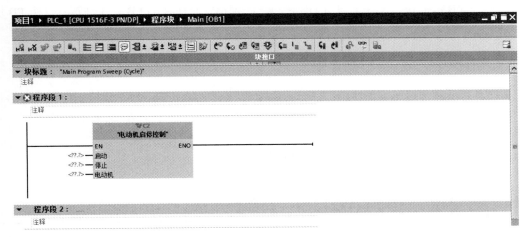

图 6-3-10　创建主程序

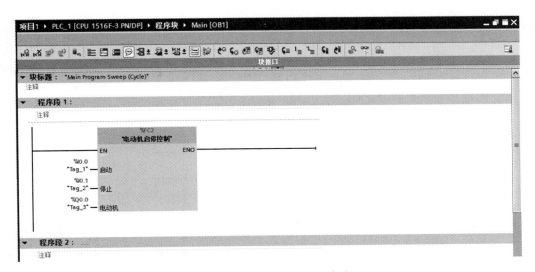

图 6-3-11　设置 FC2 接口地址

6.4　函数块（FB）

6.4.1　函数块（FB）与背景数据块（DB）简介

函数块（FB）是函数（FC）+ 背景数据块（DB）的组合，意思是一个带有数据保持存储器（背景数据块）的函数块，在使用 FB 时，必须为之分配一个相对应的背景数据块来存储输入端变量、输出端变量、通道变量及静态变量。这些变量即使在程序结束之后也能保存在背景数据块中，因此也成为具有"记忆功能"的模块。函数块也可以利用临时变量工作，但临时变量不会保存在背景数据块中，仅保存在本地数据堆栈 L 存储区中，只能在一个循环周期时间内可供使用，当执行完 FB 时，本地数据堆栈 L 存储区中的数据会丢失。

在编程时，当使用 FB 块时，背景数据块的建立有两种方式：一是在程序中调用 FB 块时，软件会自动提示创建一个背景数据块；二是在创建完一个 FB 块后，可以直接在"添加新块"中创建一个 DB 数据块，但在创建该 DB 块时，必须指定它所属的 FB 块（注意：这个 FB 块必须是已经存在），然后自动生成背景数据块。

6.4.2 函数块（FB）的应用

实际编程应用时可从数据保持的角度来选择使用 FC 或 FB 块。对于模块中需要定时器和计数器时，或当一条信息必须始终被保存在程序中时（例：通过按钮来选择操作模式时），必须选择 FB 块编程，不能使用 FC 编程。

下面通过一个具体的工程实例来学习 FB 块的应用。

实例 6-10 用函数块FB实现对一台电动机的星三角启动控制

编程分析：由于电动机在星形启动后延时一定时间自动转换成三角形正常运行，这个启动过程时间需采用定时器控制，因此，可选用 FB 块来编程，程序控制结构如图 6-4-1 所示。

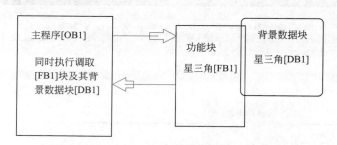

图 6-4-1 主程序调取 FB 块的程序控制结构

【操作步骤】

① 新建项目并添加新设备。打开软件，新建项目，项目名称为"星三角"，在项目树下双击"添加新设备"，选择一款 CPU 控制器并确定，本例为 **PLC_1 [CPU 1516F-3 PN/DP]**，如图 6-4-2 所示。

② 添加函数块 FB。在项目树 **PLC_1 [CPU 1516F-3 PN/DP]** 设备下，双击"添加新块"弹出添加新块界面，点击选中"函数块 FB"，在界面名称处，修改名称为"星三角"，如图 6-4-2 所示。点击"确定"，弹出"星三角 FB1"编程界面，如图 6-4-3 所示。

③ 建立新变量。根据实例分析，在编程界面的变量接口区中，新建星三角控制的相关变量，如图 6-4-4 所示。

分析本实例，在接口输入参数"Input"中，建立 2 个变量 start、stop，建立变量时需注意变量的类型为"Bool"。

在"Output"中，建立 2 个变量 KMx 和 KMs，变量的类型为"Bool"。

在"InOut"中，建立 1 个变量 KM1，变量类型为"Bool"。

在"Static"中，建立 1 个变量 T0，变量类型为 IEC_TIMER。此时，点开 T0 变量左边的三角符号，出现"PT"参数，将默认值改为"T#5s"预设时间。

④ 在 FB1 中编写程序，如图 6-4-5 所示。

⑤ 在 OB1 中编写主程序。打开项目树下 Main[OB1]，把函数块 FB1 拖拽到在程序编辑区中程序段 1 中，自动生成程序块，在程序块的接口区赋值实参，如图 6-4-6 所示。至此，星三角启动控制任务完成，可将整个项目编译无误后下载到 PLC 中进行调试（也可进行仿真调试）。

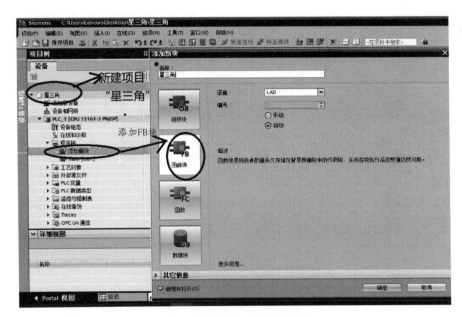

图 6-4-2　新建项目，添加函数块 FB1

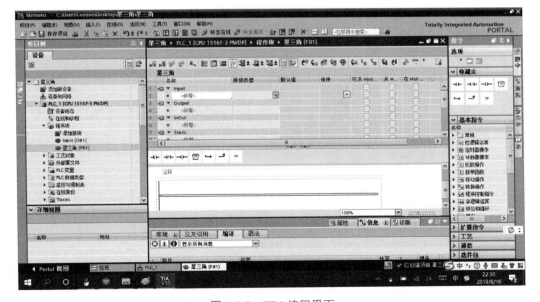

图 6-4-3　FB1 编程界面

星三角_DB								
	名称	数据类型	起始值	保持	可从 HMI/...	从 H...	在 HMI ...	设定值
1	▼ Input			☐	☐		☐	☐
2	▪ start	Bool	false	☐	☑	☑	☑	☐
3	▪ stop	Bool	false	☐	☑	☑	☑	☐
4	▼ Output			☐	☐		☐	☐
5	▪ KMx	Bool	false	☐	☑	☑	☑	☐
6	▪ KMs	Bool	false	☐	☑	☑	☑	☐
7	▼ InOut			☐	☐		☐	☐
8	▪ KM1	Bool	false	☐	☑	☑	☑	☐
9	▼ Static			☐	☐		☐	☐
10	▼ T0	IEC_TIMER		☐	☑	☑	☑	☐
11	▪ PT	Time	T#5s	☐	☑	☑	☑	☐
12	▪ ET	Time	T#0ms	☐	☑		☑	☐
13	▪ IN	Bool	false	☐	☑	☑	☑	☐
14	▪ Q	Bool	false	☐	☑		☑	☐

图 6-4-4　在变量接口区建立相关变量

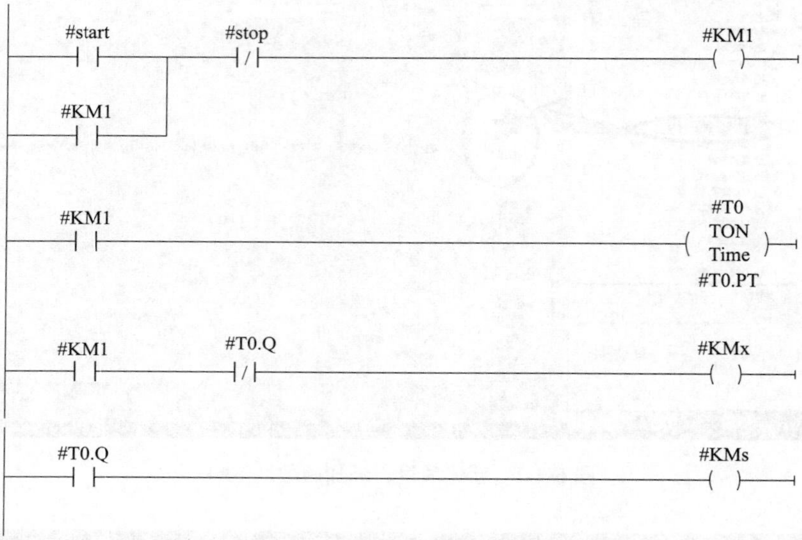

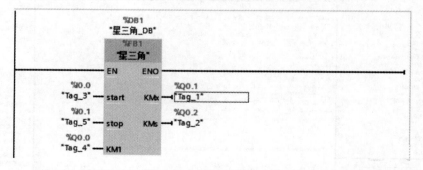

图 6-4-5　FB1 中的程序

图 6-4-6　OB1 中的主程序

实例 6-11　用函数块FB进行计算

用函数块 FB 编程，来计算 $Y=ax+5b$ 的值，其中 a、b 的数值可在程序中改变。

【操作步骤】

① 新建项目并添加新设备。根据实例 6-10 的操作步骤①的方法，新建一个项目取名为"函数计算"并添加新设备。

② 添加函数块 FB1。根据实例 6-10 的操作步骤②的方法，新建 FB1 块，并取名为"Y = ax+5b"，如图 6-4-7 所示。

③ 建立新变量。根据实例要求分析，确定相关变量并添加在块接口区中，如图 6-4-8 所示。

④ 在 FB1 中编写程序，如图 6-4-9 所示。

⑤ 在 OB1 中编写主程序。打开项目树下 Main[OB1]，把函数块"FB1"拖拽到在程序编辑区中程序段 1 中，自动生成程序块，在程序块的接口区"X"赋值为"15"，如图 6-4-10 所示。

⑥ PLC 仿真调试。任务任务完成，可将整个项目编译无误后启动仿真调试。

a. 程序中数据第一次存盘时，FB 块接口中 a、b 两个变量的默认值都为"0"，初次调试时（MW100）= y = 0 × 15+5 × 0 = 0。

b. 接通主程序中的 I0.0 后，常数"50"传送给静态变量 "y = ax+5b_DB".a 中，常数"20"传送给静态变量 "y = ax+5b_DB".b 中。FB1 程序的计算结果修改为（MW100）= y = 50 × 10+5 × 20 = 600。

当系统停止运行时，数据块中保持所有数据状态。

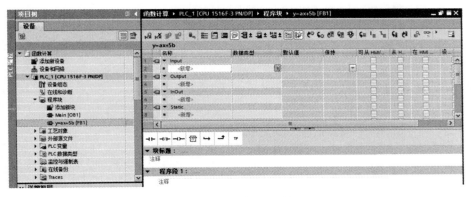

图 6-4-7　添加 FB1 块

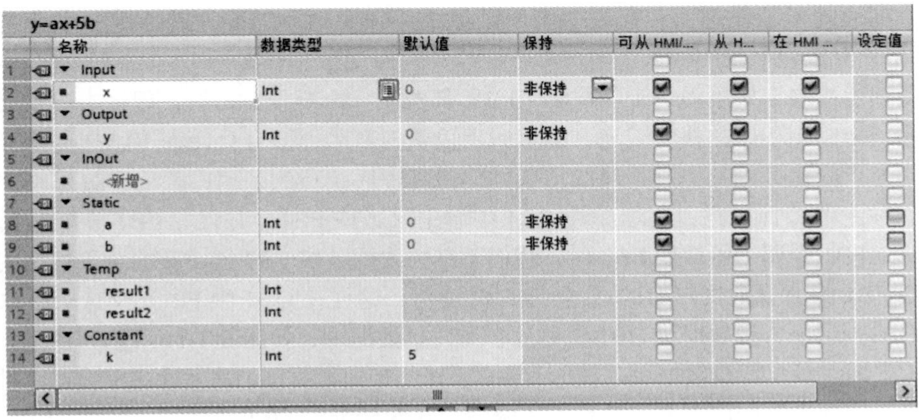

图 6-4-8　建立接口变量

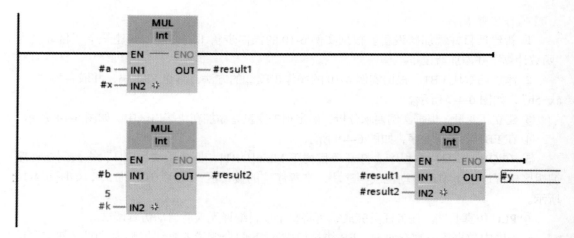

图 6-4-9　FB1 块中程序

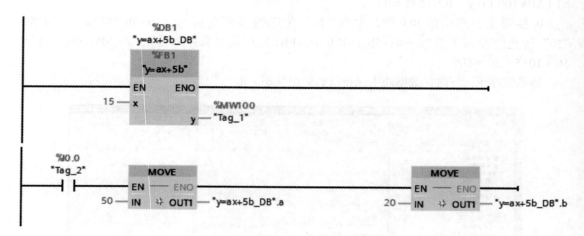

图 6-4-10　OB1 中主程序

6.4.3　多重背景及应用

（1）多重背景的简介

通过前面的学习知道，在程序中使用函数块（FB）时，需要为其指定一个背景数据块（DB），用来存放函数块的输入、输出参数变量及静态变量。在实际工程项目的程序中，往往会有很多的函数块，如果为每个函数块（FB）都建立一个背景数据块，程序中出现大量的背景数据块，会影响程序的执行效率，编程时不仅费时费力，而且会使程序结构变得混乱，不易阅读。为了简化编程，提高程序的可读性，提高程序执行的效率，西门子编程软件给我们提供了一种新的编程思路：在组织块 OB1 中调用函数块 FB1，并且为 FB1 分配背景数据块 DB1；当在 FB1 中调用函数块 FB2 时，我们不单独为函数块 FB2 创建新的背景数据块，而是把函数块 FB1 的背景数据块 DB1 分配给 FB2 使用，这样在 OB1 中 FB 就只有一个总的背景数据块 DB1，这个背景数据块 DB1 就称为多重背景数据块，如图 6-4-11 所示为多重背景数据的结构示意图。多重背景数据块存储所有相关 FB 的接口数据区。在每个 FB 块创建时系统都默认具有多重背景数据块能力，并且不能取消，在嵌套调用 FB 时将弹出"调用选项"界面，可以选择"多重背景"，界面中"接口参数中的名称"用户可以修改，如图 6-4-12 所示。

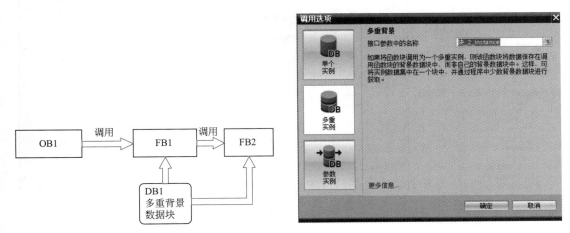

图 6-4-11　多重背景数据的结构示意图　　　　图 6-4-12　函数块多重背景数据块选项

（2）多重背景数据块的应用

① 多重背景在定时器中的应用。每次调用 IEC 定时器和计数器指令时，都需要指定一个背景数据块，如果使用这类指令较多，将会生成大量的数据块背景，为了解决这种问题，在使用 IEC 定时器和计数器指令时，可以在函数块的接口区中静态变量一栏中定义相关的变量，如数据类型为 IEC_Timer 或 IEC_Counter，用这些静态变量来提供定时器和计数器的背景数据。通过这样处理，多个定时器或计数器的背景数据块被包含在它们所在的函数块的背景数据块中，不再为每个定时器或计数器单独设置背景数据块。

实例 6-12　利用多重背景编写程序实现电动机的控制

利用多重背景编写程序实现电动机的控制，当按下电动机的启动按钮 SB1 后，延时 3s，第一台电动机 Q0.0 得电运转。第一台电动机启动后再延时 3s，第二台电动机 Q0.1 得电运转。当按下电动机停止按钮 SB2 后，电动机立即停止运转。

【操作步骤】

a. 根据实例 6-10 的操作步骤①的方法，新建一个项目项目名称系统自动默认，并添加新设备 PLC 1500 控制器，CPU 为 1516F-3 PN/DP。

b. 添加函数块 FB1。根据实例 6-10 的操作步骤②的方法，新建 FB1 块，系统自动默认为"块 1_[FB1]"，如图 6-4-13 所示。

c. 建立新变量。根据实例要求分析，确定相关变量并添加在块接口区中，如图 6-4-13 所示。

d. 在 FB1 中编写程序，如图 6-4-14 所示。

e. 在 OB1 中编写主程序。打开项目树下 Main[OB1]，把函数块"FB1"拖拽到在程序编辑区中程序段 1 中，自动生成程序块，在程序块的接口区"start"赋值为"I0.0"，"stop"赋值为"I0.1"，"m"赋值为"M20.0"，"motor1"赋值为"Q0.0"，"motor2"赋值为"Q0.1"，如图 6-4-15 所示。

f. PLC 仿真调试。任务完成，可将整个项目编译无误后，启动仿真调试（在此，仿真调试不做讲解）。

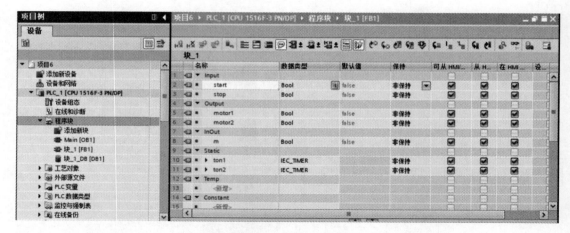

图 6-4-13　新建项目

```
#start                                                    #m
──┤ ├──                                                  ─( S )─

#stop                                                     #m
──┤ ├──                                                  ─( R )─

            #ton1
            ┌─────────┐
            │  TON    │
            │  Time   │
#m          │         │                                   #motor1
──┤ ├───────┤ IN    Q ├───────────────────────────────── ─( )─
    t#3s ───┤ PT   ET ├─ ...
            └─────────┘

            #ton2
            ┌─────────┐
            │  TON    │
            │  Time   │
#ton1.Q     │         │                                   #motor2
──┤ ├───────┤ IN    Q ├───────────────────────────────── ─( )─
    t#3s ───┤ PT   ET ├─ ...
            └─────────┘
```

图 6-4-14　FB1 中程序

```
                    %DB1
                   "块_1_DB"
                    %FB1
                    "块_1"
            ┌──────────────────┐
            │ EN          ENO  ├──────────────────────
  %I0.0     │                  │   %Q0.0
 "Tag_1" ───┤ start    motor1  ├── "Tag_4"
  %I0.1     │                  │   %Q0.1
 "Tag_2" ───┤ stop     motor2  ├── "Tag_5"
  %M20.0    │                  │
 "Tag_3" ───┤ m                │
            └──────────────────┘
```

图 6-4-15　OB1 中程序

② 多重背景在计数器中的应用。

实例 6-13 利用多重背景编写程序实现某生产线产品计数控制

利用多重背景编写程序实现某生产线产品计数控制。当产品通过传感器 I0.0 时进行计数时，如果产品数量达到设定值 9，则指示灯 Q0.0 亮；如果产品数量达到 12，则指示灯 Q0.1 亮。当按下复位按钮 I0.1 时，产品计数复位。

【操作步骤】

a. 根据实例 6-10 的操作步骤①的方法，新建一个项目项目名称为"产品计数"，并添加新设备，选择 1500 PLC 控制器，CPU 为 1516F-3 PN/DP。

b. 添加函数块 FB1。根据实例 6-10 的操作步骤②的方法，新建 FB1 块，系统自动默认为"块 1_[FB1]"，如图 6-4-16 所示。

c. 建立新变量。根据实例要求分析，确定相关变量并添加在块接口区中，如图 6-4-16 所示。

d. 在 FB1 中编写程序，如图 6-4-17 所示。

e. 在 OB1 中编写主程序。打开项目树下 Main[OB1]，把函数块"FB1"拖拽到在程序编辑区中程序段 1 中，自动生成程序块，在程序块的接口区"start"赋值为"I0.0"，"reset"赋值为"I0.1"，"lamp1"赋值为"Q0.0"，"lamp2"赋值为"Q0.1"，如图 6-4-18 所示。

f. PLC 仿真调试。任务完成，可将整个项目编译无误后启动仿真调试（在此，仿真调试不做讲解）。

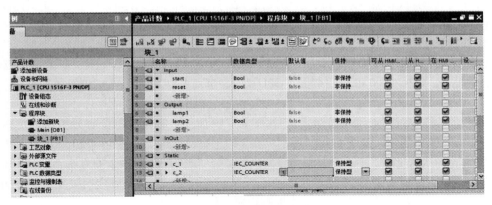

图 6-4-16　新建项目

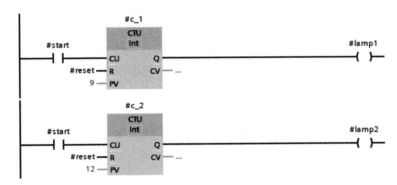

图 6-4-17　FB1 中程序

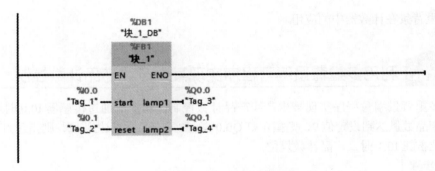

图 6-4-18　OB1 中主程序

③ 多重背景在用户函数块中的应用。例如在 OB1 中调用 FB10，在 FB10 中又调用 FB1 和 FB2，则只要 FB10 的背景数据块选择为多重背景数据块就可以了，FB1 和 FB2 不需要建立背景数据块，其接口参数都保存在 FB10 的多重背景数据块中。建立多重背景数据块的方法是：在建立数据块时只要在数据类型选项中选择"实例的 DB"就可以了，见实例 6-14 应用。

实例 6-14　在用户的函数块中建立多重背景数据块完成多台电动机的控制

在用户的函数块中建立多重背景数据块的方法编程完成多台电动机的控制。按下启动按钮 I0.0，1 号电动机启动；按下 I0.2 启动按钮，2 号电动机启动，延时 9s 后 3 号电动机启动。按下 I0.1 停止按钮，1 号电动机停止；按下 I0.3 停止按钮，2 号、3 号电动机停止。

【操作步骤】

① 根据实例 6-10 的操作步骤①的方法，新建一个项目，项目名称为"多重背景应用"，并添加新设备，选择 1500 PLC 控制器，CPU 为 1516F-3 PN/DP。

② 添加函数块 FB1，并添加新变量，编写程序。根据实例 6-10 的操作步骤②的方法，新建 FB1 块，名称改为"电动机控制 1"，如图 6-4-19 所示。根据实例要求分析，确定相关变量并添加在块接口区中，如图 6-4-19 所示。在 FB1 中编写程序，如图 6-4-20 所示。

③ 添加函数块 FB2，并添加新变量，编写程序。根据操作步骤 2 的方法，新建 FB2 块，名称改为"电动机控制 2"，如图 6-4-21 所示。根据实例要求分析，确定相关变量并添加在块接口区中，如图 6-4-21 所示。在 FB2 中编写程序，如图 6-4-22 所示。

④ 添加函数块 FB10，并添加新变量，编写程序。根据操作步骤 2 的方法，新建 FB10 块，名称改为"多台电动机控制"，如图 6-4-23 所示。为了实现多重背景，在 FB10 块接口区静态变量中添加两个数据类型为"电动机控制 1"和"电动机控制 2"的静态变量，如图 6-4-23 所示。在 FB10 中编写程序过程中，如图 6-4-24（a）所示，在其 FB1 数据背景类型选择为"多重实例 DB"，接口名称选择为"电动机控制 1"，FB2 数据背景类型选择为"多重实例 DB"，接口名称选择为"电动机控制 2"，如图 6-4-24（b）所示。此时函数块 FB10 中生成一个名为"多台电动机控制 -DB[DB10]"的多重背景数据块。

⑤ 在 OB1 中编写主程序。在 Main[OB1] 中调用 FB10，如图 6-4-25 所示，其数据背景块为"电动机控制 DB"。

⑥ PLC 仿真调试。任务完成，可将整个项目编译无误后启动仿真调试（在此，仿真调试不做讲解）。

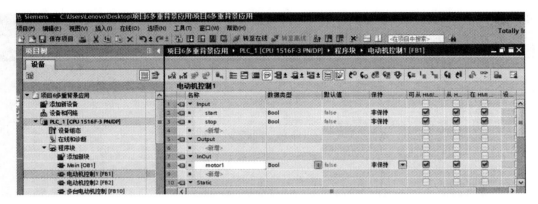

图 6-4-19　建立 FB1 添加变量

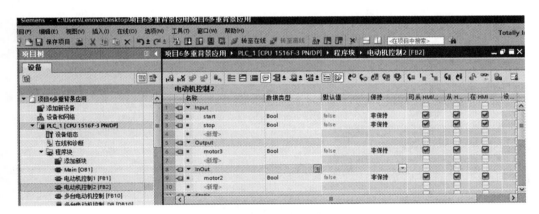

图 6-4-20　在 FB1 中编写程序

图 6-4-21　建立 FB2 添加变量

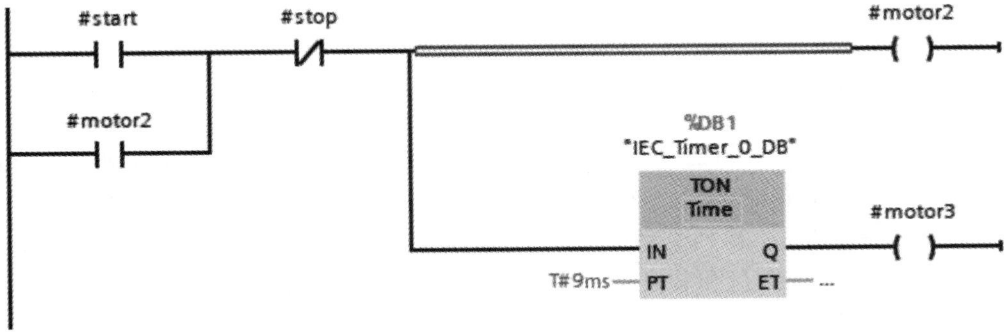

图 6-4-22　在 FB2 中编写程序

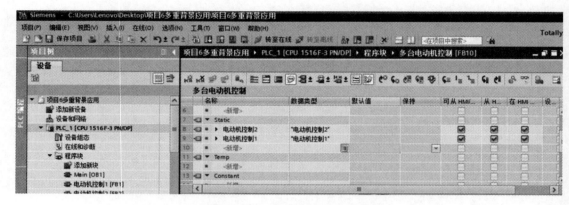

图 6-4-23　建立 FB10 添加静态变量

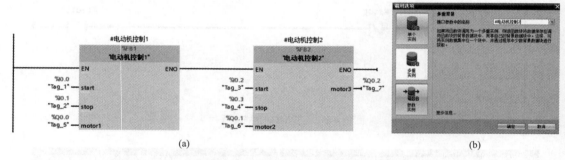

图 6-4-24　在 FB10 中编写程序

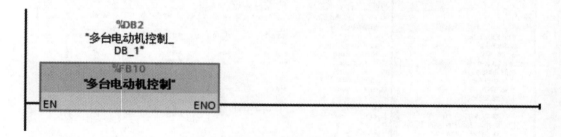

图 6-4-25　在 OB1 中编写主程序

6.5　数据块（DB）

6.5.1　数据块（DB）简介

数据块用于存储用户程序数据及程序中的中间变量。数据块 DB 可存储于装载存储器和工作存储器中，都属于全局变量，使用时与 M 存储器功能相似。数据块与 M 存储器的不同之处是，M 存储器的大小在 CPU 技术规范中已经定义且不能扩展，而数据块有用户定义，最大不能超过数据工作存储区和装载存储区。在使用中数据块可以分为全局数据块、背景数据块、基于系统数据类型的数据块。

（1）全局数据块

全局数据块用于存储程序数据，使用时必须事先进行定义，方可在程序中使用，如图 6-5-1 所示是在 TIA 博途软件下创建的全局数据块。右键单击创建的数据块，并单击属性，出现如图 6-5-2 所示的界面，在界面中的属性中设置 DB 块的存储方式。 具体存储方式的设置说明如下：

① "仅存储在装载内存中"：选中此项时，DB 块下载后只存储在装载存储器，如果要访问 DB 块的数据，可通过 "READ_DBL" 指令将装载存储器里面的数据复制到工作存储器中；或者通过 "WRIT_DBL" 指令将数据写入到装载存储器的 DB 块中。

② "在设备中写保护数据块"：选中此项时，DB 块只能进行读访问。

③ "优化的块访问"：选中此项时，DB 块为优化访问。优化的存储方式只能以符号方式进行访问该数据块；如果非优化方式，可以采用绝对地址的方式进行访问该数据块。

新建数据块时，默认状态是 "优化的块访问"，并且数据块中存储的变量的属性是非保持的。创建完数据块后就可以定义新的变量，并可对变量的数据类型、启动值及保持性等属性进行设置。对于非优化的数据块，整个数据块可统一设置保持性属性；对于优化的数据块，可以单独对每个变量的保持性进行设置。对于优化的数据组、结构、PLC 数据类型等不能单独设置某个元素的保持性属性，如图 6-5-3 所示是在优化的数据块中设置的变量实例。

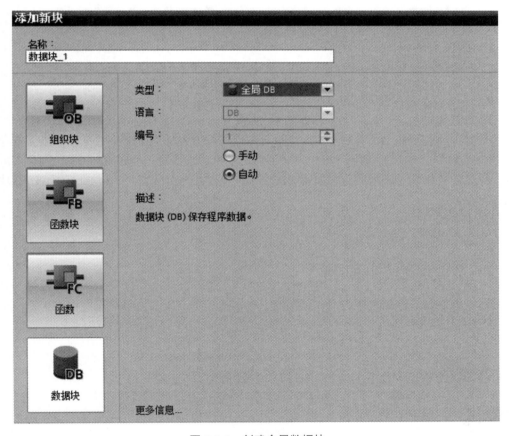

图 6-5-1　创建全局数据块

图 6-5-2　数据块属性的访问设置

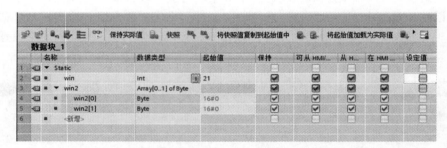

图 6-5-3　定义全局 DB 块变量

（2）背景数据块

　　背景数据块与全局 DB 块都是全局变量，所以访问方式相同。背景数据块是用来存储函数块 FB 块的输入、输出、输入/输出参数及静态变量，其变量只能在 FB 块中定义，不能在背景数据块中直接定义。因此，在创建 DB 块时，必须指定它所属的 FB 块，而且该 FB 块必须已经存在。

　　在程序中调用 FB 块时，可以为之分配一个已经创建好的背景数据块，也可以直接定义一个新的背景数据块，该数据块自动生成并作为背景数据块。

6.5.2　数据块(DB)的应用

　　全局数据块用于存储程序数据，使用时必须事先进行定义，方可在程序中使用，一个程序中可以使用多个数据块。

实例 6-15 利用数据块控制电动机运行

【操作步骤】

　　① 在项目中先创建数据块 DB，修改名称为"电动机数据块 1"，如图 6-5-4 所示。

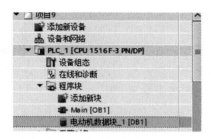

图 6-5-4　创建电动机数据块 DB1

② 打开“电动机数据块 1”添加启动、停止变量及数据类型，见图 6-5-5。

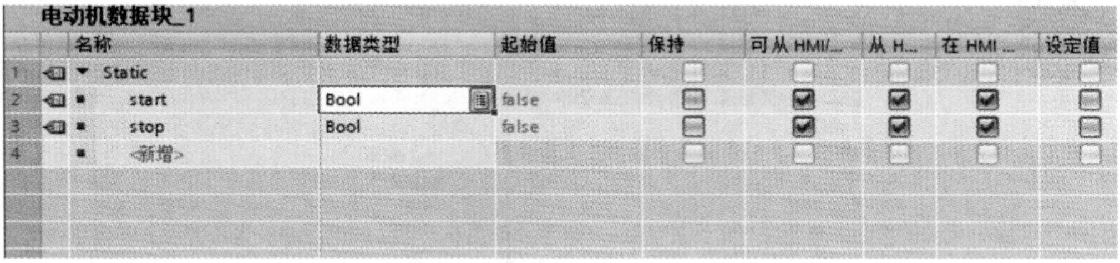

电动机数据块_1

	名称	数据类型	起始值	保持	可从 HMI/...	从 H...	在 HMI ...	设定值
1	▼ Static			☐	☐	☐	☐	☐
2	start	Bool	false	☐	☑	☑	☑	☐
3	stop	Bool	false	☐	☑	☑	☑	☐
4	<新增>			☐	☐	☐	☐	☐

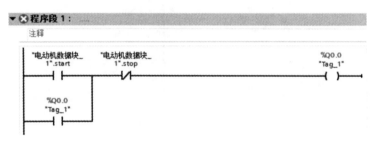

图 6-5-5　定义变量及数据类型

③ 在 OB1 中编辑梯形图程序，如图 6-5-6 所示。

图 6-5-6　梯形图程序

6.6　PLC定义数据类型（UDT）

6.6.1　UDT简介

PLC 数据类型 (UDT) 是一种复杂的用户自定义数据类型，用于声明一个变量。这种数据类型是一个由多个不同数据类型元素组成的数据结构。其中，各元素可源自其他 PLC 数据类型、Array，也可直接使用关键字 STRUCT 声明为一个结构。因此，嵌套深度限制为 8 级。PLC 数据类型 (UDT) 可以在 DB、OB、FC、FB 接口区、PLC 变量表 I 和 Q 处使用。可在程序代码中统一更改和重复使用。一旦某 UDT 类型发生修改，系统自动更新该数据类型的所有使用的变量。

定义一个 UDT 类型的变量在程序中可以作为一个变量整体使用，也可以单独使用组成该变量的元素。也可以在 DB 块中创建 UDT 类型的 DB, 该 DB 只包含一个 UDT 类型的变量。

6.6.2　UDT的应用

在实际工程应用中，如果有多台电动机进行启动、停止控制，一般控制思路是需要编写多个启动停止的变量，这种方案相对要麻烦。如采用 UDT 类型来定义的话相对简单，在工程中常采用。具体应用通过下面的例子来学习一下。

实例 6-16　利用创建UDT类型的变量控制5台电动机的启动与停止

【操作步骤】

① 新建 UDT。双击项目树中 PLC 站点下的"PLC 数据类型"，添加新数据类型，如图 6-6-1 所示。

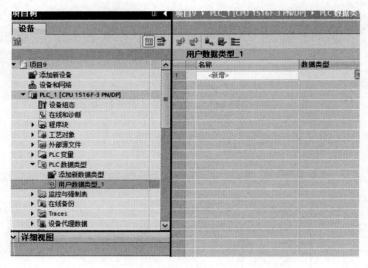

图 6-6-1　创建 UDT

② 修改 UDT 名称。右键单击生成的"用户数据类型 1"，选择"属性"→"常规"，修改名称为"UDT1"，如图 6-6-2 所示。

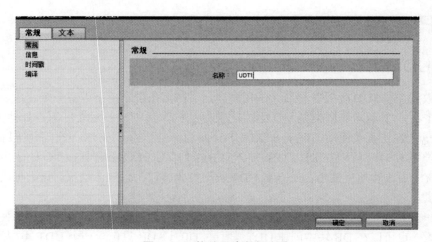

图 6-6-2　修改用户数据名称

③ 自定义 UDT 中的变量。打开 UDT1 数据类型、添加相应的启动、停止变量、数据类型及注释，如图 6-6-3 所示。

UDT1

名称	数据类型	默认值	可从 HMI/...	从 H...	在 HMI ...	设定值	注释
start	Bool	false	☑	☑	☑	☐	
stop	Bool	false	☑	☑	☑	☐	
<新增>							

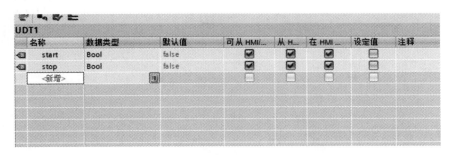

图 6-6-3　自定义 UDT 数据变量

④ 创建数据块 DB1，将数据块命名为“电动机数据块 1”。打开“电动机数据块 1”，创建参数“motor1”，其数据类型选择“UDT1”。继续添加“motor2”～“motor5”，如图 6-6-4 所示。

保持实际值　快照　将快照值复制到起始值中　将起始值加载为实际值

电动机数据块_1

	名称	数据类型	起始值	保持	可从 HMI/...	从 H...	在 HMI ...	设定值
1	Static			☐	☐	☐	☐	☐
2	motor1	"UDT1"		☐	☑	☑	☑	☐
3	motor2	"UDT1"		☐	☑	☑	☑	☐
4	motor3	"UDT1"		☐	☑	☑	☑	☐
5	motor4	"UDT1"		☐	☑	☑	☑	☐
6	motor5	"UDT1"		☐	☑	☑	☑	☐
7	<新增>							

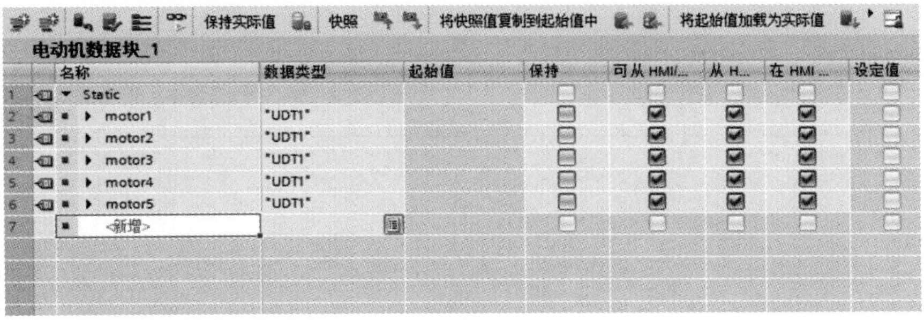

图 6-6-4　创建数据块 DB1 并添加变量

⑤ 在 OB1 中编程梯形图程序，如图 6-6-5 所示。

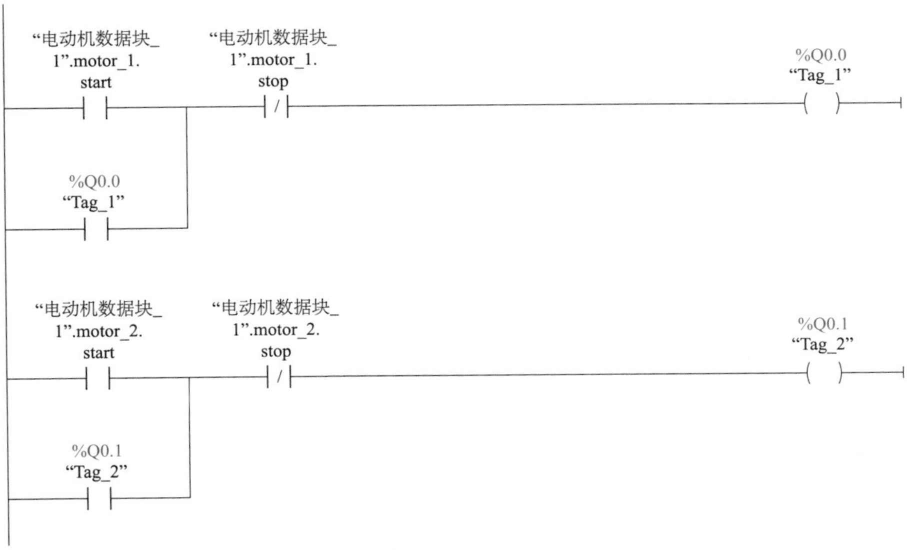

图 6-6-5

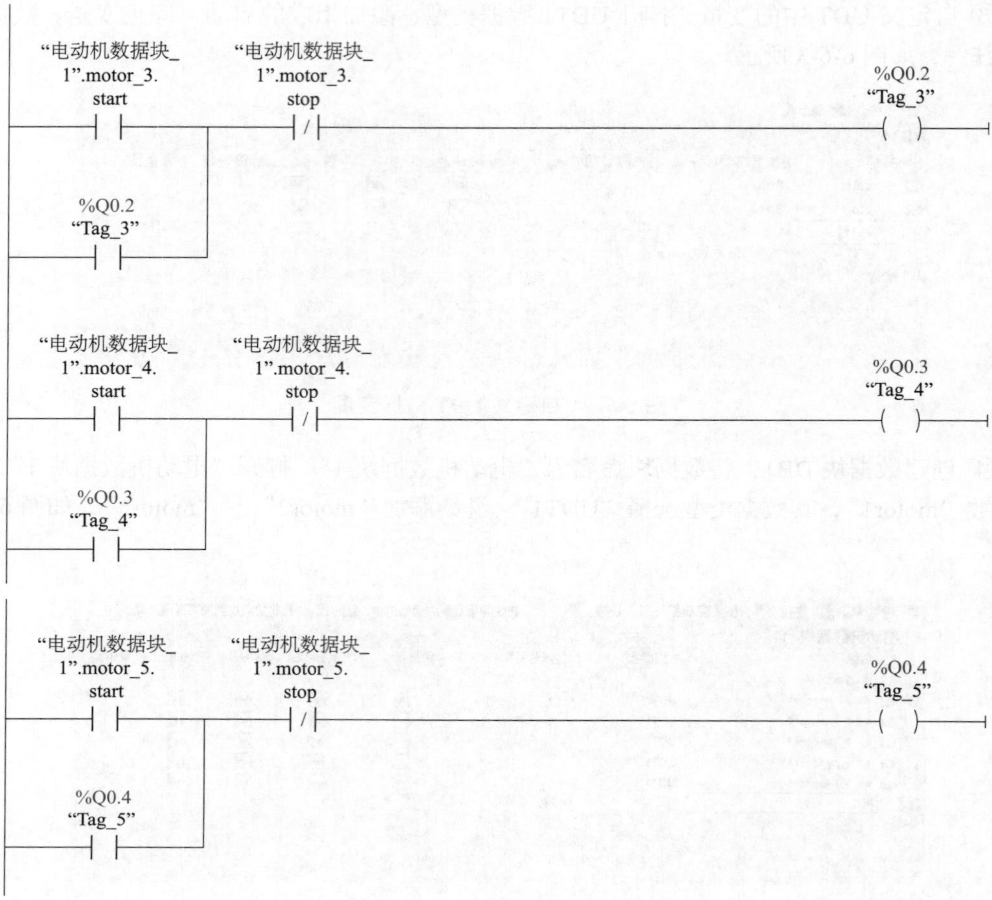
“电动机数据块_
1”.motor_3.
start
“电动机数据块_
1”.motor_3.
stop
%Q0.2
“Tag_3”
%Q0.2
“Tag_3”
“电动机数据块_
1”.motor_4.
start
“电动机数据块_
1”.motor_4.
stop
%Q0.3
“Tag_4”
%Q0.3
“Tag_4”
“电动机数据块_
1”.motor_5.
start
“电动机数据块_
1”.motor_5.
stop
%Q0.4
“Tag_5”
%Q0.4
“Tag_5”

图 6-6-5 梯形图程序

第 7 章

西门子S7-1500 PLC的程序调试

7.1 程序信息

程序信息用于显示用户程序中程序块的调用结构、从属结构、分配列表及 CPU 资源等信息。在 TIA 博途软件项目树下，双击"程序信息"即可打开程序信息窗口，如图 7-1-1 所示。

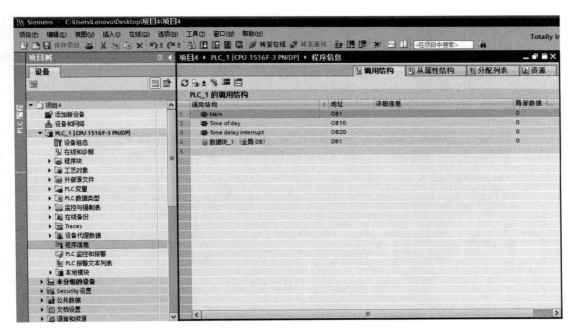

图 7-1-1 程序信息窗口

7.1.1 调用结构

调用结构用于说明 S7 程序中各个块的调用层级。在程序信息窗口中选择"调用结构"，可看到用户程序中使用的程序块列表和调用的层级关系。如图 7-1-2 所示的调用结构主要包含以下信息：

  ① 显示所使用的块，如 OB1 中使用了 FB1 和 FB2。

  ② 显示跳转到块所使用位置，如图 7-1-2 所示的"详细信息"栏下的"@ 块 -2NW1"，双击此处自动跳转到程序段中 FB1 处。

  ③ 显示块之间的相互关系，如图 7-1-2 的 OB1 中包含了 FB1 和 FB2。

  ④ 显示块的局部数据要求。

  ⑤ 显示块的状态。

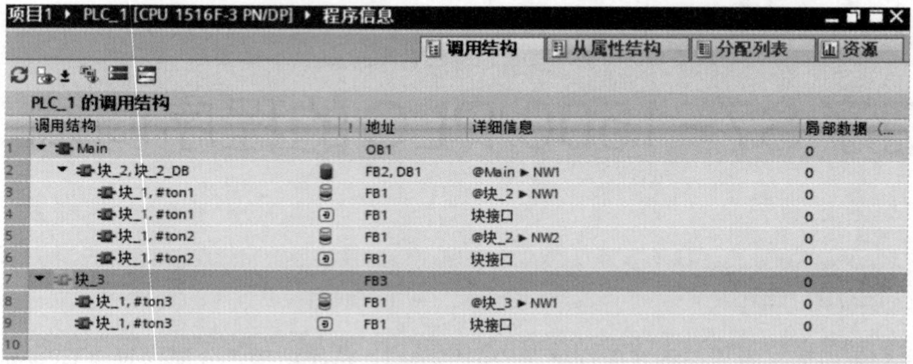

图 7-1-2 程序调用结构

7.1.2 从属性结构

从属性结构将显示程序中每个块的相互从属关系，如图 7-1-3 所示的程序从属性结构显示信息来看，与调用结构恰好相反。如某个块显示在最左侧，则调用或使用该块的其他块将缩进排列在该块的下方，即 FB2 被 OB1 调用。

图 7-1-3 从属性结构

7.1.3 分配列表

分配列表显示是否通过访问从 S7 程序中分配了地址或是否已将地址分配给 SIMATIC S7模块。因此，它是在用户程序中查找错误、避免地址冲突的重要应用基础。通过分配列表，可以查看到用户程序中输入（I）、输出（O）、位存储器（M）、定时器（T）、计数器（C）、I/O（P）存储区字节中的使用情况，如图 7-1-4 所示，在程序中 I0.0 与 I0.1，Q0.0 与 Q0.1 被使用。

图 7-1-4　分配列表

7.1.4　资源

在"资源"选项卡中列出了硬件资源的概览，该选项卡中的显示信息取决于所使用的 CPU，如图 7-1-5 所示将显示以下信息：

① 显示 CPU 中所用的编程对象（如 OB、FC、FB、DB、数据类型和 PLC 变量）。

② 显示 CPU 中可用的存储器（装载存储器、工作存储器、保持性存储器）、存储器的最大存储空间以及编程对象的应用情况。

③ 显示 CPU 组态和程序中使用的 I/O 模块的硬件资源（如 I/O 模块、数字量输入模块、数字量输出模块、模拟量输入模块和模拟量输出模块）。

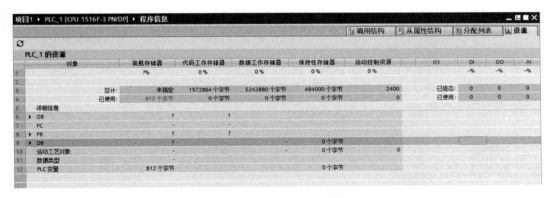

图 7-1-5　PLC 的程序资源

7.2　交叉引用

7.2.1　交叉引用的概述

交叉引用列表显示了用户程序中对象和设备的使用概况，通过交叉引用可以在该列表中快速查找一个对象在程序中的使用情况以及相互依赖关系、相互间关系以及各个对象的所在位置，方便用户对程序阅读和调试。通过交叉引用，可使用高亮显示的蓝色链接直接跳转到所选对象的参考位置处。

在 TIA 博途软件中，打开项目视图中的工具栏，点击"工具"下的"交叉引用"，弹出如图 7-2-1 所示的交叉引用列表信息。

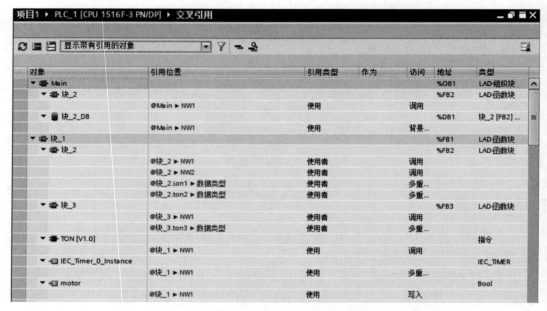

图 7-2-1　显示交叉引用列表信息

7.2.2　交叉引用的使用

在程序测试或故障排除过程中，利用交叉引用系统将显示以下信息：

① 显示执行操作数运算的块和命令。

② 显示所用的变量以及应用方式和位置。

③ 显示哪个块被其他哪个块调用。

④ 显示下一级和上一级结构的交叉引用信息。

实例 **7-1** 查询图7-2-2程序段中的I0.1变量的交叉引用情况

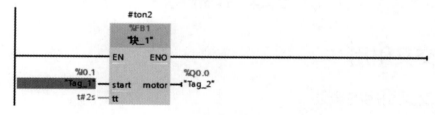

图 7-2-2　梯形图程序

操作步骤如下：

① 在程序段中选中要查询的变量 I0.1。

② 右键打开菜单，点击"交叉引用"选项，如图 7-2-3 所示。

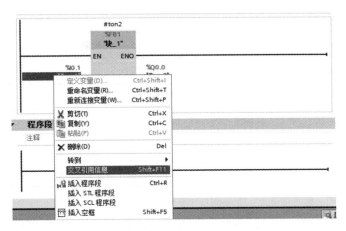

图 7-2-3　打开交叉引用

③ 显示要查询的 I0.1 变量的交叉引用情况，如图 7-2-4 所示。

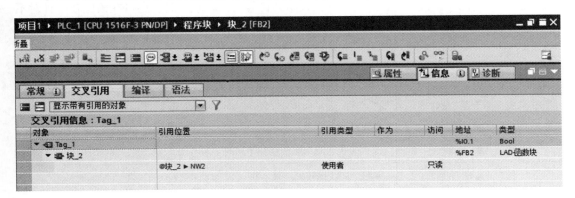

图 7-2-4　I0.1 变量的交叉引用查询信息

7.3　比较功能

比较功能用于比较项目中选定的对象，确定项目数据间的差异，比较同一类型的项目数据，通常可用以下几种比较方式。

（1）离线 / 在线比较

在实际工作中，当发现离线程序和在线程序不一致时，为了快速地找到不同点的时候，可通过这种离线与在线比较方式进行设备的软件对象与项目对象的比较。在比较过程中，将使用比较结果的图标来标记项目树中的可比较对象。表 7-3-1 列出了离线 / 在线比较中的比较结果符号。

表7-3-1　离线/在线比较中的比较结果符号

符号	说明
⑪	文件夹包含在线和离线版本不同的对象
⑫	比较结果不可知或者不能显示，原因如下： • 无权访问受保护的 CPU • CPU 的加载过程通过低于 V14 版本的 TIA Portal 执行

符号	说明
●	对象的在线和离线版本相同
◑	对象的在线和离线版本不同
◐	对象仅离线存在
◔	对象仅在线存在
▽	该比较标准禁用，且相关校验和未应用于比较结果中

（2）离线/离线比较

通过离线/离线比较，可以对两个设备的项目数据进行比较，也可对软件及硬件进行比较。进行软件比较时，可以比较不同项目或库中的对象。而进行硬件比较时，则可比较当前所打开项目或参考项目中的设备。此时，用户可确定自动比较所有对象，或手动比较单个对象。表 7-3-2 列出了离线/离线比较中的比较结果符号。比较软件时，还可在该比较中针对不相同的对象执行一些操作，具体操作动作符号如表 7-3-3 所示。

表7-3-2　离线/离线比较中的比较结果符号

符号	说明
●	参考程序
○	版本比较
◨	文件夹包含版本比较存在不同的对象
◉	离线/离线比较的结果未知
●	比较对象的版本相同
◕	比较对象的版本不同
◖	对象仅存在于参考程序中
◗	对象仅存在于比较版本中
◕	仅适用于硬件比较；虽然容器的下一级对象相同，但容器本身存在差异，这类容器可以是机架或其他硬件
◕	仅适用于硬件比较；容器的下一级对象不同，且容器间也存在差异，这类容器可以是机架或其他硬件
▽	该比较标准禁用，且相关校验和未应用于比较结果中

表7-3-3　操作动作符号

符号	说明
‖	无操作
→	使用参考程序中的对象覆盖被比较版本的对象
←	使用被比较版本的对象覆盖输出程序中的对象
⇄	文件夹中比较对象的不同操作

7.3.1　离线/离线比较

（1）执行软件离线 / 离线比较

在项目树中，选择可进行离线 / 离线比较的设备，具体操作步骤如下：

① 在快捷菜单中，选择"比较 > 离线 / 离线"命令，如图 7-3-1 所示。

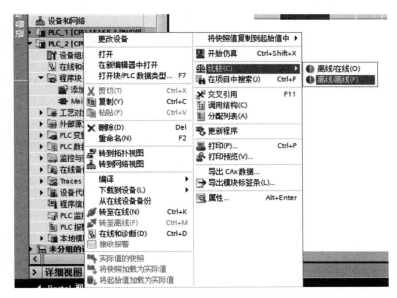

图 7-3-1　查找离线 / 离线命令

② 打开比较编辑器，并且在左侧区域中显示所选设备，如图 7-3-2 所示。

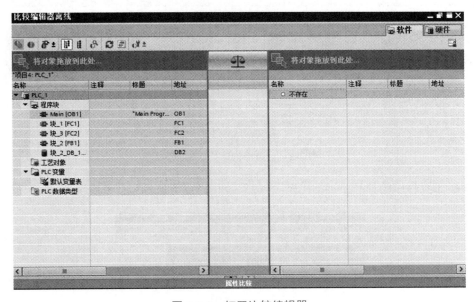

图 7-3-2　打开比较编辑器

③ 将另一个设备拖放到右侧窗格的比较区域中，如图 7-3-3 所示。并通过选择"软件"选项卡，在比较编辑器中显示所选设备的所有现有对象，并进行自动或手动比较。在比较编

辑器中，可以使用一些符号标识对象的状态，如图 7-3-3 所示。

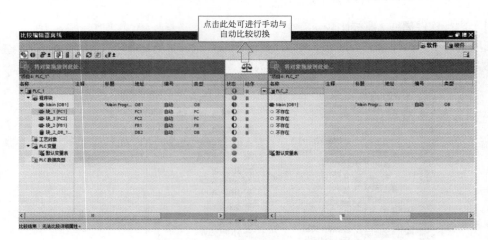

图 7-3-3　软件的离线 / 离线比较

④ 必要时，可定义比较标准。

⑤ 选择一个对象，显示属性比较的详细信息。

⑥ 如果要进行手动比较，则可在状态和操作区中单击切换按钮（如图 7-3-3 所示），在自动和手动比较间进行切换。然后选择待比较的对象，将比较结果用符号标识对象的状态。如果进行详细比较按照以下步骤操作：

a. 在比较编辑器中，选择要执行详细比较的对象，如图 7-3-4 中的 OB1 程序块（只能对左侧和右侧比较表中列出的对象进行详细比较）。

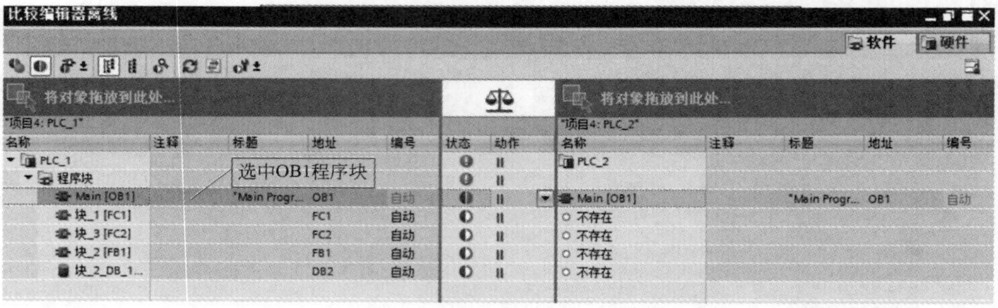

图 7-3-4　选择详细比较的对象

b. 单击工具栏中的"开始详细比较"按钮，如图 7-3-5 所示。

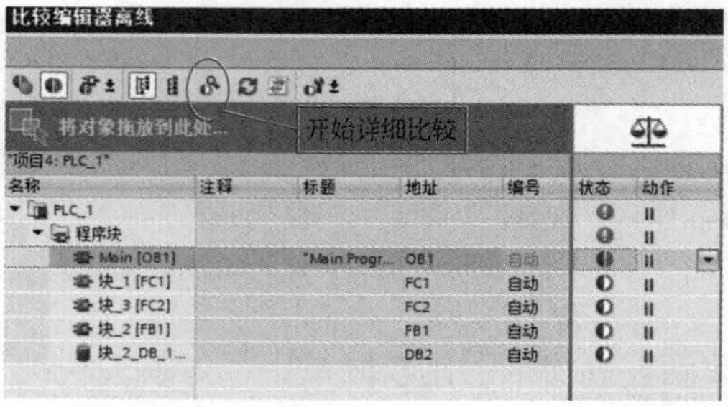

图 7-3-5　点击"开始详细比较"按钮

c. 详细比较结果中，程序差异处有颜色标识，如图 7-3-6 所示。

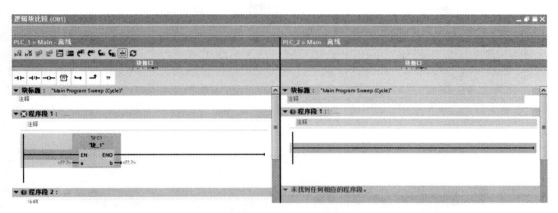

图 7-3-6　程序块详细离线比较

（2）执行硬件离线 / 离线比较

要执行硬件离线 / 离线比较，按照以下步骤操作：

① 在项目树中，选择可进行离线 / 离线比较的设备。

② 在快捷菜单中，选择"比较 > 离线 / 离线"命令。

③ 打开比较编辑器，并且在左侧区域中显示所选设备。

④ 将另一个设备拖放到右侧窗格的比较区域中。

⑤ 打开"硬件"选项卡显示比较结果，如图 7-3-7 所示。

⑥ 如果要进行手动比较，则可在状态和操作区中单击"切换"按钮，在自动和手动比较间进行切换。然后，选择待比较的对象，将显示属性的比较结果。可以使用符号标识对象的状态。

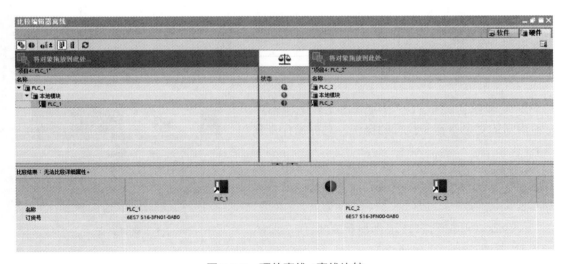

图 7-3-7　硬件离线 / 离线比较

7.3.2　离线/在线比较

在 TIA 博途软件项目视图的工具栏中，单击"在线"按钮，切换到在线状态，将设备对象与项目对象进行离线 / 在线比较，根据比较结果执行相应的操作。

① 打开项目树，要执行离线 / 在线比较，按照以下步骤进行操作：

a. 在项目树中，选择可进行离线 / 在线比较的设备。

b. 在快捷菜单中选择"比较＞离线 / 在线"命令。如果尚未与该设备建立在线连接，则打开"转至在线"对话框。在这种情况下，需要设置该连接的所有所需参数，然后单击"连接"，将建立在线连接并打开比较编辑器进行比较。比较编辑器将以表格形式简要列出相应的比较结果，如图 7-3-8 所示。图中数字的具体表示含义为：①比较编辑器的工具栏；②左侧比较表；③状态和操作区；④右侧比较表；⑤属性比较。

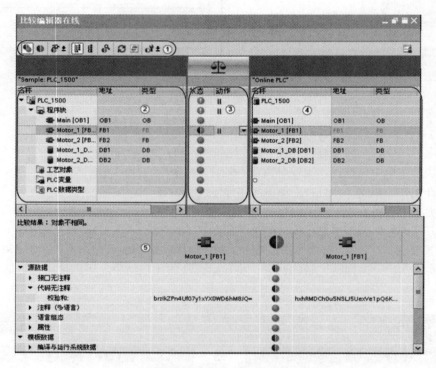

图 7-3-8 离线 / 在线比较

② 比较执行完毕后，则可以在比较编辑器中为不相同的对象指定要执行的操作，具体操作步骤如下：

a. 在状态和操作区中，在"操作"列中单击要为其定义操作的对象所在的单元格，该单元格将变为一个下拉列表。

b. 单击该下拉列表，选择所需的操作，如图 7-3-9 所示。

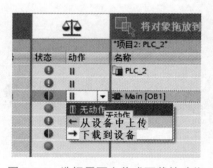

图 7-3-9 选择需要上传或下载的动作

在下拉菜单中可以选择"从设备上传程序"或选择"下载程序给设备"。选择了上传或下载命令后，该地方便成了一个向左或向右的图标箭头，表示将要进行的操作是上传还是下载。将所有不一致的地方全部设置完毕后，点击比较窗口工具栏上的"执行动作"按钮，所有设置的操作将全部一起完成。

c. 同步操作完成后，可用对比窗口工具栏中的"刷新"按钮进行刷新操作，用来查看最新的对比结果。

提示

无法为相同的对象选择任何操作；在进行硬件比较的过程中无法执行其他任何操作。进行离线／在线比较时，仅允许进行单向同步操作，以保持程序的一致性。因此，可以将多个块下载到设备或从设备中上传，但不能在一个同步操作中执行上传和下载操作。在这种情况下，比较编辑器中设置的第一个操作将确定同步的方向。例如，如果对某个块指定了将离线块下载到设备中，则通过同步操作也只能将其他对象下载到该设备上。要再次从设备上传对象，则需先选择"无操作"选项，然后才可以根据需要再次指定操作设置，或者可以执行一个新的比较。

7.4　使用变量监控与强制表进行调试

对程序进行 I/O 的简单调式，可使用变量监控表进行，调试中可以监视与修改用户程序中的变量值，也可以用强制表将变量强制设为特定值，观察运行结果。

7.4.1　使用监控表调试

使用监控表可以监控和修改用户程序中的变量，还可以在 STOP 模式下为 CPU 的各外围设备输出分配固定值。创建监控表之后，可以保存、复制和打印该表格，并反复使用该表格来监控和修改变量。具体操作步骤如下：

（1）创建监控表

① 打开 TIA 博途软件中的项目视图。

② 在项目树中，选择要为其创建监视表的 CPU 站点。

③ 双击"监控与强制表"文件夹，然后双击"添加新监控表"，将添加新的监控表 1，如图 7-4-1 所示。

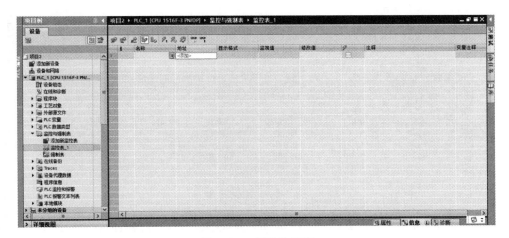

图 7-4-1　创建监控表

（2）变量的监控和修改

① 打开目标 CPU 下新创建的"监控表 1"，在"名称"列或"地址"列中，输入要监控或修改的变量的名称或绝对地址。输入变量到监控表时，确保要输入的变量必须事先在 PLC 变量表中已定义，如图 7-4-2 所示。

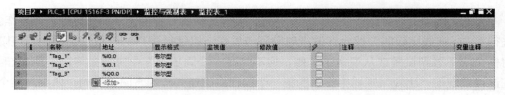

图 7-4-2 添加变量

② 如果要更改显示格式，则可从"显示格式"列中的下拉列表选择显示格式，如图 7-4-3 所示。

图 7-4-3 修改显示格式

 提示

　　监控表的输入可以使用复制、粘贴和拖拽等功能，相关变量可以从其他项目中复制和拖拽到本项目中。

（3）监控表 I/O 简单调试

① 打开监控表中工具条中的"监视变量"按钮，可以看到表中变量的监视值，如图 7-4-4 所示。

图 7-4-4 监视变量

② 选中图 7-4-4 中要修改变量中"I0.0"的"修改值"栏，单击鼠标右键快捷菜单，将其修改为"1"命令，此时变量状态变成"TRUE"，如图 7-4-5 所示。

图 7-4-5　修改变量的修改值

③ 修改完毕后，点击工具条中的"立即一次性监视所有变量"。观察其运行结果，如图 7-4-6 所示。图中监视值一栏 I0.0 与 Q0.0 接通图标变绿色。

图 7-4-6　运行测试结果

7.4.2　使用强制表调试

在线连接到 CPU，在程序调试过程中，对于外围设备的输入和输出信号可以使用强制表给用户程序中的各个 I/O 变量分配固定值（无论使用任何 CPU，能强制的对象只能是 I/O，并且只能在线强制，不能使用仿真），观察调试情况。该操作称为"强制"，具体操作步骤如下：

（1）打开一个已分配 CPU 的项目

在 TIA 博途软件中添加了 PLC 设备后，系统会自动为 CPU 生成一个"监视和强制表"。该表固定分配给该 CPU，且无法新建强制表，无法复制或拷贝。

（2）打开强制表

打开目标 CPU 下的"监视和强制表"文件夹，双击该文件夹中的"强制表"，如图 7-4-7 所示。

（3）在强制表中输入所需更改的地址

① 要将变量强制为"0"，按照以下步骤操作：

a. 在强制表中输入所需的地址。

b. 选择"在线＞强制＞强制为 0"命令，以便使用指定的值强制所选的地址。

c. 单击"是"确认下一个对话框，如图 7-4-7 所示。

图 7-4-7　确认强制值 1

d. 结果显示。所选的地址被强制为 "0"，不再显示黄色三角形。例如，红色的 "F" 显示在第一列中时表示变量处于强制状态。

② 要将变量强制为 "1"，按照以下步骤操作：

a. 在强制表中输入所需的地址。

b. 选择 "在线＞强制＞强制为 1" 命令，以便使用指定的值强制所选的地址。

c. 单击 "是" 确认下一个对话框，如图 7-4-8 所示。

图 7-4-8　确认强制值 2

d. 显示结果。所选的地址被强制为 "1"，不再显示黄色三角形。例如，红色的 "F" 显示在第一列中时，表示变量处于强制状态。

（4）停止强制

要停止强制，按照以下步骤操作：

① 选择 "在线＞强制＞停止强制" 命令。

② 单击 "是" 确认下一个对话框，如图 7-4-9 所示。

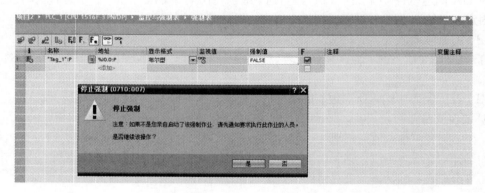

图 7-4-9　停止强制

③ 显示结果。停止对所选值的强制。第一列中不再显示红色 "F"。复选框后面再次出现的黄色三角形表示已经选择了该地址进行强制，但强制尚未开始。

 提示

强制时，只能通过单击 "停止强制" 图标或使用 "在线＞强制＞停止强制" 命令，停止强制。如果单独关闭当前强制表或终止在线连接都不会停止强制。

7.5　使用S7-PLCSIM仿真软件进行调试

7.5.1　S7- PLCSIM的简介

西门子 PLC 的仿真软件 PLCSIM，可以对 CPU 的程序进行仿真测试，该仿真运行可以完全脱离实际硬件实现程序的测试。仿真软件需要单独安装，安装仿真软件版本必须和博途软件版本相同才可以用。例如，安装了 TIA 博途软件 V15 后，仿真软件也要安装相同版本，此仿真软件安装不需要授权，当安装了仿真软件后，桌面会添加如图 7-5-1 所示的桌面图标，博途软件中的工具栏中的"开始仿真"按钮是亮的，否则是灰色。只有"开始仿真"按钮是亮的时候才可以使用，如图 7-5-2 所示。

图 7-5-1　桌面仿真图标

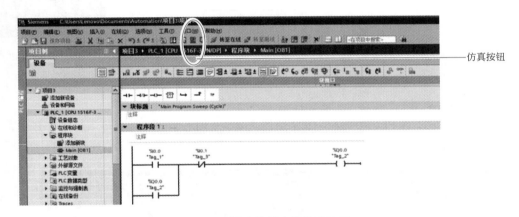

图 7-5-2　博途软件中的仿真按钮

S7-PLCSIM 用户界面界面包含两个主视图，一个是精简视图，一个是项目视图。在使用时可以根据自己意图选择采用精简视图还是项目视图启动，默认启动为精简视图，如果想把项目视图改为默认启动，可通过项目视图中的"选项→设置"下进行修改，如图 7-5-3 所示。

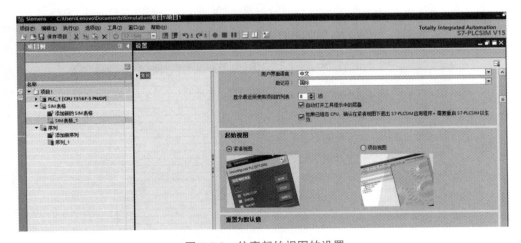

图 7-5-3　仿真起始视图的设置

（1）精简视图

打开仿真软件 PLCSIM 以精简视图启动，精简视图中无任何项目和仿真，该界面以操作面板形式显示，如图 7-5-4（a）所示是无仿真的精简视图的界面，如图 7-5-4（b）所示是有仿真的精简界面。

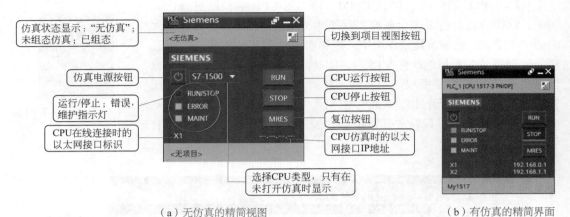

（a）无仿真的精简视图　　　　　　　　　　　　　　　（b）有仿真的精简界面

图 7-5-4　无仿真和有仿真的精简界面

（2）项目视图

项目视图可以实现 PLCSIM 项目的全部仿真功能，如图 7-5-5 所示是项目未打开仿真未运行的仿真界面。如图 7-5-6 所示是组态项目已打开且仿真已运行的界面。

图 7-5-5　项目未打开仿真未运行的仿真界面

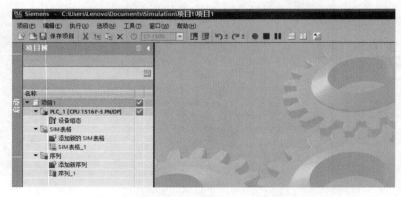

图 7-5-6　组态项目已打开且仿真已运行的界面

7.5.2　S7-PLCSIM仿真软件的应用

仿真软件的使用比较简单，下面举例讲解仿真软件的简单使用。

实例 7-2 将梯形图程序用S7-PLCSIM进行仿真调试

仿真梯形图程序如图 7-5-7 所示。

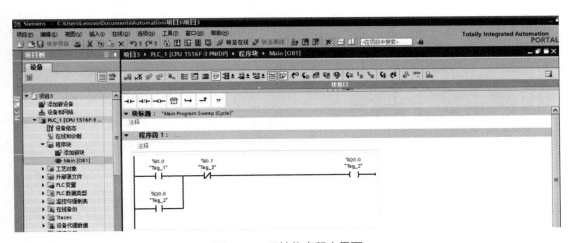

图 7-5-7　仿真梯形图程序

具体仿真操作步骤如下：

① 打开 TIA 博途软件新建项目，并进行硬件组态。

② 在 PLC 站点下的主程序块 OB1 中输入要仿真程序，如图 7-5-8 所示，并完成项目编译。

图 7-5-8　开始仿真程序界面

③ 单击开始"仿真按钮"，开始加载，如果出现如图 7-5-9 所示的窗口，根据提示点击"确定"，继续进行。

④ 下载程序。启动仿真后，会出现如图 7-5-10 所示的未组态的 PLC[SIM-1500] 界面的提示。在下载界面中设置 PG/PC 接口类型为"PN/IE"；PG/PC 接口设置为"PLCSIM"；接口 / 子网的连接要选择合适的选项进行设置，本例选择"插槽'1×1 处的方向"。设置完毕后，开始点击"开始搜索"按钮，搜索完成找到一个与可访问相兼容的设备，如图 7-5-11 所示。点击图中"下载"按钮，下载过程中会出现如图 7-5-12 所示的界面，图中选择"全覆盖"，继续点击"装载"直到下载完毕出现如图 7-5-13 所示精简仿真视图。

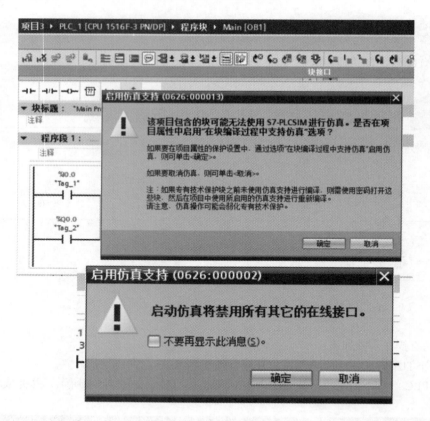

图 7-5-9　启用仿真支持

图 7-5-10　未组态的 PLC［SIM-1500］界面

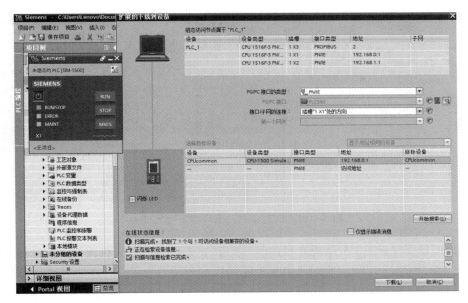

图 7-5-11　下载搜索界面

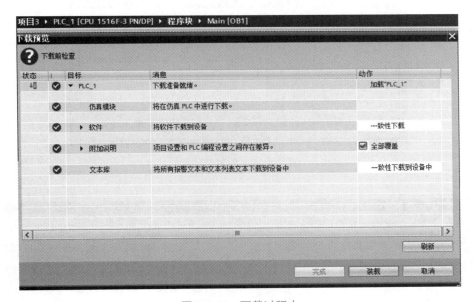

图 7-5-12　下载过程中

⑤ 进行仿真。

a. 单击仿真器 S7-PLCSIM 工具栏上的 "RUN" 按钮，仿真器置于运行模式，如图 7-5-13 所示。

b. 点击图 7-5-13 中的 "切换项目视图" 按钮，进入项目视图仿真界面。至此，通过 TIA 博途软件下载的方式完成了仿真组态，如图 7-5-14 所示界面是仿真组态已运行，但项目未打开。

图 7-5-13　下载完毕进入精简仿真视图

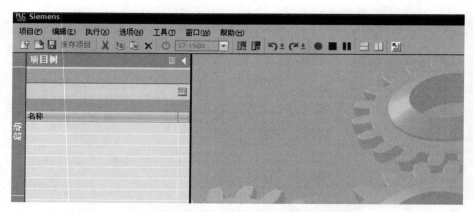

图 7-5-14　仿真组态已运行但项目未打开

　　c. 新建项目。打开图 7-5-14 菜单栏中的"项目",点击"新建",弹出如 7-5-15 所示的"创建新项目"窗口,继续点击"创建"按钮,系统自动创建新项目,并自动与已运行的仿真组态相连接,如图 7-5-16 所示。

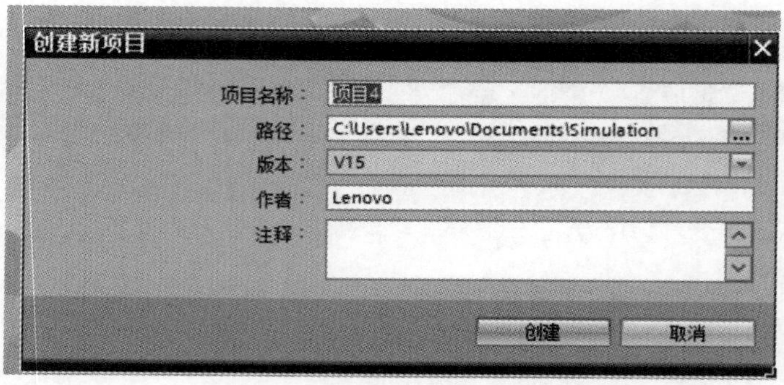

图 7-5-15　创建新项目

图 7-5-16　打开项目且仿真运行

　　d. 利用设备组态调试输入 / 输出点。

　　· 打开项目下的"设备组态"功能,如图 7-5-17 所示。点击图中"DI 和 DQ"设备视图将自动添加设备地址到图中地址栏左侧中。

　　· 点击 I0.0 变量所对应的"监视 / 修改值"一栏下的方框,方框出现"√"表示 I0.0 接通,此时 Q0.0 对于"监视 / 修改值"栏中方框出现"√"表示 Q0.0 接通，如图 7-5-18 所示。

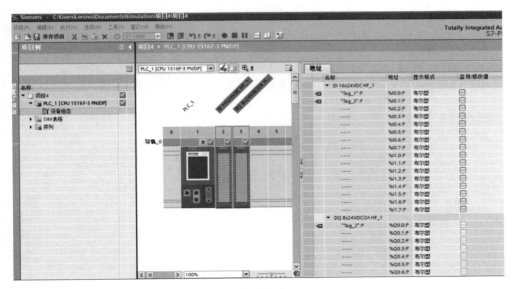

图 7-5-17　设备组态界面

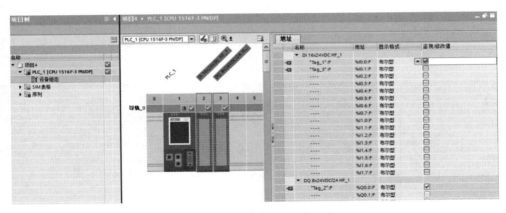

图 7-5-18　设备组态调试界面

e. 利用 SIM 监控表调试。

• 打开 SIM 监控表 1，添加仿真的变量地址。本例输入 I0.0、I0.1 和 Q0.0，如图 7-5-19 所示。点击 I0.0 的位窗口出现"√"表示 I0.0 接通，"监视 / 修改值"栏中 I0.0 和 Q0.0 自动变成"TRUE"，此时 Q0.0 位出现"√"表示接通。当去掉 I0.0 的"√"，表示 I0.0 断开置 OFF。

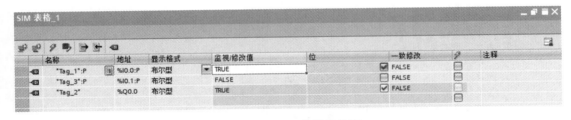

图 7-5-19　SIM 监控表仿真

·监视运行。在 TIA 博途软件项目中，打开编辑器，在工具栏上点击"启用／禁用监视 ⓠⓞⓠ"按钮，如图 7-5-20 所示对应着图 7-5-19 所示的操作，监视结果 I0.0 和 Q0.0 都接通。

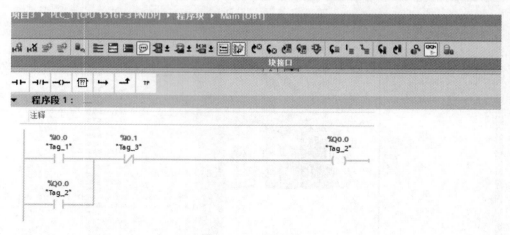

图 7-5-20　监视运行

f. 利用序列表进行调试。对于一些有顺序控制要求的程序，过程仿真时一般要按照一定时间去触发信号，如果通过 SIM 表进行仿真相对比较困难，可以通过仿真器中的序列功能来解决这个问题，具体操作步骤如下。

·双击打开一个新创建的序列，按要求添加变量并定义相关的变量的时间点，如图 7-5-21 所示。

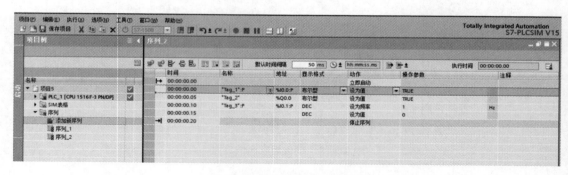

图 7-5-21　设置控制序列变量

·点击工具栏中的"启动序列"按钮，如图 7-5-22 所示，开始仿真，运行过程中的指示状态如图 7-5-23 所示。

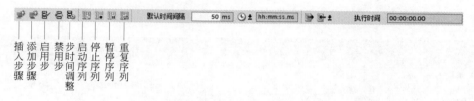

图 7-5-22　序列编辑器工具栏

·单击工具栏中的"停止序列"按钮，停止仿真。

图 7-5-23　序列仿真过程

序列编辑器中的每一行都表示序列中的一个步，执行中的步骤和相关指示符图标如表 7-5-1 所示。当序列激活正在运行时，仿真器的运行状态有相关的指示显示，如表 7-5-2 所示。

表7-5-1　序列中步骤和相关指示符图标说明

步骤和相关图标	说明
⇥ 启动步	此为固定行，不接受条目。其包含的时间为"00:00:00:00" "操作"（Action）列中有两个选项： "立即启动"（Start immediately） "触发条件"（Trigger condition）
可编辑的步	其时间介于序列中的第一步与最后一步之间的步骤
⇥ 停止步	序列中的最后一步。"操作"（Action）列包含文本"停止序列"（Stop sequence）或"重复序列"（Repeat sequence）
→ 当前正在执行的步骤	指示下一个即将执行的步。如果针对多个条目设置了相同的执行时间，则所有步会显示绿色箭头
✖ 错误指示符	指示该步存在错误。消息中会显示错误的相关信息

表7-5-2　仿真器的运行状态

→	在项目树中，"正在运行"（Running）图标显示在当前正在运行的序列旁边。如果序列已暂停，则会显示"暂停"（Pause）图标［而非"正在运行"（Running）图标］。通过这种方式，可以选择想要停止的正确序列
正在播放的序列： ▐▐▐▐ ▶PLAYING	"序列播放"（Sequence playing）图标会在序列正在运行时显示在序列编辑器窗口的右下方
→	"步骤执行"图标将在序列中逐步移动，表示执行到相应的步骤。如果已定义多个步骤同时开始，则所有步骤都会显示绿色箭头
执行时间　2.64 (4)	执行时间将显示在序列编辑器工具栏中

7.6 使用Trace变量跟踪

在 TIA 博途软件中集成了 Trace（轨迹）功能，通过轨迹功能快速跟踪记录多个变量的变化情况，并通过逻辑分析器对记录进行评估分析。操作中如果使用 Trace 功能就必须进行 Tarce 的创建和配置，然后下载到 PLC 中去。Trace 变量的采样必须通过一个 OB 块触发。

一个 S7-1500 的 CPU 集成的 Trace 的数量与 CPU 的型号有关，如 CPU 1518 集成 8 个，每个 Trace 中最多定义 16 个变量，每个配置最大存储空间为 512KB。

7.6.1 配置Trace

Trace 的配置流程如下：

（1）新建 Trace

在 TIA 博途软件中新建一个项目，展开项目树中 PLC 站点下的"Trace"，打开新建一个 Trace，如图 7-6-1 所示。

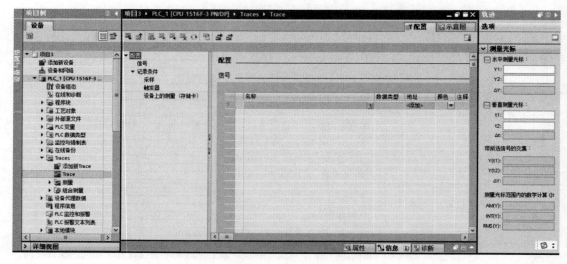

图 7-6-1　新建 Trace

（2）配置 Trace 的信号

① 配置信号变量。一个 Trace 配置最多记录 16 个变量，能够记录变量的操作数区域：过程映像输入、过程映像输出、位存储、数据块。如在图 7-6-2 中，单击"配置"→"信号"，在表格内输入要记录跟踪的变量的名称、数据类型及地址。

② 设置记录条件。"记录条件"区显示所选轨迹配置的触发条件、所在循环、记录的速度和长度。当轨迹配置在离线模式下显示并且在未激活"观察开 / 关"时才可以进行配置。

在图 7-6-3 中的"记录条件"标签下，设定采样和触发器参数。图中相关配置参数的含义说明如下：

a. 测量点：使用 OB 块触发采用，所记录的是信号在 OB 块程序结束处的数值。能作为采用 OB 的块有循环 OB、时间 OB、循环中断 OB、MC-preservo OB、MC-servo OB、MC-interpolator OB 和 MC-postservo OB。

b. 记录频率：每隔多少个循环记录一次。

c. 最大记录时长：记录最大测量点的数量，一般将记录时长设为最大值即激活"使用最大记录时长"复选框。"最大记录时长"取决于所记录的信号数目和这些信号的数据类型。

d. 记录时长：定义测量点的个数或者使用的最大测量点。

e. 触发模式：选择触发模式，可进行"立即记录"和"变量触发"设置。

"立即记录"：点击工具栏中的"开始记录"按钮之后立即记录，达到记录的测量个数后，停止记录并将其保存。

图 7-6-2　配置 Tarce 信号变量

"变量触发"：一旦激活了已设置的轨迹并满足了已配置的触发条件就开始记录，达到记录的测量个数后，停止记录并将其保存。当采用变量触发时，还需要设置"触发变量""事件"及"预触发"，如图 7-6-4 所示。具体的触发条件如表 7-6-1 所示。在"预触发"中设置为记录触发事件之前的周期，需在预触发输入栏中输入大于 0 的数值。

表7-6-1　变量触发条件

变量触发条件	数据类型	含义
=TRUE	位	当触发器状态为"TRUE"时，记录开始
=FALSE	位	当触发器状态为"FALSE"时，记录开始
上升沿	位	当触发状态从"FALSE"变为"TRUE"时，记录开始
上升信号	整数和浮点数（非时间、日期和时钟）	当触发的上升值达到或者超过为此事件配置的数值时，记录开始
下降沿	位	当触发状态从"TRUE"变为"FALSE"时，记录开始
下降信号	整数和浮点数（非时间、日期和时钟）	当触发的下降值达到或者低于为此事件配置的数值时，记录开始
在范围内	整数和浮点数	一旦触发值位于为此事件配置的数值范围内，记录开始
不在范围内	整数和浮点数	一旦触发值不在为此事件配置的数值范围内，记录开始

续表

变量触发条件	数据类型	含义
值改变	支持所有数据类型	当记录被激活时检查值改变。当触发器值改变时，记录开始
=值	整数	当触发值等于该事件的配置值时，记录开始
<>值	整数	当触发值不等于该事件的配置值时，记录开始
=位模式	整数和浮点数（非时间、日期和时钟）	当触发值与该事件的配置位模式匹配时，记录开始

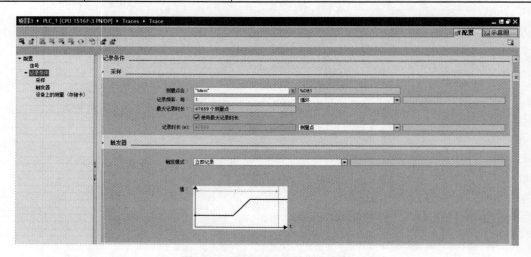

图 7-6-3　配置 Trace 的记录条件

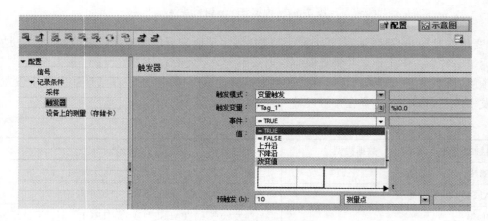

图 7-6-4　变量触发的配置

7.6.2　Trace的应用

实例 7-3 记录梯形图变量的信号轨迹

通过 Trace 的功能来记录如图 7-6-5 所示的梯形图中变量的信号轨迹。

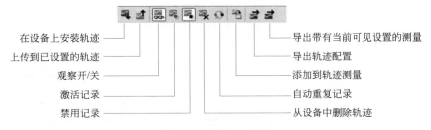

图 7-6-5　梯形图程序

操作步骤如下：

① 在 TIA 博途软件中，创建一个 PLC 项目，并在 OB1 块中编写如图 7-6-5 所示的程序。

② 配置 Trace 信号。

a. 参考图 7-6-2 中，单击"配置"→"信号"，在表格内输入要记录跟踪的变量的名称、数据类型及地址。

b. 设置记录条件。设置的相关参数如图 7-6-3 与图 7-6-4 所示。

③ Trace 的操作。

a. 将整个项目下载到 CPU 中，将 CPU 置于运行状态（可采用仿真进行调试）。

b. 在 Trace 的视图工具栏中（轨迹工具栏如图 7-6-6 所示），单击"在设备上安装轨迹"按钮，启用轨迹，再单击"激活记录"按钮，如图 7-6-7 所示。把 Trace 视图从"配置"界面切换到"示意图"界面，如图 7-6-8 所示示意图界面的信号轨迹。

c. 接通变量触发信号 I0.0，程序 Q0.0 接通，信号轨迹开始显示画面中，如图 7-6-9 所示。

d. 当记录数目到达后，停止记录。或在记录过程中要停止记录，可点击工具栏中的"禁用记录"按钮，可以结束记录。

图 7-6-6　轨迹工具栏

图 7-6-7　等待触发界面

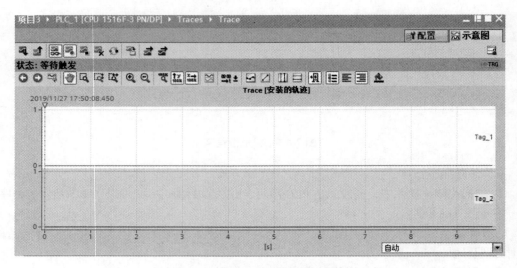

图 7-6-8　等待触发信号轨迹界面

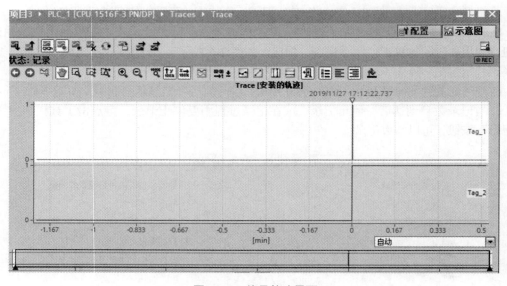

图 7-6-9　信号轨迹界面

第 8 章
西门子S7-1500 PLC的通信及应用

8.1 工业以太网与PROFINET

工业以太网（IE）遵循国际标准 IEEE 802.3，采用 TCP/IP 协议，可以将自动化系统连接到企业内部互联网、外部互联网和因特网实现远程数据交换，可实现单元级、管理级的网络与控制网络的数据共享，通信数据量大、距离长。

基于工业以太网开发的 PROFINET 是工业以太网实时的开放的现场总线，具有很好的实时性，主要应用于连接现场设备。新一代西门子的工控产品基本上都集成了 PROFINET 以太网接口，全面实现"以太网化"，可同时实现多种通信服务，例如 S7 通信、开放式用户通信 OUC 和 PROFINET 通信。

8.1.1 工业以太网通信基础

（1）典型工业以太网的组成

典型工业以太网由以下网络器件组成。

① 通信介质。西门子工业以太网可以使用工业快速连接双绞线、光纤和无线以太网传输。双绞线 FC 配合西门子 TP RJ45 接头使用，连接长度可达 100m，如图 8-1-1 所示。

图 8-1-1　FC 与 TP RJ45 接头

②具有集成以太网接口的 S7-1500 CPU。

③交换机。当两个以上的设备进行通信时，需要使用交换机来实现网络连接。例如，西门子 CSM1277 是 4 端口交换机。集成两个以上以太网端口的 CPU 都内置了一个双端口以太网交换机。

④ S7-1500 的 PROFINET 模块 CP 1542-1，以太网模块 CP 1543-1 等。

⑤中继器和集线器。中继器又称转发器，用来增加网络的长度；集线器又是多端口的中继器。它们是将接收到的信号进行整形和中继放大。

（2）设备的网络连接

S7-1500 CPU 以太网接口可通过直线连接或提供交换机连接方式与其他设备通信。

①直线连接。当一个 S7-1500 CPU 与一个编程设备或一个 HMI 或另外一个 S7-1500 CPU 通信时，可采用网线直接连接两个设备。

②交换机连接。当两个以上的设备进行通信时，可使用交换机来实现网络连接，如图 8-1-2 所示。

图 8-1-2　多台设备的交换机连接

8.1.2　工业以太网支持的通信服务

（1）S7-1500 系统的以太网接口

① CPU 集成的以太网接口（X1、X2、X3，最多三个接口）。

②通信模块 CM 1542-1 和通信处理器 CP 1543-1。

（2）S7-1500 PLC 以太网支持的通信服务

将 S7-1500 PLC 以太网接口支持的通信服务按实时通信和非实时通信进行分类。实时通信包括 PROFINET I/O 通信和 I-Device 通信。非实时通信包括 OUC 通信、S7 通信和 Web 服务器通信。S7-1500 系统不同接口支持的通信服务如表 8-1-1 所示。

表8-1-1　S7-1500 系统不同接口支持的通信服务

接口类型	实时通信		非实时通信		
	PROFINET I/O	I-Device	OUC	S7	Web
CPU 集成接口 X1	有	有	有	有	有
CPU 集成接口 X2	无	无	有	有	有
CPU 集成接口 X3	无	无	有	有	有
CM 1542-1	有	无	有	有	有
CP 1543-1	无	无	有	有	有

8.2　西门子S7-1500 PLC的OUC通信

8.2.1　S7-1500 PLC的OUC通信概述

开放式用户通信 (OUC) 是通过 S7-1200/1500 和 S7-300/400 CPU 集成的 PN/IE 接口进行程序控制通信过程的开放式标准。通信伙伴可以是两个 SIMATIC PLC，也可以是 SIMATIC PLC 和第三方设备。开放式用户通信的主要特点是在所传送的数据结构方面具有高度的灵活性。允许 CPU 与任何通信设备进行开放式数据交换，前提是这些设备支持该集成接口可用的连接类型，如表 8-2-1 所示。由于此通信仅由用户程序中的指令进行控制，因此可建立和终止事件驱动型连接。在运行期间，也可以通过用户程序修改连接。

表8-2-1　S7-1500 PLC系统以太网接口支持的OUC通信连接类型

接口类型	连接类型			
	ISO	ISO-on-TCP	TCP/IP	UDP
CPU 集成接口 X1	无此功能	有	有	有
CPU 集成接口 X2	无此功能	有	有	有
CPU 集成接口 X3	无此功能	有	有	有
CM 1542-1	无此功能	有	有	有
CP 1543-1	有	有	有	有

开放式用户通信 OUC 支持的连接类型有 TCP、ISO-on-TCP、ISO（仅限 S7-1500）和 UDP 四种。

（1）TCP

TCP 是 TCP/IP 族传输层的主要协议，主要面向连接提供可靠安全的数据服务，传输数据时需要指定 IP 地址和端口作为通信端点。通信的传输需要经过三个阶段：一是建立连接；二是数据传输；三是断开连接。建立连接的请求由 TCP 的客户端发起，数据传输结束后，通信双方都可以提出断开连接请求。

TCP 提供的是一种数据流服务，确保每个数据段都能到达目的地，位于目的地的 TCP 服务端需要对接收到的数据进行确认并发送确认信息。通过 TCP 连接传送数据期间，不传送关于消息开始和结束的信息。接收方无法通过接收到的数据流段来确定数据流中的一条消息在何处结束，下一条消息又在何处开始。因此，建议在使用 OUC 通信指令时，为要接收的字节数（参数 LEN，指令 TRCV/TRCV_C）和要发送的字节数（参数 LEN，指令 TSEND/TSEND_C）分配相同的值，发送方的数据长度与接收方的数据长度建议相同。

如果所发送数据的长度和所要求数据的长度不一致，将出现以下情况：

①要接收的数据的长度（参数 LEN，指令 TRCV/TRCV_C）大于要发送的数据的长度（参数 LEN，指令 TSEND/TSEND_C）。

仅当达到所分配的长度后，TRCV/TRCV_C 才会将接收到的数据复制到指定的接收区（参数 DATA）。达到所分配的长度时，已经接收了下一个作业的数据。因此，接收区包含的数据来自两个不同的发送作业。如果不知道第一条消息的确切长度，将无法识别第一条消息的结束以及第二条消息的开始。

②要接收的数据的长度（参数 LEN，指令 TRCV/TRCV_C）小于要发送的数据的长度（参

数 LEN，指令 TSEND/TSEND_C）。

TRCV/TRCV_C 将 LEN 参数中指定字节的数据复制到接收数据区（参数 DATA）。然后，将 NDR 状态参数设置为 TRUE（作业成功完成）并将 LEN 的值分配给 RCVD_LEN（实际接收的数据量）。对于每次后续调用，都会接收已发送数据的另一个块。

（2）ISO-on-TCP

ISO-on-TCP 是面向消息的协议，是通过 ISO-on-TCP 连接传送数据时传送关于消息长度和结束的信息。它在接收端检测消息的结束，并向用户指出属于该消息的数据。ISO-on-TCP 与 TCP 一样也位于 OSI 模型的第 4 层传输层，使用的数据传输端口为 102，并利用传输服务访问点将消息路由传到接收方特定的通信端点。

（3）ISO

该通信连接支持第四层开放的数据通信，主要用于 SIMATIC S7 与 SIMATIC S5 之间的工业以太网通信。一般新的通信处理器不再支持该通信服务，在 S7-1500 系统中只有 CP 1543-1 支持 ISO 通信方式。对于 S7-1500 CPU，已组态的 ISO 类型连接可以通过 TSEND_C 和 TRCV_C 指令来创建。

（4）UDP

UDP 是面向消息的协议，支持简单的数据传输，数据无须确认，不检测数据传输的正确性。发送数据之前无须建立通信连接，传输时只需指定 IP 地址和端口作为通信端点，传输时无须伙伴方的应答。该协议支持较大数据量的传输，数据可通过工业以太网或 TCP/IP 网络传输，最大通信字节数为 1472 字节。SIMATIC S7 通过建立 UDP 连接，提供发送 / 接收通信功能。

8.2.2　OUC 通信指令

西门子 TIA 博途软件中提供了 2 套 OUC 通信指令，如图 8-2-1 所示。这里重点讲解 TSEND_C 建立连接和发送数据指令以及 TRCV_C 建立连接和接收数据指令。这两个指令具有自动连接管理功能的指令，其内部集成了 TCON、TSEND/TRCV 和 TDISCON 等指令。

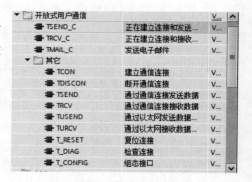

图 8-2-1　OUC 通信指令

（1）TSEND_C 指令

TSEND_C 是建立连接和发送数据指令，该指令 "TSEND_C" 在内部集成使用了 "TCON""TSEND""T_DIAG""T_RESET" 和 "TDISCON" 等指令，因此该指令具有以下功能：

① 建立通信连接。

② 建立连接后发送数据。

③ 断开通信指令。

TSEND_C 指令格式如图 8-2-2 所示。

TSEND_C 指令的主要参数定义如下：

① REQ：启动请求，当上升沿时触发激活发送作业。

② CONT：建立连接状态，当状态为 0 时，断开连接；当状态为 1 时，建立连接并保持。默认值为 1，此参数属于隐藏参数，在通信函数中不显示。

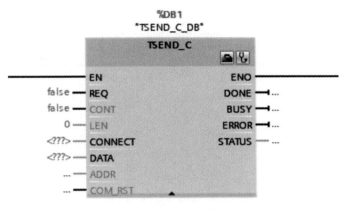

图 8-2-2　TSEND_C 指令格式

③ LEN：发送长度；设置实际的数据发送长度（TCP/ISO-on-TCP 通信长度为 8192 字节，UDP 通信长度为 1472 字节），当 LEN=0 时，发送长度取决于 DATA 参数指定的数据发送区。例如，当设定为 70，表示将 DATA 中设定的数据的前 70 个字节发送出去，这个参数可以是变量。当 DATA 参数为优化数据块的结构化变量时，建议设置 LEN 为 0。当 LEN ≠ 0 时，数据的长度不能大于 LEN 指定的长度。

④ CONNECT：相关的连接指针（连接参数），由系统自动建立的通信数据块，用于存储连接信息。

⑤ DATA：发送区域，指定发送的数据区，设置数据起始地址和发送数据区的长度。如果使用优化 DB 块，不需要设置长度参数，只需在起始地址中使用符号名称方式定义。

⑥ ADDR：该参数是隐藏参数，只用于 UDP 通信方式，用于指定通信伙伴的地址信息（IP 地址和端口号）。

⑦ COM_RST：重新启动块，用于复位连接。

⑧ DONE：状态参数，当状态为 0 时，发送作业尚未启动或仍在进行。当状态为 1 时，发送作业已成功执行。此状态将仅显示一个周期，如果在处理（连接建立、发送、连接终止）期间成功完成中间步骤且 "TSEND_C" 的执行成功完成，将置位输出参数 DONE。

⑨ BUSY：状态参数，当状态为 0 时，发送作业尚未启动或已完成。当状态为 1 时，发送作业尚未完成，无法启动新发送动作。

⑩ ERROR：状态参数，当状态为 0 时，无错误；当状态为 1 时，建立连接、传送数据或终止连接时出错。由于 "TSEND_C" 指令或在内部使用的通信指令出错，可置位输出参数 ERROR。

⑪ STATUS: 通信状态字，当 ERROR 的状态为 1 时，可以查看通信错误原因。

（2）TRCV_C 指令

TRCV_C 是建立连接并接收数据指令，该指令 "TRCV_C" 在内部使用通信指令 "TCON" "TRCV" "T_DIAG" "T_RESET" 和 "TDISCON"。

"TRCV_C" 指令具有以下功能：

① 设置并建立通信连接。

② 通过现有的通信连接接收数据。

③ 终止或重置通信连接。

TRCV_C 指令格式如图 8-2-3 所示。

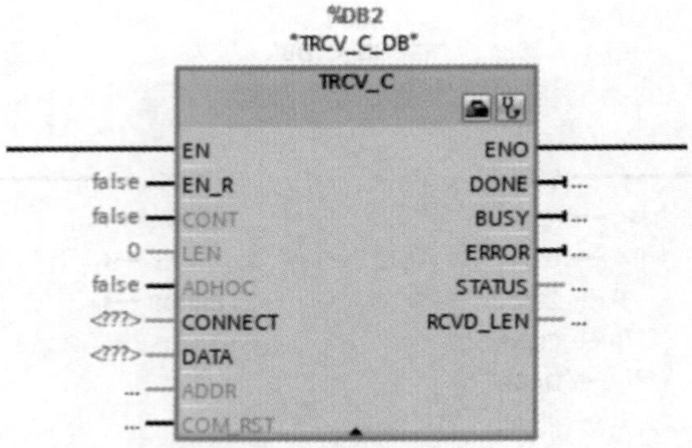

图 8-2-3　TRCV_C 指令格式

TRCV_C 指令的主要参数定义如下：

① EN_R：启用接收功能。

② CONT：建立连接状态，当状态为 0 时，断开连接；当状态为 1 时，建立连接并保持。默认值为 1，此参数属于隐藏参数，在通信函数中不显示。

③ LEN: 发送长度；设置实际的数据发送长度，当 LEN=0 时，发送长度取决于 DATA 参数指定的数据发送区。当 DATA 参数为优化数据块的结构化变量时，建议设置 LEN 为 0。

④ ADHOC：TCP 协议选项使用 Ad-Hoc 模式，可选参数（隐藏）在 Ad-Hoc 模式用于接收动态长度的数据。

⑤ CONNECT：相关的连接指针（连接参数），由系统自动建立的通信数据块，用于存储连接信息。

⑥ DATA：发送区域，指定发送的数据区，设置数据起始地址和发送数据区的长度。如果使用优化 DB 块，不需要设置长度参数，只需在起始地址中使用符号名称方式定义。

⑦ ADDR：该参数是隐藏参数，只用于 UDP 通信方式，用于指定通信伙伴的地址信息（IP 地址和端口号）。

⑧ COM_RST：重新启动块，用于复位连接。

⑨ DONE：状态参数，当状态为 0 时，发送作业尚未启动或仍在进行；当状态为 1 时，发送作业已成功执行。

⑩ BUSY: 状态参数，当状态为 0 时，发送作业尚未启动或已完成；当状态为 1 时，发送作业尚未完成，无法启动新发送动作。

⑪ ERROR: 状态参数，当状态为 0 时，无错误；当状态为 1 时，建立连接、传送数据或终止连接时出错。由于 "TSEND_C" 指令或在内部使用的通信指令出错，可置位输出参数 ERROR。

⑫ STATUS: 通信状态字，当 ERROR 的状态为 1 时，可以查看通信错误原因。

⑬ RCVD_LEN：实际接收到的数据量（以字节为单位）。

8.2.3　OUC通信实例

实例 8-1　两台S7-1500 PLC之间的ISO-on-TCP通信

【控制要求】有两台 S7-1500PLC 之间采用 ISO-on-TCP 通信连接方式。要求把第一台

PLC 中的存储器 MB20 中的一个字节发送到第二台 PLC 的 MB20 中去。

【操作步骤】

（1）创建新项目

打开博途软件，新建项目，命名为"S7-OUC 通信"。

（2）添加新设备

在项目树下点击"添加新设备"，分别选择 CPU 1513F-1 PN 和 CPU 1516F-3 PN/DP，创建两个 S7-1500 PLC 的站点，在设备视图中分别双击 CPU，在"常规"选项下添加子网为"PN/IE_1"，并启用两个 CPU 的系统时钟存储器字节，如图 8-2-4 所示。

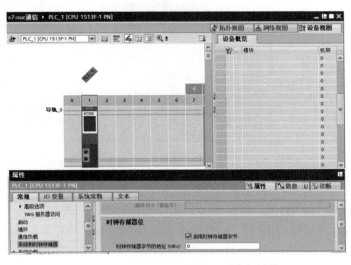

图 8-2-4　创建 CPU 并启用时钟存储器

（3）设置两个 PLC 的 IP 地址

① 在设备视图中，点击 CPU 1513F-1 PN 的以太网接口 PROFINET 接口 1，在"属性"标签栏中设定以太网接口的 IP 地址为 192.168.0.13，子网掩码为 255.255.255.0，如图 8-2-5 所示。

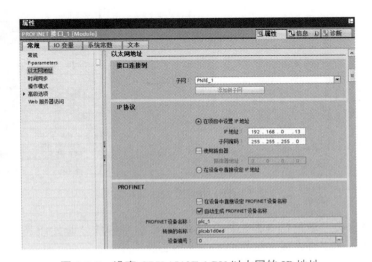

图 8-2-5　设定 CPU 1513F-1 PN 以太网的 IP 地址

② 设置第二台 PLC（CPU 1516F-3 PN/DP）的以太网接口 PROFINET 接口 1 的 IP 地址和子网掩码为 192.168.0.16 和 255.255.255.0，如图 8-2-6 所示。

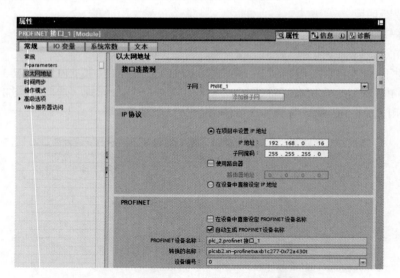

图 8-2-6　设置 CPU 1516F-3 PN/DP 以太网的 IP 地址

（4）编写 PLC1 主程序，调用通信函数 TSEND_C 和组态连接参数

① 调用通信函数 TSEND_C。打开 PLC1 的主程序块 OB1，选中"指令"→"通信"→"开放式用户通信"，再将"TSEND_C"指令拖拽到主程序块中，点击自动出现的"调用选项"对话框中的"确定"，自动生成 TSEND_C 的背景数据块 TSEND_C_DB_1(%DB3)，如图 8-2-7 所示。

图 8-2-7　OB1 中调用 TSEND_C 指令

② 组态连接参数。单击图 8-2-7 中的 TSEND_C 指令中的"开始组态"图标，出现如图 8-2-8 所示的组态连接参数界面。具体组态步骤如下：

a. 单击选择通信伙伴为"PLC2"。

b. 单击选择组态模式为"使用组态的连接"。

c. 单击选择连接类型为"ISO-on-TCP"。

d. 单击选择连接数据为"ISOonTCP_ 连接 _1"。

e. 选择"主动建立连接"。

至此，连接参数设置完成，如图 8-2-9 所示。然后进行块参数设置。

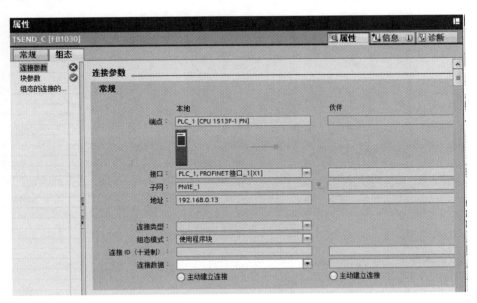

图 8-2-8　TSEND_C 指令的未组态连接参数界面

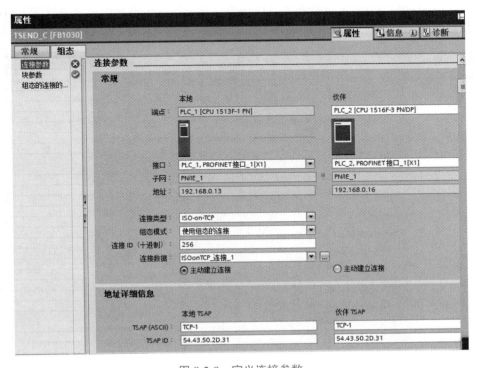

图 8-2-9　定义连接参数

③ 组态块参数。选择块参数如图 8-2-10 界面，具体参数的组态步骤如下：

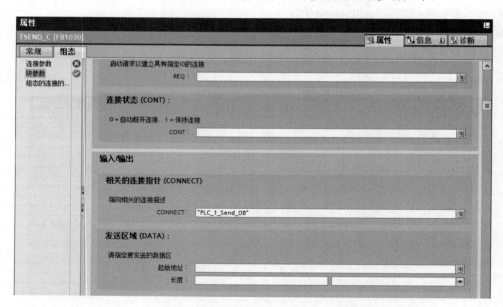

图 8-2-10 块参数界面

a. 设置启动请求（REQ）为时钟存储器 "Colk_2Hz"（即 M0.3），每 0.5s 激活一次启动请求，每次将 MB20 中的一个字节信息发送出去。

b. 设置连接状态（CONT）为 1。

c. 设置发送区域（DATA）的数据起始地址为 M20.0，长度为 1 字节。

至此，组态块参数设置完成如图 8-2-11 所示，主程序块中的调用通信函数 TSEND_C 的参数自动赋值如图 8-2-12 所示。

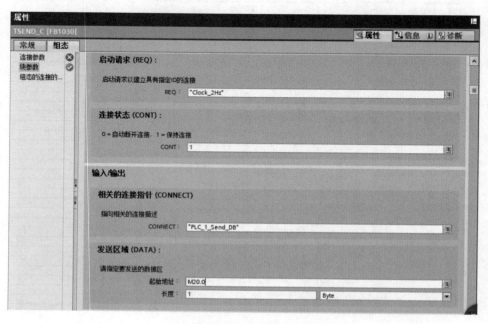

图 8-2-11 设置块参数

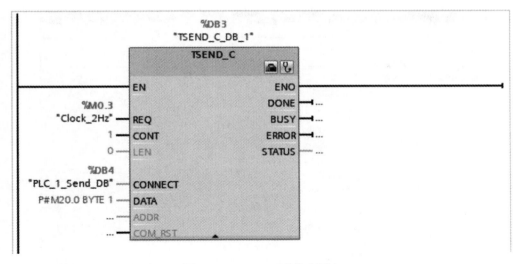

图 8-2-12　PLC_1 中的主程序

（5）编写 PLC_2 主程序，调用通信函数 TRCV_C 指令和组态连接参数

① 调用通信函数 TRCV_C。打开 PLC_2 的主程序块 OB1，选中"指令"→"通信"→"开放式用户通信"，再将"TRCV_C"指令拖拽到主程序块中，点击自动出现的"调用选项"对话框中的"确定"，自动生成 TRCV_C 的背景数据块 TRCV_C_DB(%DB1)，如图 8-2-13 所示。

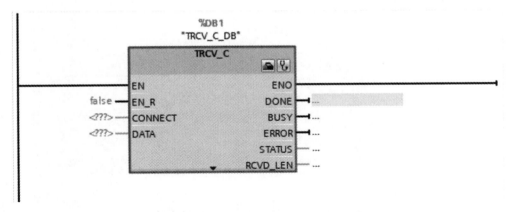

图 8-2-13　PLC_2 中调用 TRCV_C 指令

② 组态连接参数。单击图 8-2-13 中的 TRCV_C 指令中的"开始组态"图标，出现如图 8-2-14 所示的组态连接参数界面。具体组态步骤如下：

a. 单击选择通信伙伴为"PLC_1"。

b. 单击选择组态模式为"使用组态的连接"。

c. 单击选择连接类型为"ISO-on-TCP"。

d. 单击选择连接数据为"ISOonTCP_ 连接 _1"。

至此，连接参数设置完成如图 8-2-15 所示。然后进行块参数设置。

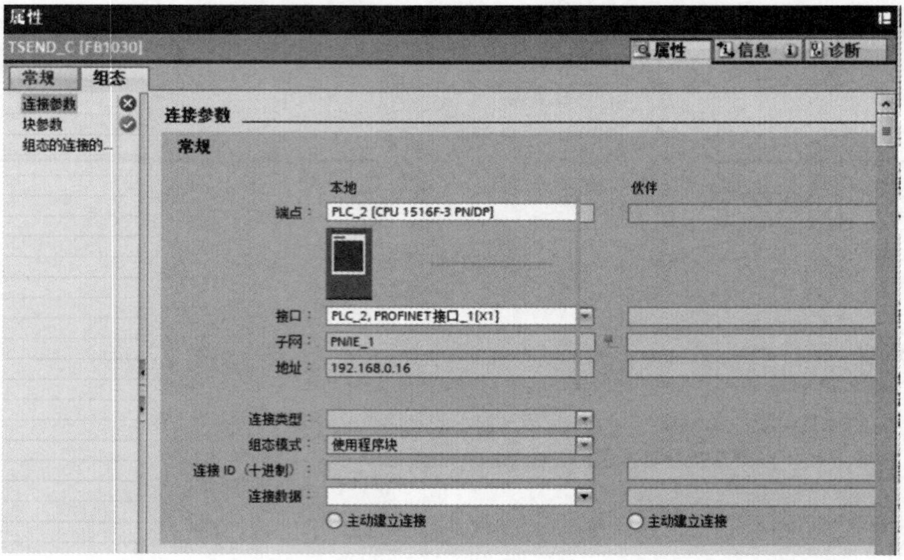

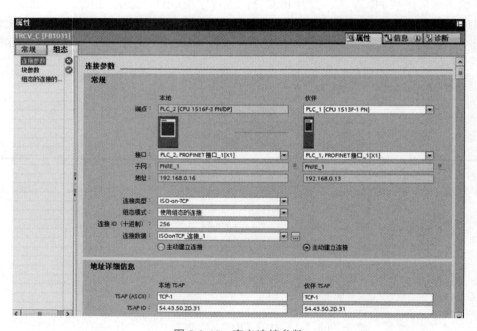

图 8-2-14　TRCV_C 指令的未组态连接参数界面

图 8-2-15　定义连接参数

③ 组态块参数。选择块参数如图 8-2-16 所示界面，具体参数的组态步骤如下：

a. 设置启用请求（EN_R）为时钟存储器 "Colk_2Hz"（即 M0.3），每 0.5s 激活一次接收请求，每次将伙伴发送来的数据信息存储在 MB20 中。

b. 设置连接状态（CONT）为 1。

c. 设置发送区域（DATA）的数据起始地址为 M20.0，长度为 1 字节。

至此，组态块参数设置完成，如图 8-2-17 所示，主程序块中的调用通信函数 TRCV_C 的参数自动赋值，如图 8-2-18 所示。

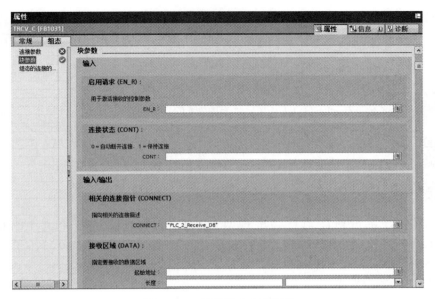

图 8-2-16　块参数未组态界面

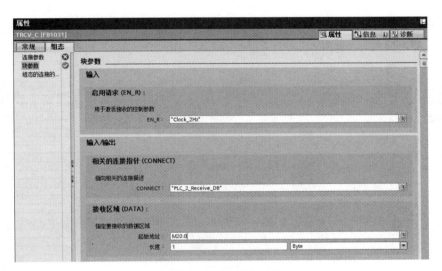

图 8-2-17　设置块参数

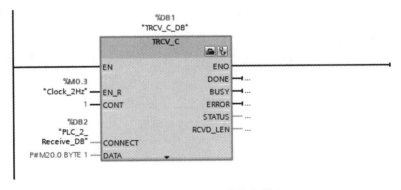

图 8-2-18　PLC_2 中的主程序

（6）程序编译与下载

两个站点配置组态完成后，进行编译并分别下载到两个 CPU 中，即可进行通信传输测试。

实例 8-2 两台S7-1500 PLC之间的TCP通信

【控制要求】有两台 S7-1500 PLC 之间采用 TCP 通信连接方式。要求利用第一台 PLC_1 中的输入按钮 I0.0 控制第二台 PLC_2 的 Q0.0 输出。

【操作步骤】

（1）新建项目，硬件组态

参考实例 8-1 进行新建项目并进行两台 PLC 的 IP 地址设置。PLC_1 的 IP 地址为 192.168.0.1，子网掩码为 255.255.255.0；PLC_2 的 IP 地址为 192.168.0.13，子网掩码为 255.255.255.0。并启用系统时钟存储器。

（2）PLC_1 的编程通信

PLC_1 作为主动连接，负责发送数据，把 I0.0 的状态发送到 PLC_2 中去。

① 调用组态函数 TSEND_C。打开 PLC_1 的主程序块 OB1，添加通信指令 TSEND_C，并对指令连接参数和块参数进行组态，如图 8-2-19、图 8-2-20 所示。

② 编写 PLC_1 中主程序，如图 8-2-21 所示。

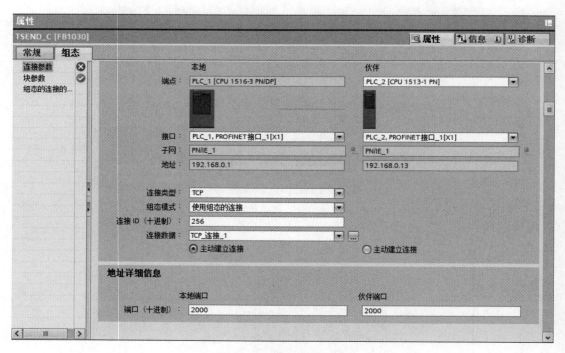

图 8-2-19　连接参数组态

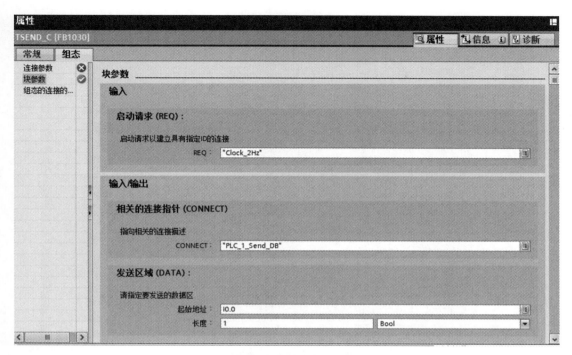

图 8-2-20　块参数组态

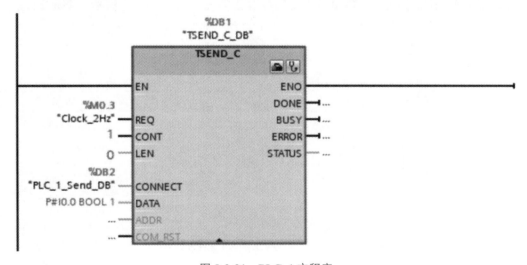

图 8-2-21　PLC_1 主程序

（3）PLC_2 的编程通信

PLC_2 作为伙伴连接，负责接收数据，把 I0.0 发送来的数据存储在 MB20 中。

① 调用组态函数 TRCV_C。打开 PLC_2 的主程序块 OB1，添加通信指令 TACV_C，并对指令连接参数和块参数进行组态，如图 8-2-22、图 8-2-23 所示。

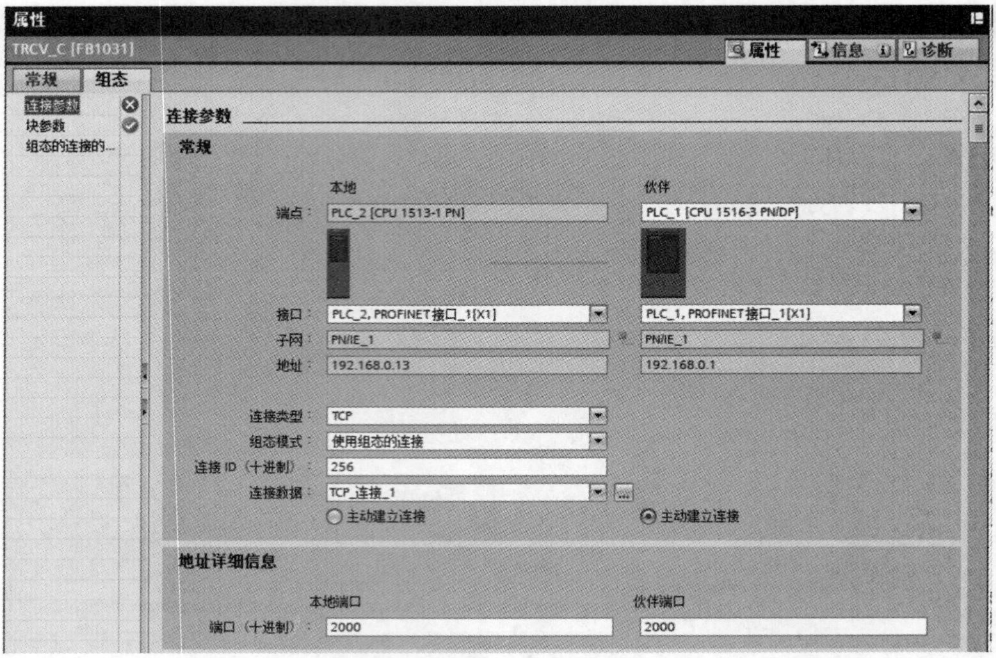

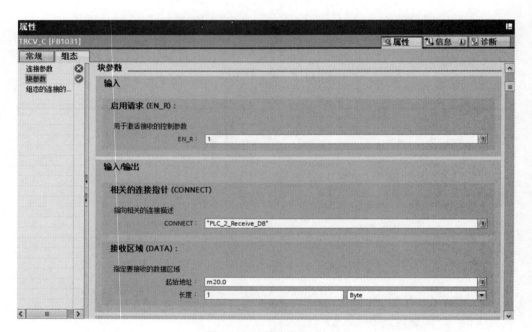

图 8-2-22　连接参数组态

图 8-2-23　块参数组态

② 编写 PLC_2 主程序，如图 8-2-24 所示。

（4）程序编译与下载

两个站点配置组态完成后，进行编译并分别下载到两个 CPU 中，即可进行通信传输测试。

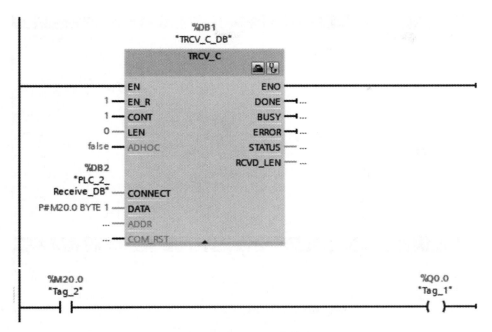

图 8-2-24　PLC_2 主程序

实例 8-3　两台S7-1500 PLC之间的UDP通信

【控制要求】有两台 S7-1500 PLC 之间采用 UDP 通信连接方式。要求将 PLC_1 的通信数据区 DB7 块中的数据发送到 PLC2 的接收数据区 DB7 块中；PLC_2 的通信数据区 DB10 块中的数据发送到 PLC_1 的接收数据区 DB10 块中。

【操作步骤】

 说明

本实例采用 OUC 其他通信指令编程组态。S7-1500 之间的以太网通信可以通过 UDP 协议来实现，使用的通信指令是在双方 CPU 调用 TCON、TDISCON、TUSEND、TURCV 指令来实现。通信方式为双边通信，因此 TUSEND 和 TURCV 必须成对出现。

（1）创建新项目

打开博途软件，新建项目，命名为"S7-UDP 通信"。

（2）添加新设备

在项目树下点击"添加新设备"，分别选择 CPU 1513F-1 PN 和 CPU 1516F-3 PN/DP，创建两个S7-1500 PLC 的站点。在设备视图中分别双击CPU，在"常规"选项下添加子网为"PN/IE_1"，启用两个 CPU 的系统时钟存储器字节，如图 8-2-25 所示。

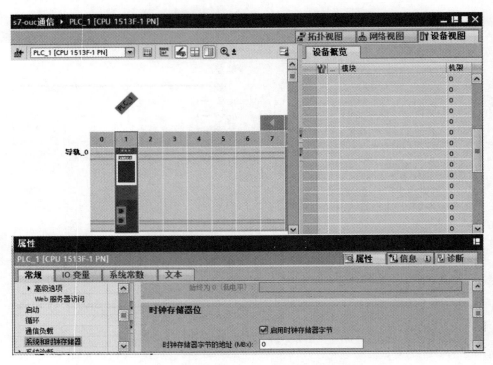

图 8-2-25 创建 PLC_1 并启用时钟存储器

（3）设置两个 PLC 的 IP 地址

① 在设备视图中，点击 CPU 1513F-1 PN 的以太网接口 PROFINET 接口 1，在"属性"标签栏中设定以太网接口的 IP 地址为 192.168.0.13，子网掩码为 255.255.255.0，如图 8-2-26 所示。

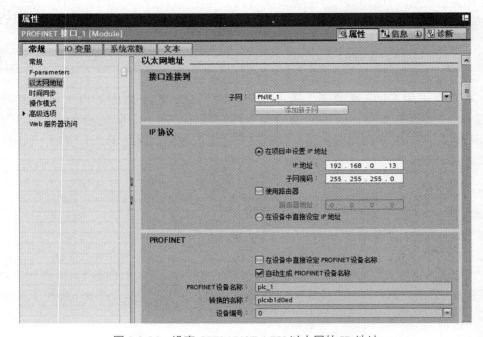

图 8-2-26 设定 CPU 1513F-1 PN 以太网的 IP 地址

② 设置第二台 PLC（CPU 1516F-3 PN/DP）的以太网接口 PROFINET 接口 1 的 IP 地址和子网掩码为 192.168.0.16 和 255.255.255.0，如图 8-2-27 所示。

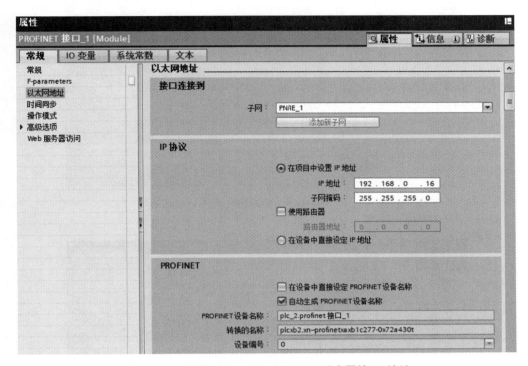

图 8-2-27　设定 CPU 1516F-3 PN/DP 以太网的 IP 地址

（4）PLC_1 的编程通信

在 PLC_1 中调用并配置 "TCON" "TUSEND" "TURCV" 通信指令。

① 在 PLC_1 的 OB1 中调用 "TCON" 建立连接通信指令并组态。

a. 打开主程序 OB1 块，在第一个 CPU 中调用发送通信指令，选中 "指令" → "通信" → "开放式用户通信"，再将 "TCON" 指令拖拽到主程序块中，如图 8-2-28 所示。

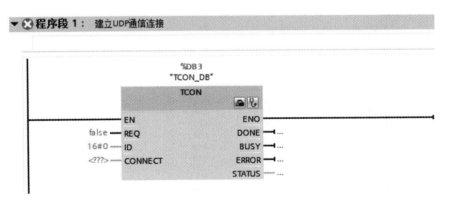

图 8-2-28　调用 "TCON" 通信指令

b. 定义连接参数。单击图 8-2-28 中的 TCON 指令中的 "开始组态" 图标 ，组态连接参数和块参数如图 8-2-29、图 8-2-30 所示。

图 8-2-29　组态连接参数

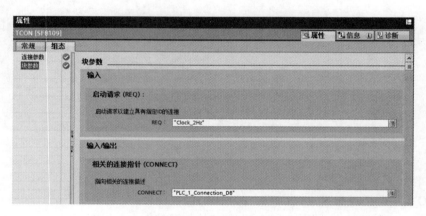

图 8-2-30　组态块参数

TCON 指令组态参数设置完成后，在主程序块中的调用通信函数 TCON 的参数并自动赋值，如图 8-2-31 所示。

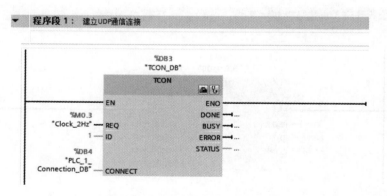

图 8-2-31　赋值调用 TCON 指令

② 在 PLC_1 的 OB1 中调用 "TUSEND" 发送通信指令并组态。

a. 调用 "TUSEND" 指令。在 OB1 主程序中调用 "TUSEND" 指令，并通过组态块参数。

单击图 8-2-32 中的 TUSEND 指令中的"开始组态"图标，组态块参数 TUSEND，图中块接口 DATA 发送数据区域参数定义变量需要单独创建；ADDR 接口连接参数也需要单独创建变量后再赋值。下面将添加这两个变量"数据块"。

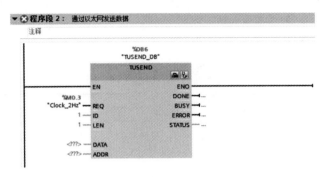

图 8-2-32　调用 TUSEND 指令

b. 创建并定义 PLC_1 中 DATA 发送数据区 DB10 块。在 PLC_1 的程序块中添加发送数据块"MyUDP[DB10]"。在数据块中定义一个变量名为"SEND_DB"，数据类型为字节型的数组"Array[0..9] of Byte"，数组中存储 10 字节需要发送。如图 8-2-33 所示，该变量用于存储本地要发送的数据，即 DATA 发送数据区。

图 8-2-33　添加数据块 MyUDP[DB10]

c. 定义 UDP 连接参数数据块。在 PLC_1 的程序块中再添加一个变量名为"ADDR-IP"的数据块，数据类型选择为"TADDR_param"，点击"确认"，创建数据块，并在数据块起始值栏中设定数据发送时接收方的 IP 地址和端口地址，如图 8-2-34 所示。

图 8-2-34　添加 ADDR_IP 数据块

d. 定义 PLC_1 的"TUSEND"发送通信块 DATA 和 ADDR 接口参数，如图 8-2-35 所示。

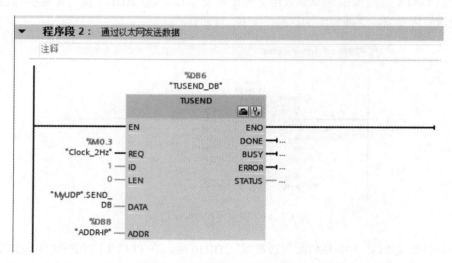

图 8-2-35　定义 TUSEND 接口参数

③ 为了实现 PLC_1 接收来自 PLC_2 的数据，在 PLC_1 中调用接收指令"TURCV"并配置基本参数。

a. 创建并定义 PLC_1 的接收数据区 DB10 块。在 PLC_1 的程序块中添加接收数据块"RVC_DATA[DB10]"。在数据块中定义一个变量名为"RVC_data"，数据类型为字节型的数组"Array[0..9] of Byte"，数组中存储接收到 PLC_1 发送来的 10 个字节数。如图 8-2-36 所示，该变量用于存储本地要接收的数据，即 DATA 接收数据区。

图 8-2-36　创建接收数据块 RVC_DATA[DB10]

b. 在 PLC_2 主程序中调用接收指令 TURCV，并配置基本参数，如图 8-2-37 所示。

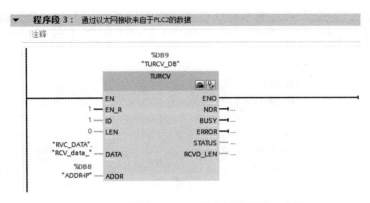

图 8-2-37　调用 TURCV 指令并配置接口参数

（5）PLC_2 的编程通信

① 在 PLC_2 的 OB1 中调用"TCON"建立连接通信指令并组态。

a. 打开 PLC_2 主程序 OB1 块，在 CPU 中调用发送通信指令，选中"指令"→"通信"→"开放式用户通信"，再将"TCON"指令拖拽到主程序块中，如图 8-2-38 所示。

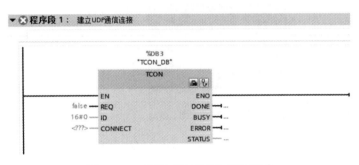

图 8-2-38　调用"TCON"通信指令

b. 定义连接参数。单击图 8-2-38 中的 TCON 指令中的"开始组态"图标，组态连接参数和块参数如图 8-2-39、图 8-2-40 所示。

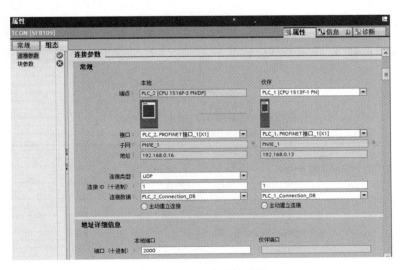

图 8-2-39　组态连接参数

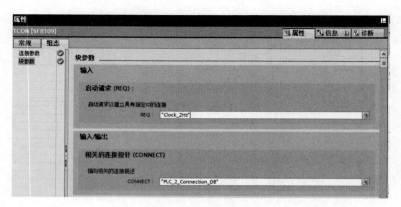

图 8-2-40　组态块参数

TCON 指令组态参数设置完成后，在主程序块中的调用通信函数 TCON 的参数并自动赋值，如图 8-2-41 所示。

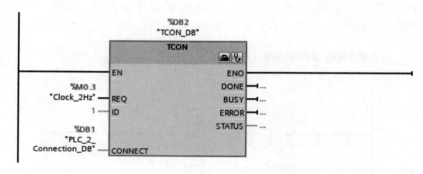

图 8-2-41　赋值调用 TCON 指令

② 在 PLC_2 的 OB1 中调用"TUSEND"发送通信指令并组态。

a. 调用"TUSEND"指令。在 OB1 主程序中调用"TUSEND"指令，并通过组态块参数。单击图 8-2-42 中的 TUSEND 指令中的"开始组态"图标 ，组态块参数 TUSEND，图中块接口 DATA 发送数据区域参数定义变量需要单独创建；ADDR 接口连接参数也需要单独创建变量后再赋值。下面将添加这两个变量"数据块"。

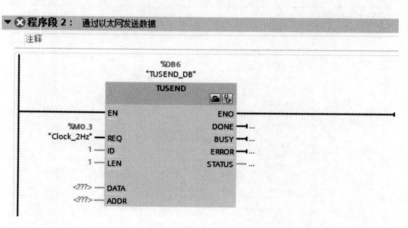

图 8-2-42　调用 TUSEND 指令

b. 创建并定义 PLC_2 中 DATA 发送数据区 DB4 块。在 PLC_2 的程序块中添加发送数据块 "MyUDP[DB4]"。在数据块中定义一个变量名为 "SEND_DB"，数据类型为字节型的数组 "Array[0..9] of Byte"，数组中存储 10 字节需要发送。如图 8-2-43 所示，该变量用于存储本地要发送的数据，即 DATA 发送数据区。

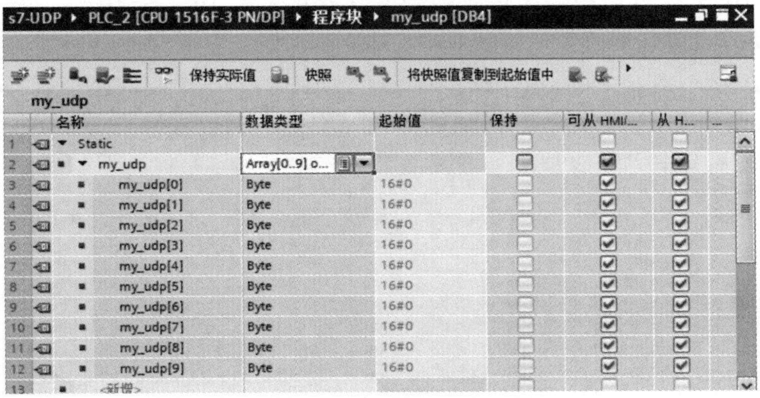

图 8-2-43　添加数据块 MyUDP[DB4]

c. 定义 UDP 连接参数数据块。在 PLC_2 的程序块中再添加一个变量名为 "ADDR_IP" 的数据块，数据类型选择为 "TADDR_param"，点击 "确认"，创建数据块，并在数据块起始值栏中设定数据发送时接收方的 IP 地址和端口地址，如图 8-2-44 所示。

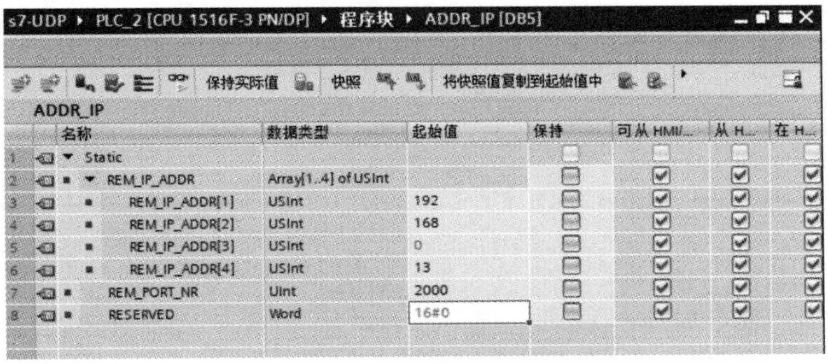

图 8-2-44　添加 ADDR_IP 数据块

d. 定义 PLC_2 的 "TUSEND" 发送通信块 DATA 和 ADDR 接口参数，如图 8-2-45 所示。

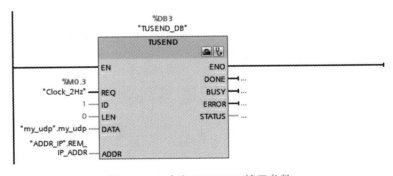

图 8-2-45　定义 TUSEND 接口参数

③ 为了实现 PLC_2 接收来自 PLC_1 的数据，在 PLC_2 中调用接收指令"TURCV"并配置基本参数。

a. 创建并定义 PLC_2 的接收数据区 DB7 块。在 PLC2 的程序块中添加接收数据块 "RVC_data[DB7]"。在数据块中定义一个变量名为"RVC_data"，数据类型为字节型的数组 "Array[0..9] of Byte"，数组中存储接收到 PLC_1 发送来的 10 个字节数。如图 8-2-46 所示，该变量用于存储本地要接收的数据，即 DATA 接收数据区。

图 8-2-46　创建接收数据块 RVC_data[DB7]

b. 在 PLC_2 主程序中调用接收指令 TURCV，并配置接口参数，如图 8-2-47 所示。

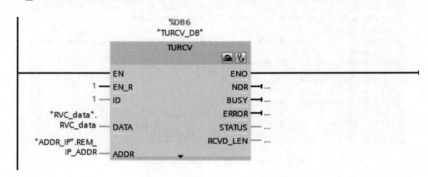

图 8-2-47　调用 TURCV 指令并配置接口参数

（6）下载硬件组态及程序并调试

下载两个 CPU 中的所有硬件组态及程序，并进行调试。当 PLC_1 发送数据时，PLC_2 接收数据。而 PLC_2 发送数据时，PLC_1 接收数据。

8.3　西门子S7-1500 PLC的S7通信

8.3.1　S7-1500 PLC的S7通信概述

西门子 S7 通信协议是西门子产品的专用通信协议，特别适用于 CPU 之间的通信、CPU

与西门子 HMI 和编程设备之间的通信，该通信标准未公开，不能与第三方设备通信。基于工业以太网的 S7 通信协议使用了 ISO/OSI 网络模型第七层应用层通信协议，可以直接在用户程序中得到发送和接收的状态信息，是一种更安全的通信协议，也是最常用最简单的通信方式，在 S7-1500/1200/300/400 PLC 之间应用越来越广泛，S7-1500 所有以太网接口（PN 接口）都支持 S7 通信。

S7 通信协议是面向连接协议，在进行数据交换之前，必须与通信伙伴建立连接。这里的"连接"是指通信伙伴之间为了执行通信服务建立的逻辑链路，而不是指两个站点之间用通信电缆实现的物理连接。S7 连接是需要在博途软件中的网络视图界面下进行组态的静态连接，是通信伙伴之间的一条虚拟的"专线"。

8.3.2　S7 通信指令

西门子 TIA 博途软件中提供了三组 S7 通信函数指令，分别是 PUT/GET、USEND/URCV 和 BSEND/BRCV，如图 8-3-1 所示。

（1）PUT/GET 指令

PUT 指令用于将数据写入到伙伴 CPU，GET 指令用于从伙伴 CPU 读取数据。应用该指令时可采用单向编程，即用于单向编程的通信方式，只需在通信发起方（客户端）调用 PUT/GET 指令组态编程，无须在伙伴方（服务器端）组态编程，只对伙伴方（服务器）进行读写操作。

PUT/GET 指令格式如图 8-3-2 所示。

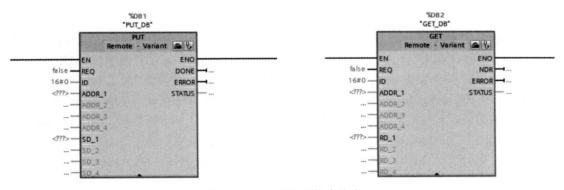

图 8-3-2　PUT/GET 指令格式

① PUT 指令参数定义如下：

REQ：在控制输入 REQ 的上升沿触发启动指令，来触发"PUT"指令的执行，每次触发时，写入区指针 (ADDR_i) 和数据 (SD_i) 随后会发送给伙伴 CPU，此时的伙伴 CPU 则可以处于 RUN 模式或 STOP 模式。支持的数据类型为 Bool。

ID：S7 通信连接 ID，该连接 ID 在组态 S7 连接时生成，用于指定与伙伴 CPU 连接的寻址参数，支持的数据类型为 Word。

ADDR_x：（x 取值 1、2、3 或 4），指向伙伴 CPU 中写入区域的指针。如果写入区域为数据块，则该数据块为标准访问的数据块，不支持优化访问，当指针 REMOTE 访问某个数据块时，必须始终指定该数据块。例如 P#DB10.DBX5.0 BYTE 10，表示伙伴方被写入数据的区域为从 DB10.DBB5 开始的连续 10 个字节区域。支持的数据类型为 Remote。传送数据结构（例如 Struct）时，参数 ADDR_x 处必须使用数据类型 Char。

SD_x：（x 取值 1、2、3 或 4），指向本地 CPU 中发送区域的指针。本地数据可支持优化访问或标准访问。支持数据类型有 Bool、Byte、Char、Word、Int、DWord、DInt 和 Real 等数据类型。传送数据结构（例如 Struct）时，参数 SD_x 处必须使用数据类型 Char。

DONE：状态参数 DONE 表示数据被成功写入到伙伴 CPU。当为 0 时，表示作业未启动或者仍在执行之中；当为 1 时，作业已执行，且无任何错误。支持数据类型为 Bool。

ERROR：状态参数，当状态为 0 时，无错误。当状态为 1 时，建立连接、传送数据或终止连接时出错。

STATUS：通信状态字，当 ERROR 的状态为 1 时，可以查看通信错误原因。

使用 PUT 指令要求：

a. 已在伙伴 CPU 属性的"防护与安全"栏下"连接机制"中激活"允许借助 PUT/GET 通信从远程伙伴访问"函数。

b. 使用"PUT"指令访问的块是通过访问类型"标准"创建的。

c. 确保由参数 ADDR_i 和 SD_i 定义的区域在数量、长度和数据类型等方面都匹配。

d. 待写入区域（ADDR_i 参数）必须与发送区域（SD_i 参数）一样大。

② GET 指令参数如下：

REQ：在控制输入 REQ 的上升沿触发启动指令，每次触发时，来触发"REQ"指令的执行，实现从远程 CPU 读取数据，此时的伙伴 CPU 可以处于 RUN 模式或 STOP 模式。支持的数据类型为 Bool。

ID：S7 通信连接 ID，该连接 ID 在组态 S7 连接时生成，用于指定与伙伴 CPU 连接的寻址参数，支持的数据类型为 Word。

ADDR_x：（x 取值 1、2、3 或 4），指向伙伴 CPU 中待读取区域的指针。如果读取区域为数据块，则该数据块为标准访问的数据块，不支持优化访问，必须使用非优化 DB 块。指针 REMOTE 访问某个数据块时，必须始终指定该数据块。支持的数据类型为 Remote。

RD_x：（x 取值 1、2、3 或 4），指向本地 CPU 中写入区域的指针。本地数据可支持优化访问或标准访问。支持数据类型有 Bool、Byte、Char、Word、Int、DWord、DInt 和 Real 等。传送数据结构（例如 Struct）时，参数 RD_x 处必须使用数据类型 Char。

NDR：状态参数 NDR，表示伙伴 CPU 中的数据被成功读取。当为 0 时，表示作业未启动或者仍在执行之中；当为 1 时，作业已执行，且无任何错误。支持数据类型为 Bool。

ERROR：状态参数，当状态为 0 时，无错误；当状态为 1 时，建立连接、传送数据或终止连接时出错。

STATUS：通信状态字，当 ERROR 的状态为 1 时，可以查看通信错误原因。

使用 GET 指令要求：

a. 已在伙伴 CPU 属性的"防护与安全"栏下"连接机制"中激活"允许借助 PUT/GET 通信从远程伙伴访问"函数。

b. 使用"GET"指令访问的块是通过访问类型"标准"创建的。

c. 确保由参数 ADDR_x 和 RD_x 定义的区域在数量、长度和数据类型等方面都匹配。

d. 待读取区域（ADDR_x 参数）不能大于存储数据的区域（RD_x 参数）。

（2）BSEND /BRCV 指令

BSEND/BRCV 指令用于双向编程的通信方式，一方发送数据，另一方接收数据。通信方式为同步方式，发送方将数据发送到通信伙伴方的接收缓冲区，并且通信伙伴方调用接收函数，并将数据复制至已经组态的接收区内才认为发送成功。使用 BSEND/BRCV 可以进行大数据量通信，最大可以达到 64KB。

BSEND 是发送分段数据指令，该指令将数据分段发送至"BRCV"类型的远程伙伴指令，"BRCV"收到每一段后，伙伴将确认该段。如果数据已分段，则必须多次调用"BSEND"，直到所有段均已传送完。

BRCV 是接收分段数据指令，该指令接收来自远程伙伴且类型为"BSEND"的指令发出的数据。每接收到一个数据段后，都会向伙伴指令发送一个应答。如果存在多个数据段，则需要多次调用"BRCV"，直到接收到所有数据段。

BSEND/BRCV 指令格式如图 8-3-3 所示。

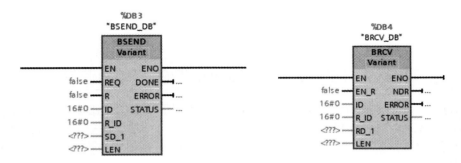

图 8-3-3　BSEND/BRCV 指令格式

① 通信函数 BSEND 的参数含义如下。

REQ：用于触发数据的发送，每一个上升沿发送一次，支持的数据类型是 Bool。

R：Reset 控制参数，在上升沿时激活当前数据交换的中止操作，即为 1 时停止通信任务，支持的数据类型是 Bool。

ID：通信连接 ID，用于指定与伙伴 CPU 连接的寻址参数，支持的数据类型是 CONN_PRG。

R_ID：通信函数的标识符，发送与接收函数块标识符必须一致。支持的数据类型CONN_R_ID。

LEN：发送数据（字节）的长度。如果为 0，表示发送整个发送区的数据，支持的数据类型是 Word。

SD_1：发送区。待发送数据的数据区域通过 SD_1 指定。为了确保数据一致性，只能在当前发送操作完成后写入当前正在使用的发送区域 SD_1 的一部分。这种情况下，状态参数 DONE 的值将变为"1"。传送结构时，发送端和接收端的结构必须相同。支持的数据类型是 Variant。

DONE：每次发送成功并且对方已经接收，产生一个上升沿。

ERROR：错误状态位。

STATUS：通信状态字，如果错误状态位为 1，可以查看通信状态信息。

② 通信函数 BRCV 的参数含义如下：

EN_R：为 1 时激活接收功能；如果为 0，可以取消处于活动状态的作业。

ID：通信连接 ID，与 BSEND 相同。

R_ID：标识符，发送与接收函数块标识必须一致。

RD_1：接收区，最大接收区由 RD_1 指定。每接收到一个数据段后，都会向伙伴指令发送一个应答。如果存在多个数据段，则需要多次调用"BRCV"，直到接收到所有数据段。

LEN：接收数据（字节）的长度。

NDR：每次接收到新数据，产生一个上升沿。状态参数 NDR 的值为"1"时，表示已经成功地接收了所有数据段。在使用 EN_R=1 时进行下一次调用之前，已经接收的数据会保存不变。

ERROR：错误状态位。

STATUS：通信状态字。

（3）USEND/URCV 指令

它用于双向编程的通信方式，一方发送数据，另一方接收数据，通信方式为异步方式，具体参数含义参考 BSEND/BRCV 指令。

8.3.3　S7通信实例

实例 8-4　两台S7-1500 PLC之间的PUT/GET单向通信

【控制要求】两台 S7-1500 PLC 之间采用 PUT/GET 指令实现 S7 通信连接。要求把第一台 PLC 中的存储器 MB10 中的一个字节发送到第二台 PLC 的 MB20 中去；把第二台 PLC 中的存储器 MB40 中的一个字节发送到第一台 PLC 的 MB30 中去。

【操作步骤】

（1）创建新项目

打开博途软件，新建项目，命名为"S7-PUT/GET 通信"。

（2）添加新设备

在项目树下点击"添加新设备"，分别选择 CPU 1513-1 PN 和 CPU 1516-3 PN/DP，创建两个 S7-1500 PLC 的站点。

（3）设置两个 PLC 的 IP 地址

① 在设备视图中，双击 CPU 1513 -1 PN，在"常规"选项中设定以太网接口 PROFINET 接口 [X1] 的 IP 地址为 192.168.0.13，子网掩码为 255.255.255.0。添加子网为"PN/IE_1"，并启用 CPU 的系统时钟存储器字节。在"防护与安全"栏下单击"连接机制"，然后激活"允许来自远程对象的 PUT/GET 通信访问"，如图 8-3-4 所示。

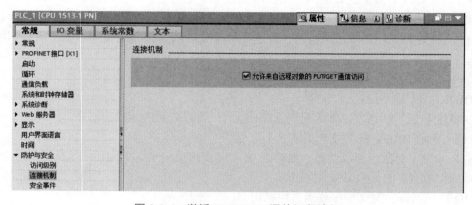

图 8-3-4　激活 PUT/GET 通信远程访问

②用上述方法设置第二台 PLC（ CPU 1516 -3 PN/DP ）的以太网接口 PROFINET 接口 [X1]
的 IP 地址和子网掩码分别为 192.168.0.16，255.255.255.0。添加子网为"PN/IE_1"，并启用
CPU 的系统时钟存储器字节。在"防护与安全"栏下单击"连接机制 "，然后激活"允许来
自远程对象的 PUT/GET 通信访问"。

（4）编写 PLC1 客户端主程序，调用通信函数 PUT/GET

①调用 PUT 指令。打开 PLC1 主程序 OB1，在 S7 通信指令中调用 PUT 指令，如图 8-3-5
所示。

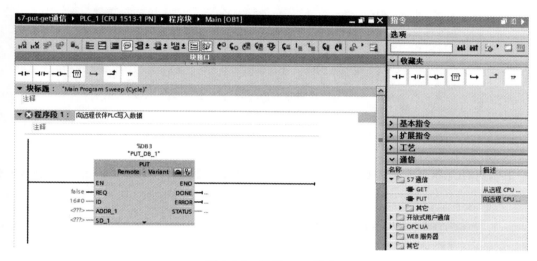

图 8-3-5　调用 PUT 指令

②对通信函数 PUT 指令进行组态参数。

a. 对连接参数进行设置。点击通信函数的"组态"开始图标，对连接参数进行组态设置，
首先设置伙伴为 PLC_2 后，其他参数自动建立，如图 8-3-6 所示。

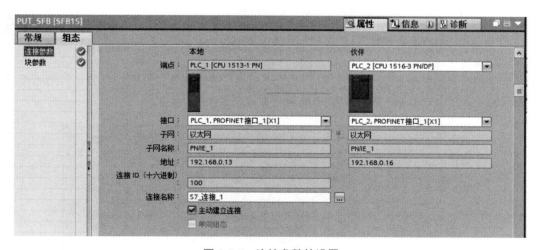

图 8-3-6　连接参数的设置

b. 对块参数进行组态设置。点击"块参数"对 REQ 参数、写入区域和发送区域进行设置，
如图 8-3-7 所示。

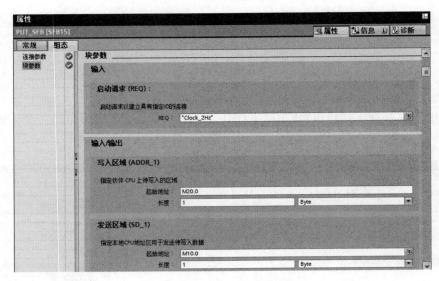

图 8-3-7　块参数的设置

③ 调用 GET 指令。在 PLC1 主程序 OB1 中，调用 S7 通信指令中的 GET 指令，如图 8-3-8 所示。

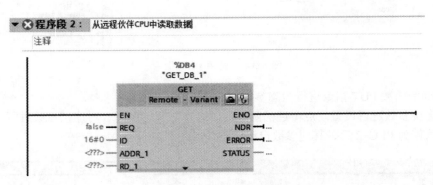

图 8-3-8　调用 GET 指令

a. 对连接参数进行设置。点击通信函数的"组态"开始图标，对连接参数进行组态设置，首先设置伙伴为 PLC_2 后，其他参数自动建立，如图 8-3-9 所示。

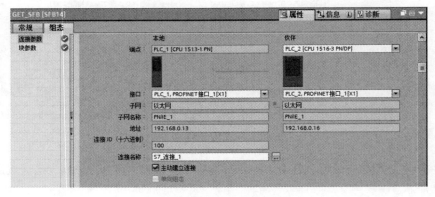

图 8-3-9　连接参数的设置

b. 对块参数进行组态设置。点击"块参数"对 REQ 参数、读取区域（ADDR_1）和存储区域（RD_1）进行设置，如图 8-3-10 所示。

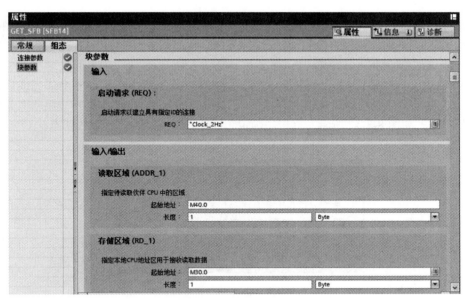

图 8-3-10　块参数的设置

④ 组态配置完成后，通信连接自动生成，通信函数指令自动赋值，客户端的程序如图 8-3-11 所示。由于是单边通信，服务器不需要编写通信程序，故只对它进行硬件组态就可以。

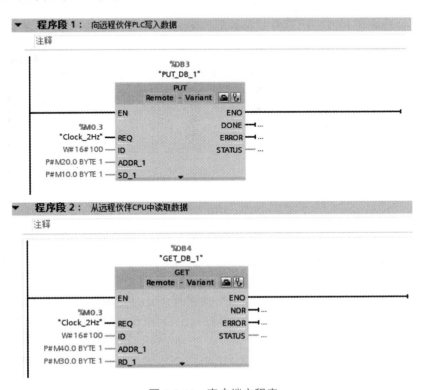

图 8-3-11　客户端主程序

（5）下载与调试

条件允许时，可进行现场实际 PLC 通信调试，否则可采用第（6）步的通信仿真调试更为方便。

对两台 PLC 的配置组态和程序分别下载到两个 CPU 中，点击通信函数上的诊断图标，对通信进行诊断。当通信连接成功后，打开监控表来监控通信数据的变化情况。

（6）通信仿真调试

① PLC_1 站点的编译与开始仿真。当对两台 PLC 的配置组态和程序全部完成后，点击 PLC_1 站点进行编译成功后，点击"开始仿真"图标，弹出"启动仿真将禁用所有其他的在线接口"界面，如图 8-3-12 所示，点击"确定"按钮，进入启动仿真下载状态。

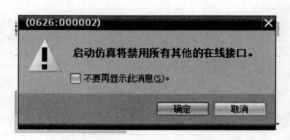

图 8-3-12　启动仿真将禁用所有其他的在线接口

② PLC_2 站点的编译与开始仿真。点击 PLC_2 站点进行编译成功后，点击"开始仿真"图标，按照提示进行启动仿真下载。

③ 查看通信连接是否建立。点击通信函数 PUT 上的"开始诊断"图标，对通信连接进行诊断，如图 8-3-13 所示，通信连接已经建立。

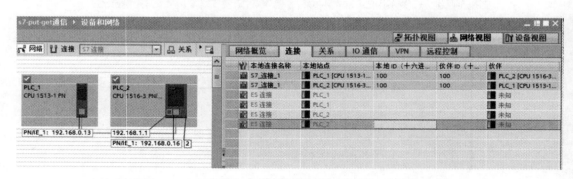

图 8-3-13　诊断 S7 通信连接

④ 利用监控表来监控通信数据。当两台 PLC 仿真通信建立成功后，先打开 PLC_1 的监控表并添加变量 MB10 和 MB30，再打开 PLC_2 的监控表并添加变量 MB20 和 MB40。

将 PLC_1 中的发送数据区 MB10 的数据修改为图 8-3-14 所示，然后点击"全部监视"按钮，再点击"立即一次性修改所有选定值"按钮，此时发送数据区 MB10 修改完毕。点击 PLC_2 的"全部监视"按钮后，PLC_2 中待写入区 MB20 数据立即被更新为图 8-3-14 所示的值。

按照上述方法将 PLC_2 中的待读取区 MB40 数据修改写入后执行全部监视，PLC_1 中的存储区 MB30 数据被更新，如图 8-3-14 所示。

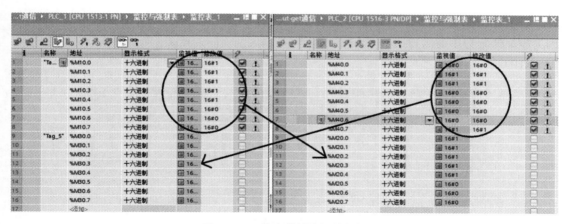

图 8-3-14　仿真监控表通信数据

实例 8-5 两台S7-1500 PLC之间的BSEND/BRCV双向通信

【控制要求】两台 S7-1500 PLC 之间采用 BSEND/BRCV 指令实现 S7 通信连接。要求把第一台 PLC 中的存储器 MB10 中的一个字节发送到第二台 PLC 的 MB20 中去；把第二台 PLC 中的存储器 MB40 中的一个字节发送到第一台 PLC 的 MB30 中去。

【操作步骤】

（1）创建新项目

打开博途软件，新建项目，命名为 "S7-BSEND-BRCV 通信"。

（2）添加新设备

在项目树下点击 "添加新设备"，分别选择 CPU 1513-1 PN 和 CPU 1516-3 PN/DP，创建两个 S7-1500 PLC 的站点。

（3）设置两个 PLC 的 IP 地址

① 在设备视图中，双击 CPU 1513 -1 PN，在 "常规" 选项中设定以太网接口 PROFINET 接口 [X1] 的 IP 地址为 192.168.0.1，子网掩码为 255.255.255.0。添加子网为 "PN/IE_1"，并启用 CPU 的系统时钟存储器字节。

② 用上述方法设置第二台 PLC（CPU 1516 -3 PN/DP）的以太网接口 PROFINET 接口 [X1] 的 IP 地址和子网掩码分别为 192.168.0.2，255.255.255.0。添加子网为 "PN/IE_1"，并启用 CPU 的系统时钟存储器字节。

（4）创建 S7 网络视图连接

① 进入网络视图，点击左上角 "连接" 按钮，选择右边 "S7 连接" 类型。使用鼠标点击 CPU 1513-1 的以太网接口 [X1] 并保持，然后拖拽到 CPU 1516-3 的任意一个以太网接口 [X1]，待出现连接符号后释放鼠标。这时就建立了一个 S7 连接并呈高亮显示，同时在右边的连接表中出现两个连接（每个 CPU 有一个连接），如图 8-3-15 所示。

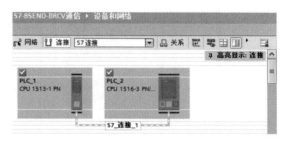

图 8-3-15　建立 S7 网络视图连接

② 点击"连接"选项，在 S7 连接表中查看 S7 连接，本地与伙伴通信连接 ID 必须一致，因为编写通信程序时需要用连接 ID 作为标识符以区别不同的连接，如图 8-3-16 所示，图中 ID 为 100。

本地连接名称	本地站点	本地 ID（十	伙伴 ID（十	伙伴	连接类型
S7_连接_1	PLC_1 [CPU 1513-1...	100	100	PLC_2 [CPU 151...	S7 连接
S7_连接_1	PLC_2 [CPU 1516-3...	100	100	PLC_1 [CPU 1513-1...	S7 连接
ES 连接	PLC_1			未知	ES 连接
ES 连接	PLC_1			未知	ES 连接
ES 连接	PLC_2			未知	ES 连接
ES 连接	PLC_2			未知	ES 连接

图 8-3-16　查看 S7 连接状态

（5）编写 PLC_1 主程序，调用通信函数 BSEND/BRCV

打开 PLC_1 主程序 OB1，在 S7 通信指令中调用 BSEND/BRCV 指令编写主程序，如图 8-3-17 所示。

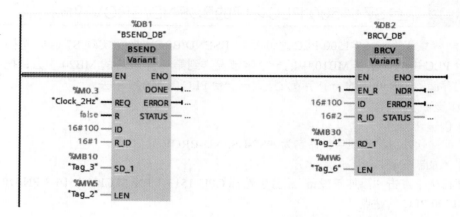

图 8-3-17　PLC_1 主程序

（6）编写 PLC_2 主程序，调用通信函数 BSEND/BRCV

打开 PLC_2 主程序 OB1，在 S7 通信指令中调用 BSEND/BRCV 指令编写主程序，如图 8-3-18 所示。

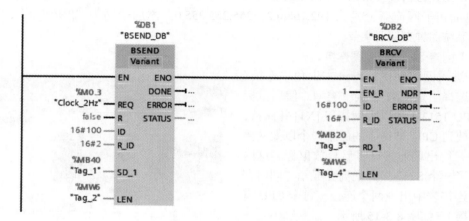

图 8-3-18　PLC_2 主程序

（7）通信仿真调试

① PLC_1 站点的编译与开始仿真。点击 PLC_1 站点进行编译成功后，点击工具栏上的"开始仿真"图标，将程序和组态数据下载到仿真 PLC 中，下载后将 CPU 仿真切换到 RUN 运行模式。

② PLC_2 站点的编译与开始仿真。点击 PLC_2 站点进行编译成功后，点击工具栏上的"开始仿真"图标，将程序和组态数据下载到仿真 PLC 中，下载后将 CPU 仿真切换到 RUN 运行模式。

③ 利用监控表来监控通信数据。当两台 PLC 仿真通信建立成功后，先打开 PLC_1 的监控表并添加变量 MB10 和 MB30，再打开 PLC_2 的监控表并添加变量 MB20 和 MB40。

将 PLC_1 中的发送数据区 MB10 的数据修改为图 8-3-19 所示，然后点击"全部监视"按钮，再点击"立即一次性修改所有选定值"按钮，此时发送数据区 MB10 修改完毕。点击 PLC_2 的"全部监视"按钮后，PLC_2 中待接收区 MB20 数据立即被更新为图 8-3-19 所示的值。

按照上述方法将 PLC_2 中的发送区 MB40 数据修改写入后执行全部监视，PLC_1 中的接收区 MB30 数据被更新，如图 8-3-19 所示。

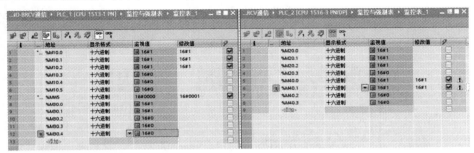

图 8-3-19　仿真监控表通信数据

8.4　西门子S7-1500 PLC的路由通信

8.4.1　S7-1500 PLC的路由通信概述

（1）S7 路由通信

如果自动化系统中的所有站并未连接至同一子网中，则不能直接在线访问这些站。解决的方法是：在不同子网中的伙伴之间通过 IP 路由建立连接，并设置接口属性组态路由，通过使用 PROFINET、PROFIBUS 或 MPI 连接不同子网中连接伙伴的通信。

S7 路由通信是 S7 通信方式的一种，可以跨越几个 S7 子网络将信息从发送方传送到接收方。如果要在 S7 子网中进行数据传输（S7 路由），则需在两个 CPU 之间建立一条 S7 连接。S7 子网将通过 S7 路由器建立 S7 连接。例如在 S7-1500 中 CPU、CM 和 CP 可作为 S7 路由器。

（2）实现 S7 路由的基本要求

① 要建立不同子网中设备的连接，必须使用路由器。如果 SIMATIC 站具有连接不同子网的相应接口，它也可用作路由器。

② 用于在子网之间建立网关的具有通信能力的模块 (CPU 或 CP) 必须具有路由功能。

③ S7 路由通信必须在相同的项目中，并对网络中可访问的所有设备进行组态和下载。

④ S7 路由中涉及的所有设备必须接收有关特定 S7 路由器访问的 S7 子网的信息。由于 CPU 扮演着 S7 路由器的角色，这些设备通过将硬件配置下载到 CPU 来获取路由信息。

⑤ 在具有多个连续 S7 子网的拓扑中，必须按照以下顺序进行下载：首先，将硬件配置

下载到同一 S7 子网中作为 PG/PC 的 CPU；然后，按照 S7 子网从近到远的顺序，逐一下载到 S7 子网的 CPU。

⑥ 必须将用于通过 S7 路由器建立连接的 PG/PC 分配给与其物理连接的 S7 子网。可以根据菜单命令"在线诊断＞在线访问＞连接到接口／子网"，将该 PG/PC 指定为 STEP 7 V15 中的 PG/PC。

⑦ 对于类型为 PROFIBUS 的 S7 子网，CPU 必须组态为 DP 主站。如果要组态为 DP 从站，则必须选中 DP 从站上 DP 接口属性内的"测试、调试、路由"复选框。

（3）在 TIA 博途软件中使用 S7 路由功能

① 使用 PG 的 S7 路由功能。通过 PG/PC，可以访问其所在 S7 子网以外的设备，并对设备进行下载和监控。如图 8-4-1 所示，CPU1 是 S7 子网 1 和 S7 子网 2 之间的网关；CPU2 是 S7 子网 2 和 S7 子网 3 间的 S7 网关。PG/PC 通过子网 1 连接到 PLC_1 的 PROFINET 接口，通过子网 2 连接到 CPU2 的 PROFINET 接口上，CPU2 的 DP 接口通过子网 3（PROFIBUS_2）连接到 CPU3 从站 DP 接口上。这样通过子网完成对 PLC_2 和 PLC_3 的下载和监控等功能。

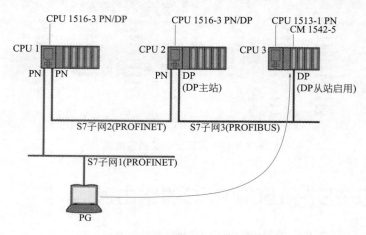

图 8-4-1　PG/PC 的 S7 路由示意图

② 使用 S7 路由对 HMI 传送项目。编程设备与 PLC 通过一个 S7 子网连接，HMI 面板与控制器通过另外一个 S7 子网与 PLC 连接，可以使用 S7 路由传送项目到 HMI 面板上，如图 8-4-2 所示中 CPU1 是编程设备与 HMI 之间的网关。

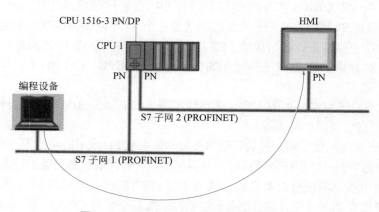

图 8-4-2　S7 路由对 HMI 传送项目示意图

③ 建立 HMI 的 S7 路由连接。从 STEP7 V13 SP1 起，支持 S7 路由的 HMI 连接。在不同的 S7 子网（PROFIBUS 和 PROFINET 或工业以太网）中的 HMI 和 CPU 之间建立 S7 连接。如图 8-4-3 所示中 CPU1 是 S7 子网 1 和 S7 子网 2 间的 S7 网关。

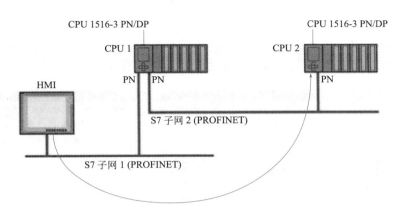

图 8-4-3　通过 S7 路由实现 HMI 连接示意图

④ 用于 CPU-CPU 通信的 S7 路由。可以为不同子网（PROFIBUS 和 PROFINET 或工业以太网）中的两个 CPU 建立 S7 连接。这种应用中 S7 网关可以是 S7-300/400 CPU（CP）或者 S7-1500 CPU（CP/CM），因为 SIMATIC S7-1500 PLC 不但具有路由功能，还具有在不同 PLC 之间的 S7 路由通信功能，即一个子网络中的 SIMATIC S7-1500 PLC 可以通过网关与另外一个子网络中的 SIMATIC S7-1500 PLC 进行 S7 通信。如图 8-4-4 所示中 CPU2 是 S7 子网 1 和 S7 子网 2 间的 S7 网关，通过这个网关 CPU1 可与 CPU3 完成路由通信。

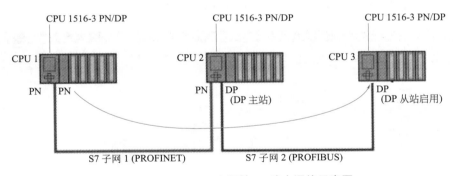

图 8-4-4　CPU-CPU 之间的 S7 路由通信示意图

8.4.2　S7 路由通信实例

实例 8-6　S7-1500 PLC 之间的路由通信

【控制要求】利用 S7 的路由功能，完成图 8-4-4 所示的配置，并把 PLC_1 中的 MB10 的一个字节的数据通过路由传送到 PLC_3 的 MB100 中。

【操作步骤】

① PLC 之间 S7 路由通信的配置组态。

a. 创建新项目。打开博途软件,新建项目,命名为"S7- 路由通信"。

b. 添加新设备。在项目树下点击"添加新设备",分别添加三个 CPU 1516-3 PN/DP,创建三个 S7-1500 PLC 的站点。

c. 网络配置组态。在设备视图中,分别为三个站点的网络接口配置子网络 PN/IE_1、PROFIBUS_1 和通信地址。配置完成后,各站点的网络连接如图 8-4-5 所示。

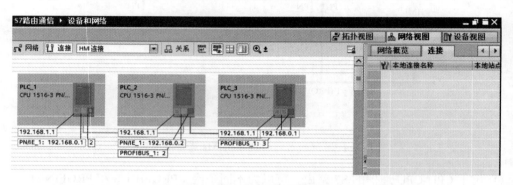

图 8-4-5　网络配置子网络和通信地址

d. 添加 S7 路由连接。组态好设备和网络,然后在网络视图中选择"连接"→"S7 连接"。然后使用拖拽的方式添加 S7 路由连接(在 CPU1 本身上进行拖拽,或者在 PLC_1 的 PROFIBUS_1 接口拖拽至 PLC_3 的 DP 接口),如图 8-4-6 所示中的虚线。松开鼠标左键,就会弹出"添加 S7 路由连接"选项,如图 8-4-7 所示,点击"添加 S7 路由连接"之后,就会建立起一个 S7 连接,如图 8-4-8 所示中出现路由连接的图标为箭头。

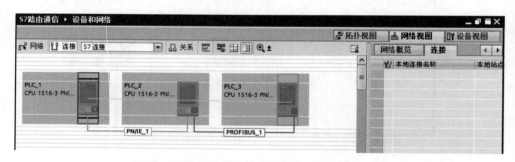

图 8-4-6　使用拖拽的方式建立 S7 路由连接

图 8-4-7　添加 S7 路由连接

图 8-4-8　S7 路由连接成功

e.在网络视图右侧及下方巡视窗口的"属性"中可以查看这个连接的详细参数，如图 8-4-9 所示。

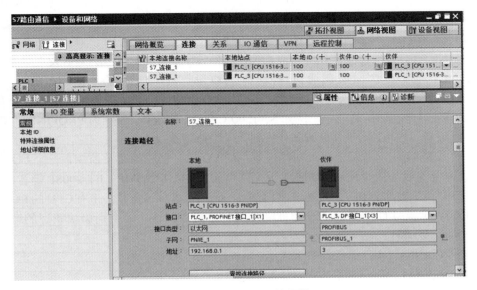

图 8-4-9　S7 路由连接属性

② 编写程序。由于 S7 路由通信是 S7 通信方式的一种，可以调用"PUT"通信指令只在 PLC_1 中编程，其余不用编程。

打开 PLC_1 中 OB1 程序块，在指令窗口中，选择"指令"→"通信"→"S7 通信"，调用发送指令"PUT"，编写程序如图 8-4-10 所示。

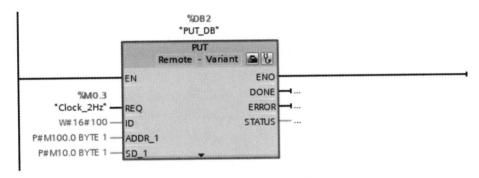

图 8-4-10　PLC_1 主程序

③ 程序完成将站点分别下载至 3 个 PLC 中，就可以完成数据通信。

8.5 西门子S7-1500 PLC的PROFINET I/O通信

8.5.1 PROFINET I/O通信概述

PROFINET是由PROFIBUS国际组织推出的新一代基于工业以太网技术的自动化总线标准。PROFINET 为自动化通信领域提供了一个完整的网络解决方案，在应用中主要有两种方式：PROFINET CBA 和 PROFINET I/O。

PROFINET CBA 主要应用于分布式智能站点之间的通信；PROFINET I/O 则是 PROFINET 网络和外部设备通信的桥梁，PROFINET I/O 主要用于模块化、分布式控制，通过 PROFINET 直接连接工业以太网中的现场设备 I/O Device。

（1）PROFINET I/O 通信系统的主要设备组成

PROFINET I/O 是一个全双工点对点通信，按照设定的更新时间双方对等发送数据。在一个 PROFINET 通信环境中主要包括 I/O 控制器、I/O 设备和 I/O 监视器等通信设备。

① I/O 控制器：I/O 控制器主要完成对连接的 I/O 设备进行寻址通信，与现场设备交换输入和输出信号等自动化控制任务。例如 S7-1500 CPU 以太网接口可作为 PROFINET I/O 控制器连接 I/O 设备，也可以作为 I/O 设备连接到上一级控制器。

② I/O 设备：I/O 设备是分布式现场设备，受 I/O 控制器的控制及监控，一个 I/O 设备可能包括数个模块或是子模块。例如带有远程 I/O 站点的 ET 200MP、ET 200SP 等智能设备，S7-1500 CPU 可同时作为 I/O 控制器和 I/O 智能设备（智能 I/O 设备是指带有 CPU 的 I/O 设备）。

③ I/O 监视器：I/O 监视器是一个可以设定参数及调试、诊断个别模块状态的编程设备（PC 的软件）或 HMI。

（2）PROFINET I/O 系统的数据通信

PROFINET I/O 提供三种执行水平的数据通信。

① 非实时数据通信（NRT）：PROFINET 是工业以太网，采用 TCP/IP 标准通信，响应时间为 100ms，主要应用于工厂级通信，对项目进行监控和诊断，并进行非实时要求的数据传输。

② 实时通信（RT）：主要用于现场传感器和执行设备的实时通信的过程数据交换，响应时间为 1 ~ 10ms。为了解决实时通信的问题，PROFINET 提供了一个优化的基于 OSI 模型的第 1 层和第 2 层的实时通道，应用中采用标准网络元件组件即可保证实时性。

③ 等时同步实时通信（IRT）：支持 IRT 的数据交换机数据通道分为标准通道和 IRT 通道，标准通道用于 NRT 和 RT 的数据；IRT 通道是专用的数据通道，网络上其他通信不会影响 IRT 的数据通信。

在 I/O 通信中，对于实时性要求极高的运动控制，保证数据在等时实时地进行传输，需要特殊的硬件设备支持，响应时间为 0.25 ~ 1ms。

8.5.2 PROFINET I/O通信实例

实例 8-7 S7-1500 PLC与PROFINET I/O通信

【控制要求】由 S7-1500 CPU 作为 I/O 控制器，控制远程 I/O 接口设备 IM 55-6PN，按下

控制器输入端的启动按钮（I10.0）和停止按钮（I10.1）控制远程 I/O 站上的数字量输出端 Q
的接通和断开。

【操作步骤】

（1）准备主要设备清单

如表 8-5-1 所示。

表8-5-1　实例8-7所需要的主要设备清单

序号	设备型号	数量
1	PLC CPU 1511C-1 PN	1
2	I/O 设备接口模块 IM 155-6PN ST	1
3	I/O 设备 DQ 数字量输出模块 4×24DC/2A ST	1
4	负载电源 PM 190W 120/230V AC	1
5	2 根 RJ45 网线	2
6	PC 电脑含网卡	1
7	TIA Portal V15 SP1 软件	1
8	4 口交换机	1

（2）配置 PROFINET I/O 设备并组态

① 组态 I/O 控制器。在博途软件中创建新项目，取名"S7-PROFINET I/O 通信"，添加
新设备，I/O 控制器 PLC 选择 CPU 1511C-1 PN，在设备视图中为以太网接口添加子网并设置
IP 地址 192.168.0.1 和子掩码 255.255,255.0。

② 组态 I/O 设备。

a. 添加接口模块 IM 155-6 PN ST。进入"网络视图"选项卡，在硬件目录窗口中点
击打开"分布式 I/O → ET 200SP → 接口模块 → PROFINET → IM 155-6 PN ST → 6ES7
155-6AU00-0BN0"模块，选择需要的站点并拖放（或双击）到网络视图中，如图 8-5-1 所示。

图 8-5-1　添加 IM 155-6 PN ST

b. 添加数字量输出模块 DQ 4×24DC/2A ST。双击网络视图中的 IM 155-6 PN ST 模块，在硬件目录中点击打开"DQ → DQ 4×24DC/2A ST → 6ES7 132-6BD0-0BA0"模块，把模块拖拽到 IM 155-6 PN ST 模块的右侧 1 号槽位中，如图 8-5-2 所示。图中 ET 200SP 站中的 1 号槽第一个 I/O 模块（DQ 模块）的基座单元的颜色必须为浅色，并需要将模块参数"电位组"设置为"启用新电位组"。

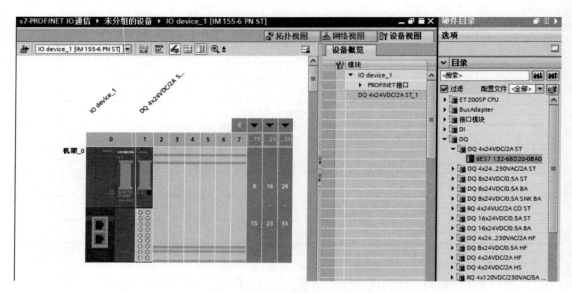

图 8-5-2　添加数字量输出模块

c. I/O 模块添加完毕后，还需要在机架最后一个模块右边添加一个服务器模块来结束设备的组态，如图 8-5-3 所示。如果没有服务器模块，编译时会自动添加服务器模块。

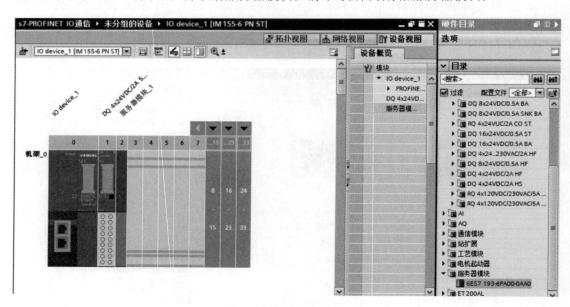

图 8-5-3　添加服务器模块

③ 建立 I/O 控制器与 I/O 设备的网络连接。在"网络视图"选项卡中，用鼠标选中 PLC_1

的 PN 接口并按住鼠标左键不放，拖拽到 I/O Device_1 的 PN 口释放鼠标，如图 8-5-4 所示。

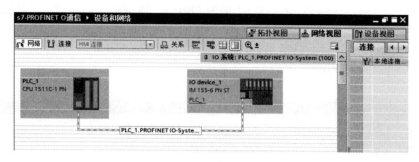

图 8-5-4　建立 I/O 控制器与 I/O 设备的网络连接

建立 I/O 设备连接的另一方法：

在图 8-5-1 所示的网络视图中，单击 IO device_1 设备上的蓝色"未分配"，再单击弹出的小窗口" "中的"PLC1.PROFINET接口_1"，它自动地分配给I/O控制器的PN接口并建立连接。I/O设备的以太网接口IP地址自动与I/O控制器划分在相同的网段，点击以太网接口，在属性界面中可以修改IP地址和设备名称。

（3）分配 I/O 设备的名称

配置完成后，需要为每一个 I/O 设备在线分配设备名称。当为 I/O 设备分配 I/O 控制器时，系统会自动分配给 I/O 设备的以太网接口 IP 地址、设备名称和设备编号。IP 地址只用于诊断和通信初始化，与实时通信无关。设备编号用于诊断和程序中识别 I/O 设备。此时，PR0FINET 设备名称是 I/O 设备的唯一标识。默认情况下，设备名称由系统自动生成，但也可以手动定义一个便于识别的设备名称。为了确保 I/O 设备中的下载设备名称和组态的设备名称一致，I/O 设备名称需要在线分配，否则故障灯 LED 点亮，具体步骤如下：

① 用以太网电缆连接好计算机、I/O 控制器和 I/O 设备的以太网接口。

② 在图 8-5-4 所示网络视图界面中，用鼠标第一步点击 选择 PROFINET 网络，第二步点击" 分配设备名称"，弹出如图 8-5-5 所示的界面。

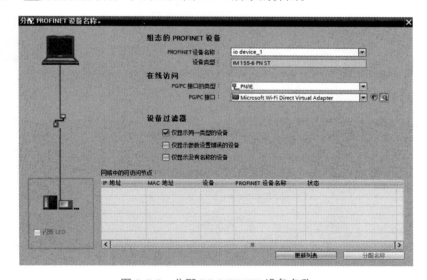

图 8-5-5　分配 PROFINET 设备名称

　　a. 选择在"PROFINET 设备名称"中选择已经配置的 I/O 设备名称"IO device_1"。

　　b. 设置"在线访问"中的 PG/PC 接口类型为"PN/IE",PG/PC 接口设置为计算机网卡型号。

　　c. 单击"更新列表"按钮，系统自动搜索 I/O 设备，当搜索到 I/O 设备后，在"网络中可访问节点"窗口中，根据 MAC 地址选择需要分配设备名称。再单击"分配名称"按钮，分配设备名称完成，如图 8-5-6 所示。

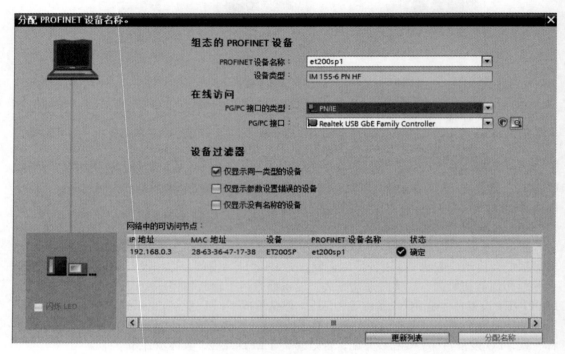

图 8-5-6　分配设备名称

（4）编写 PLC_1 程序

在 PLC_1 中编写主程序，如图 8-5-7 所示，I/O 设备中不需要编写程序。

图 8-5-7　PLC_1 中的程序

　　在编写程序时，可通过点击 PLC_1 的"设备视图"选项卡，在"设备概览"中查看分配给它的信号模块的存储器地址 I、Q 信息，如图 8-5-8 所示。同样方法可查看 I/O 设备的信息概览，如图 8-5-9 所示。

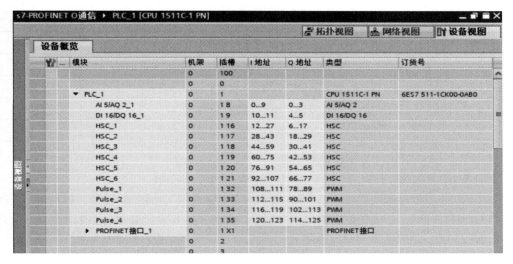

图 8-5-8 PLC_1 的设备信息概览

图 8-5-9 IO device_1 设备信息概览

（5）将配置信息和程序下载到 CPU 后进行调试

实例 8-8 S7-1500 PLC与智能I/O设备的通信

【控制要求】由一台 S7-1500 PLC_1 作为 I/O 控制器，另一台 S7-1500 PLC_2 作为智能 I/O 设备。要求 1：从 PLC_1 中的 QB160 ～ QB169 数据传送到 IB160 ～ IB169；要求 2：从 PLC_2 中的 QB200 ～ QB209 数据传送到 IB200 ～ IB209。

【操作步骤】

（1）主要设备清单

准备主要设备清单如表 8-5-2 所示。

表8-5-2 实例8-8所需要的主要设备清单

序号	设备型号	数量
1	PLC_1 CPU 1511-1 PN	1
2	PLC_2 CPU 1512-1 PN	1
3	负载电源 PM 190W 120/230V AC	1

序号	设备型号	数量
4	2 根 RJ45 网线	2
5	PC 电脑含（网卡）	1
6	TIA Portal V15 SP1 软件	1
7	4 口交换机	1

（2）配置 PROFINET I/O 设备并组态

① 组态 I/O 控制器。

在博途软件中创建新项目，取名"S7- 智能设备 I/O 通信"，添加新设备，I/O 控制器 PLC 选择 CPU 1511-1 PN，在设备视图中为以太网接口添加子网并设置 IP 地址 192.168.0.1 和子掩码 255.255,255.0，并启用时钟存储器字节。

② 组态智能 I/O 设备。

a. 添加新设备 CPU 1512C-1PN 设备作为智能 I/O 设备。

b. 在设备视图中双击 PLC_2，弹出属性窗口为以太网接口添加子网 PN/IE1 并设置 IP 地

c. 设置以太网接口的操作模式。继续在 PLC_2 设备视图下的属性中点击"操作模式"，勾选"IO 设备"，在已分配的 I/O 控制器选项中，添加"PLC_1.PROFINET 接口 _1"，如图 8-5-10 所示。

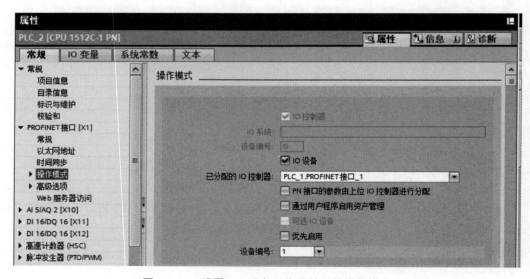

图 8-5-10　设置 I/O 设备以太网接口的操作模式

d. 设置智能 I/O 设备的通信数据传输区。本例中由于 I/O 控制器和 I/O 设备都是 PLC，它们都有各自的系统存储器，因此 I/O 控制器不能用作 I/O 设备的硬件 I、Q 地址去直接访问它们，需要在智能 I/O 设备中组态定义一个传输区（即 I 和 Q 地址区）作为 I/O 控制器与智能 I/O 设备的用户程序之间的通信接口。用户程序对组态定义的 I 地址区接收到的输入数据进行处理，并利用传输区组态定义的 Q 地址区输出处理结果，这样 I/O 控制器与智能 I/O 设备之间通过传输区自动周期性地进行数据交换。

提示

组态的传输区不能和硬件使用的地址区重叠使用。

具体的设置步骤如下：点击"操作模式"下的"智能设备通信"，出现如图 8-5-11 所示的智能设备通信传输区域窗口。双击图中传输区列表中"新增"，在第一行生成"传输区 _1"，用同样的方法在新增一行"传输区 _2"，如图 8-5-12 所示。

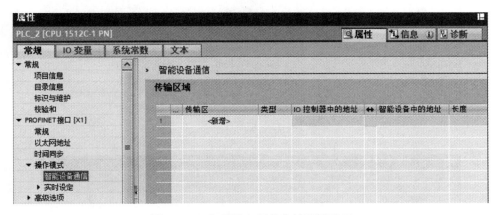

图 8-5-11　智能设备通信传输区域窗口

图 8-5-12　新增 I/O 设备传输区

继续在图 8-5-12 所示的左侧窗口中点击"传输区 _1"，弹出组态窗口界面并进行相关的设置如图 8-5-13 所示。用同样的方法组态传输区 _2，如图 8-5-14 所示。组态完传输区后图 8-5-12 所示的 I/O 智能设备通信传输区的列表会刷新为图 8-5-15 所示。在图中可以看出来 PLC_1 和 PLC_2 的数据传输区的对应关系。

（3）项目下载与调试

项目配置完后，分别把配置下载到对应的 PLC_1 和 PLC_2 中。通过监控表监控 IB160 和 IB200 中的数据变化可确认通信是否正常。PLC_1 中的 QB160 开始的 10 个字节数据自动传送到 PLC_2 中的 IB160 开始的 10 个字节中；PLC_2 中的 QB200 开始的 10 个字节数据自动传送到 PLC_1 中的 IB200 开始的 10 个字节中。

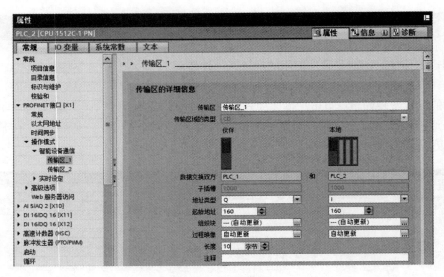

图 8-5-13　组态传输区 _1

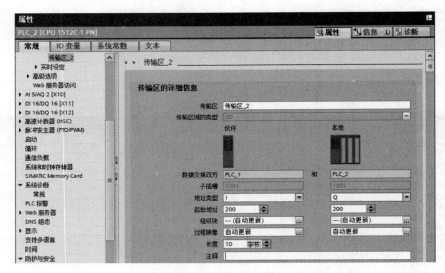

图 8-5-14　组态传输区 _2

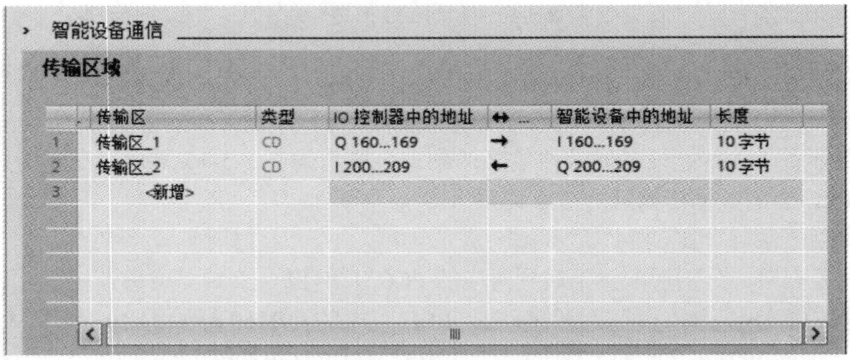

	传输区	类型	IO 控制器中的地址	↔		智能设备中的地址	长度
1	传输区_1	CD	Q 160...169	→		I 160...169	10 字节
2	传输区_2	CD	I 200...209	←		Q 200...209	10 字节
3	<新增>						

> 智能设备通信

传输区域

图 8-5-15　组态好的智能设备通信传输区

提示

当组态完设备后，PLC_1 和 PLC_2 之间的数据交换是由传输区 1 与传输区 2 之间自动周期性地进行，不用编写用户程序。如果需要传输用户程序中的数据，则需要将实际数据通过双方用户程序发送到上述分配的传输区中的数据发送区，直接用上述的数据接收区接收到的数据。

8.6　西门子S7-1500 PLC的PROFIBUS通信

8.6.1　PROFIBUS通信概述

（1）PROFIBUS 总线

PROFIBUS 是一种开放式现场总线标准，它既适合于自动化系统与现场 I/O 单元的通信，也适合直接连接带接口的变送器、执行器、传动装置和其他现场仪表对现场信号进行采集和监控。PROFIBUS 是一种电气网络，网络通信的本质是 RS485 串口通信，按照不同的行业应用，主要有三种通信类型：PROFIBUS-DP、PROFIBUS-FMS 和 PROFIBUS-PA 等类型。

① PROFIBUS-DP 是一种经过优化的高速低成本通信，专为自动控制系统和设备级分散 I/O 之间的通信设计，实现分布式控制系统设备间的高速传输，传输速率在 9.6Kbps-12Mbps 之间供选择。

② PROFIBUS-PA 是专为过程自动化设计，提供本安传输技术，可使传感器和执行机构连在一根总线上，传输速率为 31.25Kbps，主要用于现场设备层的总线。

③ PROFIBUS-FMS 主要用于车间级监控网络，解决车间级通用性通信任务，是一个令牌结构的实时多主网络。

（2）PROFIBUS 网络构成

工厂企业中的自动控制系统和信息管理系统一般是一个三级网络系统，由现场设备控制层、车间监控层和工厂管理层构成，如图 8-6-1 所示。现场层由 PROFIBUS-DP/PA 网络构成，所有现场设备的设备如传感器、驱动器和开关等都接到现场总线上，具有现场总线接口的控制器实现对所有设备的控制。车间监控层由 PROFIBUS-FMS 网络构成，实现车间监控和生产管理，如设备状态在线监控、参数设定、故障报警、生产调度和统计等。工厂管理层由局域网构成，负责处理全厂的综合信息，如生产数据、生产管理和调度命令等。

一般情况下从现场层到车间层的 PROFIBUS 现场总线网络构成主要分主站和从站。主站决定了总线的通信控制，具有总线控制权，有能力控制管理从站的设备，如 PLC 和 PC 机等。从站是受主站通信管理，提供现场 I/O 数据的设备，它们没有总线控制权，只对接收到的信息进行确认和恢复主站需要的信息。例如典型的从站包括输入输出装置、阀门、传感器、驱动器等。

现场中 PROFIBUS 总线的网络系统构成形式应根据实际应用要求确定，一般分为单主站系统和多主站系统。

① 单主站系统可由一个主设备和最多 125 个从站设备组成，同一个总线下最多接 126 个设备（主设备和从设备之和）。如图 8-6-2 所示由一个 PLC 作一级 DP 主站，DP 从站由几个现场设备组成。

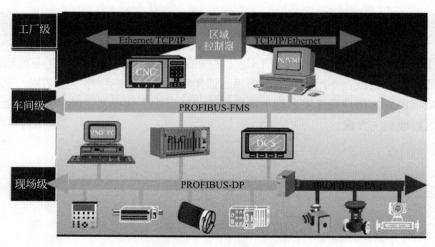

图 8-6-1　典型工厂自动化控制系统

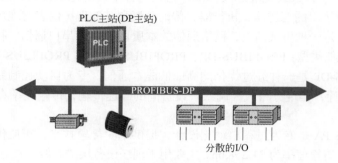

图 8-6-2　单主站系统

② 多主站系统可由多个主设备和最多 124 个从站设备组成，同一个总线下最多接 126 个设备（主设备和从设备之和），一般建议多主站系统中主站数不超过 3 个。如图 8-6-3 所示由 PLC 作一级主站，PC 机作监控主站，PC 机可经网卡直接与 PROFIBUS 总线连接或经串行口 RS232/RS485 进行连接。在编程软件中进行 PROFIBUS 网络组态时，应当按照从小到大的顺序设置从站站号，并且要连续。一般 0 是 PG 的地址，1 ~ 2 为主站地址，126 为某些从站默认的地址，127 是广播地址，因而这些地址一般不再分配给从站，故 DP 从站最多可连接 124 个，站号设置一般为 3 ~ 125。

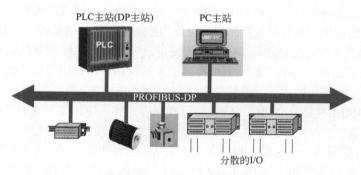

图 8-6-3　多主站系统

（3）PROFIBUS 总线中常用的组网硬件

PROFIBUS 总线网络主要涉及的硬件包括：PROFIBUS 接口、通信介质、PROFIBUS 插头（总线连接器）和中继器等。

① PROFIBUS 接口是 RS485 串口，一个 PROFIBUS 设备至少具有一个 PROFIBUS 接口，带有一个电气 (RS485) 接口或一个光纤接口。如图 8-6-4 所示是 RS485 接口，接口引脚排列及定义如图 8-6-5 所示。

RS485接口

图 8-6-4　RS485 接口

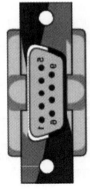

针脚号	信号	规定
1	Shield	屏蔽/保护地
2	M24	24V输出电压的地
3	RxD/TxD-P*	接收数据/传输数据阳极(+)
4	CNTR-P	中继器控制信号(方向控制)
5	DGND*	数据传输势位(对地5V)
6	VP*	终端电阻-P的供给电压，(P5V)
7	P24	输出电压+24V
8	RxD/TxD-N*	接收数据/传输数据阴极(-)
9	CNTR-N	中继器控制信号(方向控制)

图 8-6-5　RS485 接口引脚排列及定义

② PROFIBUS 插头（D 型总线连接器）。PROFIBUS 插头用于连接 PROFIBUS 电缆和 PROFIBUS 的站点，如图 8-6-6 所示。

总线终端
电阻开关
(红色处)

图 8-6-6　PROFIBUS 插头

在 PROFIBUS 插头上，有一个进线孔（IN）和一个出线孔（OUT），分别连接至前一个站和后一个站。当各站点通过插头连接以及网线连接到网络上时，根据 RS485 串口通信的规范，每个物理网段支持 32 个物理设备，且在物理网段终端的站点应该设置终端电阻，以防止浪涌，保证通信质量。而每个 PROFIBUS 插头上，都内置了终端电阻，根据需要是可以接入（ON）和切除（OFF）。当终端电阻设置为"ON"时，表示一个物理网段的终结，因此连接在出线端口"OUT"后面的网段的信号也将被中断。因此，在每个物理网段两个终端站点上的插头，需要将网线连接在进线口"IN"，同时将终端电阻设置为"ON"，而位于网段中间的站点，需要依次将网线连接在进线口"IN"和出线口"OUT"，同时将终端电阻设置为"OFF"，如图 8-6-7 所示为 PROFIBUS 插头的连接和设置。需要注意的是 PROFIBUS 插头有一种带编程口（PG 口）的，建议至少每个网段的两个终端站点处的插头尽量使用带编程口的（见图 8-6-6 中左侧的插头），便于系统的诊断和维护。

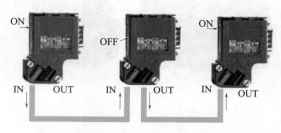

图 8-6-7　PROFIBUS 插头的连接和设置

③ 通信介质。PROFIBUS 网络支持 RS485 的通信介质，常用的有电缆和光纤两种。也有支持无线通信的设备，这里不做介绍，目前主要介绍的还是电缆和光纤两种介质。

a. PROFIBUS 电缆。PROFIBUS 电缆是一根屏蔽双绞电缆，常用的有两类电缆（A 类和 B 类），两类电缆的特性见表 8-6-1，两类电缆对不同传输速率时的最大长度见表 8-6-2。

表8-6-1　两类电缆的特性

电缆参数	A 型	B 型
阻抗	$135 \sim 165\Omega$（$f = 3 \sim 20\text{MHz}$）	$100 \sim 130\Omega$（$f > 100\text{kHz}$）
电容	$< 30\text{pF/m}$	$< 60\text{pF/m}$
电阻	$\leqslant 110\ \Omega/\text{km}$	—
导线截面积	$\geqslant 0.34\text{mm}^2$(22AWG)	$\geqslant 0.22\text{mm}^2$（24AWG）

表8-6-2　两类电缆对不同传输速率时的最大长度规定

波特率 /（kbit/s）	$9.6 \sim 93.75$	187.5	500	1500	$3000 \sim 12000$
A 型电缆长度 /m	1200	1000	400	200	100
B 型电缆长度 /m	1200	600	200	70	

标准的 PROFIBUS 电缆一般都是 A 类电缆，其中数据线有两根，分别是 A- 绿色和 B- 红色，分别连接 DP 接口的引脚 3（B）和 8（A），电缆的外部包裹着编织网和铝箔两层屏蔽，最外面是紫色的外皮，如图 8-6-8 所示。

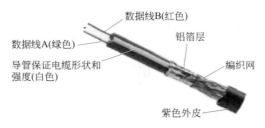

图 8-6-8　标准 PROFIBUS 电缆

b. 光纤及接头。按光在光纤中的传输模式不同，光纤可分为单模光纤和多模光纤。常用的光纤有塑料光纤、PCF 光纤和玻璃光纤三种。西门子可以使用光纤的 PROFIBUS 设备有带光纤接口的 CP 板卡及模板（如 CP 5613 A2 FO，CP 3425-FO 等），OLM 和 OBT 等设备。

光纤主要涉及选型的问题，因为通信距离与光纤的类型有很大关系，而且并非所有的设备都能支持多种类型的光纤，需要注意设备与光纤以及接头的选型。常用的两种接头类型是玻璃光纤的 BFOC 接头和塑料光纤的 PCF Simplex plug 接头类型，如图 8-6-9 所示。

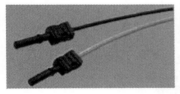
Simplex plug

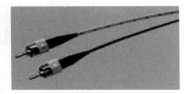
BFOC接头

图 8-6-9　光纤及接头

④ RS485 中继器。按照 RS485 串口通信的规范，当网络中的硬件设备超过 32 个，或者波特率对应的网络通信距离已经超出规定范围时，就应该使用 RS485 中继器来拓展网络连接，如图 8-6-10 所示是西门子 RS485 中继器。

PROFIBUS 通信属于 RS485 通信的一种，因而也遵循这样的原则，如果网络中实际连接的硬件超过 32 个，或者所对应的波特率超过一定的距离（见表 8-6-2），则需要增加相应的 RS485 中继器来进行物理网段的扩展，如图 8-6-11 所示的中继器的网段 1 和网段 2 都是网络中间的一个站点，即终端电阻为"Off"，网段 1 的总长度为 200m（1.5M bps），网段 2 的总长度也为 200m（1.5M bps），两个网段之间是电气隔离的。由于 RS485 中继器本身将造成数据的延时，因而一般情况下，网络中的中继设备都不能超过 3 个，但西门子的 PROFIBUS RS485 中继器采用了特殊的技术，因而可以将中继器的个数增加到 9 个，即在一条物理网线上，最多可以串联 9 个西门子的 RS485 中继器，这样网段的扩展距离将大大增加。

图 8-6-10　RS485 中继器

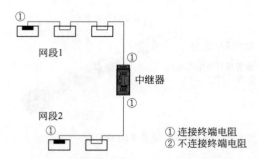

图 8-6-11　利用 RS485 中继器扩展网段

（4）PROFIBUS DP 的通信类型

如图 8-6-12 所示显示了 PROFIBUS DP 的最重要组件，表 8-6-3 列出了各个组件的名称。图 8-6-12 中可以看出采用 PROFIBUS DP 的通信类型有 DP 主站与 DP 主站通信、DP 主站与智能从站通信和 DP 主站与 DP 从站通信三种，具体通信说明见表 8-6-4。

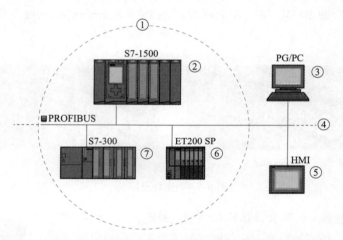

图 8-6-12　典型 PROFIBUS DP 网络配置组件

表8-6-3　PROFIBUS DP网络中组件说明

编号	PROFIBUS	说明
①	DP 主站系统	
②	DP 主站	DP 主站通常是运行自动化程序的控制器，用于对连接的 DP 从站进行寻址的设备，DP 主站与现场设备交换输入和输出信号
③	PG/PC（2 类 DP 主站）	PG/PC/HMI 设备用于调试和诊断
④	PROFIBUS	网络基础结构
⑤	HMI	用于操作和监视功能的设备
⑥	DP 从站	分配给 DP 主站的分布式现场设备，如阀门终端、变频器等
⑦	智能从站	智能 DP 从站

表8-6-4　采用 PROFIBUS DP 的通信类型说明

通信类型	说明
DP 主站和 DP 从站	带有 I/O 模块的 DP 主站和 DP 从站之间的数据交换通过以下方式进行：DP 主站依次查询主站系统中的 DP 从站，并从 DP 从站接收输入值，然后将输出数据传回 DP 从站（主站 - 从站原理）
DP 主站和智能从站	在 DP 主站和智能从站的 CPU 中的用户程序之间循环传输固定数量的数据。 DP 主站不访问智能从站的 I/O 模块，而是访问所组态的地址区域（称为传输区域），这些区域可位于智能从站 CPU 的过程映像的内部或外部。若将过程映像的某些部分用作传输区域，就不能将这些区域用于实际 I/O 模块 数据传输是通过使用该过程映像的加载和传输操作或通过直接访问进行的
DP 主站和 DP 主站	在 DP 主站的 CPU 中的用户程序之间循环传输固定数量的数据。这需要附加一个 DP/DP 耦合器 各 DP 主站相互访问位于 CPU 的过程映像的内部或外部的已组态地址区域（称为传输区域）。若将过程映像的某些部分用作传输区域，就不能将这些区域用于实际 I/O 模块。数据传输是通过使用该过程映像的加载和传输操作或通过直接访问进行的

　　DP 从站和智能 DP 从站的区别：对于 DP 从站，DP 主站直接访问分布式 I/O。对于智能从站，DP 主站实际是访问预处理 CPU 的 I/O 地址空间中的传输区域，而不是访问智能从站所连接的 I/O。预处理 CPU 中运行的用户程序负责确保操作数区和 I/O 之间的数据交换，如图 8-6-13 所示。

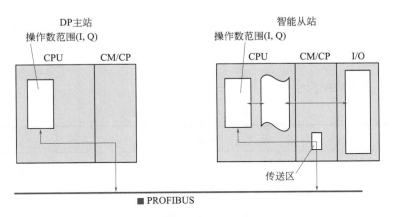

图 8-6-13　智能从站数据访问

（5）创建 PROFIBUS DP 系统的基本步骤
　　① 规划网络通信方案和硬件清单。
　　② 组态。建立一个自动化系统需要在 TIA 博途软件中创建 PROFIBUS 设备和模块，并进行组态。"组态"是指在设备或网络视图中对各种设备和模块进行安排、设置和联网。将会向每个模块自动分配一个 PROFIBUS 地址。这些地址可以随后进行修改。CPU 将在 TIA 博途软件中创建的预设组态与工厂的实际组态进行比较，这样就可检测出错误并立即发出信号。

③ 参数分配。参数分配是指设置所用组件的属性，具体可根据实际情况分配硬件组件和数据交换的相关设置。如激活诊断、数字量输入的输入延时。在参数分配中可酌情选择需要设置的参数如下：

向 DP 主站分配 DP 从站；分配 PROFIBUS 地址；进行网络设置；考虑电缆组态；考虑附加的网络设备；总线参数；创建用户定义配置文件；组态恒定总线循环时间。

④ 参数分配完后将下载到 CPU 中，并在 CPU 启动时传送到相应模块，这样模块的更换十分方便，因为对于 SIMATIC CPU 来说，设置的参数会在每次启动过程中自动下载到新模块中。

⑤ 按照项目要求对硬件进行调整。若要设置、扩展或更改自动化项目，则需要对硬件进行调整，可向布局中添加硬件组件，将它们与现有组件相连，并根据具体任务调整硬件属性。自动化系统和模块的属性已经过预设，因此在很多情况下，不必再次分配参数。但在以下情况下需要进行参数分配：

a. 要更改模块的预设参数。

b. 要使用特殊功能。

c. 要组态通信连接。

8.6.2 PROFIBUS DP通信实例

实例 8-9 DP主站与DP从站通信控制

【控制要求】利用 PROFIBUS DP 组成的主从系统，由 S7-1500 CPU 作为 DP 主站控制器，控制远程 I/O 接口设备 IM 55-6DP HF，按下主站控制器输入端的启动按钮（I10.0）和停止按钮（I10.1）控制远程 I/O 站从站上的数字量输出端 Q0.0 的接通和断开，从而控制 KA 继电器的接通和断开。

【操作步骤】

① 准备主要设备清单，如表 8-6-5 所示。

表8-6-5　实例8-9所需要的主要设备清单

序号	设备型号	数量
1	PLC CPU 1516-3 PN/DP	1
2	I/O 设备接口模块 IM 155-6DP HF	1
3	主站数字量输入模块 DI 16×24VDC BA	1
4	从站 DQ 数字量输出模块 4×24VDC/2A ST	1
5	负载电源 PM 190W 120/230V AC	1
6	1 根 RJ45 网线和 1 根 PROFIBUS 电缆	2
7	PC 电脑（含网卡）	1
8	TIA Portal V15 SP1 软件	1

② 规划任务 PROFIBUS 总线硬件配置示意图，如图 8-6-14 所示。

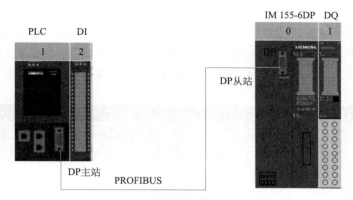

图 8-6-14　PROFIBUS 总线硬件配置示意图

③ 规划设计硬件电气原理图，如图 8-6-15 所示。

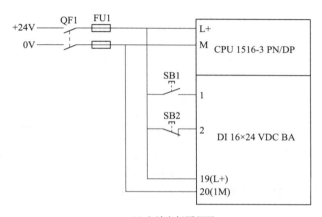

(a) 主站电气原理图

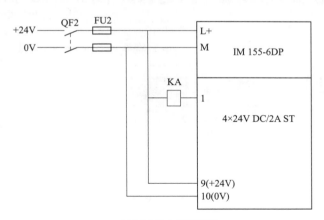

(b) DP 从站电气原理图

图 8-6-15　DP 主从站的电气原理图

④ 配置 PROFIBUS 设备并组态。

a. 添加 DP 主站设备。在博途软件中创建新项目，取名"DP 主 -DP 从"，添加新设备，控制器 PLC 选择 CPU 1516-3 PN/DP，在 PLC 设备视图中继续添加数字量输入模块 DI

16×24VDC BA。

b. 添加 DP 从站设备。添加分布式 I/O → ET 200SP → 接口模块 IM 155-6DP HF，在 ET 200SP 的设备视图中继续添加数字量输出模块 DQ 4×24VDC/2A ST，在 I/O 模块右边添加一个服务器模块来结束设备的组态。至此添加设备完成，如图 8-6-16 所示。

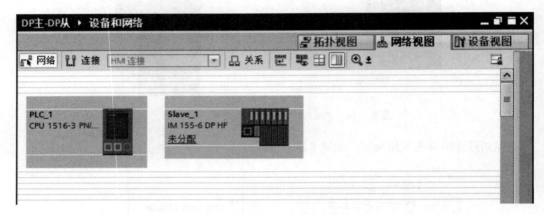

图 8-6-16 添加 DP 主从设备

c. 建立主站与从站的网络连接（向 DP 主站分配 DP 从站）。在图 8-6-16 中 DP 从站上，用鼠标左键单击"未分配"链接。随即打开"选择 DP 主站" 菜单。在菜单中点击选择要向其分配 DP 从站的 DP 主站"PLC_1.DP 接口_1"，这样将在 CPU 上创建一个带有 DP 系统的子网 PROFIBUS_1，如图 8-6-17 所示。该 CPU 现在是 PROFIBUS DP 主站，DP 从站将分配给该 DP 主站。如果还要分配给该 DP 主站的所有其他 DP 从站，可重复此步骤。

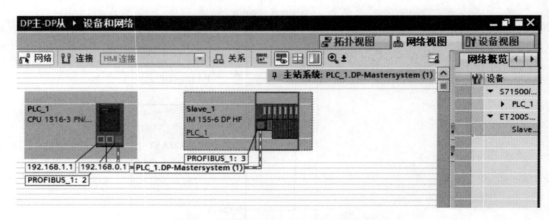

图 8-6-17 建立 DP 主从设备的网络连接

d. 通过步骤 c 建立了网络连接后，主从站的 PROFIBUS 地址参数自动分配成功。如图 8-6-18 所示是主站 DP 接口属性，接口连接到子网"PROFIBUS_1"，主站地址参数为"2"，最高地址默认为"126"，传输率默认为"1.5Mbps"。从站地址参数为"3"，其他参数必须和主站一致。

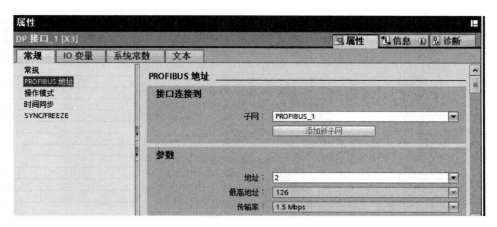

图 8-6-18　DP 主站 PROFIBUS 地址参数

e. 网络设置。选中网络视图中的网络主系统紫色线" <u>PLC_1.DP-Mastersystem (1)</u> "，点击打开巡视窗口属性，进行相关参数配置，如图 8-6-19 所示。在巡视窗口属性中选择"常规→PROFIBUS →网络配置"中参数设置为如图 8-6-19 所示。根据所连接的设备类型和所用的协议，可在 PROFIBUS 上使用不同的配置文件，建议"配置文件"选择为"DP"。这些配置文件在设置选项和总线参数的计算方面有所不同，只有当所有设备的总线参数值都相同时，PROFIBUS 子网才能正常运行。

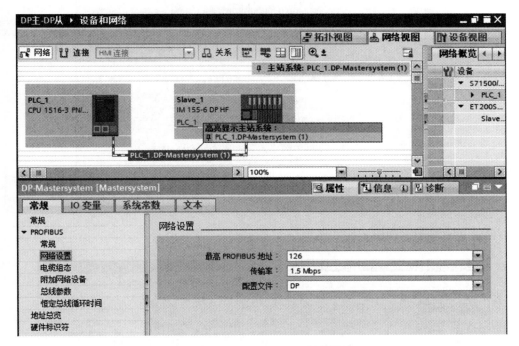

图 8-6-19　PROFIBUS_1 网络属性

f. 电缆组态。为计算总线参数，可将电缆组态信息考虑进来，在 PROFIBUS 子网的属性中选中复选框"考虑下列电缆组态"，如图 8-6-20 所示。其他信息取决于所用电缆的类型。

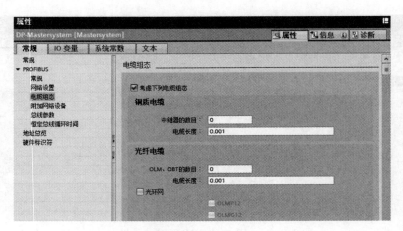

图 8-6-20　电缆组态

g. 总线参数。总线参数可控制总线上的传输操作，总线上每个设备的总线参数必须和其他设备的相同。如图 8-6-21 所示，点击选择"常规→总线参数"启用周期性分配。

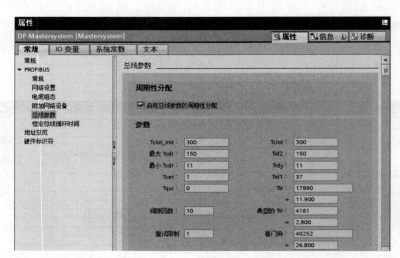

图 8-6-21　总线参数窗口

⑤ 编写主站程序。

a. 创建 PLC 变量，如图 8-6-22 所示。

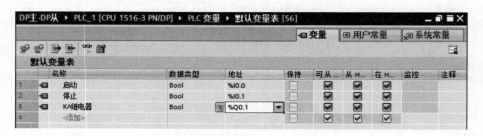

图 8-6-22　创建 PLC 变量

b. 在主站程序块 OB1 中编写主程序如图 8-6-23 所示，从站不需要编写程序。

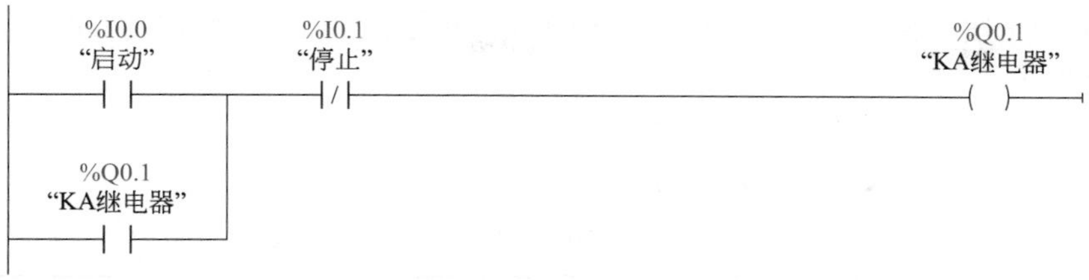

%I0.0
"启动"

%I0.1
"停止"

%Q0.1
"KA继电器"

%Q0.1
"KA继电器"

图 8-6-23　主站程序

⑥ 任务完成，编译下载调试。调试比较简单，这里不再进行调试了。

实例 8-10　S7-1500 PLC与智能从站PROFIBUS DP通信控制

在进行本例智能从站组态之前，先学习一下智能从站与上级 DP 主站之间的数据交换方式。

智能从站与上级 DP 主站之间的数据交换需要一个信息交换单元来完成。这个信息单元称为传输区域，它是与智能从站 CPU 的用户程序之间的接口，用户程序对输入进行处理并输出处理结果，并由传输区域提供用于 DP 主站与智能从站之间通信的数据。图 8-6-24 所示为智能从站与上级 DP 主站之间的数据交换过程。图中①表示上级 DP 主站与普通 DP 从站之间的数据交换，在这种方式中，DP 主站和 DP 从站可通过 PROFIBUS 来交换数据。图中②表示上级 DP 主站与智能从站之间的数据交换，在这种方式中，DP 主站和智能从站可通过 PROFIBUS 来交换数据。上级 DP 主站和智能从站之间的数据交换基于常规 DP 主站 /DP 从站关系。对于上级 DP 主站，智能从站的传输区域代表某个 DP 从站的 "子模块"。DP 主站的输出数据即是智能从站传输区域（子模块）的输入数据。同理 DP 主站的输入数据即是智能从站传输区域（子模块）的输出数据。图中③表示智能从站中用户程序与传输区域之间的传输关系，在这种方式中，用户程序与传输区域交换输入和输出数据。图中④表示智能从站中用户程序与智能从站的 I/O 之间的数据交换，在这种方式中，用户程序与智能从站的集中式 I/O 交换输入和输出数据。

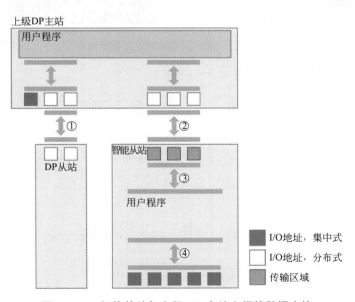

图 8-6-24　智能从站与上级 DP 主站之间的数据交换

【任务要求】按下智能从站的启动按钮 I0.0 和停止按钮 I0.1，分别控制 DP 主站的 Q0.0 输出的接通和断开。

【操作步骤】

① 准备主要设备清单，如表 8-6-6 所示。

表8-6-6 实例8-10所需要的主要设备清单

序号	设备型号	数量
1	CPU 1516-3 PN/DP	1
2	CPU 1512SP-1 PN	1
3	通信模块 CM DP	1
4	主站 DQ 数字量输出模块 16 × 24VDC/0.5A BA	1
5	从站数字量输入模块 DI 8 × 24VDC ST	1
6	负载电源 PM 190W 120/230V AC	1
7	1 根 RJ45 网线和 1 根 PROFIBUS 电缆	2
8	PC 电脑（含网卡）	1
9	TIA Portal V15 SP1 软件	1

② 规划任务 PROFIBUS 总线硬件配置示意图，如图 8-6-25 所示。

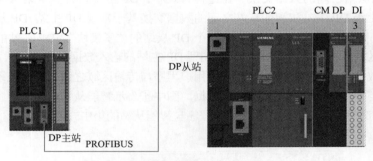

图 8-6-25 智能从站的硬件配置示意图

③ 规划设计硬件电气原理图，如图 8-6-26 所示。

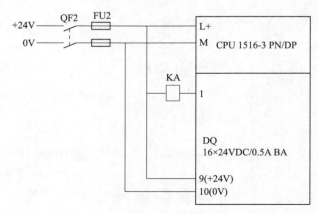

(a) DP主站电气原理图

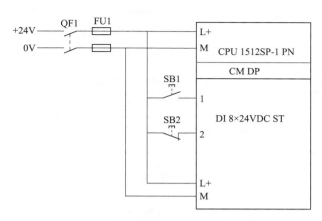

(b) 智能从站电气原理图

图 8-6-26　DP 主站与智能从站电气原理图

④ 配置 PROFIBUS 设备并组态。

a. 添加 DP 主站设备。在博途软件中创建新项目，取名"DP 主 - 智能从站"，添加新设备，控制器 PLC 选择 CPU 1516-3 PN/DP，在 PLC 设备视图中继续添加数字量输出模块 DQ 16×24VDC/0.5A BA。

b. 添加 DP 智能从站设备。在网络视图中添加控制器→ ET 200SP CPU → CPU 1512SP-1 PN，在 CPU 1512SP-1 PN 的设备视图中，继续添加通信模块 CM DP，再添加数字量输入模块 DI 8×24VDC ST，在模块右边添加一个服务器模块来结束设备的配置。至此添加设备完成，如图 8-6-27 所示。

图 8-6-27　添加 DP 主从智能设备

c. 建立主站与智能从站的网络连接。在图 8-6-27 中的网络视图中，点击主站 PLC_1 的 DP 接口，打开巡视窗口"属性→常规→ PROFIBUS 地址→添加新子网"，如图 8-6-28 所示，地址为"2"，最高地址为"126"，传输率为"1.5Mbps"。

图 8-6-28　组态主站 DP 地址

在图 8-6-27 中的网络视图，点击选择 DP 智能从站上的 CM DP 通信模块的 PROFIBUS 接口（紫色框 DP 接口），打开巡视窗口"属性→常规→ PROFIBUS 地址→添加新子网"，如图 8-6-29 所示，地址为"3"，最高地址为"126"，传输率为"1.5Mbps"。

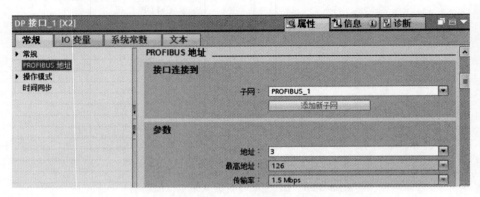

图 8-6-29　组态智能从站的地址

继续在图 8-6-28 中点击"操作模式"，选择"DP 从站"，分配的 DP 主站"PLC_1.DP 接口 _1"，如图 8-6-30 所示。至此，这两台设备之间的网络连接和 DP 主站系统就将显示在网络视图中，如图 8-6-31 所示。

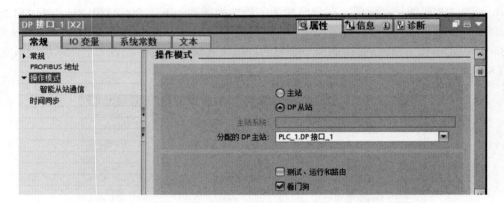

图 8-6-30　组态智能从站的操作模式

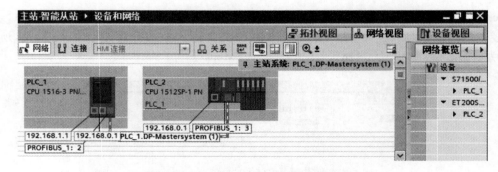

图 8-6-31　DP 主站与智能从站网络连接

⑤ 组态传输区域。进入智能从站的设备视图中，并已选择了该通信模块的 PROFIBUS

接口，在巡视窗口中，打开"操作模式→智能从站通信→传输区域"，点击"新增"创建传输区 _1，如图 8-6-32 所示，点击左侧导航区中的新生成的"传输区 _1"，弹出如图 8-6-33 所示的界面，进行相关参数设置，如主站伙伴 PLC_1 地址为"I100"，从站本地 PLC_2 地址为"Q250"。

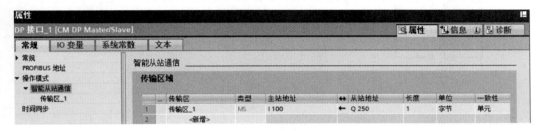

图 8-6-32　创建传输区域

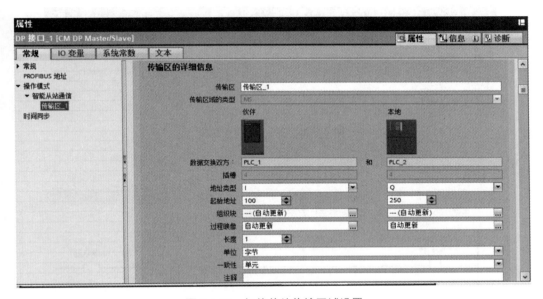

图 8-6-33　智能从站传输区域设置

⑥ 智能从站编程。

a. 在从站 PLC_2 中创建 PLC 变量，如图 8-6-34 所示。

图 8-6-34　在从站 PLC_2 中创建 PLC 变量

b. 从站编写程序，如图 8-6-35 所示。

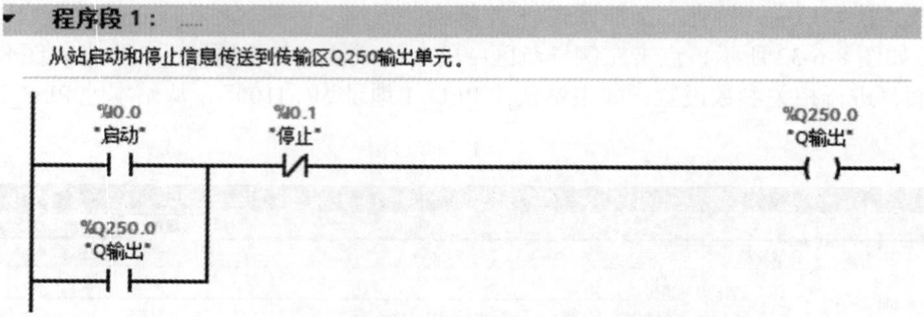
程序段 1：
从站启动和停止信息传送到传输区Q250输出单元。
%I0.0
"启动"
%I0.1
"停止"
%Q250.0
"Q输出"
%Q250.0
"Q输出"

图 8-6-35　从站程序

⑦ 编写主站编程。

a. 在主站 PLC_1 中创建 PLC 变量，如图 8-6-36 所示。

主站智能从站 ▸ PLC_1 [CPU 1516-3 PN/DP] ▸ PLC 变量 ▸ 默认变量表 [55]
变量
用户常量
系统常量
默认变量表

		名称	数据类型	地址	保持	可从 ...	从 H...	在 H...	监控	注...
1		Tag_1	Bool	%I100.0	☐	☑	☑	☑		
2		KA继电器	Bool	%Q0.0	☐	☑	☑	☑		
3		<添加>			☐	☑	☑	☑		

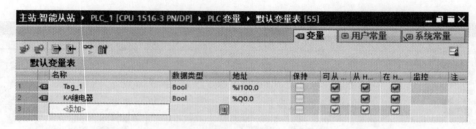

图 8-6-36　定义 PLC_1 变量

b. 编写主程序，如图 8-6-37 所示。

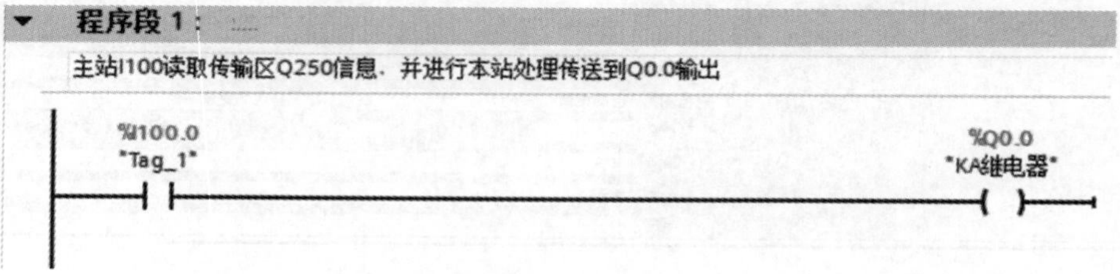
程序段 1：
主站I100读取传输区Q250信息．并进行本站处理传送到Q0.0输出
%I100.0
"Tag_1"
%Q0.0
"KA继电器"

图 8-6-37　主站程序

⑧ 任务完成，编译下载调试。在这里下载调试不再赘述。

第 9 章

西门子 PLC 的 SCL 编程语言

9.1 SCL 编程语言简介

9.1.1 SCL 编程语言的特点

SCL（Structured Control Language，结构化控制语言）是一种基于 PASCAL 的高级编程语言。这种语言基于标准 DIN EN 61131-3（国际标准为 IEC 1131-3）。根据该标准，可对用于可编程逻辑控制器的编程语言进行标准化。SCL 语音除了包含 PLC 的典型元素（例如输入、输出、定时器或存储器位）外，还包含高级编程语言的特性，例如，采用表达式、赋值运算、运算符、高级函数等完成数据的运算与传送。SCL 语音还提供简便的指令进行程序控制，例如创建程序分支、循环或跳转进行程序控制。

因此，SCL 语言尤其适用于数据管理、过程优化、配方管理、数学计算与统计任务等应用领域。

9.1.2 SCL 编辑界面

在 TIA 博途软件中集成了 SCL 的编辑语言环境，编程时可直接供用户使用。在使用时，添加程序块时选择编程语言为"SCL"，即可完成 SCL 程序编辑块的创建，如图 9-1-1 所示，SCL 编辑器的界面主要由工具栏、接口参数区、指令区、程序编辑器等几部分组成。

9.1.3 SCL 指令输入方法与规则

① 利用 SCL 语言编程时，常用以下类型的指令。

a. 赋值运算：赋值用于为一个变量赋值一个常数值、表达式的结果或另一个变量的值。例如："MyTag":= 0;

b. 程序控制指令：程序控制指令用于实现程序的分支、循环或跳转。例如：WHILE "Counter"< 10 DO

"MyTAG" :="MyTag" + 2;

END_WHILE;

c. "指令"(Instructions)任务卡中的其他指令:"指令"(Instructions)任务卡提供大量可用于 SCL 程序的标准指令。

d. 块调用:块调用用于调用已放置在其他块中的子例程,并对这些子例程的结果作进一步的处理。例如:MyDB"();

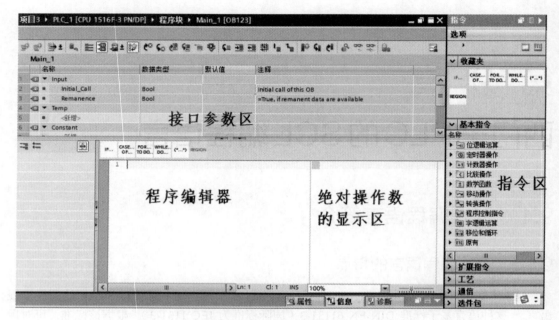

图 9-1-1　SCL 编辑器界面

② 输入 SCL 指令时需要遵守下列规则。

a. 程序中所有的符号都为英文字符,应在英文输入法下输入,输入时不区分大小写。

b. 指令可跨行输入和编辑。如果输入出现语法错误或未定义的变量,则在有错误部分下面出现红色的波浪线。

c. 每个变量都在引号("")内,每个指令都以分号(;)结尾。

d. 注释(//)仅用于描述程序,而不会影响程序的执行。

③ SCL 指令的输入方法。SCL 程序的输入主要有手动输入和通过指令选择插入的方式来实现的。

a. 手动输入指令。首先打开一个 SCL 块后,按照以下要点进行操作。

通过键盘输入指令语法时,输入时支持自动完成功能,即输入指令时,当用户输入第一个字符或字母时,系统会自动提示显示与其相关的指令,便于用户选择使用。

也可从 PLC 变量表或块接口中,将一个已定义的操作数拖放到程序中。要替换已经插入的操作数,可以将鼠标指针短暂地放在要替换的操作数上,然后松开鼠标按钮。这将选择操作数,并在松开鼠标按钮时,将此操作数替换为新的操作数。

b. 通过指令选择插入方式输入。"指令"(Instructions)任务卡提供可在 SCL 程序中使用的大量指令,使用时可通过"指令"(Instructions)任务卡将 SCL 指令插入程序,按照以下步骤操作:

•打开"指令"任务卡。要插入指令,可导航到待插入的 SCL 指令,然后将它拖放到程序代码中指定的行，插入位置以绿色矩形高亮显示；或在程序代码中选择要插入指令的位置，然后双击待插入的指令。该指令插入到程序中，操作数占位符以黄色高亮显示。浅黄色表示无须互连的可选参数。深黄色表示必须互连的必须参数。

· 用操作数替换该占位符。选择一个占位符，可从接口或 PLC 变量表中将一个变量拖放到占位符处。

· 用 <TAB> 键导航到所有其他占位符，然后用操作数进行替换。

说明：SCL 编辑器将进行语法检查，不正确的输入以红色斜体字显示并出现红色波浪线提示。此外，在检查窗口还会显示详细的出错消息。

9.2　SCL编程语言中基本指令

9.2.1　赋值指令

赋值指令是 SCL 语言中最常见的指令。通过赋值，为一个变量赋值一个常数值、表达式的结果或另一个变量的值。其格式例如 " Tag_1 " := 1; 赋值表达式的左侧为变量，右侧为表达式的值。表达式的意思是通过赋值指令，将表达式的值 "1" 赋值给变量 "Tag_1"。语句结束用 ";"。

常见的几种编程赋值运算如下：

（1）单赋值运算

执行单赋值运算时，仅将一个表达式或变量分配给单个变量，如表 9-2-1 所示。

表9-2-1　单赋值运算操作

单赋值表达式	注释
"MyTag1":="MyTag2";	(* 变量赋值 *)
"MyTag1":= "MyTag2"* "MyTag3";	(* 表达式赋值 *)
"MyTag":= "MyFC"();	(* 调用一个函数，并将函数值赋给 "MyTag" 变量 *)
#MyStruct.MyStructElement := "MyTag";	(* 将一个变量赋值给一个结构元素 *)
#MyArray[2] := "MyTag";	(* 将一个变量赋值给一个 Array 元素 *)
"MyTag":= #MyArray[1,4];	(* 将一个 Array 元素赋值给一个变量 *)
#MyString[2] := #MyOtherString[5];	(* 将一个 String 元素赋给另一个 String 元素 *)

实例 9-1 赋值指令应用1

例如：" Tag_1 " := 1;// 表示将常数 1 赋值给 Tag_1，如图 9-2-1 所示。

函数名称也可以作为表达式。赋值运算将调用该函数，并返回其函数值，赋给左侧的变量。赋值运算的数据类型取决于左边变量的数据类型。右边表达式的数据类型必须与该数据类型一致。

IF...	CASE... OF...	FOR... TO DO...	WHILE... DO...	(*...*)	REGION

1	"Tag_1" := 1;//表示将常数1赋值给Tag_1		"Tag_1"	$I0.0

图 9-2-1　SCL 编辑器中赋值指令应用 1

实例 9-2 赋值指令应用2

例如：#result := #a + #b;// 表示把 a+b 的数值 12 赋值给 result，如图 9-2-2 所示。

图 9-2-2　SCL 编辑器中赋值指令应用 2

（2）多赋值运算

执行多赋值运算时，一条指令中可执行多个赋值运算，如表 9-2-2 所示。

表9-2-2　多赋值运算操作

多赋值表达式	注释
"MyTag1":= "MyTag2":="MyTag3";	(* 变量赋值 *)
"MyTag1":="MyTag2":= "MyTag3" * "MyTag4";	(* 表达式赋值 *)
"MyTag1":= "MyTag2":= "MyTag3 := "MyFC"();	(* 调用一个函数，并将函数值赋值给变量 "MyTag1"、"MyTag1" 和 "MyTag1" *)
#MyStruct.MyStructElement1 := #MyStruct.MyStructElement2 :="MyTag";	(* 将一个变量赋值给两个结构元素 *)
#MyArray[2] := #MyArray[32] = "MyTag";	(* 将一个变量赋值给两个数组元素 *)
"MyTag1" := "MyTag2" := #MyArray[1,4];	(* 将一个数组元素赋值给两个变量 *)
#MyString[2] := #MyString[3]:= #MyOtherString[5];	(* 将一个 String 元素赋值给两个 String 元素 *)

（3）组合赋值运算

执行组合赋值运算时，可在赋值运算中组合使用操作符 "+" "-" "*" 和 "/"，如表 9-2-3 所示。

表9-2-3　组合赋值运算操作

组合赋值表达式	注释
"MyTag1" += "MyTag2";	(* "MyTag1" 和 "MyTag2" 相加，并将相加的结果赋值给 "MyTag1"*)
"MyTag1" -= "MyTag2" += "MyTag3";	(* "MyTag2" 和 "MyTag3" 相加。将相加的结果赋值给操作数 "MyTag2"，再从 "MyTag1" 中减去该值。计算结果将赋值给 "MyTag1"*)
#MyArray[2] += #MyArray[32] += "MyTag";	(* 数组元素 "MyArray[32]" 加上 "MyTag"。计算结果将赋值给 "MyArray[32]"。这个数组中的各个元素将相加，然后将结果分配给数组元素 "MyArray[2]"。在该运算中，相应的数据类型必须兼容 *)
#MyStruct.MyStructElement1 /= #MyStruct.MyStructElement2 *= "MyTag";	(* 结构化元素 "MyStructElement2" 乘以 "MyTag"。计算结果将赋值给 "MyStructElement2"。之后，将结构化元素 "MyStructElement1" 除以 "MyStructElement2"，并将计算结果赋值给 "MyStructElement1"。在该运算中，相应的数据类型必须兼容 *)

9.2.2　数学运算指令

在 SCL 语言中，常用的数学运算指令有加法（＋）、减法（－）、乘法（＊）、除法（／）、除法取余数（MOD）及幂运算（＊＊）等。运算过程中执行运算符的优先级的基本原则如下：

① 算术运算符优先于关系运算符，关系运算符优先于逻辑运算符。
② 同等优先级运算符的运算顺序则按照从左到右的顺序进行。
③ 赋值运算的计算按照从右到左的顺序进行。
④ 括号中的运算的优先级最高。

9.2.3　"指令"任务卡中的指令

"指令"任务卡中提供大量可用于在 SCL 程序的标准指令，如图 9-2-3 所示。

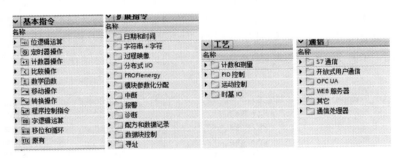

图 9-2-3　任务卡中的 SCL 标准指令

实例 9-3　SCL编程语言中的位逻辑指令的应用

如图 9-2-4 所示，输入 CLK 中变量的上一个状态存储在 "R_TRIG_DB" 变量中。如果在操作数 "Tag_1" 中检测到信号状态从 "0" 变为 "1"，则输出 "Tag_2" 的信号状态为 "1"

运行一个周期。

```
1  ⊟"R_TRIG_DB"(CLK := "Tag_1",
2      Q => "Tag_2");
3
```

▶	"R_TRIG_DB"	%DB1
	"Tag_2"	%Q0.0

图 9-2-4   检测信号上升沿指令的应用

实例 9-4 定时器指令的应用

如图 9-2-5 所示，当"Tag_1"操作数的信号状态从"0"变为"1"时，PT 参数指定的时间开始计时。超过该时间周期后，操作数"Tag_2"的信号状态将置位为"1"。只要操作数 Tag_1 的信号状态为"1"，操作数 Tag_2 就会保持置位为"1"。当前时间值存储在"Tag_4"操作数中。当操作数 Tag_1 的信号状态从"1"变为"0"时，将复位操作数 Tag_2。

```
1
2  ⊟"IEC_Timer_0_DB".TON(IN:="Tag_1",
3      PT:="Tag_4",
4      Q=>"Tag_2",
5      ET=>"Tag_5");
6
```

▶	"IEC_Timer...	%DB2
	"Tag_4"	%MD20
	"Tag_2"	%Q0.0
	"Tag_5"	%MD24

图 9-2-5   TON 定时器的应用指令

实例 9-5 CTU增计数器的应用

如图 9-2-6 所示，当"Tag_1"操作数的信号状态从"0"变为"1"时，将执行"加计数"指令，同时"Tag_4"操作数的当前计数器值加 1。只要当前计数器值大于或等于操作数"Tag_4"的值，输出"Tag_2"的信号状态就为"1"。当"Tag_3"操作数的值为"1"时，计数器复位，输出"Tag_2"的信号状态均为"0"。当前计数器值存储在"Tag_5"操作数中。

```
1  "IEC_Counter_0_DB".CTU(CU:="Tag_1",
2      R:="Tag_3",
3      PV:="Tag_4",
4      Q=>"Tag_2",
5      CV=>"Tag_5");
6
```

▶	"IEC_Count...	%DB2
	"Tag_3"	%I0.1
	"Tag_4"	%MW20
	"Tag_2"	%Q0.0
	"Tag_5"	%MW22

图 9-2-6   CTU 增计数器的应用

实例 9-6 在SCL下MAX获取最大值的应用

MAX"获取最大值"指令，进行比较输入值的大小，并将最大的值作为结果返回。如图

9-2-7 所示，在该指令处，最少需要指定 2 个输入，最多可以指定 32 个输入。该指令比较指定操作数的值，并将最大的值复制到操作数"Tag_Result"中。

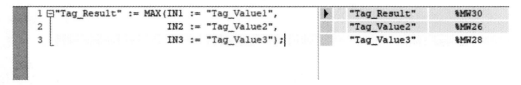

图 9-2-7　MAX 获取最大值的应用

实例 9-7　移动块指令的应用

可以使用"移动块"(Move block) 指令将一个存储区（源范围）的数据移动到另一个存储区（目标范围）中。使用参数 COUNT 可以指定将移动到目标范围中的元素个数。待移动元素的宽度由源区域中第一个元素的宽度决定。如图 9-2-8 所示中该指令指定从第三个元素开始，该指令选择 #a_array 变量中的 a[2] 开始的连续三个 Int 元素，并将其内容复制到 #b_array 输出变量中从 b[0] 开始的连续三个地址中。

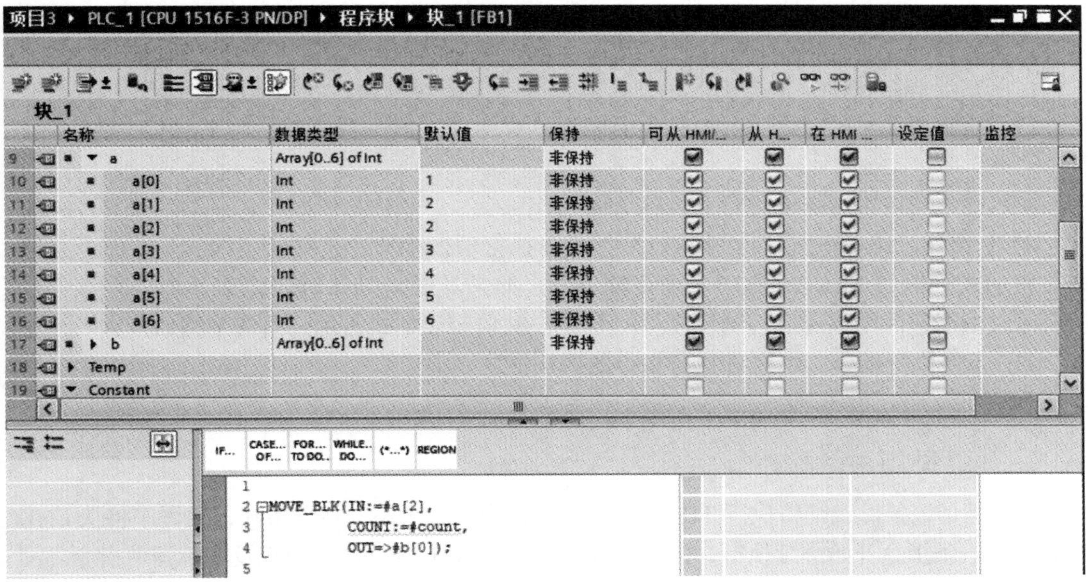

图 9-2-8　移动块指令的应用

实例 9-8　循环右移指令的应用

使用"循环右移"指令，将参数 IN 的内容，按照参数 N 指定的循环移位的位数值，逐位向右循环移位，并将结果赋值给指定的操作数，用移出的位填充因循环移位而空出的位，如图 9-2-9 所示。

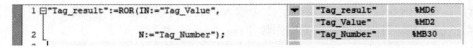

图 9-2-9　循环右移指令的应用

9.2.4　程序控制指令

在 SCL 编程器下的程序控制指令如图 9-2-10 所示。下面重点介绍常用的三大类控制语句：选择语句、循环语句、跳转语句。

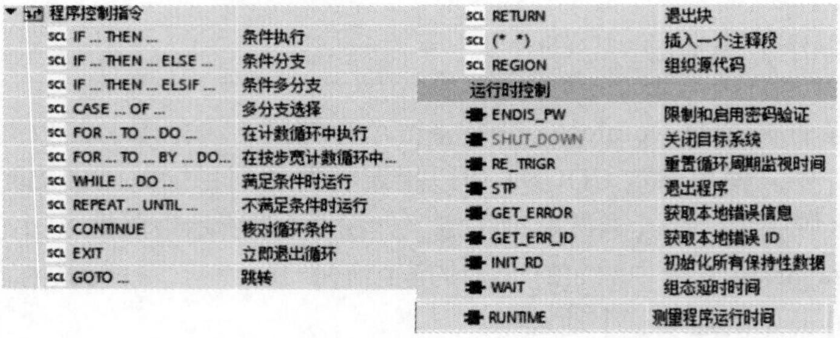

图 9-2-10　常用程序控制指令

（1）选择语句

程序在选择结构中，根据不同条件，执行不同的指令组合。选择程序表达式中常使用的条件符号有等于（＝）、小于（＜）、小于等于（＜＝）、大于（＞）、大于等于（＞＝）、不等于（＜＞）等。

在选择语句中常用的语句有 IF 和 CASE 语句。

① IF 语句。IF 语句是"条件执行"指令，执行该指令时，将对指定的表达式进行运算，如果表达式的值为 TRUE，则表示满足该条件；如果其值为 FALSE，则表示不满足该条件。从而可以根据条件结果选择控制程序流的分支。IF 语句表达式常用的语法结构如下：

a.IF 条件执行指令。IF 条件执行指令的语法格式如下：

```
IF <条件表达式> THEN <指令>
    END_IF;
```

如果满足该条件，则将执行 THEN 后编写的指令。如果不满足该条件，则程序将从 END_IF 后的下一条指令开始继续执行，如图 9-2-11 所示为 SCL 条件执行流程及编辑器中指令界面。

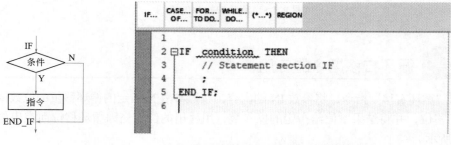

图 9-2-11　SCL 条件执行流程及指令编辑器中指令界面

实例 9-9 IF条件执行指令的应用

当接通开关时，PLC 输入端 I0.2 闭合，则输出指示灯 Q0.3 亮。

SCL 程序如图 9-2-12 所示。

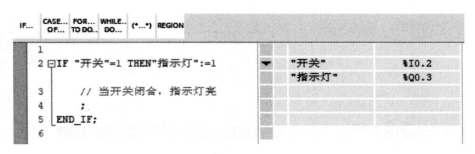

图 9-2-12　SCL 程序

b.IF 和 ELSE 分支指令。IF 和 ELSE 分支指令的语法格式如下：

```
IF <条件表达式> THEN <指令 1>
ELSE <指令 0>
END_IF;
```

如果满足该条件，则将执行 THEN 后编写的指令。如果不满足该条件，则将执行 ELSE 后编写的指令。选择执行完后，程序继续从 END_IF 后的下一条指令开始继续执行，如图 9-2-13 所示是条件分支执行流程及指令编辑界面。

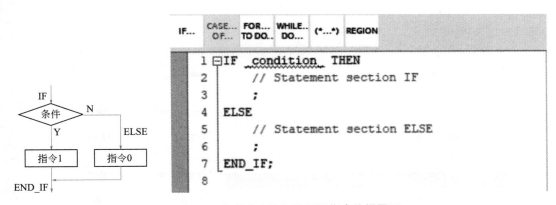

图 9-2-13　条件分支执行流程及指令编辑界面

c.IF、ELSIF 和 ELSE 条件多分支指令。IF、ELSIF 和 ELSE 分支指令语法格式如下：

```
IF <条件 1> THEN <指令 1>
ELSIF <条件 2> THEN <指令 2>
ELSE <指令 0>
END_IF;
```

如果满足第一个条件<条件 1>，则将执行 THEN 后的指令<指令 1>。执行这些指令后，程序将从 END_IF 后继续执行。

如果不满足第一个条件，则将检查第二个条件＜条件 2 ＞。如果满足第二个条件＜条件 2 ＞，则将执行 THEN 后的指令＜指令 2 ＞。执行这些指令后，程序将从 END_IF 后继续执行。

如果不满足任何条件，则先执行 ELSE 后的指令＜指令 0 ＞，再执行 END_IF 后的程序部分，如图 9-2-14 所示是条件多分支执行流程及指令编辑界面。

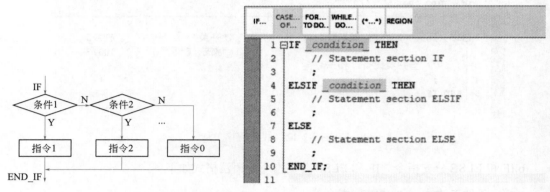

图 9-2-14　条件多分支执行流程及指令编辑界面

在 IF 指令内可以嵌套任意多个 ELSIF 和 THEN 组合。可以选择对 ELSE 分支进行编程。

实例 9-10 条件多分支指令的应用

条件多分支指令的编程应用如图 9-2-15 所示。

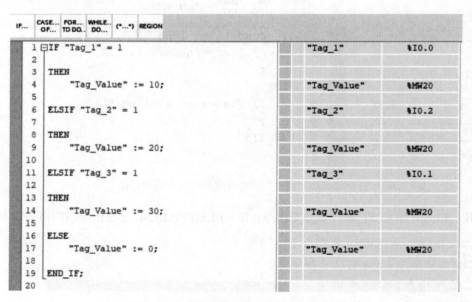

图 9-2-15　条件多分支指令编程应用实例

② CASE 多路分支指令。多路分支指令 CASE 可以根据数字表达式的值（值必须为整数），

选择执行多个指令序列中的一个。执行该指令时，会将表达式的值与多个常数的值进行比较，如果表达式的值等于某个常数的值，则将执行紧跟在该常数后编写的指令。表达式中的常数可以为整数（例如 5）、整数范围（例如 15 ～ 20）或整数与范围组成的枚举（例如 10、11、15 ～ 20）。

多路分支指令 CASE 的语法格式如下：

```
CASE < 表达式 > OF
< 常数 1>：< 指令 1>;
< 常数 2>：< 指令 2>;
< 常量 X>：< 指令 X>; //X>=3
ELSE< 指令 0>;
END_CASE;
```

如果上述表达式的值等于第一个常数< 常数 1 >的值，则将执行紧跟在该常数后编写的指令< 指令 1 >，执行完后程序将从 END_CASE 后继续执行。如果表达式的值不等于第一个常量< 常量 1 >的值，则会将该值与下一个设定的常量值进行比较。以这种方式执行 CASE 指令，直至比较的值相等为止。如果表达式的值与所有设定的常数值均不相等，则将执行 ELSE 后编写的指令< 指令 0 >，如图 9-2-16 所示为多路分支指令执行流程及编程界面。ELSE 是一个可选的语法部分，可以省略。END_CASE 表示 CASE 指令结束。

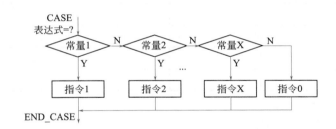

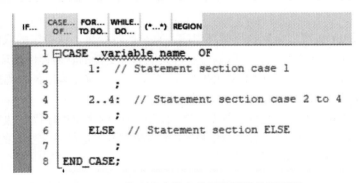

图 9-2-16　多路分支指令执行流程及编程界面

实例 9-11　多路分支指令的应用

如图 9-2-17 所示是多路分支指令的编程实例，其运行结果如表 9-2-4 所示。

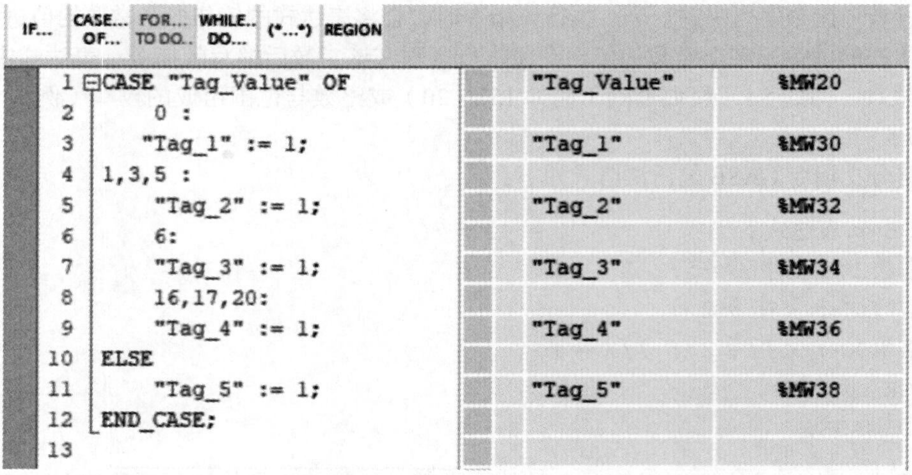

IF...	CASE... OF...	FOR... TO DO...	WHILE... DO...	("...*)	REGION

```
 1 ⊟CASE "Tag_Value" OF           "Tag_Value"        %MW20
 2      0 :
 3      "Tag_1" := 1;              "Tag_1"            %MW30
 4   1,3,5 :
 5      "Tag_2" := 1;              "Tag_2"            %MW32
 6      6:
 7      "Tag_3" := 1;              "Tag_3"            %MW34
 8    16,17,20:
 9      "Tag_4" := 1;              "Tag_4"            %MW36
10   ELSE
11      "Tag_5" := 1;              "Tag_5"            %MW38
12   END_CASE;
13
```

图 9-2-17　多路分支指令的编程实例

表9-2-4　CASE指令的实例运行结果

操作数	运行结果值				
Tag_Value	0	1、3、5	6	16、17、20	其他
Tag_1	1	—	—	—	—
Tag_2	—	1	—	—	—
Tag_3	—	—	1	—	—
Tag_4	—	—	—	1	—
Tag_5	—	—	—	—	1

1：操作数的信号状态将设置为"1"

—：操作数的信号状态将保持不变

（2）循环语句

循环执行指令 FOR 可以重复执行循环程序，直至运行变量不在指定的取值范围内。也可以嵌套程序循环。在程序循环内，可以编写包含其他运行变量的其他程序循环。

通过指令"复查循环条件"（CONTINUE），可以终止当前连续运行的程序循环。通过指令"立即退出循环"（EXIT）终止整个循环的执行。

① 按步宽计数循环执行。运行系统变量在指定的范围内重复程序循环执行，并定义用在每个循环周期之后增加（正步幅宽度）或减少（负步幅宽度）运行系统变量的步幅宽度值。

按步宽计数循环执行 FOR 语法格式如下：

FOR< 循环变量 >:=< 起始值（常量 1）>TO< 结束值（常量 2）>BY < 增量（常数 3）>DO< 指令 >;

END_FOR;

使用该指令时，在<循环变量>处写一个整型变量（变量类型为 SInt、Int、DInt、LInt），在<起始值>处写一个整数，再在<结束值>写一个大于<起始值>的整数。程序循环运行时，首先将<起始值>的值赋给<循环变量>，也就是当前系统内部循环值，循环变量由起始值开始，执行 DO 后面的指令，第一次循环完成后，先进行判断当前系统内部值是否等于或大于<结束值>，如果"大于或等于"就退出循环结束指令。如果当前系统内部值小于<结束值>就将当前值加上<增量>值后赋给<循环变量>，然后第二次执行循环程序，以此类推，直到等于与大于<结束值>时，程序退出循环，从 END_FOR 后继续执行后面的程序，SCL 中 FOR 指令编程界面如图 9-2-18 所示。

使用说明：指令中的<增量>是系统内部变量，应用时可以不写，不写时系统默认为加1，同时将加后的结果值赋值给<循环变量>。

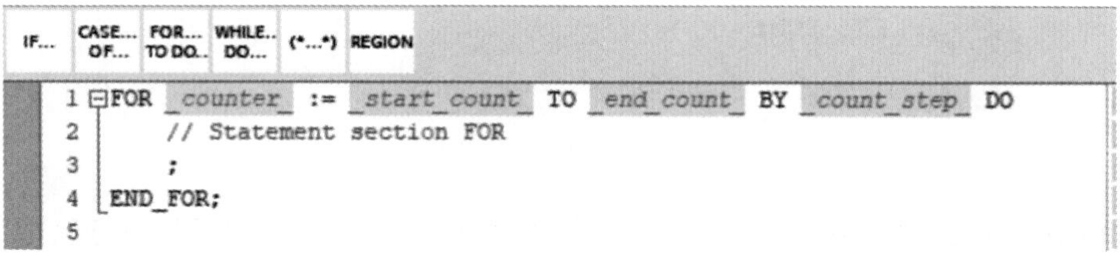

图 9-2-18　FOR 指令编程界面

实例 9-12　循环指令FOR的应用

如图 9-2-19 所示是循环指令 FOR 的编程实例，其运行过程为：首先循环变量"i"赋值为 2，系统内部循环值也赋值为 2，第一次执行 DO 后的指令，执行完后判断此时内部循环值为 2，小于 8，所以内部循环值加 2，此时，内部循环值等于 4，同时将此值赋值给循环变量"i"，这时 [i] 为 4，小于内部值 8，第二次执行循环 DO 后面的指令，执行完后判断此时内部循环值为 4，小于 8，所以内部循环值加 2，此时，内部循环值等于 6，同时将此值赋值给循环变量"i"，这时 [i] 为 6，小于内部值 8，第三次执行循环 DO 后面的指令，执行完后判断此时内部循环值为 6，小于 8，所以内部循环值加 2，此时，内部循环值等于 8，同时将此值赋值给循环变量"i"，这时 [i] 为 8，内部循环值也为 8，第四次执行循环 DO 后面的指令，执行完后判断此时内部循环值为 8，等于结束值 8，结束循环。

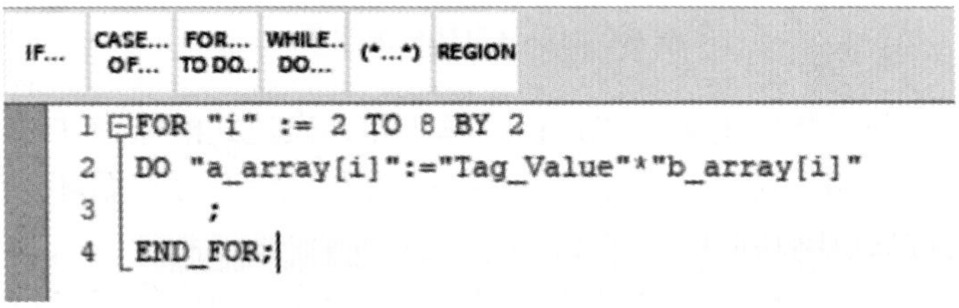

图 9-2-19　FOR 的编程实例

② 在计数循环中执行。使用"在计数循环中执行"指令，重复执行程序循环，直至运行变量不在指定的取值范围内。

在计数循环中执行 FOR 指令的语法格式如下：

```
FOR< 循环变量 >:=< 起始值（常量 1）> TO <结束值（常量 2）>DO <指令 >;
END_FOR;
```

使用说明：指令在循环执行中，系统内部变量按照系统默认为循环值加 1 进行累计，同时将累加后的结果值赋值给 < 循环变量 >。

在计数循环中执行 FOR 的指令的 SCL 编程界面如图 9-2-20 所示。

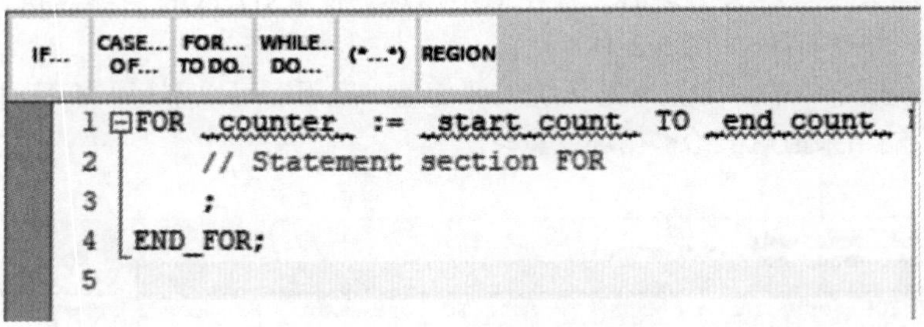

图 9-2-20　FOR 编程界面

③ WHILE 指令。WHILE 指令是"满足条件时执行"指令，可以重复执行程序循环，直至不满足执行条件为止。该条件是结果为布尔值（TRUE 或 FALSE）的表达式，可以将逻辑表达式或比较表达式作为条件。

WHILE 指令语法格式如下：

WHILE < 条件 > DO < 指令 >;
END_WHILE;

WHILE 指令的 SCL 编程界面如图 9-2-21 所示。

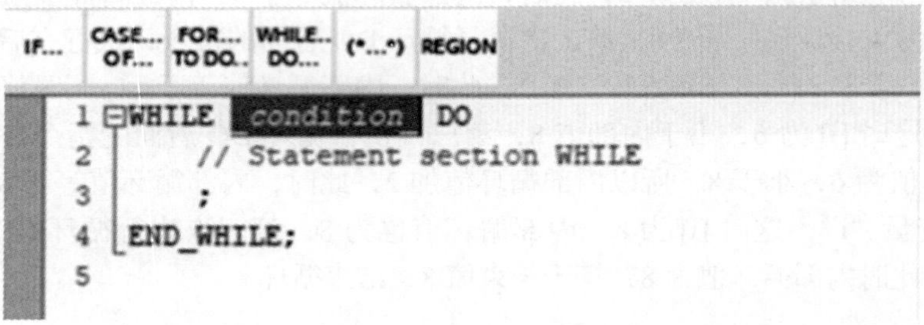

图 9-2-21　WHILE 编程界面

执行该指令时，将对指定的表达式进行运算。如果表达式的值为 TRUE，则表示满足该条件；如果其值为 FALSE，则表示不满足该条件。也可以嵌套程序循环，在程序循环内，可以编写包含其他运行变量的其他程序循环。

通过指令"复查循环条件"（CONTINUE），可以终止当前连续运行的程序循环。通过指令"立即退出循环"（EXIT）终止整个循环的执行。

实例 9-13　WHILE指令的应用

如图 9-2-22（a）所示，只要"Tag_Value1"和"Tag_Value2"操作数的值不匹配，"Tag_Value3"操作数的值就会分配给"Result"操作数。注意：此程序如果"Tag_Value1"和"Tag_Value2"始终不相等，程序将进入死循环，导致报错。为防止死循环，调试中可通过指令"立即退出循环"(EXIT) 终止整个循环的执行，如图 9-2-22（b）所示。

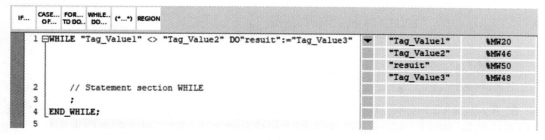

（a）

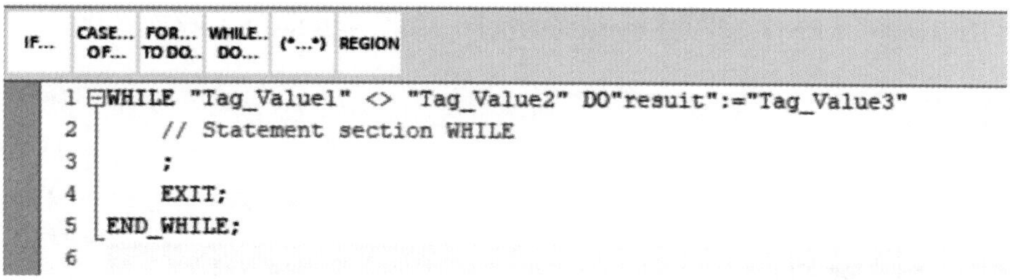

（b）

图 9-2-22 WHILE 指令的应用

④ REPEAT 指令。REPEAT 指令是"不满足条件时执行"指令，可以重复执行程序循环，直至不满足执行条件为止。该条件是结果为布尔值（TRUE 或 FALSE）的表达式，可以将逻辑表达式或比较表达式作为条件。

REPEAT 指令语法格式如下：

```
REPEAT <指令>;
UNTIL <条件>
END_REPEAT;
```

REPEAT 指令的 SCL 编程界面如图 9-2-23 所示。

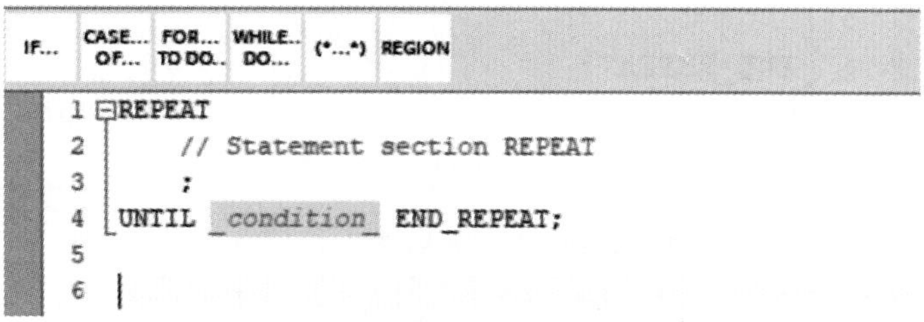

图 9-2-23 REPEAT 编程界面

执行该指令时，首先运行一遍＜指令＞，然后进行判断。如果＜条件＞表达式的值为 TRUE，则表示满足该条件，则结束循环，则程序循环将从 END_REPEAT 后继续执行；如果其值为 FALSE，则表示不满足该条件，则再次运行＜指令＞，运行完毕后再次判断，如此反复，直到条件满足为止。可以嵌套程序循环，在程序循环内，可以编写包含其他运行变量的其他程序循环。

通过指令"复查循环条件"（CONTINUE），可以终止当前连续运行的程序循环。通过指令"立即退出循环"（EXIT）终止整个循环的执行。

实例 9-14 REPEAT指令的应用

如图 9-2-24（a）所示，程序运行先把"Tag_Value"操作数的值分配给"Result"操作数，然后进行判断，只要"Tag_Error"操作数值的信号状态为"0"，也就是条件不满足时其值为 FALSE，就会将继续执行程序循环，直到条件满足时停止循环。注意：此程序如果"Tag_Error"始终不能满足条件，程序将进入死循环，导致报错。为防止死循环，调试中可通过指令"立即退出循环"（EXIT）终止整个循环的执行，如图 9-2-24（b）所示。

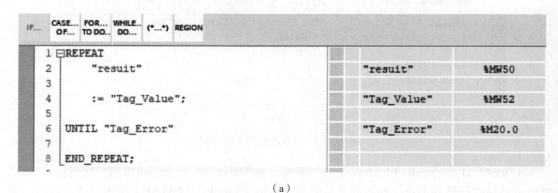

（a）

（b）

图 9-2-24　REPEAT 指令的应用

⑤ CONTINUE 指令。CONTINUE 指令是"复查循环条件"指令，可以结束 FOR、WHILE 或 REPEAT 循环的当前程序运行。

CONTINUE 指令的语法格式如下：

CONTINUE ;

CONTINUE 指令的 SCL 编程界面如图 9-2-25 所示。

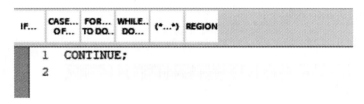

图 9-2-25　CONTINUE 编程界面

执行该指令后，将再次计算继续执行程序循环的条件。该指令将影响其所在的程序循环。

实例 9-15　CONTINUE指令的应用

例如图 9-2-26 所示，如果满足条件 i<5，则不执行后续赋值分配（ " a_array[i] " := 1 ）程序。运行变量（i）以增量 "2" 递增，然后检查其当前值是否在设定的取值范围内。如果执行变量在取值范围内，则将再次计算 IF 的条件。

如果不满足条件 i＜5，则将执行后续赋值分配（ " a_array[i] " := 1 ），并开始一个新循环。在这种情况下，执行变量也会以增量 "2" 进行递增并接受检查。

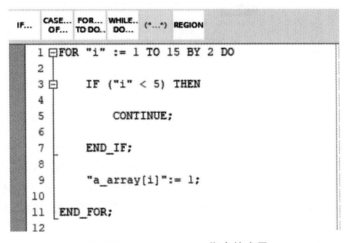

图 9-2-26　CONTINUE 指令的应用

⑥ EXIT 指令。EXIT 指令是 "立即退出循环" 指令，可以随时取消 FOR、WHILE 或 REPEAT 循环的执行，而无须考虑是否满足条件。在循环结束（END_FOR、END_WHILE 或 END_REPEAT）后继续执行程序。

EXIT 指令语法格式如下：

```
EXIT ;
```

（3）跳转语句

① GOTO 指令。GOTO 指令是 "跳转" 指令，可以从标注为跳转标签的指定点开始继续执行程序。跳转标签和 "跳转" 指令必须在同一个块中。在一个块中，跳转标签的名称只能指定一次。每个跳转标签可以是多个跳转指令的目标。不允许从 "外部" 跳转到程序循环内，但允许从循环内跳转到 "外部"。

GOTO 指令的语法格式如下：

GOTO ＜跳转标签＞；
＜跳转标签＞：＜指令＞

GOTO 指令的编程界面如图 9-2-27 所示。

说明

使用跳转指令请遵守跳转标签的以下语法规则：

a. 字母（a ~ z，A ~ Z）。

b. 字母和数字组合，请检查排列顺序是否正确，如首先是字母，然后数字（a ~ z，A ~ Z，0 ~ 9）。

c. 不能使用特殊字符或反向排序字母与数字组合，如首先是数字，然后是字母（0 ~ 9，a ~ z，A ~ Z）。

图 9-2-27　GOTO 指令的编程界面

实例 9-16　GOTO指令的应用

如图 9-2-28 所示是 GOTO 指令的应用。程序执行时，根据"Tag_Value"操作数的值，程序将从对应的跳转标签标识点开始继续执行。如果"Tag_Value"操作数的值为 2，则程序将从跳转标签"MyLABEL2"开始继续执行。在这种情况下，将跳过"MyLABEL1"跳转标签所标识的程序行。

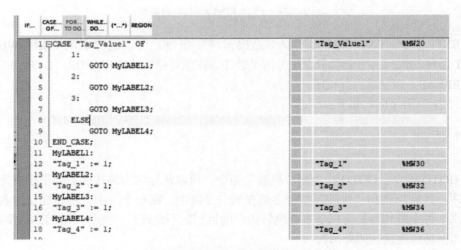

图 9-2-28　GOTO 指令的应用

② RETURN 指令。RETURN 指令是 "退出块" 指令，可以终止当前处理块中的程序执行，并返回到调用块中继续执行。如果该指令出现在块结尾处，则可以跳过忽略。

RETURN 指令的语法格式如下：

RETURN;

实例 9-17　RETURN指令的应用

如图 9-2-29 所示是 RETURN 指令的应用。当 "Tag_Value1" 操作数的信号状态不为 0 时，则终止当前处理块中的程序执行；当 "Tag_Value1" 操作数的信号状态等于 0 时，则继续执行当前块 END_IF 后面的指令程序。

图 9-2-29　RETURN 指令的应用

9.3　SCL编程实例

为进一步理解 SCL 编程，以下将通过具体的实例来对比介绍 SCL 与梯形图两种编程方式的应用。

9.3.1　启保停电路

实例 9-18　控制一台电动机的启动与停止

（1）利用梯形图编写程序

① 新建项目。在博途软件中建立一个电动机控制项目，新建程序块，编程语言选择梯形图，点击 "确认"，生成主程序块 OB。

② 新建变量表。项目树下点击 "添加新变量"，在变量表中并填写输入和输出变量，如图 9-3-1 所示。

图 9-3-1　建立变量表

③ 编写梯形图。如图 9-3-2 所示是梯形图控制的程序，start 是启动信号，stop 是停止信号。当 start 为接通状态时，电动机 motor 启动运行。当 stop 是接通时，电动机 motor 停止运行。

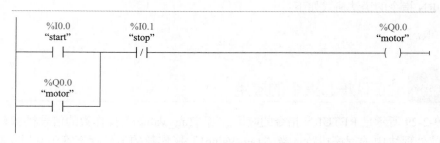

图 9-3-2　梯形图控制的程序

（2）利用 SCL 语言编写程序

① 新建项目。在博途软件中建立一个电动机控制项目，新建程序块，编程语言选择"SCL"，点击"确认"，生成 OB123 块。

② 新建变量表。项目树下点击"添加新变量"，在变量表中并填写输入和输出变量，如图 9-3-3 所示。

图 9-3-3　建立变量表

③ 编写 SCL 程序。如图 9-3-4 所示是用 SCL 语言编写的程序，其运行效果同梯形图编程的一样。

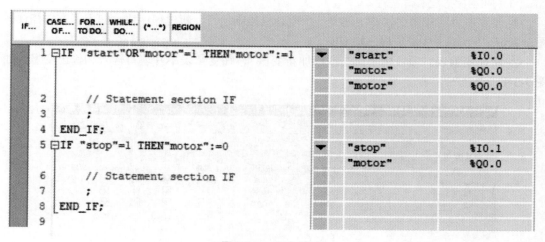

图 9-3-4　SCL 程序

9.3.2　定时器指令应用

实例 9-19　灯亮和灯灭的控制

按下启动按钮，指示灯亮 5s，灭 5s，不断循环。按下停止按钮指示灯灭。

（1）利用梯形图编程

① 新建项目。参考实例 9-18 的步骤方法。

② 新建变量表，如图 9-3-5 所示。

	名称	数据类型	地址	保持	可从…	从 H…	在 H…	监控
1	start	Bool	%I0.0		☑	☑	☑	
2	stop	Bool	%I0.1		☑	☑	☑	
3	指示灯	Bool	%Q0.0		☑	☑	☑	
4	Tag_6	Bool	%M0.0		☑	☑	☑	
5	<添加>				☑	☑	☑	

变量表_1

图 9-3-5　建立变量表

③ 编写梯形图。如图 9-3-6 所示是梯形图控制的程序，start 是启动信号，stop 是停止信号。当 start 为接通状态时，指示灯亮 5s，灭 5s。当 stop 是接通时，指示灯灭。

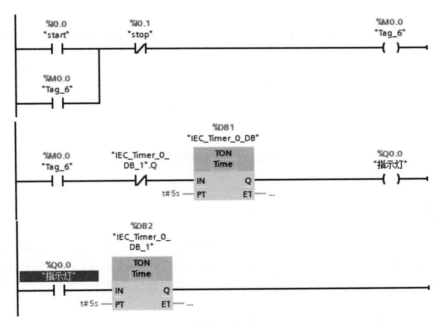

图 9-3-6　梯形图程序

（2）利用 SCL 编写程序

① 新建项目。在博途软件中建立一个电动机控制项目，新建程序块，编程语言选择"SCL"，点击"确认"，生成 OB123 块。

② 新建变量表。项目树下点击"添加新变量"，在变量表中并填写输入和输出变量，如图 9-3-7 所示。

变量表_1								
	名称	数据类型	地址	保持	可从 ...	从 H...	在 H...	监控
1	start	Bool	%I0.0	☐	☑	☑	☑	
2	stop	Bool	%I0.1	☐	☑	☑	☑	
3	lamp	Bool	%Q0.0	☐	☑	☑	☑	
4	Tag_6	Bool	%M0.0	☐	☑	☑	☑	
5	<添加>			☐	☑	☑	☑	

图 9-3-7　建立变量表

③ 编写 SCL 程序。如图 9-3-8 所示是用 SCL 语言编写的程序，其运行效果同梯形图编程的一样。

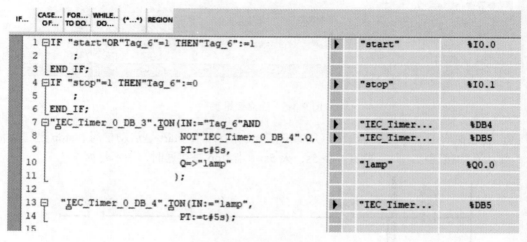

图 9-3-8　SCL 程序

9.3.3　函数块中的SCL编程

本节主要利用实例来学习函数及函数块的 SCL 编程应用。

实例 9-20　三台电动机的顺序控制

在函数块中用 SCL 语言编写程序，完成三台电动机的顺序控制。按下启动按钮 start，第一台电动机 motor1 先启动运行，延时 8s 后第二台电动机 motor2 启动运行，延时 10s 后第三台电动机 motor3 启动运行。按下停止按钮 stop，三台电动机同时停止。

操作步骤如下：

① 新建项目，添加 FB 块，选择编程语言为 SCL。

② 定义 FB 块的接口变量。打开 FB 块，定义接口变量参数，本实例的变量定义如图 9-3-9 所示。

③ 在 FB 块中编写 SCL 程序，如图 9-3-10 所示。

④ 编写主程序。

在 FB 块中编写完 SCL 程序后，在主程序中调用该 FB 块，并定义相关的输入/输出变量，如图 9-3-11 所示。

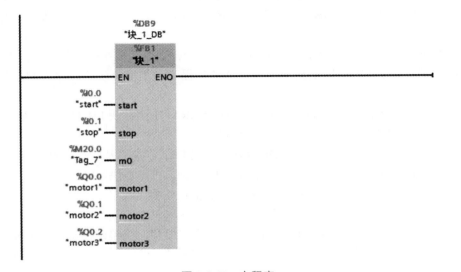

图 9-3-9　定义 FB 块接口变量

```
1  ⊟IF #start THEN #m0:=1    //  启动信号
2  │    ;
3  │ELSIF #stop THEN #m0:=0   //  停止信号
4  │    ;
5  └END_IF;
6  ⊟#time1(IN := #motor1,
7  │       PT := t#8s);//设定定时器1的参数
8  ⊟#time2(IN := #motor2,
9  └       PT := t#10s);//设定定时器2的参数
10
11 ⊟IF #m0 THEN  #step := 1
12 │    // 将多分支CASE指令中表达式的值设置为1
13 │    ;
14 └END_IF;
15
16 ⊟IF #stop THEN
17 │   RESET_TIMER(#time1);
18 │   RESET_TIMER(#time2);
19 │   #motor1 := 0;
20 │   #motor2 := 0;
21 │   #motor3:=0
22 │   // 当按下停止按钮时，复位相关变量
23 │   ;
```

```
24 └END_IF;
25 ⊟IF #m0 THEN
26 ⊟   CASE #step OF
27 │      1:
28 │        #motor1 := 1; // 电动机1启动
29 ⊟        IF #time1.Q THEN
30 │         #step := 2
31 │            // 当定时器1设定时间到后，执行第二步STEP2
32 │            ;
33 │          END_IF;
34 │      2:
35 │        #motor2 := 1;// 电动机2启动
36 ⊟        IF #time2.Q THEN
37 │         #step := 3
38 │           //当定时器2设定时间到后，执行第三步STEP3
39 │            ;
40 │          END_IF;
41 │      3:
42 │        #motor3 := 1;//电动机3启动
43 │   END_CASE;
44 └END_IF;
45
```

图 9-3-10　SCL 程序

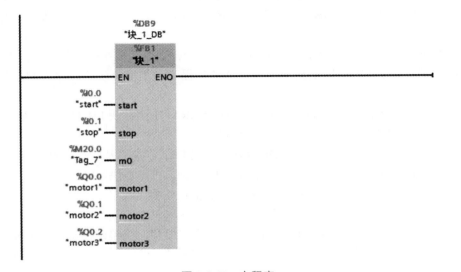

图 9-3-11　主程序

第 10 章

西门子PLC的GRAPH编程

10.1　S7-GRAPH编程语言概述

西门子 PLC 中的 GRAPH 语言是创建顺序控制系统的图形编程语言，遵循 IEC 61131-3 标准中的顺序功能图语言的规定。使用顺控程序，可以更为快速便捷和直观地对顺序逻辑控制程序进行编程或进行故障诊断。通过将工作任务过程分解为多个步，而且每个步都有明确的功能范围，然后将这些步组织到顺控程序中，在各个步中定义待执行的动作，以及步之间的转换条件。

10.1.1　S7-GRAPH的程序构成

（1）顺序控制程序的组成

顺序控制程序可通过预定义的顺序对过程进行控制，并受某些条件的限制，程序的复杂度取决于自动化任务。在 TIA 博途软件中 S7-GRAPH 编写的顺序控制程序只能在 FB 函数块中编写，然后被其他组织块 OB、函数 FC 或 FB 块调用，因此在一个顺序控制程序中至少包含如下三个块。

① GRAPH 函数块 FB。GRAPH 函数块 FB 是一个描述顺控系统中各步与转换的函数块，在 GRAPH 函数块 FB 中可以定义一个或多个顺控程序中的单个步和顺序控制系统的转换条件。

② 背景数据块 DB。背景数据块 DB 是分配给 GRAPH 函数块 FB 的，由系统自动生成。在背景数据块中包含顺序控制系统的数据和参数。

③ 调用代码块。要在循环中执行 GRAPH 函数块 FB，则必须从较高级的代码块中调用该函数块。该块可以是一个组织块（OB）、函数（FC）或其他函数块（FB）。

图 10-1-1 中描述了顺序控制系统中的各个块的相互关系。

（2）在 GRAPH 语言程序编辑项目程序时需要编辑的内容

① 编辑顺控图。在 S7-GRAPH 编辑界面中，用户编程时将整个设备工艺的控制过程划分为若干步，然后通过转换条件将各步的执行顺序联系在一起构成一个顺控图，如图 10-1-2

所示。

② 编辑步。编辑每一步的具体程序指令。

③ 编辑步与步之间的转换条件。当一步程序完成后，必须满足一定的转换条件，才能运行下一步的程序。

因此，一个完成的 GRAPH 应用程序，必须具备一个表示各步之间执行步骤的顺控图，顺控图中的每一步中都有具体运行指令，并且步与步之间也满足转换条件，这样一段程序就可以运行调试了。

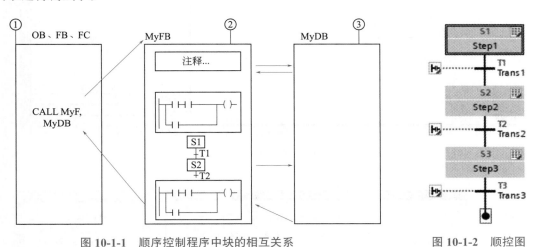

图 10-1-1　顺序控制程序中块的相互关系　　　　　图 10-1-2　顺控图

① 调用代码块；② GRAPH 函数块；③ 背景数据块

（3）GRAPH 语言程序块运行过程

GRAPH 函数块的周期取决于调用块的周期，在每个周期中都会先执行 GRAPH 函数块中的前固定指令，再处理活动步中的动作，最后执行后固定指令。

 说明

即使没有活动步，也会在每个周期执行固定指令。

10.1.2　S7-GRAPH编程器

（1）创建一个 S7-GRAPH 编程器

在 TIA 博途软件中新建一个"GRAPH"项目，并添加一个新块"块 _1(FB1)"，把编程语言选为"GRAPH"，块的类型为"函数块 FB"，单击"确认"，即可生成函数块 FB1，如图 10-1-3 所示。

（2）认识 S7-GRAPH 编程器

打开 S7-GRAPH 的编辑器如图 10-1-4 所示，编辑器的窗口界面主要由工具栏、块接口区、导航区、工作区和指令区五部分组成。在编程窗口中可以执行以下任务：编写前固定指令和后固定指令，编写顺控程序，指定联锁条件和监控条件报警等，根据要编程的内容，可以在视图间相互切换。

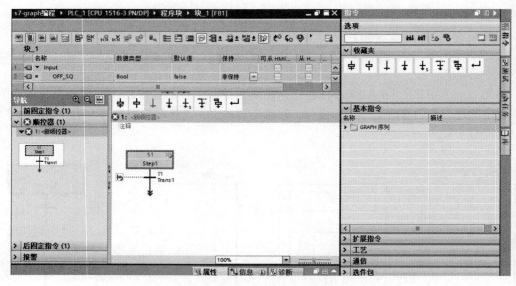

图 10-1-3　S7-GRAPH 编程器

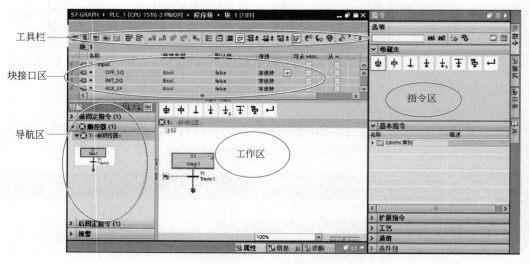

图 10-1-4　S7-GRAPH 编辑器

① 工具栏。如图 10-1-5 所示是编辑器中的工具栏，具体功能图中所示。

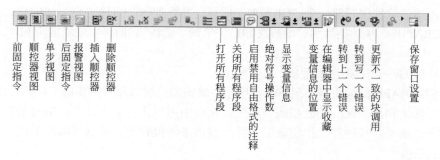

图 10-1-5　工具栏

② FB 块接口。在创建 S7-GRAPH 时生成的 FB 函数块中的接口区参数和状态变量软件都自动生成，当 FB 块中的步序图发生变化时，其状态变量也会发生变化，该接口有"接口参数的最小数目、默认接口参数和接口参数的最大数目"三种接口参数用来选择，每一个参数都有一组不同的输入和输出参数，具体参数的含义如表 10-1-1、表 10-1-2 所示。三种接口参数的设置根据需要通过图 10-1-6 所示的①→②→③→④→⑤步骤来进行设置。

表10-1-1　S7-GRAPH FB的部分输入参数

参数	数据类型	参数说明	标准	最大
EN	Bool	使能输入，控制 FB 的执行，如果直接连接 EN，将一直执行 FB	√	√
OFF_SQ	Bool	OFF_SEQUENCE：关闭顺序控制器，使所有的步变为不活动步	√	√
INIT_SQ	Bool	INIT_SEQUENCE：激活初始步，复位顺序控制器	√	√
ACK_EF	Bool	ACKNOWLEDEG_ERROR_FAULT：确认错误和故障，强制切换到下一步	√	√
HALT_SQ	Bool	HALT_SEQUENCE：暂停 / 重新激活顺控器		√
HALT_TM	Bool	HALT_TIMES：暂停 / 重新激活所有步的活动时间和顺控器与时间有关的命令（L 和 N）		√
ZERO_OP	Bool	ZERO_OPERANDS：将活动步中 L、N 和 D 命令的地址复位为 0，并且不执行动作 / 重新激活的地址和 CALL 指令		√
EN_IL	Bool	ENABLE_INTERLOCKS：禁止 / 重新激活互锁（顺控器就像互锁条件没有满足一样）		√
EN_SV	Bool	ENABLE_SUPERVISIONS：禁止 / 重新激活监控（顺控器就像监控条件没有满足一样）		√
S_PREV	Bool	PREVIOUS_STEP：自动模式从当前活动步后退一步，步序号在 S_NO 中显示手动模式在 S_NO 参数中指明序号较低的前一步	√	√
S_NEXT	Bool	NEXT_STEP：自动模式从当前活动步前进一步，步序号在 S_NO 中显示手动模式在 S_NO 参数中显示下一步（下一个序号较高的步）	√	√
SW_AUTO	Bool	SWITCH_MODE_AUTOMATIC：切换到自动模式	√	√
SW_TAP	Bool	SWITCH_MODE_TRANSITION_AND_PUSH：切换到 Inching（半自动）模式	√	√
SW_MAN	Bool	SWITCH_MODE_MANUAL：切换到手动模式，不能触发自动执行	√	√
S_SEL	Int	STEP_SELECT：选择用于输出参数 S_ON 的指定的步，手动模式用 S_ON 和 S_OFF 激活或禁止步	√	√
S_ON	Bool	STEP_ON：在手动模式激活显示的步	√	√
S_OFF	Bool	STEP_OFF：在手动模式使显示的步变为不活动步	√	√
T_PUSH	Bool	PUSH_TRANSITION：条件满足并且在 T_PUSH 的上升沿时，转换实现。只用于单步和"automatic or step-by-step(SW_TOP)"模式。如果块是 V4 或更早的版本，第一个有效的转换将实现。如果块的版本为 V5，且设置了输入参数 T_ON，被显示编号的转换将实现；否则第一个有效转换实现	√	√

表10-1-2　S7-GRAPH FB的部分输出参数

参数	数据类型	参 数 说 明	标准	最大
ENO	Bool	Enable output：使能输出，FB 被执行且没有出错，ENO 为 1，否则为 0	√	√
S_NO	Int	STEP_NUMBER：显示步的编号	√	√
S_MORE	Bool	MORE_STEPS：有其他步是活动步	√	√
S_ACTIVE	Bool	STEP_ACTIVE：被显示的步是活动步	√	√
ERR_FLT	Bool	IL_ERROR_OR_SV_FAULT：组故障	√	√
SQ_HALTED	Bool	SEQUENCE_IS_HALTED：顺控器暂停	√	
TM_HALTED	Bool	TIMES_ARE_HALTED：定时器停止	√	√
OP_ZEROED	Bool	OPERANDS_ARE_ZEROED：地址被复位	√	√
IL_ENABLED	Bool	INTERLOCK_IS_ENABLED：互锁被使能	√	√
SV_ENABLED	Bool	SUPERVISION_IS_ENABLED：监控被使能	√	√
AUTO_ON	Bool	AUTOMATIC_IS_ON：显示自动模式	√	√
TOP_ON	Bool	T_OR_PUSH_IS_ON：显示 SW_TOP 模式	√	√
MAN_ON	Bool	MANUAL_IS_ON：显示手动模式	√	√

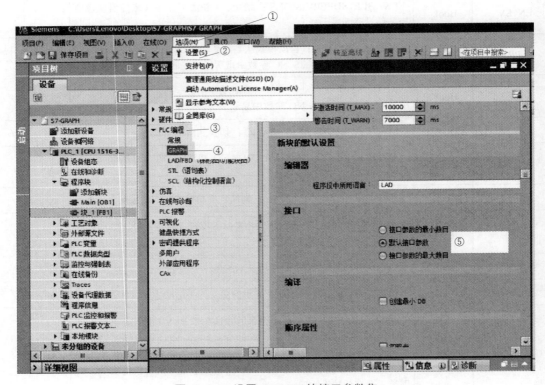

图 10-1-6　设置 GRAPH 块接口参数集

a. 接口参数的最小数目。最小接口参数集仅包含输入参数"INIT_SQ"，而不包含输出参数，布尔变量 INIT_SQ 为 1 状态时，将复位顺控程序和激活初始步。当一般用户的程序仅仅运行在自动模式，并且不需要其他的控制及监控功能时，可选择此接口模式。

注意：当接口模式选择为"接口参数的最小数目"时，编程时需要在 FB 块接口区添加一个输入参数"ACK_EF（确认错误）"，类型为 Bool 型，因为在编译时要求有这个参数。

b. 默认接口参数。它也称为标准接口参数集，默认接口模式的选择可用于执行各种操作模式下的顺控程序，并包含确认报警。

c. 接口参数的最大数目。最大接口参数集包括了默认参数和扩展参数，可用于多种控制与诊断。

③ 导航区。导航区主要由导航工具栏和导航视图组成。

a. 导航视图。导航视图中包含可打开以下视图的面板：前固定指令、顺控器、后固定指令和报警视图四部分。

b. 导航工具栏。导航工具栏中主要由放大、缩小和同步导航三部分组成。可执行放大或缩小导航中的元素。当启用同步导航按钮时，将同步导航和工作区域，以确保始终显示相同元素。禁用该按钮时，在导航和工作区域中可显示不同的对象。

④ 工作区。在工作区内可以对顺控程序的各个元素进行编程，为此可以在不同视图中显示 GRAPH 程序，可以使用缩放功能缩放这些视图。工作区和可用指令及收藏夹随具体视图而有所不同。

10.2　顺序控制器（顺控器）

10.2.1　顺序控制器执行原则

① 程序将始终从定义为初始步的步开始执行。一个顺控程序可以有一个或多个初始步，初始步可以在顺控程序中的任何位置。激活一个步时，将执行该步中的动作，也可以同时激活多个步。

② 一个激活步的退出。一旦满足转换条件，当前的激活步退出。

③ 满足转换条件而且没有监控错误，转换条件会立即切换到下一步，则该步将变成活动步。如果存在监控错误或者不满足转换条件，则当前步仍处于活动状态，直到错误消除或者满足转换条件。

④ 结束顺控程序时，可使用跳转或顺序结尾。跳转目标可以是同一顺控程序中的任意步，也可以使其他顺控程序中的任意步。这样，可以支持顺控程序的循环执行。

10.2.2　顺序控制程序结构

在 GRAPH 函数块中，可以按照顺控程序的格式编写程序。顺控程序既可以处理多个独立任务，也可以将一个复杂任务分解成多个顺控程序，程序执行都是以顺控程序中的各个步为核心。在简单的情况下，各个步可以以线性方式逐个处理，也可创建选择分支或并行分支结构的顺控程序，如图 10-2-1（a）是单流程结构，图 10-2-1（b）是选择分支结构，图 10-2-1（c）是并行结构。

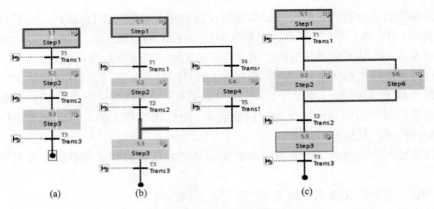

图 10-2-1　顺控程序的结构

（1）单流程结构

如图 10-2-1（a）所示，我们可以看到，程序的运行方向为从上到下，没有分支，运行到最后一步 Step3 结束流程，像这种没有任何分支的顺序控制结构称为单流程结构。

（2）选择分支的结构

选择分支的结构如图 10-2-1（b）所示，我们可以看到，程序按不同转移条件选择转向不同分支，执行不同分支后再根据不同转移条件汇合到同一分支。如果同时满足多个转换条件，则由设置的工作模式来确定执行哪个分支，在一个顺控程序中，最多可以编写 125 个选择分支。

（3）并行结构

并行结构的顺序功能图如图 10-2-1（c）所示，我们可以看到，程序按同一转移条件同时转向几个分支，执行不同的分支后再汇合到同一分支。在一个顺控程序中，最多可以编写 249 个并行分支。

10.2.3　步的构成与编程

一个 S7-GRAPH 顺控程序由多个步组成，其中每一步由步编号、步名称、转换编号、转换名称、转换条件和动作命令组成，如图 10-2-2 所示。

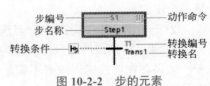

图 10-2-2　步的元素

（1）步编号

步编号由字母"S"和数字组成，数字可以由用户自行修改，在顺控图中每一步的编号都是唯一的。

（2）步名称

在顺控图中每一步的名称都是唯一的，但步名可以由用户修改。

（3）转换

转换主要表示步与步之间的关系，转换主要由转换名称、转换编号和转换条件组成。

① 转换编号：转换编号由字母"T"和数字组成，数字可以由用户修改，在顺控图中每一个转换编号都是唯一的。

② 转换名称：转换名称也可以由用户自行修改，但每个名称也都是唯一的。

③ 转换条件：转换条件位于各个步之间，并包含切换到下一步的条件，转换条件可以是事件，也可以是状态变化。也就是说，顺控程序仅在满足转换条件时才会切换到后续步，在

此过程中，将禁用属于该转换条件中的当前步并激活后续步。如果不满足条件，则属于该转换条件的当前步将仍处于活动状态。每个转换条件都必须分配一个唯一的名称和编号。不含任何条件的转换条件为空转换条件，在这种情况下，顺控程序将直接切换到后续步。在 LAD 或 FBD 中，可以对转换条件进行编程。

（4）动作命令

① 步动作的构成。当激活或禁用顺控程序的步时，该步将产生相应的动作去完成用户程序中的控制任务。一个动作由以下 4 个元素组成，如图 10-2-3 所示。

图 10-2-3　步动作

a. 互锁条件（Interlock，可选）：可以将动作与互锁条件相关联，以影响动作的执行。

b. 事件（可选）：事件将定义动作的执行时间，必须为某些限定符指定一个事件。

c. 限定符（必需）：限定符将定义待执行动作的类型，如置位或复位操作数。

d. 动作（必需）：动作将确定执行该动作的操作数。

② 添加动作。点击图 10-2-2 中步的动作命令图标，出现图 10-2-3 所示的动作命令框，在相应的动作框中输入命令和动作。

③ 动作分类。顺控器中的动作分为标准动作和与事件相关的动作，动作中可以有定时器、计数器和算术运算等。

a. 标准动作。激活一个没有互锁的动作步后，将执行标准动作，标准动作中的命令见表 10-2-1。标准动作可以与一个互锁条件相关联，当步处于活动状态和互锁条件满足时，有互锁的动作才被执行。

表10-2-1　标准动作的含义

限定符	操作数的数据类型	含义
N	Bool、FB、FC	后面可接布尔量操作数，或使用 "CALL FC（XX）" 的格式调用一个 FC 或 FB 块。只要步为活动步，动作对应的地址为 1 状态或调用相应的块，无锁存功能
S	Bool	置位：后面可接布尔量操作数。只要步为活动步，该地址被置为 1 并保持
R	Bool	复位：后面可接布尔量操作数。只要步为活动步，该地址被置为 0 并保持
D	Bool、Time/DWord	接通延时：后面可接布尔量和一个时间量（之间用逗号隔开）作为操作数。步变为活动步 n 秒后，如果步仍然是活动的，该地址被置为 1 状态，之后将复位该操作数。如果步激活的持续时间小于 n 秒，则操作数也会复位。可以将时间指定为一个常量，或指定为一个 TIME/DWORD 数据类型的 PLC 变量，无锁存功能
	T#< 常数 >	有延时的动作的下一行为时间常数
L	Bool、Time/DWord	在设定时间内置位：后面可接布尔量和一个时间量（之间用逗号隔开）作为操作数。当步为活动步时，该地址在 n 秒内为 1 状态，之后将复位该操作数。如果步激活的持续时间小于 n 秒，则操作数也会复位。可以将时间指定为一个常量，或指定为一个 TIME/DWORD 数据类型的 PLC 变量，无锁存功能
	T#< 常数 >	有脉冲限制的动作的下一行为时间常数

举例说明如何使用时间常量格式，见表 10-2-2。

表10-2-2　时间常量应用格式

标识符	动作	说明
D	"MyTag",T#2s	在激活步 2s 之后，将 "MyTag" 操作数置位为 "1"，并在步激活期间保持为 "1"。如果步激活的持续时间小于 2s，则不适用。在取消激活该步后，复位操作数（无锁存）
L	"MyTag",T#20s	如果激活该步，则 "MyTag" 操作数将置位为 "1" 20s 时间。20s 后将复位该操作数（无锁存）。如果步激活的持续时间小于 20s，则操作数也会复位

　　b. 与事件相关的动作。可以选择将动作与事件相关联（事件是指步、监控信号、互锁信号的状态变化，信息的确认或信号被置位），如果将动作与事件相关联，则会通过边沿检测功能检测事件的信号状态，使动作命令只能在发生事件的周期内才能执行，表 10-2-3 列出了可以与动作相关联的事件。带有标识符为 "D" "L" 和 "TF" 的动作无法与事件相关联。

表10-2-3　控制动作的事件

事件	信号检测	说明
S1	上升沿	步已激活（信号状态为 "1"）
S0	下降沿	步已取消激活（信号状态为 "0"）
V1	上升沿	满足监控条件，即发生错误（信号状态为 "1"）
V0	下降沿	不再满足监控条件，即错误已消除（信号状态为 "0"）
L0	上升沿	满足互锁条件，即错误已消除（信号状态为 "1"）
L1	下降沿	不满足互锁条件，即发生错误（信号状态为 "0"）
A1	上升沿	报警已确认
R1	上升沿	到达的注册

　　c. 动作中的定时器。可以在动作中使用定时器。除 "TF" 外，所有定时器都与确定定时器激活时间的事件有关，如表 10-2-4 所示。"TF" 定时器由步本身激活。

　　使用 "TL" "TD" 和 "TF" 定时器时，必须指定持续时间，也可以输入常量作为标准时间，例如 "5 s"。

表10-2-4　动作中的定时器说明

事件	标识符	说明
S1，S0，L1，L0,V1,V0,A1,R1	TL	扩展脉冲： 一旦发生所定义的事件，则立即启动定时器。在指定的持续时间内，定时器状态的信号状态为 "1"，超出该时间后，定时器状态的信号状态将变为 "0"
S1，S0，L1，L0,V1,V0,A1,R1	TD	保持型接通延时： 一旦发生所定义的事件，则立即启动定时器。在指定的持续时间内，定时器状态的信号状态为 "0"，超出该时间后，定时器状态的信号状态将变为 "1"
S1，S0，L1，L0,V1,V0,A1,R1	TR	停止定时器和复位： 一旦发生所定义的事件，则立即停止定时器。定时器的状态和时间值将复位为 0

续表

事件	标识符	说明
—	TF	关断延时： 一旦激活该步，计数器状态将立即复位为"1"。当取消激活该步时，定时器开始运行，但在超出时间后，定时器状态将复位为"0"

d. 动作中的计数器。可以在动作中使用计数器。要指定计数器的激活时间，则通常需要为计数器关联一个事件。这意味着在发生相关事件时将激活该计数器，也可以将使用"S1""V1""A1"或"R1"事件的动作与互锁条件相关联。因此，只有在满足互锁条件时，才执行这些动作。表 10-2-5 列出了可以在动作中使用的计数器。

表10-2-5　动作中使用的计数器说明

事件	标识符	操作数的数据类型	含义
S1，S0，L1，L0,V1,V0,A1,R1	CS	COUNTER	设置计数器的初始值： 一旦发生所定义的事件，计数器将立即设置为指定的计数值，可以将计数器值指定为 WORD 数据类型（C#0 ~ C#999）的变量或常量
S1，S0，L1，L0,V1,V0,A1,R1	CU	COUNTER	加计数： 一旦发生所定义的事件，计数器值将立即加"1"，计数器值达到上限"999"后，停止增加。达到上限后，即使出现信号上升沿，计数值也不再递增
S1，S0，L1，L0,V1,V0,A1,R1	CD	COUNTER	减计数： 一旦发生所定义的事件，计数器值将立即减"1"，计数器值达到下限"0"时，停止递减。达到下限后，即使出现信号上升沿，计数值也不再递减
S1，S0，L1，L0,V1,V0,A1,R1	CR	COUNTER	复位计数器： 一旦发生所定义的事件，计数器值将立即复位为"0"

e. 动作中调用函数及函数块。在这些动作中，可以调用执行某些子任务的其他函数块和函数。这样，可以更好地设计程序结构。

调用函数块 (FB) 时，调用函数块语法为：CALL " <FB_Name> " , " <DB_Name> " (参数列表)，应用实例如表 10-2-6 所示，表中使用指令"CALL"调用函数块"FB_KOP"。指令"CALL"将始终连接标识符"N"。被调用块名称后面跟随的是包含函数块数据和参数的数据块名称，在参数列表中，将变量"MyTag2"分配给参数"MyInOut"。

表10-2-6　举例说明如何调用函数块

标识符	动作
N	CALL " FB_KOP " " FB_KOP_DB " (MyInOut:= " MyTag2 ")

调用函数 (FC) 时，调用函数的语法格式为：CALL "<FCName>"(参数列表)。应用实例如表 10-2-7 所示，表中使用指令"CALL"调用"FC_KOP"函数。在参数列表中，将变量"MyTag1"分配给参数"MyInput"。

表10-2-7　举例说明如何调用函数

标识符	动作
N	CALL ＂FC_KOP＂ (MyInput:=＂MyTag1＂)

10.2.4　单步编程

当完成顺控图的编辑后，需要对每一步所执行的指令进行编辑。在顺控图中双击需要编辑的步，软件自动进入编辑该步的单步视图，如图 10-2-4 所示，在该步视图中需要对互锁条件、监控条件、动作和转换条件等元素进行编程。此外，还可以指定步的标题及注释。

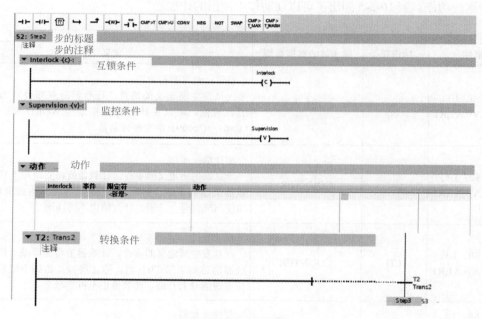

图 10-2-4　单步视图结构

（1）编辑互锁条件（Interlock）

当步处于活动状态时，为了确保程序执行动作中的指令运行的安全，可以引入互锁信号。当指令设置了互锁信号后，只有互锁信号满足了才可以正常执行，否则该指令不执行。程序段中最多可以使用 32 个互锁条件的操作数指令。

设定互锁条件，可按以下步骤操作：

① 通过单击 "Interlock -(c)-" 互锁条件前面的小箭头打开互锁条件程序段。

② 打开 "指令" 任务卡，选择要插入的指令，将该指令拖到程序段中的所需位置进行编辑，如图 10-2-5 所示，图中 "Tag_2" 变量是互锁信号，当 Tag_2 变量接通为 "1" 时，能流通过互锁线圈 "C"，互锁条件满足，该步才能执行该步中的指令。如果不满足互锁条件，则发生错误，可以设置互锁报警和监控报警的属性，但该错误不会影响切换到下一步，当步变为不活动步时，互锁条件将自动取消。如果图 10-2-4 所示的互锁程序中没有编入任何互锁程序时，互锁线圈直接与左边电源母线相接，互锁线圈 "C" 始终有能流通过，此时该步中没有任何互锁信号。

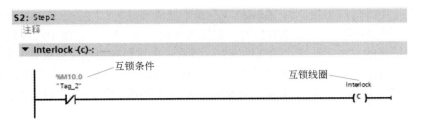

图 10-2-5　编辑互锁条件

③ 在动作表"Interlock"互锁条件列中，单击要与互锁条件链接的动作的单元格，并从下拉列表中选择"-(C)- - Interlock"选项，如图 10-2-6 所示。

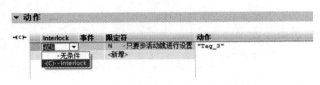

图 10-2-6　动作表中设置互锁项

在步 Step2 的互锁编程后，在顺控图中步 Step2 方框的左边中间出现一个线圈"C"图标，表示该步有互锁信号，可通过动作表设置互锁的动作指令，如图 10-2-7 所示。

图 10-2-7　互锁示意图

（2）编辑监控条件

当程序执行活动步中的动作指令时，如果收到外界干扰或出现意外情况，需要立即停止该指令的运行，并停止整个控制流程，这时可在监控中编辑一个程序来处理意外情况的发生。在监控条件程序段中，可以使用最多 32 条互锁的操作数指令。

设定监控条件，可按以下步骤操作：

① 通过单击"Supervision -(v)-"前面的小箭头打开监控条件程序段。

② 打开"指令"任务卡，选择要插入的指令，将该指令拖到程序段中的所需位置进行编辑，如图 10-2-8 所示。

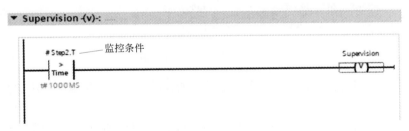

图 10-2-8　编辑监控条件

在图 10-2-8 中监控线圈左边的水平线上添加一"比较器"作为监控信号，步 Step2 的活动步时间 #Step2.T 与设定时间"T#1000ms"相比较，如果该步的执行时间超过 1000ms，满足监控条件，监控线圈"V"有能流接通，则该步认为出错，顺控器不会转换到下一步，当前的步保持活动步，在未解除监控错误之前，即使该步的转换条件满足，也不会跳转到下一步。

如果图 10-2-9 所示的监控程序中没有编入任何监控程序，监控

图 10-2-9　监控示意图

线圈直接与左边电源母线相接，监控线圈"V"虽有能流通过，此时系统认为没有任何监控错误。对于步的监控编程后，在步的方框的左边位置出现线圈"V"，如图 10-2-9 所示。

　　解除监控错误的方法：在该块的属性设置中，有一条"监控错误需要确认"栏，如图 10-2-10 所示，该条默认为勾选，当在块接口参数"ACK_EF"上出现一个上升沿，表示之前的接口错误已经被程序确认，然后监控错误解除。如果该条改为不勾选，只要监控信号消失，监控错误就解除。

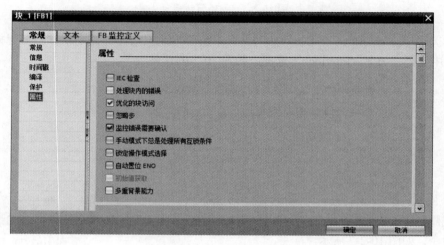

图 10-2-10　确认监控错误

（3）编辑动作

可以指定将在处理步时实现的动作，要为动作添加注释或修改块调用，可以启用多行输入。默认设置是单行输入，可以在单步视图或顺序视图中插入动作。

单步视图中编辑动作，可按以下步骤操作：

① 通过单击"动作"前面的小箭头打开并且显示包含动作的表，如图 10-2-11 所示。

图 10-2-11　动作表示意图

② 如果要启用多行输入，请右键单击新动作所在的行，并从快捷菜单中选择"允许多行模式"命令。

③ 如果要将新动作与互锁条件链接在一起，则单击"Interlock"列的单元格并从下拉列表中选择"-(C)- - Interlock"条目。

④ 如果要将新动作与事件链接在一起，则单击"事件"列的单元格并从下拉列表中选择适当的事件。

⑤ 单击"限定符"列的单元格并从下拉列表中选择新动作的限定符。

⑥ 在"动作"列中，指定要执行的动作，可通过下面步骤操作：

a. 可以使用要用于动作的操作数或值来替换占位符。还可以使用拖放操作或通过自动填充，插入这些操作数或值。

提示

动作命令中的字母、符号的输入须在输入法为英文模式下输入。

b. 可以使用"指令"任务卡中的指令。可以将其从任务卡拖放到"动作"列。
c. 可以将块从项目树拖放到"动作"列以调用这些块。

提示

步可以不做任何设置，作为空步时，只要转换条件满足就可以直接跳过此步运行。

（4）编辑转换条件
编程方法如下：点击转换名左边与虚线相连的转换条件图标，在窗口最右边的收藏夹工具条中点击常开触点、常闭触点或方框形的比较器（相当于一个触点），可对转换条件进行编程，编辑方法同梯形图语言，如图 10-2-12 所示。

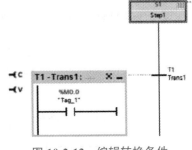

图 10-2-12　编辑转换条件

10.3　S7-GRAPH编程应用

10.3.1　单流程结构的编程实例

实例 10-1　三台电动机的顺序延时启动和同时停止的控制

【控制要求】某设备有三台电动机，控制要求是：按下启动按钮，第一台电动机 M1 启动；运行 5s 后，第二台电动机 M2 启动；M2 运行 5s 后，第三台电动机 M3 启动。按下停止按钮，3 台电动机全部停机。

【操作步骤】

① 根据控制要求，绘制功能流程图，如图 10-3-1 所示。

② 新建一个项目，取名"S7-GRAPH"，添加新设备 PLC_1 CPU 511C-1 PN，并启用 CPU 系统存储器 MB1，并通过菜单栏中的选项设置把接口模式选择为"接口参数的最小数目"，并进行相关硬件组态，编译和保存该项目。

③ 在博途软件中打开项目树下的 PLC 站点，在程序块下添加新块 FB1，编程语言选中"GRAPH"，单击"确认"，生成函数块 FB1。

④ 添加 PLC 变量。根据本任务的分析，需要的 PLC 变量如图 10-3-2 所示。

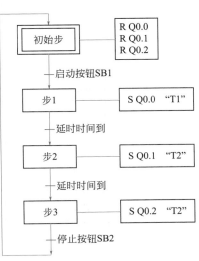

图 10-3-1　功能流程图

变量表_1			
	名称	数据类型	地址
1	启动按钮	Bool	%I0.0
2	停止按钮	Bool	%I0.1
3	电动机1	Bool	%Q0.0
4	电动机 2	Bool	%Q0.1
5	电动机 3	Bool	%Q0.2
6	延时时间到1	Bool	%M10.0
7	延时时间到2	Bool	%M10.1
8	故障监控报警确认	Bool	%I10.2
9	<添加>		

图 10-3-2　PLC 变量

⑤ 编辑 GRAPH 程序。

a. 选择 FB1 块，双击打开，先在接口区添加一个输入参数 "ACK_EF"，数据类型为 Bool 型。

b. 在 GRAPH 编辑界面中编写程序，如图 10-3-3 所示。

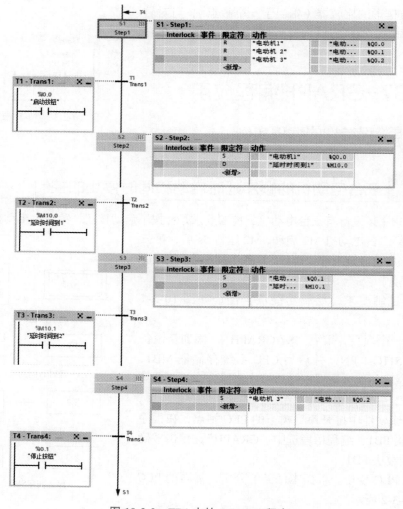

图 10-3-3　FB1 中的 GRAPH 程序

⑥ 编写主程序 OB1。双击打开 OB1，将 FB1 块拖拽到主程序中，并单击"确认"，系统自动生成背景数据块的名称为"块_1_DB"的程序，并设置相关的变量，如图 10-3-4 所示。

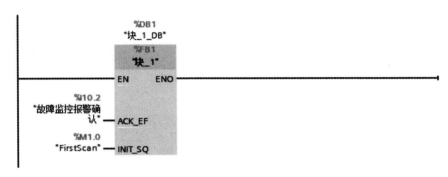

图 10-3-4　OB1 主程序

⑦ 程序编译、下载与调试（仿真运行）。这一步也可以采用仿真调试，具体的调试方法可参考前面的仿真步骤，这里不再讲述。

10.3.2　选择性分支流程结构的编程实例

实例 10-2　多种液体混合装置控制系统

【控制要求】如图 10-3-5 所示是液体混合装置示意图，有三种待混合液体 A、B 和 C，对应的进料阀门为 V1、V2 和 V3，混合液放料的阀门为 V4。贮罐由下而上设置三个液位传感器 SL1A、SL2B、SL3C，液面淹没时传感器接通。具体的工艺要求如下：

① 当投入运行时贮罐内为放空状态。

② 按下启动按钮 SB1 后，液体 A 的阀门 V1 打开，液体 A 注入，当液面到达 SL1A 时关闭液体 A 的阀门 V1，打开液体 B 的阀门 V2，当液面到达 SL2B 时，关闭液体 B 的阀门 V2，搅拌电动机开始工作，5min 后停止搅拌。此时，根据工艺参数要求，工艺参数选择为"0"时，阀门 V4 打开，开始放出混合液；工艺

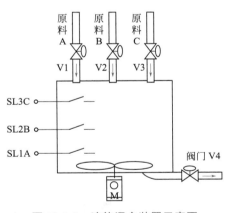

图 10-3-5　液体混合装置示意图

参数选择为"1"时，打开液体 C 的阀门 V3，当液面到达 SL3C 时，关闭液体 C 的阀门 V3，搅拌电动机开始工作，10min 后停止搅拌，阀门 V4 打开，开始放出混合液 5min 后贮罐放空，阀门 V4 关闭，接着开始下一个循环。

③ 按下停止按钮，要处理完当前周期的剩余工作后，系统停止在初始状态，等待下一次启动的开始。

【操作步骤】

① 根据控制要求，绘制工艺流程图，如图 10-3-6 所示。

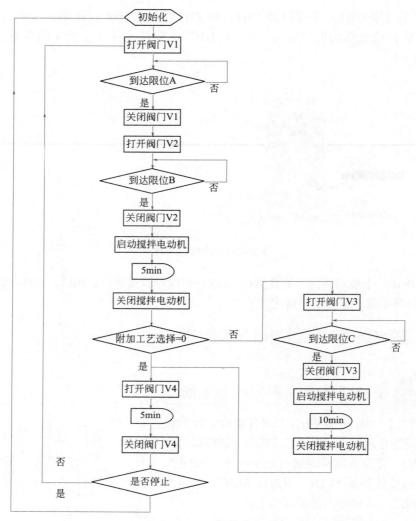

图 10-3-6　工艺流程图

② 新建一个项目，取名"S7-GRAPH 混合装置"，添加新设备 PLC_1 CPU 511C-1 PN，并启用 CPU 系统存储器 MB1，并通过菜单栏中的选项设置把接口模式选择为"接口参数的最小数目"，并进行相关硬件组态，编译和保存该项目。

③ 在博途软件中打开项目树下的 PLC 站点，在程序块下添加新块 FB1，编程语言选中"GRAPH"，单击"确认"，生成函数块 FB1。

④ 添加 PLC 变量。根据本任务的分析，需要的 PLC 变量如图 10-3-7 所示。

⑤ 编辑 GRAPH 程序。

		名称	数据类型	地址
		变量表_1		
1	🔲	启动按钮	Bool	%I0.0
2	🔲	停止按钮	Bool	%I0.1
3	🔲	SL1A	Bool	%I0.2
4	🔲	SL2B	Bool	%I0.3
5	🔲	SL3C	Bool	%I0.4
6	🔲	阀门V1	Bool	%Q0.0
7	🔲	阀门V2	Bool	%Q0.1
8	🔲	阀门V3	Bool	%Q0.2
9	🔲	阀门V4	Bool	%Q0.3
10	🔲	搅拌电动机	Bool	%Q0.4
11	🔲	参数设置	Int	%MW0
12		<添加>		

图 10-3-7　PLC 变量

a. 选择 FB1 块，双击打开，先在接口区添加一个输入参数"ACK_EF"，数据类型为 Bool 型。

b. 在 GRAPH 编辑界面中编写程序，如图 10-3-8 所示。

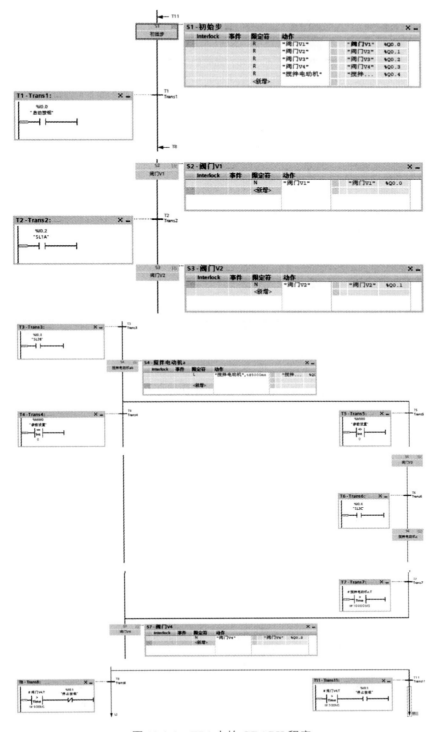

图 10-3-8　FB1 中的 GRAPH 程序

⑥ 编写主程序 OB1。双击打开 OB1，将 FB1 块拖拽到主程序中，并单击"确认"，系统自动生成背景数据块的名称为"块 _1_DB_1"的程序，并设置相关的变量，如图 10-3-9 所示。

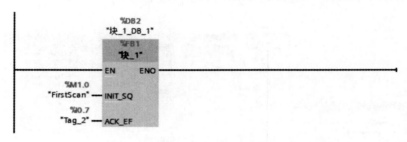

图 10-3-9　OB1 主程序

⑦ 程序编译、下载与调试（仿真运行）。这一步也可以采用仿真调试，具体的调试方法可参考前面的仿真步骤，这里不再讲述。

10.3.3　并行分支流程结构的编程实例

实例 10-3　十字路口交通灯的控制

【控制要求】用 PLC 实现交通灯的控制，要求按下启动按钮后，东西方向绿灯亮 25s，闪动 3s，黄灯亮 3s，红灯亮 31s；南北方向红灯亮 31s，绿灯亮 25s，闪动 3s，黄灯亮 3s，如此循环。无论何时按下停止按钮，交通灯全部熄灭。

【操作步骤】

① 根据控制要求，绘制工艺控制流程图，如图 10-3-10 所示。

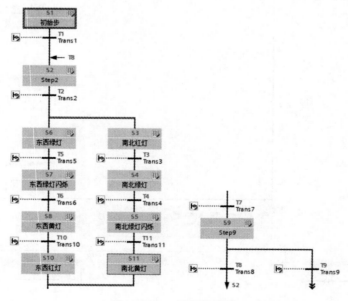

图 10-3-10　控制流程图

② 新建一个项目，取名"S7-GRAPH 红绿灯控制"，添加新设备 PLC_1 CPU 511C-1 PN，并启用 CPU 系统存储器 MB1 和时钟存储器字节，并通过菜单栏中的选项设置把接口模式选择为"接口参数的最小数目"，并进行相关硬件组态，编译和保存该项目。

③ 在博途软件中打开项目树下的 PLC 站点，在程序块下添加新块 FB1，编程语言选中"GRAPH"，单击"确认"，生成函数块 FB1。

④ 添加 PLC 变量。根据本任务的分析，需要的 PLC 变量如图 10-3-11 所示。

⑤ 编辑 GRAPH 程序。

a. 选择 FB1 块，双击打开，先在接口区添加一个输入参数"ACK_EF"，数据类型为 Bool 型。

b. 在 GRAPH 编辑界面中编写程序，如图 10-3-12 所示。

		名称	数据类型	地址
		变量表_1		
1		启动按钮	Bool	%I0.0
2		停止按钮	Bool	%I0.1
3		东西绿灯	Bool	%Q0.0
4		东西黄灯	Bool	%Q0.1
5		东西红灯	Bool	%Q0.2
6		南北绿灯	Bool	%Q0.3
7		南北黄灯	Bool	%Q0.4
8		南北红灯	Bool	%Q0.5

图 10-3-11　PLC 变量

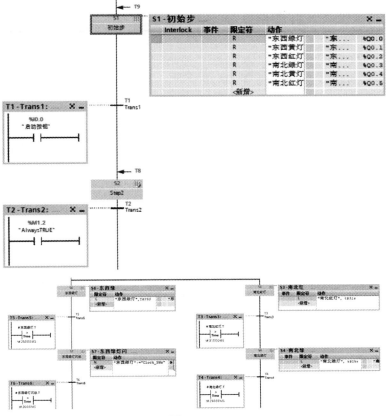

图 10-3-12

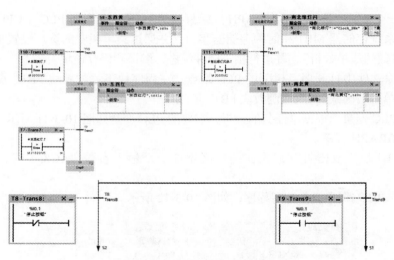

图 10-3-12　FB1 的 GRAPH 程序

⑥ 编写主程序 OB1。双击打开 OB1，将 FB1 块拖拽到主程序中，并单击"确认"，系统自动生成背景数据块的名称为"块_1_DB_1"的程序，并设置相关的变量，如图 10-3-13 所示。

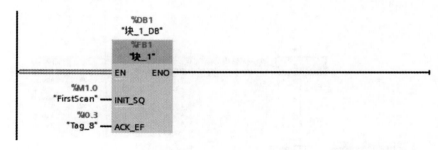

图 10-3-13　OB1 主程序

⑦ 程序编译、下载与调试（仿真运行）。这一步也可以采用仿真调试，具体的调试方法可参考前面的仿真步骤，这里不再讲述。

第 11 章

西门子人机界面（HMI）应用

11.1 人机界面基本知识

20 世纪 60 年代末，PLC 的出现使工业自动化前进了一大步，随着 PLC 的应用与发展，工程师们渐渐发现仅仅采用开关、按钮和指示灯来控制 PLC，并不能够发挥出 PLC 的潜在功能。为了实现更高层次的工业自动化，一种新的控制界面应运而生，即人机交互界面（Human Machine Interface，HMI），又称触摸屏，是一种智能化操作控制显示装置，用户只要用手指轻轻地触摸显示屏上的图符或文字就能实现对主机的操作。触摸屏 HMI 是实现人与机器信息互换的数字设备，可以将它与 PLC、变频器、仪表等工业设备组态到一起，形成一个完整的工业自动化系统。

11.1.1 触摸屏简介

（1）触摸屏的工作原理

为了操作方便，人们用触摸屏来代替鼠标、键盘和控制屏上的开关、按钮等。工作时，用户必须首先用手指或其他物体触摸安装在显示器前端的触摸屏，然后系统根据手指触摸的图标或菜单的位置来定位选择信息输入。触摸屏由触摸检测部件和触摸屏控制器组成。触摸检测部件安装在显示器屏幕前面，用于检测用户的触摸位置，接收信息后送往触摸屏控制器，触摸屏控制器将接收到的触摸信息转换成触点坐标，再送给 CPU，它同时能接收 CPU 发来的命令并加以执行。按照触摸屏的工作原理和传输信息的介质，把触摸屏分为电阻式、电容感应式、红外线式以及表面声波式触摸屏四种。

（2）触摸屏的结构组成

工业触摸屏由硬件和软件两部分组成。硬件部分包括处理器、显示单元、输入单元、通信接口、数据存储单元等，如图 11-1-1 所示。其中处理器的性能决定了触摸屏产品的性能高低，是触摸屏的核心单元。根据触摸屏的产品等级不同，处理器可分别选用 8 位、16 位、32 位的处理器。触摸屏软件一般分为两部分，如图 11-1-2 所示，即运行于工业触摸屏硬件中的系统软件和运行于 PC 机 Windows 操作系统下的画面组态软件。使用者都必须先使用触摸屏的画面组态软件制作"工程文件",再通过 PC 机和触摸屏的通信口,把编制好的"工程文件"下载到触摸屏的处理器中运行。

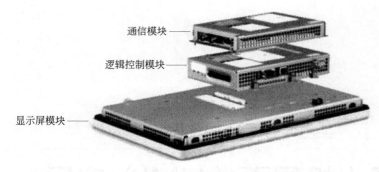

图 11-1-1 触摸屏硬件构成

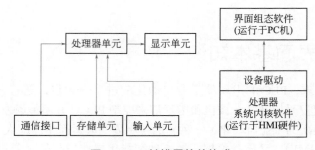

图 11-1-2 触摸屏软件构成

11.1.2 认识西门子常用触摸屏

西门子触摸屏的产品从低端到高端比较多,目前常用的几款主流产品有 SIMATIC 精简系列面板(Basic 系列)、SIMATIC 精智面板(Comfort 系列)、SIMATIC 移动式面板和 SIMATIC HMI SIPLUS 等。

(1)精简系列面板

它是新一代精简面板,经济高效的精简系列面板,专为设备级简单可视化任务量身打造。这一系列设备凭借其优越的性能与实惠的价格备受设备级应用的青睐。其优点是:4 ~ 15in 可调背光宽屏显示,6.5 万色高分辨率(可组态为竖屏显示);触屏操作与可任意组态的按键,支持各种组合操作;通过 USB 连接进行项目传输、数据归档、键盘与鼠标连接;支持 PROFIBUS 或 PROFINET 通信。

(2)精智面板

SIMATIC HMI 精智面板凭其优异的功能性能与多样化的界面显示,可满足设备级的各种可视化高端应用。其优点是:4 ~ 22in 可调背光宽屏显示,1600 万色(可组态为竖屏显示);触摸式或按键式操作,最大视角可达 170°;具有集成系统存储卡,可实现数据自动备份;集成电源管理功能和 PROFIenergy;可与 SIMATIC S7-1500 控制器完美结合。表 11-1-1 列出来部分精智面板触摸屏的技术参数供参考。

表11-1-1　部分精智面板触摸屏的技术参数

	KTP400 精智	KP400 精智	TP700 精智	KP700 精智	TP900 精智	KP900 精智	TP1200 精智	KP1200 精智
	4" 按键 + 触摸	4" 按键	7" 触摸	7" 按键	9" 触摸	9" 按键	12" 触摸	12" 按键
显示屏	TET 宽屏显示，1600 万色，LED 背光							
尺寸 /in	4.3		7.0		9.0		12.1	
分辨率（宽 × 高，像素）	480×272		800×480		800×480		1,280×800	
背光平均无故障时间（MTBF）/h	80,000		80,000		80,000		80,000	
前面板尺寸 /mm	140×116	152×188	214×158	308×204	274×190	362×230	330×241	454×289
操作方式	触摸屏，覆膜键盘	覆膜键盘	触摸屏	覆膜键盘	触摸屏	覆膜键盘	触摸屏	覆膜键盘
功能按键（可编程）/ 系统键	4（LED 指示灯)/-	8（LED 指示灯）/ √	-/-	24（LED 指示灯）/ √	-/-	26（LED 指示灯）/ √	-/-	34（LED 指示灯）/ √
可用内存								
用户内存	4MB		12MB		12MB		12MB	
可选内存 / 配方内存	4MB/512KB		12MB/2MB		12MB/2MB		12MB/2MB	
报警缓冲区	√		√		√		√	
接口								
串口 /MPI/ PROFIBUS DP PROFINET（以太网）	√ / √ / √ /1		√ / √ / √ /2		√ / √ / √ /2		√ / √ / √ /2	
主 USB 口 /USB 设备	1/1		2/1		2/1		2/1	
CF/MMC/SD 卡插槽	-/ √ / √		-/ √ / √		-/ √ / √		-/ √ / √	
功能	使用 TIA 博途 WinCC 组态							
报警系统（报警数量 / 报警类别）	2000/32		4000/32		4000/32		4000/32	
画面数	500		500		500		500	
变量	1024		2048		2048		2048	
矢量图	√		√		√		√	
棒图 / 曲线图	√ /f(t),f(x)		√ /f(t),f(x)		√ /f(t),f(x)		√ /f(t),f(x)	
画面模板	√		√		√		√	
配方	100		300		300		300	
归档 /VB 脚本	√ / √		√ / √		√ / √		√ / √	

	KTP400 精智	KP400 精智	TP700 精智	KP700 精智	TP900 精智	KP900 精智	TP1200 精智	KP1200 精智
编程器功能	状态 / 控制，诊断信息浏览器							
可连接的控制器								
SIMATIC S7/ SIMATIC WinAC	√ / √		√ / √		√ / √		√ / √	
SINUMERIK/ SIMOTION	√ / √		√ / √		√ / √		√ / √	
Allen Bradley/ Mitsubishi	√ / √		√ / √		√ / √		√ / √	
Modicon/Omron	√ / √		√ / √		√ / √		√ / √	
可用组态软件	WinCC Comfort V11 或更高版本							
选件，应用程序								
Sm@ rtServer/ Audit/ Logon	√ / √ / √		√ / √ / √		√ / √ / √		√ / √ / √	
OPC 服务器 /IE 浏览器	√ / √		√ / √		√ / √		√ / √	
订货号	6AV2124- 2DC01-0AX0	6AV2124- 1DC01- 0AX0	6AV2124- 0GC01- 0AX0	6AV2124- 1GC01- 0AX0	6AV2124- 0JC01- 0AX0	6AV2124- 1JC01- 0AX0	6AV2124- 0MC01- 0AX0	6AV2124- 1MC01- 0AX0

（3）移动式面板

移动面板可轻松进行电源管理与安全操作，成为高端移动应用 的首选产品。该面板支持线缆或 Wi-Fi 通信，还可应用于故障安全设备和分布较广的工厂中，安全可靠。其优点是：4in、7in 和 9in 可调背光宽屏显示，1600 万色；可通过接线盒或 RFID（IWLAN 版）快速定位；集成安全功能，适用于各种集成解决方案；灵活的安全开关元件评估机制，可连接故障安全型 S7 控制器；独特的带照明急停按钮，支持 PROFIsafe。表 11-1-2 列出了部分移动面板触摸屏的技术参数供参考。

表 11-1-2　部分移动面板触摸屏的技术参数

	第二代移动面板	第二代移动面板	第二代移动面板	移动面板 277(F)IWLAN
	4" 触摸 + 按键	7" 触摸 + 按键	9" 触摸 + 按键	8" 触摸 + 按键
显示屏	宽屏 1600 万色显示，LED 背光			TFT 液晶显示屏（LCD），64K 色
尺寸 /in	4.3	7	9	7.5
分辨率（宽 × 高，像素）	480×272	800×480	800×480	640×480
背光平均无故障 时间（MTBF）/h	50,000	50,000	50,000	50,000
前面板尺寸 /mm	194×166	248×172 248×195	307×201 307×224	直径 290I

续表

	第二代移动面板	第二代移动面板	第二代移动面板	移动面板 277(F)IWLAN
操作方式	覆膜键盘，触摸屏	覆膜键盘，触摸屏	覆膜键盘，触摸屏	覆膜键盘，触摸屏
功能按键（可编程）/ 系统键	4(带 LED 指示灯)/-	8(带 LED 指示灯)/-	10(带 LED 指示灯)/-	18/-
可用内存				
用户内存	4MB	12MB	12MB	6MB
可选内存 / 配方内存	4MB/512KB	12MB/2MB	12MB/2MB	1024KB/64KB
报警缓冲区	√	√	√	√
接口				
串口 /MPI/ PROFIBUS DP PROFINET（ 以太网 ）	-/-/-/1	-/-/-/1	-/-/-/1	-/-/-/ √（通过 IWLAN ）
主 USB 口 /USB 设备	1/-	1/-	1/-	√ /-
CF/MMC/SD 卡插槽	-/ √ / √	-/ √ / √	-/ √ / √	-/ √ / √
功能	使用 TIA 博途 WinCC 组态			
报警系统（报警数量 / 报警类别）	2,000/32	4,000/32	4,000/32	4,000/32
画面数	500	500	500	500
变量	1,024	2,048	2,048	2,048
矢量图	√	√	√	√
棒图 / 曲线图	√ /f(t),f(x)	√ /f(t),f(x)	√ /f(t),f(x)	√ / √ f(t)
画面模板	√	√	√	√
配方	100	300	300	300
归档 /VB 脚本	√ / √	√ / √	√ / √	√ / √
编程器功能	状态 / 控制，诊断信息显示	状态 / 控制，诊断信息显示	状态 / 控制，诊断信息显示	状态 / 控制
可连接的控制器				
SIMATI CS7/ SIMATIC WinAC	√ / √	√ / √	√ / √	√ / √
SINUMERIK/ SIMOTION	√ / √	√ / √	√ / √	-/ √ (WinCC flexible 2008 故障安全 SP3 或更高版本)
Allen Bradley/ Mitsubishi	√ / √	√ / √	√ / √	-/-
Modicon/Omron	√ / √	√ / √	√ / √	-/-

	第二代移动面板	第二代移动面板	第二代移动面板	移动面板 277(F)IWLAN
可用组态软件	WinCC Comfort V13 SP1 或更高版本	WinCC Comfort V13 SP1 或更高版本	WinCC Comfort V13 SP1 或更高版本	WinCC Comfort V11 或更高版本，WinCC flexible 标准版，高级版
选件，应用程序				
Sm@rtServer/ Audit/Logon	√ / √ / √	√ / √ / √	√ / √ / √	√ / √ /-5)
OPC 服务器 /IE 浏览器	√ / √	√ / √	√ / √	√ / √
订货号	6AV2125-2DB23-0AX0	6AV2125-2GB03-0AX0 6AV2125-2GB23-0AX0	6AV2125-2JB03-0AX0 6AV2125-2JB23-0AX0	6AV6645-0..01-0AX1

11.1.3　创建HMI监控界面工作流程

在 TIA 博途软件中，设计一个 HMI 监控界面大体完成的主要工作流程。

① 在博途软件中创建一个 HMI 项目。

② 设置 HMI 设备与 PLC 之间的通信连接。

③ 定义 HMI 的内部变量和外部变量，通过外部变量与 PLC 变量进行关联。

④ 在组态框架内，创建用于操作和观测技术流程的操作界面。例如组态创建项目数据、保存项目数据、测试项目数据和模拟项目数据等。

⑤ 编译组态信息之后，将项目加载到操作设备中（HMI），如图 11-1-3 所示的电脑、HMI 与 PLC 之间的控制流程示意图。

组态电脑　　　　HMI设备　　　　PLC_1　　PLC_2

图 11-1-3　电脑、HMI 与 PLC 之间工作流程图

11.1.4　触摸屏、PLC与电脑之间的通信硬件连接

下面以西门子精智面板 TP700 触摸屏为例来介绍通信的硬件连接。

（1）认识 TP700 Comfort 触摸屏的接口

如图 11-1-4 所示是 TP700 Comfort 触摸屏的正反面示意图，"7.0" TFT 显示屏，800×480 像素。如图 11-1-5 所示是 TP700 Comfort 触摸屏的接口示意图，

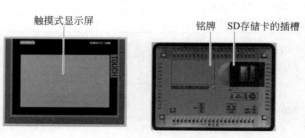

触摸式显示屏　　　　铭牌　　SD存储卡的插槽

图 11-1-4　TP700 Comfort 触摸屏的正反面示意图

主要包括 1 个 MPI/PROFIBUS DP 接口，1 个支持 MRP 和 RT/IRT 的 PROFINET/ 工业以太网接口（2 个端口），2 个多媒体卡插槽，3 个 USB。

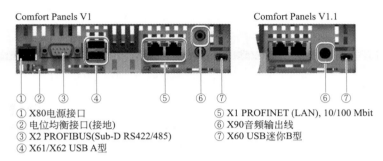

① X80电源接口
② 电位均衡接口(接地)
③ X2 PROFIBUS(Sub-D RS422/485)
④ X61/X62 USB A型

⑤ X1 PROFINET (LAN), 10/100 Mbit
⑥ X90音频输出线
⑦ X60 USB迷你B型

图 11-1-5　TP700 Comfort 触摸屏的接口示意图

（2）HMI 的设备接线

① HMI 触摸屏电源接线。HMI 触摸屏需要接入 24V DC 电源，如图 11-1-6 所示，将两条电源线连接到电源插头上；然后将电源插头与 HMI 设备相连，检查电线的极性是否正确。设备在 24V 直流电源下运行时，需要使用外部保护电路，电源导线采用截面积不大于 1.5mm² 的铜芯导线。

② HMI 与电脑进行通信连接。用一根 Ethernet 电缆的一端连接到计算机的以太网网卡的 RJ45 口上，另外一端直接连接到面板下部 Ethernet 接口上。本例连接到 X1 以太网的 P1 口上，如图 11-1-6 所示。

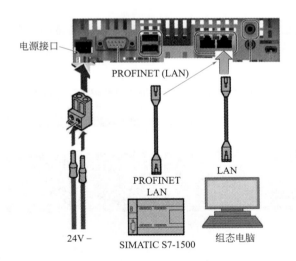

图 11-1-6　相关接口接线示意图

11.1.5　触摸屏与PLC之间的通信设置

在进行 HMI 设计界面之前，需要先添加一台合适的 HMI 设备。添加 HMI 设备与 PLC 的通信设置可分两种情况介绍，一种是 HMI 和 PLC 不在同一个项目下来创建，另一种是 HMI 和 PLC 在同一项目下来创建。

（1）不在同一个项目下来创建连接

① 打开 TIA 博途软件创建一个 HMI 项目，点击项目树下添加新设备→HMI → 7" 显示屏→TP700 Comfort →订货号为 6AV2 124-0GC01-0AX0 的 HMI，如图 11-1-7 所示，取消左下角的"启动设备向导"，点击"确认"，添加完成生成如图 11-1-8 所示的工作界面。

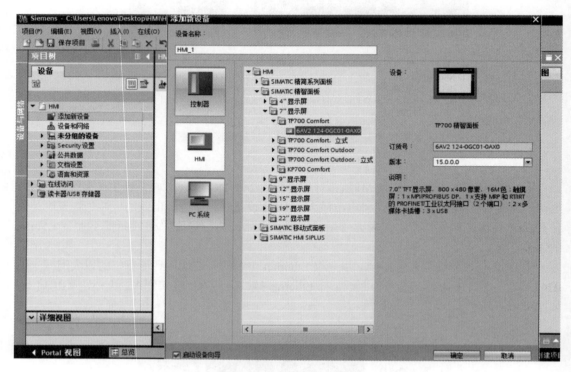

图 11-1-7　添加 HMI 设备

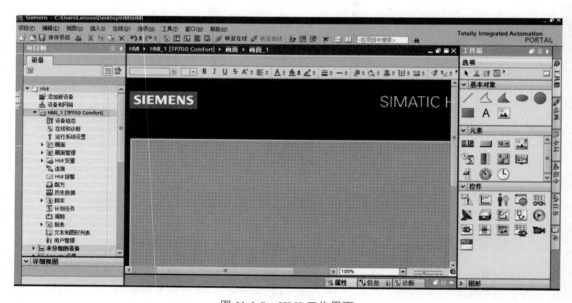

图 11-1-8　HMI 工作界面

② 建立 HMI 与 PLC 之间通信。添加完 HMI 设备后，在项目树下找到 HMI 设备的 "连接"
选项，双击打开连接出现 "在设备和网络中连接到 S7 PLC" 的窗口，在连接列表中添加要连
接的 PLC 设备，添加名称为 "HMI_1"，通信驱动程序选择 PLC 的类型为 "S7-1500"，如图
11-1-9 所示。继续在巡视窗口下的 "参数" 中选择 HMI 接口的通信方式为 "以太网"，设置
IP 地址如图 11-1-10 所示的 HMI 和 PLC 设备的 IP 地址，注意：HMI 的 IP 地址和 PLC 的 IP
地址必须为同网段，首次使用还需要把 IP 地址设置到触摸屏中。

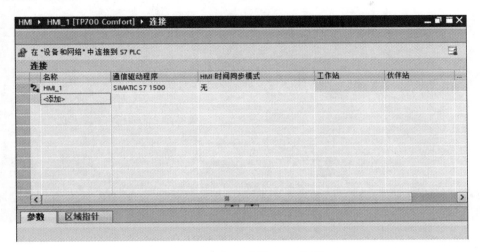

图 11-1-9　打开连接 PLC 设置

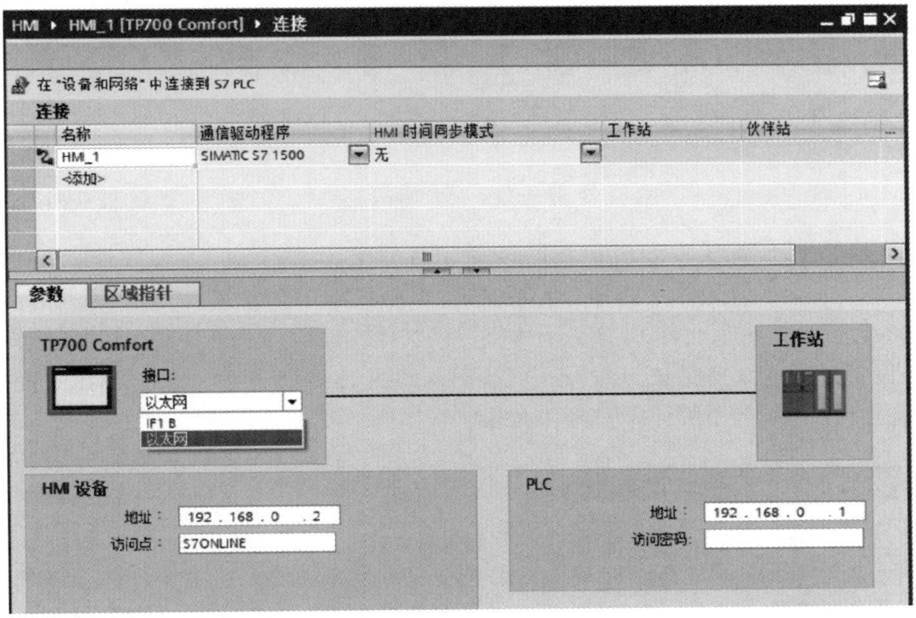

图 11-1-10　HMI 通信设置

③ 设置 HMI 触摸屏上的 IP 地址。对于首次使用且没有下载过任何项目的触摸屏，在使
用前需要对触摸屏进行 IP 地址的设定，可以通过触摸屏上直接设置，也可以通过 TIA 博途软
件进行设置。下面介绍通过软件进行设置触摸屏 IP 地址。

a.TP700 Comfort 上电后，进入 Widows CE 操作系统，将自动显示 Start Center，如图 11-1-11 所示。

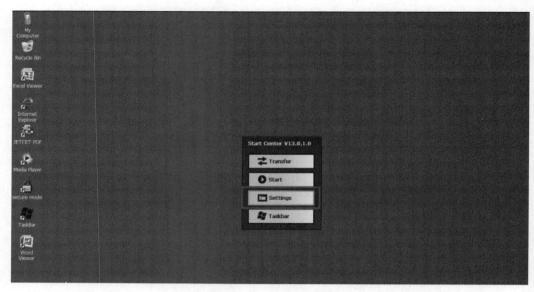

图 11-1-11　启动 HMI

b. 单击"Settings"按钮打开设置面板，如图 11-1-12 所示。

图 11-1-12　打开设置面板

c. 在"Settings"面板中双击"🔧"图标，打开 Transfer Settings 对话框，如图 11-1-13 所示，在"General"选项卡中选择"Automatic"和"PN/IE"选项，然后单击"Properties"按钮进行参数设置，如图 11-1-14 所示。本例选用 X1P1 接口，双击"PN_X1"网络连接图标，打开网卡设置对话框，分配 IP 地址及子网掩码，如图 11-1-15 所示，点击"OK"完成设置。输入此面板的 IP 地址与下载计算机的 IP 地址须在同一网段。

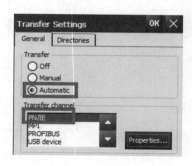

图 11-1-13　常规设置

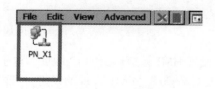

图 11-1-14　选择 PN_X1

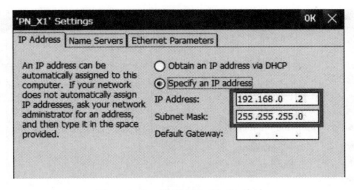

图 11-1-15　设置 PN_X1 IP 地址

d. 参数设置完成后关闭设置面板。当 HMI 设备的 IP 地址和软件连接中的设置都完成后，就可以实现 HMI 与 PLC 和软件进行通信了。

（2）在同一项目下来创建连接

① 先创建 PLC 站点。打开博途软件，先创建一个项目名为"HMI_PLC"，创建一个 PLC 站点并完成 CPU 的基本设置，本例选择 PLC 为 S7-1500 为例。

② 添加 HMI 设备。在"HMI_PLC"项目中添加一个新的 HMI 设备。在左侧项目树中双击"添加新设备"，在这里选择 HMI → SIMATIC 精智面板→ 7" 显示屏→ TP700 Comfort 中订货号为 6AV2 124-0GC01-0AX0 的 HMI，如图 11-1-16 所示，激活左下角"启动设备向导"，点击"确定"进入向导设置界面，如图 11-1-17 所示。

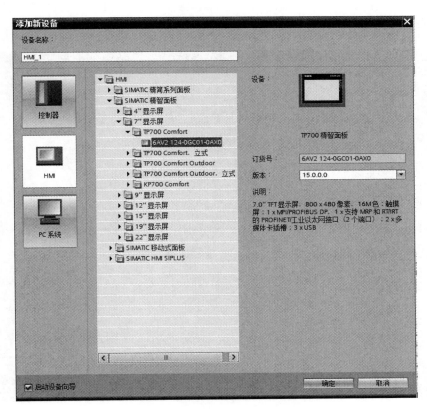

图 11-1-16　添加 HMI 设备

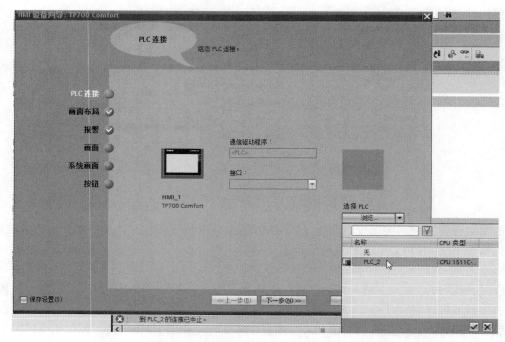

图 11-1-17　启用向导设置界面

③ 在 HMI 设备向导界面选择连接 PLC 向导指示界面中"浏览"，弹出选择窗口，选择项目中创建的 PLC 点击对号"√"确定，如图 11-1-18 所示，图中 PLC 设定好后，通信驱动程序和接口自动生成。

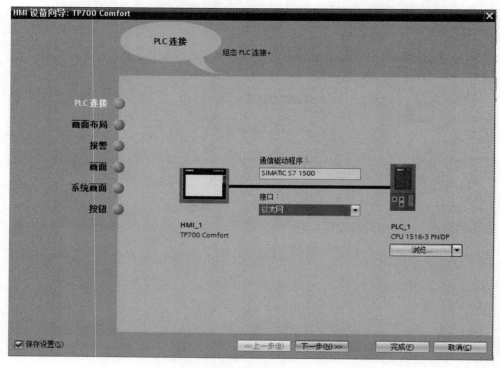

图 11-1-18　设置与 PLC 通信连接

如果在向导中没有配置通信参数，可在网络视图中单击 HMI 的属性→常规→ PROFINET 接口 [X1] →以太网地址中选择已在 PLC 中的子网 PN/IE_1，若没有点击"添加新子网"，默认将 HMI 的 IP 地址设为 192.168.0.2，子网掩码为 255.255.255.0，在组态中的 IP 地址要与在线访问中实际硬件的地址相同，此时可以看到 PLC 与 HMI 已成功使用 PN/IE_1 连接，如图 11-1-19 所示。

图 11-1-19　同一项目下 PLC 与 HMI 建立连接

11.1.6　HMI组态项目下载

西门子精智系列面板相比较传统面板，组态软件和下载方式都产生了一些变化，提供了更丰富且简洁的下载方式，下面主要介绍通过 PN/IE 和 USB 方式下载。下载前确保 PLC 与 HMI 在线连接。

（1）PN/IE 方式下载

通过 HMI 与 PLC 通信设置完成后，对所组态的项目通过 PN/IE 进行下载到 HMI 中的具体步骤如下：

① 在项目树中选中设备"HMI_1 TP700 精智面板"，点击工具栏中下载图标或点击菜单"在线 →下载到设备"。当第一次下载项目到操作面板时，"扩展的下载到设备"对话框会自动弹出，在该对话框中选择PG/PC接口的类型、接口和接口 / 子网的连接，如图 11-1-20 所示。注意：该对话框在之后的下载中将不会再次弹出，下载会自动选择上次的参数设定进行。如果希望更改下载参数设定，则可以通过单击菜单"在线 →扩展的下载到设备"来打开对话框以进行重新设定。

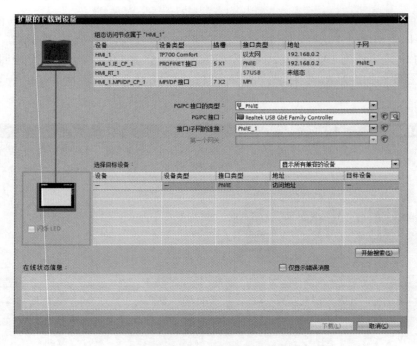

图 11-1-20　设置下载相关参数

② 如图 11-1-20 所示，在本例中选择 PG/PC 接口的类型 "PN/IE"，PG/PC 接口选择 "电脑网卡"，接口 / 子网的连接为之前建立的子网 "PN/IE_1"，选择完成后，点击 "开始搜索"，软件将以该接口对项目中所分配的 IP 地址进行扫描，如参数设置及硬件连接正确，将在数秒后扫描结束，此时 "下载" 按钮被使能，如图 11-1-21 所示。

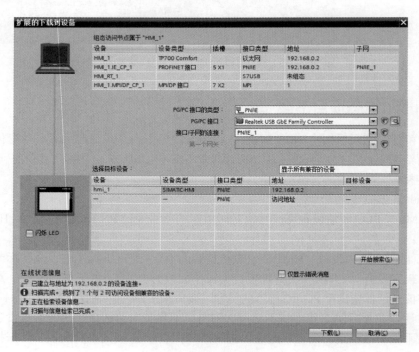

图 11-1-21　搜索目标设备

③ 单击图 11-1-21 中"下载"按钮进行项目下载，下载预览窗口将会自动弹出，如图 11-1-22 所示。下载之前，软件将会自动对项目进行编译，只有编译无错后才可进行下载，如图 11-1-22 所示，可选择"全部覆盖"HMI 设备的现有用户管理数据及配方数据，然后单击"下载"按钮来完成 HMI 的项目下载。注意：项目下载完成后，HMI 上所设置的 IP 地址将会被项目中所设置的 IP 地址所替代。

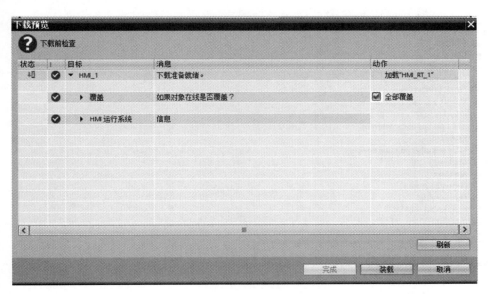

图 11-1-22　下载前检查

（2）USB 方式下载

① 需要使用 USB Type-A 到 USB Mini-B 的 USB 电缆，如图 11-1-23 所示。

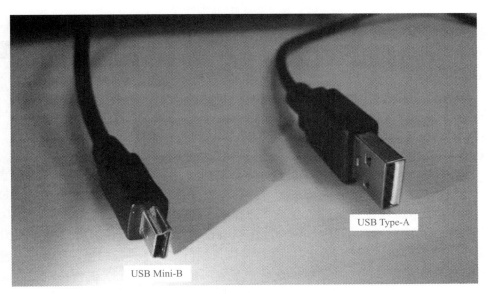

图 11-1-23　USB 电缆

② 电缆连接及驱动安装。将 Mini-B 端插入 TP700 触摸屏的 X60USB 口，Type-A 端插入

电脑的 USB 接口后，计算机能检测到有新 USB 设备接入，将会自动进行驱动安装，等待安装完成即可，如图 11-1-24 所示。

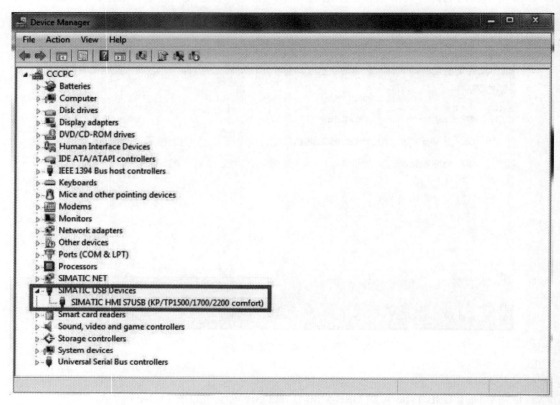

图 11-1-24　安装 USB 驱动

③ TP700 Comfort 下载设置。TP700 Comfort 上电后，进入 Widows CE 操作系统，将自动显示 Start Center。单击 "Settings" 按钮打开设置面板。在 "Settings" 中双击 " Transfer " 图标，打开 "Transfer Settings" 对话框。在 "General" 选项卡中选择 "Automatic" 和 "USB device"，如图 11-1-25 所示。参数设置完成后关闭设置面板。

④ TIA 博途中下载设置。在项目树中选中设备 "HNI_1 TP700 精智面板"，点击工具栏中下载图标或点击菜单 "在线→下载到设备"。当第一次下载项目到操作面板时，"扩展的下载到设备" 对话框会自动弹出，在该对

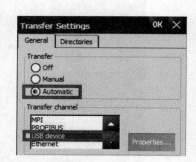

图 11-1-25　USB 常规设置

话框中选择 PG/PC 接口的类型为 "S7 USB"，PG/PC 接口为 "USB"，如图 11-1-26 所示，选择完成后，点击 "开始搜索"，软件将以该接口对设备进行扫描，如参数设置及硬件连接正确，将在数秒后扫描结束，此时 "下载" 按钮被使能，单击该按钮进行项目下载，下载预览窗口将会自动弹出。下载之前，软件将会对项目进行编译，只有编译无错后才可进行下载，在下载前检查中，可选择 "全面覆盖"，然后单击 "下载" 按钮来完成触摸屏的项目下载。

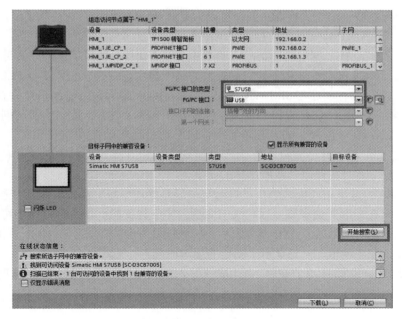

图 11-1-26　USB 下载设置

11.1.7　HMI变量

在 TIA 博途软件项目树下 HMI 项目中也有一个 HMI 变量，这个变量分为内部变量和外部变量。

外部变量是建立 HMI 与 PLC 进行数据交换的桥梁，是 PLC 中定义的存储元件的映像，有名称也有地址，可以在 PLC 和 HMI 设备中访问外部变量，其值随 PLC 程序的执行而执行，使用外部变量，可通过 PLC 变量访问 PLC 中的地址。

HMI 的内部变量与 PLC 之间没有连接关系，它是 HMI 内部存储器中的存储单元，只能 HMI 进行内部访问，内部变量没有地址只有名称。对于内部变量，必须至少设置名称和数据类型。

在建立的 HMI 变量中，每个变量都对应一些属性，使用时需要正确定义这些属性，如图 11-1-27 所示的变量，下面主要介绍部分属性设置说明。

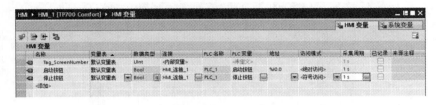

图 11-1-27　HMI 中的变量

① 名称：在 HMI 变量中的名称，必要时，在"名称"中输入一个唯一的变量名称，此变量名称在整个设备中必须唯一。

② 数据类型：是指 HMI 变量的数据类型。WinCC 将根据所连接 PLC 变量的数据类型来设置外部变量的数据类型。如果 WinCC 中没有该 PLC 变量的数据类型，则会在 HMI 变量上

自动使用一个兼容数据类型。根据需要，可以指定让 WinCC 使用其他数据类型，并转换 PLC 变量的数据类型以及 HMI 变量的数据类型的格式。

③ 连接：在"连接"框中选择是内部变量还是外部变量。如果选择外部变量，在"连接"编辑器中创建与外部 PLC 的连接（如果需要的连接未显示，则必须先创建与 PLC 的连接。在"设备和网络"视图中，创建与 SIMATIC S7 PLC 的连接）。如果项目包含 PLC 并在同一项目中组态 HMI 变量，只需选择现有的 PLC 变量来连接 HMI 变量，之后，系统会自动创建集成连接。

④ PLC 名称：在"连接"框中选择了外部 PLC 时，会自动生成 PLC 名称。

⑤ PLC 变量：在"PLC 变量"框中点击按钮并在对象列表中选择已创建的 PLC 变量。单击"√"对号按钮以确认所选择的变量。

⑥ 访问模式：这里访问模式选择是符号寻址还是绝对寻址。建议在组态变量时尽量使用符号寻址，可以在标准变量表或自己定义的变量表中创建变量。使用符号寻址可以在 PLC 程序中修改变量的绝对地址时，HMI 无须重启，修改的地址会立刻显示在 HMI 界面上。如果选择是绝对选择，在"地址"一栏显示出变量的绝对地址。

⑦ 采集周期：设置 HMI 在 PLC 中读取或写入该变量的时间周期。对于周期的选择可根据具体情况设定。

提示

如果一个 PLC 变量要在 HMI 上显示，可以直接把该变量拖拽到 HMI 界面中，博途软件会自动在 HMI 界面上添加显示该变量值的控件，同时软件会在 HMI 变量表中建立该变量的相关连接。

11.2 简单画面组态

在左侧项目树中打开刚刚所添加的 HMI，在画面中添加一个新画面取名为"根画面"并双击打开，以方便作为日后使用，如图 11-2-1 所示，选中工作区界面，在巡视窗口的"属性→常规"选项下根据要求设置画面的名称、编号和背景色等参数。常用的组态基本元素和控件等工具在工具箱中选择。本节主要介绍部分工具元素的组态。

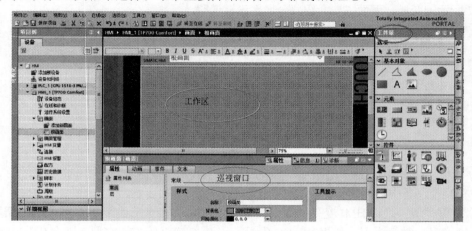

图 11-2-1　打开画面窗口

11.2.1　按钮与指示灯组态

（1）按钮组态

"按钮"是 HMI 设备屏幕上的虚拟键，具有多项功能，它比 PLC 输入端连接的物理按钮的功能强大，用户将在运行系统中使用该对象执行所有可组态的功能，如图 11-2-2 所示为工具箱中的按钮。

① 生成按钮。在画面右侧的工具箱中的"元素"一栏将按钮图标 ▬ 拖拽到画面合适的布局中，用鼠标调节按钮的大小和位置，如图 11-2-3 所示。

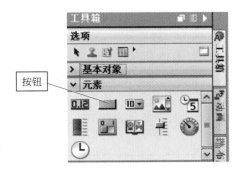

图 11-2-2　工具箱中的按钮

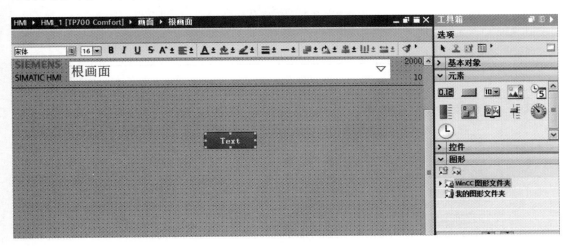

图 11-2-3　生成按钮

② 组态按钮。选中生成的按钮，在按钮的巡视窗口的"属性"选项中，对基本"属性""动画""事件"和"文本"等参数进行相关要求的组态，如图 11-2-4 所示。

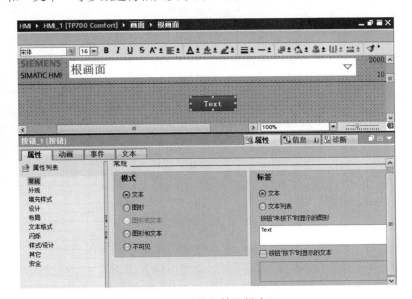

图 11-2-4　按钮的巡视窗口

a. 属性。在巡视窗口中属性中，可自定义对象的位置、几何形状、样式、颜色和字体类型，还可以修改按钮模式、按钮的文本/图形及定义热键等特性。在按钮的属性中主要介绍"模式"参数。

"模式"用来定义对象的图形显示，定义显示是静态的还是动态的。在巡视窗口中"属性→属性→常规→模式"中定义按钮的图形显示，如图 11-2-4 所示的模式，图中"模式"有四种模式可供选择，具体说明见表 11-2-1。对于文本和图形的类型进一步设定说明见表 11-2-2。

表11-2-1　按钮模式说明

模式	说明
"不可见"	该按钮在运行系统中不可见
"文本"	按钮以文本形式显示。文本说明按钮的功能
"图形"	按钮以图形形式显示。该图形表示按钮的功能
"图形和文本"	按钮以文本和图形形式显示

表11-2-2　图形和文本设定说明

类型	选项	说明
"图形"	"图形"	使用"按钮'未按下'时的图形"，指定"关闭"（OFF）状态时按钮中显示的图形 使用"按钮'已按下'时的图形"，指定"打开"（ON）状态时按钮中显示的图形
	"图形列表"	按钮的图形取决于状态。根据状态显示图形列表中的相应条目
"文本"	"文本"	使用"按钮'未按下'时的文本"，指定"关闭"（OFF）状态下按钮中显示的文本 使用"按钮'已按下'时的文本"，指定"打开"（ON）状态时按钮中显示的文本
	"文本列表"	按钮的文本取决于状态。根据状态显示文本列表中的条目

b. 动画。"动画"选项是使用预定义的动画对画面对象进行动态化，可进行的动画类型如图 11-2-5 所示，根据相关要求进行设置。

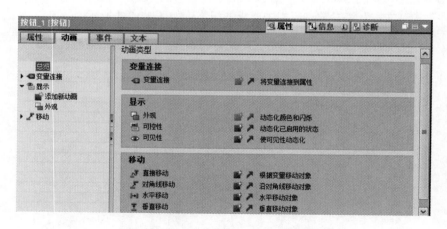

图 11-2-5　巡视窗口属性中的动画选项窗口

例如，对显示外观进行动态化颜色设置。在运行系统中，可以通过更改变量的值来控制画面对象的外观，当变量为某个值时，画面对象将根据其组态改变颜色或闪烁特性。在巡视窗口中，选择"属性→动画"，选择要使用的动画，本例选择"显示→单击外观中■按钮"，如图 11-2-6 所示进行组态，当组态完成后，在动画概览中，绿色箭头指示已组态好的动画，如图 11-2-5 所示中的绿色箭头。单击该绿色箭头，将在巡视窗口中打开已组态的动画。

图 11-2-6　组态显示外观动态

 提示

在变量表中添加的变量数据类型为 Bool 型，所以该类型中只能选择范围和多个位，在范围中只能选择 0 和 1 两种情况。

c. 事件。在按钮事件视图中，定义调用的"按钮"在系统中执行那些功能，在左侧区域可以指定按钮的执行动作模式，每种动作模式所执行的功能需要在右边函数列表中定义，如图 11-2-7 所示。

图 11-2-7　巡视窗口中的事件窗口

图 11-2-7 中按钮事件有六种动作模式，见表 11-2-3。

表11-2-3　按钮事件动作模式说明

事件动作	说明
单击	用户使用鼠标单击显示操作对象或使用手指触碰触摸屏时发生了该事件
按下	在用户按下功能键时发生该事件
释放	在用户松开功能键时发生该事件
激活	用户使用组态的 Tab 顺序选择显示或操作对象时发生该事件
取消激活	用户从显示操作对象获得焦点时发生该事件。可以使用组态的 Tab 顺序或通过使用鼠标执行其他操作来禁用画面对象
更改	如果显示和操作员控制对象的状态发生变化，将发生该事件

例如，定义一个按钮，当按钮按下时，置位 PLC 的启动按钮变量，当按钮松开时，复位 PLC 中的启动按钮变量。操作步骤如下：

• 在事件中选中"按下"模式，点击右侧第一行"添加函数"，再单击右边出现的 ▣▼ 键，在出现的函数列表中选择"编辑位"中的"置位位"，如图 11-2-8 所示，继续单击表中第二行变量区红色区域并单击 ▣... 键，弹出变量选择窗口，选择 PLC 中的变量"启动按钮"后点击右下角 ✓ 对号确认。至此，在"按下"时将会置位该事件，如图 11-2-9 所示。

图 11-2-8　添加置位位函数

图 11-2-9　添加链接 PLC 变量

·用上述相同的方法来定义"释放"动作模式，再选择函数为"复位位"，添加 PLC 变量"启动按钮"并确认。至此，该按钮松开时将复位该事件，如图 11-2-10 所示。

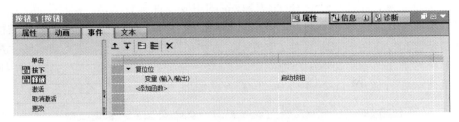

图 11-2-10　添加按钮复位位函数

·通过上述两步的设定，该按钮具有点动按钮功能，即按下时启动按钮接通，松开时启动按钮复位。

d. 文本。引用按钮在 OFF/ON 状态时在按钮上显示的文本。

（2）指示灯组态

指示灯可用来显示一个"Bool"变量的状态，例如 PLC 中变量"电动机"状态。下面介绍生成与组态指示灯的步骤方法。

① 在工具箱中的"基本对象"栏中，选择"圆"图形并拖拽到画面合适的位置，进行适当调整位置和大小。

② 选中圆图形，在巡视窗口中的"属性→动画→显示→添加新动画"，如图 11-2-11 所示，在图中动画类型中点击"显示→外观中的██╱键"弹出添加外观动画参数窗口，如图 11-2-12 所示，在变量中添加圆要连接的 PLC 变量为 Bool 型的"KM1"，在"范围"列表中第一行添加值"0"，背景色根据情况设定，边框颜色默认，闪烁"否"。继续在第二行添加值"1"，背景色选择"绿色"代表指示灯亮，边框颜色默认，闪烁"否"。

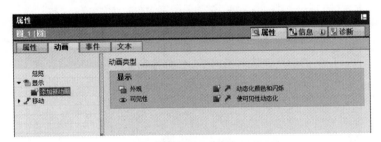

图 11-2-11　打开圆属性动画窗口

图 11-2-12　组态指示灯动画功能

③ 指示灯组态完成，指示灯不亮时，背景为灰色，指示灯亮时，显示绿色。

按照上述步骤完成对一个按钮和指示灯的生成与组态，如图 11-2-13 所示。如果不刻意追求画面的美观要求，组态一个按钮必须要设定的主要属性参数就是"事件"选项，其他参数选项可根据实际要求进行必要的设定。组态一个指示灯时，必须对动画功能参数进行设定。图中可在指示灯和按钮图形下边添加文字说明，方法是在基本对象栏中选择文本域"**A**"，并拖拽到图形符号下面，选中文本域在巡视窗口"属性→属性→常规→文本"，在文本中添加文字"电动机指示灯"，如图 11-2-14 所示。同样方法添加"启动按钮"文字。

图 11-2-13　生成与组态按钮

图 11-2-14　添加相关文字说明

实例 11-1　按钮组态的应用

用按钮组态控制 PLC 程序中电动机的启停，并用画面中指示灯来显示电动机的启停状态。

【操作步骤】

① 打开 TIA 博途软件，创建新项目名称为 "HMI-PLC"，并添加新设备 S7-1500 PLC 和 HMI 触摸屏。

② 对 PLC 与 HMI 进行网络组态，如图 11-2-15 所示。

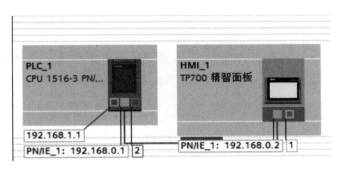

图 11-2-15 网络组态连接

③ PLC 编程。

a. 定义 PLC 变量，如图 11-2-16 所示。

	名称	数据类型	地址	保持	可从...	从 H...	在 H...	监控	注释
1	启动按钮	Bool	%M10.0		☑	☑	☑		
2	停止按钮	Bool	%M10.1		☑	☑	☑		
3	电动机	Bool	%Q0.0		☑	☑	☑		
4	<添加>				☑	☑	☑		

图 11-2-16 定义电动机启停 PLC 变量

b. 编程主程序，如图 11-2-17 所示。

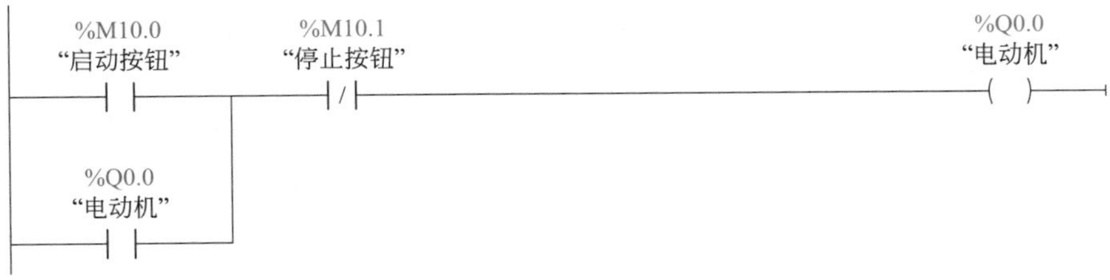

```
      %M10.0          %M10.1                                    %Q0.0
     "启动按钮"        "停止按钮"                                 "电动机"
       ┤ ├            ┤/├                                       ( )

      %Q0.0
     "电动机"
       ┤ ├
```

图 11-2-17 梯形图程序

（3）组态 HMI 画面

① 生成启动按钮、停止按钮和指示灯图形。打开 HMI 画面，在工具箱中选择元素中的按钮图标，并拖拽到画面合适位置生成按钮，在基本对象中拖拽一个圆作为指示灯并添加相应的文字说明，如图 11-2-18 所示。

② 组态按钮。

a. 定义常规属性。对图 11-2-18 中的按钮进行组态，选中左边的按钮，在巡视窗口"属性→属性→常规"中选择"文本"及"标签文本"，定义"按钮未按下时显示的图形"为"启动"，如图 11-2-19 所示。

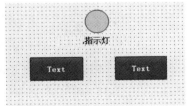

图 11-2-18 生成按钮和指示灯

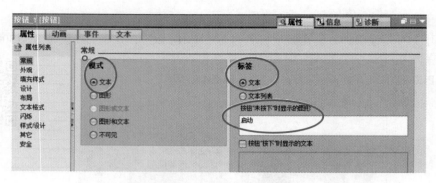

图 11-2-19　定义属性中常规参数

b. 定义动画。打开图 11-2-19 中的 "动画→显示→外观"，单击外观中的 ▓ 图标弹出外观参数，添加变量为 PLC 中 "电动机" 变量，类型选择为 "范围"，范围值设定为 0 和 1 及对应的颜色，如图 11-2-20 所示。

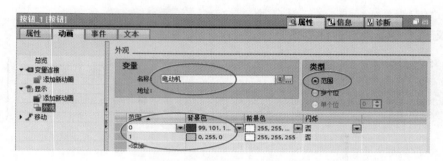

图 11-2-20　定义外观动画参数

c. 定义事件。打开图 11-2-20 中的 "事件"，对按钮 "按下和释放" 进行函数定义，可参考前面介绍的方法进行定义，至此，启动按钮组态完成。

d. 组态第二个按钮为停止按钮。参考上述 a ～ c 的步骤进行组态，需要修改的地方是：组态常规文本标签参数为 "停止"，组态外观动画中范围值为 "1" 时对应的颜色为红色，组态事件函数时，按钮连接的变量为 "停止按钮"，其他不变。

③ 组态指示灯。对于指示灯的组态，主要对属性中的动画功能进行组态，打开 "属性→动画→显示"，在显示中对外观进行动画组态，外观组态参数如图 11-2-21 所示，变量连接 PLC 中 "电动机" 变量，类型为 "范围"，范围值设定为 0 和 1 及对应的颜色。

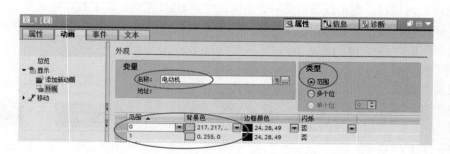

图 11-2-21　组态指示灯动画外观组态参数

通过上述步骤完成按钮和指示灯的任务组态，组态画面如图 11-2-22 所示，下面的步骤将介绍仿真调试。

（4）下载项目

分别对 PLC 站点和 HMI 站点的项目进行下载调试。这里采用仿真调试。

① 选择 PLC 站点，打开"开始仿真"按钮，项目开始仿真下载，下载完毕后接通仿真电源。

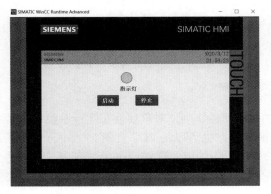

图 11-2-22　完整的组态画面

② 选择 HMI 站点，打开"开始仿真"按钮，项目开始仿真下载，下载完毕后自动进入仿真界面，如图 11-2-23 所示。点击画面中的"启动"按钮，电动机运转指示灯亮。按下"停止"按钮，电动机运转指示灯灭，如图 11-2-24 所示。

图 11-2-23　未运行的仿真画面　　　　　图 11-2-24　启动仿真运行画面

11.2.2　开关组态

组态"开关"用于在运行期间在两种预定义的状态之间进行切换，也就是我们常用开关状态 1 和 0。可通过文本或图形将"开关"对象的当前状态做可视化处理，如图 11-2-25 所示为工具箱基本元素中的开关。

图 11-2-25　元素中的开关

（1）生成开关

把元素中的"开关 ▦"对象图标通过拖拽放到画面工作区中的合适位置，并进行适当的调整，在巡视窗口中对属性参数进行组态设定，如图 11-2-26 所示。

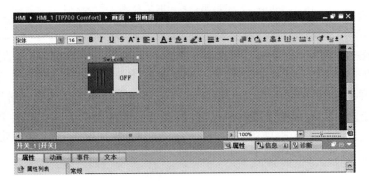

图 11-2-26　生成开关图形

581

（2）开关组态

① 属性。在巡视窗口中的"属性→属性→常规"选项中，主要对过程和模式参数进行设定，如图 11-2-27 所示。

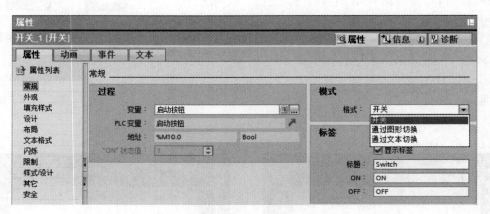

图 11-2-27　开关属性常规参数窗口

a. 过程"变量"。如果对象属性是带有变量的对象属性，则该对象属性在运行系统中是否更改取决于变量值。这里的变量可以是 HMI 内部变量，也可以是 PLC 变量。例如，开关连接变量，画面对象的属性在运行系统中将取决于变量所用的值，这样通过变量连接了组态动画功能。在这里可以直接添加提前创建好的变量。也可以通过下面介绍动画功能中的方法来定义。

b. 模式。通过"模式"选择可指定按钮外观，常用的类型有三种，如图 11-2-27 所示，具体三种类型描述说明见表 11-2-4。标签中的显示内容可根据实际来更改文字说明。

表11-2-4　开关类型说明

类型	描述
"开关"	"开关"的两种状态均按开关的形式显示。开关的位置指示当前状态。在运行期间通过滑动开关来改变状态 对于这种类型，可在"开关方向"（Switch orientation）中指定开关的运动方向
"带有文本的开关"	该开关显示为一个按钮。其当前状态通过标签显示。在运行期间单击相应按钮即可启动开关
"带有图形的开关"	该开关显示为一个按钮。其当前状态通过图形显示。在运行期间单击相应按钮即可启动开关

② 动画。组态动画是需要连接变量来实现的，下面通过组态实例来学习动画组态的过程。

a. 选择要动态控制其属性的画面对象，对象属性将显示在巡视窗口中。在巡视窗口中，选择"属性→动画"显示出动画类型，如图 11-2-28 所示，这里选择的组态对象为"开关"。

b. 选择"变量连接"并单击■按钮，弹出连接属性的窗口，添加属性名称，在变量连接下的过程"变量"中添加提前创建好的变量，如图 11-2-29 所示。这里定义的变量与前面介绍的常规选项中的过程"变量"是一致的，此变量只要有一方定义了，另一方就自动添加。

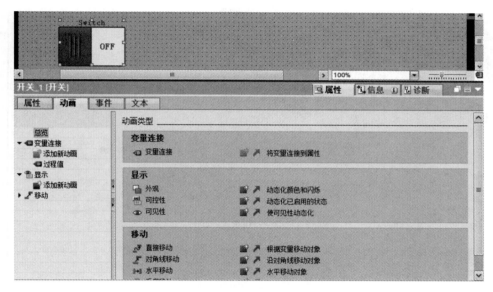

图 11-2-28　打开动画功能窗口

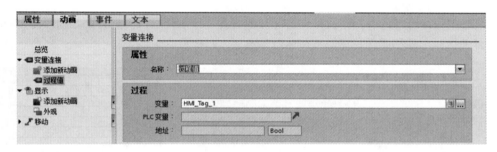

图 11-2-29　添加变量连接

　　c. 选定对象"显示→外观"对开关的外观显示进行动画组态，单击外观中的 ![图标] 图标按钮，将显示动画的参数，如图 11-2-30 所示。

图 11-2-30　打开外观动画参数窗口

　　d. 在外观"变量"中定义一个变量，单击右边"![图标]"图标，弹出项目站点文件和变量窗口，选择提前创建好的 HMI 内部变量"HMI_tag_1"，点击 ![图标] 确认，此时变量名称已添加，如图 11-2-31 所示。

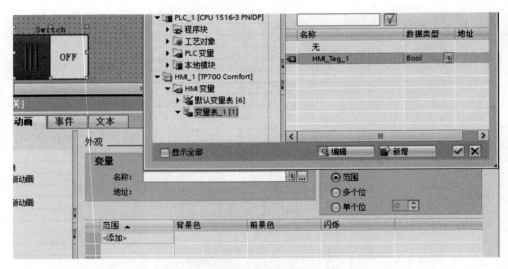

图 11-2-31 添加连接变量名称

e. 在图 11-2-31 中的类型选择为"范围",在下面的范围列表中添加对象要动画显示的范围数值和对应变化的颜色,设置如图 11-2-32 所示。

f. 组态完成,可进行仿真调试,点击"开始仿真"按钮,进入仿真界面,如图 11-2-33 所示的是开关仿真前后动画颜色变换对比运行显示。

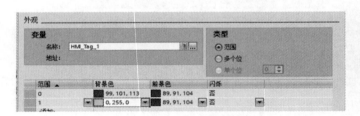

图 11-2-32 定义范围值和颜色参数

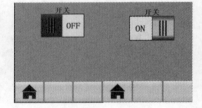

图 11-2-33 仿真调试开关动画组态

③ 事件。在开关事件选项中,定义调用的"开关"在系统中执行那些功能,在左侧区域可以指定开关的执行动作模式,每种动作模式所执行的功能需要在右边函数列表中定义,如图 11-2-34 所示。模式选择有 5 种,见表 11-2-5 的描述,添加事件函数定义相关执行功能可参考前面按钮组态中的介绍。

表11-2-5 事件开关动作模式说明

事件动作	说明
更改	如果显示和操作员控制对象的状态发生变化,将发生该事件
打开	当用户将显示和操作对象"开关"置于 ON 位置时发生的事件
关闭	当用户将显示和操作对象"开关"置于 OFF 位置时发生的事件
激活	用户使用组态的 Tab 顺序选择显示或操作对象时发生该事件
取消激活	用户从显示操作对象获得焦点时发生该事件。可以使用组态的 Tab 顺序或通过使用鼠标执行其他操作来禁用画面对象

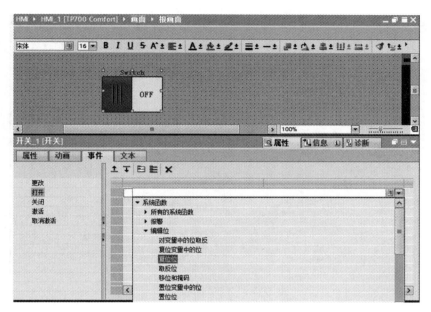

图 11-2-34　开关事件选项窗口

④ 开关的其他属性参数，可参考软件中的在线帮助。

11.2.3　I/O域组态

图 11-2-35　元素 I/O 域对象

"I/O 域"是用来输入和显示变量的数值，如图 11-2-35 所示的元素中的"I/O 域"图标。

（1）生成 I/O 域

把元素中的"　"对象图标通过拖拽放到画面工作区中的合适位置，并进行适当的调整，在巡视窗口中对属性参数进行组态设定，如图 11-2-36 所示。

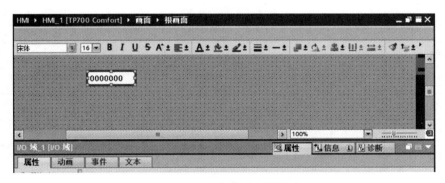

图 11-2-36　生成 I/O 域图形

（2）I/O 域组态

选中在画面中生成的 I/O 域，在巡视窗口的"属性→属性→常规"选项中设定"过程、类型和格式"参数，如图 11-2-37 所示。图中过程参数的设置可参考开关组态介绍，这里选择为 PLC 变量中输入一个定时器的设定值。类型选择输入，格式为十进制。

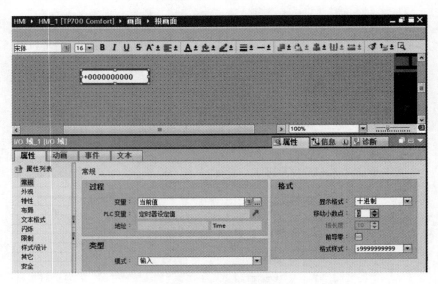

图 11-2-37　I/O 域属性窗口

① 图 11-2-37 中"类型"参数根据设定的"过程"参数中的变量是输入还是输出来选择类型的模式。类型模式的选择有 3 种，具体模式说明见表 11-2-6。

表11-2-6　类型模式说明

类型模式	说明
输入	在运行系统中，利用 I/O 域中输入数值和字母，传送到 PLC 中指定的变量来保存
输出	在 I/O 域中显示 PLC 变量的数值
输入 / 输出	同时具有 I/O 域中输入和输出功能，即能输入修改 PLC 的变量数值，并将修改后的 PLC 变量数值显示出来

② 输入和输出值的"显示格式"在巡视窗口的"属性→常规→格式"中，具体使用格式说明见表 11-2-7。

表11-2-7　显示格式说明

布局	说明
"二进制"	以二进制形式输入和输出数值
"日期"	输入和输出日期信息。格式依赖于在 HMI 设备上的语言设置
"日期 / 时间"	输入和输出日期和时间信息。格式依赖于在 HMI 设备上的语言设置
"十进制"	以十进制形式输入和输出值
"十六进制"	以十六进制形式输入和输出值
"时间"	输入和输出时间。格式依赖于在 HMI 设备上的语言设置
"字符串"	输入和输出字符串

③ 限制。"限制"参数是用来定义与该对象互联过程变量的限制条件，如图 11-2-38 所示。

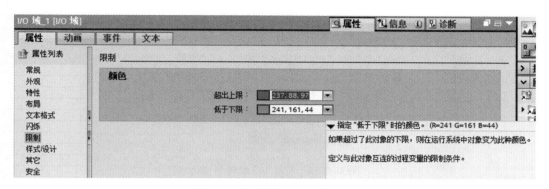

图 11-2-38 属性限制参数窗口

在巡视窗口中的"属性→ 属性→限制"下，设置超出上限或下限的值的颜色。在运行过程中，如果发生超限，即使 I/O 域处于"输入"模式，该 I/O 域的背景色也将根据组态进行相应变化。如果输入的数值超出限值，则该数字将不应用。例如，限值为 78 时，输入值 80。此时，如果组态有报警窗口，则 HMI 设备将生成一个系统事件，原始值将再次显示。

11.2.4 符号I/O域组态

可使用"符号 I/O 域"对象来组态运行系统中用于文本输入和输出的选择列表，如图 11-2-39 所示为工具箱元素中的"符号 I/O 域"。

图 11-2-39 符号 I/O 域对象

（1）生成符号 I/O 域

把元素中的"**10▼**"对象图标通过拖拽放到画面工作区中的合适位置，并进行适当的调整，在巡视窗口中对属性参数进行组态设定，如图 11-2-40 所示。

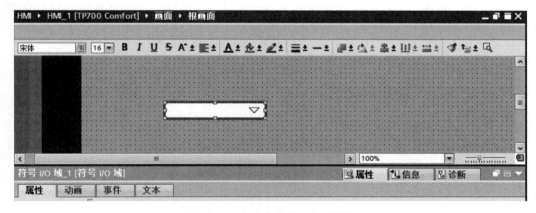

图 11-2-40 生成符号 I/O 域图形

（2）符号 I/O 域组态

在巡视窗口的"属性→属性→常规"选项中设定"过程变量、模式和内容"参数，如图 11-2-41 所示。图中过程中变量参数的设置可参考前面开关组态介绍，模式选择有 4 种模式，具体模式说明见表 11-2-8。

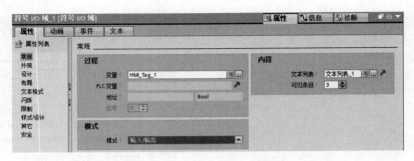

图 11-2-41　符号 I/O 域属性窗口

表11-2-8　模式类型说明

模式	描述
"输出"	符号 I/O 字段用于输出数值
"输入"（Input）	符号 I/O 字段用于输入数值
"输入 / 输出"（Input/output）	符号 I/O 字段用于数值的输入和输出
"两种状态"（Two states）	符号 I/O 字段仅用于输出数值，且最多可具有两种状态，该字段在两个预定义的文本之间切换。例如，可用于显示一个阀的两种状态：关闭或打开

图 11-2-41 中的"内容"选项中的"文本列表"参数是用来为"符号 I/O 域"对象添加变量的输出显示字段或文本列表的条目。在文本列表中，文本被分配给变量的值，如果符号 I/O 域是显示字段，则相关联的文本会因组态变量的值而异。如果符号 I/O 字域是输入字段，则当操作员在运行系统中选择了相应的文本时组态变量将采用相关联的值。文本列表的具体设定方法如下：

① 点击文本列表右边的 按钮，弹出"文本列表"表格，在"文本列表"表格中，单击"添加新列表"，将在文本列表中自动新创建"文本列表 _1"并选中此列表，如图 11-2-42 所示，点击 对号确认，至此，文本列表自动添加"文本列表 _1"，并且右边的浏览箭头变成绿色 。

图 11-2-42　创建文本列表

② 点击浏览绿色箭头 ，进入文本和图形列表窗口（也可以通过左侧 HMI 项目树下的文本和图形列表打开），如图 11-2-43 所示，在"文本列表"栏中可看到添加的"文本列表 _1"。

图 11-2-43　打开文本和图形列表

③ 在选择列下面的"文本列表 _1"中设定文本列表选择类型，例如，设定为"值 / 范围"。这里的选择类型有三种：一是值 / 范围，表示当变量的值在指定范围内时，将显示文本列表中的文本。二是位（0、1），表示变量值为 0 时，显示文本列表中的某个文本；变量值为 1 时，则显示文本列表中的另一文本。三是位号（0 ～ 31），表示当变量具有指定位号的值时，将显示文本列表中的文本。

④ 在"文本列表条目"栏中，定义值或值范围。当输入变量在指定值范围内时在运行系统中显示的每个值范围对应的文本。例如，参考设定如图 11-2-44 所示，设定完文本列表后，画面中的"符号 I/O 域"中变成如图 11-2-45 所示。

图 11-2-44　文本列表条目中定义值范围

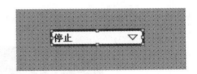

图 11-2-45　显示符号 I/O 域中的文字

以上步骤完成文本列表的添加与定义，下面将在上述介绍的步骤的基础上继续介绍一个实例，用刚组态完的符号 I/O 域控制一盏指示灯的亮灭。

⑤ 继续在"符号 I/O 域"的巡视窗口中的属性下的常规选项中的"过程→变量"下选择符号 I/O 域对象要关联控制的变量（可以 HMI 内部变量也可以是 PLC 变量），如图 11-2-46 所示关联了一个 HMI 内部变量。如果"模式"选择为"输入 / 输出"，这里通过关联了变量，符号 I/O 域可以通过定义的文本值来控制该变量，该变量再去控制其他元素显示。如果变量定义为 PLC 的变量，通过符号 I/O 域定义的文本值来控制该变量。

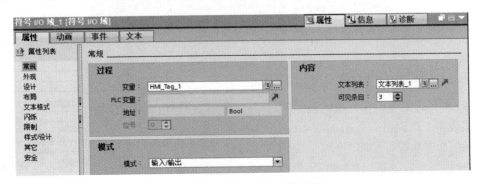

图 11-2-46　定义过程中的变量

⑥ 按照前面指示灯的生成和组态介绍，组态一个指示灯，打开在指示灯的属性→动画→双击添加新动画→选择"外观"设定相关参数，如图 11-2-47 所示，变量选择为 HMI 内部变量"HMI_Tag_1"与符号 I/O 域的过程变量一致。类型选择"范围"，范围设定为 0 和 1，分别对应不同的颜色用来显示。

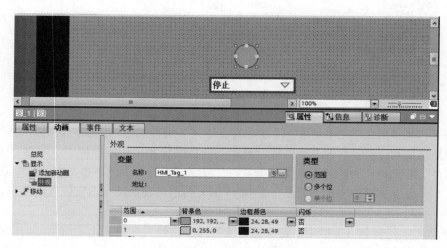

图 11-2-47　组态指示灯

⑦ 至此，完成符号 I/O 域控制一盏灯的亮灭组态。按下工具栏中"开始仿真"按钮进行画面仿真调试，运行结果如图 11-2-48 所示。

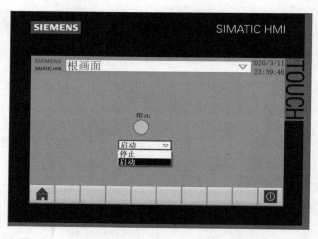

图 11-2-48　用符号 I/O 域控制一盏灯的仿真运行显示

11.2.5　符号库的使用

"符号库"对象中包含大量的备用图标。这些图标都是用来表示画面中的系统和工厂设备，如图 11-2-49 所示的符号库图标。

当在画面中生成符号库图形后，在巡视窗口的"属性→常规"中含有丰富的图标类别，如图 11-2-50 所示，根据需要选择使用相关的图标，具体的组态使用和上述介绍的元素基本相似，可供参考或在线帮助。

图 11-2-49　符号库图标

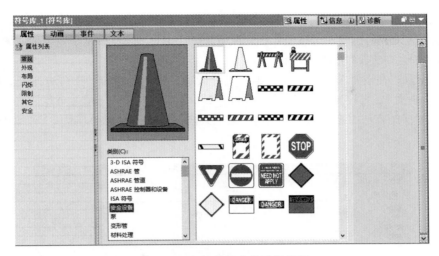

图 11-2-50　符号库中的图标类别

11.2.6　画面切换

在实际生产中我们需要使用较多的 HMI 画面，但画面需要经常切换以用于不同场景。本小节将以实例的方式来呈现 HMI 的画面切换。

实例 11-2 创建三个HMI画面并实现互相切换

创建三个 HMI 画面，利用按钮实现对三个画面之间互相切换。

【操作步骤】

① 在左侧项目树中选择"HIM"中的"画面"分别添加三个新画面，如图 11-2-51 所示的画面 _1、画面 _2 和画面 _3。

② 画面 _1 组态。

a. 生成按钮。打开画面 _1，在工具箱中找到按钮并拖拽到合适位置，用同样的方法再添加一个按钮，如图 11-2-52 所示。

图 11-2-51　添加多画面

图 11-2-52　画面 _1 中添加两个按钮

b. 按钮组态。

• 常规属性设置。选中左边按钮，在巡视窗口属性中对"属性→常规"中的"模式和标签文本"进行设置，如图 11-2-53 所示。

• 事件设置。在巡视窗口属性中对事件进行设置，选中"单击"在右边列表添加函数为"画面→激活画面"，再设置画面名称为"画面_2"，如图 11-2-54 所示。至此，第一个按钮组态完成。用同样的方法组态第二个按钮为"切换到画面_3，事件激活画面_3"，如图 11-2-55 所示。

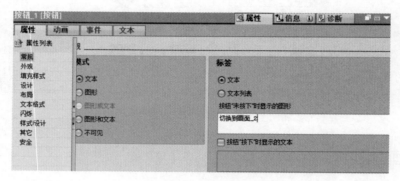

图 11-2-53 设置按钮常规属性

图 11-2-54 定义按钮的事件

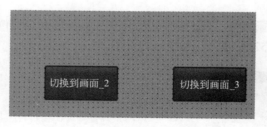

图 11-2-55 组态画面_1 切换按钮

③ 用同样的方法组态画面_2 和画面_3，如图 11-2-56 所示。

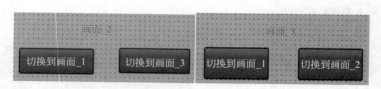

图 11-2-56 组态画面_2 和画面_3 切换按钮

④ 这样三个画面之间切换按钮组态完成，可以仿真下载模拟调试。

实例 11-3　HMI画面实时刷新切换

通过 PLC 变量中数值变化，对 HMI 画面进行实时刷新切换。

【操作步骤】

① 在左侧项目树中选择"HIM"中的"画面"分别添加三个新画面：画面 _3、画面 _4 和画面 _5，参考图 11-2-51 所示的画面 _①、画面 _②和画面 _③。

② 打开"画面 _3"，在巡视窗口"属性→常规"中，"背景色"改为黄色，画面"编号"改为 3，如图 11-2-57 所示。

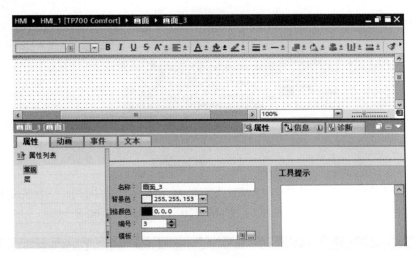

图 11-2-57　组态画面 _3

③ 打开画面 _4，在巡视窗口"属性→常规"中，"背景色"改为蓝色，画面"编号"改为 4，如图 11-2-58 所示。

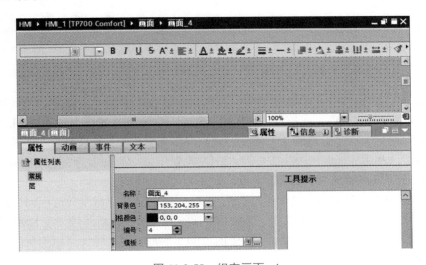

图 11-2-58　组态画面 _4

④ 打开画面 _5，在巡视窗口"属性→常规"中，"背景色"改为绿色，画面"编号"改为 5，如图 11-2-59 所示。

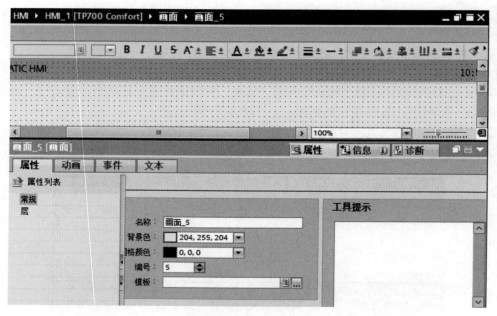

图 11-2-59　组态画面 _5

⑤ PLC 添加变量。打开 PLC 当中的默认变量表，在变量表中添加一个新变量，名称为"画面编号"，数据类型为"Int"，地址为"%MW20"，如图 11-2-60 所示。

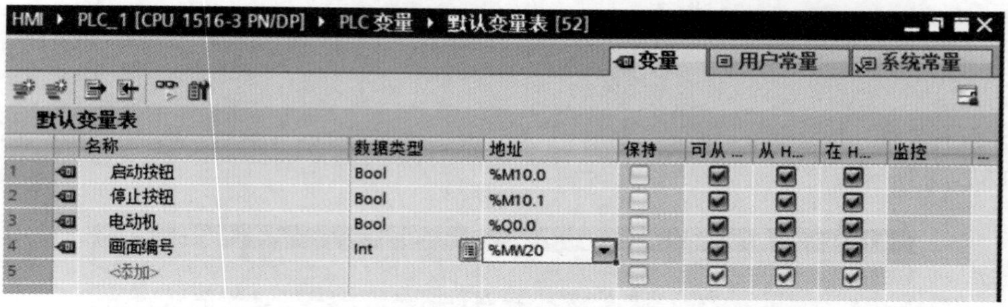

图 11-2-60　添加变量

⑥ HMI 添加变量。打开 HMI 变量表，在默认变量表中添加一个新变量，名称为"画面编号"数据类型选择"Int"，连接选择"HMI_ 连接 _1"方式，PLC 变量选择 PLC 默认变量表中的"画面编号"。在"标题栏中"点击右键，弹出列表窗口，在"显示与隐藏"窗口中勾选"采集模式"。然后在标题栏中生成一列"采集模式"，将"画面编号"的采集模式改为"循环连续"，这样可以在系统中不断刷新变量，如图 11-2-61 所示。

选中图 11-2-61 中名称为"画面编号"的变量，并在 HMI 变量参数巡视窗口属性中点击"事件→数值更改"，选择添加函数"根据编号激活屏幕"函数，画面号关联 HMI 默认变量表中的"画面编号"，如图 11-2-62 所示。这个函数的作用是根据变量值来识别每张画面的编号进行切换画面。

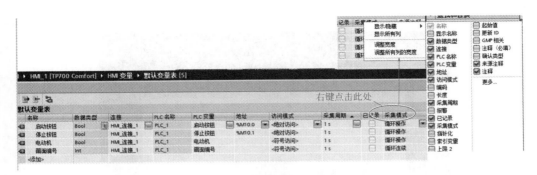

图 11-2-61　HMI 添加变量及定义

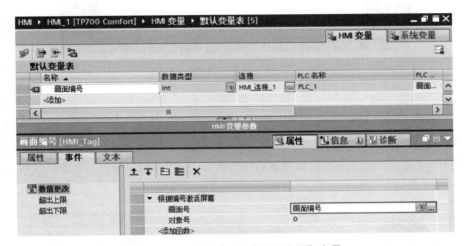

图 11-2-62　定义 HMI "画面编号" 变量

⑦ 编译下载调试。将 HMI 编译下载画面后，当 PLC 中的 "画面编号" 变量数值变化为
3 时，HMI 将显示画面 _3；PLC 中的 "画面编号" 变量数值变化为 4 时，HMI 将显示画面 _
4；PLC 中的 "画面编号" 变量数值变化为 5 时，HMI 将显示画面 _5。

 说明

如果手头上没有实际的 PLC 和 HMI，步骤⑦可省略，进行下一步仿真调试。

⑧ 仿真调试。分别仿真下载 PLC 和 HMI，打开 PLC 的监控与强制表，在监控表中添加
变量 "画面编号，地址 %MW20"，如图 11-2-63 所示，修改值改为 "3"，点击工具栏中的 "全
部监视 " 按钮，再点击 "立即修改 " 按钮，HMI 画面切换到画面 _3，如图 11-2-64 所示。
如此修改数值 "4" 和 "5"，画面也随之切换。

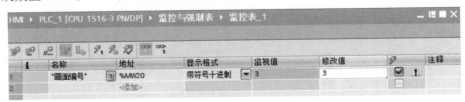

图 11-2-63　修改监控表

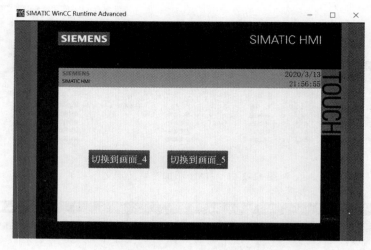

图 11-2-64　仿真切换到画面 _3

11.2.7　日期/时间域和时钟的组态

在 TIA 博途软件中可以通过"日期 / 时间域"在画面中显示系统当前的日期和时间，也可以在画面中通过日期时间域设置和显示日期时间型变量的值。"时钟"对象显示时间，如图 11-2-65 所示。

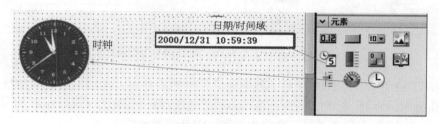

图 11-2-65　日期和时钟图形

（1）日期 / 时间域

"日期 / 时间域"对象显示了系统时间和系统日期。在巡视窗口中，可以设置对象的位置、样式、颜色和字体类型外，重点修改属性参数是"日期 / 时间长格式""系统时间"和"变量"，如图 11-2-66 所示。日期 / 时间长格式是设置定义日期和时间的显示格式；系统时间是指定显示的系统时间；变量是指定显示连接变量的时间。

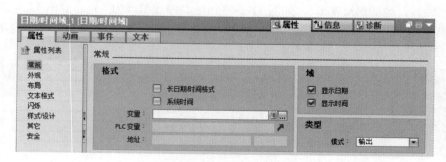

图 11-2-66　日期 / 时间域属性

在"格式"中可将其设为"系统时间"和"长日期 / 时间格式"，若勾选"长日期 / 时间"格式，将会在 HMI 画面中完整地显示日期和时间，例如"2000 年 12 月 31 日，星期日，上午10:59:59"，若禁止则以简短形式显示日期和时间，例如"12/31/2000 10:59:59 AM"。如果勾选了"系统时间"，则图 11-2-66 中变量将隐藏不能使用，如图 11-2-67 所示。在"域"选项中可选择显示日期与时间，在类型中可选择模式为输出或输入、输出。

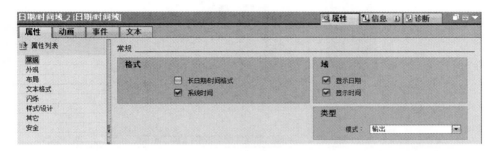

图 11-2-67　选择系统时间

（2）时钟

在时钟巡视窗口属性中，可以自定义对象的位置、形状、样式、颜色和字体类型。重点修改属性参数"模拟显示""显示时钟刻度盘"和"指针的宽度和长度"，如图 11-2-68 所示。

"模拟显示"是指定时钟的显示方式（模拟时钟或数字时钟）。若设置模拟时钟将只显示表盘，若设为数字时钟将显示数字式日期和时间；"显示时钟刻度盘"是指定是否将显示模拟时钟的小时标记；"指针的宽度和长度"是指定指针的宽度和长度。

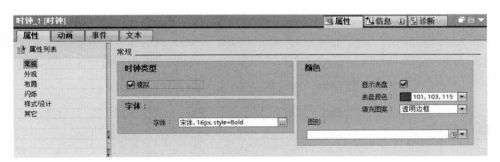

图 11-2-68　时钟属性

11.2.8　棒图组态

棒图是一个带有刻度值的棒图标记，变量的变化可通过"棒图"对象显示为填充图形变化并通过刻度值进行标记，以便显示设备当前值和组态的限制范围相差多少或者是否达到参考值，如图 11-2-69 所示的棒图图形元素。

在棒图的巡视窗口属性中，自定义对象的位置、形状、样式、颜色和字体类型等设置，重点修改"属性→常规中参数、外观参数和限制范围参数"等。

（1）常规参数

如图 11-2-70 所示的棒图的常规参数，"过程"参数中"最大和最小刻度值"可根据实际情况进行设置。"过程变量"需要在 HMI 定义相关变量。具体定义方法在下面实例中介绍。

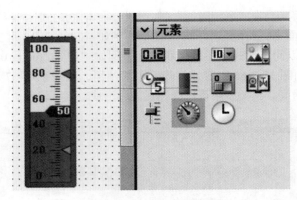

图 11-2-69　棒图图形元素

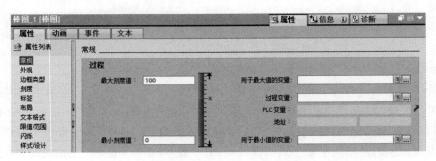

图 11-2-70　棒图常规参数

（2）外观参数

在巡视窗口的打开"属性→属性→外观"，如图 11-2-71 所示外观参数窗口。在窗口中定义"颜色梯度"变化的方式，见表 11-2-9。 如果启用"显示变量中的范围"选项，则在运行系统中棒图的颜色梯度变化不再起作用。

表11-2-9　颜色梯度说明

颜色转变	描述
"按段"	如果达到了特定限制，棒图的颜色将分段显示。通过分段显示，可看到所显示的值超出了哪个限制
"整个棒图"	如果达到了某个特定限制，将整个棒图的颜色都会改变

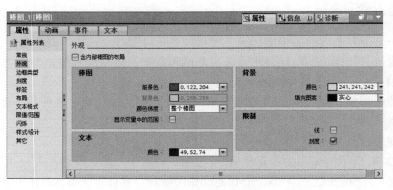

图 11-2-71　棒图外观参数

（3）限值范围参数

可以使用不同颜色表示限值和范围。在巡视窗口中激活要在运行系统中显示的限值／范围，范围值需要在变量中定义，这里可更改限值／范围的默认颜色，如图 11-2-72 所示。

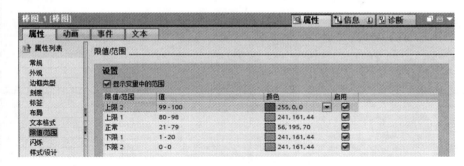

图 11-2-72　棒图限值／范围参数

实例 11-4　棒图对象图形的变化显示

通过改变 PLC 变量值来实现棒图对象图形的变化显示。

【操作步骤】

① 在左侧项目树中选择"HMI"中的"画面"，添加一个新画面并生成棒图图形。

② PLC 添加变量。打开 PLC 当中的默认变量表，在变量表中添加一个新变量，名称为"液位"，数据类型为"Int"，地址为"%MW22"，如图 11-2-73 所示。

图 11-2-73　PLC 添加变量

③ HMI 添加变量。打开 HMI 变量表，在默认变量表中添加一个新变量，名称为"液位"，数据类型选择"Int"，连接选择"HMI_连接_1"方式，PLC 变量选择 PLC 默认变量表中的"液位"，如图 11-2-74 所示。

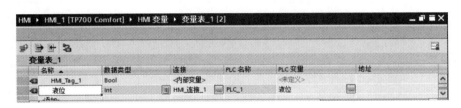

图 11-2-74　HMI 添加变量

选中图 11-2-74 中名称为"液位"的变量，在 HMI 变量参数巡视窗口属性中，常规参数的设定如图 11-2-75 所示。

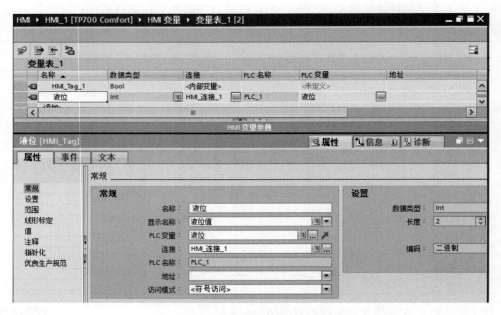

图 11-2-75　液位变量的属性常规参数

　　继续点击图 11-2-75 中"属性→范围"，弹出如图 11-2-76 所示窗口，选择设定范围的上限和下限数值，点击上限 2 右边的 ⊘ 按钮选择"常量"，在相关域中输入数字，例如本例输入上限 2 为"98"，上限 1 设为"90"，用同样的方法设定下限值，如图 11-2-77 所示。如果要将其中一个限制定义为变量值，使用 ⊘ 按钮选择"HMI 变量"。

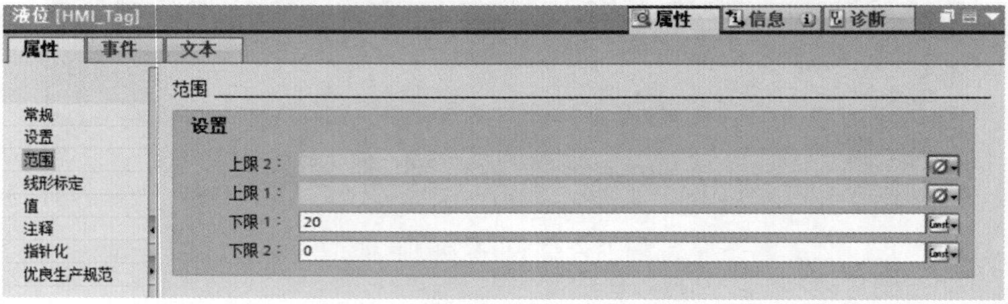

图 11-2-76　液位属性范围值窗口

图 11-2-77　设定范围值参数

继续设置"属性→值"，设定参数的起始值为 0。

④ 棒图组态。

a. 在棒图中属性→外观→启用"显示棒图中的范围"。

b. 在棒图中属性→闪烁→类型选择为"已启用标准设置"。

c. 棒图中属性下的常规参数和限制范围参数，已经有前面的变量参数设定自动生成，这里不再设置。

⑤ 下载仿真调试。通过上述步骤组态完成，下载仿真调试，调试方法与实例 11-3 基本相同，可供参考，运行仿真界面如图 11-2-78 所示，液位为 0，黑色指针中的数字 0 闪烁。

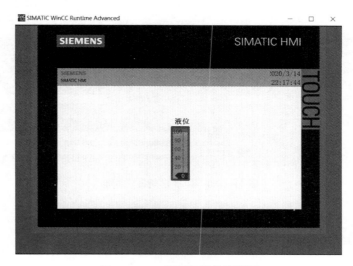

图 11-2-78　棒图运行仿真界面

11.2.9　量表组态

"量表"对象以模拟量表形式显示模拟数字值，量表只能用于显示，不能由操作员进行控制，在运行期间便于观察量表的变化是否在正常范围内，如图 11-2-79 所示的量表的图形。

在量表属性巡视窗口中，可以定制对象的位置、几何形状、样式、颜色和字体类型，应重点修改下列属性：

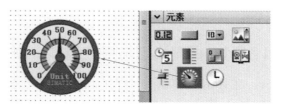

图 11-2-79　量表的图形

① 显示峰值指针：指定实际测量范围是否由从属指针指示。

② 最大值和最小值：指定标尺的最大和最小值。

③ 范围的起始值和警告范围的起始值：指定危险范围和警告范围开始处的刻度值。

④ 显示正常范围：指定是否在刻度上用颜色显示正常范围。

⑤ 各种范围的颜色：使用不同的颜色来显示不同的运行模式（例如正常范围、警告范围和危险范围），以便于操作员对其进行区分。

例如，设置量表为转速，如图 11-2-80 所示，图中设定显示转速，单位是转 / 分，过程变量为速度。其他属性组态方法类同于棒图，可参考棒图的组态或在线帮助。

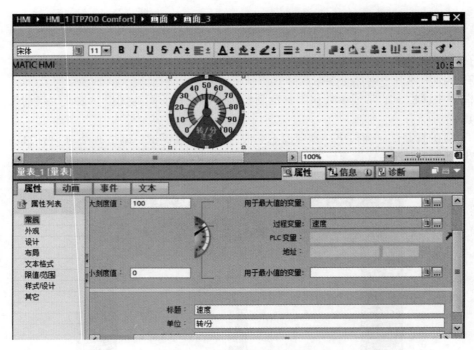

图 11-2-80　量表常规属性组态

11.3　报警组态

报警是指在自动化控制系统中，HMI 可以随时对发生的事件或操作以报警的形式直接显示在 HMI 画面中，便于操作人员及时处理，或者将报警信息保存记录下来，以便日后查看使用。

在 HMI 报警设置时，主要设置发生报警事件的触发条件、对应的级别和报警显示的内容等。

11.3.1　报警类型与报警组态步骤

在 HMI 项目树下，打开"HMI 报警"选项，所有的报警信息类别如图 11-3-1 所示，图中显示的报警有"离散量报警""模拟量报警""控制器报警""系统事件""报警类别"和"报警组"，在这里可以对报警信息进行修改。

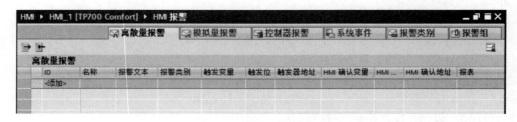

图 11-3-1　HMI 报警信息类别

报警有两种形式：一种是自定义报警，包括离散量报警和模拟量报警；另一种是系统报警，包括控制器报警和系统事件，由系统自动生成。

（1）自定义报警

自定义报警是用户组态的报警，用来在 HMI 设备上显示过程状态，或者显示从 PLC 接收到的数据。

① 自定义报警可分为离散量报警和模拟量报警两类。

a. 离散量报警。离散量（又称开关量）对应二进制数的 1 位，离散量的两种相反状态可以用 1 位二进制数的 0、1 状态来表示。例如，故障信号的出现用"1"表示，故障消失用"0"表示。

b. 模拟量报警。模拟量的值（例如温度值）超出上限或者下限时，可以触发模拟量报警。

② 用户定义报警的报警类别。

a. 警告。"警告"报警类别用于显示常规状态以及过程中的日常操作，用户不需要确认来自此报警类别的报警。

b. 错误。"错误"报警类别用于显示过程中的关键/危险状态或者越限情况，用户必须确认来自此报警类别的报警。

（2）系统报警

系统报警用于监视工厂过程系统报警信息来显示 HMI 设备或者 PLC 中特定的系统状态。系统报警时已经由生产厂家预定义完成，用于在 HMI 设备上显示。

① 系统报警可分为控制器报警和系统事件两类。

a. 控制器报警。系统定义的控制器报警随 TIA 软件一起安装，并且只有在 TIA 博途软件环境中操作 HMI 时才可用。S7 诊断报警显示 S7 控制器中的状态和事件，只有 S7 诊断报警的读访问权限，无须更改、确认或报告，它们仅用于发出信号。

b. 系统事件。它是向操作员提供关于 HMI 设备和 PLC 的操作状态的信息。在"HMI 报警"编辑器中打开"系统事件"选项卡时，软件将提示导入或更新系统事件，如图 11-3-2 所示。导入系统事件并指定显示时间段，不能删除或创建新系统事件，只能编辑系统事件的报警文本。

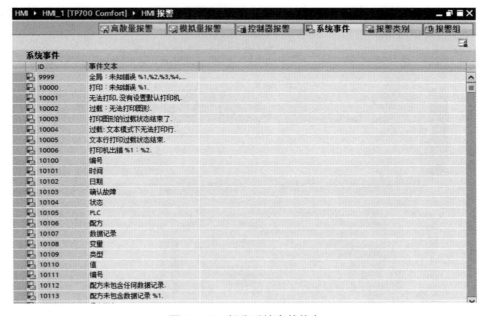

图 11-3-2　部分系统事件信息

② 系统定义报警的报警类别。

a.System。"System"（系统）报警类别包含显示 HMI 设备和 PLC 的状态的报警。"System"报警类别的报警属于系统报警。

b.Diagnosis Events。"Diagnosis Events"（诊断事件）报警类别包含显示 SIMATIC S7 控制器中的状态和报警的报警。用户不需要确认来自此报警类别的报警。

c.Safety Warnings。"Safety Warnings"报警类别包含故障安全操作的报警，用户不需要确认来自此报警类别的报警。"Safety Warnings"报警类别的报警属于系统报警。

（3）报警组态的步骤

在 TIA 博途软件 HMI 中组态报警可参考下列步骤进行：

① 编辑和创建报警类别。使用报警类别可定义在运行系统中如何显示报警并定义报警的状态机。打开在"HMI 报警"编辑器的"报警类别"选项卡中创建报警类别。系统已为每个项目创建了一些默认报警类别。也可以创建自定义报警类别，最多可以创建 32 个报警类别，如图 11-3-3 所示。

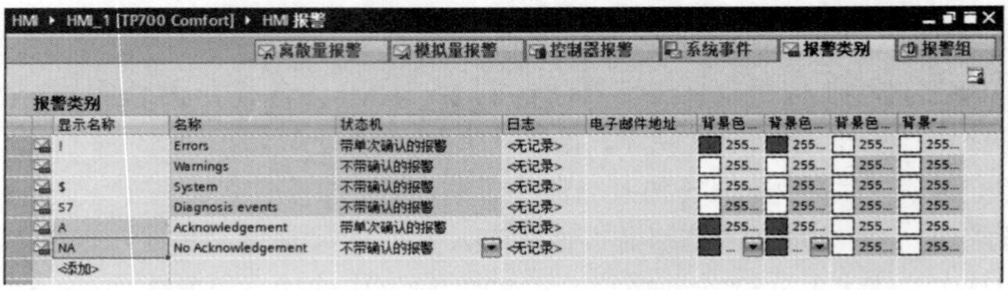

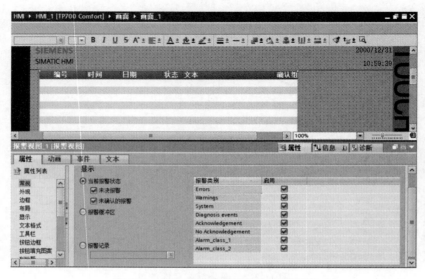

图 11-3-3　创建 HMI 报警类别

② 在"HMI 变量"编辑器中创建变量。在项目中组态相关变量和为变量创建范围值。

③ 在"HMI 报警"编辑器中创建变量。创建自定义报警，并为它们分配要监视的变量、报警类别、报警组和其他属性。也可以将系统函数或脚本分配给报警事件。

④ 输出组态的报警。要输出组态的报警，在"画面"编辑器中组态报警视图或报警窗口，如图 11-3-4 所示报警视图中启用"属性→常规→报警类别"。

图 11-3-4　启用报警视图中的报警类别

⑤ 其他组态任务。视项目要求而定，组态报警可能需要其他任务：

a. 激活和编辑系统事件。可在初次打开"HMI 报警"编辑器的"系统事件"选项卡时导入系统事件。在导入完毕后可对系统事件进行编辑。

b. 激活和编辑控制器报警。对于项目集成操作，通过报警设置来指定要在 HMI 设备上显示的控制器报警。

c. 创建报警组。根据报警之间的相互关系将项目的报警分配至各个报警组，如根据错误原因（例如断电）或根据错误来源（例如电机 1）进行分组。

d. 组态 Loop-In-Alarm。组态 Loop-In-Alarm，以便在接收到报警后切换到包含所选报警信息的画面。

11.3.2　组态离散量报警

离散量报警是由 PLC 触发的离散报警，指示当前设备过程的状态。

实例 11-5 组态一个离散量报警

【操作步骤】

① 新建项目，创建 PLC 和 HMI 项目站点，并进行网络组态。

② 在 PLC 默认变量表中新建一个数据类型为"Int"的变量，将名称改为"液位报警"，将地址选定为"%MW24"，如图 11-3-5 所示。

图 11-3-5　创建 PLC 变量

③ 在 HMI 默认变量表中新建一个数据类型为"Bool"的变量，将名称改为"液位报警"，如图 11-3-6 所示。

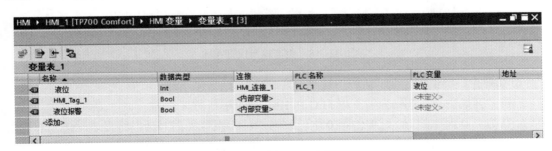

图 11-3-6　创建 HMI 内部变量

④ 添加离散量。双击项目树中"HMI 报警",打开 HMI 报警窗口,并切换至"离散量报警"界面。添加第一条离散量报警,将报警文本修改为"外部报警第 0 位需确认报警",报警类别保持"Errors",在"触发变量"中选择 PLC 默认变量表中的"外部变量报警"。

添加第二条离散量报警,并将报警文本改为"内部变量报警",报警类别选择"Errors",触发变量选择 HMI 默认变量表中的"液位报警",将触发位修改为"0",如图 11-3-7 所示。

图 11-3-7　添加离散量报警

⑤ 组态输出报警视图。在"项目树"中打开"画面_1"并拖入一个文本域,将文本修改为"内部变量",在其旁边拖出一个 I/O 域,将 I/O 域的变量连接为"内部变量报警",在"显示格式"中选择"二进制"作为显示格式,在"格式样式"中选择"八位二进制"样式,如图 11-3-8 所示的画面,在工具箱中拖入一个报警视图到画面中,调整视图大小后,在报警视图属性中常规选项下启用报警类别。

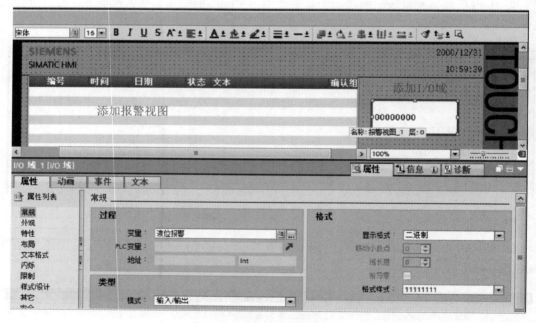

图 11-3-8　组态输出报警视图

⑥ 离散量报警组态完成,进行下载或仿真调试。

点击"开始仿真"按钮分别下载 PLC 和 HMI 项目进行仿真调试。

a. 在仿真画面中的 I/O 域中的第 0 位值改为"1",报警视图对话框将显示一条内部变量产生的报警信息。若将 I/O 域中的第 0 位值改为"0",报警视图对话框中的状态变为"IO",在右下角点击"确认"按钮后,报警记录消失,如图 11-3-9 所示。

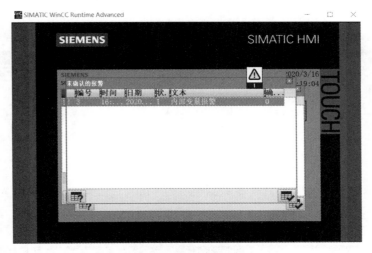

图 11-3-9　内部变量触发报警

b. PLC 中变量 "MW24" 的第 0 位值修改为 "1" 后，报警视图对话框产生了一条报警记录，状态为 "I" 表示到达，如图 11-3-10 所示；将 "MW24" 的第 0 位修改为 "0" 后，可以看到报警视图中的状态变为 "IO"，状态 "O" 表示离去，点击 "确认" 按钮后将会把报警记录消除。

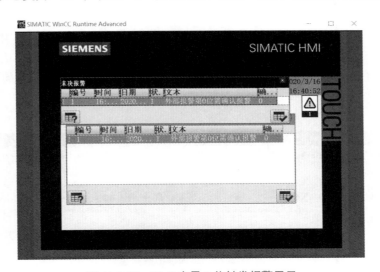

图 11-3-10　PLC 变量 0 位触发报警显示

11.3.3　组态模拟量报警

模拟量报警指示过程期间超出限制值的情况，由 PLC 触发。

实例 11-6 组态一个模拟量报警

① 新建项目，创建 PLC 和 HMI 项目站点，并进行网络组态。

② 在 PLC 默认变量表中新建一个数据类型为 "Int" 的变量，将名称改为 "速度报警"，

将地址设定为 "MW40", 如图 11-3-11 所示。

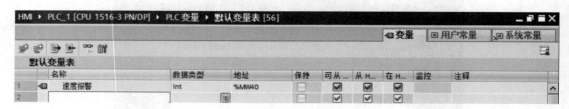

图 11-3-11　创建 PLC 变量

③ 在 HMI 默认变量表中新建一个数据类型为 "Int" 的变量, 将名称改为 "外部变量需确认", 如图 11-3-12 所示。

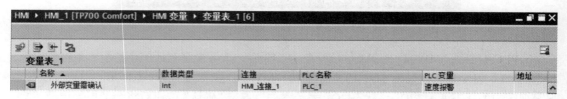

图 11-3-12　创建 HMI 变量

④ 添加模拟量报警。双击项目树中 "HMI 报警", 打开 HMI 报警窗口, 并切换至 "模拟量报警" 界面, 添加一条新模拟量报警, 并将报警文本改为 "外部变量需确认超 100 报警", 报警类别保持 "Errors" 类型。"触发变量" 勾选 PLC 默认变量表中 "速度报警", 在 "限制" 中输入常数 "100", 如图 11-3-13 所示。

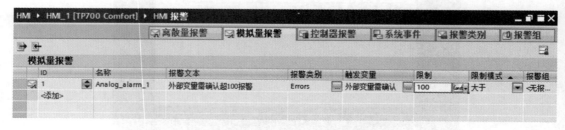

图 11-3-13　添加模拟量报警

⑤ 组态输出报警视图。在 "项目树" 中打开 "画面_1", 在工具箱中拖出一个报警视图到画面中, 调整视图大小, 并在属性常规选项中启用相关的报警类别, 如图 11-3-14 所示。

⑥ 模拟量报警组态完成, 进行仿真下载调试。

点击 "开始仿真" 按钮分别下载 PLC 和 HMI 项目进行仿真调试。

打开 PLC 监控表添加变量地址 MW40, 当 PLC 中变量 "MW40" 的值修改为 "101" 后, 报警视图对话框产生了一条报警记录, 状态为 "I" 表示到达, 如图 11-3-15 所示; 将 "MW40" 的值修改为小于 100 后, 可以看到报警视图中的状态变为 "IO", 状态 "O" 表示离去, 点击 "确认" 按钮后将会把报警记录消除。

图 11-3-14　添加报警视图

图 11-3-15　PLC 变量触发报警显示

11.4 用户管理

11.4.1 用户管理的基本概念

（1）用户管理功能

在实际工厂生产中，技术人员会将自己的产品数据保护起来，防止数据的遗失和盗用。这时，使用系统中的用户管理就可以很好地解决这一问题。用户管理功能可以定义用户具有特定的授权和访问权限，并且可以建立用户和组成用户组，在 WinCC 用户管理中集中管理用户、用户组和权限，将用户和用户组与项目一起传送到 HMI 设备，通过用户视图在 HMI 设备中管理用户和密码。所有需要使用 HMI 设备的人员都需要通过用户名和密码口令进行登录。

（2）用户和用户组

在 TIA 博途左侧项目树中，选择需要使用的 HMI，在 HMI 站点下双击"用户管理"，弹出当前 HMI 的用户管理界面如图 11-4-1 所示，从图中可以看出用户管理主要由用户和用户组两部分构成。

图 11-4-1　HMI 用户管理界面

① 用户：属于某一个特定的用户组，并且一个用户只能分配给一个用户组。

"用户"工作区以表格形式列出用户和用户组。在此可以管理用户并将其分配到用户组。工作区包括"用户"和"组"表。"用户"表显示已存在的用户，在此表中选择一个用户之后，"组"表中将显示该用户所属的用户组。

② 用户组：设置某一类的用户组在工作区中管理和授权。

"组"表显示已存在的用户组。在该表中选择用户组时，"权限"表的"激活"列将显示为该用户组分配的权限。用户组和权限的编号由用户管理指定。预定义的权限的编号是固定的。对于自己创建的权限，可以进行任意编辑，但需确保所分配的编号唯一，如图 11-4-2 所示。

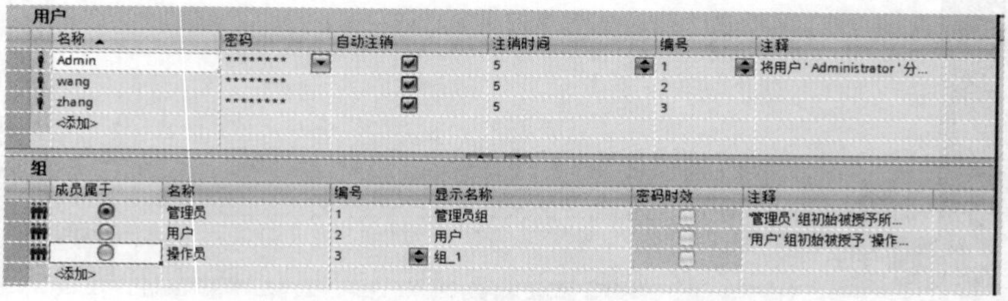

图 11-4-2　用户工作区管理

11.4.2　用户管理的组态

（1）创建用户组并分配权限

创建用户组，并为其分配权限的具体步骤可参考如下：

① 打开"用户组"工作区。

② 在"组"表中双击"添加"。

③ 输入"管理员"作为"名称"。

④ 重复步骤②和③创建"用户"和"操作员"用户组。

⑤ 设置每个组的权限。

a. 在"组"表格中单击"管理员"，在"权限"表格中激活相关权限，如图 11-4-3 所示。

b. 在"组"表格中单击"用户"，在"权限"表格中激活相关权限，如图 11-4-4 所示。

c. 用同样的方法激活"操作员"权限，如图 11-4-5 所示。

（2）创建用户并分配到用户组

创建用户并为其分配用户组，在输入名称后，立即按字母顺序排序用户，具体创建分配步骤参考如下：

① 在"用户"表中双击"添加"。

② 输入"lcj"作为用户名。

③ 在"密码"列中单击打开密码窗口，如图 11-4-6 所示，显示用于输入密码的对话框，输入"123"作为密码，在确认密码框中再次输入密码，点击 图标确认。

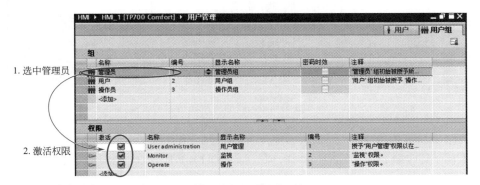

图 11-4-3　激活管理员权限

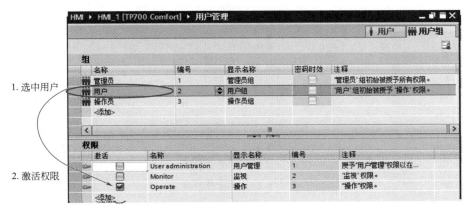

图 11-4-4　激活用户权限

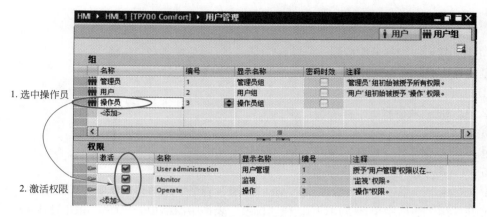

图 11-4-5　激活操作员权限

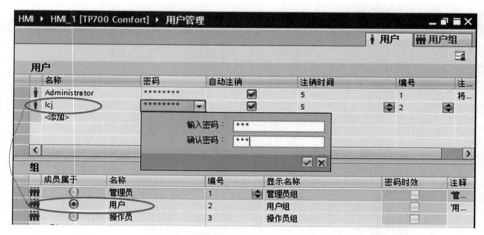

图 11-4-6　添加用户成员

④ 在图 11-4-6 中的"组"表格中激活"用户"用户组。

⑤ 重复上述步骤，添加管理员和操作员，如图 11-4-7 所示。

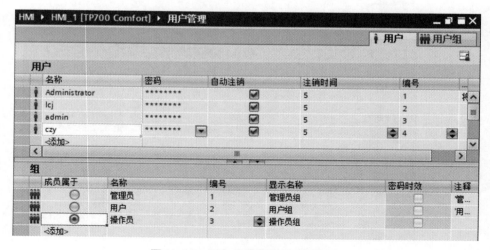

图 11-4-7　添加用户管理员和操作员

实例 11-7 组态带有登录对话框的按钮

【实例要求】在画面中将为一个按钮组态为用户登录上显示"登录"对话框，这样，不同的用户可以登录到运行系统中。在该过程中，先前登录的用户自动退出。

【操作步骤】

① 在 HMI 项目树下，添加新画面，并在画面中添加一按钮。

② 单击画面中的按钮，在巡视窗口中，单击"属性→属性列表→常规"弹出如图 11-4-8 所示的界面，并设置模式为"文本"，标签的文本框中添加文字"登录"。

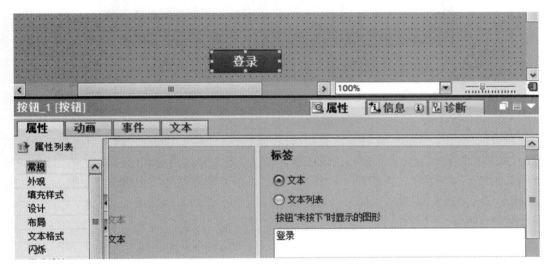

图 11-4-8　设置按钮常规属性

③ 继续单击"属性→事件→释放"，弹出如图 11-4-9 所示的界面，并在界面中选中"释放"模式，在函数列表中，单击"添加函数"条目，从"用户管理"组中，选择添加系统函数"显示登录对话框"。

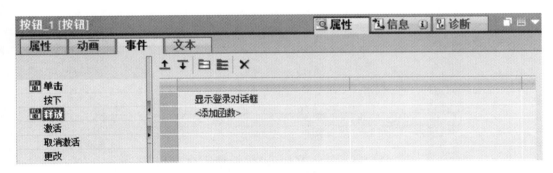

图 11-4-9　添加按钮事件函数

④ 组态完成。当用户在运行系统中单击该按钮，调用函数"显示登录对话框"时，显示"登录"对话框，用户以其用户名和密码登录，如图 11-4-10 所示是运行仿真情况。

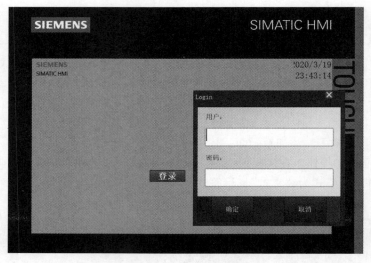

图 11-4-10　仿真登录运行情况

11.4.3　计划任务

计划任务是用户将添加任务组态为在后台独立运行，而无需画面支持，只需调用相关系统函数或脚本链接到触发器，即可创建任务，当发生触发事件时将调用链接函数。计划任务用于自动执行由事件控制的任务。一个计划任务由触发器和任务类型组成，如图 11-4-11 所示，启动任务由触发器控制，通过计划任务程序启动链接到触发器的任务。

通过一个任务可以自动执行以下操作：

① 定期交换记录数据；

② 在报警缓冲区溢出时打印输出报警报表；

③ 在轮班结束时打印输出报表；

④ 监视变量；

⑤ 监视用户更改。

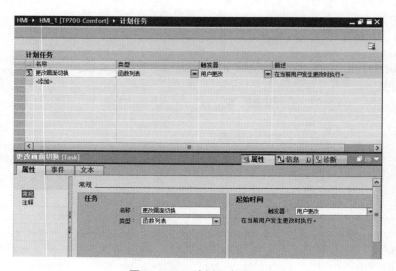

图 11-4-11　计划任务界面

实例 11-8 切换工作画面

计划一项任务，当用户更改时切换当前用户需要的工作画面。

【操作步骤】

① 在 HMI 项目树下创建画面 _1 和画面 _2。

② 组态登录界面。参考实例 11-7 的步骤在画面 _1 中组态为登录界面，并把画面 _1 定义为开机运行时的"起始画面"，如图 11-4-12 所示。

图 11-4-12　组态画面 _1

③ 组态工作界面。根据实例 11-1 的操作步骤完成画面 _2 中的组态为操作员工作界面，如图 11-4-13 所示。

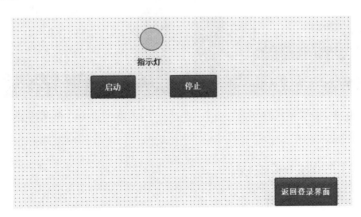

图 11-4-13　组态工作界面

④ 添加用户管理。按照上述用户管理的步骤创建用户和用户组并分配权限和密码，如图

11-4-5 和图 11-4-7 所示。

⑤ 创建计划任务。在任务区域的表中，单击"添加"，在"名称"栏中输入"用户更改时切换画面"作为名称。在"触发器"栏中选择"用户更改"，如图 11-4-14 所示，继续在图中所示的巡视窗口中选择"属性→事件"，并在函数列表中选择系统函数"激活屏幕"，在"画面名称"栏中选择"画面 _2"。

⑥ 任务完成，进行仿真调试，点击"登录"，弹出"登录"对话框，输入新用户如图 11-4-15 所示，新用户成功登录后将调用工作界面"画面 _2"，如图 11-4-16 所示。

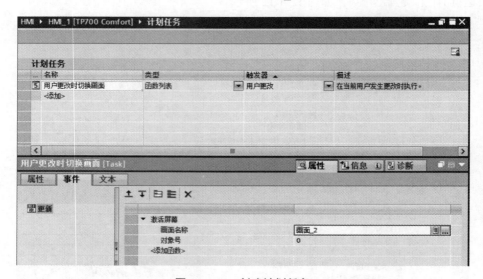

图 11-4-14　创建计划任务

图 11-4-15　登录新用户

图 11-4-16　新用户登录工作界面

实例 11-9　组态用户系统操作

组态用户的登录与退出系统，实时更新并显示当前用户，具有操作权限的用户随时可以修改自己的登录密码。

【操作步骤】

① 在 HMI 项目树下创建两个画面，分别是"画面 _1 起始画面"和"画面 _2 密码界面"。

② 组态登录界面。参考前面相关知识在画面 _1 中组态为登录界面，并把画面 _1 定义为开机运行时的"起始画面"，如图 11-4-17 所示，在起始画面中添加三个按钮、一个文本域和一个 I/O 域，分别进行组态。将三个按钮的文本显示分别改为"登录""退出""修改密码"，将文本域改为"当前用户"。

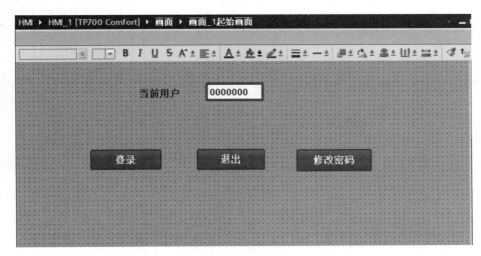

图 11-4-17　组态画面 _1

选中"登录"按钮，在巡视窗口中的"事件→单击"模式中添加"显示登录对话框"函数。

选中"退出"按钮，在巡视窗口中的"事件→单击"模式中添加"注销"函数。

选中"修改密码"按钮，在巡视窗口"属性→安全"中将权限更改为"Operate 操作权限"，在"事件"窗口中选择"激活屏幕"函数，对象号同样选择"0"，在"画面名称"中选择"画面 _2 密码界面"。

选中"I/O 域"图形，在巡视窗口"属性→常规"中关联"过程变量"为 HMI 变量表中数据类型为"WString"变量。注意：关联变量时，应先在 HMI 变量表中添加一个数据类型为"WString"的新变量再关联变量，如图 11-4-18 所示。

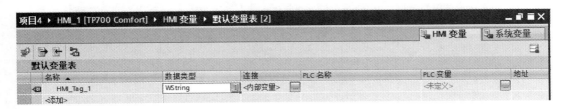

图 11-4-18　添加 HMI 内部变量

③ 创建计划任务。打开左侧项目树中的"计划任务"添加一个新任务，将触发器设置为"用户更改"。点击任务巡视窗口"事件"添加"获取用户名"的函数，将变量关联 HMI 默认变量表中刚刚添加数据类型为"WString"的新变量。

添加这条"计划任务"的作用是当登录与退出注销的用户发生改变时，I/O 域可以同步显示用户的登录与退出注销，如图 11-4-19 所示。

④ 组态画面 _2 密码界面。在"画面 _2 密码界面"中，拖拽工具箱中的" 用户视图"添加一个"用户视图"。再添加一个按钮，将按钮的文本显示更改为"返回起始画面"，在按

钮"事件"巡视窗口中，在左侧选中"单击"模式，在右侧添加"激活画面"函数，将画面名称更改为"画面_1起始画面"，"对象号"选择 0，如图 11-4-20 所示。

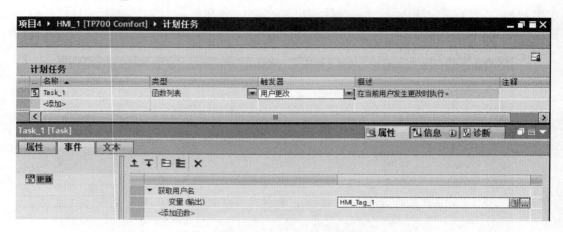

图 11-4-19　添加计划任务

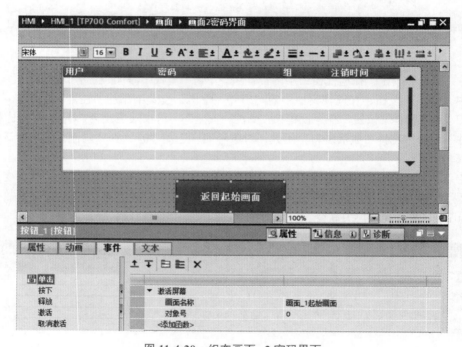

图 11-4-20　组态画面_2密码界面

⑤ 创建用户和用户组。打开用户管理，按照前面的方法在"用户"这一栏中添加两个新用户，为方便输入将密码分别设定为 123/456。在下方的"组"中我们添加一个新的组，将用户名分别改为"管理员""用户"和"操作员"。点击上方用户名"Admin"一栏，并将其对应选取为下方"组→成员属于"中勾选"管理员组"，同理将用户名"wang"选取为"用户组"，将用户名"zhang"选取为"操作员组"，如图 11-4-21 所示。**注意：**用户名称不能使用中文。

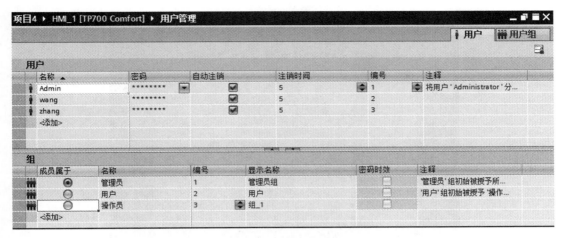

图 11-4-21　创建用户

点击图 11-4-21 中右上方的用户组，设置"管理员"拥有所有权限，设置"用户"只具有监视权限，设置"操作员"具有操作权限。在实际使用中"用户""组"和"权限"等视情况而添加，如图 11-4-22 所示。

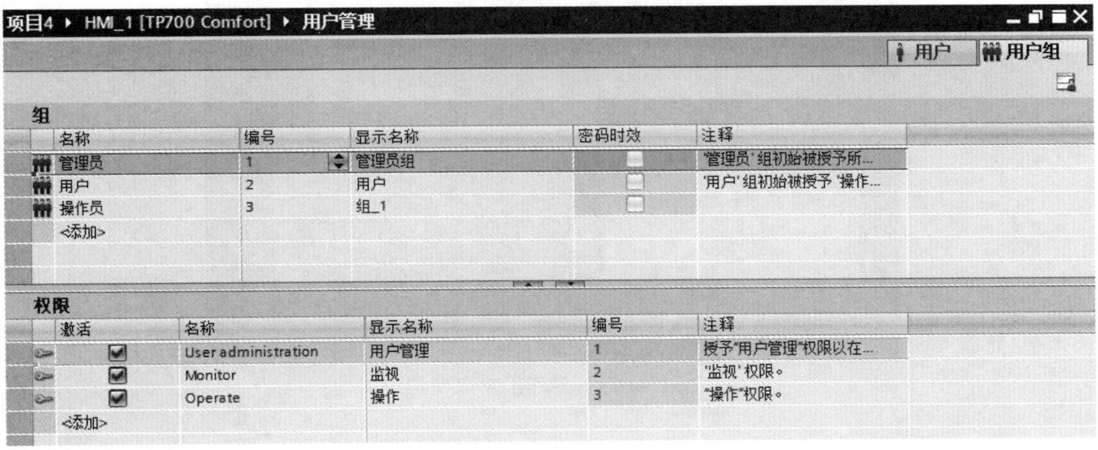

图 11-4-22　创建用户组

⑥ 任务完成，下载或开始仿真。单击"仿真"按钮进入仿真界面，点击"登录"按钮，输入刚才设定操作员用户名"zhang"，输入密码"456"，可以看到 I/O 域中显示用户名为"zhang"，如图 11-4-23 所示，随后点击"修改密码"按钮，画面将跳转到"画面_2 密码界面"，在用户视图中也可以更改密码，如图 11-4-24 所示。点击"返回起始画面"按钮将跳转到"画面_1 起始画面"。**注意**：更换用户时需要先点击"退出"按钮，注销掉此用户。

若使用监视户名为"wang"用户，输入设定密码"123"登录后，点击"修改密码"按钮，弹出输入密码窗口后确认，将显示"您的授权不足"，如图 11-4-25 所示。因为我们在设定权限时只勾选了监视权限，所以只能监视画面无法操作按钮。

若使用管理员用户名"Admin"用户，该用户为管理员权限，则所有功能都可实现。

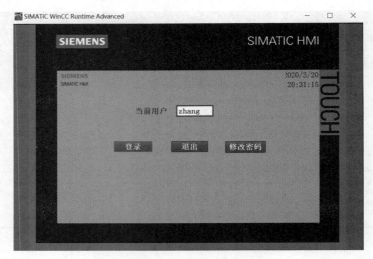

图 11-4-23　操作员登录

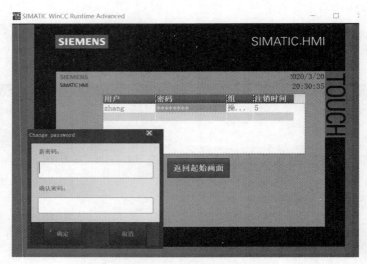

图 11-4-24　操作员修改密码

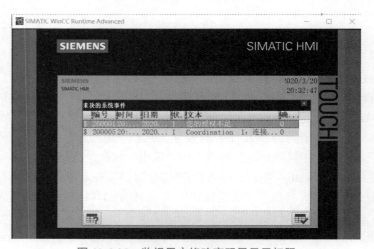

图 11-4-25　监视用户修改密码显示无权限

11.5　HMI与PLC的基本应用

11.5.1　HMI与PLC控制电动机运转

【任务要求】

在实际生产设备中，我们需要使用 HMI 触摸屏代替实际物理按键来进行操作。本任务将使用 HMI 触摸屏来控制电动机的运转，从而来代替物理按钮。可以通过触摸屏对电动机实现启动 / 停止控制，并在屏幕上显示电动机的运转状态。

【操作步骤】

① 根据任务要求分析设计电气原理图，如图 11-5-1 所示。

a. 设计电路原理图时，应具备完善的保护功能，PLC 外部硬件也具备互锁电路。

b. 绘制原理图要完整规范。

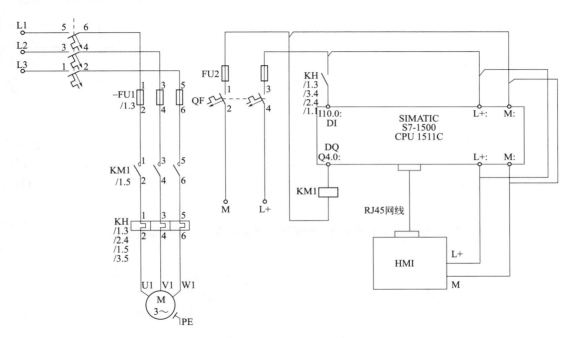

图 11-5-1　电气原理图

② 根据任务要求及电气原理图分配 I/O 地址，见表 11-5-1。

表11-5-1　I/O地址分配

输入			输出		
输入端口	输入器件	作用	输出端口	输出器件	控制对象
I10.0	KH(常开触点)	过载保护	Q4.0	KM1 接触器	电动机 M1

③ 根据任务要求及电气原理图，选定任务需要的主要设备材料，相关明细见表 11-5-2，选择元件时应考虑以下事项：

a. 选择元件时，主要考虑元件的数量、型号及额定参数。

b. 检测元器件的质量好坏。

c.PLC 的选型要合理，在满足要求下尽量减少 I/O 的点数，以降低硬件的成本。

表11-5-2　任务需要的主要设备材料清单

序号	名称	型号规格	数量
1	计算机	安装有 TIA Portal V15 软件	1
2	PLC	S7-1500	1
3	编程电缆	RJ45 网线	1
4	断路器	DZ47-63/3 D20 DZ47-63/2P D10	各 1
5	熔断器	RT 系列	1
6	接触器	CJX2 系列线圈电压为 DC 24V	1
7	热继电器	根据电动机自定	1
8	电动机	自定，小功率	1
9	HMI	SIMATIC TP700	1

④ 元件安装与接线。

a. 将所有元件装在一块配电板上，做到布局合理、安装牢固、符合安装工艺规范。

b. 根据接线原理图配线，做到接线正确、牢固、美观。

⑤ 设备组态。

a. 在 TIA 博途软件中创建项目，添加 PLC 站点设备。打开 TIA 博途，在左侧项目树中双击"添加新设备"弹出对话框，点击控制器→ SIMATIC S7-1500 → CPU 1511C-1 PN →订货号为"6ES7 511-1CK00-0AB0"，版本对应 PLC 选择，如若不知则选择最低版本，如图 11-5-2 所示。

图 11-5-2　添加 PLC 设备

　　b.CPU 设备属性组态。在属性点击"常规"→"PROFINET 接口 [X1]"→"以太网地址"，添加新子网并设置 PLC 的 IP 地址（注意：组态中的 PLC 的 IP 地址要与在线访问中实际硬件中 PLC 的 IP 地址相同），如图 11-5-3 所示。

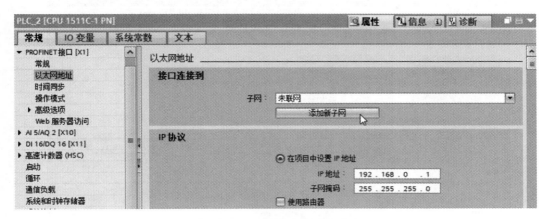

图 11-5-3　组态网络及通信地址

　　c. 在项目中添加 HMI 设备。在 TIA 博途项目中我们需要添加一个新的 HMI 设备，在左侧项目树中双击"添加新设备"弹出对话框，在这里选择 HMI → SIMATIC 精智面板→ 7" 显示屏→ TP700 Comfort 中订货号为 6AV2 124-0GC01-0AX0 的 HMI，如图 11-5-4 所示。

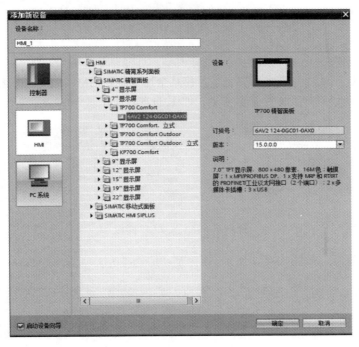

图 11-5-4　添加 HMI 设备

　　d. 建立 PLC 与 HMI 网络连接。在网络视图中单击 HMI 的属性→常规→ PROFINET 接口 [X1] →以太网地址中选择已在 PLC 中的子网 PN/IE_1，若没有点击"添加新子网"。我们默认将 HMI 的 IP 地址设为 192.168.0.2，子网掩码为 255.255.255.0，在组态中的 IP 地址要与在线访问中实际硬件的地址相同，此时可以看到 PLC 与 HMI 已成功使用 PN/IE_1 连接，如图 11-5-5 所示。

图 11-5-5　PLC 与 HMI 网络连接

⑥ 编写 PLC 程序。

a. 首先在 PLC 默认变量表中添加变量，将其全选复制到 HMI 默认变量表。启动和停止按钮没有物理连接，地址使用 M 存储器变量，如图 11-5-6 所示。

		名称	数据类型	地址	保持
1	⬜	过载保护	Bool	%I10.0	☐
2	⬜	停止按钮	Bool	%M0.0	☐
3	⬜	启动按钮	Bool	%M0.1	☐
4	⬜	KM1接触器	Bool	%Q4.0	☐
5		<添加>			☐

图 11-5-6　定义 PLC 变量

b. 编写 PLC 程序，如图 11-5-7 所示。

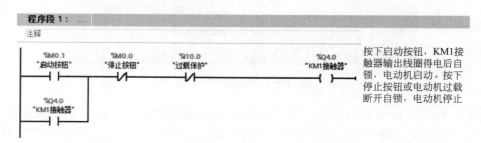

图 11-5-7　梯形图程序

⑦ HMI 画面组态。

a. 添加画面。在左侧项目树中打开刚刚所添加的 HMI，在画面中添加一个新画面，以方便日后使用。如图 11-5-8 所示。

b. 组态画面对象。在画面中添加启动按钮、停止按钮和一个圆形指示灯。将按钮文本分别改为"启动按钮"和"停止按钮"。在启动按钮巡视窗口"事件"中将"按下"函数添加为"置位位"，"释放"函数添加为"复位位"，将其变量分别添加为"启动按钮"。在停止按钮巡视窗口"事件"中将"按下"函数添加为"置位位"，"释放"函数添加为"复位位"，将其变量分别添加为"停止按钮"，如图 11-5-9 所示。

图 11-5-8 添加新画面

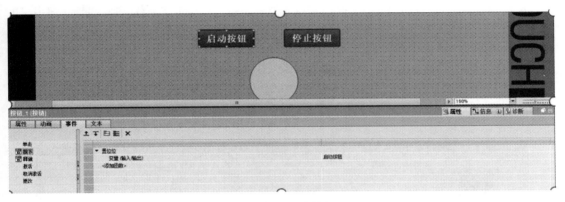

图 11-5-9 组态按钮

选中添加的"圆形"，在巡视窗口"动画"中添加外观动画。将变量添加为"KM1 接触器"，添加范围 0 与 1。将 0 位背景色修改为白色，将 1 位背景色修改为绿色，如图 11-5-10 所示。

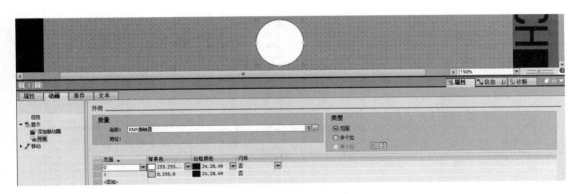

图 11-5-10 组态指示灯

⑧ 项目编译、下载及调试。分别对 PLC 和 HMI 站点进行下载，这里只介绍 PLC 下载，HMI 下载不再赘述。

a. 编译项目。在下载之前，需要将已写完的程序进行编译。点击"编译"按钮 ，进行编译。每次进行更改后都需要重新编译程序。在下方信息栏显示编译完成（错误：0；警告：

0），如图 11-5-11 所示。

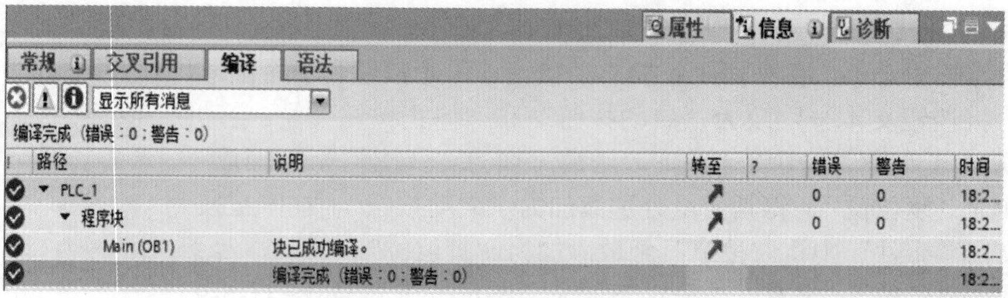

图 11-5-11　编译项目

b. 项目下载。选择项目树中的 PLC 站点，然后在右上方点击"下载"按钮 ⬇，弹出"扩展的下载到设备"对话框。在 PG/PC 接口类型选择"PN/IE"，在 PG/PC 接口中选择 PC 中使用的网卡。点击"开始搜索"按钮，软件将会搜索网络上的所有站点并在界面中提示。有多个站点时，为了便于识别，可以在界面中点击"闪烁 LED"按钮，使相应 CPU 上的 LED 灯闪烁。选择一个站点并点击"下载"按钮，下载硬件组态数据将导致 CPU 停机，所以需要用户进行确认，完成以后重新启动 CPU，如图 11-5-12 所示。

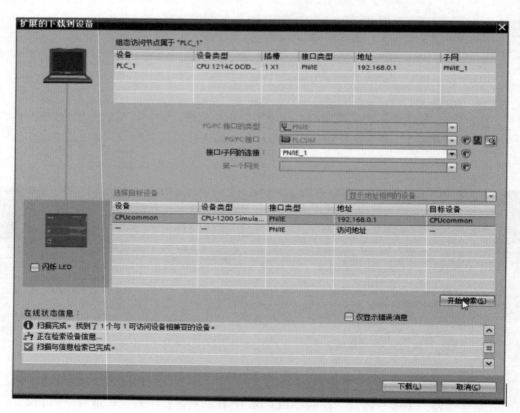

图 11-5-12　下载过程 1

在下载预览界面勾选"全部覆盖"并装配，如图 11-5-13 所示。

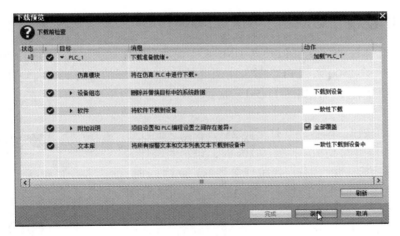

图 11-5-13　下载过程 2

装载后选择"启动模块"并完成，编写的组态和程序就已下载到 PLC 中，如图 11-5-14 所示。

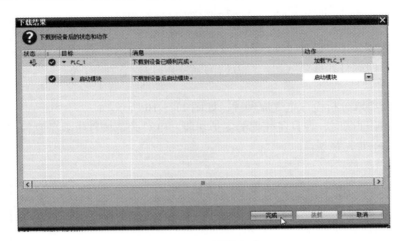

图 11-5-14　下载完成

提示

对于第一次下载，如果 PC 的 IP 地址与要连接的 CPU 的 IP 地址不在相同的网段内，在下载时，TIA 博途会自动给 PC 的网卡分配一个与 PLC 相同网段的 IP 地址。经过第一次下载后，TIA 博途软件会自动记录下载路径，此后点击"下载"按钮 ，无须再次选择下载路径。

c. 调试。

• 电动机启动：按下触摸屏中启动按钮，电动机 M1 启动，屏中圆形指示灯的白色变为绿色。

• 电动机停止：按下触摸屏停止按钮，电动机停止，屏中圆形指示灯的绿色变为白色。

• 过载保护：当发生过载故障时，电动机断电停止，屏中圆形指示灯的绿色变为白色。

11.5.2 HMI与PLC控制十字路口交通灯

【任务要求】本任务将使用 PLC 与 HMI 来实现对十字路口交通信号灯的控制，其控制要求是采用西门子 S7-1500 系列 PLC 对东南西北的红、黄、绿信号灯实行有规律的循环闪亮，达到对交通信号灯的控制，如图 11-5-15 所示，具体控制要求如下。

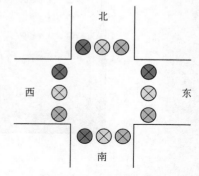

图 11-5-15　画面示意图

① 按下启动按钮，南、北红灯常亮 25s，在南、北红灯亮的同时东、西绿灯常亮 20s；到达 20s 时，东、西绿灯闪亮 3s 后熄灭。在熄灭同时，东、西黄灯常亮 2s。到达 2s 时，东、西黄灯熄灭，同时东、西红灯常亮 25s，南、北红灯熄灭，绿灯常亮 20s。

② 东、西红灯常亮 25s，在东、西红灯亮的同时南、北绿灯常亮 20s；到达 20s 时，南、北绿灯闪亮 3s 后熄灭。在熄灭同时，南、北黄灯常亮 2s。到达 2s 时，南、北黄灯熄灭，同时南、北红灯常亮 25s，东、西红灯熄灭，绿灯常亮 20s。

③ 上述动作要循环进行。

④ 南、北方向绿灯和红灯与东、西方向的绿灯和红灯不能同时亮。

【操作步骤】

① 根据任务要求分析设计电气原理图，如图 11-5-16 所示。

a. 设计电路原理图时，应具备完善的保护功能，PLC 外部硬件也具备互锁电路。

b. 绘制原理图要完整规范。

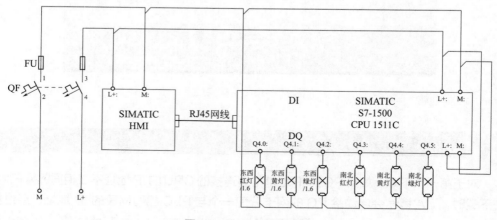

图 11-5-16　电气原理图

② 根据任务要求及电气原理图分配 I/O 地址，见表 11-5-3。

表11-5-3　I/O地址分配

输出		
输出端口	输出器件	控制对象
Q4.0 ～ Q4.2	指示灯	东西红绿黄
Q4.3 ～ Q4.5	指示灯	南北红绿黄

③ 根据任务要求及电气原理图，选定任务需要的主要设备材料，相关明细见表 11-5-4，选择元件时应考虑以下事项：

a. 选择元件时，主要考虑元件的数量、型号及额定参数。

b. 检测元器件的质量好坏。

c. PLC 的选型要合理，在满足要求的情况下尽量减少 I/O 的点数，以降低硬件的成本。

表11-5-4　任务需要的主要设备材料清单

序号	名称	型号规格	数量
1	计算机	安装有 TIA Portal V15 软件	1
2	PLC	S7-1500	1
3	编程电缆	RJ45 网线	1
4	断路器	DZ47-63/2P D10	1
5	熔断器	RT 系列	1
6	指示灯	直流 24V 三种颜色指示灯	12
7	HMI	SIMATIC TP700	1

④ 元件安装与接线。

a. 将所有元件装在一块配电板上，做到布局合理、安装牢固、符合安装工艺规范。

b. 根据接线原理图配线，做到接线正确、牢固、美观。

⑤ 设备组态。

a. 在 TIA 博途软件中创建项目，添加 PLC 站点设备。打开 TIA 博途，在左侧项目树中双击"添加新设备"弹出对话框，点击控制器→ SIMATIC S7-1500 → CPU 1511C-1 PN →订货号为"6ES7 511-1CK00-0AB0"，版本对应 PLC 选择，若不知则选择最低版本，如图 11-5-17 所示。

图 11-5-17　添加 PLC 设备

b.CPU 设备属性组态。在属性点击"常规"→"PROFINET 接口 [X1]"→"以太网地址"，添加新子网并设置 PLC 的 IP 地址（注意：组态中的 PLC 的 IP 地址要与在线访问中实际硬件中 PLC 的 IP 地址相同），如图 11-5-18 所示。

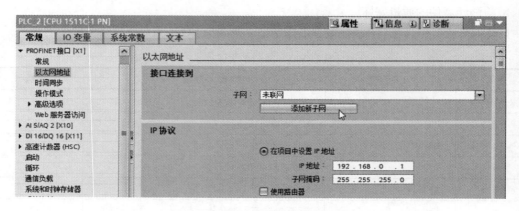

图 11-5-18 组态网络及通信地址

c. 在项目中添加 HMI 设备。在 TIA 博途项目中我们需要添加一个新的 HMI 设备，在左侧项目树中双击"添加新设备"弹出对话框，在这里选择 HMI → SIMATIC 精智面板→ 7" 显示屏→ TP700 Comfort 中订货号为 6AV2 124-0GC01-0AX0 的 HMI，如图 11-5-19 所示。

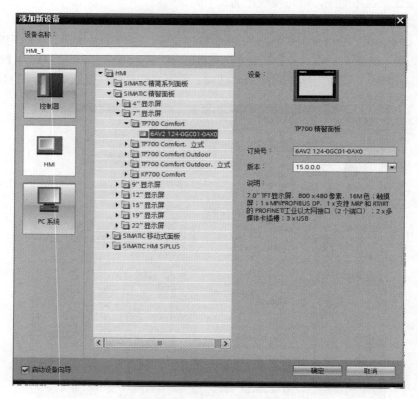

图 11-5-19 添加 HMI 设备

d. 建立 PLC 与 HMI 网络连接。在网络视图中单击 HMI 的属性→常规→ PROFINET 接口

[X1] →以太网地址中选择已在 PLC 中的子网 PN/IE_1，若没有点击"添加新子网"。我们默认将 HMI 的 IP 地址设为 192.168.0.2，子网掩码为 255.255.255.0，在组态中的 IP 地址要与在线访问中实际硬件的地址相同，此时可以看到 PLC 与 HMI 已成功使用 PN/IE_1 连接，如图 11-5-20 所示。

图 11-5-20 PLC 与 HMI 网络连接

⑥ 编写 PLC 程序。

a. 创建变量。首先在 PLC 默认变量表中添加变量，将其全选复制到 HMI 默认变量表。因其没有物理连接，地址使用 M 存储器变量，如图 11-5-21 所示。

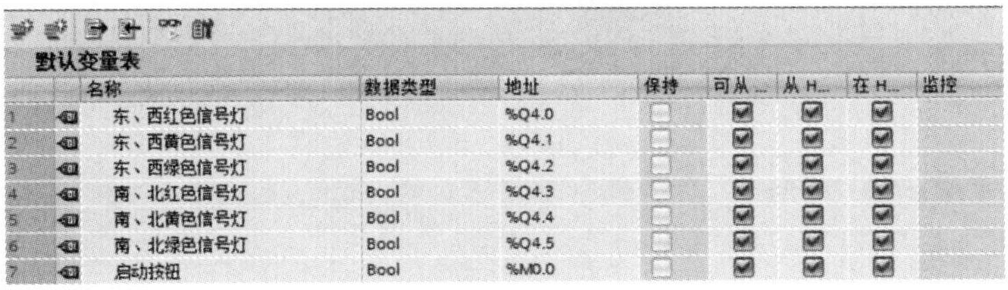

		名称	数据类型	地址	保持	可从…	从 H…	在 H…	监控
1		东、西红色信号灯	Bool	%Q4.0		✔	✔	✔	
2		东、西黄色信号灯	Bool	%Q4.1		✔	✔	✔	
3		东、西绿色信号灯	Bool	%Q4.2		✔	✔	✔	
4		南、北红色信号灯	Bool	%Q4.3		✔	✔	✔	
5		南、北黄色信号灯	Bool	%Q4.4		✔	✔	✔	
6		南、北绿色信号灯	Bool	%Q4.5		✔	✔	✔	
7		启动按钮	Bool	%M0.0		✔	✔	✔	

图 11-5-21 定义 PLC 变量

b. 设置 CPU 系统和时钟存储器。在选中 CPU 设备视图中，在 CPU 属性常规巡视窗口一栏，在"系统和时钟存储器"中勾选"启用时钟存储器字节"，在后续编程中将会使用，如图 11-5-22 所示。

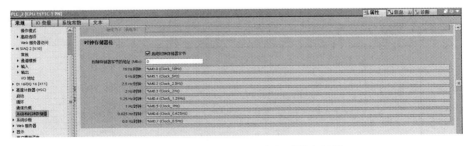

图 11-5-22 设置 CPU 系统和时钟存储器

c. 编写 PLC 程序，如图 11-5-23 所示。

程序段 1: ___

注释

%M0.0 "启动按钮"
%MW100 "Tag_5" == Int 0
%M1.0 "Tag_2"
MOVE EN ENO 1 — IN OUT1 %MW100 "Tag_5"
%M1.0 "Tag_2" ( )

程序段 2: ___

注释

%MW100 "Tag_5" == Int 1
%Q4.3 "南、北红色信号灯" (S)
%M1.2 "Tag_3" (S)
%Q4.0 "东、西红色信号灯" (R)
%DB1 "IEC_Timer_0_DB" TON Time IN Q T#20s — PT ET — ...
MOVE EN ENO 2 — IN OUT1 %MW100 "Tag_5"

程序段 3: ___

注释

%MW100 "Tag_5" == Int 2
MOVE EN ENO 3 — IN OUT1 %MW100 "Tag_5"
%M1.2 "Tag_3" (R)

程序段 4: ___

注释

%MW100 "Tag_5" == Int 3
%M0.7 "Clock_0.5Hz"
%M1.3 "Tag_4" ( )
%DB2 "IEC_Timer_0_DB_1" TON Time IN Q T#3s — PT ET — ...
MOVE EN ENO 4 — IN OUT1 %MW100 "Tag_5"

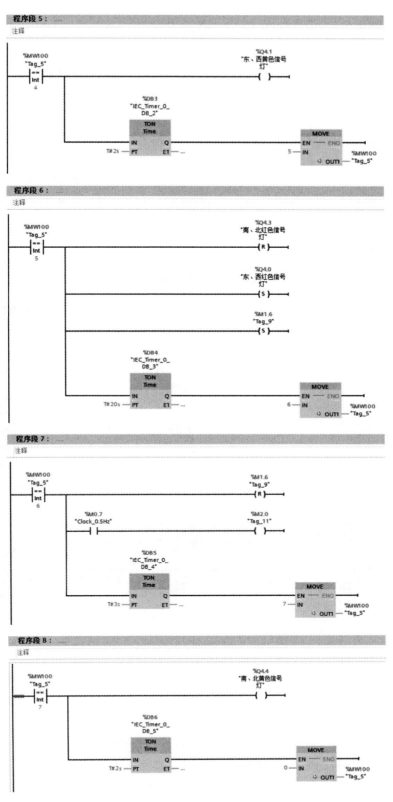

图 11-5-23

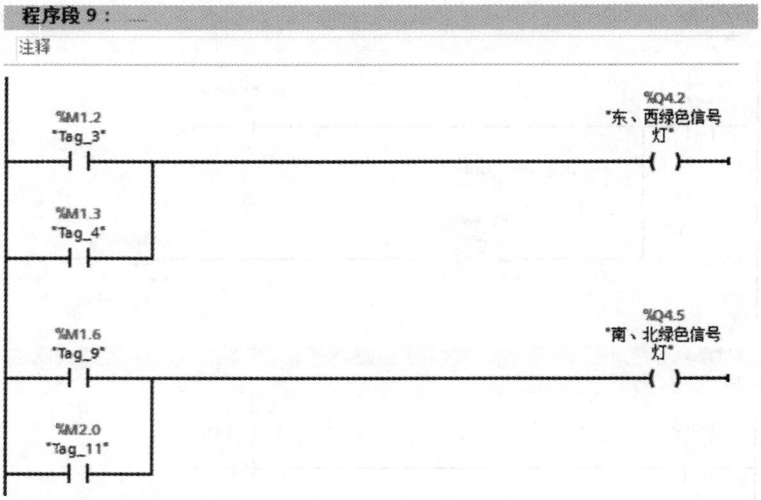

程序段 9：

图 11-5-23　PLC 梯形图

⑦ HMI 画面组态。

a. 添加画面。在左侧项目树中打开刚刚所添加的 HMI，在画面中添加一个新画面，以方便日后使用。如图 11-5-24 所示。

b. 组态画面对象。在画面中绘制 12 个指示灯。在右侧工具栏里分别拖出 12 个圆形、四个文本域和一个按钮。将文本域的文本分别修改为东、南、西、北，并按方位放置。

将按钮的文本修改为"启动按钮"，单击按钮在"事件"巡视窗口中，在"按下"事件添加"置位位"函数，将变量添加为 PLC 变量中的"启动按钮"。在"释放"事件添加"复位位"函数，同样将变量添加为"启动按钮"，如图 11-5-25 所示。

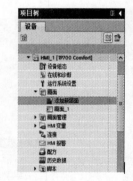

图 11-5-24　添加新画面

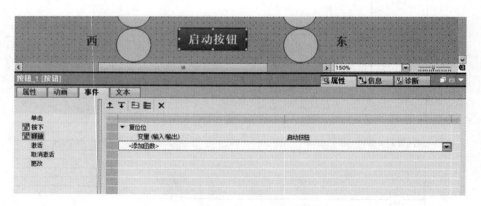

图 11-5-25　组态启动按钮

将"圆形"按照红绿灯规则摆放，并单击"圆形"，在动画巡视窗口中添加"外观"动画。将变量分别添加到每个"圆形"，在范围一栏"0"为默认灰色，"1"则改为路灯颜色。如：添加"东、西黄色信号灯"就将其范围"0"颜色默认，将范围"1"改为黄色，如图 11-5-26 所示。

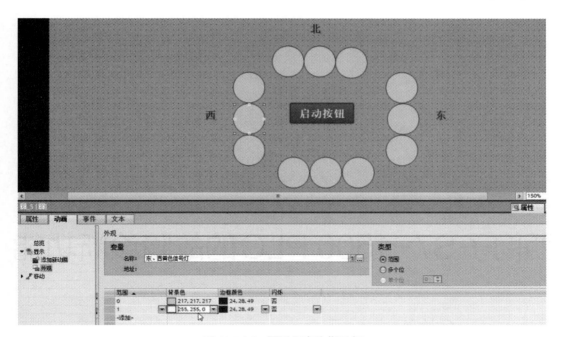

图 11-5-26　圆形组态为指示灯

⑧ 编译、下载并调试。按照上一节的方法进行分别下载项目，调试运行结果如下：

按下启动按钮，南、北红灯常亮 25s，在南、北红灯亮的同时东、西绿灯常亮 20s；到达 20s 时，东、西绿灯闪亮 3s 后熄灭。在熄灭同时，东、西黄灯常亮 2s。到达 2s 时，东、西黄灯熄灭，同时东、西红灯常亮 25s，南、北红灯熄灭，绿灯常亮 20s。到达 20s 时，南、北绿灯闪亮 3s 后熄灭。在熄灭同时，南、北黄灯常亮 2s。到达 2s 时，南、北黄灯熄灭。实际的 LED 灯与 HMI 中的显示同步进行，如图 11-5-27 所示。

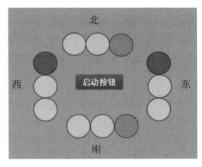

图 11-5-27　调试运行情况

635

第 12 章

西门子S7-1500 PLC的故障诊断功能

12.1　PLC故障诊断概述

　　S7-1500 PLC系统中的设备和模块都集成有故障诊断功能（统称为系统诊断），通过硬件组态，可自动执行相关监视功能，用于快速检测系统故障并进行故障排除，当出现故障时，相关组件可自动指出操作中可能发生的故障，并提供详细的相关信息。例如一个工厂级操作系统，对运行中的设备可进行以下状态监视：设备故障/恢复，插入/移除事件，模块故障，I/O访问错误，通道故障，参数分配错误，外部辅助电源故障。

　　S7-1500 PLC系统诊断作为标准集成在硬件中，使用统一的显示机制，在系统中的所有客户端上显示诊断信息。无论采用何种显示设备，显示的系统诊断信息都相同，自动确定错误源，并以纯文本的格式自动输出错误原因，可进行归档和记录报警。

　　如图 12-1-1 所示是一个S7-1500 PLC自动化控制系统，当设备检测到一个错误时，将故障诊断数据发送给指定的CPU，然后CPU通知所连接的显示设备，并更新所显示的系统诊断信息。不管任何显示设备，显示的系统诊断信息都相同，从图中可以看出，系统诊断可以通过CPU的显示屏和模块上的LED指示灯进行显示，也可以通过HMI设备、TIA博途软件和Web服务器进行显示。

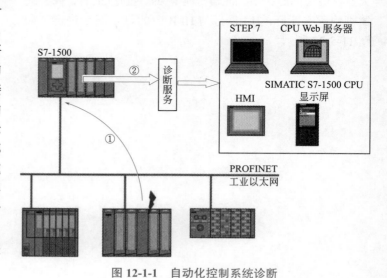

图 12-1-1　自动化控制系统诊断

12.2　西门子S7-1500 PLC诊断功能介绍

S7-1500 PLC 系统支持以下多种方式对 PLC 系统进行诊断：

① 通过 PG/PC 实现诊断；

② 通过 S7-1500 CPU 自带的显示屏实现诊断；

③ 通过编写程序实现诊断；

④ 通过模块自带诊断功能进行诊断；

⑤ 通过模块的值状态功能实现诊断；

⑥ 通过用户自定义报警诊断程序实现诊断；

⑦ HMI 上通过调用诊断控件实现诊断；

⑧ 通过 S7-1500 的 Web 服务器功能实现诊断。

SIMATIC S7-1500 的诊断使用统一的显示机制，无论采用何种方式显示设备，显示的诊断信息都相同。在下面的章节中，将分别介绍系统诊断的不同方式，所介绍的诊断方式均可独立地使用。

12.2.1　通过LED状态指示灯实现诊断

西门子 S7-1500 PLC 系统中，如 CPU、接口模块和其他模块的所有硬件组件，都可以通过模块本身上 LED 指示灯指示变化状态来确定有关操作模式和内部 / 外部错误的信息，表 12-2-1 列出了部分模块上 LED 指示灯布局示意图。通过 LED 指示灯进行诊断是确定错误最原始的一种方法。

表12-2-1　部分模块上的LED指示灯的布局

	CPU 1516-3 PN/DP	IM 155-5 PN ST	DI 32 × 24VDC HF	PS 25W 24VDC
①	RUN/STOP LED 指示灯（双色 LED 指示灯：绿色 / 黄色）	RUN LED 指示灯（双色 LED 指示灯：绿色 / 黄色）	RUN LED 指示灯（单色 LED 指示灯：绿色）	RUN LED 指示灯（单色 LED 指示灯：绿色）
②	ERROR LED 指示灯（单色 LED 指示灯：红色）	ERROR LED 指示灯（单色 LED 指示灯：红色）	ERROR LED 指示灯（单色 LED 指示灯：红色）	ERROR LED 指示灯（单色 LED 指示灯：红色）
③	MAINT LED 指示灯（单色 LED 指示灯：黄色）	MAINT LED 指示灯（单色 LED 指示灯：黄色）	无功能	MAINT LED 指示灯（单色 LED 指示灯：黄色）

S7-1500 模块顶端都有 3 个 LED 指示灯，用于指示当前模块的工作状态。对于不同类型的模块，LED 指示的状态可能略有不同（更详细的说明参考模块手册）。模块无故障正常工作时，运行 LED 为绿色常亮，其余的 LED 灯熄灭。

下面举例说明指示灯的诊断含义。如图 12-2-1 所示是 CPU 1511-1 PN，具有三个 LED 指示灯，可以发送当前运行状态和诊断状态信号。表 12-2-2 列出了 RUN/STOP、ERROR 和 MAINT LED 指示灯各种颜色组合的含义。

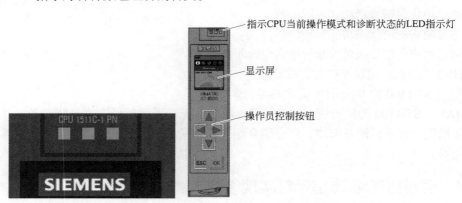

图 12-2-1　CPU 1511-1 PN 操作面板指示灯

表12-2-2　LED指示灯各种颜色组合的含义

RUN/STOP LED 指示灯	ERROR LED 指示灯	MAINT LED 指示灯	含义
LED 指示灯熄灭	LED 指示灯熄灭	LED 指示灯熄灭	CP 电源缺失或不足
LED 指示灯熄灭	LED 指示灯红色闪烁	LED 指示灯熄灭	发生错误
LED 指示灯绿色点亮	LED 指示灯熄灭	LED 指示灯熄灭	CPU 处于 RUN 模式
LED 指示灯绿色点亮	LED 指示灯红色闪烁	LED 指示灯熄灭	诊断事件未决
LED 指示灯绿色点亮	LED 指示灯熄灭	LED 指示灯黄色点亮	设备要求维护。必须在短时间内更换受影响的硬件
LED 指示灯绿色点亮	LED 指示灯熄灭	LED 指示灯黄色闪烁	设备需要维护。必须在合理的时间内更换受影响的硬件。固件更新已成功完成
LED 指示灯黄色点亮	LED 指示灯熄灭	LED 指示灯熄灭	CPU 处于 STOP 模式
LED 指示灯黄色点亮	LED 指示灯红色闪烁	LED 指示灯黄色闪烁	SIMATIC 存储卡上的程序出错。CPU 故障
LED 指示灯黄色闪烁	LED 指示灯熄灭	LED 指示灯熄灭	CPU 处于 STOP 状态时，将执行内部活动，如 STOP 之后启动。装载用户程序
LED 指示灯黄色 / 绿色闪烁	LED 指示灯熄灭	LED 指示灯熄灭	启动（从 RUN 转为 STOP）
LED 指示灯黄色 / 绿色闪烁	LED 指示灯红色闪烁	LED 指示灯黄色闪烁	启动（CPU 正在启动） 启动、插入模块时测试 LED 指示灯。LED 指示灯闪烁测试

12.2.2　通过S7-1500 PLC CPU自带的显示屏实现诊断

S7-1500 PLC 自动化系统中的每个 CPU 都带有一个前面板，在面板上安装有一块彩色的显示屏和操作按键。在 CPU 显示屏中，可通过操作键在菜单之间进行切换，快速直接地读取诊断信息，同时还可以通过显示屏中的不同菜单显示模块和分布式 I/O 的状态信息。用户创建的项目下载到 CPU 中，如出现故障，可通过相关的操作在显示屏上确定诊断信息。在 CPU 显示屏中，可显示以下诊断信息：

① "诊断" 菜单，如图 12-2-2 所示。错误与报警文本（系统诊断报警）；诊断缓冲区中输入的信息；监控表；有关用户程序循环时间的信息；CPU 存储器的使用情况。

② "模块" 菜单。有关模块与网络的信息；带诊断符号的详细设备视图；订货号、CPU 型号和集中式 I/O 模块；集中式和分布式模块的模块状态；当前所安装固件的相关信息。

图 12-2-2　显示屏（诊断画面）

12.2.3　通过TIA博途软件查看诊断信息

PLC 系统有故障时，可以通过 TIA 博途软件对系统诊断信息进行在线查看。下面分别介绍在线查看的方法。

（1）通过博途软件中的 "在线与诊断" 功能查看 PLC 诊断信息

通过接口直接连接或通过子网连接到 PG/PC 上的所有接通电源的设备。连接好 PG/PC 与 CPU，在左侧项目树中选择 "在线访问" 子项下所显示的设备中，找到所使用的网络，双击 "更新可访问的设备"，项目树中显示该设备，如图 12-2-3 所示。

双击图 12-2-3 中对应设备（如 S7-1500 CPU:192.168.0.1）下的 "在线和诊断"，弹出 "诊断和功能" 界面，选择诊断选项，将在工作区中显示诊断信息，此时，可查看有关诊断状态、循环时间、存储器使用率和诊断缓冲区的信息。如图 12-2-4 所示是诊断缓冲区中显示的诊断信息。每个 CPU 和一些其他模块都有自己的诊断缓冲区，在缓冲区中将按事件的发生顺序输入所有诊断事件的详细信息。

CPU 诊断缓冲区中的信息可显示在所有显示设备中（TIA 博途软件、HMI 设备、S7-1500 Web 服务器以及 CPU 显示屏）。

图 12-2-3　项目树中的设备

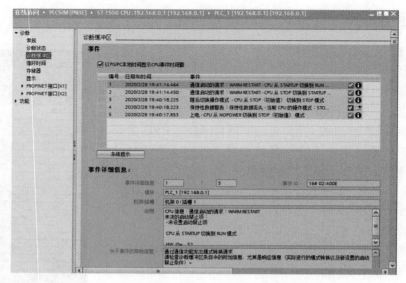

图 12-2-4　TIA 博途软件在线查看诊断界面

在图 12-2-4 所示的诊断信息中会出现一些诊断符号，例如✓表示无故障，🔧表示错误，并在事件栏中显示事件详细信息。

在 TIA 博途软件与设备建立了在线连接，并转至在线后，会在项目树下的软硬件目录下出现诊断图标，硬件组态界面也会出现诊断图标，表 12-2-3 中列出了常见模块和设备的诊断图标及含义。

表12-2-3　常规模块和设备的诊断图标及含义

符号	含义
	正在建立到 CPU 的连接
	无法通过所设置的地址访问 CPU
	组态的 CPU 和实际 CPU 型号不兼容 例如：现有的 CPU 315-2 DP 与组态的 CPU 1516-3 PN/DP 不兼容
	在建立与受保护 CPU 的在线连接时，未指定正确密码而导致密码对话框终止
	无故障
	需要维护
	要求维护
	错误
	模块或设备被禁用
	无法从 CPU 访问模块或设备（这里是指 CPU 下面的模块和设备）
	由于当前的在线组态数据与离线组态数据不同，因此诊断数据不可用
	组态的模块或设备与实际的模块或设备不兼容（这里是指 CPU 下面的模块或设备）
	已组态的模块不支持显示诊断状态（这里是指 CPU 下的模块）
	连接已建立，但是模块状态尚未确定或未知
	下位组件中的硬件错误；至少一个下位硬件组件发生硬件故障（在项目树中仅显示为一个单独的符号）

（2）通过设备视图或网络视图查看系统当前状态的总览图

在线建立设备连接，并转至在线，在设备视图和网络视图中查看自动化系统当前状态的总览图。如图 12-2-5 所示是在工作区的网络视图中，可以查看整个网络中的各个站点模块上的模块图标来确定设备的连接状态，如果有错误图标出现，可双击该设备，将转至"设备视图"，将在该视图中确定显示各个模块的诊断信息，如图 12-2-6 所示模块均正常工作。

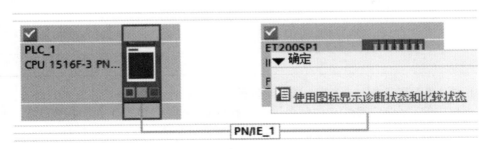

图 12-2-5　网络视图中诊断信息

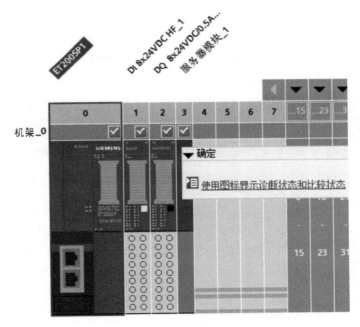

图 12-2-6　设备视图中模块诊断状态

（3）通过项目树中设备右边的符号查看设备当前的在线状态

在 TIA 博途软件与设备建立了在线连接并转至在线后，在项目树下的软硬件目录下出现信息诊断图标，如图 12-2-7 所示，图中出现一些进行状态比较诊断符号，相关图标符号含义见表 12-2-4。图中●图标表示下位组件中的硬件错误，至少一个下位硬件组件发生硬件故障（在项目树中仅显示为一个单独的符号）。

图 12-2-7　项目树中的诊断信息

表12-2-4　相关诊断符号图标的含义

符号	含义
⬤	下位组件中的硬件错误：在线和离线版本至少在一个下位硬件组件中不同（仅在项目树中）
⬤	下位组件中的软件错误：在线和离线版本至少在一个下位软件组件中不同（仅在项目树中）
◑	对象的在线和离线版本不同
◐	对象仅在线存在
◐	对象仅离线存在
⬤	对象的在线和离线版本相同

（4）通过巡视窗口中的"诊断"选项卡查看诊断信息

巡视窗口中的"诊断"选项卡中包含与诊断事件和已组态报警事件等有关的信息，通过查看相关的子选项卡信息来确定设备状态信息，如图 12-2-8 所示是诊断选项卡的"设备信息"中的诊断提示，图中设备信息显示"所有设备均正常"。如图 12-2-9 所示的诊断选项卡的"设备信息"中出现"设备出现问题"的诊断提示。

图 12-2-8　诊断选项卡的"设备信息"中的诊断提示

图 12-2-9　诊断选项卡中出现"设备出现问题"的诊断提示

在诊断选项卡的"连接信息"中，将显示连接的详细诊断信息。如果一个活动的在线连接至少连接到一个相关连接的端点，则将只显示"连接信息"选项卡。如果在连接表中已选择了一个连接，则该选项卡中将包含连接的详细信息和连接的地址详细信息，如图 12-2-10 所示。

在诊断选项卡的"报警显示"中，系统诊断报警通过"报警显示"选项卡输出显示，如图 12-2-11 所示。

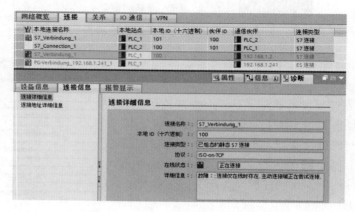

图 12-2-10　连接信息选项卡信息

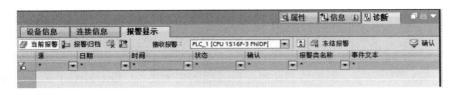

图 12-2-11　报警显示选项卡信息

12.2.4　通过I/O模块自带诊断功能进行诊断

在 TIA 博途软件组态中，可以对 I/O 模块进行系统诊断的设置，激活带诊断功能模块的诊断选项，从而实现 PLC 自动生成报警消息源，当模块中出现系统诊断事件时，对应的系统报警消息就可以自动生成 S7-1500 PLC 的 Web 服务器、CPU 的显示屏、HMI 的诊断控件等多种方式直观地显示出来。

S7-1500 PLC 系统中 I/O 模块分为 BA（基本型）、ST（标准型）、HF（高性能）和 HS（高速型）。BA（基本型）模块没有诊断功能，不支持此诊断方式；ST（标准型）模块支持的诊断类型为组诊断或模块诊断；HF（高性能）模块的诊断类型为通道级诊断；HS（高速型）模块是应用于高速相应的特殊模块，同时也支持通道及诊断。

在 TIA 博途软件中设置 I/O 模块的系统诊断，可按以下步骤操作：

① 在设备视图中选择相应的 I/O 模块。

② 在巡视窗口中，打开"属性"选项卡。

③ 选择"输入"选项卡。此时，可以对 I/O 模块的系统诊断进行设置。如果选择"断路"，则在操作过程中会对发生断路的通道进行标记。例如，如图 12-2-12 所示是对数字量输入模块 DI 16×24VDC HF 进行通道 0 设置诊断功能。

④ 保存设置并下载到 CPU 中。

至此，当模块通道 0 发生故障后，诊断事件的相关诊断信息可以通过 CPU 传送到相关的显示设备（显示屏、在线与诊断、Web 服务器及 HMI）上查看诊断信息。

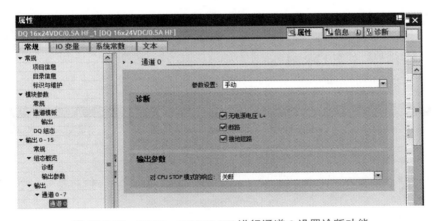

图 12-2-12　DI 16×24VDC HF 进行通道 0 设置诊断功能

12.2.5　通过S7-1500 PLC的Web服务器查看诊断

西门子 S7-1500 CPU 内置集成一个 Web 服务器，可以通过 IE 浏览器实现对 PLC Web 服务器的访问。因此，授权用户均可通过 Internet 浏览器访问 CPU 中的模块数据、用户程序数据和诊断数据等信息。无 TIA 博途软件时，通过 Web 浏览器也可以实现监视和评估。

集成的 Web 服务器可提供以下诊断选项：起始页面，包含有 CPU 的常规信息；诊断信息；诊断缓冲区中的内容；模块信息；报警；通信的相关信息；PROFINET 拓扑结构；运动控制诊断；跟踪。

（1）激活 CPU 中的 Web 服务器功能

要使用 Web 服务器功能时，必须先在 TIA 博途软件中组态激活 Web 服务器。要激活 Web 服务器，按以下步骤操作：

① 在 TIA 博途软件项目树中，打开"设备与网络"视图。

② 在设备视图中选择所需 CPU。

③ 在巡视窗口，打开"属性"选项卡，在"常规"选项卡中打开"Web 服务器"。

④ 选中 Web 服务器中"启用模块上的 Web 服务器"复选框，如图 12-2-13 所示。根据情况选择是否用安全传输协议"HTTPS"。

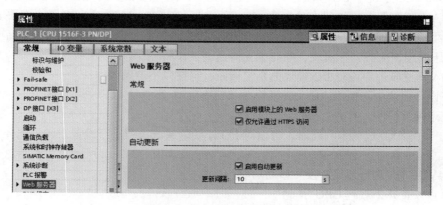

图 12-2-13　激活 Web 服务器

⑤ 在所组态 CPU 的默认设置中，激活自动更新。

⑥ 激活相应接口的 Web 服务器访问。在巡视窗口中打开"属性"选项卡，在"常规"导航区域中选择条目"Web 服务器"。在"接口概览"区域中，为相应的接口选中"启用 Web 服务器访问"复选框，如图 12-2-14 所示。

⑦ 编译组态并加载到 CPU 中。

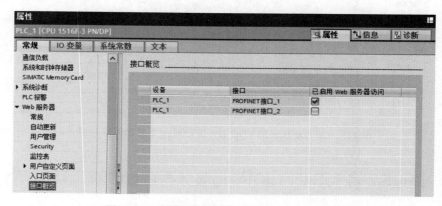

图 12-2-14　激活相应接口的 Web 服务器访问

（2）访问 Web 服务器

要访问 Web 服务器，按以下步骤操作：

① 通过 PROFINET 连接显示设备（PG/PC、HMI、移动终端设备）和 CPU 或通信模块。如果使用 WLAN，则需在显示设备中激活 WLAN 并建立与接入点的连接，通过该接入点与 CPU 连接。

② 在显示设备上打开 Web 浏览器。

③ 在 Web 浏览器的地址栏中输入与已经组态 CPU 的接口 IP 地址（例如 http://192.168.0.1 或 https://192.168.0.1），即可建立与 Web 服务器的连接，CPU 的简介页面随即打开，如图 12-2-15 所示，单击"进入"链接，转至 Web 服务器页面，如图 12-2-16 所示。

图 12-2-15　进入 Web 简介界面

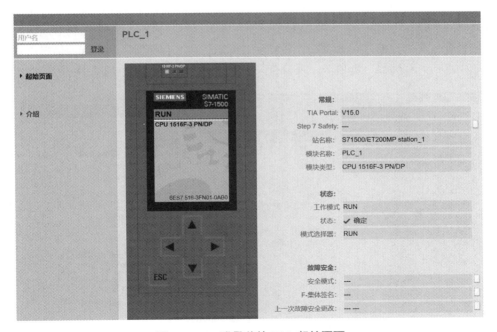

图 12-2-16　登录前的 Web 起始页面

④ 登录访问 Web 页面。如果在"用户管理"中设置了不同的账号，Web 服务器还可根据不同的登录账号为访问页面提供不同的显示内容。因此，要使用 Web 页面的使用功能，必须先登录。使用 TIA 博途软件中的 Web 组态中指定的用户名和密码进行登录。登录后，即可访问该用户授权访问的 Web 页面，如图 12-2-17 所示为登录后的 Web 起始页面。如果用户尚未组态，则系统默认只能对简介页面和起始页面进行只读访问。

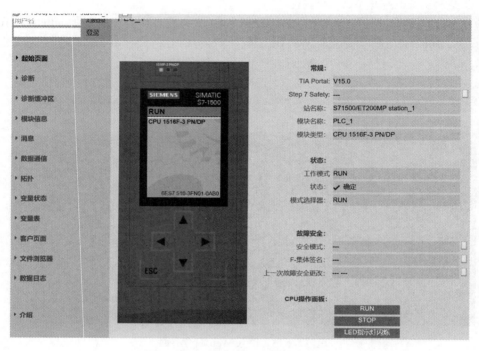

图 12-2-17　登录后的 Web 起始页面

⑤ 查看与诊断相关的信息。在 Web 的页面左侧可以看到诊断、诊断缓冲区、模块信息和消息等选项。打开"诊断"Web 页面，将显示"标识"和"存储器"两个选项信息供查看。

例如，点击"存储器"选项卡，查看有关存储器使用情况，如图 12-2-18 所示。

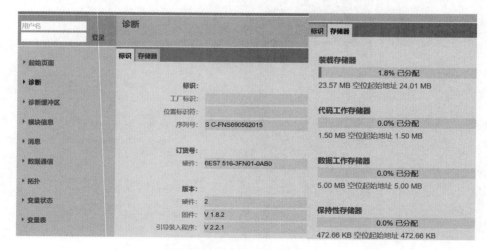

图 12-2-18　存储器信息界面

⑥ 查看"诊断缓冲区"中的诊断信息。打开浏览器的"诊断缓冲区"Web 页面，将显示诊断缓冲区中的数据供查看，如图 12-2-19 所示，图中标记①是诊断缓冲区条目，标记②是事件，标记③是详细信息。

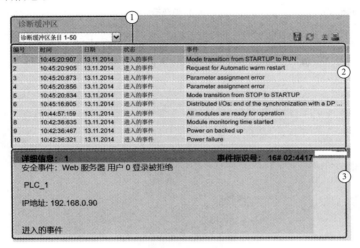

图 12-2-19　诊断缓冲区界面

⑦ 查看模块信息。在"模块信息"Web 页面上，通过符号和注释显示设备状态，如图 12-2-20 所示。模块将显示在"模块信息"Web 页面的"名称"列中，且带有一个详细信息链接。点击链接，可按照层级顺序查找故障的模块。

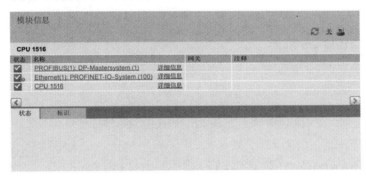

图 12-2-20　模块信息

⑧ 查看消息选项。在 Web 浏览器的"消息"Web 页面中，显示消息缓冲区的数据。如果具有相应权限，则可通过 Web 服务器对消息进行确认，如图 12-2-21 所示。

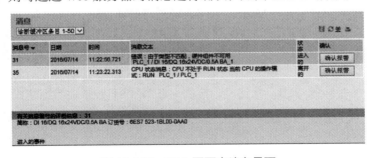

图 12-2-21　Web 页面中消息界面

⑨ 查看 PROFINET 设备的拓扑结构。在"拓扑"Web 页面中，可以在拓扑中的图形视图选项卡（设置和实际拓扑结构）、表格视图选项卡（仅实际拓扑结构）和状态概览选项卡等选项卡中查看有关 PROFINET 设备的拓扑结构组态和连接状态信息。例如，在"图形视图的实际拓扑"中，如果设备发生故障，则将在视图底部单独显示，所显示的故障设备名称上使用红色边框框起并带有 诊断图标，如图 12-2-22 所示。更详细的拓扑诊断信息可参考 S7-1500 故障诊断手册。

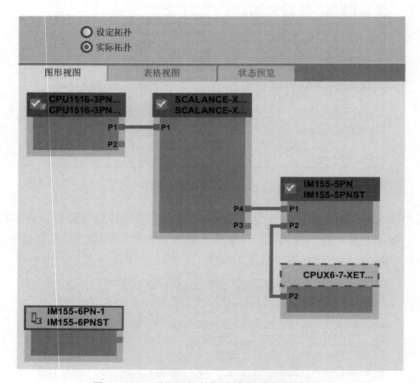

图 12-2-22　"实际拓扑"中存在设备故障显示

12.2.6　在HMI上通过调用系统诊断控件实现诊断

S7-1500 PLC 的系统诊断功能已经作为 PLC 操作系统的一部分，并在 CPU 固件中集成，它是自动激活，不能取消。即使 CPU 处在停止模式下，仍然可以对 PLC 系统进行最高详细级别的诊断数据，由于显示了所有可用数据，因此可提供精确诊断，可以概览整个设备的系统状态。如果 CPU 与 SIMATIC HMI 建立连接，通过对 HMI 调用系统诊断视图控件进行组态，系统诊断视图便可以清晰直观地在 HMI 上显示出系统中可访问所有具有诊断功能的设备的当前状态，可直接找到错误原因和相关设备。在 HMI 上通过调用诊断控件查看诊断信息的操作步骤如下：

① 打开一个精智面板 HMI，新建一个画面，在 HMI 工具箱中的控件栏中，将"系统诊断视图 "控件拖入到相应的 HMI 画面中，即可生成诊断概览视图，如图 12-2-23 所示。如果需要可以对系统诊断视图中的巡视窗口属性进行组态，以获取工厂内所需的可用设备的总览。具体组态方法可参考在线帮助。

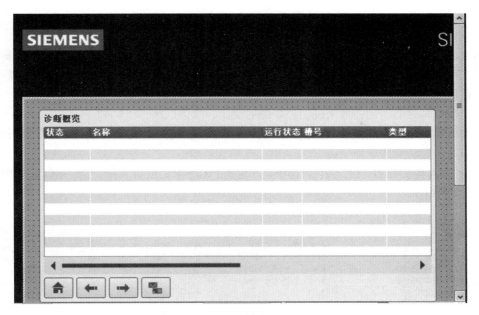

图 12-2-23 创建诊断概览视图

② 将组态下载到 HMI 并和 PLC 进行连接。打开 HMI 调出诊断视图，PLC 的系统诊断信息即可通过 HMI 显示，如图 12-2-24 所示。如果一个 HMI 同时连接了多个 CPU 站点，只需使用一个控件就可对多个 CPU 的诊断信息进行查看。

图 12-2-24 画面中的系统诊断视图

设备视图以表格形式显示某一层的所有可用设备。通过双击某个设备，可打开下位设备或详细视图，可进一步查看诊断信息。第一列中的符号提供与设备当前状态有关的信息。视图底部的浏览按钮含义见表 12-2-5。

表12-2-5 浏览按钮含义

按钮	功能
←	打开下位设备或详细视图（如果没有下位设备）
→	打开上位设备或设备视图（如果没有上位设备）
⌂	打开设备视图
✉	打开消息按钮，进入 PLC 的诊断缓冲区

12.2.7　通过用户自定义报警诊断程序实现诊断

通过 TIA 博途软件中扩展指令下的"Program_Alarm"生成具有相关值的程序报警指令，用户可在自动化系统中创建、编辑和编译过程事件相关报警及其文本和属性，并在显示设备中显示报警信息。

下面通过具体的实例任务来说明该功能的使用，具体的操作步骤如下。

本例要求：当电动机的转速超过 600 转 /min 时，触发一个报警信息，并且在该报警信息中包含事件触发时刻的电流值。

① 在 TIA 博途软件创建一个 FB 块（只能在 FB 块中调用报警指令），并创建全局变量，如图 12-2-25 所示。

		名称	数据类型	地址	保持	可从...	从 H...	在 H...	监控	注释
		变量表_1								
1	⬛	转速	Int	%MW10		☑	☑	☑		
2	⬛	程序报警错误	Bool	%M12.0		☑	☑	☑		
3	⬛	程序报警组态	Word	%MW14 ▼		☑	☑	☑		
4		<添加>				☑	☑	☑		

图 12-2-25　全局变量

② 找到扩展指令下的"Program_Alarm"，将该指令拖到 FB 时，将立即在该块接口的"Static"部分中创建一个数据类型为"Program_Alarm"的多重实例。在显示的对话框中，选择该多重实例的名称为"电动机转速报警"，它也是程序报警的名称，如图 12-2-26 所示。

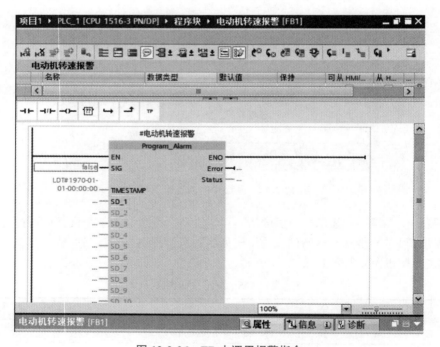

图 12-2-26　FB 中调用报警指令

③ 对报警指令程序进行编辑和组态。调用"Program_Alarm"指令后，根据具体需要添加指令的参数和组态，如图 12-2-27 所示。

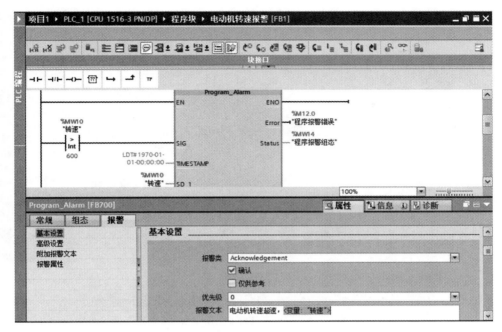

图 12-2-27　组态程序指令

a. 设定 SIG 参数。SIG 参数出现信号变化时生成程序报警。本例中 SIG 参数处需要编辑一个比较指令，当电动机转速超过 600 转 /min 时，SIG 参数处的信号从 0 变为 1 时，将生成一个到达的程序报警；信号从 1 变为 0 时，生成一个离去的程序报警。程序执行时，将同步触发程序报警。

b. 设定 TIMESTAMP 参数。TIMESTAMP 参数是为每个到达或离去的报警分配一个时间戳。在默认情况下，发生信号变更时会使用 PLC 的当前系统时间（TIMESTAMP 参数的默认值，颜色是灰色的）。如果要指定其他时间戳，则可在参数 TIMESTAMP 处进行创建，但必须始终在系统时间（UTC）中指定该时间值，这是因为该时间将用于整个设备的时间同步。如果报警的时间戳采用本地时间表示，则必须串联一个转换模块，用于将本地时间转换为系统时间。这是保证报警显示中时间戳正确显示的唯一方法。本例建议采用默认设置。

c. 设定状态参数 Error。当 Error = "TRUE" 时，表示处理过程中出错。可能的错误原因将通过状态参数 Status 显示。

d. 设定 Status 参数，用来显示错误信息。

e. 组态报警文本。可通过指令的巡视窗口进行组态。打开巡视窗口中的"属性→报警→基本设置"，在弹出的基本设置界面中选择"报警类"为"Acknowledgement"（适用于带确认的报警）。在"报警文本"框中输入报警文本"电动机转速超速，〈 此处位置要加入变量转速值 600 转 /min〉"，右键单击该位置弹出对话框，选择插入动态参数，在"变量"中选择 PLC 全局变量中的变量"转速"，如图 12-2-28 所示。

设置显示格式，点击确认。这样在报警文本中嵌入变量"转速"后，"转速"自动出现在报警指令 Program_Alarm 的 SD1 输入端。如果有多个变量嵌入到报警文本中，它们都依次出现在输入端 SD2 ～ SD10 中。在参数 SD_$i(1 \leqslant i \leqslant 10)$ 处，最多可以为程序报警附加 10 个相关值。在 SIG 参数发生信号变化时，将获取相关值并将该值分配给程序报警，相关值用于显示报警中的动态内容。

打开在巡视窗口属性中的"附加报警文本",并在信息文本框中设置报警被触发的原因的信息文本。如图 12-2-29 所示。

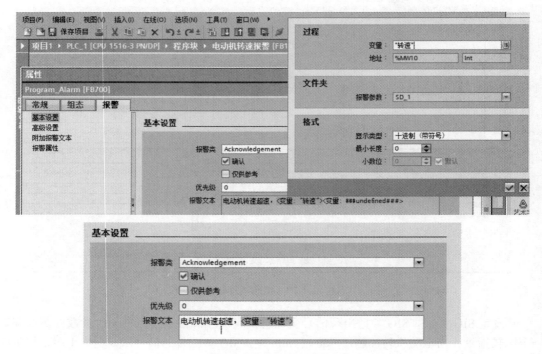

图 12-2-28　添加报警文本

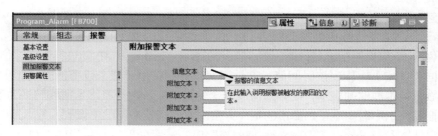

图 12-2-29　设置附加报警文本

④ 至此,创建完成了一个类型报警。

⑤ 最后在 OB1 中调用该 FB 块,这样在用户程序中调用了报警块,并创建了一个背景报警并下载到 CPU 中。这样当运行电动机的转速超过 600r/min 时,将触发该报警信息,报警信息将通过 Web、显示屏、HMI 等设备显示。

下面通过仿真的方式,在 TIA 博途软件中巡视窗口诊断选项下查看报警信息,步骤如下:

① 选中项目树中的 PLC,点击"开始仿真",将程序下载到仿真 PLC,并启动仿真 PLC。

② 打开 FB 块,启用"禁用监控" 🔲 按钮,此时再选择并右键单击项目树中的 PLC,在快捷菜单中启用"接收报警"选项。这样在巡视窗口将会显示报警信息。

③ 在 FB 块程序中,右键单击比较触点上的"转速",在出现的快捷菜单中执行"修改"→"修改操作数"命令,假设将转速值修改为 610 转 /min,此时修改值超出了预设值,这时将在在线巡视窗口的"诊断"→"报警显示"栏中出现报警信息,如图 12-2-30 所示。

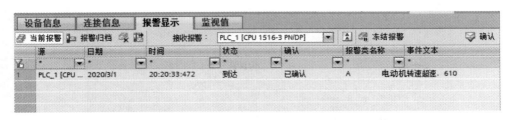

图 12-2-30　巡视窗口中的报警信息

12.2.8　通过模块的值状态功能进行诊断

S7-1500 PLC 系统中的输入和输出模块可通过过程映像输入提供诊断信息。这就是在模块中使用值状态功能进行评估，它与用户数据同步传送。

如果已启用了某个 I/O 模块的值状态，除用户数据外，该模块还可提供值状态信息。该信息可直接用于过程映像输入，并通过简单的二进制操作进行调用。每个通道均唯一地分配有值状态中的一个位。值状态中的位指示用户数据中读入值的有效性，为 0 表示值不正确，为 1 表示正确有效。

正确使用模块的值状态功能进行诊断可参考以下步骤：

（1）激活模块的值状态功能

打开网络视图中的模块，在巡视窗口中常规选项下的"DI 组态"中激活"值状态"功能，如图 12-2-31 所示。用同样的方法激活其他模块的值状态功能。模块的值状态功能激活后，TIA 博途软件将自动为值状态分配附加的输入地址。根据 I/O 模块的不同，在过程映像输入中为各值状态分配附加的地址也不同。分配附加的地址可通过设备概览中的模块地址查看，如图 12-2-32 所示是未分配前的地址和激活值状态后自动分配的附加地址。

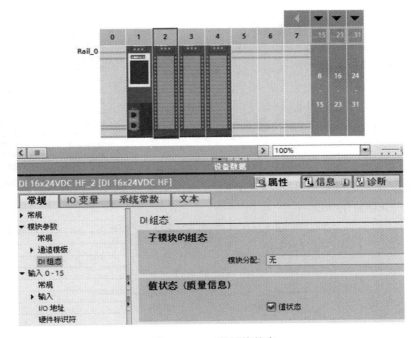

图 12-2-31　激活值状态

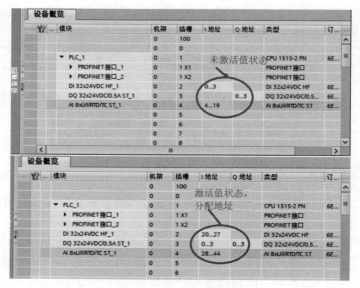

图 12-2-32 激活值状态前后地址分配

（2）查看值状态诊断故障

当运行时，可通过监控表中的地址来查看模块的值状态，如图 12-2-32 所示中输入模块起始地址 IB20，所对应值状态地址为 IB24。如果数字输入发生断路，用户数据信号逻辑上应为"0"，由于诊断到断路情况，模块还将值状态中的相关位设置为 0，表示不正确。AI 模块的值状态为一个字节 IB44,IB44 字节的每一位代表一个通道，例如当通道 0 处于断路状态时，该通道的值状态位 IB44.0 位的状态为 0, 表示不正确。

12.2.9　通过编写程序实现诊断

在用户程序中，可调用 TIA 博途软件中指令列表→扩展指令→诊断文件夹下的指令，通过编程组态来完成对各种硬件模块信息和诊断信息进行读取，便于查看确定某个模块的系统诊断。TIA 博途软件中常用诊断指令如图 12-2-33 所示。下面通过介绍几个诊断指令及指令的应用来说明编写程序实现查看设备诊断信息的方法。

图 12-2-33　诊断指令

（1）LED 指令及应用

① LED 指令功能。使用"LED"指令，读取特定模块 LED 灯的状态。例如，读取 CPU 的 STOP/RUN、ERROR、MAINT 这 3 种 LED 灯的状态。

② 指令格式及相关参数。如图 12-2-34 所示是 LED 指令格式，指令中的参数见表 12-2-6，RET_VAL 参数的说明见表 12-5-7。

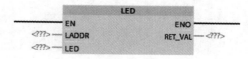

图 12-2-34　LED 指令格式

表12-2-6　LED指令参数

参数	声明	数据类型	存储区	说明
LADDR	Input	HW_IO	I、Q、M、L 或常量	CPU 或接口的硬件标识符 此编号是自动分配的，并存储在硬件配置的 CPU 或接口属性中（CPU 名称 +Commor）
LED	Input	UInt	I、Q、M、D、L 或常量	LED 的标识号： • 1：STOP/RUN • 2：ERROR • 3：MAINT（维护） • 4：冗余 • 5：Link（绿色） • 6：Rx/Tx(黄色)
RET_VAL	Return	Int	I、Q、M、D、L	LED 的状态

表12-2-7　RET_VAL参数的说明

RET_VAL	说明
0～9	LED 的状态： • 0=LED 不存在或状态信息不可用 • 1= 永久关闭 • 2= 颜色 1（例如，对于 LED STOP/RUN: 绿色）永久点亮 • 3= 颜色 2（例如，对于 LED STOP/RUN: 橙色）永久点亮 • 4= 颜色 1 将以 2Hz 的频率闪烁 • 5= 颜色 2 将以 2Hz 的频率闪烁 • 6= 颜色 1 和 2 将以 2Hz 的频率交替闪烁 • 7=LED 正在运行，颜色 1 • 8=LED 正在运行，颜色 2 • 9=LED 不存在或状态信息不可用 出于兼容性考虑，RET_VAL 值中的 ENO 置位为 FALSE
8091	使用 LADDR 参数寻址的硬件组件不可用
8092	由参数 LADDR 寻址的硬件组件不会返回所需信息
8093	LED 参数中所指定的标识号未定义
80Bx	LADDR 参数中指定的 CPU 不支持"LED"指令

③ 指令的应用。读取如图 12-2-35 所示网络视图中 PLC_1 的 CPU 的 LED 状态，操作步骤如下：

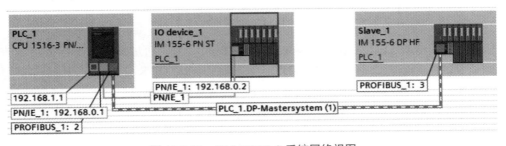

图 12-2-35　S7-1500 PLC 系统网络视图

a. 在全局数据块中，创建 1 个变量进行数据存储，见图 12-2-36。

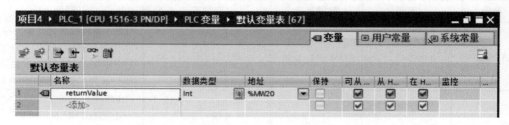

图 12-2-36　定义全局变量

b. 在 OB 块中调用 LED 指令。在 OB 块中调用 LED 指令，如图 12-2-37 所示。

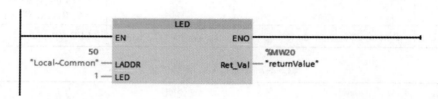

图 12-2-37　编写 LED 指令程序

指令中的参数设定说明如下：

• LADDR 参数是设定硬件标识符的，如果要查询模块硬件，必须通过硬件标识符来寻址该模块硬件。本例是查询 CPU 的 LED 状态，因此，必须设定 CPU 的硬件标识符，双击参数 LADDR 的 <???> 处，出现　　按钮符号并单击，出现如图 12-2-38 所示的列表窗口，选择 "Local ～ Common" 自动添加 CPU 硬件标识符 "50"。硬件标识符可通过 PLC 变量中的"系统常量"选项查看。

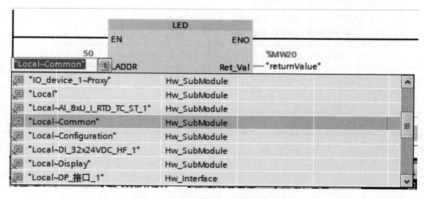

图 12-2-38　设定 LADDR 参数

• 通过设定参数 LED 了解待监视的 CPU LED 的状态。通过表 12-2-6 指令参数查询，LED 参数设定为"1"，表示要查询 STOP/RUN 的状态。 STOP/RUN 的状态查询的结果返回到 RET_VAL（"returnValue"）参数中。

• 输出参数 RET_VAL（"returnValue"）是判断 CPU 的 LED 指示灯的工作状态。本例中显示"2"，通过查看表 12-2-7 中的 RET_VAL 参数可知，值"2"表示 CPU 工作在 RUN 状态（绿色常亮，CPU 面板上 STOP/RUN 指示灯 LED 的颜色含义参考 12.1 节的知识）。

c. 在线程序下载并可通过 LED 指令查看 CPU 的 LED 指示灯的工作状态。

（2）DeviceStates 指令及应用

① DeviceStates 指令功能。使用 "DeviceStates" 指令用于查询 PROFINET I/O 系统中所有 I/O 设备的状态信息，或 DP 主站系统中所有 DP 从站的状态信息。可在循环 OB 以及中断 OB（例如 OB82 诊断中断）中调用此指令。

② DeviceStates 指令格式及相关参数。如图 12-2-39 所示是 DeviceStates 指令格式，指令中的参数见表 12-2-8，RET_VAL 参数的说明见表 12-2-9。

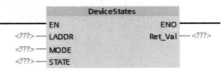

图 12-2-39　DeviceStates 指令格式

表12-2-8　DeviceStates指令参数

参数	声明	数据类型	存储区	说明
LADDR	Input	HW_IOSYSTEM	I、Q、M、L 或常量	PROFINET I/O 或 DP 主站系统的硬件标识符（请参见以下说明）
MODE	Input	UInt	I、Q、M、D、L 或常量	选择要读取的状态信息（请参见以下说明）
RET_VAL	Return	Int	I、Q、M、D、L	指令的状态（请参见以下说明）
STATE	InOut	Variant	I、Q、M、D、L	I/O 设备或 DP 从站的状态缓冲区（请参见以下说明）

表12-2-9　RET_VAL参数说明

错误代码 *（W#16#…）	说明
0	无错误
8091	LADDR 参数的硬件标识符不存在，请检查（例如在系统常量中）项目中是否有 LADDR 值
8092	LADDR 不会寻址 PROFINET I/O 或 DP 主站系统
8093	STATE 参数中的数据类型无效
80B1	CPU 不支持 "DeviceStates" 指令
80B2	LADDR 参数中指定的 I/O 系统所用的 CPU 不支持所选的 MODE 参数
8452	完整的状态信息，不适用于 STATE 参数中组态的变量 注：检查 STATE 中所组态变量的字段长度时，可调用 CountOfElements 指令，将数据类型 Variant 指向 Array of Bool 时，该指令将计数填充的元素个数；例如，使用 Array[0…120]of Bool 时，字段长度为 128，因此，当设置的字段元素个数加上 CPU 创建的填充元素个数小于值 1024 或 128 时，DeviceStates 将仅返回错误代码 W#16#8452

a.LADDR 参数说明。LADDR 参数需设定为用于选择 PROFINET I/O 系统或 DP 主站系统网络的硬件标识符。硬件标识符可通过位于 PROFINET I/O 或 DP 主站系统属性的网络视图中查看，如图 12-2-40 所示的 I/O 系统网络的硬件标识符为 "260"，或在 PLC 变量表中 "系统常量" 选项下的数据类型为 HW_IOSYSTEM 的所列硬件标识符。

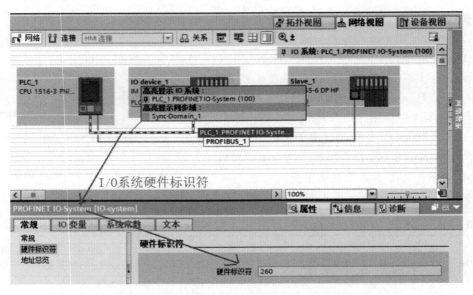

图 12-2-40　设定 I/O 系统网络的硬件标识符

b.MODE 参数说明。通过对 MODE 参数设定的不同数值（数值为 1、2、3、4、5）来表示要查询的设备状态信息。数值 1 表示读取已组态 I/O 设备 /DP 从站；数值 2 表示读取有故障 I/O 设备 /DP 从站；数值 3 表示读取已禁用 I/O 设备 /DP 从站；数值 4 表示读取存在的 I/O 设备 /DP 从站；数值 5 表示读取出现问题的 I/O 设备 /DP 从站。

c.STATE 参数说明。通过 STATE 参数输出由 MODE 参数选择的 I/O 设备 /DP 从站的状态。例如，将 MODE 参数设置为 2，待读取有故障的设备状态将在 STATE 参数中相关的设置位来表示，如位 0、位 1、位 2、…、位 N 等位数。其中，位 0 表示组显示。如果位 0=1，表示至少有一个 I/O 设备 /DP 从站有发生故障的设备，位 0=0 表示没有设备发生故障。其余的位号表示系统中的相关设备编号，如位 1 表示设备编号 1，位 2 表示设备编号 2，位 N 表示设备编号 N。设备编号是在添加硬件组态时自动生成的设备编号。例如，在 PROFINET I/O 系统中，读取的模块信息在 STATE 参数中设置的相关位表示如下：

位 0=1：至少有一个 I/O 设备发生了故障。

位 1=0：设备编号为 1 的 I/O 设备未发生故障。

位 2=1：设备编号为 2 的 I/O 设备发生了故障。

位 3=0：设备编号为 3 的 I/O 设备未发生故障。

位 4=0：设备编号为 4 的 I/O 设备未发生故障。

位 N=0：不相关。

对于 STATE 参数，使用 "Bool" 或 "Array of Bool" 作为变量的数据类型。如果仅输出状态信息的组显示位，可在 STATE 参数中使用 "Bool" 数据类型。如果要输出所有 I/O 设备 /DP 从站的状态信息，要使用 "Array of Bool" 数据类型。对于 PROFINET I/O 系统，使用 "Array of Bool" 数据类型需要 1024 位，而对于 DP 主站系统需要 128 位。

③ 指令的应用。读取图 12-2-35 所示的 PROFINET I/O 系统中是否存在有故障的 I/O 设备。

a. 创建全局变量。在 PLC_1 站 CPU 中创建全局数据块并定义一个 " "数据块_1 ".PN_DEVICE_STATE" 结构（数据类型为 Array of Bool），用于存储数据。全局数据块变量见图 12-2-41。

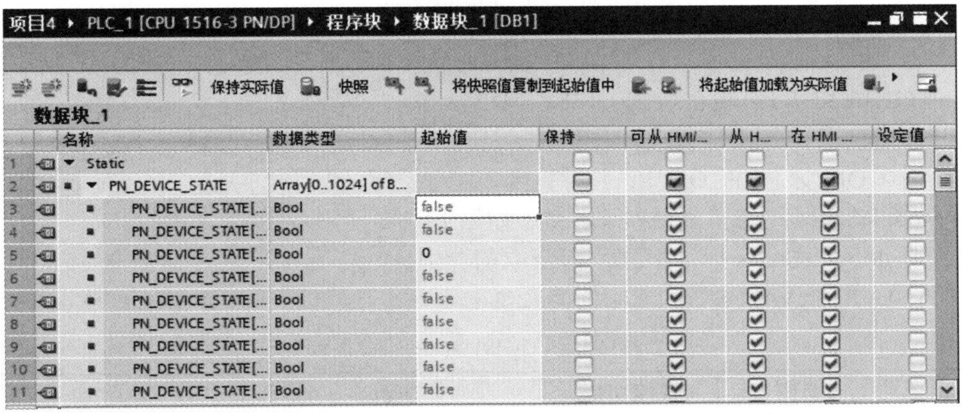

图 12-2-41　创建全局数据块变量

b. 编写诊断指令程序。在循环 OB 中调用此指令，编写程序如图 12-2-42 所示。将在 I/O 系统中查询是否存在有故障的 I/O 设备。

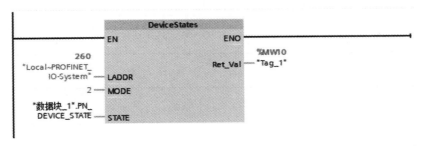

图 12-2-42　调用诊断指令

c. 在线下载并查看 I/O 设备的状态信息，诊断信息可在全局变量 " " 数据块 _1 " ".PN_DEVICE_STATE" 中查看诊断结果，如图 12-2-43 所示，不存在有故障的设备。

图 12-2-43　全局变量中显示诊断结果

（3）ModuleStates 指令

① "ModuleStates" 指令功能。"ModuleStates" 指令是读取指定模块的模块状态信息，可用来读取 PROFINET I/O 设备或 PROFIBUS DP 从站的模块状态信息。

可在循环 OB 以及中断 OB 中调用此指令。

② ModuleStates 指令格式及相关参数。如图 12-2-44 所示是 ModuleStates 指令格式，指令中的参数见表 12-2-10，RET_VAL 参数的说明见表 12-2-11。

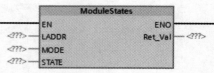

图 12-2-44　ModuleStates 指令格式

表12-2-10　ModuleStates指令参数

参数	声明	数据类型	存储区	说明
LADDR	Input	HW_DEVICE	I、Q、M、D、L 或常量	站的硬件标识符（请参见以下说明）
MODE	Input	UInt	I、Q、M、D、L 或常量	选择要读取的模块状态信息（请参见以下说明）
RET_VAL	Return	Int	I、Q、M、D、L	指令的状态，见表 12-2-11
STATE	InOut	Variant	I、Q、M、D、L	模块状态缓冲区（请参见以下说明）

表12-2-11　RET_VAL参数的说明

错误代码 *（ W#16#… ）	说明
0	无错误
8091	LADDR 参数的硬件标识符不存在，请检查（例如，在系统常量中）项目中是否有 LADDR 值
8092	LADDR 不会寻址 I/O 设备或 DP 从站
8093	STATE 参数中的数据类型无效
80B1	CPU 不支持 "ModuleStates" 指令
80B2	LADDR 参数中 I/O 设备 /DP 从站所用的 CPU 不支持所选的 MODE 参数
8452	完整的状态信息，不适用于 STATE 参数中组态的变量。 注：检查 STATE 中所组态变量的字段长度时，可调用 CountOfElements 指令。将数据类型 Variant 指向 Array of Bool 时，该指令将计数填充的元素个数；例如，使用 Array[0…120]of Bool 时，字段长度为 128，因此，当设置的字段元素个数加上 CPU 创建的填充元素个数小于值 128 时，ModuleStates 将仅返回错误代码 W#16#8452

a.LADDR 参数。使用 LADDR 参数通过站硬件标识符选择 I/O 设备或 DP 从站。硬件标识符可通过 I/O 设备站或 DP 从站属性的网络视图属性中查看，如图 12-2-45 所示，或者在 PLC 变量表中的 "系统常量" 选项中的数据类型为 HW_DEVICE（对于 I/O 设备）或 HW_DPSLAVE（对于 DP 从站）的所列的硬件标识符。此指令与 DeviceStates 指令的 LADDR 参数设定区别是：DeviceStates 指令的 LADDR 参数设定是系统网络的硬件标识符，可以查看这个网络系统下的所有设备，而 ModuleStates 指令参数的设定是分布式 I/O 站或 DP 从站的硬件标识符。

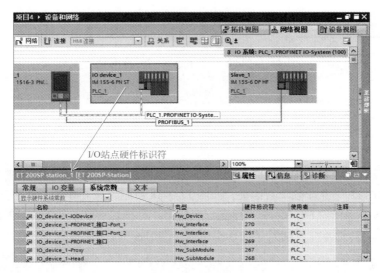

图 12-2-45　分布式 I/O 站硬件标识符

b.MODE 参数。通过对 MODE 参数设定的不同数值（数值为 1、2、3、4、5）来表示要查询的设备状态信息。数值 1 表示读取已组态的模块；数值 2 表示读取有故障模块；数值 3 表示读取已禁用的模块；数值 4 表示读取存在的模块；数值 5 表示读取模块中存在的故障，例如维护要求或建议、不可访问、不可用、出现错误等。

c.STATE 参数。STATE 参数输出使用 MODE 参数选择的模块状态。与 DeviceStates 指令中的 STATE 参数基本类同，区别在于，如果设定 MODE 参数为 2，则表示查询站点上存在有故障的模块，如果位 0=1，表示组显示，站点上至少有一个模块有故障，若某位 N=1，则表示第 N-1 号插槽中的模块有故障（例如，位 4 对应插槽 3，即 3 号插槽模块有故障）。如果使用"Array of Bool"作为数据类型，需要 128 位。

③ 指令的应用。读取图 12-2-45 所示的 PROFINET I/O 设备的模块是否存在。

a. 创建全局变量。在 PLC_1 站 CPU 中创建全局数据块并定义一个 " "数据块_1 " ".PN_DEVICE_STATE" 结构（数据类型为 Array of Bool），用于存储数据。全局数据块如图 12-2-46 所示。

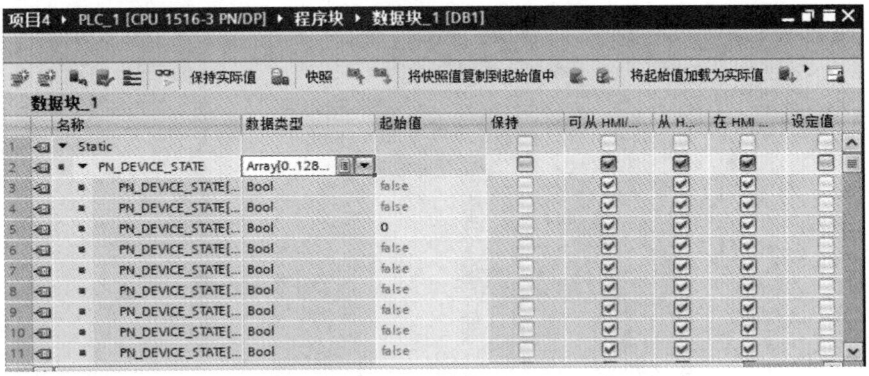

图 12-2-46　创建全局数据块变量

b. 编写诊断指令程序。在循环 OB 中调用此指令，编写程序如图 12-2-47 所示，将在 I/O 系统中查询是否存在有故障的 I/O 设备。

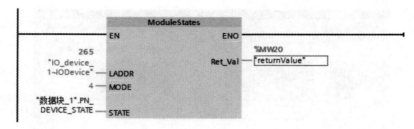

图 12-2-47　诊断指令程序

c. 在线下载并查看 I/O 设备的模块状态信息，诊断信息可在全局变量 "" 数据块 _1 "".PN_DEVICE_STATE" 中查看诊断结果，如图 12-2-48 所示，位 0=1 表示组显示有模块存在，随后位 1 ～位 5 都等于 "1"，则表示插槽 0 ～插槽 4 有模块存在。可与图 12-2-49 设备视图对比，结果一致，共有 5 个模块分别插在插槽 0 ～插槽 4 中。

	名称	数据类型	起始值	监视值	保持	可从 HMI/...	从 ...
1	▼ Static						
2	■ ▼ PN_DEVICE_STATE	Array[0..128] of...			□	☑	☑
3	■ PN_DEVICE_STATE[0]	Bool	false	TRUE	□	☑	☑
4	■ PN_DEVICE_STATE[1]	Bool	false	TRUE	□	☑	☑
5	■ PN_DEVICE_STATE[2]	Bool	0	TRUE	□	☑	☑
6	■ PN_DEVICE_STATE[3]	Bool	false	TRUE	□	☑	☑
7	■ PN_DEVICE_STATE[4]	Bool	false	TRUE	□	☑	☑
8	■ PN_DEVICE_STATE[5]	Bool	false	TRUE	□	☑	☑
9	■ PN_DEVICE_STATE[6]	Bool	false	FALSE	□	☑	☑
10	■ PN_DEVICE_STATE[7]	Bool	false	FALSE	□	☑	☑
11	■ PN_DEVICE_STATE[8]	Bool	false	FALSE	□	☑	☑
12	■ PN_DEVICE_STATE[9]	Bool	false	FALSE	□	☑	☑

图 12-2-48　全局变量中显示诊断结果

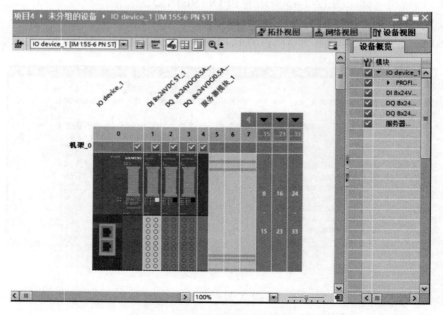

图 12-2-49　设备视图中的组态硬件

第 13 章

TIA 博途软件的库功能

13.1 库的概述

TIA 博途提供了强大的库功能，库可以将需要重复使用的对象存储在库中，以便需要时调用。熟练使用 TIA 博途软件的库功能，可以使项目开发事半功倍，提高工程效率。

用户可将需要反复重用的对象存储在库中，该对象既可以是一个 DB 块、程序块、PLC 数据类型、用户自定义的数据类型，也可以是一个分布式 I/O 站或一完整 PLC 项目系统，甚至可以是一个面板、HMI 的一幅画面等，几乎所有的对象都可以成为库元素。

每个项目都对应连接一个库，打开 TIA 博途软件，在软件窗口的最右边工具栏中，选中点击"库"任务卡，弹出库的窗口，如图 13-1-1 所示，从图中可以看出每个项目的库都包括项目库和全局库两部分，各部分作用功能见表 13-1-1。

图 13-1-1

图 13-1-1　库窗口

表13-1-1　库的组成及说明

图 13-1-1 中标号	名称	说明
①	库视图窗口	可以使用"库视图"按钮切换到库视图中。该操作将隐藏"库"任务卡和项目树
②	项目库窗口	在"项目库"窗格中，可存储将在项目中多次使用的库元素
③	全局库窗口	在"全局库"窗格中，可管理全局库，其库元素将在多个项目中重复使用。"全局库"窗格还列出了所购产品随附的库，例如，这些库提供现成的函数和函数块。这些自带的全局库无法编辑
④	元素	元素视图显示所选库的元素。元素视图中有以下三种视图模式 详细视图：在详细模式中，将以表格形式显示文件夹、模板副本和类型的属性 列表：在列表模式中，将列出文件夹中的内容 概述：在总览模式中，将以较大符号显示文件夹中的内容
⑤	信息	"信息"选项板显示所选库元素的内容。如果在元素视图中选择一种类型，则将在"信息"选项板中显示该类型的版本
⑥	类型文件夹	在"类型"目录中，可对项目中将用作实例的库元素类型和类型版本进行管理
⑦	主模板文件夹	在"主模板"目录中，可对项目中将用作副本的库元素的模板副本进行管理

　　每个创建项目都连接一个项目库和全局库。在项目库中可以存储想要在项目中多次使用的对象元素，项目库是随项目打开、保存和关闭的。在全局库中还可创建任意数量的全局库，可在多个项目中或其他计算机上使用这些全局库。由于各库之间相互兼容，因此可以将一个库中的库元素复制和移动到另一个库中。例如，使用库创建一个程序 FB 块模板时，首先将该 FB 块拖拽粘贴到项目库中，然后在项目库中进行进一步开发。最后，将这些块从项目库复

制到全局库中。这样，在项目中的其他同事也可以使用该全局库。其他同事继续使用这些块，也可以根据自己个人需求来修改这些块。

项目库和全局库中都包含"主模板"和"类型"两种不同的对象。

（1）主模板

基本上所有对象都可保存为主模板，保存之后可在项目中多次使用该主模板。例如，可以保存整个设备及其内容，或者将设备文档的封页保存为主模板。主模板是对象的一个拷贝的标准副本，所以主模板不能进行二次开发，也没有版本号。

（2）类型

运行用户程序所需的对象（例如块、PLC 数据类型、画面或画面模板）可作为类型。类型可进行版本管理，因而支持后期需要的进一步开发。当类型发布新版本时，使用这些类型的项目将立即更新。

13.2　项目库的应用

13.2.1　项目库类型的应用

可以在项目库中为各种元素创建可在项目中重复使用的类型。例如，可以将以下元素创建为类型：函数 / 函数块、PLC 数据类型 (UDT)、面板、HMI、用户数据类型、画面和类型等。如果将元素作为类型添加到项目库中，并且此元素与其他元素相关，则系统也会将相关的元素作为类型进行自动创建。将一个类型添加到项目库中之后，该类型将与项目中添加的元素对象关联。因此，项目中的元素对象为该类型的实例。

要将现有元素作为类型添加到项目库，可按以下步骤操作：

① 在打开现有项目的 TIA 博途软件中，在最右侧的"库"任务卡中打开项目库。

② 将一个或多个元素拖放到"类型"文件夹中。或者将项目树中的元素对象复制到剪贴板，再将这些元素添加到指定的项目库文件夹中。

③ 通过自动编译"生成类型"对话框随即打开，在对话框中输入新类型的属性，如"类型的名称""版本号""用户姓名""注释"等，单击"确定"完成，将生成已发布版本的新类型。此版本将与已添加的元素（实例）进行关联。

实例 13-1 项目库类型的添加、使用和类型更新

【操作步骤】

① 打开"项目库"。在 TIA 博途软件中最右侧的"库"任务卡中打开项目库，如图 13-2-1 所示。

② 添加项目库新类型。在已经创建项目站点 PLC_1 的项目树下，找到程序块"星三角［FB1］"，可以使用鼠标将项目树下的程序块"星三角 [FB1]"直接拖放至右侧的库工具栏→项目库→类型文件夹目录下，此时会弹出一个对话窗口，如图 13-2-2 所示（也可以通过复制粘贴到类型文件中）。在此窗口中，可以定义该类型的名称、版本号，并为其添加注释，点"确定"按钮后，就可以看到该块已被成功添加到项目库的类型中，如图 13-2-3 所示的项目库。

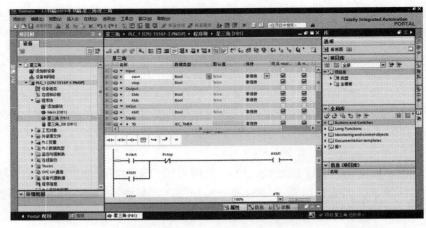

图 13-2-1　打开项目库

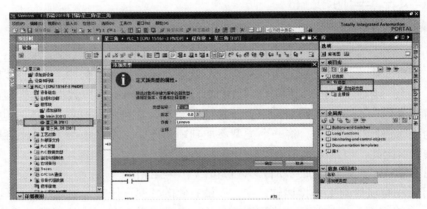

图 13-2-2　添加定义新类型

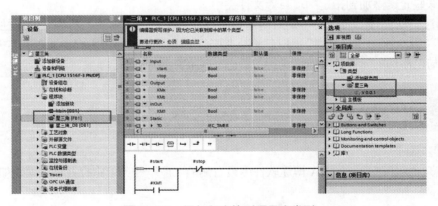

图 13-2-3　添加程序块到项目库类型

在图 13-2-3 中的项目树下，可以看到"星三角 [FB1]"右上角有一个黑色的小三角符号 星三角 [FB1]，代表该程序块是库中的一个类型，会随库中类型的更新而更新。

③ 其他项目中调用该程序块。如果在项目树下的 PLC_2 中调用该程序块，可以直接将 "项目库→类型→星三角"拖放至该站点程序块项目下使用，这样在 PLC_2 下生成该程序块，在程序块的右上角也带有黑色的小三角符号。

④ 修改"星三角"程序块。如果程序块需要修改，则需要对该类型进行更新，然后必须

通过"版本发行"同步到所有调用该类型的地方。

　　打开需要修改的程序块会发现顶部有黄色醒目的提示，提醒该程序块已不能在当前界面中进行编辑和修改。如果需要更改，则必须选择"编辑类型"对项目库中的类型进行再编辑。

　　例如，打开 FB1 块时，会在图 13-2-3 中程序编辑器顶部有黄色醒目的提示，提示编辑器受写保护，因为它已关联到库中的某个类型，要进行更改，必须"编辑类型"。也就是说该程序块已不能在当前程序界面中进行编辑和修改了。如果需要更改，则必须单击蓝色字体的"编辑类型"对项目库中的类型进行再编辑，也可以在左侧的项目树下选中该程序块，右键选择"编辑类型"对该类型进行编辑。

　　点击打开"编辑类型"弹出如图 13-2-4 所示界面，打开编辑页面，对原程序进行修改，修改完成之后，点击该块顶部的黄色提示"发行版本"，TIA 博途软件会自动编译，如果程序块编译无错误，弹出的窗口如图 13-2-5 所示。在该窗口中可定义新的版本号，以及修改或添加注释。勾选"更新项目中的实例"选项并点击"确定"按钮后，所有调用该类型的地方将会同步更新。

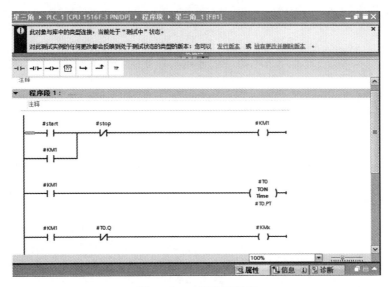

图 13-2-4　修改原程序

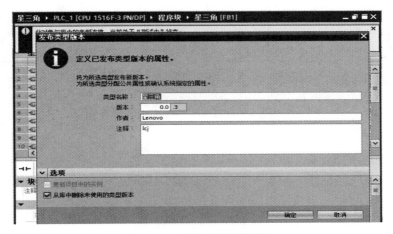

图 13-2-5　定义发布类型版本

更改之后，需要对所有调用了该类型的 CPU 进行编译，以检查更新后的程序是否匹配。如果在 CPU 中的函数块不需要随库中的类型自动更新，可以在该 CPU 项目树下选中该程序块，点击右键选择"终止到类型的连接"，弹出如图 13-2-6 所示的窗口，点击"是"之后该程序块右上角的黑色小三角符号消失，表示该程序块已变为普通块，与库中的类型再无关联。

图 13-2-6　终止到类型的连接

⑤ 至此，任务完成。其他项目中类型的使用与该实例操作方法的基本类似，故此处不再阐述。

13.2.2　项目库主模板的应用

主模板既可以位于项目库中，也可以位于全局库中。项目库中的主模板只能在项目中使用。在全局库中创建主模板时，主模板可用于不同的项目中。主模板除了程序块之外，硬件等对象也可以添加到主模板，所以主模板的对象范围更广，可以在库中创建为主模板的对象，元素有带有设备组态的设备、变量表或各个变量、指令配置文件、监控表、文档设置元素（如封面和框架）、块和包含多个块的组、PLC 数据类型 (UDT) 和包含多个 PLC 数据类型的组、文本列表、报警类别和工艺对象等。在许多情况下，作为主模板添加的对象都包含一些其他元素。例如，一个 CPU 可以包含多个块。如果所包含的元素使用某种类型版本，则将在库中自动创建该类型所使用的版本。之后可以将此处包含的元素用作一个实例并与该类型进行关联。

实例 13-2 将一个分布式 I/O 站添加到项目库主模板中

要在多个项目中使用具有相同硬件及参数设置的一个分布式 I/O 站点，可以将该站添加到主模板，这样其他项目或 PLC 可以直接使用该分布式 I/O 主模板，无须重新配置。

【操作步骤】

① 打开"项目库"。

② 添加项目库主模板。

在打开的项目网络视图中，选中分布式 I/O 站，通过复制粘贴到项目库下主模板中，如图 13-2-7 所示。也可以通过鼠标选中该分布式 I/O 站，并将其拖放到项目库主模板下，即可完成一个元素的添加任务。

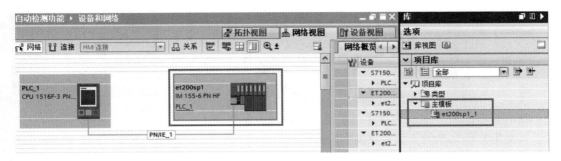

图 13-2-7　添加项目库主模板

③ 在其他项目中使用分布式 I/O 站。

a. 找到主模板中添加的分布式 I/O 站。

b. 打开创建项目的网络视图。

c. 将主模板下 I/O 站直接拖放到网络视图相应位置。

d. 将网络连接到其控制器即可。

④ 至此，任务完成。对于其他的对象的添加与此基本类似，不再赘述。

13.3　全局库的应用

全局库中的库文件可以单独保存，如果要在不同的项目中或其他计算机中使用相同的库元素，通过调用全局库中的库文件就可以。

实例 13-3 创建全局库并添加类型和主模板

【操作步骤】

使用全局库首先要创建新全局库，可按以下步骤进行创建操作。

① 打开工具栏中的"库"。

② 单击"全局库"选项板中工具栏上的"创建新全局库图标 📁"，或在选择"选项"菜单中，选择"全局库→创建新库"命令，将打开"创建新全局库"对话框窗口，如图 13-3-1 所示。在窗口中指定新全局库的名称和存储位置等信息。

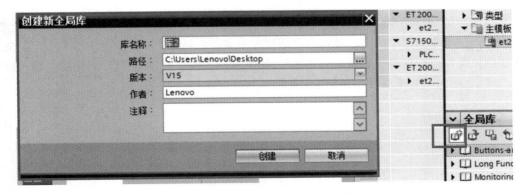

图 13-3-1　"创建新全局库"对话框

③ 单击图 13-3-1 中 "创建" 按钮，将生成新的全局库并将其粘贴到 "全局库" 选项板中，如图 13-3-2 所示。在文件系统中该全局库的存储位置处创建了具有该全局库名称的文件夹，实际库文件的文件扩展名为 ".al15"。

④ 在全局库中添加类型和主模板。

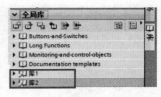

图 13-3-2　创建新全局库

新的全局库添加完成后有 3 个子目录，分别为类型、主模板和公共数据。全局库的类型与主模板用法与项目库基本相同。全局库中类型的版本更新信息会以日志的形式存储在公共数据下。

💡 提示

也可以把项目中的对象直接通过拖放的方式添加到全局库的主模板中，但是不能以同样的方式添加到全局库的类型中；项目库中的类型，可通过拖放的方式添加到全局库的类型中。

例如把项目库中的类型和主模板添加到全局库 2 中，如图 13-3-3 所示。

---

⑤ 保存库文件。添加完全局库文件之后，在库文件上右键单击，在弹出的菜单中选择 "保存库"，即可将全局库保存。

⑥ 其他用户使用全局库文件。其他用户使用全局库文件时，先将全局库保存为副本。

可通过两种方式进行保存。一种方式是在库名称上点击右键，选择 "将库另存为…"，之后选择存储路径，以这种方式保存的库文件可以在其他安装了 TIA 博途的计算机上通过全局库下的 "打开全局库按钮" 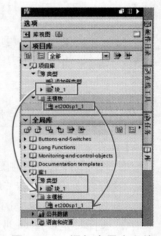 直接打开；如果要将全局库备份在外部硬盘驱动器上或通过电子邮件进行发送，则可以使用归档功能缩小该库所占用的存储空间，具体方式是在库名称上点击右键，选择 "归档库"，之后选择存储路径，将库文件保存为一个后缀为 ".zal15" 的压缩文件。需要加载时，鼠标在全局库空白区域点右键，之后在弹出的菜单中选择 "恢复库"，并选中该压缩文件之后，即可实现对该库文件的恢复。

图 13-3-3　添加全局库文件

其他用户得到全局库的副本之后，既可以在自己的项目中打开全局库使用全局库元素，也可以使用这个全局库中的类型更新自己项目库中或者全局库中的其他旧版本类型。在全局库下找到该库，点击右键 "更新" → "库"，如果选择 "项目"，则更新项目中的类型。如果选择 "库"，则可以更新项目库或者其他全局库中的类型。

第 14 章
世界技能大赛工业控制项目案例分析

14.1 世界技能大赛工业控制项目简介

世界技能大赛是最高层级的世界性职业技能赛事，被誉为"世界技能奥林匹克"，其竞技水平代表了世界各国家各领域青年职业技能发展的水平。一个国家在世界技能大赛中的成绩，在一定程度上可以反映这个国家职业技能的发展水平。

（1）项目结构描述

目前，世界技能大赛工业控制项目采用德国西门子公司的产品设备，要求在规定时间内完成指定的工业控制自动化设备安装与功能调试任务，主要涉及的内容有：电气设备元件、传感器元件、变频装置、PLC 和触摸屏等设备安装与测试；配置自动化控制核心硬件并编制相应的控制程序和 HMI 画面制作；电气控制电路原理图设计和功能改进；电气装置故障检测与定位。

选手要在规定时间内需完成以下三大模块的工作任务，具体任务要求介绍如下。

① 模块 1 考核。

第一模块又分为主项目操作和控制与调试两个方面。

任务 1 主项目操作：主要完成包括配电箱制作、电气设备安装、工业控制对象安装、电气连线和安全测试等操作内容。

任务 2 控制与调试：主要完成控制核心硬件配置及控制程序编制，用于检测和调试 PLC、HMI、VSD 及工业控制对象的功能。

② 模块 2 考核。

任务：完成电气控制电路原理图设计或功能改进。要求根据给定条件，按照电气制图规范，使用 Fluidsim-P V3.6 软件设计或改进继电器逻辑控制的电路图。要求使用符号准确，功能符合要求，并考虑设计的经济性和合理性。

③ 模块 3 考核。

任务：完成电气装置故障检测与定位。根据大赛提供的准确资料，利用万用表、试电笔等基本工具仪表，对给定的继电器控制电路进行测试和逻辑故障诊断，要求判定出电路中的故障，并进行定位，分辨出故障的类别。

（2）项目配分标准（见表 14-1-1）

表14-1-1 项目配分标准

部分	标准	分值		
		主观	客观	总分
A	电路设计和改进	0	10	10
B	故障检测	0	10	10
C	测量	0	15	15
D	墙面和面板的安装	0	30	30
E	测试，试运行和安全	0	5	5
F	硬件功能（手动操作/线路和总线系统的功能）	0	10	10
G	软件功能（自动操作）	0	20	20
总分		0	100	100

在本项目中，以第 43 届世界技能大赛工业控制项目样题为例，完成工业现场中三种液体混合控制系统的安装、编程与调试。

说明：为了便于考核，工业现场采用模拟电气实训装置，做出模拟解决方案，完成电气设备元器件安装及其程序设计与调试，如图 14-1-1 所示的项目安装完成参考图。

图 14-1-1 项目安装完成参考图

【项目描述】

某液体混合装置，由 HMI 完成画面监控，通过自动与手动完成控制。

具体控制要求是：

① 主控箱的控制要求。按下主控制箱按钮 S2，安全继电器 A9 动作。按下急停按钮 S1，所有动作停止，P1 红色指示灯亮，复位 S1，P1 灭。按下 S2，安全继电器 A9 再次动作。

通过主控制箱的开关 S3 切换手动和自动运行方式，当 S3 不动作时，手动运行方式指示灯 P3 亮黄光。当 S3 动作时，自动运行方式指示灯 P2 以 1Hz 频率闪烁绿光。

罐 1 的低液位限位开关 S12 动作时，其指示灯 P11 亮黄光，S12 不动作时，P11 灭。罐 2

的低液位限位开关 S14 动作时，其指示灯 P13 亮黄光，S14 不动作时，P13 灭。罐 3 的低液位限位开关 S16 动作时，其指示灯 P15 亮黄光，S16 不动作时，P15 灭。

电位器 R1 控制电动机 MA1 的速度在 0 ~ 100% 的范围内变化，测量类型为电压，测量范围为 +/-10V。电位器 R2 控制罐 4 的移动小车的实际位置在 0 ~ 720 之间变化，测量类型为电压，测量范围为 +/-10V。其中小车的实际位置要求显示在触摸屏（HMI）上。

② 手动控制。点击触摸屏上罐 1 下的 OPEN 按钮或者接通现场设备 S11，指示灯 P12 亮，点击触摸屏上罐 1 下的 CLOSE 按钮或者关闭现场设备 S11，指示灯 P12 灭。

点击触摸屏上罐 2 下的 OPEN 按钮或者接通现场设备 S13，指示灯 P14 亮，点击触摸屏上罐 2 下的 CLOSE 按钮或者关闭现场设备 S13，指示灯 P14 灭。

点击触摸屏上罐 3 下的 OPEN 按钮或者接通现场设备 S15，指示灯 P16 亮，点击触摸屏上罐 3 下的 CLOSE 按钮或者关闭现场设备 S15，指示灯 P16 灭。

在 A3：DI-BIT_0（变频器准备信号为 1）、A3：DI-BIT_1（安全继电器 A9 正常运行信号为 1）、电动机 MA2 未启动的情况下，点击触摸屏上 MA1 正转（CW）或反转（CCW）按钮，接触器 Q5 闭合，电动机 MA1 运行，触摸屏上 MA1 电动机变为绿色，MA1 的速度由电位器 R1 来设定。当限位开关 S21 动作或限位开关 S24 动作或点击触摸屏 MA1 OFF 按钮时，接触器 Q5 复位，电动机 MA1 停止运行。

在 A3：DI-BIT_0（变频器准备信号为 1）、A3：DI-BIT_1（安全继电器 A9 正常运行信号为 1）、电动机 MA1 未启动的情况下，点击触摸屏上 MA2 正转（CW）或反转（CCW）按钮，接触器 Q6 闭合，电动机 MA2 运行，触摸屏上 MA2 电动机变为绿色。当限位开关 S21 动作或限位开关 S24 动作或点击触摸屏 MA2 OFF 按钮时，接触器 Q6 复位，电动机 MA2 停止运行。当 MA2 运行时，指示灯 P20 亮白光，当 MA2 停止运行时，延时 2s 后，P20 灭。当 MA2 运行时，触摸屏上指示小车运行方向的箭头分别对应 MA2 的正反转显示绿色，MA2 的运行速度由触摸屏输入输出域（Setpoint in%）设定。

当 MA1 和 MA2 都不运行时，限位开关 S21 动作或限位开关 S23 动作时，打开位置开关 S18，罐 4 放液阀打开，P17 亮白光，当关闭 S18，打开位置开关 S17 时，P17 灭。

③ 自动控制。在 A3：DI-BIT_0（变频器准备信号为 1）、A3：DI-BIT_1（安全继电器 A9 正常运行信号为 1）、运料小车在初始位置（S21 动作）的情况下，点击触摸屏上 Automatic_start 按钮，启动自动程序，P2、P20 亮 、Q6 吸合、电动机 MA2 正转运行，触摸屏上 MA2_is_ON 置位 1，Ladle_car_move_CW 置位 1。

调整电位器 R2，当小车的实际位置 Car_position_REAL ≥ 444 时，触摸屏上 MA2_is_ON 置位 0，Ladle_car_move_CW 置位 0。

延时 3s 后 P20 灭，Q6 复位，电动机 MA2 停止，P12 亮，罐 1 开始放液。

延时 5s 后，Q5 吸合，电动机 MA1 运行，触摸屏上 MA1_is_ON 置位 1，P12 灭，罐 1 停止放液，P14 亮，罐 2 开始放液，MA1 的运行速度由 R1 设定。

延时 5s 后，P14 灭，罐 2 停止放液，P16 亮，罐 3 开始放液。

延时 5s 后，P16 灭，罐 3 停止放液。

延时 5s 后，触摸屏上 MA1_is_ON 置位 0。

延时 3s 后，Q5 复位，电动机 MA1 停止，Q6 吸合，电动机 MA2 运行。

延时 1s 后，MA2_is_ON 置 1，Ladle_car_move_CCW 置位 1，电动机 MA2 以 30% 运行速度反转。

调整电位器 R2，当小车实际位置 Car_position_REAL ≤ 333 时，MA2_is_ON 置 0，

Ladle_car_move_CCW 置位 0。

延时 3s 后，P17 亮，罐 4 开始放液。

当 S20 动作时，放液结束，P17 灭，罐 4 停止放液，MA2_is_ON 置 1，Ladle_car_move_CCW 置位 1，电动机 MA2 以 100% 运行速度反转。

当小车实际位置 Car_position_REAL=0 时，MA2_is_ON 置 0，Ladle_car_move_CCW 置位 0。

延时 3s 后，Q6 复位，电动机 MA2 停止。

自动运行过程中，当点击触摸屏上 Automatic_stop 按钮、变频器报警、安全继电器复位或 S21 复位时，所有动作停止，回到初始状态。

14.2　设备安装与接线

【任务要求】

本任务根据给定的图纸完成设备安装与接线。安装项目主要包括配电箱制作、电气设备安装、工业控制对象安装、电气连线和安全测试等操作内容。

【操作步骤】

（1）识读安装位置图

如图 14-2-1 所示是项目设备元器件的安装位置图。安装时关键找准参考基准线，图中在最上方和中间分别有两条基准线，在测量安装时要以两条基准线为准，在图中所有的尺寸均按毫米（mm）计算。图中所有的设备编号注解如表 14-2-1 所示。

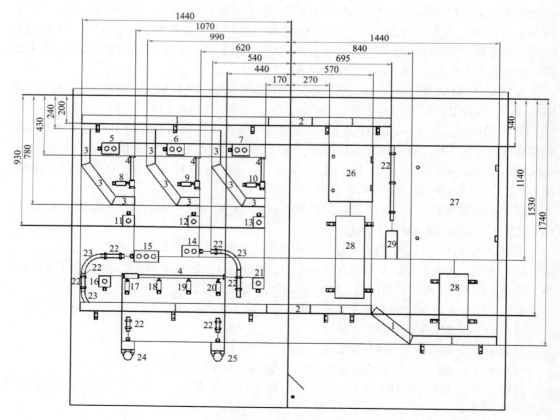

图 14-2-1　安装位置图

表14-2-1　安装位置图设备编号注解

设备编号	设备名称	设备编号	设备名称
1	金属电缆桥架（100mm×60mm）	16	单孔按钮盒（P20）
2	90° 弯曲的金属电缆桥架	17	限位开关（S21）
3	电缆线槽（60mm×60mm）	18	限位开关（S22）
4	金属管（20mm）	19	限位开关（S23）
5	双孔按钮盒（S11,P11）	20	限位开关（S24）
6	双孔按钮盒（S13,P13）	21	单孔按钮盒（R2）
7	双孔按钮盒（S15,P15）	22	塑料管（25mm）
8	限位开关（S12）	23	90° 塑料管（25mm）
9	限位开关（S14）	24	航空插座（-X6）
10	限位开关（S16）	25	航空插座（-X7）
11	单孔按钮盒（P12）	26	控制箱 2（400mm×300mm）
12	单孔按钮盒（P14）	27	控制箱 1（800mm×600mm）
13	单孔按钮盒（P16）	28	金属垂直梯
14	双孔按钮盒（S17,S18,P17）	29	保护接地端子（-X8）
15	三孔按钮盒（S19,S20,P18,P19）		

图中安装测量标准中的公差要求如下：

① 任何 0 ～ 500mm 范围内的测量，其公差范围为 ±1mm。

② 任何大于 500mm 的测量，其公差范围为 ±3mm。

③ 所有元件使用水平尺测量水平和垂直，水平尺气泡不超过刻度线即为合格。

（2）电气设备安装与配线

本项目中自动控制系统采用主站集中与现场分布 I/O 控制系统 PROFINET 网络配置结构，规划方案要求为主站集中控制由控制箱 1 控制，现场分布式 I/O 站由控制箱 2 控制，如图 14-2-1 所示。

① 控制箱 1 的制作与配线。控制箱 1 是完成本项目的自动化控制功能的核心主站，在控制箱中主要由 HMI 触摸屏、S7-1500 PLC 主站设备、交换机、变频器及强电控制回路等组成。

a. 识读元器件位置布局图。根据图 14-2-2 所示为控制箱 1 的元器件位置布局图，图中标注了控制箱金属加工的尺寸、控制箱中元器件的位置布局。在控制箱的下侧均标有 W1 ～ W5 和 W24 的标号，该标号对应接线图纸中电缆需要穿过的位置。控制箱 1 位置布局图中的元件编号详见表 14-2-2。

b. 元器件准备与检查。主站控制箱 1 中所需要的主要元器件见表 14-2-2。在准备过程中主要对元器件的型号、参数和数量进行选择。按图配齐所有元器件，并进行质量检验。元器件应完好无损，型号符合规定要求，否则将予以更换。

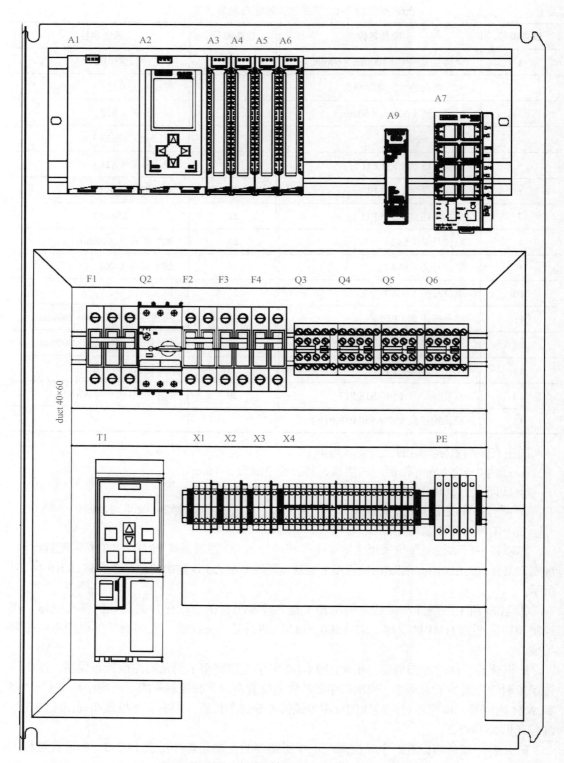

(a) 控制箱中配电板元器件位置安装布局图

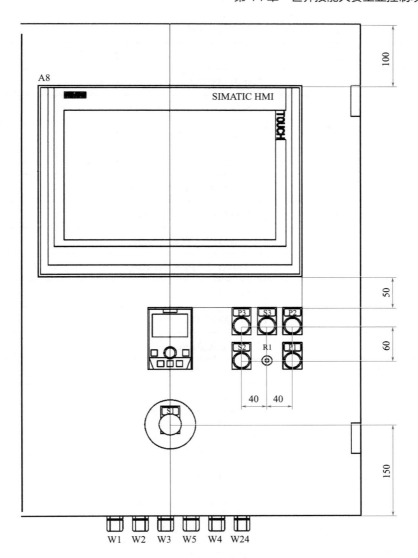

(b) 控制箱门元器件位置安装布局图

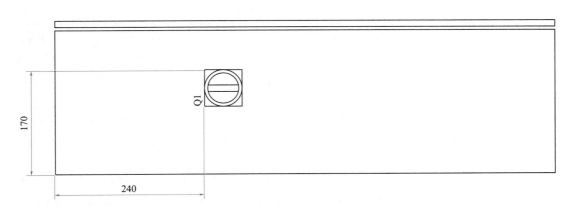

(c) 控制箱1侧面总电压开关位置安装布局图

图 14-2-2　控制箱 1 的元器件位置布局图

表14-2-2 控制箱1主要元器件明细表

设备编号	名称	型号参数	数量
A1	PM 电源	PSIMATICM190W，120/230VAC	1
A2	PLC	SIMATIC 1516F-3 PN/DP	1
A3	数字量输入模块	SIMATIC DI 32 × 24VDC HF	1
A4	数字量输出模块	SIMATIC DQ 32 × 24VDC/0.5A ST	1
A5	模拟量输入模块	SIMATIC AI 8 × U/I/RTD/TC ST	1
A6	模拟量输出模块	SIMATIC AQ 4 × U/I ST	1
A7	交换机	SIMATIC 交换机 XB008	1
A8	HMI 触摸屏	SIMATIC TP700 Comfort	1
A9	安全继电器	SIMATIC	1
F1	断路器	SIMATIC 3P	1
Q2	电动机断路器	SIMATIC 3RV6	1
F2	断路器	SIMATIC 2P	1
F3	断路器	SIMATIC 2P	1
F4	断路器	SIMATIC 2P	1
Q3	直流接触器	SIMATIVC 线圈电压直流 24V	1
Q4	直流 24V 接触器	SIMATIC 直流 24V 接触器	1
Q5	直流 24V 接触器	SIMATIC 直流 24V 接触器	1
Q6	直流 24V 接触器	SIMATIC 直流 24V 接触器	1
T1	变频器	SIMATIC G120 变频器	1
R1	电位器	WXD3-13-2W 10K	1

c. 识读电气原理接线图。如图 14-2-3 所示是主站控制箱 1 的电气原理接线图，图 14-2-3（a）为主回路接线图，图中所有接线将在控制箱 1 内完成，在矩形方框中的为控制箱 1 中对应的接线端子排，端子排每一个箭头所指编号都是一个中断点，与在图纸左上方的编号相对应。

图 14-2-3（b）为安全继电器接线图。在这里需要注意 S1 是急停按钮，当按下 S1 时，设备停止运转，P1 红色指示灯点亮。必须松开 S1 后，按下 S2 按钮设备启动，P1 红色指示灯熄灭。

图 14-2-3（c）为 DI 数字量输入模块电气接线图，连接端子 19 和 39 接 1L5+ 号线为 +24V，连接端子 20 和 40 接 1M5 号线为 0V。模块的 Bit0 位 1 号接线端子接 A3：DI-BIT_0 号线，模块的 Bit1 位 2 号接线端子接 A3：DI-BIT_1 号线，以此类推。图 14-2-3（d）、（e）为数字量输出模块电气接线图，图 14-2-3（f）为模拟量输入 / 输出模块电气接线图。

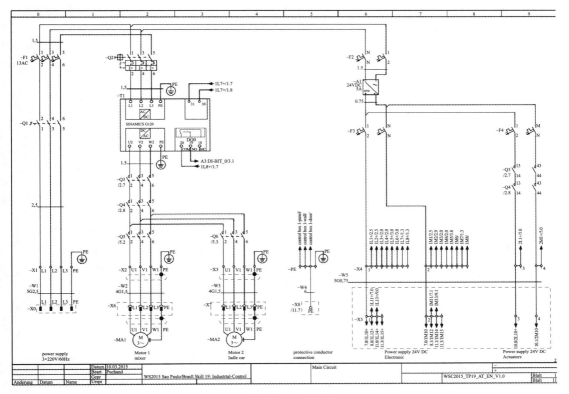

(a) 控制箱1主回路接线图

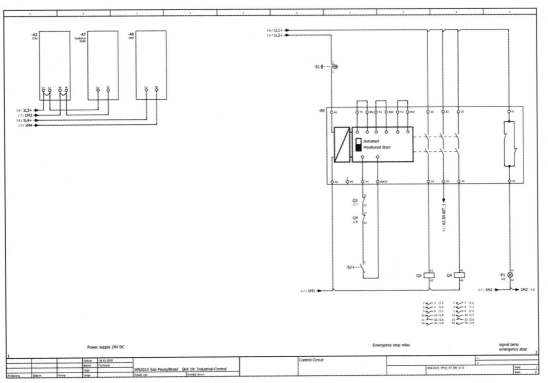

(b) 安全继电器接线图

图 14-2-3

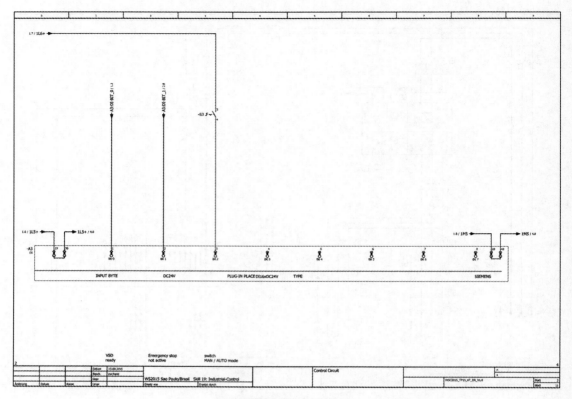

(c) 数字量输入模块电气接线图

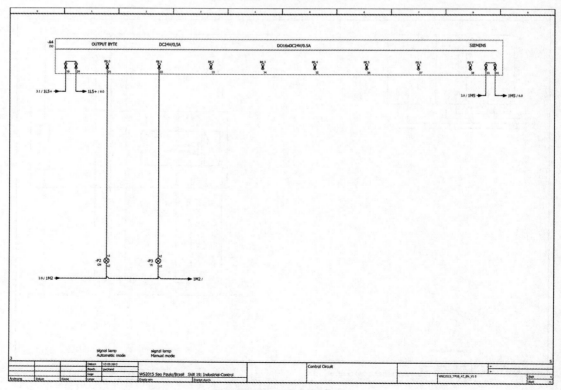

(d) 数字量输出模块电气接线图1

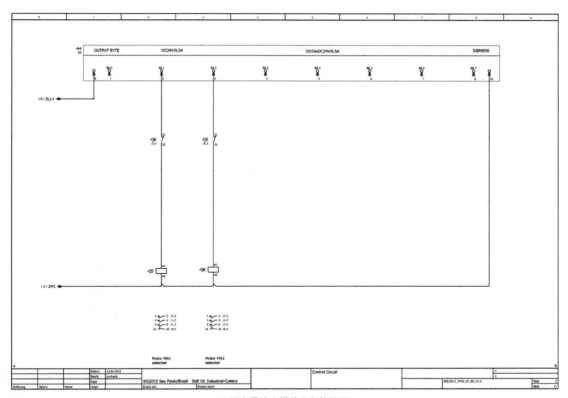

(e) 数字量输出模块电气接线图2

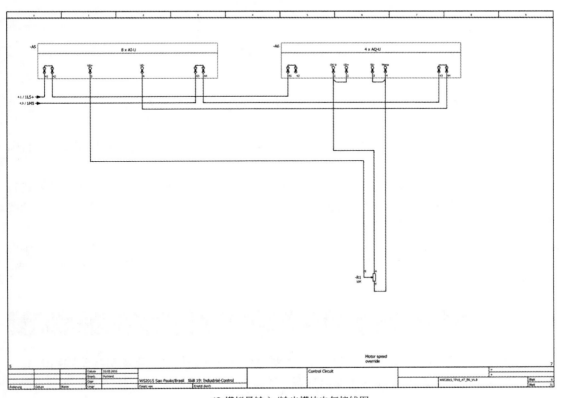

(f) 模拟量输入/输出模块电气接线图

图 14-2-3　主站控制箱 1 的电气原理接线图

如图 14-2-4 所示为端子排布局，其中 -X1 ～ -X4 在控制箱 1 中，-X5 在控制箱 2，-X8 为接地端子排。控制箱 1 中的端子排均由黑色的挡块隔开，并使用隔片分离。-X4 和 -X5 的端子排中间的白色圆柱则表示需要使用短接片连接。

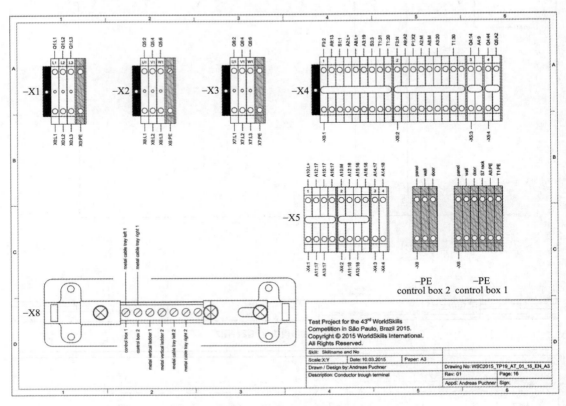

图 14-2-4　接线端子排布局

d. 安装与接线。按照安装位置图与电气原理图对控制箱进行制作与接线，相关工艺要求如下：

• 按图配齐所有元器件，并进行质量检验。元器件应完好无损，型号符合规定要求，否则将予以更换。

• 在面板上安装电气元件时，应与图片保持一致并贴上醒目的文字符号。元件排列要整齐、均匀、间距合理，且便于元件更换；紧固元器件时用力均匀，坚固程度适当，做到既要使元件安装牢固，又不使其损坏。

• 按照设计或改进的电气原理图进行接线。在接线时，做到布线横平竖直整齐、分布均匀、紧贴安装面、走线合理；端子不得有松动和毛刺，严禁损伤线芯和绝缘导线；接点牢固，不得松动，不得挤压绝缘层。

 提示

电动机、PLC 和 HMI 等金属外壳设备要有可靠的保护接地，电动机与变频器的工作电源与铭牌一致，PLC 工作电源与标识一致。

② 分布式 I/O 站控制箱 2 的制作与配线。控制箱 2 是完成本项目的现场 I/O 设备的控制从站，在控制箱中主要由 ET 200SP 从站设备及控制回路等组成。

如图 14-2-5 所示为控制箱 2 的元器件位置布局图，图中说明了控制箱金属加工的尺寸、控制箱中元器件的位置布局。在控制箱的上下侧均标有 W1 ～ W24 的标号，该标号对应接线图纸中电缆需要穿过的位置。布局图中的元件编号详见表 14-2-3。

a. 识读元器件位置布局图。

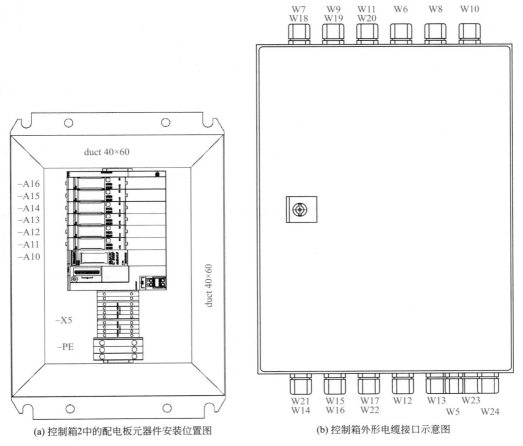

(a) 控制箱2中的配电板元器件安装位置图　　　(b) 控制箱外形电缆接口示意图

图 14-2-5　控制箱 2 的元器件位置布局图

b. 元器件准备与检查。

从站控制箱 2 中所需要的主要元器件见表 14-2-3。在准备过程中主要对元器件的型号、参数和数量进行选择。按图配齐所有元器件，并进行质量检验。元器件应完好无损，型号符合规定要求，否则将予以更换。

表14-2-3　控制箱2主要元器件明细表

设备编号	名称	型号参数	数量
A10	ET 200SP 接口模块	IM 155-6 PN HF	1
A11	ET 200SP 数字量输入模块	DI 8×24VDC HF	1

设备编号	名称	型号参数	数量
A12	ET 200SP 数字量输入模块	DI 8 × 24VDC HF	1
A13	ET 200SP 数字量输出模块	DQ 8 × 24VDC/0.5A HF	1
A14	ET 200SP 数字量输出模块	DQ 8 × 24VDC/0.5A HF	1
A15	ET 200SP 模拟量输入模块	AI 2 × U/I 2-/4-Wire HS	1
A16	ET 200SP 模拟量输出模块	AQ 2 × U/I HS	1

c. 识读电气原理接线图。如图 14-2-6 所示是从站控制箱 2 的电气原理接线图，为 ET 200SP 远程模块的电气接线图，接线时需要注意图中的电缆标识，例如 -W6 对应电缆需要穿过的位置。5G0.75 则表示使用 5 股 0.75mm² 电缆。在 LED 灯接线中，在标号的下面会标有 "YE" "WH" 等字样，若标有 "YE" 则表示此灯颜色为 yellow，标有 "WH" 表示此灯颜色为 white。

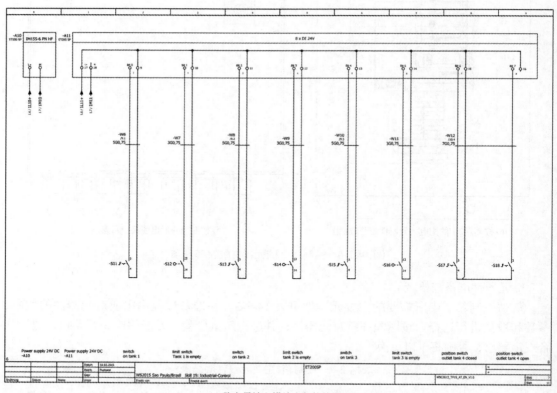

(a) 数字量输入模块电气接线图1

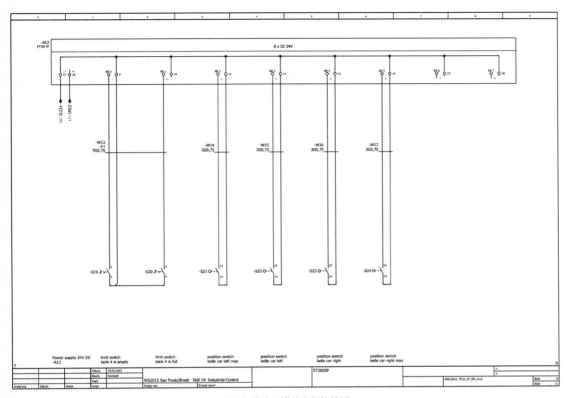

(b) 数字量输入模块电气接线图2

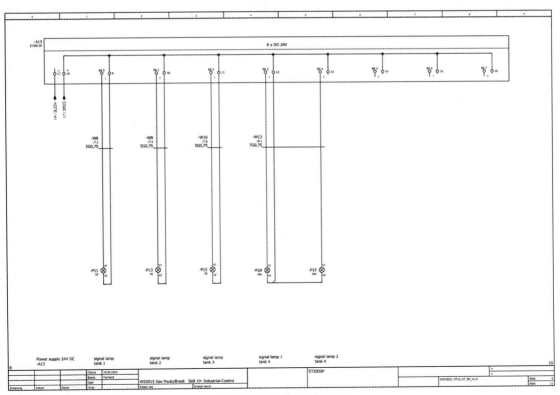

(c) 数字量输出模块电气接线图1

图 14-2-6

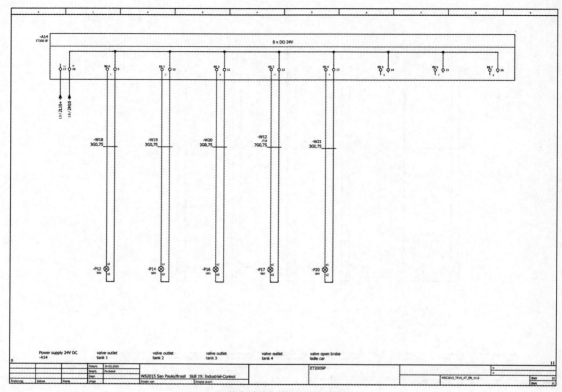

(d) 数字量输出模块电气接线图2

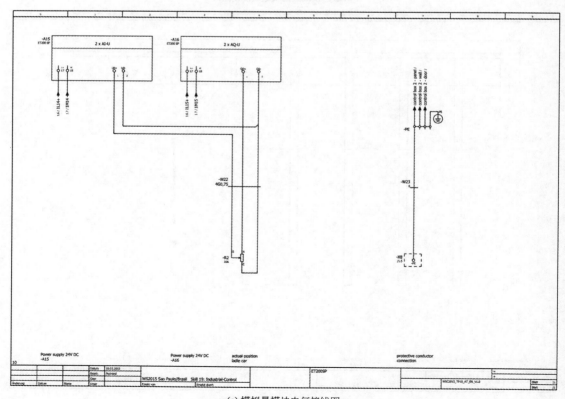

(e) 模拟量模块电气接线图

图 14-2-6　控制箱 2 的电气原理接线图

③ 配电箱的制作与接线全部完成后，必须进行安全检测。检测具体内容与要求如下：

a. 使用万用表检测各金属外壳与接地端子排之间的电阻，若电阻为 ∞ 则接地不牢。

b. 使用兆欧表测量相与相之间的电阻，若电阻为 ∞ 则没有短路。

c. 必须逐级上电，在上电的同时使用万用表分别测量相线与相线、相线与零线、相线与地线之间的电压。

d. 上述所有操作，必须全程使用护目镜和绝缘电工手套。

④ 现场电气设备安装工艺要求。

a. 工位清理干净，工具资料整理整齐，废弃物丢入垃圾桶，材料没有过多浪费。

b. 电缆或导线线径和颜色正确，接线顺序与图纸一致，导线绑扎带间隔均匀，器件安装方向正确，按照图纸施工。墙面元件固定螺钉无缺失，器件无损坏，元件表面干净无灰尘，无垃圾。左墙上无可见标记线（不大于 10mm）。

c. 塑料线槽正确对接，塑料线槽和线管倒角，去毛刺，不刺手。

d. 电缆扎带修剪平滑，不刺手。

e. 动力线与信号线在金属桥架和垂直梯中分开走线，无交叉，留长合理。

f. 所有器件固定牢固，用手不能晃动。

g. 墙面布局与信号灯一致，信号灯颜色与图纸一致。

h. 墙面器件、电缆正确贴标签，接地线整齐美观。压接后的端子与铜线平齐，线鼻后不能露出铜线。

i. 线槽中的电缆无拉扯现象，且不允许迂回和打圈（且留有余量），护套电缆备用线留长处理并做好绝缘。

14.3 设备组态

本项目硬件组态规划为采用 PROFINET 通信方式完成各设备的组态，组态完成的网络视图如图 14-3-1 所示。

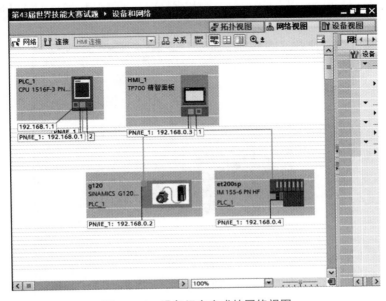

图 14-3-1 设备组态完成的网络视图

【操作步骤】

（1）配置 PLC 主站

打开 TIA 博途，在左侧项目树中双击"添加新设备"弹出对话框，点击控制器→ SIMATIC S7-1500 → CPU 1516F-3 PN/DP →订货号为"6ES7 516-3FN01-0AB0"，版本对应 PLC 选择，若不知则选择最低版本，如图 14-3-2 所示。

图 14-3-2　"添加新设备"对话框

添加完 PLC 后将会自动跳入组态的设备视图中，在右侧硬件目录一栏中，勾选过滤选项，添加需要使用的数字量和模拟量的输入与输出。在本例题中分别添加一个 DI 32 × 24VDC HF 模块、DQ 32 × 24VDC/0.5A ST 模块、AI 8 × U/I/RTD/TC ST 模块、AQ 4 × U/I ST 模块，如图 14-3-3 所示。

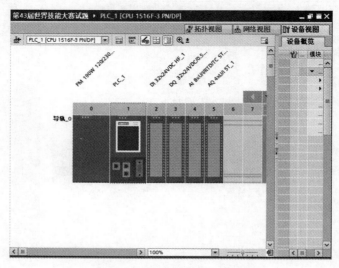

图 14-3-3　配置 PLC 主站点设备

（2）组态主站点 PLC 参数

在属性点击"常规"→"PROFINET 接口 [X1]"→"以太网地址"，添加新子网并设置 PLC 的 IP 地址为 192.168.0.1，子网掩码为 255.255.255.0。

（3）添加 HMI 设备

在 TIA 博途项目中我们需要添加一个新的 HMI 设备，在左侧项目树中双击"添加新设备"弹出对话框，选择 HMI → SIMATIC 精智面板→ 7" 显示屏→ TP700 Comfort 中订货号为 6AV2 124-0GC01-0AX0 的 HMI，如图 14-3-4 所示。

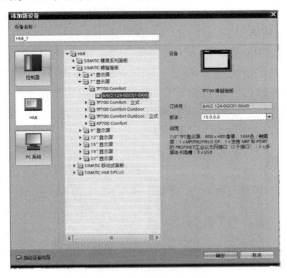

图 14-3-4　添加 HMI 设备

（4）组态 HMI 参数

在网络视图中单击 HMI 的属性→常规→ PROFINET 接口 [X1] →以太网地址中选择已在 PLC 中的子网 PN/IE_1，若没有点击"添加新子网"，默认将 HMI 的 IP 地址设为 192.168.0.2，子网掩码为 255.255.255.0，在组态中的 IP 地址要与在线访问中实际硬件的地址相同。此时可以看到 PLC 与 HMI 已成功使用 PN/IE_1 连接，如图 14-3-5 所示。在左侧项目树中打开刚刚所添加的 HMI，在画面中添加一个新画面，以方便后续使用。

图 14-3-5　配置 HMI 地址参数

（5）配置分布式 I/O 设备

在网络视图界面，勾选右侧目录中过滤选项，选择
分布式 I/O→ET 200SP→接口模块→PROFINET→IM
155-6 PN HF，双击添加后，在设备视图中将出现一
个未分配的 I/O 接口模块，如图 14-3-6 所示，单击
其中的"未分配"，选择需要使用 I/O 控制器接口为
"PLC_1.PROFINET 接口 _1"。

图 14-3-6　分配 I/O 控制器

双击网络视图中分布式 I/O 站点，进入其设备视图，同样在右侧目录中勾选过滤选项。
添加两个 DI 8×24VDC HF 模块、两个 DQ 8×24VDC/0.5A HF 模块、一个 AI 2×U/I 2-/4-Wire
HS 模块、一个 AQ 2×U/I HS 模块。

添加完以后，可将接口模块的名称改为 ET 200SP，如图 14-3-7 所示，单击添加的输入、
输出新模块，在常规巡视窗口中，选择电位组，选择"启用新的电位组"选项，本例采用的
模块基座底板都是浅色的，需要把所有模块启用新电位组，如图 14-3-8 所示。

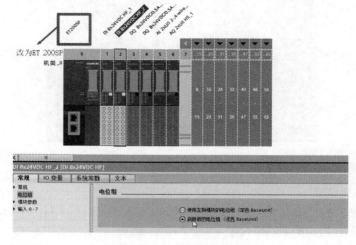

图 14-3-7　启用新电位组

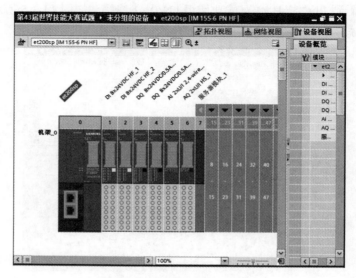

图 14-3-8　配置分布式 I/O 设备

（6）配置 G120 变频器

在网络视图界面，勾选右侧目录中"过滤"选项，选择"其他现场设备→ PROFINET IO → Drives → SIEMENS AG → SINAMICS → SINAMICS G120 CU250S-2 PN Vector V4.6"，如图 14-3-9 所示。

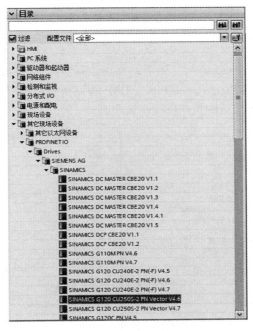

图 14-3-9　添加变频器

打开进入变频器的设备视图，在变频器通信接口属性中组态网络为 PN/IE_1,IP 地址为 192.168.0.2，子网掩码为 255.255.255.0。

继续在变频器的设备视图右侧目录中勾选"过滤"选项，在子模块中找到并添加"标准报文 1,PZD-2/2"，如图 14-3-10 所示。并且将其名称修改为 G120。报文一般在与 PLC 通信时使用，PLC 可以通过总线发送接收报文，控制变频器启停和速度，读取变频器状态，修改变频器参数等。

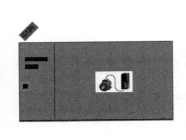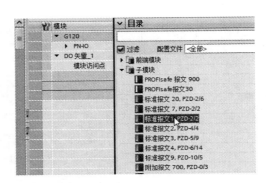

图 14-3-10　配置变频器标准报文

打开"设备概览"窗口列表，在标准报文一栏中的 I 地址和 Q 地址栏中，地址全部输入 256，如图 14-3-11 所示。

模块		机架	插槽	I 地址	Q 地址	类型	订货号	固件	注释	访问
▼ G120		0	0			SINAMICS G120 CU...	6SL3 246-0BA22-1FAx	V4.6		PLC_1
▶ PN-IO		0	0 X150			SINAMICS-G120SV-...				PLC_1
▼ DO 矢量_1		0	1			DO 矢量				PLC_1
模块访问点		0	1 1			模块访问点				PLC_1
		0	1 2							
标准报文 1, PZD-2/2		0	1 3	256...259	256...259	标准报文 1, PZD-2/2				PLC_1
		0	1 4							

图 14-3-11　修改设备概览中标准报文地址

（7）在线访问设置

在左侧项目树中选择"在线访问"选项，找到计算机网卡型号后，点击"更新"可访问设备。打开设备的在线和诊断功能，将 PLC、HMI 等设备重置出厂设置和格式化储存卡，如图 14-3-12 所示，以免之前使用的数据保存在其中。

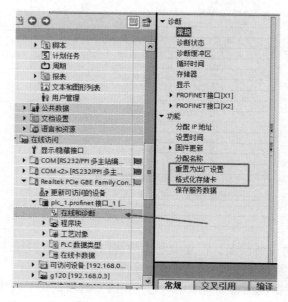

图 14-3-12　在线访问设置

格式化后将所有搜索到设备的 IP 地址和名称要修改成和组态当中一样，否则在下载使用中会冲突，如图 14-3-13 所示。

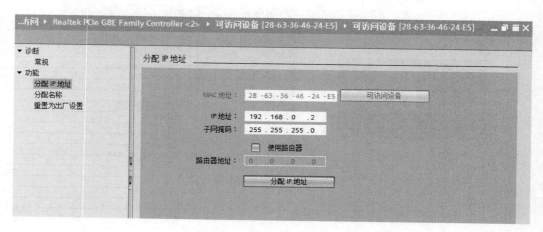

图 14-3-13　修改 IP 地址

（8）添加项目变量

首先需要在设备概览中查看 I 地址和 Q 地址的分配使用情况，如图 14-3-14 所示，根据使用的地址和接线图中使用的位来添加变量。

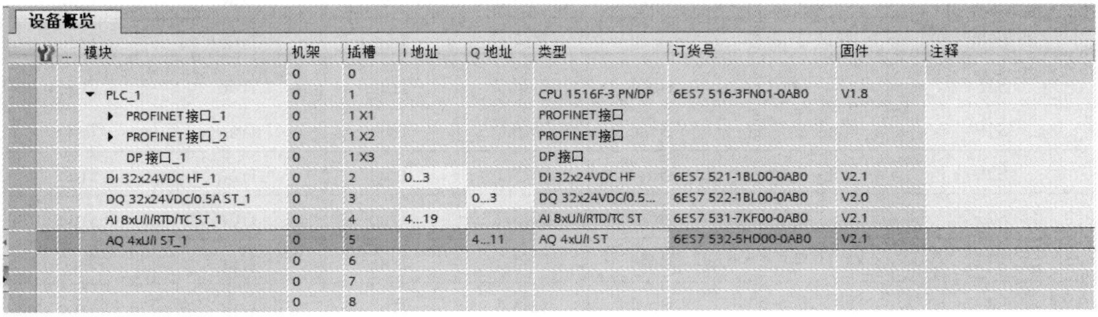

设备概览

	模块	...	机架	插槽	I 地址	Q 地址	类型	订货号	固件	注释
			0	0						
	▼ PLC_1		0	1			CPU 1516F-3 PN/DP	6ES7 516-3FN01-0AB0	V1.8	
	▶ PROFINET接口_1		0	1 X1			PROFINET接口			
	▶ PROFINET接口_2		0	1 X2			PROFINET接口			
	DP接口_1		0	1 X3			DP 接口			
	DI 32x24VDC HF_1		0	2	0...3		DI 32x24VDC HF	6ES7 521-1BL00-0AB0	V2.1	
	DQ 32x24VDC/0.5A ST_1		0	3		0...3	DQ 32x24VDC/0.5A ST	6ES7 522-1BL00-0AB0	V2.0	
	AI 8xU/I/RTD/TC ST_1		0	4	4...19		AI 8xU/I/RTD/TC ST	6ES7 531-7KF00-0AB0	V2.1	
	AQ 4xU/I ST_1		0	5		4...11	AQ 4xU/I ST	6ES7 532-5HD00-0AB0	V2.1	
			0	6						
			0	7						
			0	8						

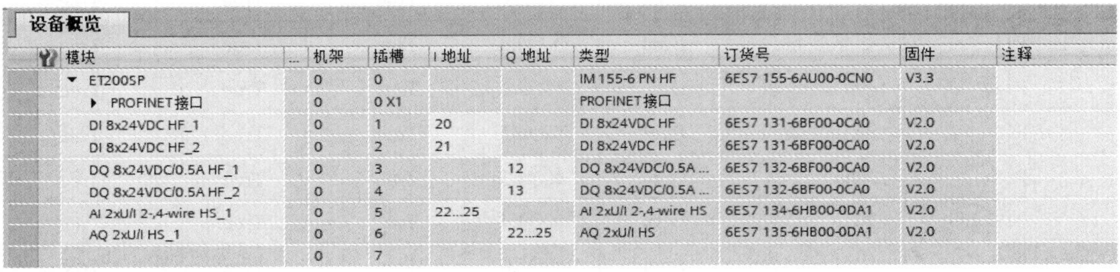

设备概览

	模块	...	机架	插槽	I 地址	Q 地址	类型	订货号	固件	注释
	▼ ET200SP		0	0			IM 155-6 PN HF	6ES7 155-6AU00-0CN0	V3.3	
	▶ PROFINET接口_1		0	0 X1			PROFINET接口			
	DI 8x24VDC HF_1		0	1	20		DI 8x24VDC HF	6ES7 131-6BF00-0CA0	V2.0	
	DI 8x24VDC HF_2		0	2	21		DI 8x24VDC HF	6ES7 131-6BF00-0CA0	V2.0	
	DQ 8x24VDC/0.5A HF_1		0	3		12	DQ 8x24VDC/0.5A	6ES7 132-6BF00-0CA0	V2.0	
	DQ 8x24VDC/0.5A HF_2		0	4		13	DQ 8x24VDC/0.5A	6ES7 132-6BF00-0CA0	V2.0	
	AI 2xU/I 2-,4-wire HS_1		0	5	22...25		AI 2xU/I 2-,4-wire HS	6ES7 134-6HB00-0DA1	V2.0	
	AQ 2xU/I HS_1		0	6		22...25	AQ 2xU/I HS	6ES7 135-6HB00-0DA1	V2.0	
			0	7						

图 14-3-14　查看设备概览模块地址分配

在 PLC 的默认变量表中添加好所有变量的名称、数据类型和所使用的地址，见表 14-3-1。为了方便和提高效率，将 PLC 变量选中并复制 PLC 变量到 HMI 默认变量表，如表 14-3-2 所示。

表14-3-1　PLC变量表

Name	Path	Data Type	Logical Address	Hmi Visible	Hmi Accessible	Hmi Writeable
a3 bit0	默认变量表	Bool	%I0.0	True	True	True
a3 bit1	默认变量表	Bool	%I0.1	True	True	True
S3	默认变量表	Bool	%I0.3	True	True	True
Q5	默认变量表	Bool	%Q0.1	True	True	True
Q6	默认变量表	Bool	%Q0.2	True	True	True
P2	默认变量表	Bool	%Q3.0	True	True	True
P3	默认变量表	Bool	%Q3.1	True	True	True
S11	默认变量表	Bool	%I4.0	True	True	True
S12	默认变量表	Bool	%I4.1	True	True	True
S13	默认变量表	Bool	%I4.2	True	True	True
S14	默认变量表	Bool	%I4.3	True	True	True
S15	默认变量表	Bool	%I4.4	True	True	True

Name	Path	Data Type	Logical Address	Hmi Visible	Hmi Accessible	Hmi Writeable
S16	默认变量表	Bool	%I4.5	True	True	True
S17	默认变量表	Bool	%I4.6	True	True	True
S18	默认变量表	Bool	%I4.7	True	True	True
S19	默认变量表	Bool	%I5.0	True	True	True
S20	默认变量表	Bool	%I5.1	True	True	True
S21	默认变量表	Bool	%I5.2	True	True	True
S22	默认变量表	Bool	%I5.3	True	True	True
S23	默认变量表	Bool	%I5.4	True	True	True
S24	默认变量表	Bool	%I5.5	True	True	True
P11	默认变量表	Bool	%Q4.0	True	True	True
P13	默认变量表	Bool	%Q4.1	True	True	True
P15	默认变量表	Bool	%Q4.2	True	True	True
P18	默认变量表	Bool	%Q4.3	True	True	True
P19	默认变量表	Bool	%Q4.4	True	True	True
P12	默认变量表	Bool	%Q5.0	True	True	True
P14	默认变量表	Bool	%Q5.1	True	True	True
P16	默认变量表	Bool	%Q5.2	True	True	True
P17	默认变量表	Bool	%Q5.3	True	True	True
P20	默认变量表	Bool	%Q5.4	True	True	True
oot1	默认变量表	Bool	%M0.1	True	True	True
oot2	默认变量表	Bool	%M0.2	True	True	True
oot3	默认变量表	Bool	%M0.3	True	True	True
cot1	默认变量表	Bool	%M0.4	True	True	True
cot2	默认变量表	Bool	%M0.5	True	True	True
cot3	默认变量表	Bool	%M0.6	True	True	True
ma1 is on	默认变量表	Bool	%M0.7	True	True	True
ma1 ccw	默认变量表	Bool	%M2.0	True	True	True
ma1 cw	默认变量表	Bool	%M2.1	True	True	True
ma1 off	默认变量表	Bool	%M2.2	True	True	True
ma2 ccw	默认变量表	Bool	%M2.3	True	True	True
ma2 cw	默认变量表	Bool	%M2.4	True	True	True
ma2 is on	默认变量表	Bool	%M2.5	True	True	True
ma2 off	默认变量表	Bool	%M2.6	True	True	True
oolc	默认变量表	Bool	%M2.7	True	True	True

续表

Name	Path	Data Type	Logical Address	Hmi Visible	Hmi Accessible	Hmi Writeable
colc	默认变量表	Bool	%M3.0	True	True	True
auto start	默认变量表	Bool	%M3.1	True	True	True
auto stop	默认变量表	Bool	%M3.2	True	True	True
ladle car move ccw	默认变量表	Bool	%M3.3	True	True	True
ladle car move cw	默认变量表	Bool	%M3.4	True	True	True
car positon dint	默认变量表	DInt	%MD50	True	True	True
car positon real	默认变量表	Real	%MD54	True	True	True
set ma2	默认变量表	Real	%MD58	True	True	True
Tag_1	默认变量表	Bool	%M3.5	True	True	True
Tag_2	默认变量表	Bool	%M3.6	True	True	True
Tag_3	默认变量表	Bool	%M3.7	True	True	True
Tag_4	默认变量表	Bool	%M4.0	True	True	True
Tag_5	默认变量表	Bool	%M4.1	True	True	True
Tag_6	默认变量表	Bool	%M4.2	True	True	True
Tag_7	默认变量表	Bool	%M4.3	True	True	True
Tag_8	默认变量表	Bool	%M4.4	True	True	True
Tag_9	默认变量表	Bool	%M4.5	True	True	True
Tag_10	默认变量表	Bool	%M4.6	True	True	True
Tag_11	默认变量表	Bool	%M6.0	True	True	True
Tag_12	默认变量表	Bool	%M4.7	True	True	True
Tag_13	默认变量表	Bool	%M6.1	True	True	True
Tag_14	默认变量表	Bool	%M5.0	True	True	True
Tag_15	默认变量表	Bool	%M6.2	True	True	True
Tag_16	默认变量表	Bool	%M6.3	True	True	True
Tag_17	默认变量表	Word	%QW10	True	True	True
Tag_18	默认变量表	Int	%IW10	True	True	True
Tag_20	默认变量表	DWord	%MD62	True	True	True
Tag_21	默认变量表	Real	%MD66	True	True	True
scaled R1	默认变量表	DWord	%MD70	True	True	True
Tag_22	默认变量表	Word	%QW30	True	True	True
Tag_23	默认变量表	Int	%IW30	True	True	True
Tag_24	默认变量表	Bool	%M5.1	True	True	True
Tag_25	默认变量表	DWord	%MD74	True	True	True
Tag_26	默认变量表	DInt	%MD82	True	True	True

Name	Path	Data Type	Logical Address	Hmi Visible	Hmi Accessible	Hmi Writeable
MA1 转速	默认变量表	DInt	%MD86	True	True	True
Tag_27	默认变量表	DInt	%MD90	True	True	True
Tag_28	默认变量表	DInt	%MD94	True	True	True
MA2 转速	默认变量表	DInt	%MD98	True	True	True
Tag_29	默认变量表	Word	%QW256	True	True	True
Tag_30	默认变量表	Word	%QW258	True	True	True
Tag_31	默认变量表	Bool	%M6.5	True	True	True
Tag_32	默认变量表	Bool	%M6.6	True	True	True
Tag_33	默认变量表	Byte	%QB0	True	True	True
Tag_36	默认变量表	Byte	%QB3	True	True	True
Tag_37	默认变量表	Byte	%QB4	True	True	True
Tag_38	默认变量表	Byte	%QB5	True	True	True
Tag_44	默认变量表	Real	%MD120	True	True	True
Tag_47	默认变量表	Bool	%M5.2	True	True	True
Tag_53	默认变量表	DWord	%MD0	True	True	True
Tag_66	默认变量表	Bool	%M100.0	True	True	True
Tag_19	默认变量表	Bool	%M5.3	True	True	True
Tag_39	默认变量表	Timer	%T27	True	True	True
Tag_40	默认变量表	Timer	%T26	True	True	True
Tag_41	默认变量表	Bool	%M10.0	True	True	True
Tag_34	默认变量表	Int	%MW20	True	True	True
Tag_35	默认变量表	Int	%QW0	True	True	True
Tag_42	默认变量表	Bool	%M100.1	True	True	True
Tag_43	默认变量表	Bool	%Q1.0	True	True	True
Tag_45	默认变量表	Timer	%T3	True	True	True
Tag_46	默认变量表	Timer	%T4	True	True	True
Tag_48	默认变量表	Timer	%T5	True	True	True
Tag_49	默认变量表	Timer	%T6	True	True	True
Tag_50	默认变量表	Timer	%T7	True	True	True
Tag_51	默认变量表	Timer	%T8	True	True	True
Tag_52	默认变量表	Timer	%T9	True	True	True
Tag_54	默认变量表	Timer	%T10	True	True	True
Tag_55	默认变量表	Timer	%T11	True	True	True

表14-3-2　HMI变量表

SYMBOL	TYPE	COMMENT	IN USE
S12	Bool	PLC-Input	Read
S14	Bool	PLC-Input	Read
S16	Bool	PLC-Input	Read
S19	Bool	PLC-Input	Read
S20	Bool	PLC-Input	Read
S21	Bool	PLC-Input	Read
S22	Bool	PLC-Input	Read
S23	Bool	PLC-Input	Read
S24	Bool	PLC-Input	Read
P12	Bool	PLC-Output	Read
P14	Bool	PLC-Output	Read
P16	Bool	PLC-Output	Read
P17	Bool	PLC-Output	Read
P20	Bool	PLC-Output	Read
Open_outlet_Tank1	Bool	PLC-Variable	Write
Close _outlet_Tank1	Bool	PLC-Variable	Write
Open_outlet_Tank2	Bool	PLC-Variable	Write
Close _outlet_Tank2	Bool	PLC-Variable	Write
Open_outlet_Tank3	Bool	PLC-Variable	Write
Close_outlet_Tank3	Bool	PLC-Variable	Write
Ma1_is_on	Bool	PLC-Variable	Read
Car_position_DINT	Dint	PLC-Variable	Read
Car_position_REAL	Real	PLC-Variable	Read
Ma1_CCW_direction	Bool	PLC-Variable	Write
Ma1_CW_direction	Bool	PLC-Variable	Write
Ma1_off	Bool	PLC-Variable	Write
Setpoint_MA2	Real	PLC-Variable	Read/ Write
Ma2_CCW_direction	Bool	PLC-Variable	Write
Ma2_CW_direction	Bool	PLC-Variable	Write
Ma2_off	Bool	PLC-Variable	Write
Open_outlet_ladle_car	Bool	PLC-Variable	Write
Close_outlet_ladle_car	Bool	PLC-Variable	Write
Automatic_start	Bool	PLC-Variable	Write
Automatic_stop	Bool	PLC-Variable	Write
Ma2_is_on	Bool	PLC-Variable	Read
Ladle_car_move_CCW	Bool	PLC-Variable	Read
Ladle_car_move_CW	Bool	PLC-Variable	Read

14.4　HMI画面制作

如图 14-4-1 所示是本项目整体 HMI 画面的初始状态，需要根据这张图来制作画面，为了简洁、明了地将其划分为几部分来分析制作，具体操作步骤可参考下面的介绍。

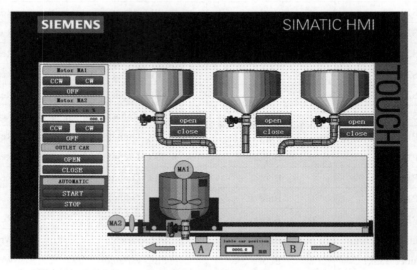

图 14-4-1　HMI 画面

【操作步骤】

（1）添加"罐"

如图 14-4-2 所示由罐、阀、管道和按钮组成，其组成部分及对应的变量说明见表 14-4-1。

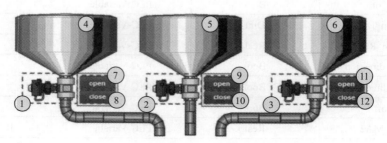

图 14-4-2　罐体画面

表14-4-1　罐体画面组成部分及对应变量说明

DESCRIPTION	SYMBOL LIBRARY	SYMBOL LIBRARY ITEM
Tank1to3	Tanks	Tank4
Outlet valve1to3	Valve	Plastic control valve
Pipes and Bend	Segmented Pipes	Segmented pipe/segmented bend

POSITION	VARIABLE	ACTION	COMMENT
①	P12	Background Control Colour	not actuated colour=WHITE actuated colour=GREEN

POSITION	VARIABLE	ACTION	COMMENT
②	P14	Background Control Colour	not actuated colour=WHITE actuated colour=GREEN
③	P16	Background Control Colour	not actuated colour=WHITE actuated colour=GREEN
④	S12	Background Control Colour	not actuated colour= GREEN actuated colour=BLACK
⑤	S14	Background Control Colour	not actuated colour=RED actuated colour= BLACK
⑥	S16	Background Control Colour	not actuated colour=BLUE actuated colour= BLACK
⑦	Open_outlet_Tank1	Button control	"State 1" while button is pressed
⑧	Close_outlet_Tank1	Button control	"State 1" while button is pressed
⑨	Open_outlet_Tank2	Button control	"State 1" while button is pressed
⑩	Close_outlet_Tank2	Button control	"State 1" while button is pressed
⑪	Open_outlet_Tank3	Button control	"State 1" while button is pressed
⑫	Close_outlet_Tank3	Button control	"State 1" while button is pressed

　　在右侧工具箱元素列表中拖入三个符号库。单击一个符号库，在属性巡视窗口中选择"常规→罐"类别，根据图形选择"罐④"。之后按照上述方法再添加"罐⑤"和"罐⑥"，选择完成后根据屏幕调整大小和位置。

　　图 14-4-2 中编号④、⑤、⑥号是由一个矩形和一个多边形拼接而成的，用颜色的变化来表示液体。在右侧工具箱基本对象一栏拖出一个矩形和一个多边形，并将其按照相应位置调整大小摆放。分别单击矩形和多边形，在属性巡视窗口中单击"外观"，将背景颜色改为黑色。在动画巡视窗口中选择外观动画，如图 14-4-3 所示。并分别将④、⑤、⑥号形状的变量添加为 S12、S14 和 S16。在变量为 0 时背景颜色为黑色，S12 变量为 1 时为绿色，S14 变量为 1 时为红色，S16 变量为 1 时为蓝色。

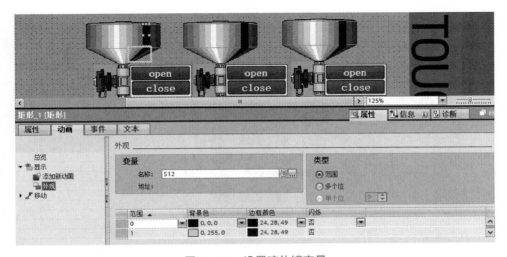

图 14-4-3　设置液体罐变量

（2）添加"阀"

图 14-4-2 中编号①、②、③号都是同样规则的阀，同样也是在右侧工具箱元素列表中拖入三个符号库。在常规巡视窗口中选择"阀"类别，根据图形选择"塑料控制阀"。但添加完后阀的方向不一致，就在属性巡视窗口中单击"布局"，将旋转设为 90°。同样的方法再添加两个阀，调整大小和位置。按照题目要求，首先要从属性巡视窗口中单击"外观"，将背景样式改为实心。在动画巡视窗口添加外观动画，并分别将①、②、③号阀的变量添加为 P12、P14 和 P16，在变量为 0 时背景颜色为白色，为 1 时为绿色。

（3）添加"阀按钮"

图 14-4-2 中编号⑦～⑫号是按钮开关。在工具箱的基本对象中拖出三个矩形并按位置摆放，在属性巡视窗口中单击"外观"，将颜色改为黄色。在工具箱的元素中拖出个按钮，并将三个按钮的文本改为 close，三个改为 open。在按钮的事件巡视窗口，在"按下"添加置位位函数如图 14-4-4 所示，在"释放"添加复位位函数，按照题目要求分别添加变量。

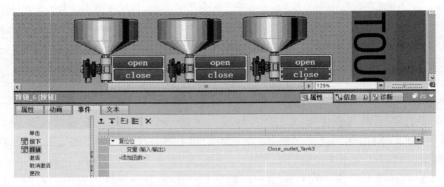

图 14-4-4　添加设置按钮

（4）添加"管道"

在阀的下边需要添加管道，在工具箱的元素中拖入符号库元素。拖出后单击符号库，在属性的巡视窗口中单击"常规"，选择分段管类别，如图 14-4-5 所示，选择 90° 弯管和 3 片分段管，按照题目要求拼接管道。

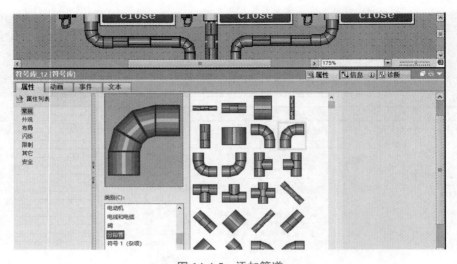

图 14-4-5　添加管道

（5）添加运料罐

图 14-4-1 所示的画面下半部分为运料罐系统，如图 14-4-6 所示为运料罐，主要由运料车、罐、阀等组成，具体组成部分对应的变量说明见表 14-4-2。

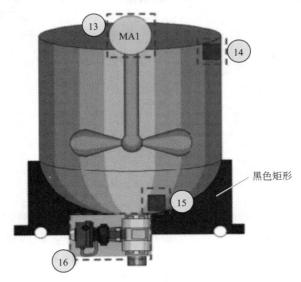

图 14-4-6　运料罐画面

表14-4-2　运料罐主要组成部分及对应变量说明

DESCRIPTION	SYMBOL LIBRARY	SYMBOL LIBRARY ITEM
Tank 4	Tanks	Tank23
Outlet valve	Valve	Plastic control valve

POSITION	VARIABLE	ACTION	COMMENT
⑬	MA1_is_ON	Background Control Colour	not actuated colour=GRAY actuated colour=GREEN
⑭	S19	Background Control Colour	not actuated colour=BROWN actuated colour=RED
⑮	S20	Background Control Colour	not actuated colour=BROWN actuated colour=RED
⑯	P17	Background Control Colour	not actuated colour=GRAY actuated colour=GREEN

首先在工具箱的基本对象添加一个矩形图和两个圆作为小车移动基座，单击矩形图在属性巡视窗口中单击"外观"，将颜色改为黑色，如图 14-4-2 所示的黑色矩形图。同样的方法将圆形图改为白色。

在工具箱的元素中添加三个符号库，在符号库属性巡视窗口中单击"常规"，在类别中选择"罐→23 号罐"，如图 14-4-7 所示。同样的方式添加一个编号⑯ 的"塑料控制阀"和一个"垂直分段管"。单击控制阀后在属性巡视窗口中单击"外观"，将背景样式改为实心。在动画巡视窗口添加外观动画，添加 P17 变量，在变量为 0 时背景颜色为白色，为 1 时为绿色。

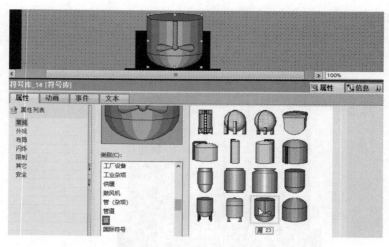

图 14-4-7　添加 23 号罐

　　继续在罐体上添加一个编号 13 圆形和编号 14 和 15 两个矩形，分别单击矩形和圆形，在属性巡视窗口中单击"外观"，将矩形背景颜色改为棕色。在动画巡视窗口中选择外观动画，并分别将 ⑬、⑭、⑮ 号形状的变量添加为 MA1_is_ON、S19 和 S20。在变量为 0 时 14、15 号颜色为棕色，MA1_is_ON 变量为 1 时为绿色，S19 和 S20 变量为 1 时为红色。添加一个 I/O 域，将文本改为"MA1"放在圆形中。将刚刚添加的所有元素 ⑬、⑭、⑮、⑯ 和罐体全部选中，单击右键选择点击"组合"，这样组合成一个整体，如图 14-4-8 所示。

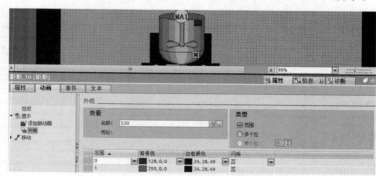

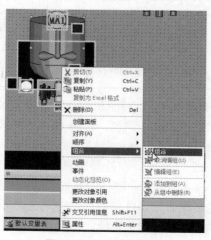

图 14-4-8　组合运料罐

单击组合好的运料罐元素，在动画巡视窗口中添加水平移动的动画，如图 14-4-9 所示的编号 ⑰，添加相对应的变量，将范围值设定为 0 ～ 720。

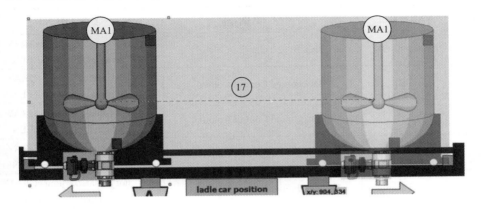

POSITION	VARIABLE	ACTION	COMMENT
⑰	Car_position_DINT	Horizontal movement	Start value=0 End value=720

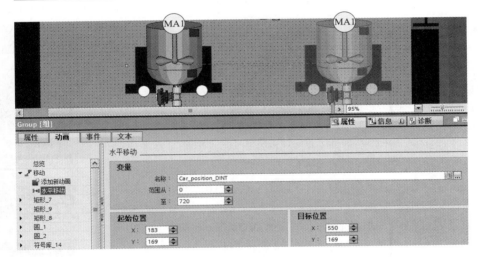

图 14-4-9　运料罐水平移动动画组态

继续添加移动小车画面，根据图 14-4-10 所示的画面，在工具箱的基本对象中拖出矩形并按位置大小摆放，在属性巡视窗口中单击"外观"，并修改颜色。

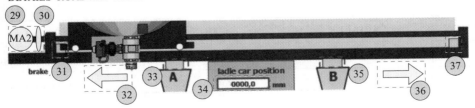

图 14-4-10　移动小车画面

图 14-4-10 所示的小车组成部分对应的变量见表 14-4-3。

表14-4-3　小车组成部分对应的变量说明

POSITION	VARIABLE	ACTION	COMMENT
㉙	MA2_is_ON	Background Control Colour	not actuated colour=GRAY actuated colour=GREEN
㉚	P20	Background Control Colour	not actuated colour=GRAY actuated colour=GREEN
㉛	S21	Background Control Colour	not actuated colour=GRAY actuated colour=GREEN
㉜	Ladle_car_ move_CCW	Background Control Colour	not actuated colour=GRAY actuated colour=GREEN
㉝	S22	Background Control Colour	not actuated colour=GRAY actuated colour=GREEN
㉞	Car_position_ REAL	Output field	Value:0,0 to 720,0
㉟	S23	Background Control Colour	not actuated colour=GRAY actuated colour=GREEN
㊱	Ladle_car_ move_CW	Background Control Colour	not actuated colour=GRAY actuated colour=GREEN
㊲	S24	Background Control Colour	not actuated colour=GRAY actuated colour=GREEN

按照画面要求添加文本摆放后继续制作，图中编号㉜和㊱号为左右运行箭头，在工具箱中拖入一个符号库在常规中选择箭头记号类别。在布局中选择"旋转"，将两个箭头分别旋转 90° 和 270°。在外观中将填充样式选为实心，并将颜色改为灰色，在动画巡视窗口中选择外观动画，并分别将箭头的变量按题目要求添加。在变量为 0 时颜色为灰色，当变量为 1 时为绿色。

图中编号㉞号则是一个 I/O 域，在工具箱中拖出一个 I/O 域。在属性巡视窗口中将变量按照题目要求添加，在左侧文本格式中将水平对齐改居中。注意题目要求的是此 I/O 域只能在 0 ～ 720 范围内显示，所以将显示格式改为十进制，将格式样式选择为 9999.9。

（6）添加运料车设备控制按钮

如图 14-4-11 所示运料小车设备上的按钮，每个按钮对应的变量见表 14-4-4。

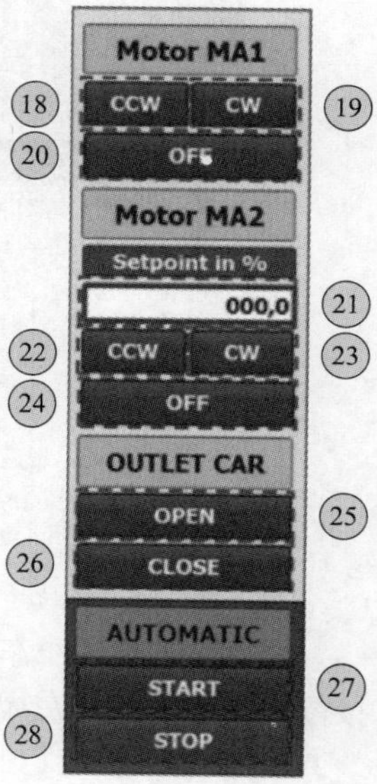

图 14-4-11　控制按钮

表14-4-4　按钮对应变量表

POSITION	VARIABLE	ACTION	COMMENT
⑱	MA1_CCW_direction	Button control	"State 1" while button is pressed
⑲	MA1_CW_direction	Button control	"State 1" while button is pressed
⑳	MA1_OFF	Button control	"State 1" while button is pressed

续表

POSITION	VARIABLE	ACTION	COMMENT
㉑	Setpoint_ MA2	Input/output field	Value:0,0 to 100,0
㉒	MA2_CCW_direction	Button control	"State 1" while button is pressed
㉓	MA2_CW_direction	Button control	"State 1" while button is pressed
㉔	MA2_OFF	Button control	"State 1" while button is pressed
㉕	Open_outlet_ladle_car	Button control	"State 1" while button is pressed
㉖	Close_outlet_ladle_car	Button control	"State 1" while button is pressed
㉗	Automatic_start	Button control	"State 1" while button is pressed
㉘	Automatic_stop	Button control	"State 1" while button is pressed

图中编号⑱～⑳、㉒～㉘号是按钮，在工具箱的元素中拖出 10 个按钮，并将按钮的文本改为图中要求。在按钮的事件巡视窗口，在按下添加置位位函数，在释放添加复位位函数，按照题目要求分别添加变量。

图中编号㉑号则是一个 I/O 域，在工具箱中拖出一个 I/O 域。在属性巡视窗口中将常规选项下的变量按照题目要求添加，在左侧文本格式中将水平对齐改为右。注意题目要求的是此 I/O 域只能在 0 ～ 100 范围内显示，所以将显示格式改为十进制，将格式样式选择为 999.9，如图 14-4-12 所示。

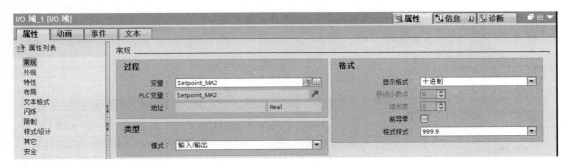

图 14-4-12　编号㉑号 I/O 域设置

14.5　编写PLC程序

在编写程序之前，先在 PLC 设备视图的属性巡视窗口常规中启用"系统和时钟存储器"，如图 14-5-1 所示。注意不要和默认变量表中的变量冲突。

在 PLC 和 ET 200SP 的设备视图巡视窗口中，单击模块通道，将模拟量输入测量类型改为电压，将测量范围修改为 +/-10V，如图 14-5-2 所示。

根据项目要求对需要编写的程序结构规划为主程序（OB1）/ 子程序模拟量（FC1）/ 手动程序 (FC2)/ 自动程序 (FC3)，如图 14-5-3 所示。

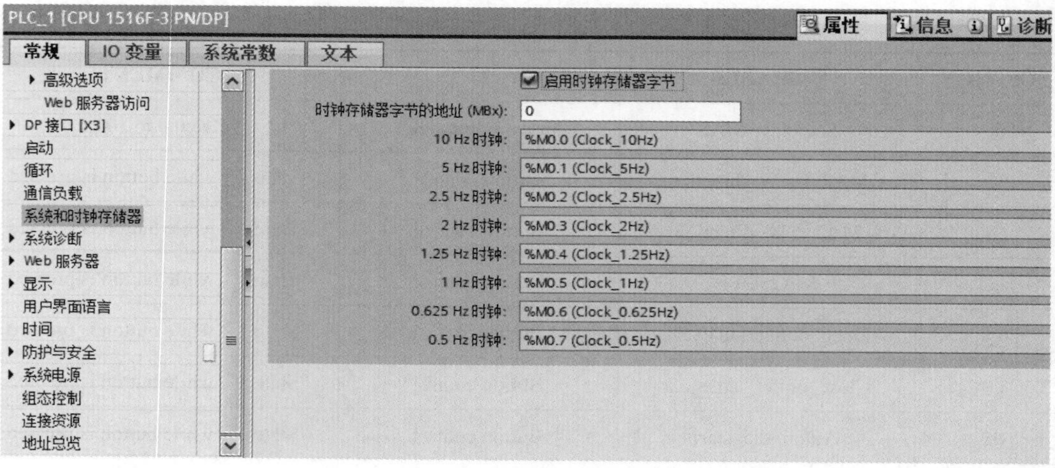

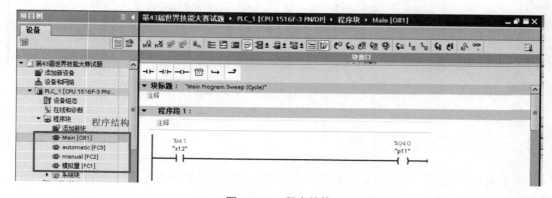

图 14-5-1　启用系统和时钟存储器

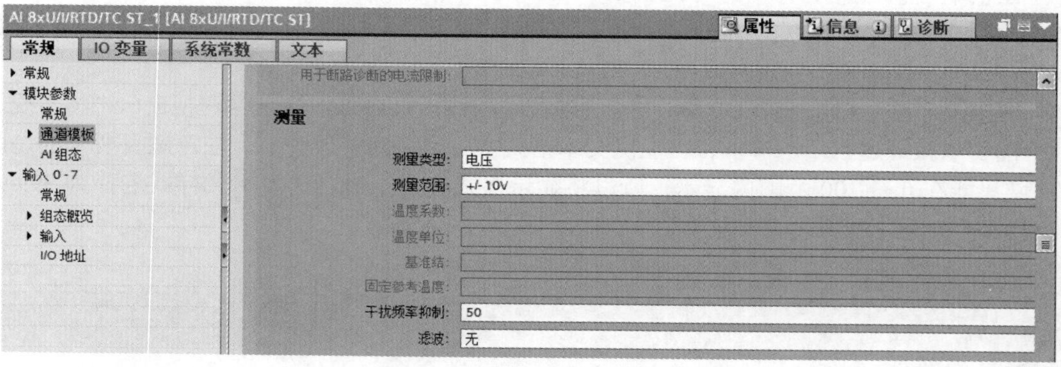

图 14-5-2　模拟量通道设置

图 14-5-3　程序结构

（1）主程序

① 主程序流程图。在主程序结构中主要包括手 / 自动选择、调用子程序和罐限位控制，如图 14-5-4 所示是手 / 自动切换流程图，S3 为 0 时，P2:OFF，P3:ON，所有设备在此时全部 OFF，进入手动程序。S3 为 1 时，P3:OFF，P2:flicker1Hz（闪烁 1Hz），所有设备在此时全部

OFF，进入自动程序。如图 14-5-5 所示是罐限位控制流程图。

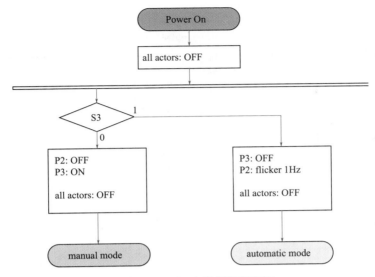

图 14-5-4　手 / 自动切换流程图

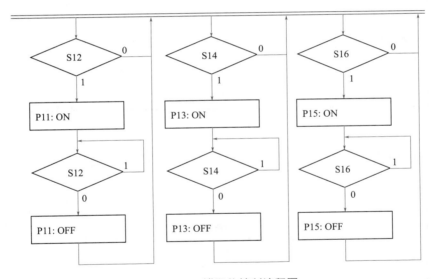

图 14-5-5　罐限位控制流程图

② 主程序梯形图，如图 14-5-6 所示。

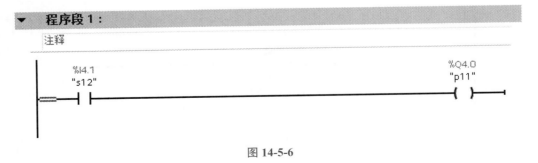

图 14-5-6

▼ **程序段 2：**

注释

```
        %I0.3
        "s3"
        ┤P├                           ┌──────MOVE──────┐
        %M6.5                          │ EN         ENO │
        "Tag_31"                 0 ─── │ IN             │
                                       │           %QB0 │
                                       │ OUT1 ─── "Tag_33" │
        %I0.3                          │           %QB3 │
        "s3"                           │ OUT2 ─── "Tag_36" │
        ┤N├                            │           %QB4 │
        %M6.6                          │ OUT3 ─── "Tag_37" │
        "Tag_32"                       │           %QB5 │
                                       │ ☆ OUT4 ─── "Tag_38" │
                                       └────────────────┘
```

▼ **程序段 3：**

注释

```
        %I4.3                                          %Q4.1
        "s14"                                          "p13"
        ──┤ ├────────────────────────────────────────( )──
```

▼ **程序段 4：**

注释

```
        %I4.5                                          %Q4.2
        "s16"                                          "p15"
        ──┤ ├────────────────────────────────────────( )──
```

▼ **程序段 5：**

注释

```
        %MD58
        "set ma2"
        ──┤<=├──                       ┌──────MOVE──────┐
          Real                         │ EN         ENO │
          0.0                  0.0 ─── │ IN             │
                                       │          %MD58 │
                                       │ ☆ OUT1 ─── "set ma2" │
                                       └────────────────┘
```

▼ **程序段 6：**

注释

```
        %MD58
        "set ma2"
        ──┤>=├──                       ┌──────MOVE──────┐
          Real                         │ EN         ENO │
          100.0              100.0 ─── │ IN             │
                                       │          %MD58 │
                                       │ ☆ OUT1 ─── "set ma2" │
                                       └────────────────┘
```

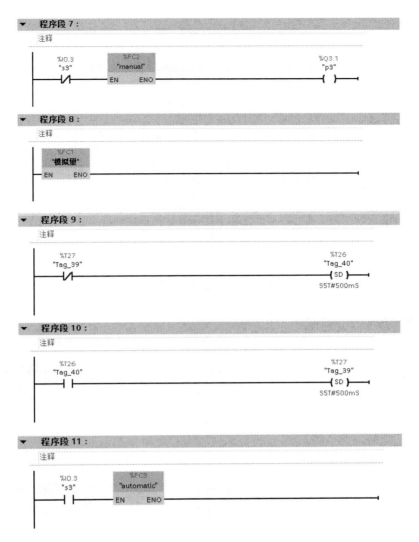

图 14-5-6　主程序梯形图

程序段 1 注释：罐 1 限位开关 S12 动作，接通指示灯 P11。

程序段 2 注释：S3 为 0 或者为 1 时，所有动作停止并初始化。

程序段 3 注释：罐 2 限位开关 S14 动作，接通指示灯 P13。

程序段 4 注释：罐 3 限位开关 S16 动作，接通指示灯 P15。

程序段 5、6 注释：MA2 电动机在触摸屏上 I/O 域的上下限值，保证数值在 0 ～ 100 范围内。

程序段 7、8 注释：当 S3 为 0 时，进入手动模式，P3 亮，并调用子程序模拟量（FC1）。

程序段 9、10 注释：通过定时器 T26、T27 实现 P2 闪烁 1Hz 的功能。

程序段 11 注释：当 S3 为 1 时，调用接通自动模式程序。

（2）模拟量程序（FC1）

① 模拟量主程序流程图。如图 14-5-7 所示为模拟量子程序流程图，图中的电位计 R1 控制电动机的转速为 0 ～ 100%；R2 控制触摸屏中运料车的位置，并且把 Car_position_REAL 变量转化为 Car_Position_DINT 变量在屏幕中显示。若把 R2 旋转至 0，小车将在最左侧，屏幕中 Car_Position_DINT 变量的 I/O 域同步显示数字。

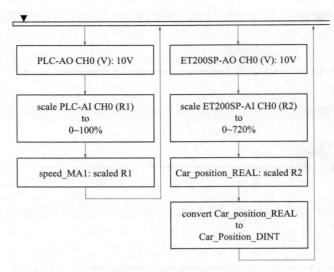

图 14-5-7　模拟量子程序流程图

② 模拟量梯形图，如图 14-5-8 所示。

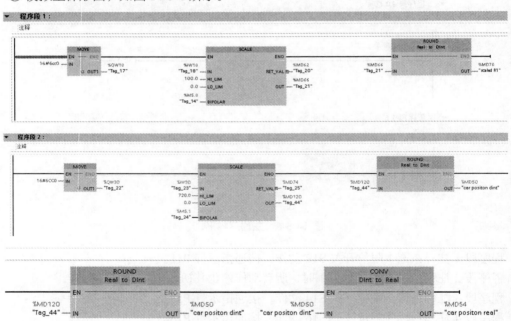

图 14-5-8　模拟量梯形图

程序段 1 注释：把 10V 电压（16#6CC0）给 CPU 的模拟量输出，通过 R1 调整 CPU 的模拟量输入，控制 CPU 的模拟量输出值在 0 ～ 100 之间，然后进行数据类型转换，转换后数据为后面电动机 MA1 通过变频器控制转速做好准备。

程序段 2 注释：把 10V 电压（16#6CC0）给 CPU 的模拟量输出，通过 R2 调整 CPU 的模拟量输入，控制 CPU 的模拟量输出值在 0 ～ 720 之间，然后进行数据类型转换，把数据 MD50 作为变量 car position dint 控制触摸屏上罐 4 移动。

程序段 3 注释：把数据 MD54 作为变量 car position real 控制触摸屏上罐 4 实际位置 I/O 域显示。

（3）手动程序（FC2）

① 手动程序流程图。如图 14-5-9 所示是手动程序流程图。

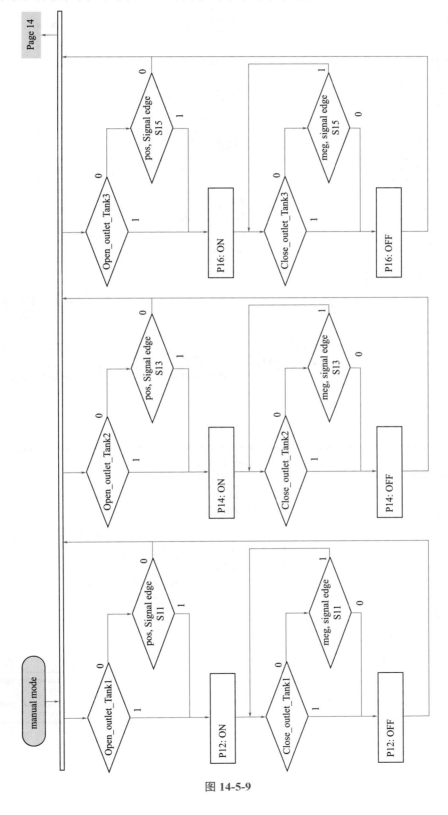

图 14-5-9

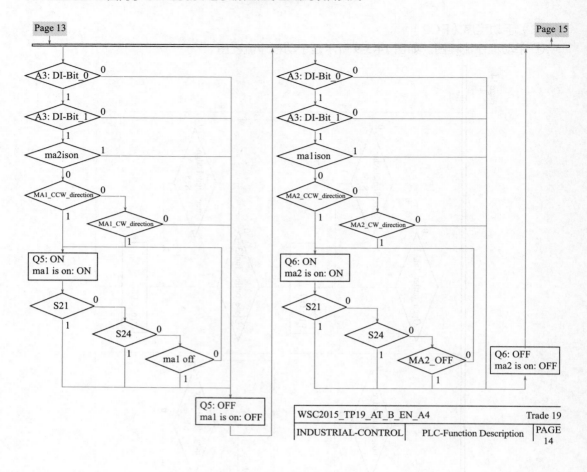

WSC2015_TP19_AT_B_EN_A4		Trade 19
INDUSTRIAL-CONTROL	PLC-Function Description	PAGE 14

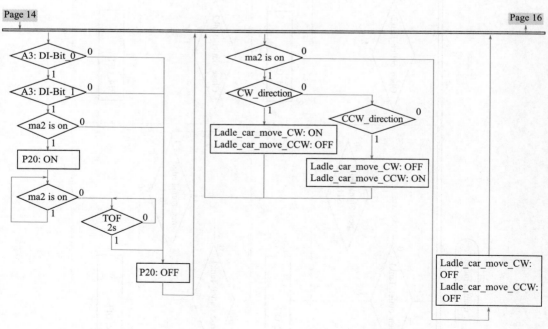

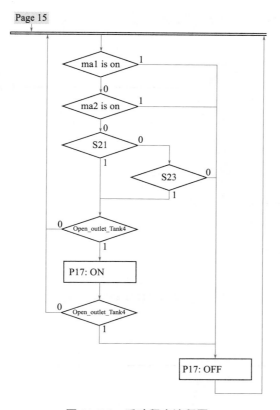

图 14-5-9　手动程序流程图

② 手动程序梯形图 (FC2)，如图 14-5-10 所示。

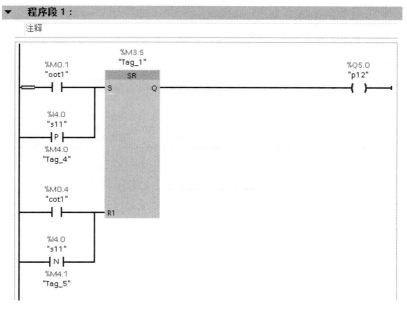

图 14-5-10

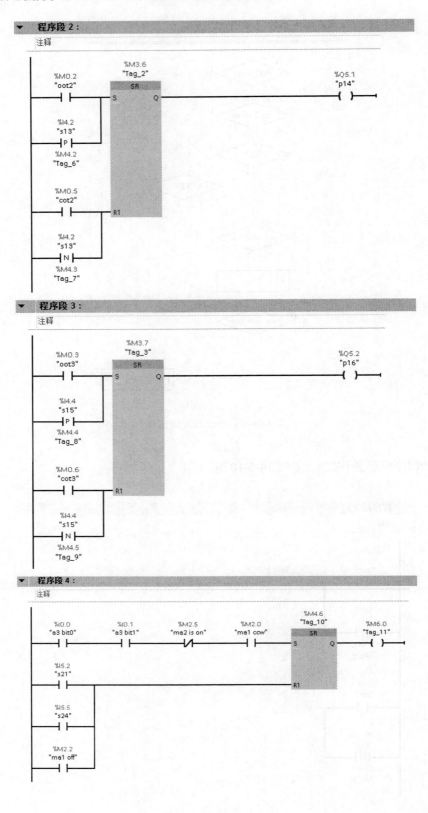

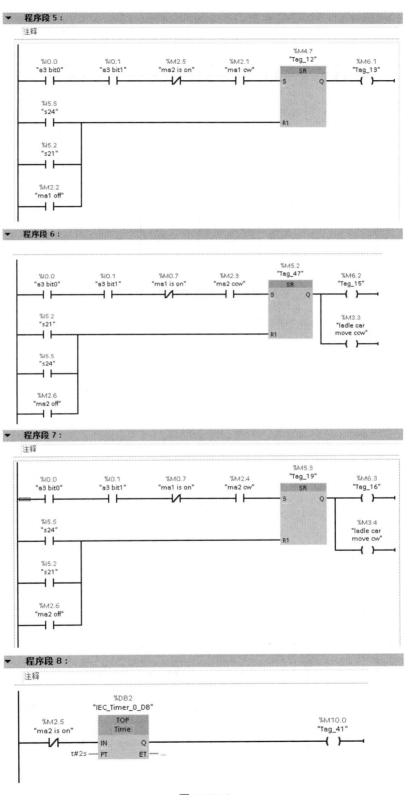

图 14-5-10

715

程序段 9 :

注释

```
    %M2.5         %I0.0          %I0.1          %M10.0         %Q5.4
  "ma2 is on"    "a3 bit0"      "a3 bit1"       "Tag_41"       "p20"
  ———| |————————————| |————————————| |————————————|/|————————————( )———
    %Q5.4
    "p20"
  ———| |———
```

程序段 10 :

注释

```
    %M0.7         %M2.5          %I5.2          %M2.7          %M3.0          %Q5.3
  "ma1 is on"   "ma2 is on"     "s21"          "oolc"         "colc"         "p17"
  ———|/|————————————|/|————————————| |————————————| |————————————|/|————————————( )———
                                   %I5.4
                                   "s23"
                                 ———| |———
    %Q5.3
    "p17"
  ———| |———
```

程序段 11 :

注释

```
                    MUL                          DIV
                    DInt                       Auto (DInt)
                  EN — ENO                     EN — ENO
    %MD70       IN1    OUT — %MD82   %MD82    IN1   OUT — %MD86
  "scaled R1" —                    "Tag_26" —              "MA1 转速"
    16384  — IN2               ✻    100  — IN2
```

程序段 12 :

注释

```
                  ROUND                      MUL                       DIV
                Real to DInt              Auto (DInt)                Auto (DInt)
                 EN — ENO                  EN — ENO                   EN — ENO
    %MD88      IN    OUT — %MD90  %MD90   IN1   OUT — %MD94  %MD94  IN1   OUT — %MD98
  "set ma2" —                  "Tag_27" —                 "Tag_28" —              "MA2 转速"
                                16384 — IN2  ✻            100 — IN2
```

程序段 13 :

注释

```
    %M6.0         %M6.1          %M6.2          %M6.3
  "Tag_11"      "Tag_13"       "Tag_15"       "Tag_16"
  ———|/|————————————|/|————————————|/|————————————|/|———      MOVE
                                                            EN — ENO
                                                 16#047e — IN
                                                         ✻ OUT1 — %QW256:P
                                                                  "Tag_29":P
```

程序段 14 :

注释

```
    %M6.0
  "Tag_11"        MOVE                                       MOVE
  ———| |————    EN — ENO                                   EN — ENO
   16#0c7f — IN                               %MD86       IN   OUT1 — %QW258:P
          ✻ OUT1 — %QW256:P                 "MA1 转速" —    ✻           "Tag_30":P
                   "Tag_29":P
```

程序段 15 :

注释

```
    %M6.1
  "Tag_13"        MOVE                                       MOVE
  ———| |————    EN — ENO                                   EN — ENO
   16#047f — IN                               %MD86       IN   OUT1 — %QW258:P
          ✻ OUT1 — %QW256:P                 "MA1 转速" —    ✻           "Tag_30":P
                   "Tag_29":P
```

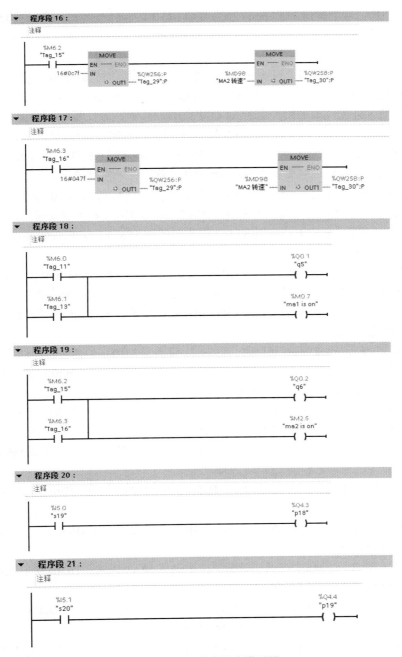

图 14-5-10　手动程序梯形图

　　程序段 1 注释：触摸屏罐 1 下 open 按钮（变量 M0.1）或者安装墙面上开关 S11（I4.0）闭合，触发置位 P12，当按下罐 1 下 close 按钮（变量 M0.4）或者安装墙面上开关 S11 断开时，触发复位 P12。

　　程序段 2 注释：触摸屏罐 2 下 open 按钮（变量 M0.2）或者安装墙面上开关 S13（I4.2）闭合，触发置位 P14，当按下罐 2 下 close 按钮（变量 M0.5）或者安装墙面上开关 S13 断开时，触发复位 P14。

程序段 3 注释：触摸屏罐 3 下 open 按钮（变量 M0.3）或者安装墙面上开关 S15（I4.4）闭合，触发置位 P16，当按下罐 3 下 close 按钮（变量 M0.6）或者安装墙面上开关 S15 断开时，触发复位 P16。

程序段 4 注释：当变频器（设置 P730 为 52.0）接通就绪时，a3 bit0 接通，安全继电器接通，a3 bit1 接通，MA1 反转接通，触发置位 M6.0（用来接通 Q5 和变频器）。当墙面上限位开关 S21 动作或 S24 动作或触摸屏上 MA1 OFF 按钮动作时，触发复位 M6.0。

程序段 5 注释：当变频器（设置 P730 为 52.0）接通就绪时，a3 bit0 接通，安全继电器接通，a3 bit1 接通，MA1 正转接通，触发置位 M6.1（用来接通 Q5 和变频器）。当墙面上限位开关 S21 动作或 S24 动作或触摸屏上 ma1 off 按钮动作时，触发复位 M6.1。

程序段 6 注释：当变频器（设置 P730 为 52.0）接通就绪时，a3 bit0 接通，安全继电器接通，a3 bit1 接通，MA2 反转接通，触发置位 M6.2（用来接通 Q6 和变频器）和小车反向移动箭头。当墙面上限位开关 S21 动作或 S24 动作或触摸屏上 MA2 OFF 按钮动作时，触发复位 M6.2 和小车反向移动箭头。

程序段 7 注释：当变频器（设置 P730 为 52.0）接通就绪时，a3 bit0 接通，安全继电器接通，a3 bit1 接通，MA2 正转接通，触发置位 M6.3（用来接通 Q6 和变频器）和小车正向移动箭头。当墙面上限位开关 S21 动作或 S24 动作或触摸屏上 ma2 off 按钮动作时，触发复位 M6.3 和小车正向移动箭头。

程序段 8 注释：当 ma2 is on 动作时，延时 2s 后接通 M10.0（中间变量）断开 P20。

程序段 9 注释：当变频器（设置 P730 为 52.0）接通就绪时，a3 bit0 接通，安全继电器接通，a3 bit1 接通，ma2 is on 接通时，P20 亮。

程序段 10 注释：当电动机 MA1 和 MA2 都不运行时，限位开关 S21 或 S23 接通，打开罐 4 排液阀，P17 亮，当关闭罐 4 排液阀时，P17 灭。

程序段 11 注释：将模拟量子程序中 MD70 进行运算，把运算后数据 MD86 传给变频器，控制 MA1 转速。

程序段 12 注释：MA2 转速设置参数 MD58 经过运算后数据 MD98 传给变频器，控制 MA2 转速。

程序段 14 注释：用 M6.0、M6.1、M6.2、M6.3 停止变频器；M6.0 接通变频器，使电动机 MA1 反转（16#0C7F）。

程序段 15、16 注释：M6.1 接通变频器，使电动机 MA1 正转（16#047F）；M6.2 接通变频器，使电动机 MA2 反转（16#0C7F）。

程序段 17、18 注释：M6.3 接通变频器，使电动机 MA2 正转（16#047F）；当 M6.0 为 1 或 M6.1 为 1 时，接触器 Q5 吸合，电动机 MA1 通电，ma1 is on 动作。

程序段 19、20 注释：当 M6.2 为 1 或 M6.3 为 1 时，接触器 Q6 吸合，电动机 MA2 通电，ma2 is on 动作。当开关 S19 动作时，P18 亮。

程序段 21 注释：当开关 S20 动作时，P19 亮。

（4）自动程序（FC3）

① 自动程序流程图。自动程序流程图如图 14-5-11 所示。

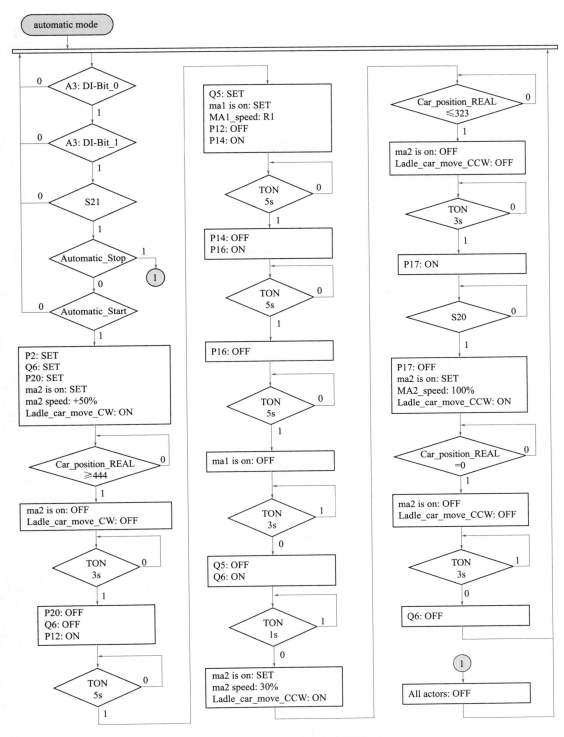

图 14-5-11　自动程序流程图

② 自动程序梯形图（FC3），如图 14-5-12 所示。

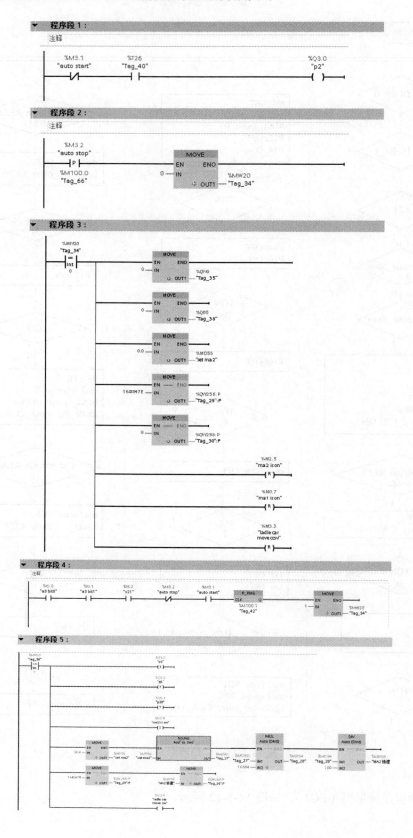

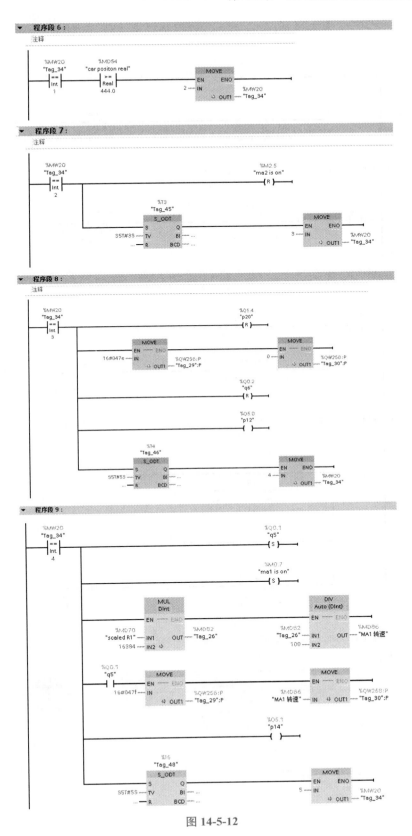

图 14-5-12

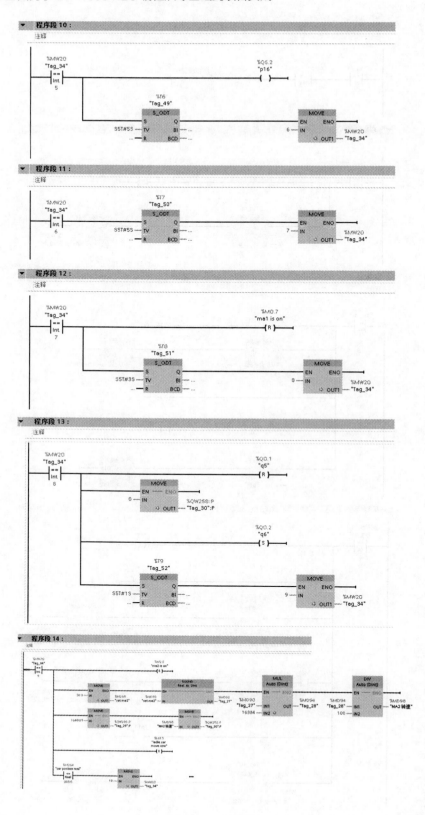

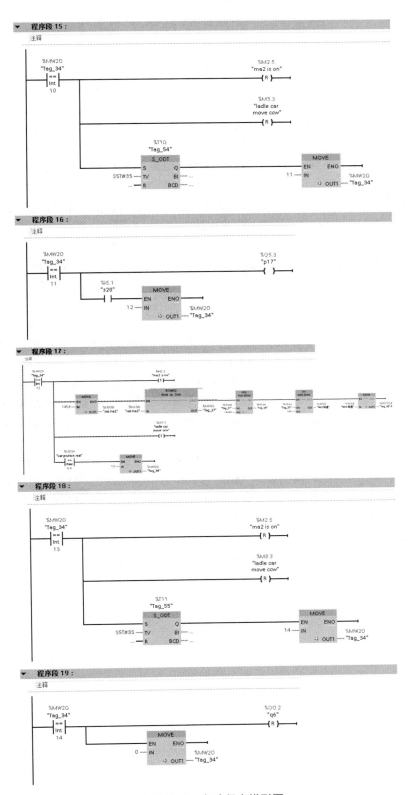

图 14-5-12　自动程序梯形图

程序段 1、2 注释：自动模式尚未开始运行时 P2 闪烁。当按下 Automatic_stop 时，把 0 送给 MW20。

程序段 3 注释：当 MW20 为 0 时，所有动作复位。

程序段 4 注释：当自动模式启动条件均已满足时，点击 Automatic_start 按钮，检测到上升沿信号后，把 1 送到 MW20。

程序段 5 注释：当 MW20=1 时，P2 置位，Q6 置位，P20 置位，MA2_is_ON 置位，电动机 MA2 以 50% 的转速正转，触摸屏上小车正向移动箭头变绿。

程序段 6、7 注释：当 MW20=1，小车移动的实际距离≥ 444 时，把 2 赋值给 MW20；当 MW20=2 时，MA2_is_ON 复位，延时 3s 后，把 3 赋值给 MW20。

程序段 8 注释：当 MW20=3 时，P20 复位，变频器停止速度赋值 0，Q6 复位，MA2 停止转动，P12 接通，延时 5s 后，赋值 4 给 MW20。

程序段 9 注释：当 MW20=4 时，Q5 置位，MA1_is_ON 置位，电动机 MA1 正转，通过 R1 模拟量控制电动机 MA1 的转速，P14 接通。延时 5s 后，赋值 5 给 MW20。

程序段 10、11 注释：当 MW20=5 时，P16 接通，延时 5s 后，赋值 6 给 MW20；当 MW20=6 时，延时 5s 后，赋值 7 给 MW20。

程序段 12 注释：当 MW20=7 时，MA1_is_ON 复位，延时 3s 后，赋值 8 给 MW20。

程序段 13 注释：当 MW20=8 时，Q5 复位，变频器转速赋值 0，为变频器启动 MA2 做准备。Q6 吸合，延时 1s 后，赋值 9 给 MW20。

程序段 14 注释：当 MW20=9 时，MA2_is_ON 置位，电动机 MA2 以 30% 转速反转。触摸屏上小车反向移动方向箭头变绿。当小车实际位置≤ 333 时，赋值 10 给 MW20。

程序段 15 注释：当 MW20=10 时，MA2_is_ON 复位，触摸屏上小车反向移动方向箭头复位，延时 3s 后，赋值 11 给 MW20。

程序段 16 注释：当 MW20=11 时，P17 接通，当开关 S20 接通时，赋值 12 给 MW20。

程序段 17 注释：当 MW20=12 时，MA2_is_ON 置位，电动机 MA2 以 100% 转速反向运行，触摸屏上小车反向移动方向箭头置位，当小车实际位置为 0 时，赋值 13 给 MW20。

程序段 18 注释：当 MW20=13 时，MA2_is_ON 复位，触摸屏上小车反向移动方向箭头复位，延时 3s 后，赋值 14 给 MW20。

程序段 19 注释：当 MW20=14 时，Q6 复位，把 0 赋值 MW20，自动循环结束，回到初始状态。

（5）项目下载与调试

项目完成后，可进行下载与调试，这里不再赘述了。